国家级工程训练示范中心"十三五"规划教材

机械制造工程实训及创新教程

史晓亮 舒敬萍 彭 兆 主 编

清華大学出版社
北 京

内 容 简 介

本教材是根据教育部工程材料及机械制造基础课程教学指导组关于“工程训练教学基本要求”和“教育部教学指导委员会高等教育面向21世纪教学内容和课程体系改革计划”的基本要求，吸取了近年来武汉理工大学和兄弟单位的教学改革成果及教学经验，结合武汉理工大学《机械制造工程实训教学大纲》内容编写的。

本教材共分21章，内容包括：绪论、工程材料及热处理基础知识、铸造加工、压力加工、焊接加工、常用量具使用及测量、切削加工的基础知识、钳工与装配、车削加工、铣削加工、刨削加工、磨削加工、先进制造技术简介、数控加工、数控雕刻加工、电火花加工、激光加工、快速成形加工、先进制造系统管理简介、创新教育、创新项目管理与产品设计制造、机械创新实践与案例等。实训报告已实现在线化，并以二维码的形式在书中呈现。本教材是按机械类专业工程训练的要求编写的，适用于高等学校机械类和近机械类专业的机械工程训练，其他专业可适当删减使用。

版权所有，侵权必究。举报：010-62782989，beiqinquan@tup.tsinghua.edu.cn。

图书在版编目(CIP)数据

机械制造工程实训及创新教程/史晓亮，舒敬萍，彭兆主编. —北京：清华大学出版社，2020.1 (2025.1重印)

国家级工程训练示范中心“十三五”规划教材

ISBN 978-7-302-54784-6

Ⅰ. ①机… Ⅱ. ①史… ②舒… ③彭… Ⅲ. ①机械制造工艺－高等学校－教材 Ⅳ. ①TH16

中国版本图书馆 CIP 数据核字(2020)第 001651 号

责任编辑：冯　昕
封面设计：常雪影
责任校对：赵丽敏
责任印制：曹婉颖

出版发行：清华大学出版社
　　网　　址：https://www.tup.com.cn，https://www.wqxuetang.com
　　地　　址：北京清华大学学研大厦A座　　**邮　　编**：100084
　　社 总 机：010-83470000　　**邮　　购**：010-62786544
　　投稿与读者服务：010-62776969，c-service@tup.tsinghua.edu.cn
　　质量反馈：010-62772015，zhiliang@tup.tsinghua.edu.cn
印 装 者：小森印刷霸州有限公司
经　　销：全国新华书店
开　　本：185mm×260mm　　**印　　张**：31.5　　**字　　数**：763千字
版　　次：2020年3月第1版　　**印　　次**：2025年1月第13次印刷
定　　价：86.00元

产品编号：083616-03

国家级工程训练示范中心“十三五”规划教材

编审委员会

顾问

傅水根

主任

梁延德　孙康宁

委员(以姓氏首字母为序)

陈君若　贾建援　李双寿　刘胜青　刘舜尧

邢忠文　严绍华　杨玉虎　张远明　朱华炳

秘书

庄红权

序言

PREFACE

自国家的“十五”规划开始，我国高等学校的教材建设就出现了生机蓬勃的局面，工程训练领域也是如此。面对高等学校高素质、复合型和创新型的人才培养目标，工程训练领域的教材建设需要在体系、内涵以及教学方法上深化改革。

以上情况的出现，是在国家相应政策的主导下，源于两个方面的努力：一是教师在教学过程中，深深感到教材建设对人才培养的重要性和必要性，以及教材深化改革的客观可能性；二是出版界对工程训练类教材建设的积极配合。在国家“十五”期间，工程训练领域有 5 部教材列入国家级教材建设规划；在国家“十一五”期间，约有 60 部教材列入国家级“十一五”教材建设规划。此外，还有更多的尚未列入国家规划的教材已正式出版。

随着世界银行贷款高等教育发展项目的实施，自 1997 年开始，在我国重点高校建设 11 个工程训练中心的项目得到了很好的落实，从而使我国的工程实践教学有机会大步跳出金工实习的原有圈子。训练中心的实践教学逐渐由原来热加工的铸造、锻压、焊接和冷加工的车、铣、刨、磨、钳等常规机械制造资源，逐步向具有丰富优质实践教学资源的现代工业培训的方向发展。全国同仁紧紧抓住这难得的机遇，经过 10 多年的不懈努力，终于使我国工程实践教学基地的建设取得了突破性进展。在 2006—2009 年期间，国家在工程训练领域共评选出 33 个国家级工程训练示范中心或建设单位，以及一大批省市级工程训练示范中心，这不仅标志着我国工程训练中心的发展水平，也反映出教育部对我国工程实践教学的创造性成果给予了充分肯定。

经过多年的改革与发展，以国家级工程训练示范中心为代表的我国工程实践教学发生了以下 10 个方面的重要进展。

(1) 课程教学目标和工程实践教学理念发生重大转变。在课程教学目标方面，将金工实习阶段的课程教学目标“学习工艺知识，提高动手能力，转变思想作风”转变为“学习工艺知识，增强工程实践能力，提高综合素质，培养创新精神和创新能力”；凝练出“以学生为主体，教师为主导，实验技术人员和实习指导人员为主力，理工与人文社会学科相贯通，知识、素质和能力协调发展，着重培养学生的工程实践能力、综合素质和创新意识”的工程实践教学理念。

(2) 将机械和电子领域常规的工艺实习转变为在大工程背景下，包括机械、电子、计算机、控制、环境和管理等综合性训练的现代工程实践教学。

(3) 将以单机为主体的常规技术训练转变为部分实现局域网络条件下，拥有先进铸造技术、先进焊接技术和先进钣金成形技术，以及数控加工技术、特种加工技术、快速原型技术和柔性制造技术等先进制造技术为一体的集成技术训练。

(4) 将学习技术技能和转变思想作风为主体的训练模式转变为集知识、素质、能力和创新实践为一体的综合训练模式，并进而实现模块式的选课方案，创新实践教学在工程实践教学中逐步形成独有的体系和规模，并发展出得到广泛认可的全国工程训练综合能力竞赛。

(5) 将基本面向理工类学生转变为除理工外，同时面向经济管理、工业工程、工艺美术、医学、建筑、新闻、外语、商学等尽可能多学科的学生。使工程实践教学成为理工与人文社会学科交叉与融合的重要结合点，使众多的人文社会学科的学生增强了工程技术素养，这已经成为我国高校工程实践教学改革的重要方向，并开始纳入我国高校通识教育和素质教育的范畴，使越来越多的学生受益。

(6) 将面向低年级学生的工程训练转变为本科 4 年不断线的工程训练和研究训练，开始发展针对本科毕业设计，乃至硕士研究生、博士研究生的高层人才培养，为将基础性的工程训练向高层发展奠定了基础条件。

(7) 由单纯重视完成实践教学任务转变为同时重视教育教学研究和科研开发，用教学研究来提升软实力和促进实践教学改革，用科研成果的转化辅助实现实验技术与实验方法的升级。

(8) 实践教学对象由针对本校逐渐发展到立足本校、服务地区、面向全国，实现优质教学资源共享，并取得良好的教学效益和社会效益。

(9) 建立了基于校园网络的中心网站，不仅方便学生选课，有利于信息交流与动态刷新，而且实现了校际间的资源共享。

(10) 卓有成效地建立了国际、国内两个层面的学术交流平台。在国际，自 1985 年在华南理工大学创办首届国际现代工业培训学术会议开始，规范地实现了每 3 年举办一届。在国内，自 1996 年开始，由教育部工程材料及机械制造基础课程教学指导组牵头的学术扩大会议(邀请各大区金工研究会理事长参加)每年举办一次，全国性的学术会议每 5 年举行一次；自 2007 年开始，国家级实验教学示范中心联席会工程训练学科组牵头的学术会议每年举行两次；各省市级金工研究会牵头举办的学术会议每年一次，跨省市的金工研究会学术会议每两年举行一次。

丰富而优质的实践教学资源，给工程训练领域的系列课程建设带来极大的活力，而系列课程建设的成功同样积极推动着教材建设的前进步伐。

面对目前工程训练领域已有的系列教材，本规划教材究竟希望达到怎样的目标？又可能具备哪些合理的内涵呢？个人认为，应尽可能将工程实践教学领域所取得的重大进展，全面反映和落实在具有下列内涵的教材建设上，以适应大面积的不同学科、不同专业的人才培养要求。

(1) 在通识教育与素质教育方面。面对少学时的工程类和人文社会学科类的学生，需要比较简明、通俗的“工程认知”或“实践认知”方面的教材，使学生在比较短时间的实践过程中，有可能完成课程教学基本要求。应该看到，学生对这类教材的要求是比较迫切的。

(2) 在创新实践教学方面。目前，我们在工程实践教学领域，已建成“面上创新、重点创新和综合创新”的分层次创新实践教学体系。虽然不同类型学校所开创的创新实践教学体系的基本思路大体相同，但其核心内涵必然会有较大的差异，这就需要通过内涵和风格各异的教材充分展现出来。

(3) 在先进技术训练方面。正如我们所看到的那样，机械制造技术中的数控加工技术、特种加工技术、快速原型技术、柔性制造技术和新型的材料成形技术，以及电子设计和工艺中的电子设计自动化技术(EDA)、表面贴装技术和自动焊接技术等已经深入工程训练的许多教学环节。这些处于发展中的新型机电制造技术，如何用教材的方式全面展现出来，仍然需要我们付出艰苦的努力。

(4) 在以项目为驱动的训练方面。在世界范围的工程教育领域，以项目为驱动的教学组织方法已经显示出强大的生命力，并逐渐深入工程训练领域。但是，项目训练法是一种综合性很强的教学组织法，不仅对教师的要求高，而且对经费的要求多。如何克服项目训练中的诸多困难，将处于探索中的项目驱动教学法继续深入发展，并推广开去，使更多的学生受益，同样需要教材作为一种重要的媒介。

(5) 在全国大学生工程训练综合能力竞赛方面。2009 年和 2011 年在大连理工大学举办的两届全国大学生工程训练综合能力竞赛，开创了工程训练领域全国性赛事的新局面。赛事所取得的一系列成功，不仅昭示了综合性工程训练在我国工程教育领域的重要性，同时也昭示了综合性工程训练所具有的创造性。从校级、省市级竞赛，最后到全国大赛，不仅吸引了数量众多的学生，而且提升了参与赛事的众多教师的指导水平，真正实现了我们长期企盼的教学相长。这项重要赛事，不仅使我们看到了学生的创造潜力，教师的创造潜力，而且看到了工程训练的巨大潜力。以这两届赛事为牵引，可以总结归纳出一系列有价值的东西，来推进我国的高等工程教育深化改革，来推进复合型和创造型人才的培养。

总之，只要我们主动实践、积极探索、深入研究，就会发现，可以纳入本规划教材编写视野的内容，很可能远远超出本序言所囊括的上述 5 个方面。教育部工程材料及机械制造基础课程教学指导组经过近 10 年的努力所制定的课程教学基本要求，也只能反映出我国工程实践教学的主要进展，而不能反映出全部进展。

我国工程训练中心建设所取得的创造性成果，使其成为我国高等工程教育改革不可或缺的重要组成部分，而其中的教材建设，则是将这些重要成果进一步落实到与学生学习过程紧密结合的层面。让我们共同努力，为编写出工程训练领域高质量、高水平的系列新教材而努力奋斗!

清华大学　傅水根
2011 年 6 月 26 日

前言

FOREWORD

本教材是根据教育部工程材料及机械制造基础课程教学指导组关于“工程训练教学基本要求”和教育部教学指导委员会“高等教育面向21世纪教学内容和课程体系改革计划”的基本要求，结合近年来武汉理工大学在机械类与非机械类专业本科生“机械制造工程实训”课程教学改革成果及教学实践经验与教学大纲，并参考兄弟单位教学经验和成果编写而成的。

机械制造工程实训是配合“金属工艺学与工程材料”课堂理论教学的一门实践性的技术基础课程，是工科院校学生建立机械制造生产过程的概念、学习机械制造基本工艺的方法、培养学生工程意识、提高工程实践能力的必修课程，是学生学习机械制造系列课程必不可少的先修课程，也是获得机械制造基础知识的基础课程。它对学生学习后续专业课程以及将来的实际工作具有深远影响。

在编写本教材的过程中，作者本着加强基础、重视实践、优化传统内容、增加先进制造和管理及创新教育、创新训练等原则，注重引导学生在掌握知识技能时，从感性到理性、理论联系实际、学以致用。本书以培养学生具有分析问题和解决问题的能力为教学目标，帮助学生在进行机械制造工程实训时，正确地掌握金属的主要加工方法，了解毛坯和零件的加工工艺过程，获得初步的操作技能，巩固在实训中所接触到的感性知识，并使之理论化和工程化。

在创新教育中，侧重创新基础理论知识的普及，树立大学生参加科技创新活动的正确观念，以及大学生创新能力培养的途径与方法。通过创新实践案例，为大学生开展课外科技活动与创新大赛，提供真实范例，开拓相关视野，全面提升大学生的综合素质。

本教材由武汉理工大学工程训练中心组织编写，史晓亮、舒敬萍、彭兆主编，王志海、王玉伏、马晋、李威宣、吴超华、黄丰、江丽、杨爽、周志国、游仁戈、武玉山，以及鲍开美、陈文、刘贤举、张健、桂骏勇、朱炜嵘、沈鸿、文三立、苏清、黄利华、郑卫刚、杨萍、李文胜、吴劲、刘海峰、张沈骏等教师参加了部分章节内容的编写及审查工作，并提供了丰富的素材。实训报告已实现在线化，并以二维码的形式在书中呈现。需要先扫描书后的防盗码刮刮卡获取权限，再扫描实训报告的二维码即可在线练习。全书由武汉理工大学吴华春教授主审。

在编写本书的过程中，特别感谢武汉理工大学原工程训练中心主任王志海教授，有他的鼎力指导和支持，才能保障本书的顺利出版。此外，也感谢有关部门和领导的协助与关心。

由于时间较紧，加之编者水平有限，书中难免有不妥和错误之处，恳请读者给予批评指正。

编　者

2020年1月

目录

CONTENTS

第1章

CHAPTER 1

绪 论

1.1 机械制造工程实训的目的

机械制造工程实训是高等院校各专业教学计划中一个重要的实践性教学环节，是学生获得工程实践知识、建立工程意识、训练操作技能的主要教育形式；是学生接触实际生产、获得生产技术及管理知识、提高综合素质、进行工程师基本素质训练的必要途径。机械制造工程实训的目的是：

（1）建立起对机械制造生产基本过程的感性认识，学习机械制造的基础工艺知识，了解机械制造生产的主要设备。在实训中，学生要学习机械制造的各种主要加工方法及其所用主要设备的基本结构、工作原理和操作方法，并正确使用各类工具、夹具、量具，熟悉各种加工方法、工艺技术、图纸文件和安全技术，了解加工工艺过程和工程术语，使学生对工程问题从感性认识上升到理性认识。这些实践知识将为以后学习有关专业技术基础课、专业课及毕业设计等打下良好的基础。

（2）训练实践动手能力，启发创新意识，培养初步的创新能力。我国工程教育专业认证标准中明确提出，课程体系必须包括工程实践，应设置完善的实践教学体系，开展实习、实践，培养学生的实践能力和创新能力。在实训中，学生通过直接参加生产实践，操作各种设备，使用各种工具、夹具、量具，独立完成简单零件的加工制作全过程，以培养对简单零件具有初步选择加工方法和分析工艺过程的能力，并具备操作主要设备和加工作业的技能。通过创新认知课程、创意制作课程、项目竞赛活动等，激发学生的好奇心和探究欲，进而启发学生的创新意识，学习创新方法，培养创新能力。

（3）全面开展素质教育，树立实践观点、劳动观点和团队协作观点，培养高质量人才。机械制造工程实训一般在学校工程训练中心的现场进行。实训现场不同于教室，它是生产、教学、科研三结合的基地，教学内容丰富，实习环境多变，接触面宽广。这样一个特定的教学环境，正是对学生进行思想作风教育的好场所、好时机。例如：增强劳动观念、遵守组织纪律、培养团队协作的工作作风；爱惜国家财产、建立经济观点和质量意识、培养理论联系实际和一丝不苟的科学作风；初步培养学生在生产实践中调查、观察问题的能力，以及学会理论联系实际、运用所学知识分析问题、解决工程实际问题的能力。这都是全面开展素质教育不可缺少的重要组成部分，也是机械制造工程实训为提高人才综合素质、培养高质量人才需要完成的一项重要任务。

1.2 机械制造工程实训的要求

对高等院校学生进行机械制造工程实训的总要求是：深入实践，接触实际，强化动手，注重训练。根据这一要求，提出以下具体要求。

(1) 全面了解机械零部件的制造过程及基础的工程知识和常用的工程术语。

(2) 了解机械制造过程中所使用的主要设备的基本结构特点、工作原理、适用范围和操作方法，熟悉各种加工方法、工艺技术、图纸文件和安全技术，并正确使用各类工具、夹具、量具。

(3) 独立操作各种设备，完成简单零件的加工制造全过程。

(4) 了解新工艺、新技术的发展与应用状况及数控加工、快速成形、智能制造等现代制造技术在生产实际中的应用。

(5) 充分结合生产实际及创新设计，培养学生的质量意识、安全意识、经济观念、创新能力等基本素质以及勇于实践、精益求精、追求卓越的工匠品质。

1.3 机械制造工程实训的内容

任何机器和设备都是由相应的零件组装而成，只有制造出合乎技术要求的零件，才能装配出合格的机器。一般的机械生产过程可简单归纳为

毛坯制造 → 切削加工 → 装配和调试

传统的机械加工方法是将原材料制成毛坯，然后由毛坯经切削加工制成零件。而现代新技术、新工艺的应用及发展，使加工方法发生了很大的改变，以适应零部件的加工需求，并提高加工精度及效率。如3D打印技术，将零件的加工方法由“切除”改为“增加”，即通过电脑控制把打印材料一层层叠加起来，最后形成实物零件。

机械制造工程实训是对产品的制造过程进行实践性教学的重要环节，也是学生创新能力培养的重要环节，因此其具体内容包括如下三个方面。

(1) 传统机械加工基础实训，培养学生了解机械加工的基本操作技能及各种工艺知识，如金属切削训练、材料成形训练等。

(2) 现代制造技术实训，培养学生了解各种现代制造技术工艺知识，工业模块化、系统化及智能制造理念，如现代切削加工训练、特种加工训练、逆向工程训练、先进测量技术训练、智能制造认知等。

(3) 创新实践训练，培养学生的创新意识、协作意识、自主学习能力以及知识、技能的综合运用能力，如创新认知课，创意制作，以项目为载体的创新训练等。

1.4 机械制造工程实训的考核

机械制造工程实训的考核是整个实训的重要环节，它既可以检查学生实训的效果，又可以衡量教师指导的能力，对提高实训教与学的质量起着十分重要的评估作用。

工程实践与训练的考核可按以下内容进行评定。

（1）平时表现：考核实训人员的实训态度、组织纪律和实训单元作业的完成情况。

（2）操作能力：考核实训人员各工种独立操作技能的掌握水平。

（3）实训报告：考核实训人员按实训报告要求独立完成实训报告的质量，此部分内容逐渐改为线上完成。

（4）理论考试：考核实训人员应知应会方面的理论知识。

1.5 学生实训守则

1. 关于考勤的规定

（1）实训学生必须严格遵守工程训练中心所规定的实训作息时间上下班，不得迟到、早退或中途离开。迟到半小时以上，取消当天实训资格，迟到、早退时间超过一小时视为旷课一天，未经实训指导人员同意擅自离开者，作旷课论处。

（2）实训学生若有事请假必须提前办理请假手续，将请假条交给当天的实训指导老师获批准后，方可请假。

（3）实训学生请病假，必须持有校医院证明。

（4）实训学生因故请假（事假、病假）所耽误的那部分实训内容不予补修。

2. 关于实训的注意事项

（1）遵守工程训练中心的一切规章制度，服从训练中心的课程安排和实训指导老师的指导。

（2）实训时按规定穿戴好劳动保护用品，不带与实训无关的书刊报纸、娱乐用品等进入训练中心，不允许穿拖鞋、凉鞋、高跟鞋、吊带衣服等进入工程训练中心。

（3）实训时遵守组织纪律，按时上下班，不串岗，不迟到、不早退，有事请假。

（4）尊重实训指导老师，注意听讲，仔细观察实训指导老师的示范。

（5）爱护国家财产，注意节约用水、电、油和原材料。

（6）实训时认真操作，不怕苦，不怕累，不怕脏。

（7）严格遵守各实训工种的安全技术规程，做到文明实训，保持良好的卫生风貌。

3. 关于操作机器设备的规定

（1）一切机器、设备未经许可，不准擅自动手，如触动电闸、开关或拨动机床手柄等。

（2）操作机器、设备时，必须严格遵守安全操作规程。

（3）实训时应注意保养和爱护机器设备，正确使用和妥善保管工具、量具，无故损坏和丢失者，要视情节轻重折价如数赔偿。

（4）每次实训完毕，应按规定做好清洁和整理工作。

1.6 机械制造工程实训的安全规则

在机械制造工程实训中，如果实训人员不遵守工艺操作规程或者缺乏一定的安全知识，很容易发生机械伤害、触电、烫伤等工伤事故。因此，为保证实训人员的安全和健康，必须进行安全实训知识的教育，使所有参加实训的人员都要树立起“安全第一”的观念，懂得并严格执行有关的安全技术规章制度。

安全实训的基本内容就是安全。为了更好地实训，实训必须安全。安全实训的最基本条件是保证人和设备在实训中的安全。人是实训中的决定因素，设备是实训的手段，没有人和设备的安全，实训就无法进行。特别是人身的安全尤为重要，不能保证人身的安全，设备的作用无法发挥，实训也就不能顺利地、安全地进行。

我国对不断改善劳动条件、做好劳动保护工作、保证生产者的健康和安全历来十分重视，国家制定并颁布了《工厂安全卫生规程》等文件，为安全生产指明了方向。安全生产是我国在生产建设中一贯坚持的方针。

实训中的安全技术有冷、热加工安全技术和电气安全技术等。

冷加工主要指车、铣、刨、磨和钻等切削加工，其特点是使用的装夹工具和被切削的工件或刀具间不仅有相对运动，而且速度较高。如果设备防护不好，操作者不注意遵守操作规程，很容易造成各种机器运动部位对人体及衣物由于绞缠、卷入等引起的人身伤害。

热加工一般指铸造、锻造、焊接和热处理等工种，其特点是生产过程伴随着高温、有害气体、粉尘和噪声，这些都严重恶化了劳动条件。在热加工工伤事故中，烫伤、灼伤、喷溅和砸碰伤害约占事故的70%，应引起高度重视。

电力传动和电气控制在加热、高频热处理和电焊等方面的应用十分广泛，实训时必须严格遵守电气安全守则，避免触电事故。

避免安全事故的基本要点是：

(1) 绝对服从实训指导人员的指挥，严格遵守各工种的安全操作规程，树立安全意识和自我保护意识，确保充足的体力和精力。

(2) 严格遵守衣着方面的要求，按要求穿戴好规定的工作服及防护用品。

(3) 注意“先学停车再学开车”；工作前应先检查设备状况，无故障后再实训。

(4) 重物及吊车下不得站人；下班或中途停电，必须关闭所有设备的电气开关。

(5) 必须每天清扫实训场地，保持设备整洁、通道畅通。

(6) 清除切屑必须使用钩子或刷子等工具。

第2章

CHAPTER 2

工程材料及热处理基础知识

实训目的和要求

(1) 了解工程材料的种类及应用范围;

(2) 了解常用金属材料的力学性能及符号的含义;

(3) 掌握常用金属材料牌号表示的内容;

(4) 掌握热处理的定义、目的、分类及使用范围;

(5) 按照实训要求,能独立操作常用的热处理工艺(退火、正火、淬火、回火)。

安全操作规程

(1) 实习操作时必须穿戴好防护用品。

(2) 进出炉时必须先断电。炉内工件装得不宜太多,不要使工件与电阻丝接触。

(3) 淬火时应随时测试温度,硝酸盐和油脂淬火时应隔开。

(4) 淬火工件应平稳和全部浸入淬火液中。淬火槽应有盖子,如淬液着火,应立即盖好盖子,并马上灭火。

(5) 经过加热的热处理件不得靠近可燃物。

(6) 下班后要切断火源、电源。

2.1 金属材料的主要性能

用来制造零件的金属材料应具有优良的使用性能及工艺性能。所谓使用性能,是指机器零件在正常工作情况下金属材料应具备的性能,它包括机械性能(或称之为力学性能)、物理和化学性能。而工艺性能是指零件在冷、热加工制造过程中,金属材料应具备的与加工工艺相适应的性能。

2.1.1 金属材料的力学性能

所谓力学性能,是指零件在载荷作用下所反映出来的抵抗变形或断裂的性能。力学性能指标是零件在设计计算、选材、工艺评定以及材料检验时的主要依据。由于外加载荷性质的不同(例如拉伸、压缩、扭转、冲击及循环载荷等),所以对金属材料的力学性能指标要求也将不同。常用的力学性能指标包括强度、硬度、塑性、应力强度因子和断裂韧度、冲击韧性及疲劳强度等。

1. 强度

金属材料在外力作用下抵抗破坏(过量的塑性变形或断裂)的性能叫做强度。由于外力的作用方式有拉伸、压缩、弯曲、剪切等,所以强度也分为抗拉强度、抗压强度、抗弯强度、抗剪强度、屈服强度。一般以测定材料的抗拉强度(σ_b)为主。

2. 硬度

硬度是衡量金属材料软硬程度的指标。目前常用的测定硬度的方法为压入法。它是用特定的几何形状压头在一定载荷作用下,压入被测试样材料表面,根据被压入的程度来测定其硬度值。所以硬度值的物理意义是金属材料表面抵抗局部压入塑性变形的能力。

常用的硬度指标有布氏硬度(HBS或HBW)及洛氏硬度(HRA、HRB、HRC)。

1) 布氏硬度

布氏硬度测定原理是用一定大小的载荷将一定直径的淬火钢球或硬质合金球压入被测金属表面,保持一定时间后卸载,根据载荷 P 和压痕的表面积 $F_{凹}$ 求出应力值作为布氏硬度值。布氏硬度试验法用于测定硬度不高的金属材料,如铸铁,有色金属,一般经退火、正火后的钢材等。

2) 洛氏硬度

洛氏硬度测定是以测量压痕深度为硬度的计量指标,由于采用了不同的压头及载荷,可用来测量从极软到极硬的金属材料的硬度。洛氏硬度的三种标度(HRA、HRB、HRC)中,常用的是HRC洛氏硬度,它采用金刚石圆锥体做压头,可用来测量硬度很高的材料,如淬火钢、调质钢等。

3. 塑性

塑性是指金属材料在外力作用下产生塑性变形而不破坏的能力。金属材料在断裂前的塑性变形越大,表示材料的塑性越好；反之,则表示材料的塑性越差。常用的塑性指标是通过拉力试验测得的伸长率和断面收缩率。

1) 伸长率

伸长率是试样拉断后标距长度的增加量与原标距长度的百分比,用符号 δ 表示。可按下式计算:

$$\delta=((l_1-l_0)/l_0)\times 100\%$$

式中: l_0——试样的原始标距,mm;

l_1——试样拉断后的标距长度,mm。

2) 断面收缩率

断面收缩率是试样拉断处横断面积的减小量与原横断面积的百分比,用 ψ 表示。可按下式计算:

$$\psi=((A_0-A_1)/A_0)\times 100\%$$

式中: A_1——试样断口处的横截面积,mm^2;

A_0——试样原横断面积,mm^2。

4. 应力强度因子和断裂韧度

实际生产中有的大型转轴、高压容器、船舶、桥梁等，常在其工作应力远低于屈服强度的情况下突然发生脆性断裂（简称脆断），这种在屈服强度以下发生的脆断被称为低应力脆断。

研究表明，低应力脆断与零件本身存在裂纹有关，是由裂纹在应力的作用下瞬间发生失稳扩展引起的。零件及其材料本身不可避免地存在各种冶金和加工缺陷，这些缺陷都相当于裂纹源或在使用中发展为裂纹源。在应力的作用下，这些裂纹源进行扩展，一旦达到失稳状态，就会发生低应力脆断。因此，裂纹是否易于失稳扩展，就成为衡量材料是否易于断裂的一个重要指标。这种材料抵抗裂纹失稳扩展的性能被称为断裂韧度(fracture toughness)。

1) 应力强度因子

在外力的作用下，裂纹尖端前沿附近会存在着应力集中系数很大的应力场，张开型裂纹的应力场如图 2-1 所示。通过建立的应力场数学解析模型可知，裂纹尖端区域各点的应力分量除由其所处的位置决定以外，还与强度因子 K_1 有关。对于某一确定的点，其应力分量由 K_1 决定。K_1 越大，则应力场中各应力分量也越大。因此，K_1 就可以表示应力场的强弱程度，故称为应力强度因子(stress intensity factor)。K_1 值的大小与裂纹尺寸($2a$)和外加应力(σ)有下式关系：

$$K_1 = Y\sigma\sqrt{a}$$

式中：Y——形状因子，为与裂纹形状、加载方式、试样几何形状有关的系数；

σ——外加应力。

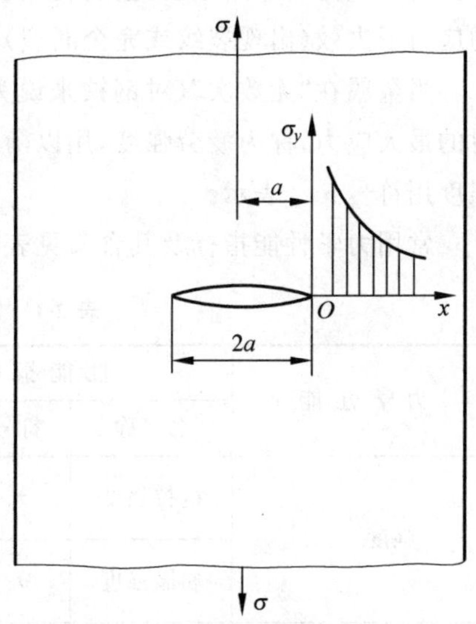

图 2-1　张开型裂纹的应力场

2) 断裂韧度

从 K_1 的关系式中可见，随着应力 σ 的增大或裂纹扩展伸长，K_1 不断增大，当 K_1 增大到某一临界值时，可使裂纹前沿某一区域内的内应力达到材料的断裂强度，从而导致裂纹突然失稳扩展而发生断裂。这个 K_1 的临界值，称为材料的平面应变断裂韧度，用 K_{IC} 表示。

材料的 K_{IC} 越高，则裂纹体断裂前能承受的应力值越大，发生失稳扩展的临界裂纹尺寸也越大，表明材料难以断裂，因此 K_{IC} 表征材料抵抗断裂的能力。

K_{IC} 和 σ 对应，都是力学参量，只和载荷及试样尺寸有关，与材料无关；而 K_{IC} 和 σ_s 对应，都是力学性能指标，只和材料的成分、组织结构有关，与载荷及试样尺寸无关。

5. 冲击韧性

许多机械零件和工具在工作过程中往往会受到冲击载荷的作用，由于冲击载荷的加载速度高，使得整个材料的均匀塑性变形来不及进行，塑性变形比较集中地产生于某些局部区域，因而应力分布也不是均匀的。当原材料的冶金质量或加工后的产品质量有缺陷时，在冲击载荷作用下，便出现因韧性下降而脆断的现象。金属材料抵抗冲击载荷作用而不破坏的能力叫做冲击韧性。

工程技术上为评定金属材料抗冲击载荷的能力,采用带缺口的冲击试样进行一次摆锤冲击弯曲试验,可测得将试样击断时所消耗的功——冲击功 A_k(J)。若将冲击功 A_k 除以试样缺口处的横断面积 $A(cm^2)$得到的商称为"冲击韧性",用符号 $\alpha_k(J/cm^2)$表示。可按下式计算:

$$\alpha_k = A_k/A$$

6. 疲劳强度

很多机械零件,如各种轴、齿轮、连杆、弹簧等,是在交变载荷的作用下工作的。在这种重复交变载荷的作用之下,金属材料会在远低于该材料的抗拉强度 σ_b,甚至小于屈服点 σ_s 的应力下失效(出现裂纹或完全断裂),这种现象称为金属的疲劳。

当金属在"无数次"(对钢铁来说为 $10^6 \sim 10^7$ 次)重复交变载荷作用下而不致引起断裂时的最大应力,称为疲劳强度,用以衡量金属抵抗疲劳破坏的能力。应力循环对称时的疲劳强度用符号 σ_{-1} 表示。

常用力学性能指标及其含义见表 2-1。

表 2-1 常用力学性能指标及其含义

力学性能	性能指标			说明
	名称	符号	单位	
强度	抗拉强度	σ_b	MPa	金属拉断前的最大载荷所对应的应力,代表金属抵抗最大均匀塑性变形或断裂的能力
	屈服强度	σ_s	MPa	金属屈服时对应的应力,是对微量塑性变形的抵抗能力
塑性	延伸率	δ	%	试样拉断后标距长度的增量与原标距长度的百分比,δ 越大,材料的塑性越好
	断面收缩率	ψ	%	试样拉断处横断面积减小量与原横断面积的百分比,ψ 越大,材料的塑性越好
硬度	布氏硬度	HB	—	用载荷除以压痕球形面积所得的商作为硬度值。一般用于硬度不高的材料
	洛氏硬度	HR	—	根据压痕深度来衡量硬度,HRC 应用最广,一般经过淬火的钢件(20HRC~67HRC)都用此测量硬度
	维氏硬度	HV	—	用载荷除以压痕表面积所得的商作为硬度值。一般用于测量表面薄层硬化钢化或薄的金属件的硬度
韧性	冲击韧性	α_k	J/cm^2	将试样击断时所消耗的功——冲击功,α_k 越大,材料的韧性越好
抗疲劳性	疲劳强度	σ_{-1}	MPa	金属材料经受多次(一般为 10^7 次)对称循环交变应力的作用而不产生疲劳破坏的最大应力

2.1.2　金属材料的物理、化学及工艺性能

1. 物理性能

金属材料的主要物理性能有密度、熔点、热膨胀性、导热性和导电性等。用于不同场合下的机器零件,对所用材料的物理性能要求是不一样的。

2. 化学性能

金属材料在室温或高温时抵抗各种化学作用的能力即为化学性能,如耐酸性、耐碱性、抗氧化性等。

3. 工艺性能

金属材料的工艺性能是指材料对于相应加工工艺适应的性能,按加工工艺方法的不同,有铸造性、可锻性、可焊性、切削加工性及热处理等。在零件设计时的选材环节中,一定要考虑到在选定的加工工艺方法下,该材料的相应工艺性能是否良好,否则便不选用它,而换用另一种材料或另一种加工工艺。

2.2　常用的工程材料

工程材料是指制造工程结构和机器零件使用的材料,主要包括金属、非金属和复合材料三大类。按其化学成分与组成的不同可进行如图 2-2 所示的分类。

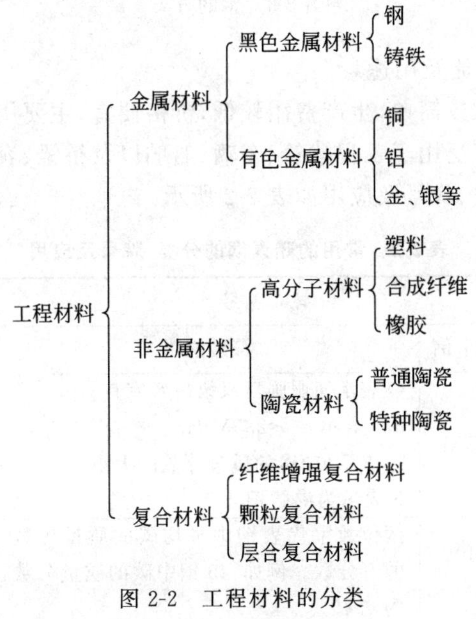

图 2-2　工程材料的分类

2.2.1 金属材料

金属材料是含有一种或几种金属元素(有时也含有非金属元素),以极微小的晶体结构所组成的,具有金属光泽,有良好导电导热性能的,有一定力学性能的材料。通常指钢、铁、铝、铜等纯金属及其合金。

1. 钢

钢是碳的质量分数小于 2.11%(实际上小于 1.35%),并含有少量杂质元素的铁碳合金。钢具有良好的使用性能和工艺性能,而且产量大、价格较为低廉,因此应用非常广泛。

钢的分类方法很多,常见的分类方法如图 2-3 所示。

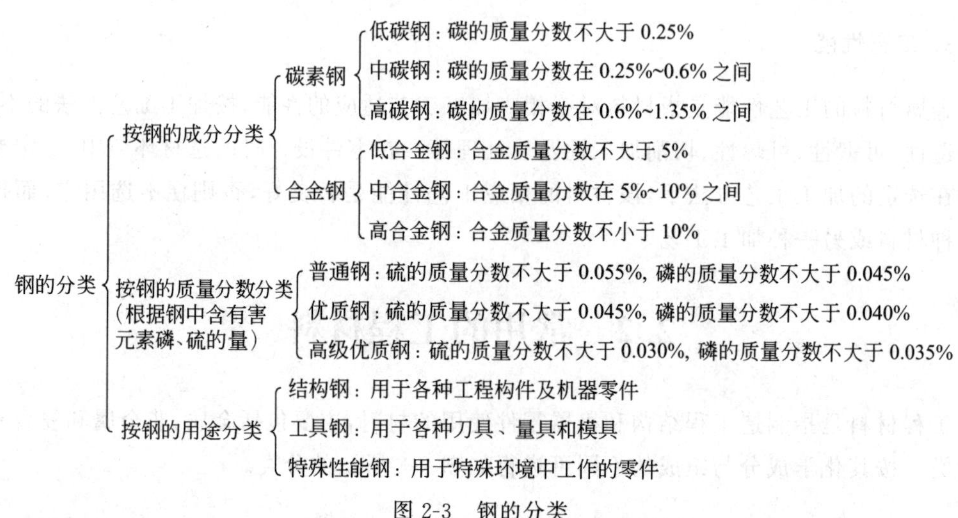

图 2-3 钢的分类

1) 碳素钢的牌号、性能及用途

碳素钢的熔炼过程比较简单,生产费用较低,价格便宜,主要用于工程结构,制成热轧钢板、钢带和棒钢等产品,广泛用于工程建筑、车辆、船舶以及桥梁、容器等构件。

常用的碳素钢的分类、牌号及应用如表 2-2 所示。

表 2-2 常用的碳素钢的分类、牌号及应用

分类	牌号		应用举例
	牌号举例	符号说明	
碳素结构钢	Q235AF	Q 表示屈服强度汉语拼音字首。 235 表示 $\sigma_s \geqslant 235$MPa。 A 表示硫、磷的质量分数的大小。 F 表示为沸腾钢	螺钉、螺母、螺栓、垫圈、手柄、小轴及型材等
优质碳素结构钢	20、40、45、65	两位数字代表钢中平均碳的质量分数的万分数。例如,45 钢中碳的质量分数为 0.45%	制造各类机械零件,例如,轴、齿轮、连杆、各种弹簧等

续表

分类	牌号		应用举例
	牌号举例	符号说明	
碳素工具钢	T7,T8,T12,T12A	T 表示碳工具钢汉语拼音字首；数字编号表示钢的碳的质量分数的千分数。例如，T7 代表碳的质量分数约等于 0.7%的优质碳素工具钢；A 表示高级优质碳素工具钢，钢中有害杂质(P、S)的含量较少	制造各类刀具、量具和模具。例如，锤头、钻头、冲头、丝锥、板牙、锯条、刨刀、锉刀、量具、剃刀、小型冲模等

2）合金钢的牌号、性能及用途

为了改善钢的某些性能或使之具有某些特殊性能，在炼钢时有意加入一些元素，称为合金元素。含有合金元素的钢称为合金钢。

钢中加入的合金元素主要有 Si、Mn、Cr、Ni、W、Mo、V、Ti、Al、B 及稀土元素(Re)等。这类钢比碳钢具有更高的力学性能和某些特殊性能（如耐热、耐蚀、耐磨性能等），常用来制造重要的机器零件和工具，或要求特殊性能的零件。

常用的合金钢的分类、牌号及应用如表 2-3 所示。

表 2-3 常用的合金钢的分类、牌号及应用

分类	牌号		应用举例
	牌号举例	符号说明	
合金结构钢	16Mn,40Cr,60Si2Mn	数字编号表示钢中碳的平均质量分数的万分数。元素符号表示加入的合金元素，当合金元素平均质量分数小于 1.5%时，则只标出元素符号，而不标明其质量分数；倘若元素的平均质量分数在 1.5%～2.5%时，元素符号后面写数字 2；当元素的平均质量分数在 2.5%～3.5%时，元素符号后面写数字 3	制造各类重要的机械零件，如齿轮、活塞销、凸轮、气门顶杆、曲轴、机床主轴、板簧、卷簧、压力容器、汽车纵横梁、桥梁结构、船舶结构等
合金工具钢	5CrMnMo,W18Cr4V,9SiCr	数字编号表示钢中碳的平均质量分数的千分数。元素符号表示加入的合金元素，当合金元素平均质量分数小于 1.5%时，则只标出元素符号，而不标明其质量分数；倘若元素的平均质量分数在 1.5%～2.5%时，元素符号后面写数字 2；当元素的平均质量分数在 2.5%～3.5%时，元素符号后面写数字 3	制造各类重要的、大型复杂的刀具、量具和模具，例如，板牙、丝锥、形状复杂的冲模、块规、螺纹塞规、样板、铣刀、车刀、刨刀、钻头等
特殊性能钢	1Cr18Ni9Ti,4Cr9Si2,ZGMn13	不锈钢：1Cr18Ni9Ti；耐热钢：4Cr9Si2；耐磨钢：ZGMn13	不锈钢：医疗器械、耐酸容器、管道等；耐热钢：加热炉构件、过热器等；耐磨钢：破碎机颚板、衬板、履带板等

2. 铸铁

铸铁是指碳的质量分数大于2.11%的铁碳合金。工业上常用铸铁的碳的质量分数一般在2.5%～4%，此外，铸铁中还含有较多的锰、硅、磷、硫等元素。

铸铁与钢相比，虽然力学性能较低（强度低、塑性低、脆性大），但却有着优良的铸造工艺性、切削加工性、消震性和减磨性等。因此，铸铁在生产中仍获得普遍应用。

铸铁中的碳，由于成分和凝固时冷却条件的不同，可以呈化合状态（Fe_3C）或游离状态（石墨）存在，这就使铸铁的内部组织、性能、用途方面存在较大的差异。通常铸铁可分为白口铸铁、灰口铸铁、可锻铸铁、球墨铸铁等。

常用的铸铁的分类、牌号及应用如表2-4所示。

表2-4 常用的铸铁的分类、牌号及应用

分类	牌号		应用举例
	牌号举例	符号说明	
灰口铸铁	HT100 HT150 HT200 HT250 HT300 HT350	HT表示灰铁汉语拼音字首。 数字表示该材料的最低抗拉强度值，单位是MPa。例如，HT200表示$\sigma_b \geqslant 200$MPa的灰口铸铁材料	制造各类机械零件，例如，机床床身、飞轮、机座、轴承座、气缸体、齿轮箱、液压泵体等
可锻铸铁	KT300-06 KT350-10 KT450-06 KT650-02 KT700-02	KT表示可铁汉语拼音字首。 数字分别表示材料的最低抗拉强度值（MPa）和最低伸长（δ%）。例如，KT450-06表示抗拉强度σ_b不低于450MPa，伸长率δ不低于6%的可锻铸铁材料	制造各类机械零件，例如，曲轴、连杆、凸轮轴、摇臂活塞环等
球墨铸铁	QT400-18 QT500-07 QT600-03 QT900-02	QT表示球铁汉语拼音字首。 数字分别表示材料的最低抗拉强度值（MPa）和最低伸长（δ%）。例如，QT400-18表示抗拉强度σ_b不低于400MPa，伸长率δ不低于18%的球墨铸铁材料	用它可以代替部分铸钢或锻钢件，制造承受较大载荷、受冲击和耐磨损的零件，例如，大功率柴油机的曲轴、轧辊、中压阀门、汽车后桥等

3. 铸钢

与铸铁相比，铸钢具有较高的综合力学性能，特别是塑性和韧性较好，使铸件在动载荷作用下安全可靠。此外，铸钢的焊接性较铸铁优良，这对于采用铸-焊联合工艺制造复杂零件和重要零件十分重要。但是，铸钢的铸造工艺性能差，为保证铸钢件的质量，还必须采取一些特殊的工艺措施，这就使铸钢件的生产成本高于铸铁。

我国碳素铸钢件的牌号根据GB 5613—85规定，用铸钢汉语拼音字首"ZG"加两组数字组成，第一组数字代表屈服强度值（MPa），第二组数字代表抗拉强度值（MPa）。铸钢的牌号有ZG200-400、ZG230-450、ZG270-500、ZG310-570、ZG340-640等。

4. 有色金属

除黑色金属钢铁以外的其他金属与合金，统称为有色金属或非铁金属。

有色金属具有许多与钢铁不同的特性，例如，高的导电性和导热性(银、铜、铝等)；优异的化学稳定性(铅、钛等)；高的导磁性(铁镍合金等)；高的强度(铝合金、钛合金等)；很高的熔点(钨、铌、钽、锆等)。所以，在现代工业中，除大量使用黑色金属外，还广泛使用有色金属。

常用的有色金属主要有铝及铝合金、铜及铜合金两类。

1) 铝及铝合金

(1) 工业纯铝

工业纯铝的加工产品，按纯度的高低，分为L1、L2、…、L7等七个牌号，其中，L是“铝”字汉语拼音的首字母，数字表示编号，编号越大，纯度越低。

工业纯铝的强度低，σ_b为80～100MPa，经冷变形后可提高至150～250MPa，故工业纯铝难以满足结构零件的性能要求，主要用作配制铝合金及代替铜制作导线、电器和散热器等。

(2) 铝合金

用于铸造生产中的铝合金称为铸造铝合金，它不仅具有较好的铸造性能和耐蚀性能，而且还能用变质处理的方法使强度进一步得到提高，应用较为广泛。如用作内燃机活塞、气缸头、气缸散热套等。

这类铝合金的牌号由铸铝两字汉语拼音字首“ZL”和三位数字组成。其中第一位数字为主加元素的代号(1表示Al-Si系合金；2表示Al-Cu系合金；3表示Al-Mg系合金；4表示Al-Zn系合金)，后两位数字表示顺序号。如ZL102表示铸造铝硅合金材料。

除了铸造铝合金外，还有一类铝合金叫形变铝合金，主要有防锈铝、锻造铝、硬铝和超硬铝四种。它们大多通过塑性变形轧制成板、带、棒、线材等半成品使用。其中硬铝是一种应用较多的由铝-铜-镁等元素组成的铝合金材料。它除了具有良好的抗冲击性、焊接性和切削加工性外，经过热处理强化(淬火加时效)后强度和硬度能进一步提高，可以用作飞机结构支架、翼肋、螺旋桨、铆钉等零件。

2) 铜及铜合金

铜及铜合金的种类很多，一般分为紫铜(纯铜)、黄铜、青铜和白铜等。

(1) 纯铜

纯铜因其表面呈紫红色，故亦称紫铜。它具有极好的导电和导热性能，大多用于电气元件或用作冷凝器、散热器和热交换器等零件。纯铜还具良好的塑性，通过冷、热态塑性变形可制成板材、带材和线材等半成品。此外，纯铜在大气中还具有较好的耐蚀性。

我国工业纯铜的牌号是用符号“T”(“铜”字汉语拼音首字母)和顺序数字组成。如T1、T2、T3、T4，顺序数字增大，表示纯度下降。

(2) 黄铜

铜和锌所组成的合金叫黄铜。当黄铜中锌的质量分数小于39%时，锌能全部溶解在铜内。这类黄铜具有良好的塑性，可在冷态或热态下经压力加工(轧、锻、冲、拉、挤)成形。按其加工方式不同，可将黄铜分为压力加工黄铜和铸造黄铜两种。

压力加工黄铜的牌号由符号“H”(“黄”字汉语拼音首字母)和数字组成。如 H68 黄铜,表示其铜的质量分数为 68%,锌的质量分数为 32%。

铸造黄铜其牌号由 ZCu+主加元素符号+主加元素平均含量+辅加元素符号+辅加元素平均含量组成。如 ZCuZn38 表示锌的质量分数为 38%的铸造黄铜,ZCuZn40Pb2 表示锌的质量分数为 40%,铅的质量分数为 2%的铸造铅黄铜。

(3) 青铜

由于主加元素不同,青铜分为锡青铜、铍青铜、铝青铜、铅青铜及硅青铜等。除锡青铜外,其余均为无锡青铜。

青铜的牌号是用符号“Q”(“青”字汉语拼音首字母)和数字组成。如 QSn4-3,表示其锡的质量分数为 4%,锌的质量分数为 3%的锡青铜。QAl17,表示其铝的质量分数为 7%的铝青铜。

铸造青铜其牌号表示法与铸造黄铜类似。如 ZCuSn5Pb5Zn5 表示锡的质量分数为 5%、含铅为 5%、锌的质量分数为 5%的铸造锡青铜。

2.2.2 非金属材料

非金属材料是近年来发展非常迅速的工程材料,因其具有金属材料无法具备的某些性能(如电绝缘性、耐腐蚀性等),在工业生产中已成为不可替代的重要材料,如高分子材料和工业陶瓷。

1. 塑料

塑料是高分子化合物,其主要成分是合成树脂,在一定的温度、压力下可软化成形,是最主要的工程结构材料之一。由于塑料具有许多优良的性能,例如,具有良好的电绝缘性、耐腐蚀性、耐磨性、成形性,且密度小等,因此不仅在日常生活中到处可见,而且在工程结构中也被广泛地应用。

塑料的种类很多,按性能可分为热塑性塑料和热固性塑料两大类。

热塑性塑料在加热时软化和熔融,冷却后能保持一定的形状,再次加热时又可软化和熔融,具有可塑性。属于热塑性塑料的有聚乙烯(PE)、聚氯乙烯(PVC)、聚丙烯(PP)、聚苯乙烯(PS)和 ABS 等。

热固性塑料是在固化后加热时,不能再次软化和熔融,不再具有可塑性。属热固性塑料的有酚醛树脂(PF)、环氧塑料(FP)等。

塑料按用途可分为通用塑料和工程塑料两类。例如,通用塑料有酚醛塑料、聚乙烯(PE)、聚氯乙烯(PVC)、聚丙烯(PP)和聚苯乙烯(PS)等。工程塑料有聚酰胺(PA 即尼龙)、聚碳酸酯(PC)、聚甲醛(POM)和 ABS 等。工程塑料具有良好的力学性能,能替代金属制造一些机械零件和工程结构件。

还有一些具有特殊性能的塑料,如聚四氟乙烯,它具有很好的耐蚀、耐磨和耐热性,有塑料王之称。

常用热塑性塑料和热固性塑料的名称、性能和应用如表 2-5 所示。

表 2-5　常用热塑性塑料和热固性塑料的名称、性能和应用

名　称		性　能	应用举例
热塑性塑料	聚乙烯(PE)	无毒、无味；质地较软，比较耐磨、耐腐蚀，绝缘性较好	薄膜、软管、塑料管、板、绳等
	聚丙烯(PP)	具有良好的耐腐蚀性、耐热性、耐曲折性、绝缘性	机械零件、医疗器械、生活用具，如齿轮、叶片、壳体、包装袋等
	聚苯乙烯(PS)	无色、透明；着色性好；耐腐蚀、耐绝缘，但易燃、易脆裂	仪表零件、设备外壳及隔音、包装、救生等器材
	ABS	具有良好的耐腐蚀性、耐磨性、加工工艺性、着色性等综合性能	轴承、齿轮、叶片、叶轮、设备外壳、管道、容器、车身、转向盘等
	聚酰胺(PA)即尼龙	强度、韧性较高；耐磨性、自润滑性、成形工艺性、耐腐蚀性良好；吸水性较大	仪表零件、机械零件、电缆保护层，如油管、轴承、导轨、涂层等
	聚甲醛(POM)	优异的综合性能，如良好的耐磨性、自润滑性、耐疲劳性、冲击韧性及较高的强度、刚性等	齿轮、轴承、凸轮、制动闸瓦、阀门、化工容器、运输带等
	聚碳酸酯(PC)	透明度高；耐冲击性突出，强度较高，抗蠕变性好；自润滑性能差	齿轮、涡轮、凸轮；防弹窗玻璃，安全帽、汽车挡风玻璃等
	聚四氟乙烯(F-4)	耐热性、耐寒性极好；耐腐蚀性极高；耐磨、自润滑性优异等	化工用管道、泵、阀门；机械用密封圈、活塞环；医用人工心、肺等
	有机玻璃(PMMP)	透明度、透光率很高；强度较高；耐酸、碱，不宜老化；表面易擦伤	油标、窥镜、透明管道、仪器、仪表等
热固性塑料	酚醛树脂(PF)	较高的强度、硬度；绝缘性、耐热性、耐磨性好	电器开关、插座、灯头；齿轮、轴承、汽车刹车片等
	氨基塑料(UF)	表面硬度较高；颜色鲜艳、有光泽；绝缘性良好	仪表外壳、电话外壳、开关、插座等
	环氧塑料(EP)	强度较高；韧性、化学稳定性、绝缘性、耐寒、耐热性较好；成形工艺性好	船体、电子工业零部件等

2. 橡胶

橡胶与塑料的不同之处是橡胶在室温下具有很高的弹性。经硫化处理和炭黑增强后，其抗拉强度达 25～35MPa，并具有良好的耐磨性。表 2-6 所示为常见橡胶的名称、性能和应用。

表 2-6　常见橡胶的名称、性能和应用

名　称	性　能	应用举例
天然橡胶	电绝缘性优异；弹性很好；耐碱性较好；耐溶剂性差	轮胎、胶带、胶管等
合成橡胶	耐磨、耐热、耐老化性能较好	轮胎、胶布、胶板；三角带、减震器、橡胶弹簧等
特种橡胶	耐油性、耐蚀性较好；耐热、耐磨、耐老化性较好	输油管、储油箱；密封件、电缆绝缘层等

3. 陶瓷材料

陶瓷是各种无机非金属材料的统称，在现代工业中具有很好的发展前途。未来世界将

是陶瓷材料、高分子材料、金属材料三足鼎立的时代,它们构成了固体材料的三大支柱。

常见工业陶瓷的分类、性能和应用见表2-7。

表2-7 常见工业陶瓷的分类、性能和应用

分类	主要性能	应用举例
普通陶瓷	质地坚硬;有良好的抗氧化性、耐蚀性、绝缘性;强度较低;耐一定高温	日用、电气、化工、建筑用陶瓷,如装饰瓷、餐具、绝缘子、耐蚀容器、管道等
特种陶瓷	有自润滑性及良好的耐磨性、化学稳定性、绝缘性;耐腐蚀、耐高温;硬度高	切削工具、量具、高温轴承、拉丝模、高温炉零件、内燃机火花塞等
金属陶瓷(硬质合金)	强度高;韧性好;耐腐蚀;高温强度好	刃具、模具、喷嘴、密封环、叶片、涡轮等

2.2.3 复合材料

复合材料是由两种或两种以上物理、化学性质不同的物质,经人工合成的材料。它保留了各组成材料的优良性能,从而得到单一材料所不具备的优良综合性能。最常见的人工复合材料,如钢筋混凝土是由钢筋、石子、沙子、水泥等制成的复合材料;轮胎是由人造纤维与橡胶合成的复合材料。

复合材料一般由增强材料和基体材料两部分组成,增强材料均匀地分布在基体材料中。增强材料有纤维(玻璃纤维、碳纤维、硼纤维、碳化硅纤维等)、丝、颗粒、片材等。基体材料有金属基和非金属基两类,金属基主要有铝合金、镁合金、钛合金等。非金属基体材料有合成树脂、陶瓷等。

复合材料种类繁多,性能各有特点。如玻璃纤维和合成树脂的合成材料具有优良的强度,可制造密封件及耐磨、减摩的机械零件。碳纤维复合材料密度小、比强度高,可应用于航空、航天及原子能工业。

2.3 钢的热处理基本知识

钢的热处理是将固态金属或合金在一定介质中加热、保温和冷却,以改变其组织,从而获得所需性能的工艺方法。热处理和其他加工工艺(锻压、铸造、焊接、切削加工)不同,它的目的不是改变钢件的外形和尺寸,而是改变其内部组织和性能。

在机械零件或工模具的制造过程中,往往要经过各种冷、热加工,同时在各加工工序之间还经常要穿插多次热处理工艺。按其作用可分为预先热处理和最终热处理,它们在零件的加工工艺路线中所处的位置如下:

铸造或锻造 → 预先热处理 → 机械(粗)加工 → 最终热处理 → 机械(精)加工

为使工件满足使用条件下的性能要求的热处理称为最终热处理,如淬火+回火等工序;为了消除前道工序造成的某些缺陷,或为随后的切削加工和最终热处理作好组织准备的热处理,称为预先热处理,如退火、正火工序。

钢的热处理的工艺过程包括加热、保温和冷却三个阶段，它可用温度-时间坐标图形来表示，称为钢的热处理工艺曲线，如图 2-4 所示。

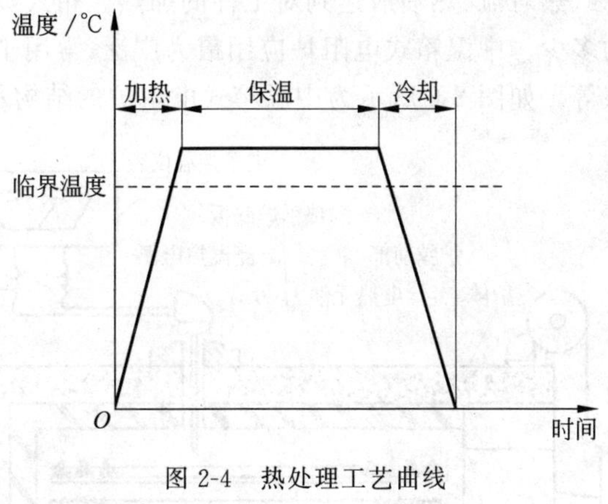

图 2-4　热处理工艺曲线

2.3.1　热处理工艺的分类

根据热处理的目的要求及加热和冷却方法的不同，一般可将钢的热处理工艺按如图 2-5 所示进行分类。

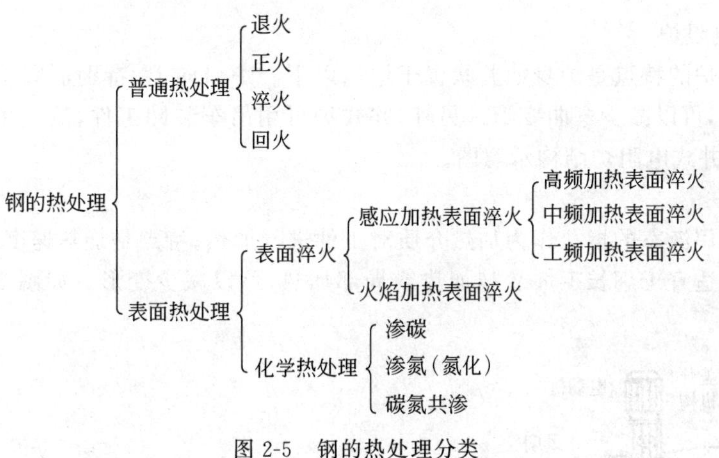

图 2-5　钢的热处理分类

2.3.2　常用热处理设备

根据热处理的基本过程，热处理设备有加热设备、冷却设备和检验设备等。

1. 加热设备

加热炉是热处理车间的主要设备，通常的分类方法为：按能源分为电阻炉、燃料炉；按工作温度分为高温炉(>1000℃)、中温炉(650～1000℃)、低温炉(<600℃)；按工艺用途分为正火炉、退火炉、淬火炉、回火炉、渗碳炉等；按形状结构分为箱式炉、井式炉等。

常用的热处理加热炉有电阻炉和盐浴炉。

1）箱式电阻炉

箱式电阻炉是由耐火砖砌成的炉膛及侧面和底面布置的电热元件组成。通电后，电能转化为热能，通过热传导、热对流、热辐射达到对工件的加热。箱式电阻炉的选用，一般根据工件的大小和装炉量的多少。中温箱式电阻炉应用最为广泛，常用于碳素钢、合金钢零件的退火、正火、淬火及渗碳等。如图 2-6 所示为中温箱式电阻炉的结构示意图。

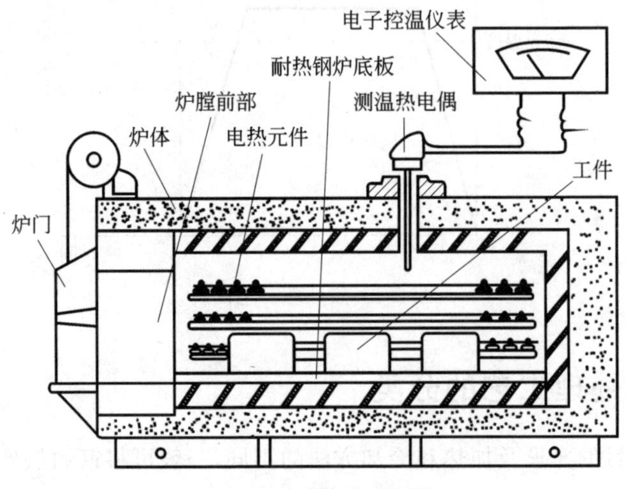

图 2-6　中温箱式电阻炉

2）井式电阻炉

井式电阻炉的特点是炉身如井状置于地面以下。炉口向上，特别适宜于长轴类零件的垂直悬挂加热，可以减少弯曲变形。另外，井式炉可用吊车装卸工件，故应用较为广泛。如图 2-7 所示为井式电阻炉结构示意图。

3）盐浴炉

盐浴炉是用液态的熔盐作为加热介质对工件进行加热，特点是加热速度快而均匀，工件氧化、脱碳少，适宜于细长工件悬挂加热或局部加热，可以减少变形。如图 2-8 所示为插入式电极盐浴炉。

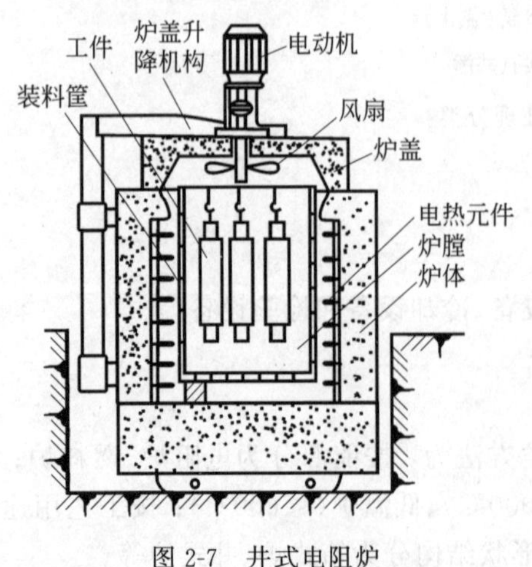

图 2-7　井式电阻炉

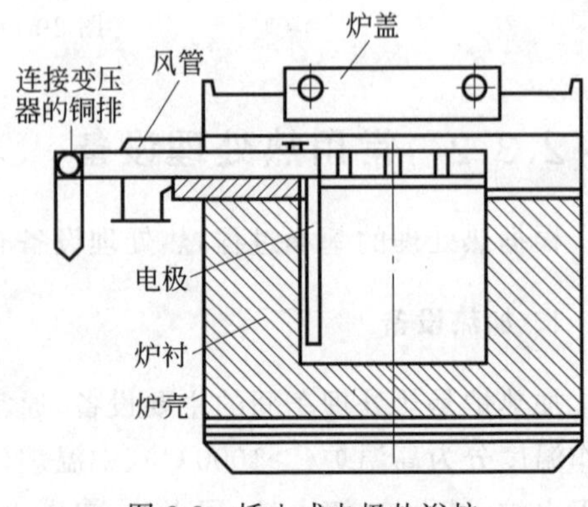

图 2-8　插入式电极盐浴炉

盐浴炉可以进行正火、淬火、化学热处理、局部淬火、回火等。

2. 冷却设备

常用的冷却设备有水槽、油槽、浴炉、缓冷坑等，介质包括自来水、盐水、机油、硝酸盐溶液等。

3. 检验设备

常用的检验设备有洛氏硬度计、布氏硬度计、金相显微镜、物理性能测试仪、游标卡尺、量具、无损探伤设备等。

2.3.3 热处理工艺方法

热处理的方法很多，常见的有退火、正火、淬火和回火。还有表面热处理，如表面淬火、化学热处理等。

1. 退火

退火的方法是将工件加热到一定温度，保温后，随炉冷却。

退火的目的是消除内应力、降低硬度、改善加工性能和细化晶粒，提高材料的力学性能。

2. 正火

正火的方法是将工件加热到一定温度，保温后，在空气中冷却。

正火的目的与退火相似，由于在空气中冷却，冷却速度稍大，正火后得到的组织比退火的更细、硬度也高一些。与退火相比，正火生产周期短、生产率高，所以应尽量用正火替代退火。在生产中，低碳钢常采用正火来提高切削性能，对一些不重要的中碳钢零件可将正火作为最终热处理。

3. 淬火

淬火是将工件加热到一定温度，保温后，在水或油中快速冷却。

淬火的目的是提高钢的硬度和耐磨性。

4. 回火

回火是在淬火后必须进行的一种热处理工艺。因为工件淬火以后，得到的组织很不稳定，存在较大的内应力，极易造成裂纹，如在淬火后及时进行回火，就能不同程度地稳定组织、消除内应力，获得所需要的使用性能。

根据不同的回火温度，回火处理有高温回火、中温回火和低温回火三种。

高温回火的温度为500～650℃，淬火加高温回火称为调质处理。调质处理适用于中碳钢，可获得较高的综合力学性能。它适用于生产重要零件(如轴、齿轮和连杆等)。中温回火(350～450℃)后，材料具有较高的弹性，硬度适中，适用于各种弹性零件(如弹簧)的生产。低温回火(150～250℃)后，材料仍保持较高的硬度，使工件具有很好的耐磨性，适用于各种工具、滚动轴承等。

5. 表面淬火

表面淬火是将零件表层以极快的速度加热到临界温度以上奥氏体化，而心部因受热较少还来不及达到临界温度，接着用淬火介质进行急冷，使表层淬成马氏体，心部仍保持淬火前组织的一种工艺。经表面淬火后，钢件得到表层硬度高、耐磨，心部硬度低、韧性好的性能。表面淬火有多种方法，现在常用感应加热表面淬火法，此外还有火焰加热表面淬火、电接触加热表面淬火法等。

6. 化学热处理

将金属或合金工件置于一定温度的活性介质中保温，使一种或几种元素渗入它的表层，以改变其化学成分、组织和性能的热处理工艺，称为化学热处理。

化学热处理使工件的表层和心部得到迥然不同的组织和性能，从而显著提高零件的使用质量，延长使用寿命；它还能使一些价廉易得的材料改善性能，来代替某些比较贵重的材料。因此，近年来化学热处理有很大的发展。

化学热处理种类很多，按其主要目的大致可分为两类：一类是以强化为主，例如，渗碳、氮化(渗氮)、碳氮共渗、渗硼等，它们的主要目的是使零件表面硬度高、耐磨并提高疲劳抗力；另一类是以改善工件表面的物理、化学性能为主，如渗铬、渗铝、渗硅等，目的是提高工件表面抗氧化、耐腐蚀等性能。

2.3.4 先进热处理工艺方法

1. 真空高压气冷淬火

真空高压气冷淬火作为一种真空热处理技术，起始于20世纪70年代，它具有油冷淬火、盐浴淬火不可比拟的优点：①工件表面质量好，无氧化、无增碳；②淬火均匀性好，工件变形小；③淬火强度可控性好，冷却速度能通过改变气体压力和流速进行控制；④生产率高；⑤无环境污染等。

在近30年时间内，真空高压气冷淬火技术得到了迅速发展、推广和应用，特别是随着淬火压力的提高，使得真空热处理的材质范围进一步扩大，工件淬火硬度和可淬硬尺寸得到了明显提高。目前，在先进的工业国家如美国、德国、日本等，真空高压气体淬火技术已成为高速钢、高合金模具钢热处理的主导工艺。

2. 激光淬火

激光淬火是利用激光将材料表面加热到相变点以上，随着材料自身冷却，奥氏体转变为马氏体，从而使材料表面硬化的淬火技术。主要优点有：

(1) 淬火硬度比常规方法高、淬火层组织细密、强韧性好。

(2) 激光加热速度快，热影响区小；又是表面扫描加热淬火，即瞬间局部加热淬火，所以被处理的模具变形很小。几乎不破坏表面粗糙度。

(3) 激光束发散角很小，具有很好的指向性，能够通过导光系统对模具表面进行精确的局部淬火。

(4) 激光淬火清洁、高效，不需要水或油等冷却介质。

激光淬火广泛应用于交通运输、纺织机械、重型机械、精密仪器的制造等；在诸多的应用中，尤以在汽车制造业内的应用最为活跃、创造的经济价值最大。在许多汽车关键件上，如缸体、缸套、曲轴、凸轮轴、排气阀、阀座、摇臂、铝活塞环槽等几乎都可以用激光淬火来处理。

3. 等离子淬火

等离子弧表面淬火（简称等离子淬火）是应用等离子束将金属材料表面加热到相变点以上，随着材料自身的冷却，奥氏体转变成马氏体，在表面形成由超细化马氏体组成的硬化带，具有比常规淬火更高的表面硬度和强化效应。主要优点有：

(1) 等离子弧表面淬火设备只需在普通应用的等离子弧发生器的基础上做些改进即可实现表面淬火要求，在技术上、制造上都很容易实现。

(2) 在激光淬火前，工件需进行磷化即黑化处理，以提高光的吸收系数，这样就增加了淬火工序，并且，黑化质量对激光热处理的效果影响很大；而等离子表面淬火不需类似的工序即可完成。

(3) 由于技术和设备的原因，目前激光器的工业效率（即电光能量转换效率）很低，不超过 15%；而等离子弧表面淬火设备的热效率要高出许多。

(4) 激光表面淬火设备的价格昂贵，体积庞大，对操作人员的技术要求高，造成安装场地要求高，生产成本高；而等离子弧表面淬火设备价格便宜，体积小，降低了生产成本。

(5) 由于激光设备的原因，激光淬火在内孔表面等部位的淬火长度受到限制；等离子弧表面淬火通过采用合适的工装，可以实现对深孔表面强化。

等离子弧被作为一种新的能量热源是在 20 世纪 20 年代被实际应用的，70 年代得到了发展，在这个时期被实际应用在了焊接、切割、喷镀等领域。80 年代出现了等离子弧切削，同时，激光表面淬火技术的迅速发展及其高成本的条件限制，使人们看到了等离子弧应用于表面淬火的希望。

目前，掌握等离子淬火先进技术的美国、德国、日本这样工业发达的国家，现在都已成功地应用在了某些领域，在 90 年代初日本就研究了等离子表面淬火的条件和组织，并用小口径喷嘴成功进行碳钢的等离子淬火。在国内，等离子淬火技术的发展还不是很成熟，仅有部分应用。

2.4 实训案例

1. 热处理及检测设备

热处理及检测设备如图 2-9 所示。

2. 热处理步骤

(1) 本实训加热所用设备为电炉，电炉一定要接地，在放、取试样时必须先切断电源。

(2) 在炉中放、取试样必须使用夹钳，夹钳必须擦干，不得沾有油和水。

(3) 试样由炉中取出淬火时，动作要迅速，以免温度下降，影响淬火质量。

(4) 试样在淬火液中应不断搅动，以免试样表面由于冷却不均而出现软化点。

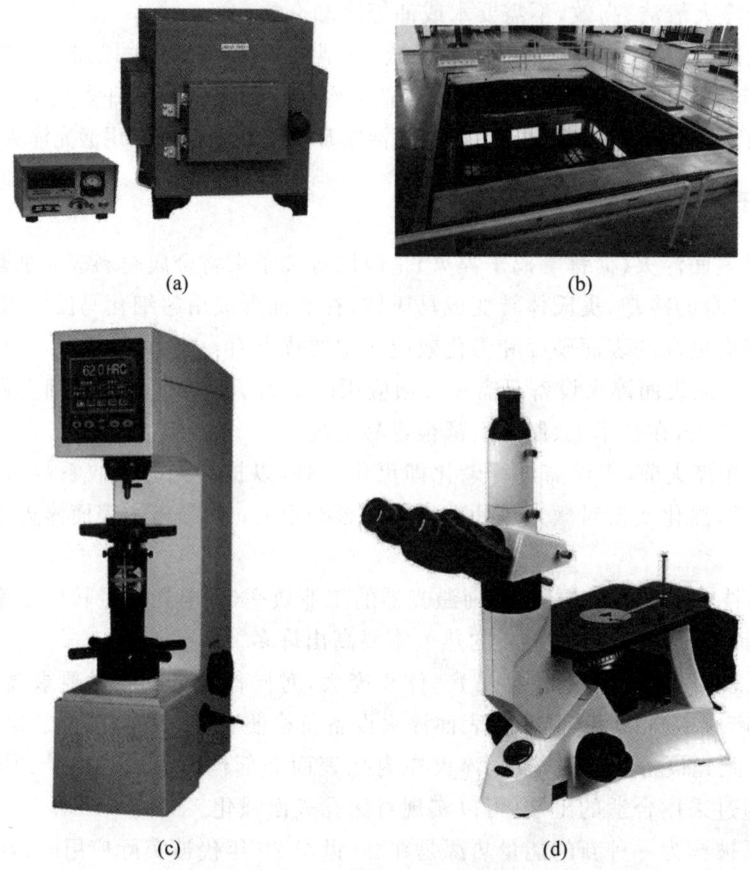

图 2-9　热处理及检测设备照片

(a) 箱式电炉；(b) 冷却槽；(c) 硬度计；(d) 金相显微镜

(5) 淬火时水温应保持在 20～30℃，水温过高要及时换水。

(6) 淬火或回火后的试样均要用砂纸打磨表面，去掉氧化皮后再测定硬度值。

思考练习题

1. 解释下列名词：

强度，硬度，塑性，冲击韧性，疲劳强度。

2. 解释下列符号的含义：

σ_b，σ_s，δ，ψ，α_k，σ_{-1}，HB，HR。

3. 什么是退火？其目的是什么？

4. 什么是正火？其目的是什么？

5. 什么是淬火？其目的是什么？

6. 什么是回火？为什么淬火后必须回火？

7. 请指出下列牌号表示何种工程材料：

Q235，45，T10，20Cr，W18Cr4V，1Cr18Ni9Ti，ZG310-570，HT200，KT450-06，QT600-03，ZL202，H90，PE，PP，PMMP，PF。

第3章 CHAPTER 3

铸造加工

实训目的和要求

(1) 了解铸造加工的工艺过程、特点和应用范围；

(2) 了解型砂、芯砂等造型材料的组成、性能及其制备过程；

(3) 掌握铸件分型面的选择原则及浇注系统的合理应用原则；

(4) 掌握手工两箱造型的各种操作技能，能独立按照实训要求完成造型、造芯、合型等工作；

(5) 了解三箱造型及刮板造型的特点和应用范围；

(6) 了解机器造型的特点和应用范围；

(7) 了解铸造加工中熔炼设备的构造、特点，以及浇注、落砂、清理等过程；

(8) 了解常见的铸造缺陷；

(9) 了解常用特种铸造方法的特点和应用；

(10) 了解铸造加工安全技术、环境保护，并能进行简单经济分析。

安全操作规程

(1) 实训时要穿好工作服，浇注时要穿戴好防护用品。

(2) 造型时，不要用嘴吹分型砂，以免砂粒飞入眼内；紧砂时不得将手放在砂箱上。

(3) 搬动砂箱时要注意轻放，不要压伤手脚，不得将造型工具乱扔、乱放，或者用工具敲击砂箱及其他物件，不得用砂互相打闹。

(4) 在造型场内行走时要注意脚下，以免踩坏砂型或被铸件、砂箱等碰伤。

(5) 熔炼浇注前必须穿戴好劳动防护用品。

(6) 浇注用具要烘干，浇包不能装满金属液；抬包时，人在前、包在后，不准和抬金属液包的人说话或并排行走。

(7) 非工作人员不要在炉前、浇注场地和行车下停留和行走。

(8) 在熔炉间及造型场地内观察熔炼与浇注时，应站在一定距离外的安全位置，不要站在浇注时往返的通道上，如遇火星或金属液飞溅时应保持镇静，不要乱跑，防止碰坏砂型或发生其他事故。

(9) 不准用冷金属或冷金属工具伸入金属液中，以免引起金属液爆溅伤人。

(10) 刚浇注后的铸件，未经许可不得触动，以免损坏铸件或烫伤人。

(11) 清理铸件时，要待温度冷却到常温，要注意周围环境，防止伤人，不要对着人打浇口或凿毛刺。

3.1 概　　述

铸造是将熔化的金属液体浇注到与零件形状相似的铸型中，待其冷却凝固后获得一定形状和性能的毛坯或零件的成形方法。

1. 铸造加工特点

铸件一般是毛坯，需经切削加工后才能成为零件。对精度要求较低和允许表面粗糙度参数值较大的零件，或经过特种铸造方法生产的铸件也可直接使用。

铸造加工方法很多，常见的有两大类。

(1) 砂型铸造：用型砂紧实成形的铸造方法。型砂来源广泛，价格低廉，且砂型铸造方法适应性强，因而是目前生产中用得最多、最基本的铸造方法。

(2) 特种铸造：与砂型铸造不同的其他铸造方法，如熔模铸造、金属型铸造、压力铸造、低压铸造和离心铸造等。

铸造加工具有以下优点：

(1) 可以制成外形和内腔十分复杂的零件或毛坯，如各种箱体、床身、机架等。

(2) 适用范围广，可铸造不同尺寸、质量及各种形状的工件；也适用于不同材料，如铸铁、铸钢、非铁合金；铸件质量可以从几克到200t以上。

(3) 原材料来源广泛，还可利用报废的机件或切屑；工艺设备费用小，成本低。

(4) 所得铸件与零件尺寸较接近，可节省金属的消耗，减少切削加工工作量。

但铸件也有力学性能较差、生产工序多、质量不稳定、工人劳动条件差等缺点。随着铸造合金、铸造工艺技术的发展，特别是精密铸造的发展和新型铸造合金的成功应用，使铸件的表面质量、力学性能都有显著提高，铸件的应用范围日益扩大。

铸件广泛用于机床制造、动力、交通运输、轻纺机械、冶金机械等设备。铸件质量占机器总质量的40%～85%。

2. 砂型铸造工艺过程

砂型铸造的工艺过程如图3-1所示。根据零件的形状和尺寸，设计制造模样和型芯盒；配制型砂和芯砂；用模样制造砂型；用型芯盒制造型芯；把烘干的型芯装入砂型并合型；将熔化的液态金属浇入铸型；凝固后经落砂、清理、检验即得铸件。图3-2为铸件生产过程流程示意图。

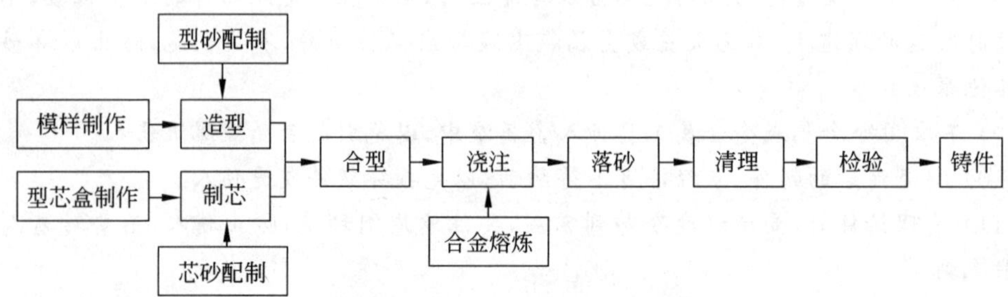

图3-1　砂型铸造的工艺过程

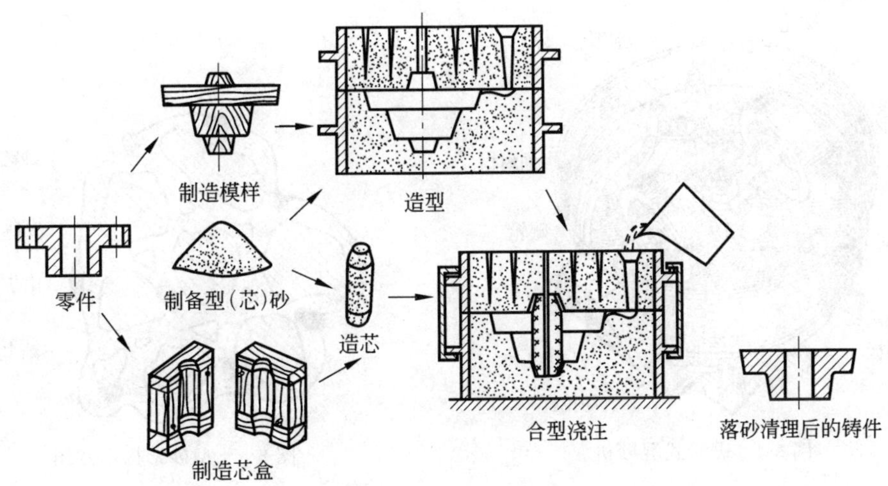

图 3-2 铸件生产过程流程示意图

3. 铸型的组成

铸型是根据零件形状用造型材料制成的，铸型可以是砂型，也可以是金属型。

砂型是由型砂(型芯砂)等造型材料制成的。它一般由上型、下型、型芯、型腔和浇注系统等组成，如图 3-3 所示。铸型之间的接合面称为分型面。铸型中造型材料所包围的空腔部分，即形成铸件本体的空腔称为型腔。液态金属通过浇注系统流入并充填型腔，产生的气体从出气口、砂型等处排出。

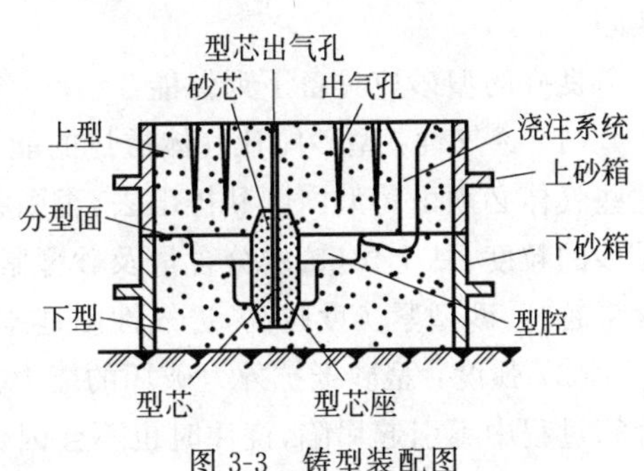

图 3-3 铸型装配图

3.2 砂型铸造工艺

1. 型砂和芯砂的制备

砂型铸造用的造型材料主要是用于制造砂型的型砂和用于制造砂芯的芯砂。通常型砂是由耐火度较高的原砂(山砂或河砂)、黏土和水按一定比例混合而成，其中黏土约为 9%，水约为 6%，其余为原砂。有时还加入少量如煤粉、植物油、木屑等附加物以提高型砂和芯砂的性能。型砂的各种原材料是在混砂机(见图 3-4)中均匀混合制成黏土砂。紧实后的型砂结构，如图 3-5 所示。

芯砂由于需求量少，一般用手工配制。有些要求高的小型铸件往往采用油砂芯(桐油+砂子，经烘烤至黄褐色而成)；大中型铸件，芯砂已普遍采用树脂砂制造。

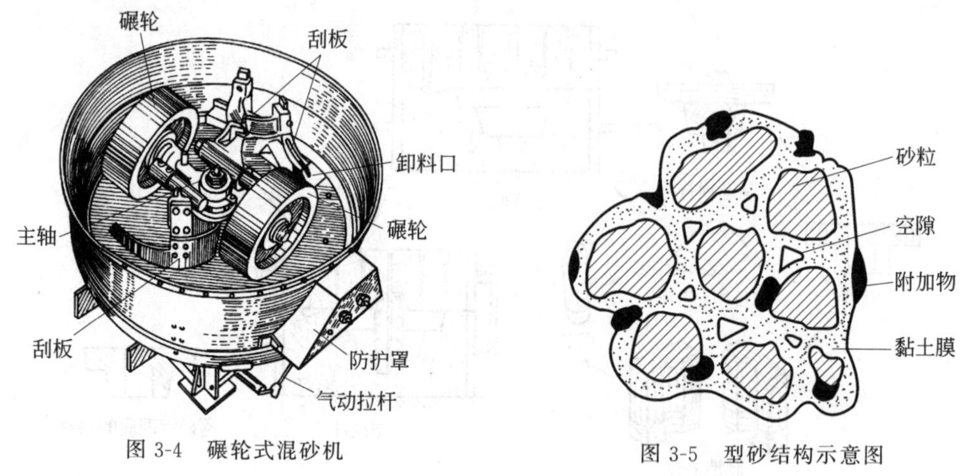

图 3-4 碾轮式混砂机

图 3-5 型砂结构示意图

2. 型砂的性能

型砂的质量直接影响铸件的质量,型砂质量差会使铸件产生气孔、砂眼、粘砂、夹砂等缺陷。

良好的型砂应具备下列性能。

(1) 透气性:型砂能让气体透过的能力。高温金属液浇入铸型后,型内充满大量气体,这些气体必须由铸型内顺利排出去,否则将使铸件产生气孔、浇不足等缺陷。铸型的透气性受砂的粒度、黏土含量、水分含量及砂型紧实度等因素的影响。砂的粒度越细,黏土及水分含量越高,砂型紧实度越高,透气性则越差。

(2) 强度:型砂抵抗外力破坏的能力。型砂必须具备足够高的强度才能在造型、搬运、合箱过程中不引起塌陷,浇注时也不会因金属液的冲击破坏铸型表面。型砂的强度也不宜过高,否则会因透气性、退让性的下降使铸件产生缺陷。

(3) 耐火性:型砂抵抗高温热作用的能力。耐火性差,铸件易产生粘砂。型砂中 SiO_2 含量越多,型砂颗粒度越大,耐火性越好。

(4) 可塑性:型砂在外力作用下变形,去除外力后能完整地保持已有形状的能力。可塑性好,造型操作方便,制成的砂型形状准确、轮廓清晰。

(5) 退让性:铸件在冷凝时,型砂可被压缩的能力。退让性不好,铸件易产生内应力或开裂。型砂越紧实,退让性越差。在型砂中加入木屑等材料可以提高退让性。

型芯所处的环境恶劣,所以芯砂性能要求比型砂高,同时芯砂的黏结剂用量(黏土、树脂、油类等)比型砂的黏结剂用量要大一些,所以其透气性不及型砂,制芯时要做出透气道(孔);为改善型芯的退让性,要加入木屑等附加物。

在单件小批生产的铸造车间里,常用手捏法来粗略判断型砂的某些性能,如用手抓起一把型砂,紧捏时感到柔软容易变形,放开后砂团不松散、不黏手,并且手印清晰;把它折断时,断面平整均匀并没有碎裂现象,同时感到具有一定强度,就认为型砂具有了合适的性能要求,如图 3-6 所示。对大批量生产的铸造用型砂、芯砂必须通过相应仪器检测其性能。

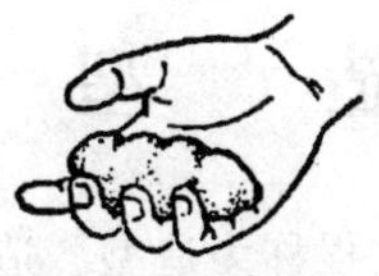

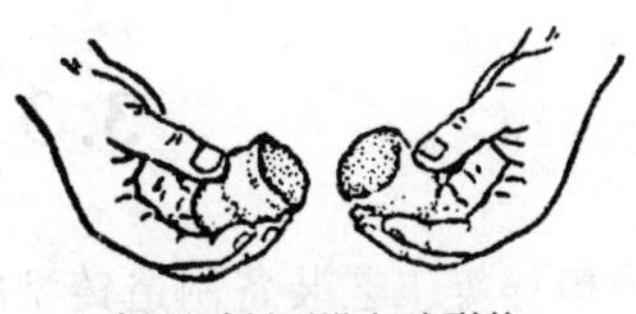

折断时断面没有碎裂状，
同时有足够的强度

图 3-6　手捏法检验型砂

3. 模样和芯盒的制造

模样是铸造加工中必要的工艺装备。对具有内腔的铸件，铸造时内腔由砂芯形成，因此还要制备造砂芯用的芯盒。制造模样和芯盒常用的材料有木材、金属和塑料。在单件、小批量生产时广泛采用木质模样和芯盒，在大批量生产时多采用金属或塑料模样、芯盒。

为了保证铸件质量，在设计和制造模样和芯盒时，必须先设计出铸造工艺图，然后根据工艺图的形状和大小，制造模样和芯盒。在设计工艺图时，要考虑下列问题。

(1) 分型面的选择：分型面是上、下砂型的分界面，选择分型面时必须使模样能从砂型中取出，并使造型方便和有利于保证铸件质量，一般分型面选择在模样的最大截面处。

(2) 拔模斜度：为了易于从砂型中取出模样，凡垂直于分型面的表面，都需做出 0.5°～4°的拔模斜度。

(3) 加工余量：铸件需要加工的表面，均需留出适当的加工余量。

(4) 收缩量：铸件冷却时要收缩，模样的尺寸应考虑铸件收缩的影响。通常用于铸铁件的需加大 1%，用于铸钢件的需加大 1.5%～2%，用于铝合金件的需加大 1%～1.5%。

(5) 铸造圆角：铸件上各表面的转折处，都要做成过渡性圆角，以利于造型及保证铸件质量。

(6) 芯头：有砂芯的砂型，必须在模样上做出相应的芯头，以支撑和固定型芯。

图 3-7 是压盖零件的铸造工艺图及相应的模样图。从图中可看出模样的形状和零件图是不完全相同的。

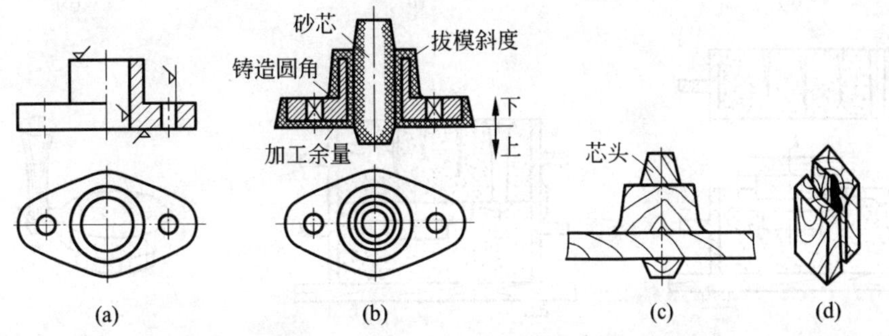

图 3-7　压盖零件的铸造工艺图及相应的模样图

(a) 零件图；(b) 铸造工艺图；(c) 模样图；(d) 芯盒

3.3 造　　型

用型砂及模样等工艺装备制造铸型的过程称为造型。造型方法可分为手工造型和机器造型两大类。

手工造型是全部用手工或手动工具紧实型砂的造型方法,其操作灵活,无论铸件结构复杂程度、尺寸大小如何,都能适应。因此在单件小批生产中,特别是不能用机器造型的重型复杂铸件,常采用手工造型。但手工造型生产率低,铸件表面质量差,要求工人技术水平高,劳动强度大。随着现代化生产的发展,机器造型已代替了大部分的手工造型。机器造型不但生产率高,而且质量稳定,是成批大量生产铸件的主要方法。

3.3.1 手工造型

手工造型的方法很多。按砂箱特征分为两箱造型、三箱造型、地坑造型等,按模样特征分为整模造型、分模造型、挖砂造型、假箱造型、活块造型和刮板造型等,可根据铸件的形状、大小和生产批量加以选择。

1. 两箱整模造型

两箱整模造型过程如图 3-8 所示。两箱整模造型的特点是：模样是整体结构,最大截面在模样一端为平面；分型面多为平面；操作简单。整模造型适用于形状简单的铸件,如盘、轴承、盖类。

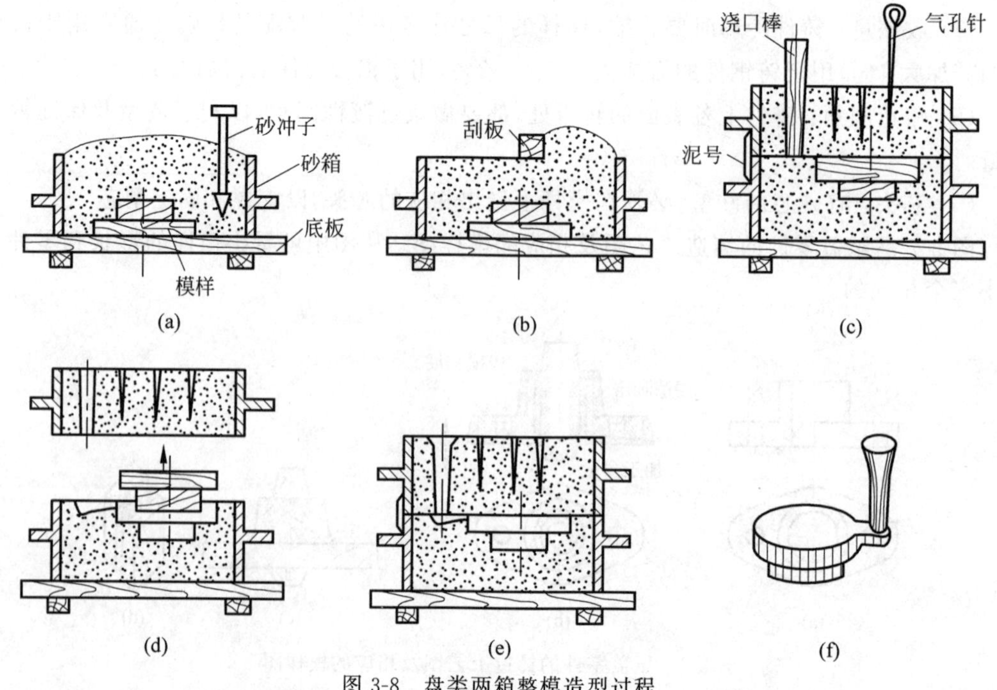

图 3-8　盘类两箱整模造型过程

(a) 造下砂型、添砂、舂砂；(b) 刮平、翻箱；(c) 撒分型砂、造上型、扎气孔、做泥号；(d) 起箱、起模、开浇口；(e) 合型；(f) 落砂后带浇口的铸件

2. 两箱分模造型

两箱分模造型的特点是：模样是分开的，模样的分开面(称为分模面)必须是模样的最大截面，以利于起模；分型面与分模面相重合。分模造型过程与整模造型基本相似，不同的是造上型时增加放上模样和取上半模样两个操作。两箱分模造型主要应用于某些没有平整表面，最大截面在模样中部的铸件，如套筒、管子和阀体等以及形状复杂的铸件。套筒的分模造型过程如图 3-9 所示。

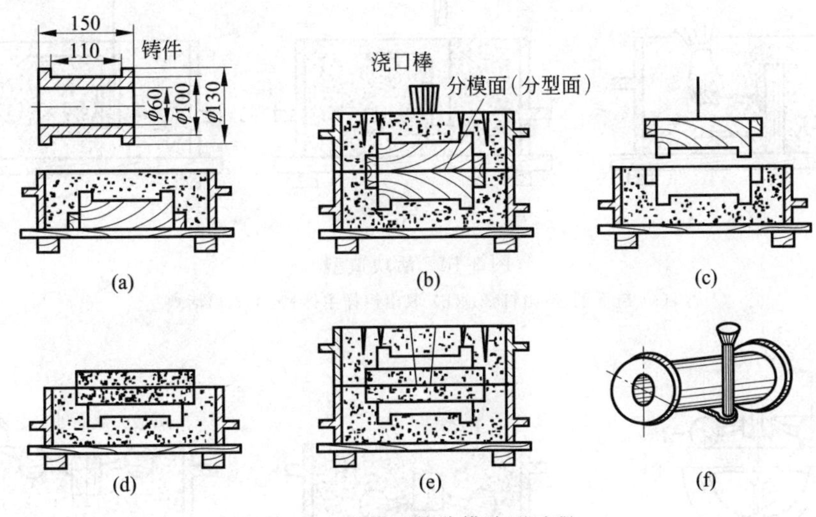

图 3-9 套筒两箱分模造型过程

(a) 造下型；(b) 造上型；(c) 开箱、起模；(d) 开浇口、下芯；(e) 合型；(f) 带浇口的铸件

3. 活块造型

模样上可拆卸或能活动的部分叫活块。当模样上有妨碍起模的侧面伸出部分(如小凸台)时，常将该部分做成活块。起模时，先将模样主体取出，再将留在铸型内的活块单独取出，这种方法称为活块造型。用钉子连接的活块造型时，如图 3-10 所示，应注意先将活块四周的型砂塞紧，然后拔出钉子。活块造型的操作难度较大，生产率低，仅适用于单件生产。

4. 挖砂造型和假箱造型

有些铸件如手轮、法兰盘等，最大截面不在端部，而模样又不能分开时，只能做成整模放在一个砂型内。为了起模，需在造好下砂型翻转后，挖掉妨碍起模的型砂至模样最大截面处，其下型分型面被挖成曲面或有高低变化的阶梯形状(称不平分型面)，这种方法称为挖砂造型。手轮的挖砂造型过程如图 3-11 所示。

挖砂造型操作麻烦，生产率低，只适用于单件生产。当成批生产时，为免去挖砂工作，采用假箱造型。如图 3-12 所示为假箱造型，如图 3-13 所示为用成形底板来代替挖砂造型，这可大大提高生产率，还可以提高铸件质量。由于只借助假箱造下型，它不用来组成铸型和参与浇注，故此得名。

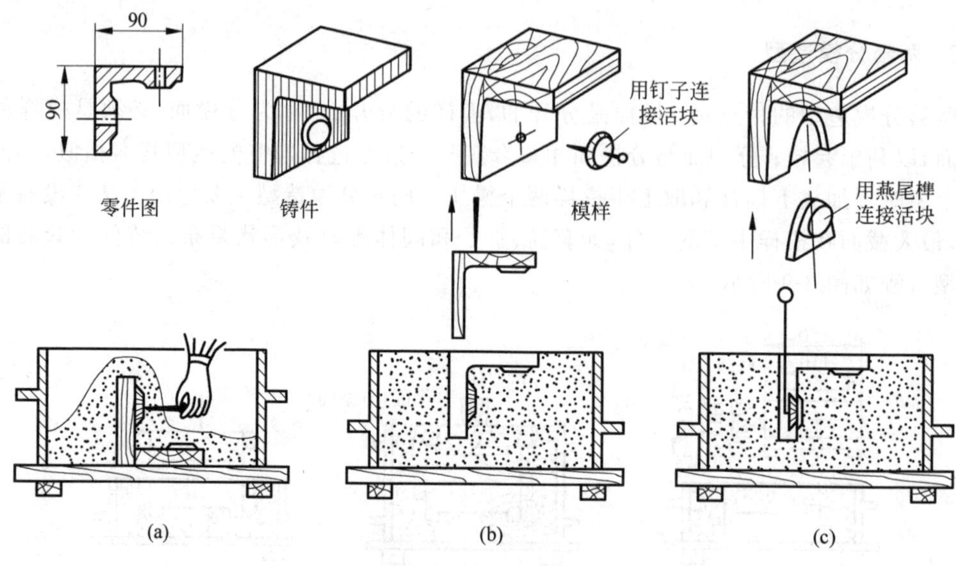

图 3-10 活块造型

(a) 造下型、拔出钉子；(b) 取出模样主体；(c) 取出活块

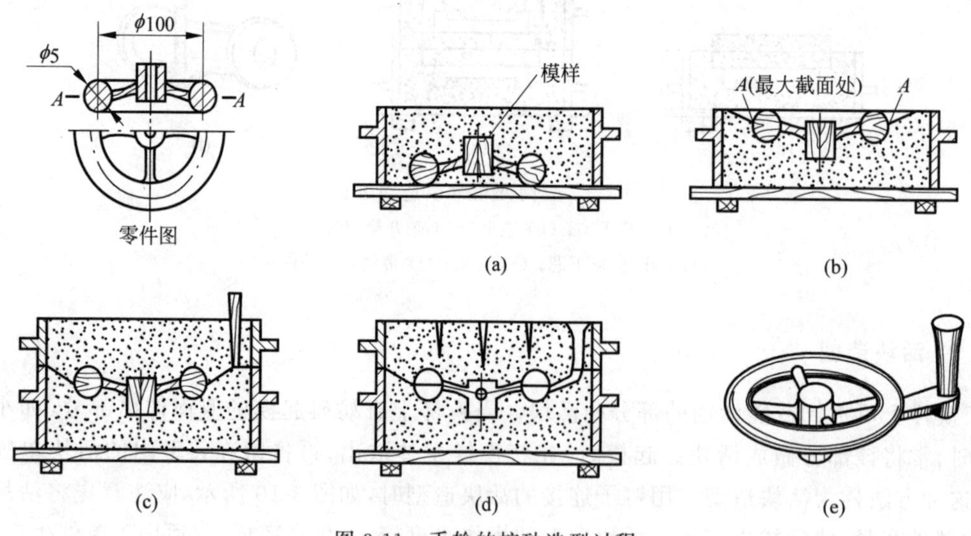

图 3-11 手轮的挖砂造型过程

(a) 造下型；(b) 翻下型、挖修分型面；

(c) 造上型、敞箱、起模；(d) 合箱；(e) 带浇口的铸件

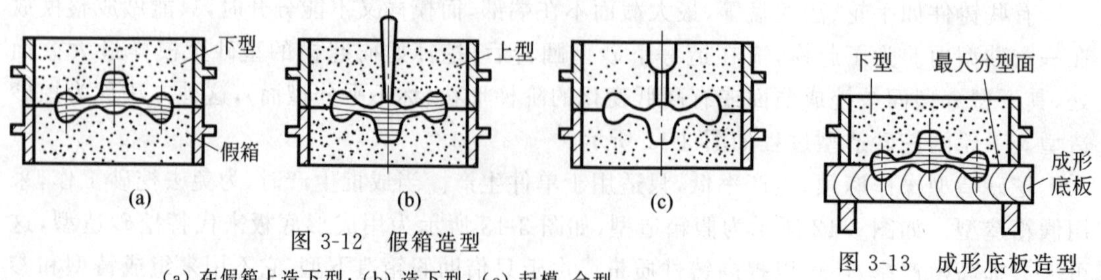

图 3-12 假箱造型

(a) 在假箱上造下型；(b) 造下型；(c) 起模、合型

图 3-13 成形底板造型

5. 三箱分模造型

用三个砂箱和分模制造铸型的过程称为三箱分模造型。前述各种造型方法都是使用两个砂箱，操作简便、应用广泛。但有些铸件如两端截面尺寸大于中间截面时，需要用上、中、下三个砂箱，并沿模样上的两个最大截面分型，即有两个分型面，同时还须将模样沿最小截面处分模，以便使模样从中箱的上、下两端取出。如图3-14所示为带轮的三箱分模造型过程。

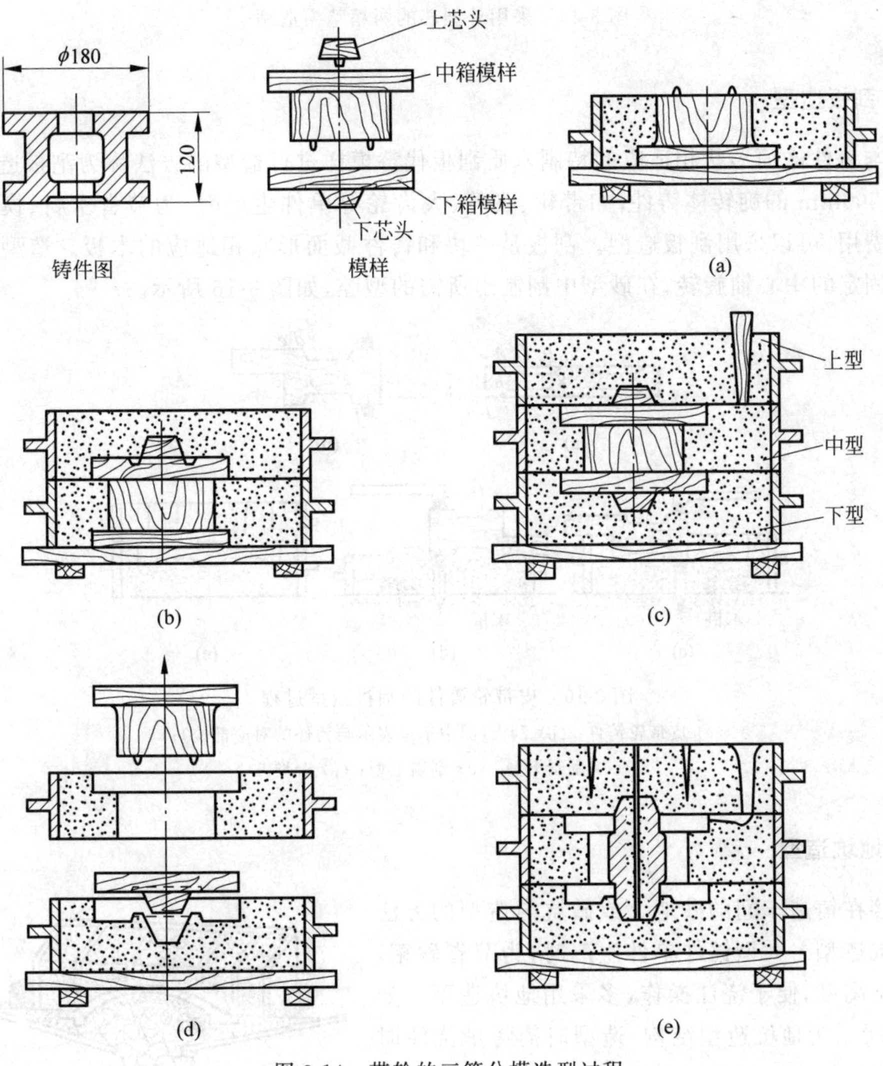

图3-14　带轮的三箱分模造型过程

(a) 造下箱；(b) 翻箱、造中箱；(c) 造上箱；(d) 依次取箱；(e) 下芯合型

三箱分模造型的操作程序复杂，必须有与模样高度相适应的中箱，因此难以应用于机器造型。当生产量大时，可采用外型芯(如环形型芯)的办法。将三箱分模造型改为两箱整模造型，如图3-15所示，以适应机器两箱造型。

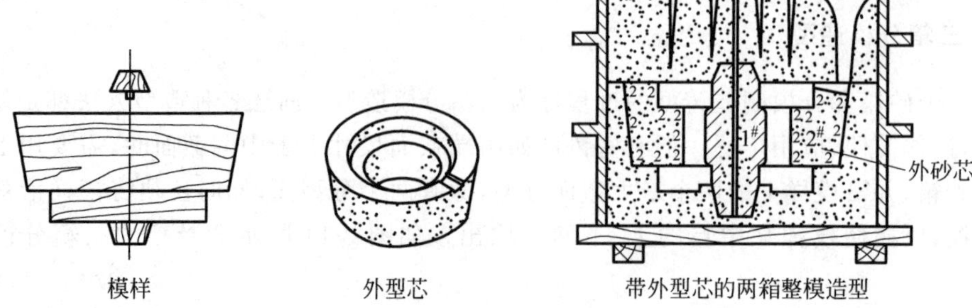

图 3-15 采用外型芯的两箱整模造型

6. 刮板造型

用与铸件截面形状相适应的特制木质刮板代替模样进行造型的方法称为刮板造型。尺寸大于 500mm 的旋转体铸件,如带轮、飞轮、大齿轮等单件生产时,为节省木材、模样加工时间及费用,可以采用刮板造型。刮板是一块和铸件截面形状相适应的木板。造型时将刮板绕着固定的中心轴旋转,在砂型中刮制出所需的型腔,如图 3-16 所示。

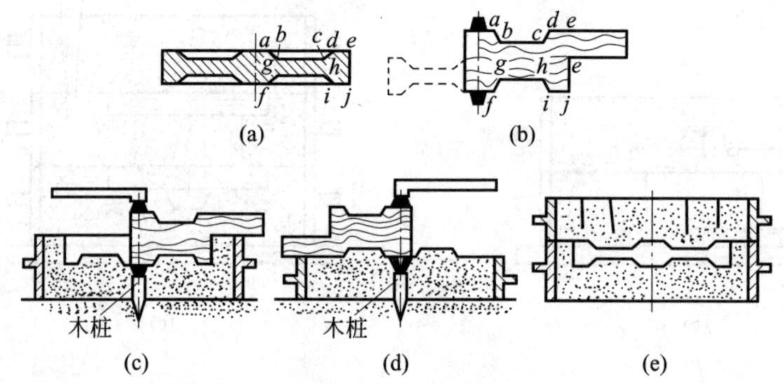

图 3-16 皮带轮铸件的刮板造型过程

(a) 皮带轮铸件;(b) 刮板(图中字母表示与铸件的对应部位);
(c) 刮制下型;(d) 刮制上型;(e) 合型

7. 地坑造型

直接在铸造车间的砂地上或砂坑内造型的方法称为地坑造型。大型铸件单件生产时,为节省砂箱,降低铸型高度,便于浇注操作,多采用地坑造型。如图 3-17 所示为地坑造型结构,造型时需考虑浇注时能顺利将地坑中的气体引出地面,常以焦炭、炉渣等透气物料垫底,并用铁管引出气体。

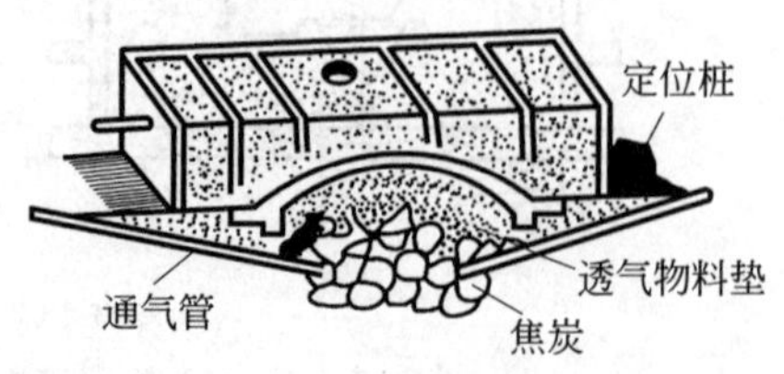

图 3-17 地坑造型结构

3.3.2 制芯

为获得铸件的内腔或局部外形,用芯砂或其他材料制成的、安放在型腔内部的铸型组元称型芯。绝大部分型芯是用芯砂制成的。砂芯的质量主要依靠配制合格的芯砂及采用正确的造芯工艺来保证。

浇注时砂芯受高温液体金属的冲击和包围，因此除要求砂芯具有与铸件内腔相应的形状外，还应具有较好的透气性、耐火性、退让性、强度等性能，故要选用杂质少的石英砂和植物油、树脂、水玻璃等黏结剂来配制芯砂，并在砂芯内放入金属芯骨和扎出通气孔以提高强度和透气性。

形状简单的大、中型型芯，可用黏土砂来制造。但对形状复杂和性能要求很高的型芯来说，必须采用特殊黏结剂来配制，如采用油砂、合脂砂和树脂砂等。

另外，型芯砂还应具有一些特殊的性能，如吸湿性要低(以防止合箱后型芯返潮)，发气要少(金属浇注后，型芯材料受热而产生的气体应尽量少)，出砂性要好(以便于清理时取出型芯)。

型芯一般是用芯盒制成的，其开式芯盒制芯是常用的手工制芯方法，适用于圆形截面的较复杂型芯。其制芯过程见图 3-18。

芯盒常用的材料有木材、金属和塑料。在单件、小批量生产时广泛采用木质模样和芯盒，在大批量生产时多采用金属或塑料模样、芯盒。

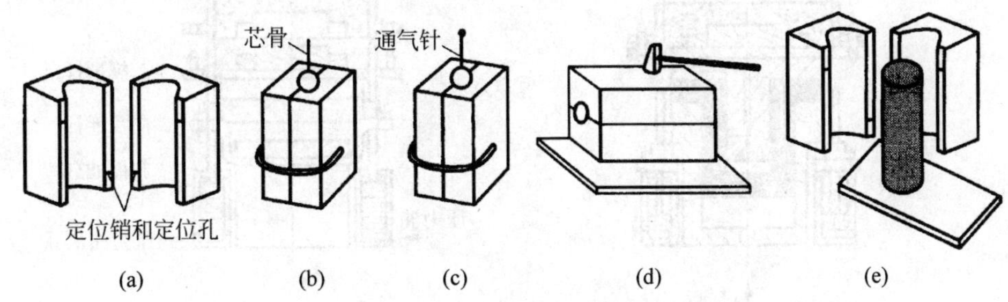

图 3-18 对开式芯盒制芯

(a) 准备芯盒；(b) 夹紧芯盒，分次加入芯砂、芯骨，舂砂；(c) 刮平、扎通气孔；(d) 松开夹子，轻敲芯盒；(e) 打开芯盒，取出砂芯，上涂料

3.3.3 机器造型

机器造型的实质是把造型过程中的主要操作——紧砂与起模实现机械化。为了提高生产率，采用机器造型的铸件，应尽可能避免活块和砂芯，同时机器造型只适合两箱造型，因无法造出中箱，故不能进行三箱造型。机器造型根据紧砂和起模方式不同，有气动微振压实造型、射压造型、高压造型、抛砂造型。

1. 气动微振压实造型机

以压缩空气为动力，在高频率(700～1000 次/min)、低振幅(5～10mm)微振下，利用型砂的惯性紧实作用，同时或随后加压紧实型砂的方法，常采用两台造型机配对使用，分别在上型和下型。这种造型机噪声较小，型砂紧实度均匀，生产率高。气动微振压实造型机紧砂原理如图 3-19 所示。

2. 多触头高压造型

高压造型的压实比压大于 0.7MPa，砂型紧实度高，铸件尺寸精度较高，铸件表面粗糙度低，铸件致密性好。高压造型辅机多，砂箱数量大，造价高，需造型流水线配套。高压造型比较适用于像汽车制造这类生产批量大、质量要求高的现代化生产，我国各大汽车制造厂已有这类生产线的引进。

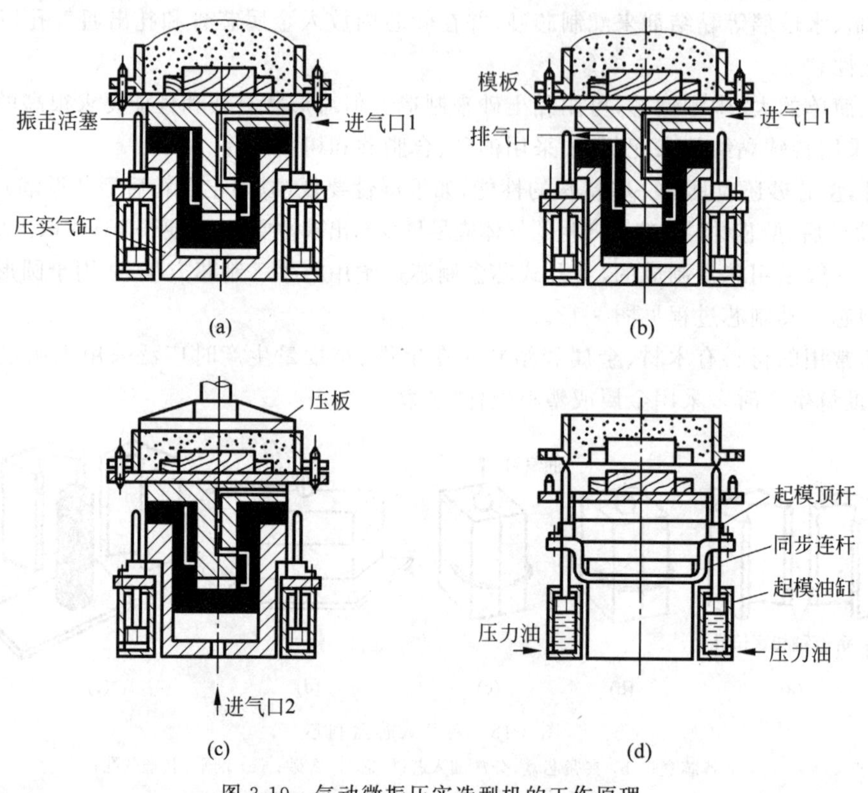

图 3-19　气动微振压实造型机的工作原理

(a) 填砂；(b) 振击紧砂；(c) 辅助压实；(d) 起模

多触头由许多可单独动作的触头组成，可分为主动伸缩的主动式触头和浮动式触头。使用较多的是弹簧复位浮动式多触头，如图 3-20 所示，以适应不同形状的模样，使整个型砂得到均匀的紧实度。多触头高压造型通常也配备气动微振装置，以便增强工作适应能力。

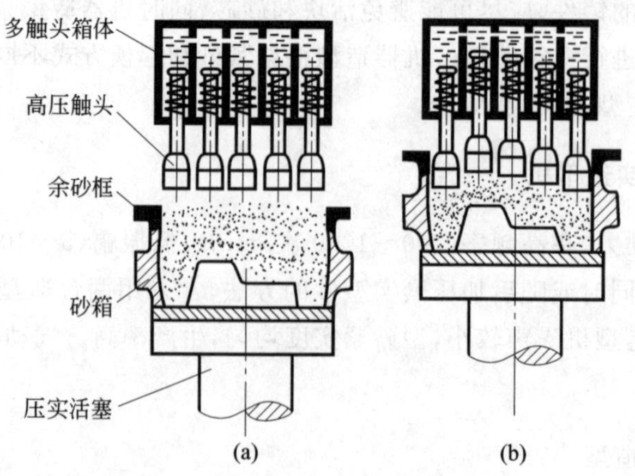

图 3-20　多触头高压造型工作原理

(a) 原始位置；(b) 压实位置

3.3.4 浇冒口系统

1. 浇注系统

浇注系统是为金属液流入型腔而开设于铸型中的一系列通道。其作用是：平稳、迅速地注入金属液；阻止熔渣、砂粒等进入型腔；调节铸件各部分温度，补充金属液在冷却和凝固时的体积收缩。

正确地设置浇注系统，对保证铸件质量、降低金属的消耗具有重要的意义。若浇注系统开设得不合理，铸件易产生冲砂、砂眼、渣孔、浇不到、气孔和缩孔等缺陷。典型的浇注系统由外浇口、直浇道、横浇道和内浇道四部分组成，如图 3-21 所示。对形状简单的小铸件可以省略横浇道。

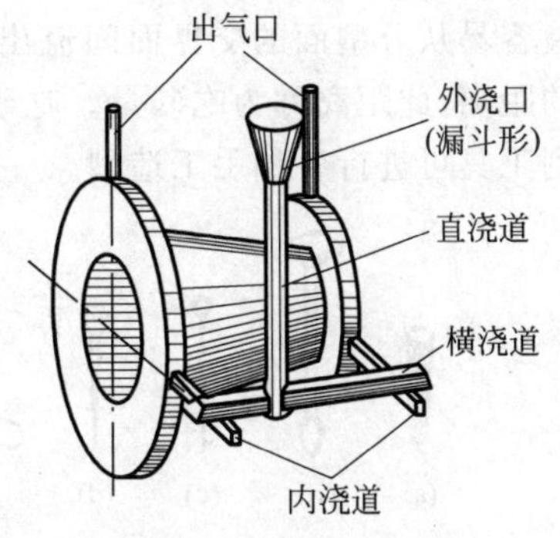

图 3-21 典型浇注系统

(1) 外浇口：其作用是容纳注入的金属液并缓解液态金属对砂型的冲击。小型铸件通常为漏斗状(称浇口杯)，较大型铸件为盆状(称浇口盆)。

(2) 直浇道：连接外浇口与横浇道的垂直通道。改变直浇道的高度可以改变金属液的静压力大小和金属液的流动速度，从而改变液态金属的充型能力。如果直浇道的高度或直径太小，会使铸件产生浇不足的现象。为便于取出直浇道棒，直浇道一般做成上大下小的圆锥形。

(3) 横浇道：将直浇道的金属液引入内浇道的水平通道。横浇道一般开设在砂型的分型面上，其截面形状一般是高梯形，并位于内浇道的上面。横浇道的主要作用是分配金属液进入内浇道和起挡渣作用。

(4) 内浇道：直接与型腔相连，并能调节金属液流入型腔的方向和速度，调节铸件各部分的冷却速度。内浇道的截面形状一般是扁梯形和月牙形，也可为三角形。

2. 冒口

常见的缩孔、缩松等缺陷是由于铸件冷却凝固时体积收缩而产生的。为防止缩孔和缩松，往往在铸件的顶部或厚大部位以及最后凝固的部位设置冒口。冒口中的金属液可不断地补充铸件的收缩，从而使铸件避免出现缩孔、缩松。常用的冒口分为明冒口和暗冒口。冒口的上口露在铸型外的称为明冒口，明冒口的优点是有利于型内气体排出，便于从冒口中补加热金属液；缺点是消耗金属液多。位于铸型内的冒口称为暗冒口，浇注时看不到金属液冒出，其优点是散热面积小，补缩效率高，利于减小金属液消耗。冒口是多余部分，清理时要切除掉。冒口除了补缩作用外，还有排气和集渣的作用。

3.3.5 造型的基本操作

造型方法很多，但每种造型方法大都包括舂砂、起模、修型、合型等工序。

1. 造型模样

模样是铸造加工中必要的工艺装备。用木材、金属或其他材料制成的铸件原形统称为模样,它是用来形成铸型的型腔。用木材制作的模样称为木模,用金属或塑料制成的模样称为金属模或塑料模。目前大多数工厂使用的是木模。模样的外形与铸件的外形相似,不同的是铸件上如有孔穴,在模样上不仅实心无孔,而且要在相应位置制作出芯头。

2. 造型前的准备工作

(1) 准备造型工具,选择平整的底板和大小适应的砂箱。砂箱选择过大,不仅消耗过多的型砂,而且浪费舂砂工时。砂箱选择过小,则模样周围的型砂舂不紧,在浇注的时候金属液容易从分型面的交界面间流出。通常,模样与砂箱内壁及顶部之间须留有 30～100mm 的距离,此距离称为吃砂量。吃砂量的具体数值视模样大小而定。使用如图 3-22 所示的造型工具可进行各种手工造型。

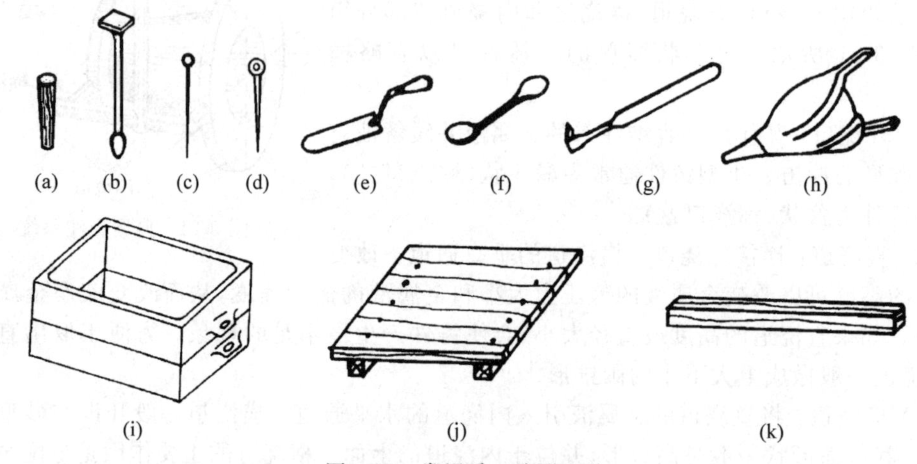

图 3-22 常用手工造型工具

(a) 浇口棒; (b) 砂冲子; (c) 通气针; (d) 起模针; (e) 墁刀;
(f) 秋叶; (g) 砂钩; (h) 皮老虎; (i) 砂箱; (j) 底板; (k) 刮砂板

(2) 擦净模样,以免造型时型砂粘在模样上,造成起模时损坏型腔。

(3) 安放模样时,应注意模样上的斜度方向,不要把它放错。

3. 舂砂

(1) 舂砂时必须分次加入型砂。对小砂箱每次加砂厚为 50～70mm。加砂过多舂不紧,而加砂过少又浪费工时。第一次加砂时须用手将模样周围的型砂按紧,以免模样在砂箱内的位置移动。然后用舂砂锤的尖头部位分次舂紧,最后改用舂砂锤的平头舂紧型砂的最上层。

(2) 舂砂应按一定的路线进行。切不可东一下、西一下乱舂,以免各部分松紧不一。

(3) 舂砂用力大小应该适当,不要过大或过小。用力过大,砂型太紧,浇注时型腔内的气体跑不出来; 用力过小,砂型太松易塌箱。同一砂型各部分的松紧是不同的,靠近砂箱内壁应舂紧,以免塌箱。靠近型腔部分,砂型应稍紧些,以承受液体金属的压力。远离型腔的砂层应适当松些,以利透气。

(4) 舂砂时应避免舂砂锤撞击模样。一般舂砂锤与模样相距 20～40mm,否则易损坏模样。

4. 撒分型砂

在造上砂型之前，应在分型面上撒一层细粒无黏土的干砂(即分型砂)，以防止上、下砂箱粘在一起开不了箱。撒分型砂时，手应距砂箱稍高，一边转圈、一边摆动，使分型砂经指缝缓慢而均匀散落下来，薄薄地覆盖在分型面上。最后应将模样上的分型砂吹掉，以免在造上砂型时，分型砂粘到上砂型表面，而在浇注时被液体金属冲落下来导致铸件产生缺陷。

5. 扎通气孔

除了保证型砂有良好的透气性外，还要在已舂紧和刮平的型砂上，用通气针扎出通气孔，以便浇注时气体易于逸出。通气孔要垂直而且均匀分布。

6. 开外浇口

外浇口应挖成60°的锥形，大端直径60～80mm(视铸件大小而定)。浇口面应修光，与直浇道连接处应修成圆弧过渡，以引导液体金属平稳流入砂型。若外浇口挖得太浅而成碟形，则浇注液体金属时会四处飞溅伤人。

7. 做合箱线

若上、下砂箱没有定位销，则应在上、下砂型打开之前，在砂箱壁上做出合箱线。最简单的方法是在箱壁上涂上粉笔灰，然后用划针画出细线。需进炉烘烤的砂箱，则用砂泥黏附在砂箱壁上，用墁刀抹平后，再刻出线条，称为打泥号。合箱线应位于砂箱壁上两直角边最远处，以保证 x 和 y 方向均能定位。两处合箱线的线数应不相等，以免合箱时弄错。做线完毕，即可开箱起模。

8. 起模

(1) 起模前要用水笔蘸些水，刷在模样周围的型砂上，以防止起模时损坏砂型型腔。刷水时应一刷而过，不要使水笔停留在某一处，以免局部水分过多而在浇注时产生大量水蒸气，使铸件产生气孔缺陷。

(2) 起模针位置要尽量与模样的重心铅垂线重合。起模前，要用小锤轻轻敲打起模针的下部，使模样松动，便于起模。

(3) 起模时，慢慢将模样垂直提起，待模样即将全部起出时，快速取出。起模时注意不要偏斜和摆动。

9. 修型

起模后，型腔如有损坏，应根据型腔形状和损坏程度，正确使用各种修型工具进行修补。如果型腔损坏较大，可将模样重新放入型腔进行修补，然后再起出。

10. 合型

将上型、下型、型芯、浇口杯等组合成一个完整铸型的操作过程称为合型，又称合箱。合型是制造铸型的最后一道工序，直接关系到铸件的质量。即使铸型和型芯的质量很好，若合型操作不当，也会引起气孔、砂眼、错箱、偏芯、飞边和跑火等缺陷。

合型工作包括：

(1) 铸型的检验和装配。检查型芯是否烘干，有无破损。下芯前，应先清除型腔、浇注系统和型芯表面的浮砂，并检查型腔形状、尺寸和排气道是否通畅。型砂在砂型中的位置应该准确稳固，避免浇注时被液体金属冲偏，在芯头与砂型芯座的间隙处填满泥条或干砂，防止浇注时金属液钻入芯头而堵死排气道，然后导通砂芯和砂型的排气道。最后，平稳、准确地合上上型，合箱时应注意使上砂箱保持水平下降，并应对准合箱线，防止错箱。合箱后最好用纸或木片盖住浇口，以免砂子或杂物落入浇口中。

(2) 铸型的紧固。为避免由于金属液作用于上砂箱引发的抬箱力而造成的缺陷，装配好的铸型需要紧固。单件小批生产时，多使用压铁压箱，压铁质量一般为铸件质量的 3～5 倍。成批、大量生产时，可使用压铁、卡子或螺栓紧固铸型。紧固铸型时应注意用力均匀、对称；先紧固铸型，再拔合型定位销；压铁应压在砂箱箱壁上。铸型紧固后即可浇注，待铸件冷凝后，开箱落砂清理便可获得铸件。

3.4 金属的熔炼与浇注

金属熔炼的目的是要获得符合要求的液态金属。不同类型的金属，需要采用不同的熔炼方法及设备。如铸铁的熔炼多采用冲天炉；钢的熔炼是用转炉、平炉、电弧炉、感应电炉等；而非铁金属如铝、铜合金等的熔炼，则用坩埚炉。

3.4.1 铸铁的熔炼

在铸造加工中，铸铁件占铸件总质量的 70%～75%，其中绝大多数采用灰铸铁。为获得高质量的铸铁件，首先要熔化出优质铁水。

1. 铸件的熔炼要求

(1) 铁水温度要高；

(2) 铁水化学成分要稳定在所要求的范围内；

(3) 提高生产率，降低成本。

2. 铸件的熔炼设备

1) 冲天炉的构造

冲天炉是铸铁熔炼的设备，如图 3-23 所示。炉身是用钢板弯成的圆筒形，内砌以耐火砖炉衬。炉身上部有加料口、烟囱、火花罩，中部有热风胆，下部有热风带，风带通过风口与炉内相通。从鼓风机送来的空气，通过热风胆加热后经风带进入炉内，供燃烧用。风口以下为

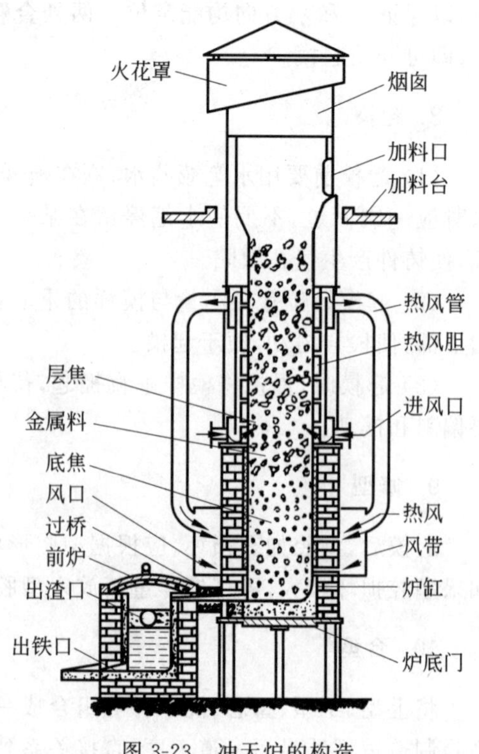

图 3-23 冲天炉的构造

炉缸,熔化的铁液及炉渣从炉缸底部流入前炉。

冲天炉的大小是以每小时能熔炼出铁液的质量来表示,常用的为1.5～10t/h。

2) 冲天炉炉料及其作用

(1) 金属料:包括生铁、回炉铁、废钢和铁合金等。生铁是对铁矿石经高炉冶炼后的铁碳合金块,是生产铸铁件的主要材料;回炉铁如浇口、冒口和废铸件等,利用回炉铁可节约生铁用量,降低铸件成本;废钢是机械加工车间的钢料头及钢切屑等,加入废钢可降低铁液碳的含量,提高铸件的力学性能;铁合金如硅铁、锰铁、铬铁以及稀土合金等,用于调整铁液化学成分。

(2) 燃料:冲天炉熔炼多用焦炭作燃料。通常焦炭的加入量一般为金属料的1/12～1/8,这一数值称为焦铁比。

(3) 熔剂:主要起稀释熔渣的作用。在炉料中加入石灰石($CaCO_3$)和萤石(CaF_2)等矿石,会使熔渣与铁液容易分离,便于熔渣清除。熔剂的加入量为焦炭的25%～30%。

3) 冲天炉的熔炼原理

在冲天炉熔炼过程中,炉料从加料口加入,自上而下运动,被上升的高温炉气预热,温度升高;鼓风机鼓入炉内的空气使底焦燃烧,产生大量的热。当炉料下落到底焦顶面时,开始熔化。铁水在下落过程中被高温炉气和灼热焦炭进一步加热(过热),过热的铁水温度可达1600℃左右,然后经过过桥流入前炉。此后铁水温度稍有下降,最后出铁温度为1380～1430℃。

冲天炉内铸铁熔炼的过程并不是金属炉料简单重熔的过程,而是包含一系列物理、化学变化的复杂过程。熔炼后的铁水成分与金属炉料相比较,碳的质量分数有所增加;硅、锰等合金元素含量因烧损会降低;硫含量升高,这是由焦炭中的硫进入铁水中所引起的。

3.4.2 铝合金的熔炼

铸铝是工业生产中应用最广泛的铸造非铁合金之一。由于铝合金的熔点低,熔炼时极易氧化、吸气,合金中的低沸点元素(如镁、锌等)极易蒸发烧损,故铝合金的熔炼应在与燃料和燃气隔离的状态下进行。

1. 铝合金的熔炼设备

铝合金的熔炼一般是在坩埚炉内进行的,根据所用热源不同,有焦炭加热坩埚炉、电加热坩埚炉等不同形式,如图3-24所示。

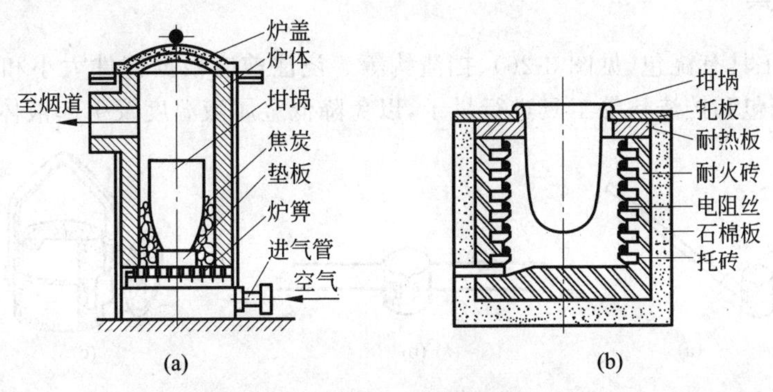

图3-24 铝合金熔炼设备

(a) 焦炭坩埚炉;(b) 电阻坩埚炉

通常用的坩埚有石墨坩埚和铁质坩埚两种。石墨坩埚是用耐火材料和石墨混合并成形经烧制而成。铁质坩埚是由铸铁或铸钢铸造而成,可用于铝合金等低熔点合金的熔炼。

2. **铝合金的熔炼与浇注**

铝合金的熔炼过程如图 3-25 所示。

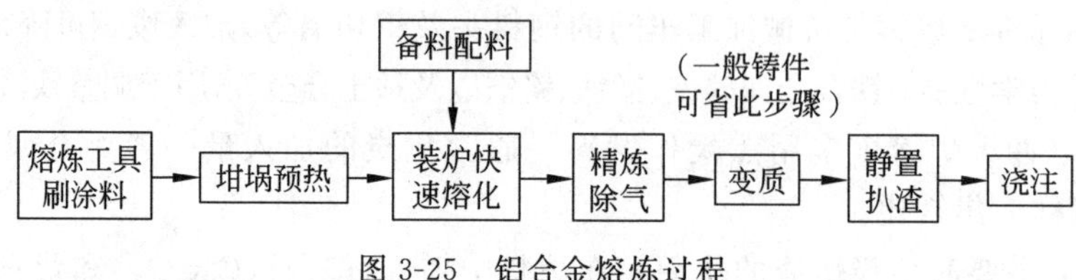

图 3-25 铝合金熔炼过程

(1) 根据牌号要求进行配料计算和备料:所有炉料均要烘干后再投入坩埚内,尤其是在湿度大的时节,以免铝液含气量大,即使通过除气工序也很难除净。

(2) 空坩埚预热:预热空坩埚到暗红后再投入金属料并加入烘干后的覆盖剂,快速升温熔化。注意,在铝合金熔炼中所使用的所有工具都应预热干燥,以防潮湿工具与铝液接触时产生爆炸。

(3) 精炼:常使用六氯乙烷(C_2Cl_6)或同类精炼剂精炼。用钟罩(形状如反转的漏勺)压入占炉料总量 0.2%~0.3%的六氯乙烷(C_2Cl_6)(最好压成块状),钟罩压入深度距坩埚底部 100~150mm,并作水平缓慢移动。因 C_2Cl_6 和铝液发生反应形成大量气泡,将铝液中的 H_2 及 Al_2O_3 夹杂物带到液面,使合金得到净化。除气精炼后立刻除去熔渣,静置 5~10min。

(4) 变质:对要求提高力学性能的铸件还应在精炼后,在 730~750℃时,用钟罩压入占炉料总量 1%~2%的变质剂。常用变质剂配方为 35%的 NaCl+65%的 NaF。

(5) 浇注:对于一般要求的铸件在检查其含气量后就可浇注。浇注时视铸件厚薄和铝液温度高低,分别控制不同的浇注速度。

3.4.3 合金的浇注

把液体合金浇入铸型的过程称为浇注,浇注是铸造加工中的一个重要环节。浇注工艺是否合理,不仅影响铸件质量,还涉及工人的安全。

1. **浇注工具**

浇注常用工具有浇包(见图 3-26)、挡渣钩等。浇注前应根据铸件大小和批量选择合适的浇包,并对浇包和挡渣钩等工具进行烘干,以免降低金属液温度及引起液体金属的飞溅。

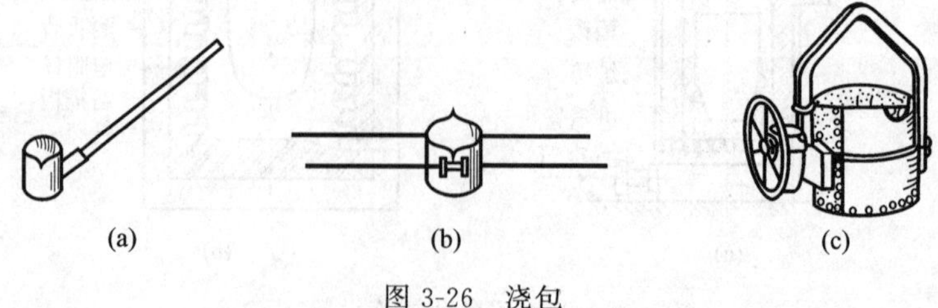

图 3-26 浇包

(a) 手提浇包;(b) 抬包;(c) 吊包

2. 浇注工艺

1）浇注温度

若浇注温度过高，则金属液在铸型中收缩量增大，易产生缩孔、裂纹及粘砂等缺陷；若温度过低，则金属液流动性差，又容易出现浇不足、冷隔和气孔等缺陷。合适的浇注温度应根据合金种类和铸件的大小、形状及壁厚来确定。对形状复杂的薄壁灰铸铁件，浇注温度为1400℃左右；对形状较简单的厚壁灰铸铁件，浇注温度为1300℃左右即可；而铝合金的浇注温度一般在700℃左右。

2）浇注速度

若浇注速度太慢，则铁液冷却快，易产生浇不足、冷隔以及夹渣等缺陷；若浇注速度太快，则会使铸型中的气体来不及排出而产生气孔，同时易造成冲砂、抬箱和跑火等缺陷。铝合金液浇注时勿断流，以防铝液氧化。

3）浇注的操作

浇注前应估算好每个铸型需要的金属液量，安排好浇注路线，浇注时应注意挡渣。浇注过程中应保持外浇口始终充满，这样可防止熔渣和气体进入铸型。

浇注结束后，应将浇包中剩余的金属液倾倒到指定地点。

4）浇注时的注意事项

(1）浇注是高温操作，必须注意安全，必须穿着工作服和工作皮鞋；

(2）浇注前，必须清理浇注时行走的通道，预防意外跌撞；

(3）必须烘干、烘透浇包，检查砂型是否紧固；

(4）浇包中金属液不能盛装太满，吊包液面应低于包口100mm左右，抬包和端包液面应低于包口60mm左右。

3.4.4 铸件的落砂及清理

1. 落砂

将铸件从砂型中取出来的过程称为落砂，落砂前要掌握好开箱时间。开箱过早会造成铸件表面硬而脆，使机械加工困难；开箱太晚则会增加场地的占用时间，影响生产效率。一般在浇注后1h左右开始落砂。

落砂的方法有手工落砂和机械落砂两种。在小批量生产中，一般采用手工落砂；在大批量生产中则多采用振动落砂机落砂，如图3-27所示。

2. 清理

(1）去除浇冒口：铸铁件可用铁锤敲掉浇冒口；铸钢件则要用气割割掉；有色金属用锯子锯掉。

(2）清除型芯：铸件内部的型芯及芯骨多用手工清除。对于批量生产，也可用振动出芯机或水力清砂装置清除型芯。

(3）清理表面粘砂：铸件表面往往会黏结一层被烧结的砂子需要清除。轻者可用钢丝刷刷掉，重者则需用錾子、风铲等工具消除。批量较大时，大、中型铸件可以在抛丸室内进行

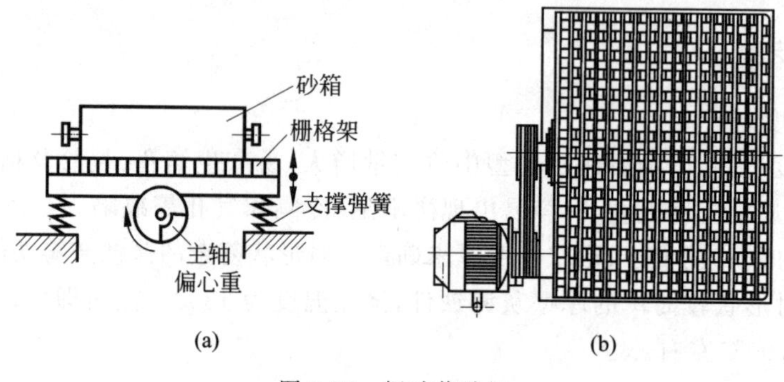

图 3-27 振动落砂机

(a) 原理图；(b) 外形图

清理(这里不予介绍)，小型铸件可用抛丸清理滚筒进行清理，如图 3-28 所示。

(4) 去除毛刺和披缝：用錾子、风铲、砂轮等工具去除掉铸件上的毛刺和飞边，并进行打磨，尽量使铸件轮廓清晰、表面光洁。

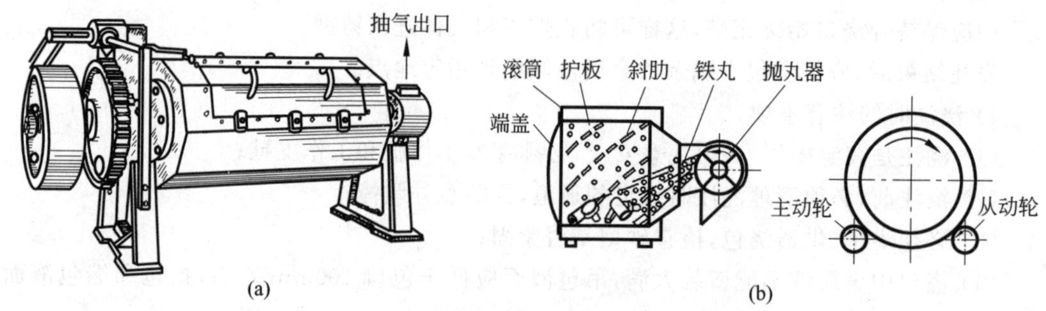

图 3-28 抛丸清理滚筒

(a) 清理滚筒；(b) 抛丸清理滚筒

3.5 铸件常见缺陷的分析

在实际生产中，常需对铸件缺陷进行分析，其目的是找出产生缺陷的原因，以便采取措施加以防止。铸件的缺陷很多，常见的铸件缺陷名称、特征及产生的主要原因见表 3-1。分析铸件缺陷及其产生原因是很复杂的，有时可见到在同一个铸件上出现多种不同原因引起的缺陷，或同一原因在生产条件不同时会引起多种缺陷。

表 3-1 常见的铸件缺陷的名称、特征及其产生原因和防止措施

缺陷名称	缺陷特征	产生的主要原因	防止措施
气孔	气孔 在铸件内部或表面有大小不等的光滑孔洞	1. 型砂含水过多，透气性差； 2. 起模和修型时刷水过多； 3. 砂芯烘干不良或砂芯通气孔堵塞； 4. 浇注温度过低或浇注速度太快等	1. 控制型砂水分，提高透气性； 2. 造型时应注意不要舂砂过紧； 3. 适当提高浇注温度； 4. 扎出气孔，设置出气冒口

续表

缺陷名称	缺陷特征	产生的主要原因	防止措施
缩孔	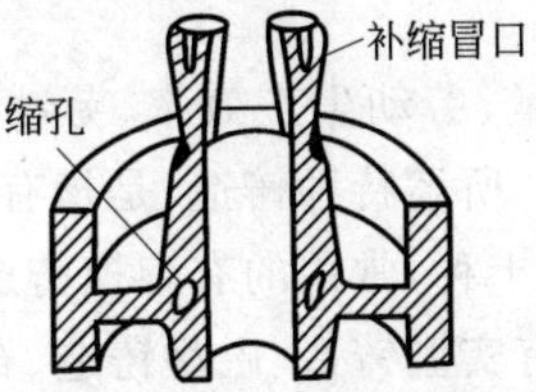 补缩冒口 缩孔 缩孔多分布在铸件厚断面处,形状不规则,孔内粗糙	1. 铸件结构不合理,如壁厚相差过大,造成局部金属积聚; 2. 浇注系统和冒口的位置不对,或冒口过小; 3. 浇注温度太高,或金属化学成分不合格,收缩过大	1. 合理设计铸件结构,使壁厚尽量均匀; 2. 适当降低浇注温度,采用合理的浇注速度; 3. 合理设计、布置冒口,提高冒口的补缩能力
砂眼	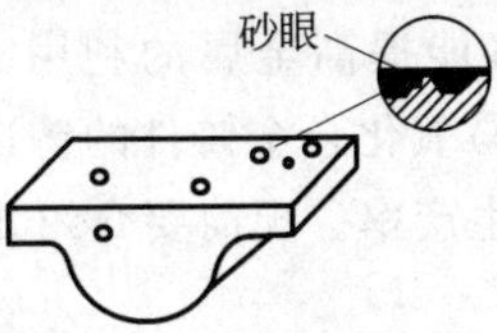 砂眼 在铸件内部或表面有充塞砂粒的孔眼	1. 型砂和芯砂的强度不够; 2. 砂型和砂芯的紧实度不够; 3. 合箱时铸型局部损坏; 4. 浇注系统不合理,冲坏了铸型	1. 提高造型材料的强度; 2. 适当提高砂型的紧实度; 3. 合理开设浇注系统
粘砂	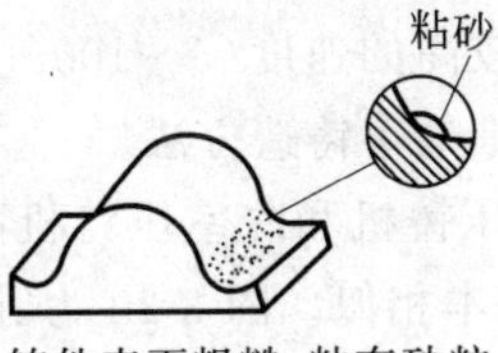 粘砂 铸件表面粗糙,粘有砂粒	1. 型砂和芯砂的耐火性不够; 2. 浇注温度太高; 3. 未刷涂料或涂料太薄	1. 选择杂质含量低、耐火度良好的原砂; 2. 在铸型型腔表面刷耐火涂料; 3. 尽量选择较低的浇注温度
错箱	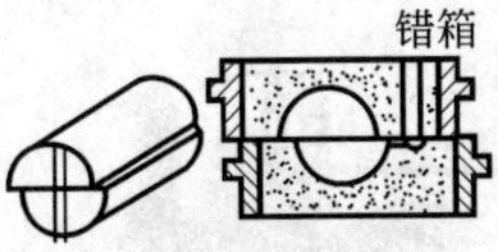 错箱 铸件在分型面有错移	1. 模样的上半模和下半模未对好; 2. 合箱时,上、下砂箱未对准	查明原因,认真操作
裂纹	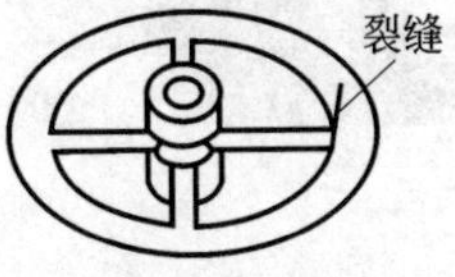 裂缝 铸件开裂,开裂处金属表面氧化	1. 铸件的结构不合理,壁厚相差太大; 2. 砂型和砂芯的退让性差; 3. 落砂过早	1. 合理设计铸件结构,减小应力集中的产生; 2. 提高铸型与型芯的退让性; 3. 控制砂型的紧实度
冷隔	 冷隔 铸件上有未完全融合的缝隙或洼坑,其交接处是圆滑的	1. 浇注温度太低; 2. 浇注速度太慢或浇注过程曾有中断; 3. 浇注系统位置开设不当或浇道太小	1. 根据铸件结构的结构特点,正确设计浇注系统与冷铁; 2. 适当提高浇注温度
浇不足	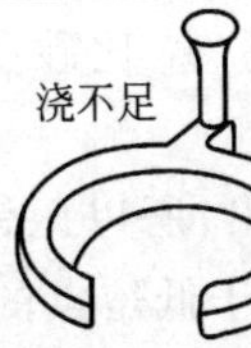 浇不足 铸件外形不完整	1. 浇注时金属量不够; 2. 浇注时液体金属从分型面流出; 3. 铸件太薄; 4. 浇注温度太低; 5. 浇注速度太慢	1. 根据铸件的结构特点,正确设计浇注系统与冷铁; 2. 适当提高浇注温度

3.6 特种铸造

随着科学技术的发展和生产水平的提高，对铸件质量、劳动生产效率、劳动条件和生产成本有了进一步的要求，因而铸造方法有了长足的发展。所谓特种铸造，是指有别于砂型铸造方法的其他铸造工艺。目前特种铸造方法已发展到几十种，常用的有熔模铸造、金属型铸造、离心铸造、压力铸造、低压铸造、陶瓷型铸造，另外还有实型铸造、磁型铸造、石墨型铸造、反压铸造、连续铸造和挤压铸造等。

特种铸造能获得如此迅速的发展，主要是由于这些方法一般都能提高铸件的尺寸精度和表面质量，或提高铸件的物理及力学性能；此外，大多能提高金属的利用率（工艺出品率），减少消耗量；有些方法更适宜于高熔点、低流动性、易氧化合金铸件的铸造；有的能明显改善劳动条件，并便于实现机械化和自动化生产，提高生产率。现简要介绍几种常用的特种铸造方法。

1. 压力铸造

压力铸造是在高压（5～150MPa）作用下将金属液以较高的速度（5～100m/s）压入高精度的型腔内，力求在压力下快速凝固，以获得优质铸件的高效率铸造方法。

压力铸造的基本设备是压铸机。压铸机可分为热室压铸机和冷室压铸机两大类，冷室压铸机又可分为立式和卧式等类型，但它们的工作原理基本相似。图 3-29 为卧式冷室压铸机，用高压油驱动，合型力大，充型速度快，生产率高，应用较广泛。

图 3-29 卧式冷室压铸机

压铸模是压力铸造加工铸件的主要装备（模具），主要由定模和动模两大部分组成。固定半型固定在压铸机的定模座板上，通过浇道将压铸机压室与型腔连通。动模随压铸机的动模座板移动，完成开合模动作。压铸工艺过程见图 3-30。将熔融金属定量浇入压射室中（见图 3-30(a)），压射冲头以高压把金属液压入型腔中（见图 3-30(b)），铸件凝固后打开压铸模，用顶杆把铸件从压铸模型腔中顶出（见图 3-30(c)）。

压铸工艺的优点：压铸件具有“三高”。即铸件质量高，尺寸精度较高（IT13～IT11），表面质量高（表面粗糙度 Ra 值可达 3.2～0.8μm）；强度与硬度高（σ_b 比砂型铸件高 20%～40%）；生产率高（50～150 件/h），适合于大批量生产。

压铸工艺的缺点：由于压铸速度高，气体不易从模具中排出，所以压铸件易产生气孔（针孔）缺陷，且压铸件塑性较差；设备投资大，应用范围较窄（适于低熔点的合金和较小的、薄壁且均匀的铸件）。

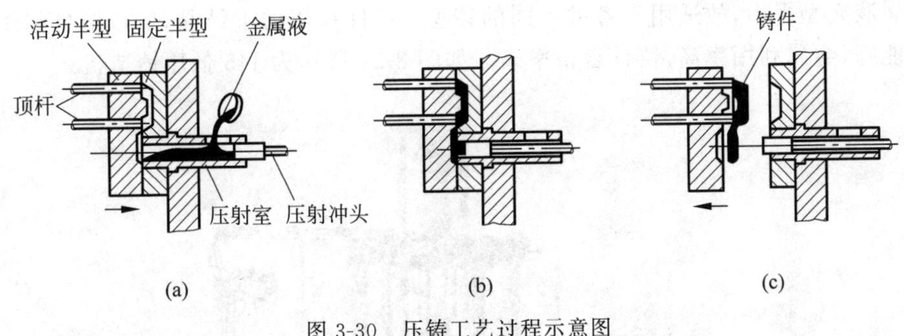

图 3-30 压铸工艺过程示意图

2. 熔模铸造

用易熔材料(蜡或塑料等)制成精确的可熔性模型,并涂以若干层耐火涂料,经干燥、硬化成整体型壳,加热型壳熔失模型,经高温焙烧而成耐火型壳,在型壳中浇注铸件。熔模铸造的工艺过程如图 3-31 所示。

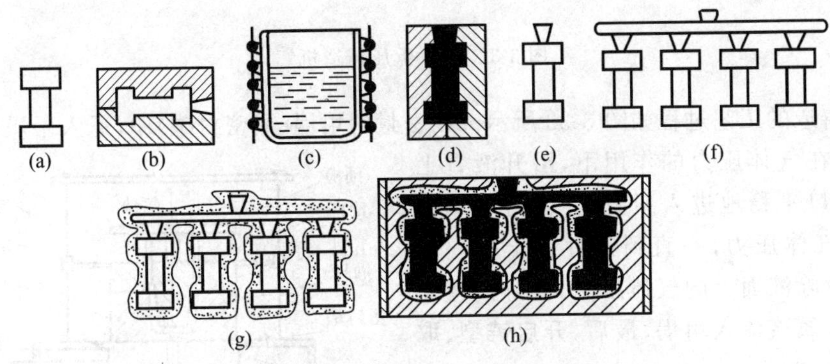

图 3-31 熔模铸造工艺过程示意图

(a) 母模;(b) 压型;(c) 熔蜡;(d) 铸造蜡模;
(e) 单个蜡模;(f) 组合蜡模;(g) 结壳熔出蜡模;(h) 填砂、浇注

熔模铸造的特点及应用:

(1) 铸件尺寸精度高,可达 IT12~IT9;表面质量好,表面粗糙度 Ra 值可达 12.5~1.6μm;机械加工余量小,可实现少、无切削加工。

(2) 可生产形状复杂、薄壁(厚度达 0.3mm)的铸件,可铸出直径达 0.5mm 的小孔。

(3) 适应性广,适合各类合金的生产,尤其适合生产高熔点合金及难以切削加工的合金铸件,如耐热合金、不锈钢等;生产批量不受限制。

(4) 工艺过程较复杂,生产周期长,成本高;铸件质量不宜太大(一般在 25kg 以下)。

(5) 应用广泛,目前广泛应用于航空、航天、汽车、船舶、机床、切削刀具和兵器等行业。

3. 低压铸造

低压铸造是介于重力铸造(如砂型铸造、金属型铸造)和压力铸造之间的一种铸造方法。它是使液态金属在压力作用下自下而上地充填型腔,并在压力下结晶,以形成铸件的工艺过程。由于所用的压力较低,所以叫做低压铸造。低压铸造浇注时的压力和速度可人为控制,所以金属液充型平稳，故适用于各种不同的铸型；铸件在压力下结晶，所以铸件组织致密，力学性能好，金属利用率高，铸件合格率高。如图 3-32 所示为 J45 低压铸造机。

图 3-32 J45 低压铸造机

低压铸造的工艺过程如图 3-33 所示。在密封的坩埚(或密封罐)中，通入干燥的压缩空气，金属液在气体压力的作用下，沿升液管上升，通过浇口平稳地进入型腔，并保持坩埚内液面上的气体压力，一直到铸件完全凝固为止。然后解除液面上的气体压力，使升液管中未凝固的金属液流入坩埚，最后，开启铸型、取出铸件。

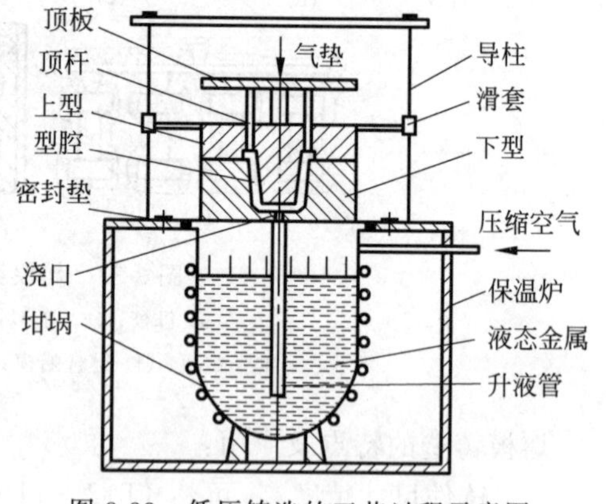

图 3-33 低压铸造的工艺过程示意图

低压铸造独特的优点表现在以下几个方面。

(1) 液体金属充型比较平稳。

(2) 铸件成形性好，有利于形成轮廓清晰、表面光洁的铸件，对于大型薄壁铸件的成形更为有利。

(3) 铸件组织致密，力学性能高。

(4) 金属利用率高。一般情况下不需要冒口，金属利用率可达 90%～98%。

此外，劳动条件好，设备简单，易实现机械化和自动化，也是低压铸造的突出优点。

低压铸造常用于制造较大型、形状复杂的壳体或薄壁的筒形和环形类零件，主要用于铝合金的大批量生产，如汽油机缸体、气缸盖、叶片等，也可用于球墨铸铁、铜合金的较大铸件。

4. 金属型铸造

金属型铸造的铸型是用铸铁、碳钢或低合金钢等金属材料制成的，可反复使用，故又可将金属型铸造称为永久型铸造。金属型铸造是将液态金属浇入金属铸型内获得铸件的方法。

图 3-34 所示为铸造铝活塞垂直分形式的金属型。金属型散热快，铸件组织致密，力学性

能好,精度高,表面质量较好,液态金属耗量少,劳动条件好,适用于大批生产有色合金铸件,如飞机、汽车、拖拉机、内燃机、摩托车的铝活塞、缸盖、油泵壳体、铜合金轴承及轴套等,有时也可用来生产某些铸铁件和铸钢件。其主要缺点是:制造成本高、制造周期长,由于铸型导热性好,会降低金属液的流动性,因而不宜浇注过薄、过于复杂的铸件;铸型无退让性,铸件冷却收缩产生的内应力过大时会导致铸件的开裂;型腔在高温下易损坏,因而不宜铸造高熔点合金。

5. 离心铸造

图3-35为SⅡ816半自动离心铸造机。离心铸造是指将液态合金浇入高速旋转(250~1500r/min)的铸型中,使其在离心力作用下填充铸型并结晶的铸造方法。根据铸型旋转轴空间位置的不同,离心铸造机可分为立式(见图3-36(a))和卧式(见图3-36(b))两大类。

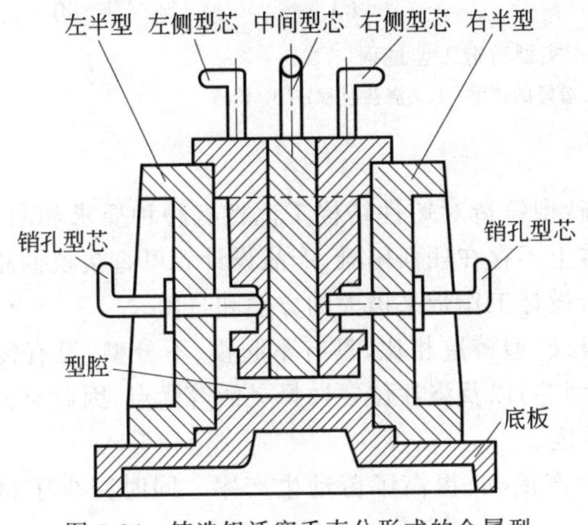

图3-34 铸造铝活塞垂直分形式的金属型

图3-35 SⅡ816半自动离心铸造机

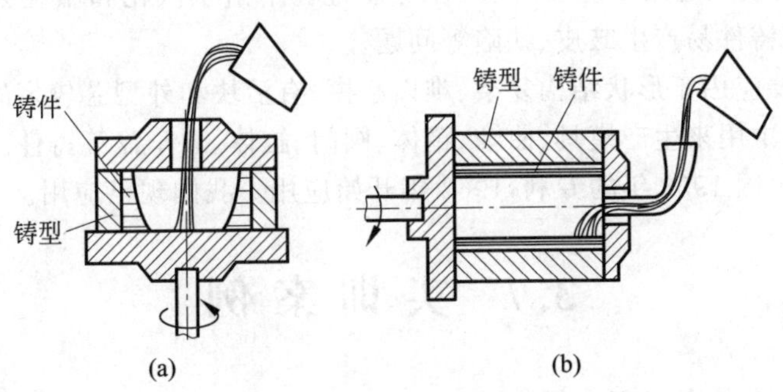

图3-36 离心铸造示意图

(a) 绕垂直轴旋转;(b) 绕水平轴旋转

离心铸造的主要特点是:适合生产圆筒形铸件;铸件组织致密,没有或很少有气孔、缩孔等缺陷,故力学性能较好;不需用浇注系统和冒口,大大提高了金属的利用率;铸造空心圆筒铸件,可以不用型芯,且壁厚均匀(卧式浇注);适应各种合金薄壁件和"双金属"件;铸件内孔表面粗糙。

离心铸造应用于各种铜合金套、环类铸件、铸铁水管、辊筒铸件、汽车和拖拉机的气缸套、轴瓦以及刀具、齿轮等铸件。

6. 实型铸造

实型铸造又称消失模铸造或气化模造型等，它是使用泡沫聚苯乙烯塑料制造模样(包括浇注系统)，在浇注时，迅速将模样燃烧气化直到消失掉，金属液充填了原来模样的位置，冷却凝固后而成铸件的铸造方法。其工艺过程如图 3-37 示。

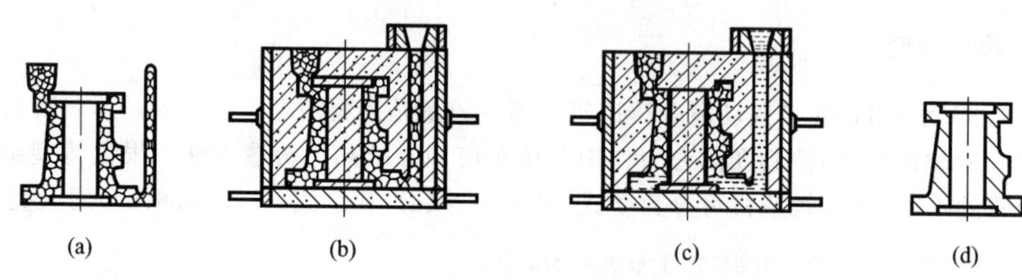

图 3-37 实型铸造工艺过程
(a) 泡沫塑料模样；(b) 造好的铸型；(c) 浇注过程；(d) 铸件

实型铸造的特点如下：

(1) 增大了设计铸造零件的自由。砂型铸造对铸件结构工艺性有种种要求和限制，有许多难以实现的问题，而实型铸造从根本上不存在任何困难，产品设计者可直接根据总体机构或机器的需要来设计铸件结构，从而给设计工作带来极大的方便和自由。

(2) 铸件尺寸精度较高。实型铸造与砂型铸造相比，具有不起模、不分型、没有铸造斜度和活块、不需要型芯(水平小孔可能用型芯)以及浇注位置选择灵活等优点，因此对铸件尺寸影响较小，故能获得较高的铸件尺寸精度。

(3) 简化了铸件生产工序，缩短了生产周期，提高了劳动生产率。同时减少了材料消耗，降低了铸造成本。

(4) 泡沫塑料模只适用于浇注一次，在浇注过程中由于汽化和燃烧会产生大量的烟雾和碳氢化合物，使铸件易产生皱皮、缺陷等问题。

实型铸造主要应用于形状结构复杂、难以起模、有活块和外型芯较多的铸件，如在汽车、造船、机床等行业中用来生产模具、曲轴、箱体、阀门、缸体、刹车盘等铸件。

实型铸造为美国 1958 年的专利，1962 年开始应用。我国现已应用。

3.7 实训案例

下面以手轮制作为例进行介绍。

手轮模样如图 3-38 所示。

实训操作的一般顺序如下。

1. 造型准备

清理工作场地，备好型砂，备好模样、芯盒、所需工具及砂箱。

2. 安放造型底板、模样和砂箱

如图 3-39 所示。

图 3-38 手轮模样

图 3-39 安放造型底板、模样和砂箱

3. 填砂和紧实

填砂时必须将型砂分次加入。先在模样表面撒上一层面砂，将模样盖住，然后加入一层背砂，如图 3-40 所示。

图 3-40 填砂和紧实

4. 翻型

用刮板刮去多余型砂，使砂箱表面和砂箱边缘平齐。如果是上砂型，在砂型上用通气孔针扎出通气孔。将已造好的下砂箱翻转 180°后，用刮刀将模样四周砂型表面（分型面）压平，撒上一层分型砂，如图 3-41～图 3-43 所示。

图 3-41 用刮板刮平砂箱表面

图 3-42 将已造好的下砂箱翻转 180°

5. 放置上砂箱、浇冒口模样并填砂紧实

如图 3-44 和图 3-45 所示。

图 3-43 撒上分型砂

图 3-44 放置浇冒口模样

图 3-45 填砂和紧实

6. 修整上砂型型面，开箱，修整分型面

用刮板刮去多余的型砂，用刮刀修光浇冒口处型砂。用通气孔针扎出通气孔，取出浇口棒并在直浇口上部挖一个漏斗型作为外浇口。没有定位销的砂箱要用泥打上泥号，以防合箱时偏箱，泥号应位于砂箱壁上两直角边最远处，以保证 X 和 Y 方向均能准确定位。将上型翻转 180°放在底板上。扫除分型砂，用水笔蘸些水，刷在模样周围的型砂上，以增加这部分型砂的强度，防止起模时损坏砂型。刷水时不要使水停留在某一处，以免浇注时因水多而产生大量水蒸气，使铸件产生气孔，如图 3-46～图 3-49 所示。

图 3-46 用刮板刮去多余的型砂

图 3-47 挖一个漏斗型作为外浇口

图 3-48 将上型翻转 180°放在底板上

图 3-49 扫除分型砂

7. 开设内浇道(口)

内浇道(口)是将浇注的金属液引入型腔的通道。内浇道(口)开得好坏,将影响铸件的质量,如图 3-50 所示。

8. 起模

起模针位置尽量与模样的重心铅垂线重合,如图 3-51 所示。

图 3-50 开设内浇道(口)

图 3-51 起模

9. 修型

起模后,型腔如有损坏,可使用各种修型工具将型腔修好,如图 3-52 所示。

10. 合箱紧固

合箱时应注意使砂箱保持水平下降,并且应对准合箱线,防止错箱。浇注时如果金属液浮力将上箱顶起会造成跑火,因此要进行上下型箱紧固,如图 3-53 所示。

图 3-52 修型

图 3-53 合箱紧固

思考练习题

1. 什么是铸造？铸造加工有何特点？
2. 铸型由哪几部分组成？画出铸型装配图并加以说明。
3. 对型砂的性能有哪些要求？
4. 为什么要在型砂中加入煤粉、锯木屑等材料？
5. 砂型中各处的松紧程度是否应该均匀一致？为什么？
6. 试解释下列名词术语：型砂、芯砂、造型、铸型、砂型、模样、铸件、型芯、芯头、铸造工艺图。
7. 常用的手工造型有哪几种方法？各适用于哪种铸件？
8. 试述两箱整模造型和两箱分模造型的造型过程。
9. 什么是分模面？分模造型时模样应从何处分开？
10. 什么叫分型面？分型面的选择有哪些原则？它与分模面有什么区别？
11. 什么情况下分模面与分型面相重合？什么情况下两者不重合？
12. 假箱是因什么而得名？什么情况下要用假箱？
13. 什么情况下需用三箱造型？为什么机器造型不能用三箱造型？
14. 什么叫浇注位置？浇注位置的选择有哪些原则？浇注位置与分型面的选择互相有何关系？
15. 什么叫浇注系统？它由哪几部分组成？各部分的作用是什么？
16. 内浇道开设应注意什么？为什么？
17. 什么叫铸造工艺图？它包括哪些内容？绘制工艺图为什么首先要考虑浇注位置的选择？
18. 简述零件、铸件与模样在形状和尺寸上各有何异同。
19. 熔炼铸铁、有色合金和铸钢，各用什么设备？
20. 冲天炉的主要组成部分有哪些？并说明其作用。用冲天炉熔炼铸铁有何优缺点？
21. 浇注温度过高或过低，会造成什么后果？浇注速度的快慢，对铸件有何影响？
22. 如何辨别气孔、缩孔、砂眼、渣眼四种缺陷？产生以上缺陷的主要原因是什么？
23. 试述熔模铸造、离心铸造、压力铸造、低压铸造、金属型铸造和实型铸造的主要特点和应用。

第4章

CHAPTER 4

压力加工

实训目的和要求

(1) 了解压力加工生产的实质、特点、种类和应用范围；

(2) 了解常用压力加工设备(空气锤、冲床等)的工作原理、构造及使用方法；

(3) 了解锻造前坯料加热的目的、加热的工艺及常见加热的缺陷；

(4) 掌握自由锻、胎模锻和冲压的基本操作工序；

(5) 能独立按照实训图纸要求完成工件的加工。

安全操作规程

(1) 实训时要穿戴好工作服、帽、鞋、手套和护脚布等防护用品。

(2) 指导人员在操作示范时，实习人员应站在离锻打处一定距离的安全位置上(观察机器锻造时，站立的地方距离空气锤应不少于1.5m)。示范切断锻件时，站的位置应避开金属被切断时飞出的方向。

(3) 工作开始以前，必须检查所有工具是否正常，钳口是否能稳固夹持工件，锤柄是否牢固，铁砧有无裂痕，炉子的风门是否有堵塞现象等。

(4) 在铁砧上，铁砧旁的地面上不应放置其他物件；操作时思想集中，掌钳者必须夹牢和放稳工件；只准单人操作的空气锤；禁止其他人从旁帮助，以免工作不一致造成人身事故。

(5) 铁砧上的氧化铁皮要用扫帚扫去，不能用嘴吹或用手直接清除。

(6) 不要用手摸或脚踏未冷却透的锻件，以防烫伤人，加热后的金属或工件不得乱抛、乱放。

4.1 概　述

1. 锻压的概念

锻压是在外力作用下使金属材料产生塑性变形，从而获得具有一定形状和尺寸的毛坯或零件的加工方法。锻压是锻造和冲压的总称，它们属于压力加工的一部分。锻造又可分为自由锻和模锻两种方式。自由锻还可分为手工自由锻和机器自由锻两种。

用于锻压的材料应具有良好的塑性和较小的变形抗力，以便锻压时产生较大的塑性变形而不致被破坏。在常用的金属材料中，锻造用的材料有低碳钢、中碳钢、低合金钢、纯金属以及具有良好塑性的铝、铜等有色金属，受力大或有特殊性能要求的重要合金钢零件；冲压多采用低碳钢等薄板材料。铸铁无论是在常温或加热状态下，其塑性都很差，不能锻压。

在生产中，不同成分的钢材应分别存放，以防用错。在锻压车间里，常用火花鉴别法来确定钢的大致成分。

锻造生产的工艺过程为：下料→加热→锻造→热处理→检验。

在锻造中、小型锻件时，常以经过轧制的圆钢或方钢为原材料，用锯床、剪床或其他切割方法将原材料切成一定长度，送至加热炉中加热到一定温度后，在锻锤或压力机上进行锻造。塑性好、尺寸小的锻件，锻后可堆放在干燥的地面冷却；塑性差、尺寸大的锻件，应在灰砂或一定温度的炉子中缓慢冷却，以防变形或裂纹。多数锻件锻后要进行退火或正火热处理，以消除锻件中的内应力和改善金属基体组织。热处理后的锻件，有的要进行清理，去除表面油垢及氧化皮，以便检查表面缺陷。锻件毛坯经质量检查合格后再进行机械加工。

冲压多以薄板金属材料为原材料，经下料冲压制成所需要的冲压件。冲压件具有强度高、刚性大、结构轻等优点，在汽车、拖拉机、航空、仪表以及日用品等工业的生产中占有极为重要的地位。

2. 锻造对零件力学性能的影响

经过锻造加工后的金属材料，其内部原有的缺陷(如裂纹，疏松等)在锻造力的作用下可被压合，且形成细小晶粒。因此锻件组织致密、力学性能(尤其是抗拉强度和冲击韧度)比同类材料的铸件大大提高。机器上一些重要零件(特别是承受重载和冲击载荷)的毛坯，通常用锻造方法生产，使零件工作时的正应力与流线的方向一致，切应力的方向与流线方向垂直，如图 4-1 所示。用圆棒料直接以车削方法制造螺栓时，头部和杆部的纤维不能连贯而被切断，头部承受切应力时与金属流线方向一致，故质量不高。而采用锻造中的局部镦粗法制造螺栓时，其纤维未被切断，具有较好的纤维方向，故质量较高。

有些零件，为保证纤维方向和受力方向一致，应采用保持纤维方向连续性的变形工艺，使锻造流线的分布与零件外形轮廓相符合而不被切断，如吊钩采用锻造弯曲工序、钻头采用扭转工序等。曲轴广泛采用的“全纤维曲轴锻造法”，如图 4-2(b)所示，可以显著提高其力学性能，延长使用寿命。

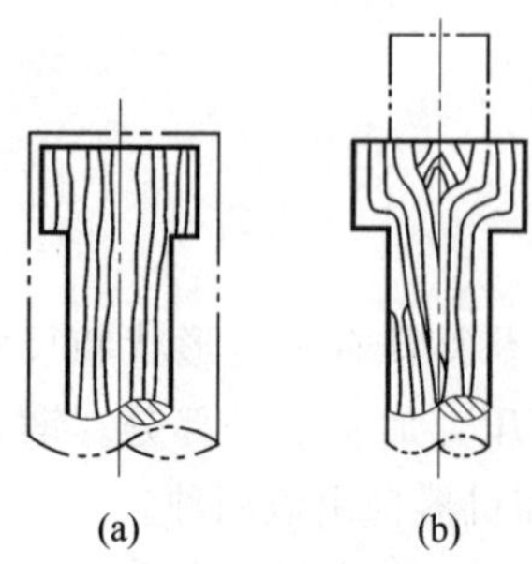

图 4-1　螺栓的纤维组织比较
(a) 车削法；(b) 镦粗法

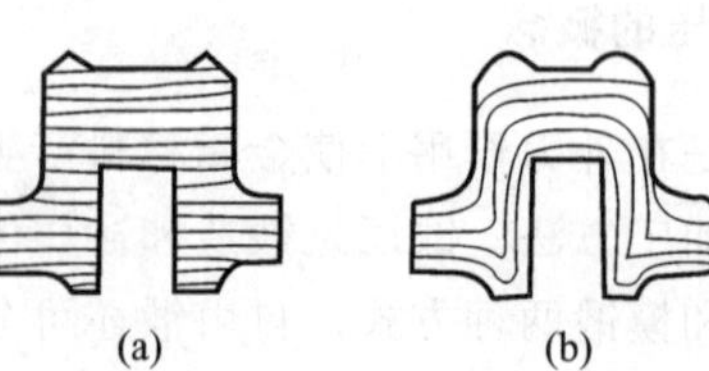

图 4-2　曲轴纤维分布示意图
(a) 纤维被切断；(b) 纤维完整分布

4.2　金属的加热与锻件的冷却

4.2.1　金属的加热

加热的目的是提高金属的塑性和降低变形抗力，即提高金属的锻造性能。除少数具有良好塑性的金属可在常温下锻造成形外，大多数金属在常温下的锻造性能较差，造成锻造困难或不能锻造。但将这些金属加热到一定温度后，可以大大提高塑性，并只需要施加较小的锻打力，便可使其发生较大的塑性变形，这就是热锻。

加热是锻造工艺过程中的一个重要环节，它直接影响锻件的质量。加热温度如果过高，会使锻件产生加热缺陷，甚至造成废品。因此，为了保证金属在变形时具有良好的塑性，又不致产生加热缺陷，锻造必须在合理的温度范围内进行。各种金属材料锻造时允许的最高加热温度称为该材料的始锻温度；终止锻造的温度称为该材料的终锻温度。

1. 锻造加热设备

锻造加热炉按热源的不同，分为火焰加热炉和电加热炉两大类。

1）火焰加热炉

采用烟煤、焦炭、重油、煤气等作为燃料。当燃料燃烧时，产生含有大量热能的高温火焰将金属加热。现介绍几种火焰加热炉。

（1）明火炉：将金属坯料置于以煤为燃料的火焰中加热的炉子，称为明火炉，又称为手锻炉。其结构如图 4-3 所示。由炉膛、炉罩、烟筒、风门和风管等组成。其结构简单，操作方便，但生产率低，热效率不高，加热温度不均匀和速度慢。在小件生产和维修工作中应用较多。锻工实习常使用这种炉子。因此，常用来加热手工自由锻及小型空气锤自由锻的坯料，也可用于杆形坯料的局部加热。

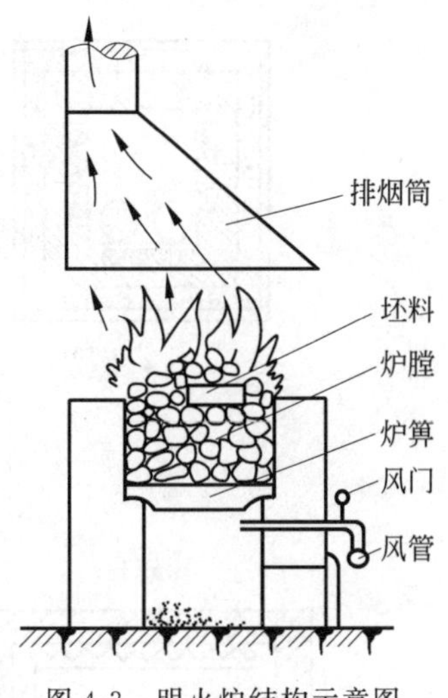

图 4-3　明火炉结构示意图

（2）油炉和煤气炉：这两种炉分别以重油和煤气为燃料，结构基本相同，仅喷嘴结构不同。油炉和煤气炉的结构形式很多，有室式炉、开隙式炉、推杆式连续炉和转底炉等。图 4-4 所示为室式重油加热炉示意图，由炉膛、喷嘴、炉门和烟道组成。其燃烧室和加热室合为一体，即炉膛。坯料码放在炉底板上。喷嘴布置在炉膛两侧，燃油和压缩空气分别进入喷嘴。压缩空气由喷嘴喷出时，将燃油带出并喷成雾状，与空气均匀混合并燃烧以加热坯料。用调节喷油量及压缩空气的方法来控制炉温的变化。这种加热炉用于自由锻，尤其是大型坯料和钢锭的加热，它的炉体结构比反射炉简单、紧凑，热效率高。

近年来，为提高锻件表面质量，通过控制燃烧炉气的性质，实现坯料的少或无氧化加热。图 4-5 所示为我国精锻生产中采用的一室二区敞焰少无氧化加热炉示意图。

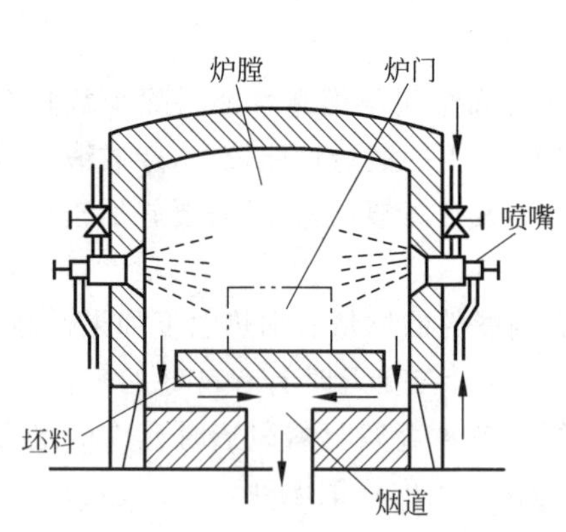

图 4-4　室式重油加热炉示意图

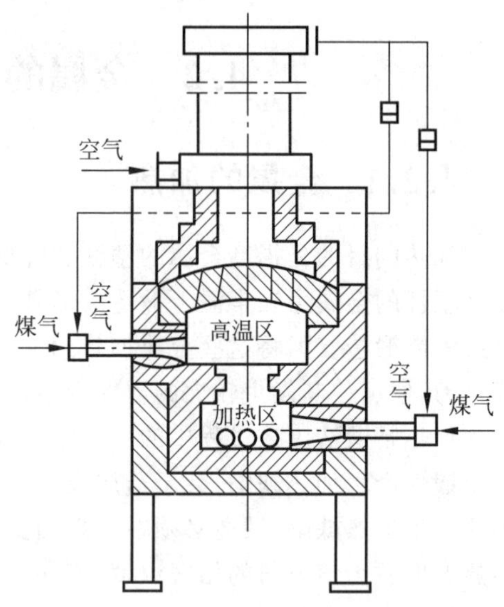

图 4-5　一室二区敞焰少无氧化加热炉示意图

2）电加热炉

电加热炉有电阻加热炉、接触电加热炉和感应加热炉等，如图 4-6 所示。电阻炉是利用电流通过布置在炉膛围壁上的电热元件产生的电阻热为热源，通过辐射和对流将坯料加热的。炉子通常作成箱形，分为中温箱式电阻炉（如图 4-7 所示）和高温箱式电阻炉（如图 4-8 所示）。

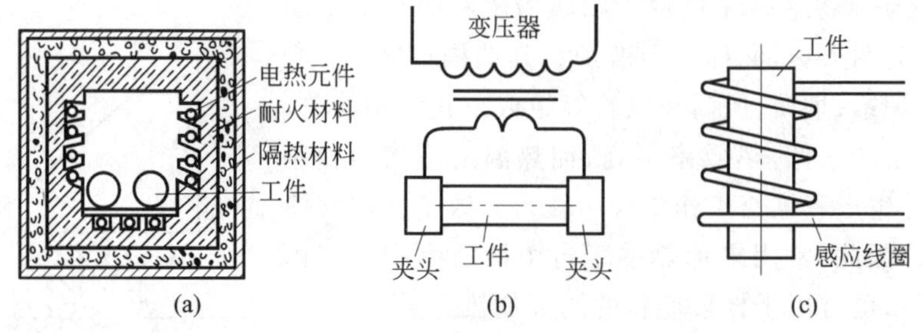

图 4-6　电加热的方式

（a）电阻加热；（b）接触电加热；（c）感应加热

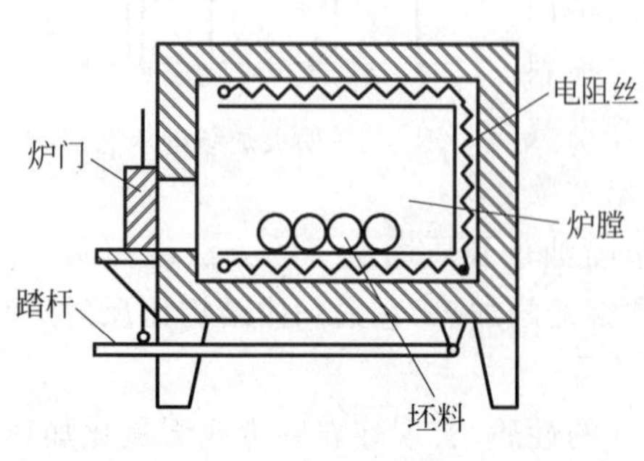

图 4-7　中温箱式电阻炉示意图

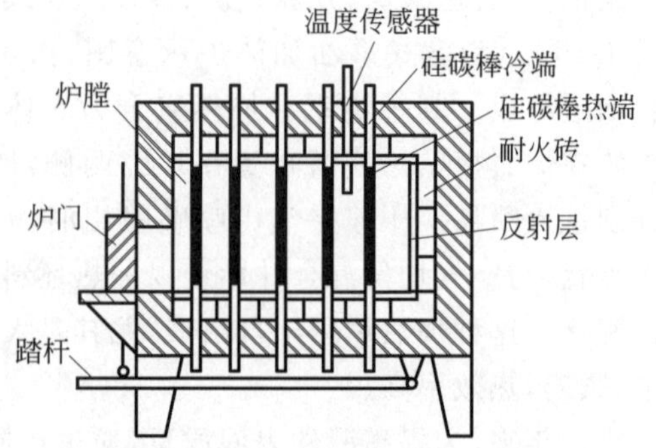

图 4-8　高温箱式电阻炉示意图

中温箱式电阻炉的发热体为电阻丝，最高工作温度950℃，一般用来加热有色金属及其合金的小型锻件；高温箱式电阻炉的发热体为硅碳棒，最高工作温度为1350℃，可用来加热高温合金的小型锻件。电阻加热炉操作方便，可精确控制炉温，无污染，但耗电量大，成本较高，在小批量生产或科研实验中广泛采用。

2. 锻造温度范围

坯料开始锻造的温度（始锻温度）和终止锻造的温度（终锻温度）之间的温度间隔，称为锻造温度范围，见表4-1。在保证不出现加热缺陷的前提下，始锻温度应取得高一些，以便有较充足的时间锻造成形，减少加热次数。在保证坯料还有足够塑性的前提下，终锻温度应选得低一些，以便获得内部组织细密、力学性能较好的锻件，同时也可延长锻造时间，减少加热次数。但终锻温度过低会使金属难以继续变形，易出现锻裂现象和损伤锻造设备。

表4-1 常用钢材的锻造温度范围 ℃

材料种类	始锻温度	终锻温度	材料种类	始锻温度	终锻温度
碳素结构钢	1200～1250	800	高速工具钢	1100～1150	900
合金结构钢	1150～1200	800～850	耐热钢	1100～1150	800～850
碳素工具钢	1050～1150	750～800	弹簧钢	1100～1150	800～850
合金工具钢	1050～1150	800～850	轴承钢	1080	800
铝合金	450～500	350～380	铜合金	800～900	650～700

锻造温度的控制方法如下。

(1) 温度计法：通过加热炉上的热电偶温度计，显示炉内温度，可知道锻件的温度；也可以使用光学高温计观测锻件温度。

(2) 目测法：实习中或单件小批生产的条件下可根据坯料的颜色和明亮度不同来判别温度，即用火色鉴别法，见表4-2。

表4-2 碳钢温度与火色的关系 ℃

火色	黄白	淡黄	橙黄	淡红	樱红	暗红	赤褐	暗褐
温度	1300	1200	1100	900	800	700	600	600以下

3. 碳钢常见的加热缺陷

由于加热不当，碳钢在加热时可出现多种缺陷，碳钢常见的加热缺陷见表4-3。

表4-3 碳钢常见的加热缺陷

名称	实　质	危　害	防止（减少）措施
氧化	坯料表面铁元素氧化	烧损材料；降低锻件精度和表面质量；减少模具寿命	在高温区减少加热时间；采用控制炉气成分少的无氧化加热或电加热等。采用少装、勤装的操作方法。在钢材表面涂保护层
脱碳	坯料表层被烧损使含碳量减少	降低锻件表面硬度、变脆，严重时锻件边角处会产生裂纹	

续表

名称	实　质	危　害	防止(减少)措施
过热	加热温度过高、停留时间长，造成晶粒粗大	锻件力学性能降低，须再经过锻造或热处理才能改善	过热的坯料通过多次锻打或锻后正火处理消除
过烧	加热温度接近材料熔化温度，造成晶粒界面杂质氧化	坯料一锻即碎，只得报废	正确地控制加热温度和保温的时间
裂纹	坯料内外温差太大，组织变化不匀造成材料内应力过大	坯料产生内部裂纹，并进一步扩展，导致报废	某些高碳或大型坯料，开始加热时应缓慢升温

4.2.2　锻件的冷却

热态锻件的冷却是保证锻件质量的重要环节。通常，锻件中的碳及合金元素含量越多，锻件体积越大，形状越复杂，冷却速度越要缓慢，否则会造成表面过硬不易切削加工、变形甚至开裂等缺陷。常用的冷却方法有三种，见表 4-4。

表 4-4　锻件常用的冷却方式

方　式	特　点	适用场合
空冷	锻后置空气中散放，冷速快，晶粒细化	低碳、低合金钢小件或锻后不直接切削加工件
坑冷(堆冷)	锻后置干沙坑内或箱内堆在一起，冷速稍慢	一般锻件，锻后可直接进行切削加工
炉冷	锻后置原加热炉中，随炉冷却，冷速极慢	含碳或含合金成分较高的中、大型锻件，锻后可进行切削加工

4.2.3　锻件的热处理

在机械加工前，锻件要进行热处理，目的是均匀组织，细化晶粒，减少锻造残余应力，调整硬度，改善机械加工性能，为最终热处理做准备。常用的热处理方法有正火、退火、球化退火等，要根据锻件材料的种类和化学成分来选择。

4.3　自由锻的设备及工具

4.3.1　机器自由锻设备

使用机器设备，使坯料在设备上、下两砧之间各个方向不受限制而自由变形，以获得锻件的方法称机器自由锻。常用的机器自由锻设备有空气锤、蒸汽-空气锤和水压机，其中空气锤使用灵活，操作方便，是生产小型锻件最常用的自由锻设备。空气锤的规格是用落下部分的质量来表示，一般为 50～1000kg。

1. 空气锤

空气锤是由锤身(单柱式)、双缸(压缩缸和工作缸)、传动机构、操纵机构、落下部分和锤砧等几个部分组成，如图 4-9(a)所示。空气锤是将电能转化为压缩空气的压力能来产生打击力的。空气锤的传动是由电动机经过一级带轮减速，通过曲轴连杆机构，使活塞在压缩缸内作往复运动产生压缩空气，进入工作缸使锤杆作上下运动以完成各项工作。空气锤的工作原理如图 4-9(b)所示。

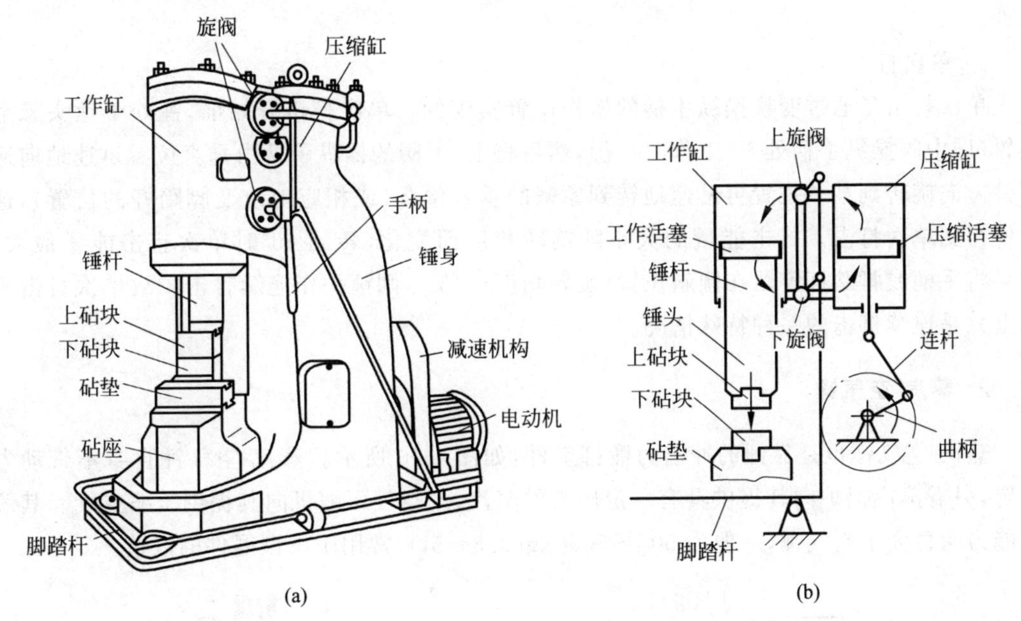

图 4-9 空气锤

(a) 外形图；(b) 工作原理

空气锤操作过程是：首先，接通电源，启动空气锤后通过手柄或脚踏杆，操纵上下旋阀，可使空气锤实现空转、锤头悬空、连续打击、压锤和单次打击五种动作，以适应各种加工需要。

1）空转(空行程)

当上、下阀操纵手柄在垂直位置，同时中阀操纵手柄在“空程”位置时，压缩缸上、下腔直接与大气连通，压力变成一致，由于没有压缩空气进入工作缸，因此锤头不进行工作。

2）锤头悬空

当上、下阀操纵手柄在垂直位置，将中阀操纵手柄由“空程”位置转至“工作”位置时，工作缸和压缩缸的上腔与大气相通。此时，压缩活塞上行，被压缩的空气进入大气；压缩活塞下行，被压缩的空气由空气室冲开止回阀进入工作缸的下腔，使锤头上升，置于悬空位置。

3）连续打击(轻打或重打)

中阀操纵手柄在“工作”位置时，驱动上、下阀操纵手柄(或脚踏杆)向逆时针方向旋转使压缩缸上、下腔与工作缸上、下腔互相连通。当压缩活塞向下或向上运动时，压缩缸下腔或上腔的压缩空气相应地进入工作缸的下腔或上腔，将锤头提升或落下。如此循环，锤头产生连续打击。打击能量的大小取决于上、下阀旋转角度的大小，旋转角度越大，打击能量越大。

4）压锤（压紧锻件）

当中阀操纵手柄在“工作”位置时，将上、下阀操纵手柄由垂直位置向顺时针方向旋转45°，此时工作缸的下腔及压缩缸的上腔和大气相连通。当压缩活塞下行时，压缩缸下腔的压缩空气由下阀进入空气室，并冲开止回阀经侧旁气道进入工作缸的上腔，使锤头压紧锻件。

5）单次打击

单次打击是通过变换操纵手柄的操作位置实现的。单次打击开始前，锤处于锤头悬空位置（即中阀操纵手柄处于“工作”位置），然后将上、下阀的操纵手柄由垂直位置迅速地向逆时针方向旋转到某一位置再迅速地转到原来的垂直位置（或相应地改变脚踏杆的位置），这时便得到单次打击。打击能量的大小随旋转角度而变化，转到45°时单次打击能量最大。如果将手柄或脚踏杆停留在倾斜位置（旋转角度≤45°），则锤头作连续打击。故单次打击实际上只是连续打击的一种特殊情况。

2. 蒸汽-空气锤

蒸汽-空气锤也是靠锤的冲击力锻打工件，如图4-10所示。蒸汽-空气锤自身不带动力装置，另需蒸汽锅炉向其提供具有一定压力的蒸汽，或空气压缩机向其提供压缩空气。其锻造能力明显大于空气锤，一般为500～5000kg（0.5～5t），常用于中型锻件的锻造。

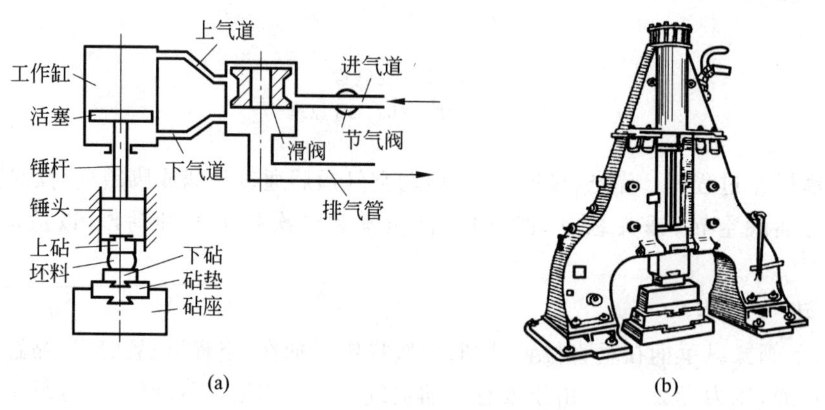

图4-10 双柱拱式蒸汽-空气锤

（a）结构图；（b）外形图

3. 水压机

大型锻件需要在液压机上锻造，水压机是最常用的一种，如图4-11所示。水压机不依靠冲击力，而靠静压力使坯料变形，工作平稳，因此工作时震动小。水压机不需要笨重的砧座；锻件变形速度低，变形均匀，易将锻件锻透，使整个截面呈细晶粒组织，从而改善和提高了锻件的力学性能，容易获得大的工作行程并能在行程的任何位置进行锻压，劳动条件较好。但由于水压机主体庞大，并需配备供水和操纵系统，故造价较高。水压机的压力大，规格为500～12500t，能锻造1～300t的大型重型坯料。

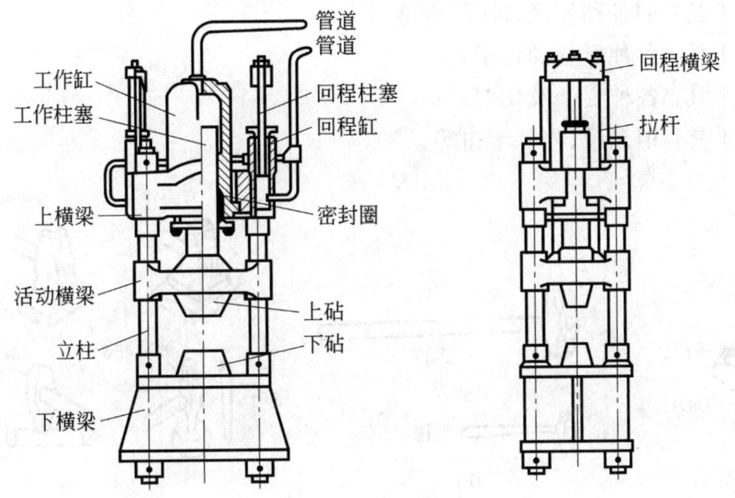

图 4-11　水压机

4.3.2　自由锻工具

1. 机器自由锻的工具

机器自由锻工具根据工具的功能可分为以下几类，如图 4-12 所示。

(1) 夹持工具：如圆钳、方钳、槽钳、抱钳、尖嘴钳、专用型钳等。

(2) 切割工具：如剁刀、剁垫、刻棍等。

(3) 变形工具：如压铁、摔子、压肩摔子、冲子、垫环(漏盘)等。

(4) 测量工具：如钢直尺、内外卡钳等。

(5) 吊运工具：如吊钳、叉子等。

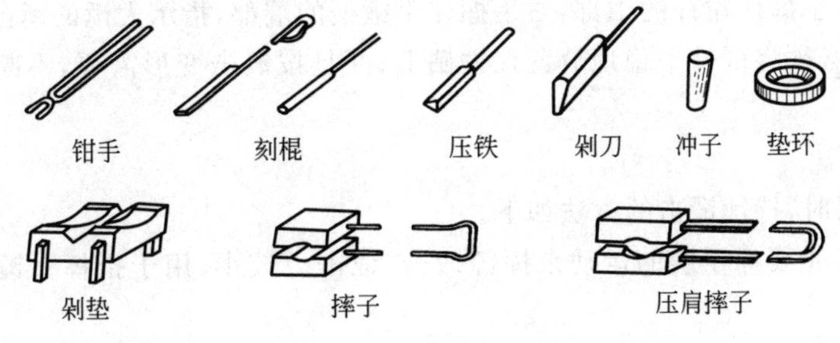

图 4-12　机器自由锻工具

2. 手工自由锻工具

利用简单的手工工具，使坯料产生变形而获得的锻件方法，称手工自由锻，如图 4-13 所示。

1) 手工锻造工具分类

(1) 支持工具：如羊角砧等；

(2) 锻打工具：如各种大锤和手锤；

(3) 成形工具：如各种型锤、冲子、漏盘等；

(4) 夹持工具：各种形状的钳子；

(5) 切割工具：各种錾子及切刀；

(6) 测量工具：钢直尺、内外卡钳等。

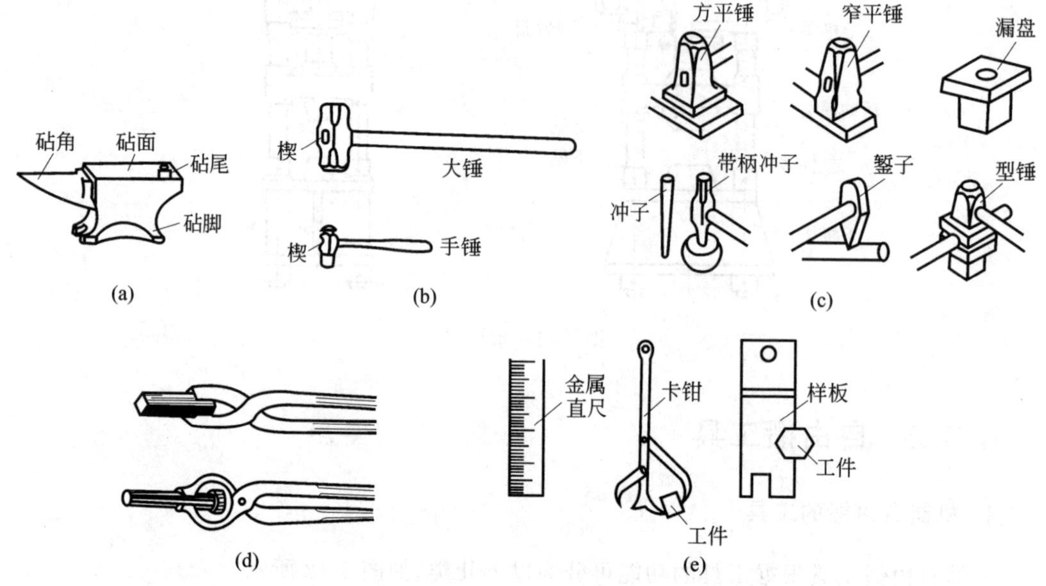

图 4-13 手锻工具

(a) 羊角砧；(b) 锻锤；(c) 衬垫工具；(d) 手钳；(e) 测量工具

2) 手工自由锻的操作

(1) 锻击姿势

手工自由锻时，操作者站离铁砧约半步，右脚在左脚后半步，上身稍向前倾，眼睛注视锻件的锻击点。左手握住钳杆的中部，右手握住手锤柄的端部，指示大锤的锤击。

锻击过程，必须将锻件平稳地放置在铁砧上，并且按锻击变形需要，不断将锻件翻转或移动。

(2) 锻击方法

手工自由锻时，持锤锻击的方法如下。

① 手挥法：主要靠手腕的运动来挥锤锻击，锻击力较小，用于指挥大锤的打击点和打击轻重。

② 肘挥法：手腕与肘部同时作用、同时用力，锤击力度较大。

③ 臂挥法：手腕、肘和臂部一起运动，作用力较大，可使锻件产生较大的变形量，但费力甚大。

3. 锻造要求

锻造过程严格注意做到“六不打”：

(1) 低于终锻温度不打；

(2) 锻件放置不平不打；

(3) 冲子不垂直不打;

(4) 剁刀、冲子、铁砧等工具上有油污不打;

(5) 镦粗时工件弯曲不打;

(6) 工具、料头易飞出的方向有人时不打。

4.4　自由锻工艺

4.4.1　自由锻的工艺特点

(1) 应用设备和工具有很大的通用性,且工具简单,所以只能锻造形状简单的锻件,操作强度大,生产效率低。

(2) 自由锻可以锻出质量从不到 1kg 到 200～300t 的锻件。对大型锻件,自由锻是唯一的加工方法,因此自由锻在重型机械制造中有特别重要的意义。

(3) 自由锻依靠操作者控制其形状和尺寸,锻件精度低,表面质量差,金属消耗也较多。

所以,自由锻主要用于品种多、产量不大的单件小批量生产,也可用于模锻前的制坯工序。

4.4.2　自由锻的基本工序

无论是手工自由锻、锤上自由锻以及水压机上自由锻,其工艺过程都是由一些锻造工序所组成。所谓工序是指在一个工作地点对一个工件所连续完成的那部分工艺过程。根据变形的性质和程度不同,自由锻工序可分为:①基本工序,如镦粗、拔长、冲孔、扩孔、芯轴拔长、切割、弯曲、扭转、错移、锻接等,其中镦粗、拔长和冲孔三个工序应用得最多;②辅助工序,如切肩、压痕等;③精整工序,如平整、整形等。

1. 镦粗

镦粗是使坯料的截面增大、高度减小的锻造工序。镦粗有完全镦粗(见图 4-14)和局部镦粗。局部镦粗按其镦粗的位置不同又可分为端部镦粗和中间镦粗两种,如图 4-15 所示。

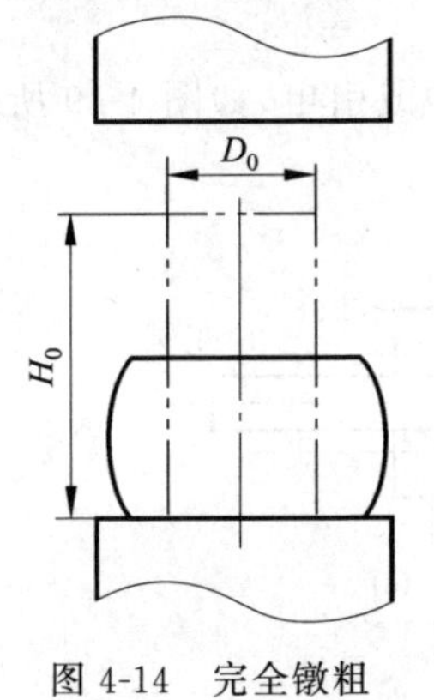

图 4-14　完全镦粗

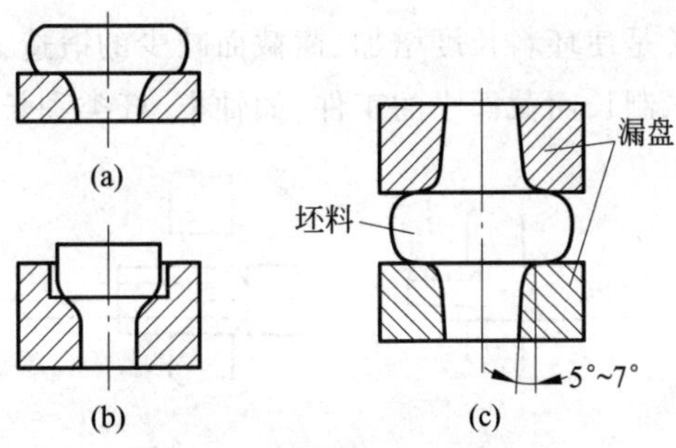

图 4-15　局部镦粗

(a) 漏盘上镦粗; (b) 胎模内镦粗; (c) 中间镦粗

镦粗主要用来锻造圆盘类(如齿轮坯)及法兰等锻件,在锻造空心锻件时,可作为冲孔前的预备工序。

镦粗的一般规则、操作方法及注意事项如下:

(1) 被镦粗坯料的高度与直径(或边长)之比应小于2.5～3,否则会镦弯,如图4-16(a)所示。工件镦弯后应将其放平,轻轻锤击矫正,如图4-16(b)所示。

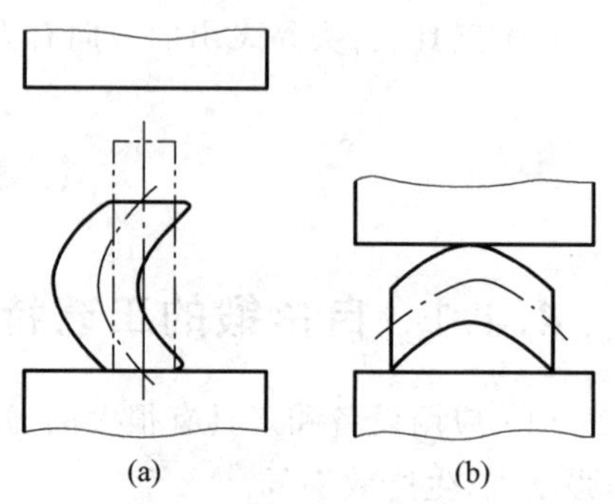

图4-16 镦弯的产生和矫正

(a) 镦弯的产生;(b) 镦弯的矫正

(2) 镦粗的始锻温度采用坯料允许的最高始锻温度,并应烧透。坯料的加热要均匀,否则镦粗时工件变形不均匀,对某些材料还可能锻裂。

(3) 镦粗的两端面要平整且与轴线垂直,否则可能会产生镦歪现象。矫正镦歪的方法是将坯料斜立,轻打镦歪的斜角,然后放正,继续锻打,如图4-17所示。如果锤头或砧铁的工作面因磨损而变得不平直时,则锻打时要不断将坯料旋转,以便获得均匀的变形而不致镦歪。

(4) 锤击应力量足够,否则就可能产生细腰形,如图4-18(a)所示。若不及时纠正,继续锻打下去,则可能产生夹层,使工件报废,如图4-18(b)所示。

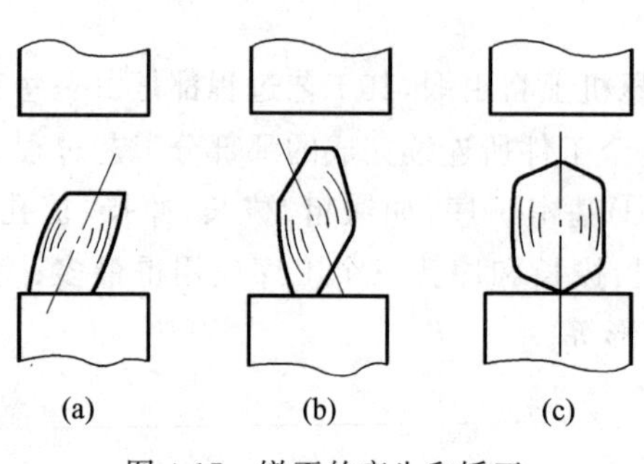

图4-17 镦歪的产生和矫正

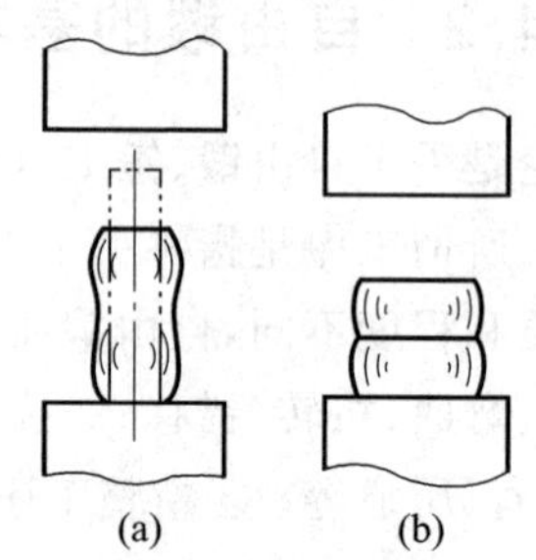

图4-18 细腰形及夹层的产生

(a) 细腰形;(b) 夹层

2. 拔长

拔长是使坯料长度增加、横截面减少的锻造工序,又称延伸或引申,如图4-19所示。拔长用于锻制长而截面小的工件,如轴类、杆类和长筒形零件。

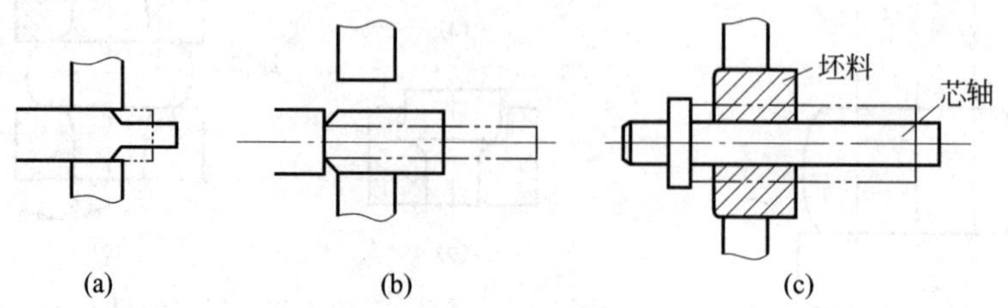

图4-19 拔长

(a) 拔长;(b) 局部拔长;(c) 芯轴拔长

拔长的一般规则、操作方法及注意事项如下：

(1) 拔长过程中要将坯料不断地翻转，使其压下面都能均匀变形，并沿轴向送进操作。翻转的方法有三种：图 4-20(a)所示为反复翻转拔长，是将坯料反复左右翻转 90°，常用于塑性较高的材料；图 4-20(b)所示为螺旋式翻转拔长，是将坯料沿一个作 90°翻转，常用于塑性较低的材料；图 4-20(c)所示为单面前后顺序拔长，是将坯料沿整个长度方向锻打一遍后，再翻转 90°，尔后依次进行，常用于频繁翻转不方便的大锻件，但应注意工件的宽度和厚度之比不要超过 2.5，否则再次翻转继续拔长时容易产生折叠。

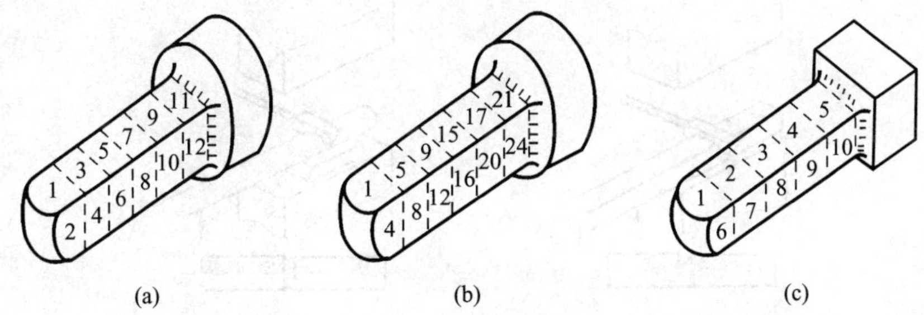

图 4-20　拔长时锻件的翻转方法

(a) 反复翻转拔长；(b) 螺旋式翻转拔长；(c) 单面前后顺序拔长

(2) 拔长时，坯料应沿砧铁的宽度方向送进，每次的送进量 L 应为砧铁宽度 B 的 0.3～0.7 倍，如图 4-21(a)所示。送进量太大，金属主要向宽度方向流动，反而降低延伸效率，如图 4-21(b)所示；送进量太小，又容易产生夹层，如图 4-21(c)所示。另外，每次压下量也不要太大，压下量应等于或小于送进量，否则也容易产生夹层。

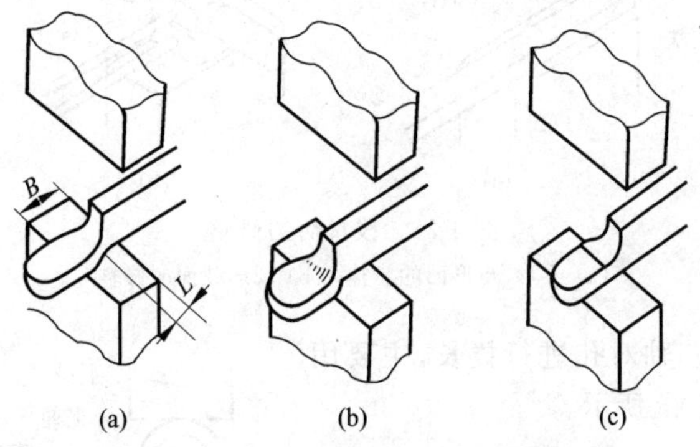

图 4-21　拔长时的送进方向和进给量

(a) 送进量合适；(b) 送进量太大、拔长率降低；(c) 送进量太小、产生夹层

(3) 由大直径的坯料拔长成小直径的锻件时，应把坯料先锻成正方形，在正方形的截面下拔长，到接近锻件的直径时，再倒棱，滚打成圆形，这样锻造效率高，质量好，如图 4-22 所示。

(4) 锻制台阶轴或带台阶的方形、矩形截面的锻件时，在拔长前应先压肩。压肩后对一端进行局部拔长即可锻出台阶，如图 4-23 所示。

(5) 锻件拔长后须进行修整，修整方形或矩形锻件时，应沿下砧铁的长度方向送进，如图 4-24(a)所示，以增加工件与砧铁的接触长度。拔长过程中若产生翘曲应及时翻转 180°轻打校平。圆形截面的锻件用型锤或摔子修整，如图 4-24(b)所示。

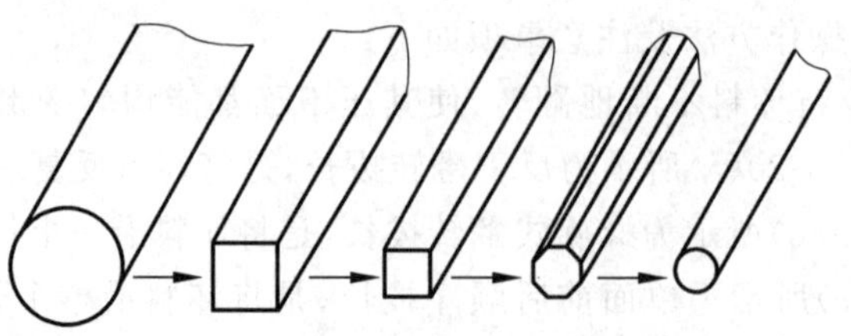

图 4-22 大直径坯料拔长时的变形过程

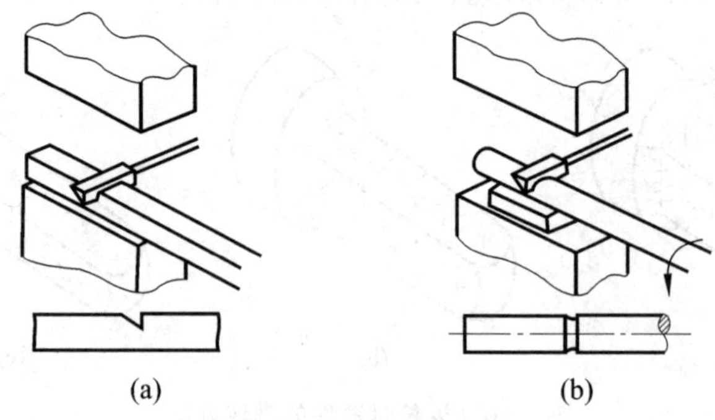

图 4-23 压肩
(a) 方料压肩；(b) 圆料压肩

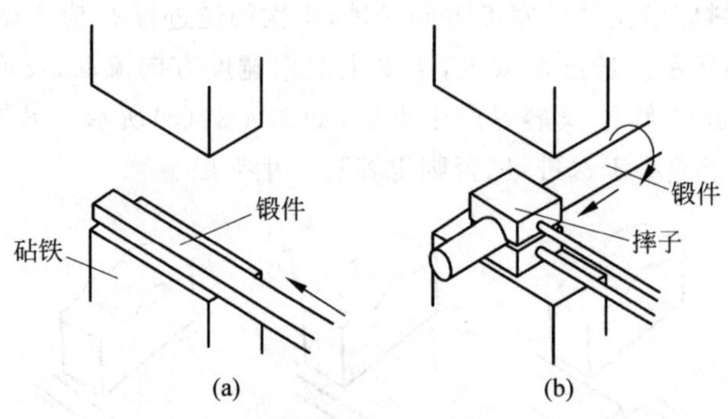

图 4-24 拔长后的修整
(a) 方形、矩形面的修整；(b) 圆形截面的修整

(6) 采用专制的芯轴对孔进行拔长，主要用于孔深的工件，如图 4-25 所示。

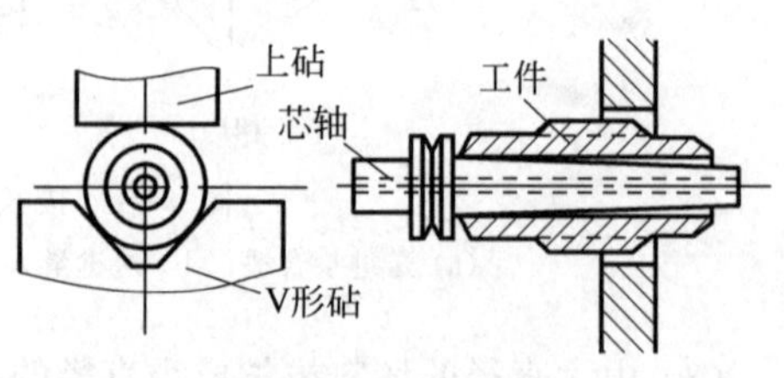

图 4-25 芯轴拔长

3. 冲孔

冲孔是用冲子在坯料冲出通孔或不通孔的锻造工序。冲孔主要用于制造带孔工件，如齿轮坯、圆环、套筒等。

一般规定：锤的落下部分重量在 0.15～5t 之间，最小冲孔直径相应为 $\phi 30 \sim \phi 100$mm；孔径小于 100mm，而孔深大于 300mm 的孔可不冲出；孔径小于 150mm，而孔深大于 500mm 的孔也不冲出；直径小于 20mm 的孔不冲出。

根据冲孔所用的冲子的形状不同，冲孔可分为实心冲子冲孔和空心冲子冲孔。实心冲子冲孔又可分为单面冲孔和双面冲孔，如图 4-26 所示。

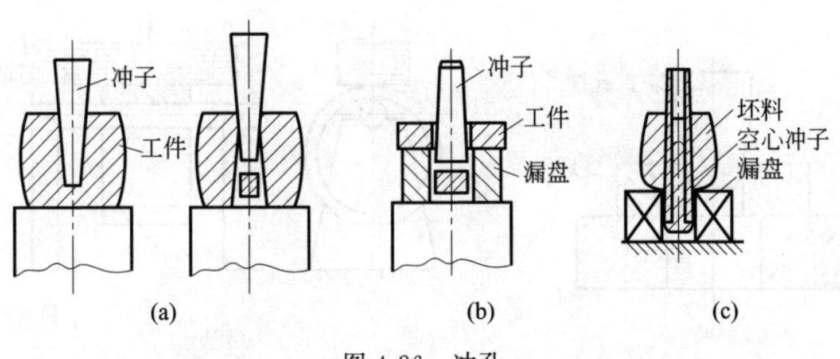

图 4-26 冲孔

(a) 双面冲孔；(b) 单面冲孔；(c) 空心冲子冲孔

(1) 单面冲孔。对于较薄工件，即工件高度与冲孔孔径之比小于 0.125 时，可采用单面冲孔。冲孔时，将工件放在漏盘上，冲子大头朝下，漏盘的孔径和冲子的直径应有一定的间隙，冲孔时应仔细校正，冲孔后稍加平整。

(2) 双面冲孔。其操作过程为：镦粗；试冲(找正中心冲孔痕)；撒煤粉(煤粉受热后产生的气体膨胀力可将冲子顶出)；冲孔，即冲孔到锻件厚度的 2/3～3/4；翻转 180°找正中心；冲除连皮，如图 4-27 所示；修整内孔；修整外圆。

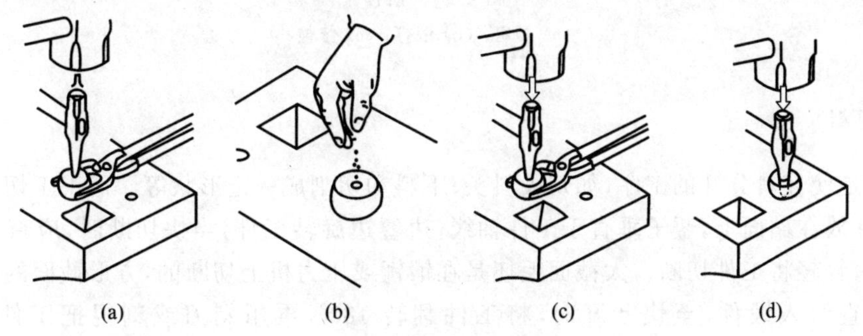

图 4-27 冲孔的步骤

(a) 放正冲子，试冲；(b) 冲浅坑，撒煤粉；

(c) 冲至工件厚度的 2/3 深；(d) 翻转工件在铁砧圆孔上冲透

(3) 空心冲子冲孔。当冲孔直径超过 400mm 时，多采用空心冲子冲孔。对于重要的锻件，将其有缺陷的中心部分冲掉，有利于改善锻件的力学性能。

4. 扩孔

扩孔是空心坯料壁厚减薄而内径和外径增加的锻造工序。其实质是沿圆周方向的变相拔长。扩孔的常用方法有冲子扩孔和芯轴扩孔等，如图 4-28 所示。扩孔适用于锻造空心圈和空心环锻件。

5. 错移

将毛坯的一部分相对另一部分上、下错开，但仍保持这两部分轴心线平行的锻造工序，错移常用来锻造曲轴。错移前，毛坯须先进行压肩等辅助工序，如图 4-29 所示。

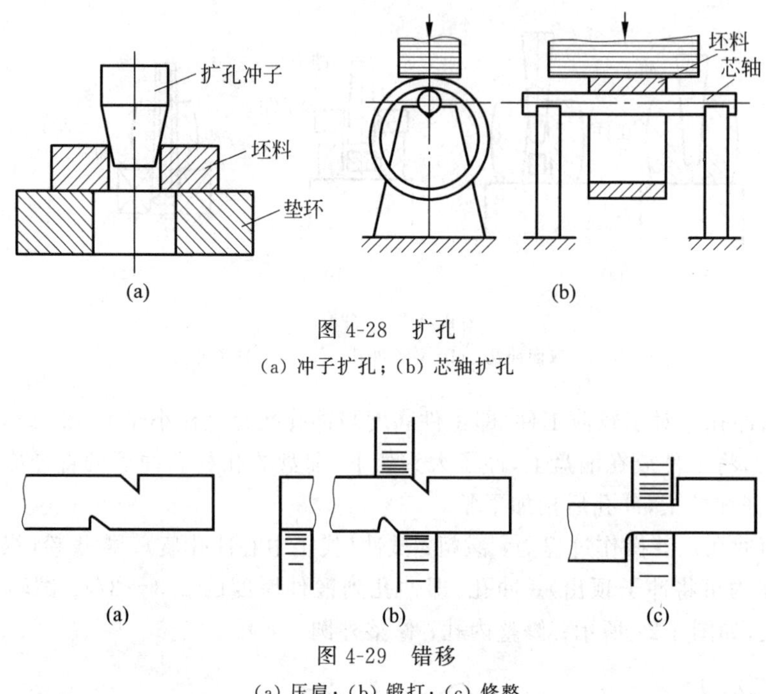

图 4-28　扩孔

(a) 冲子扩孔；(b) 芯轴扩孔

图 4-29　错移

(a) 压肩；(b) 锻打；(c) 修整

6. 切割

切割是使坯料分开的工序，如切去料头、下料和切割成一定形状等。用手工切割小毛坯时，把工件放在砧面上，錾子垂直于工件轴线，边錾边旋转工件，当快切断时，应将切口稍移至砧边处，轻轻将工件切断。大截面毛坯是在锻锤或压力机上切断的，方形截面的切割是先将剁刀垂直切入锻件，至快断开时，将工件翻转 180°，再用剁刀或刻棍把工件截断，如图 4-30(a)所示。切割圆形截面锻件时，要将锻件放在带有圆凹槽的剁垫上，边切边旋转锻件，如图 4-30(b)所示。

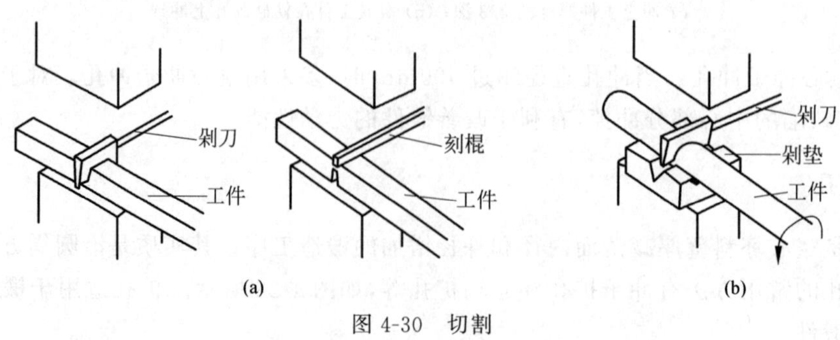

图 4-30　切割

(a) 方料的切割；(b) 圆料的切割

7. 弯曲

使坯料弯成一定角度或形状的锻造工序称为弯曲。弯曲用于锻造吊钩、链环、弯板等锻件。弯曲时锻件的加热部分最好只限于被弯曲的一段，加热必须均匀。在空气锤上进行弯曲时，将坯料夹在上下砧铁间，使欲弯曲的部分露出，用手锤或大锤将坯料打弯，如图 4-31(a)所示；或借助于成形垫铁、成形压铁等辅助工具使其产生成形弯曲，如图 4-31(b)所示。

8. 扭转

扭转是将毛坯的一部分相对于另一部分绕其轴心线旋转一定角度的锻造工序，如图 4-32 所示。锻造多拐曲轴、连杆、麻花钻头等锻件和校直锻件时常用这种工序。

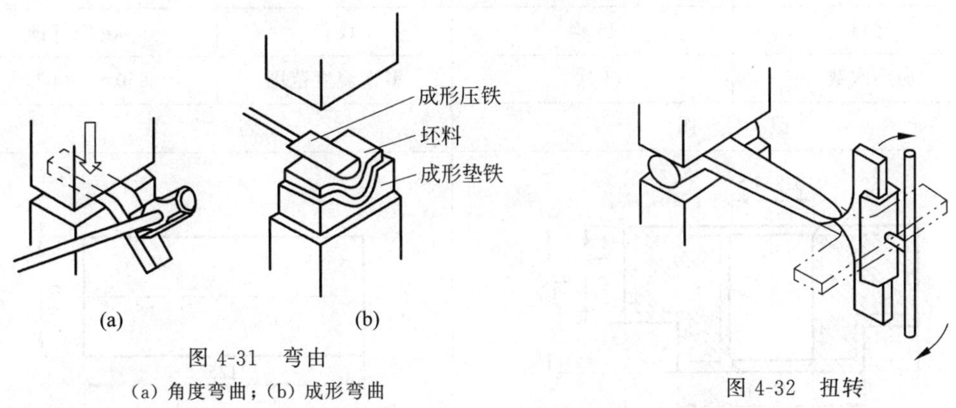

图 4-31　弯曲
(a) 角度弯曲；(b) 成形弯曲

图 4-32　扭转

扭转前，应将整个坯料先在一个平面内锻造成形，并使受扭曲部分表面光滑，然后进行扭转。扭转时，由于金属变形剧烈，要求受扭部分加热到始锻温度，且均匀热透。扭转后，要注意缓慢冷却，以防出现扭裂。

9. 锻接

锻接是将两段或几段坯料加热后，用锻造的方法连接成牢固整体的一种锻造工序，又称锻焊。锻接主要用于小锻件生产或修理工作，如船舶锚链的锻焊、刃具的夹钢和贴钢，它是将两种成分不同的钢料锻焊在一起。典型的锻接方法有搭接法、咬接法和对接法。

4.4.3　自由锻工艺规程

制定自由锻工艺规程应做如下工作。

绘制锻件图。锻件图是根据零件图和锻造该零件毛坯的锻造工艺来绘制的，如图 4-33 所示。在锻件图中尺寸标注：尺寸线上面的尺寸为锻件尺寸；尺寸线下面的尺寸为零件图尺寸并用括弧注明；也可只标注锻件尺寸。

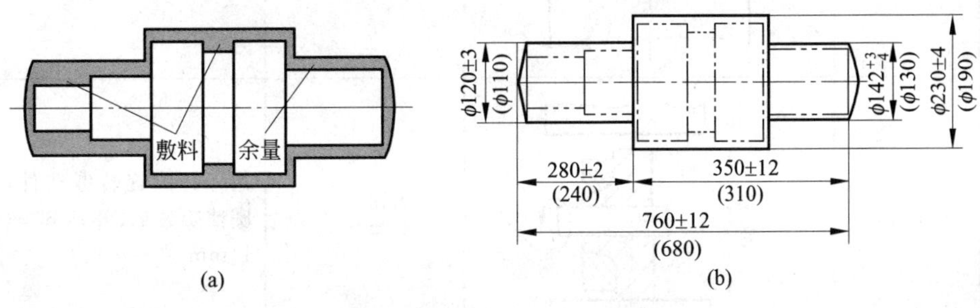

图 4-33　锻件图
(a) 锻件的余量及敷料；(b) 锻件图

4.4.4 典型锻件自由锻工艺过程

1. 齿轮坯自由锻工艺过程见表 4-5。

表 4-5 齿轮坯自由锻工艺过程

锻件名称	齿轮毛坯	工艺类型	自由锻
材料	45 钢	设备	65kg 空气锤
加热次数	1 次	锻造温度范围	850～1200℃
锻 件 图		坯 料 图	
ϕ28±1.5 29±1 44±1 ϕ58±1 ϕ92±1		ϕ50 125	

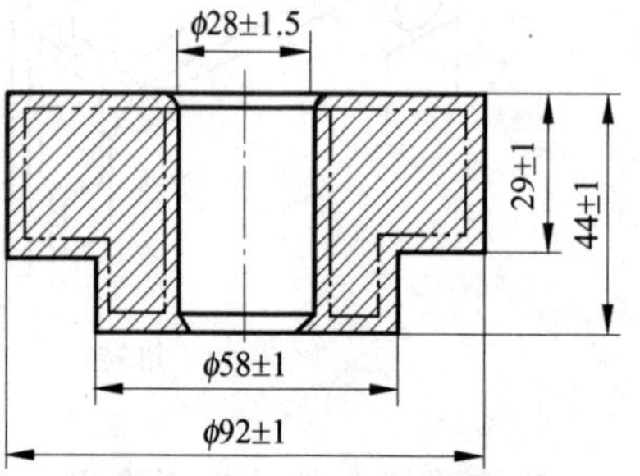

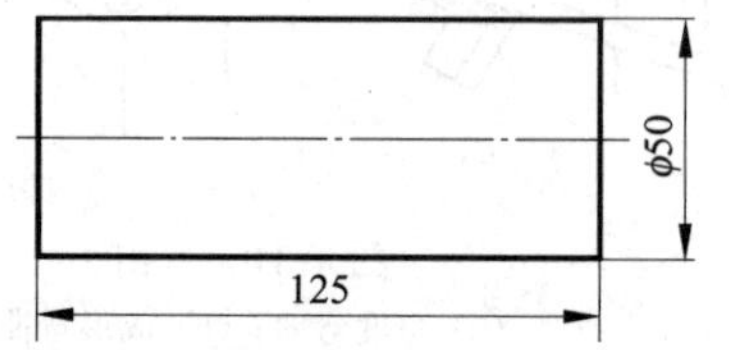

序号	工序名称	工序简图	使用工具	操作工艺
1	镦粗	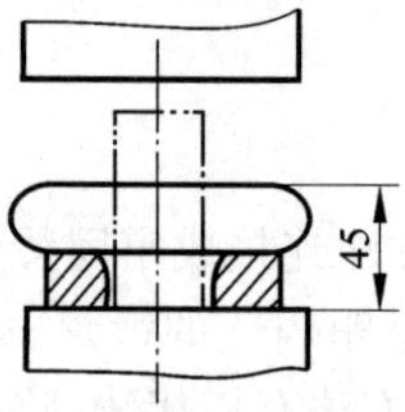 45	火钳 镦粗漏盘	控制镦粗后的高度为 45mm
2	冲孔	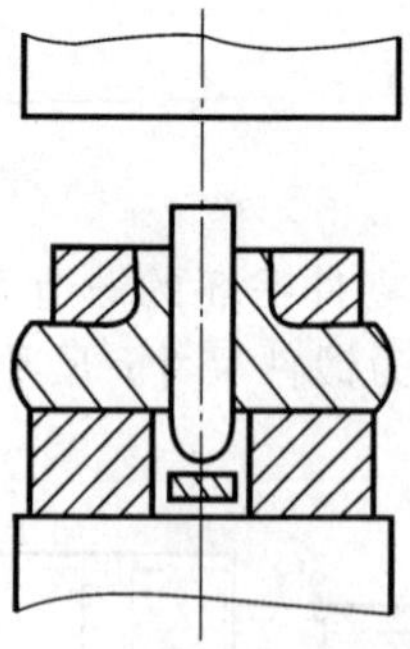	火钳 镦粗漏盘 冲子 冲子漏盘	1. 注意冲子对中 2. 采用双面冲孔，对应工序简图为工件翻转后将孔冲透的情况
3	修正外圆	ϕ92±1	火钳 冲子	边轻打边旋转锻造件，使外圆清除鼓形，并达到 ϕ(92±1)mm

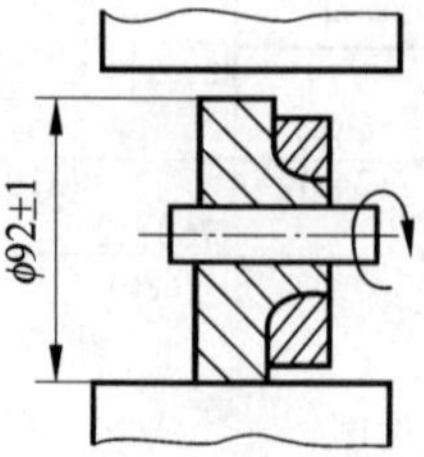

续表

序号	工序名称	工序简图	使用工具	操作工艺
4	修整平面	44±1	火钳	轻打(如端面不平还要边打边转动锻件),使锻件厚度达到(44±1)mm

2. 齿轮轴零件如图4-34所示,毛坯自由锻工艺过程见表4-6。

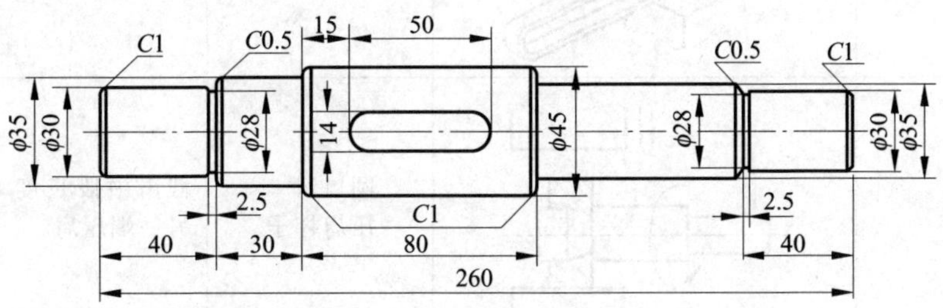

图4-34 齿轮轴零件图

表4-6 齿轮轴零件自由锻工艺过程

锻件名称	齿轮轴毛坯	工艺类型	自由锻
材料	45钢	设备	75kg空气锤
加热次数	2次	锻造温度范围	800～1200℃
锻件图		坯料图	
$\phi 40^{+1}_{-2}$ $\phi 50^{+1}_{-2}$ $\phi 40^{+1}_{-2}$ 71^{+1}_{-2} $\phi 88^{+2}_{-3}$ 270^{+2}_{-4}		φ50 215	

序号	工序名称	工序简图	使用工具	操作工艺
1	压肩		圆口钳 压肩摔子	边轻打,边旋转锻件

续表

序号	工序名称	工序简图	使用工具	操作工艺
2	拔长		圆口钳	将压肩一端拔长至直径不小于 ϕ40mm
3	摔圆		圆口钳 摔圆摔子	将拔长部分摔圆至 $\phi(40\pm1)$mm
4	压肩		圆口钳 压肩摔子	截出中段长度 88mm 后，将另一端压肩
5	拔长		尖口钳	将压肩一端拔长至直径不小于 ϕ40mm
6	摔圆修整		圆口钳 摔圆摔子	将拔长部分摔圆至 $\phi(40\pm1)$mm

4.5 模　锻

将加热后的坯料放到锻模(模具)的模膛内，经过锻造，使其在模膛所限制的空间内产生塑性变形，从而获得锻件的锻造方法叫做模型锻造，简称模锻。模锻的生产率高，并可锻出形状复杂、尺寸准确的锻件，适宜在大批量生产条件下，锻造形状复杂的中、小型锻件，如在汽车、拖拉机等制造厂中应用较多。

模锻可以在多种设备上进行。常用的模锻设备有模锻锤(蒸汽-空气模锻锤、无砧座锤、高速锤等)、曲柄压力机、摩擦压力机、平锻机及液压机等。模锻方法也依所用设备而命名，如使用模锻锤设备的模锻方法，统称为锤上模锻，其余可分别称为曲柄压力机上模锻、摩擦压力机上模锻、平锻机上模锻等。其中使用蒸汽-空气锤设备的锤上模锻是应用最广的一种模锻方法。

蒸汽-空气模锻锤的结构,如图 4-35 所示。它的砧座比自由锻大得多,而且与锤身连成一个封闭的刚性整体,锤头与导轨之间的配合十分精密,保证了锤头的运动精度。上模和下模分别安装在锤头下端和模座上的燕尾槽内,用楔铁对准和紧固,如图 4-36 所示。在锤击时能保证上、下锻模对准。

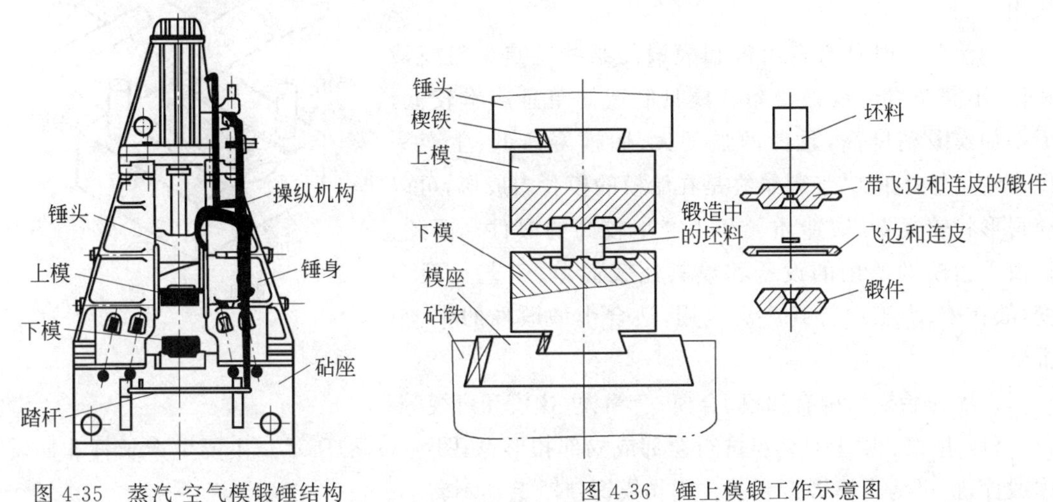

图 4-35 蒸汽-空气模锻锤结构　　图 4-36 锤上模锻工作示意图

锻模由专用的热作模具钢加工制成,具有较高的热硬性、耐磨性、耐冲击等特殊性能。锻模由上模和下模组成,两半模分开的界面称分模面,上、下模内加工出的与锻件形状相一致的空腔叫模膛,根据模锻件的复杂程度不同,所需变形的模腔数量不等,如有拔长模膛、滚压模膛、弯曲模膛、切断模膛等。模膛内与分模面垂直的表面都有 5°～10°的斜度,称为模锻斜度,以便于锻件出模。模膛内所有相交的壁都应是圆角过渡,以利于金属充满模膛及防止由于应力集中使模膛开裂。为了防止锻件尺寸不足及上、下模直接撞击,一般情况下坯料的体积均稍大于锻件,故模膛的边缘相应加工出容纳多余金属的飞边槽,如图 4-36 所示。在锻造过程中,多余的金属即存留在飞边槽内,锻后再用切边模膛将飞边切除。带孔的锻件不可能将孔直接锻出,而留有一定厚度的冲孔连皮,锻后再将连皮冲除。如图 4-37 所示是锤上模锻件的生产工艺过程。

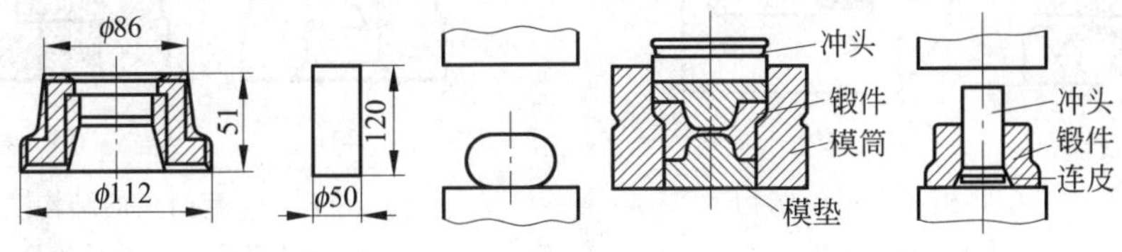

图 4-37 锤上模锻的生产工艺过程

4.6 胎 模 锻

胎模锻是在自由锻设备上使用可移动的模具(称为胎模)生产模锻件的方法,它也是介于自由锻和模锻之间的一种锻造方法。常采用自由锻的镦粗或拔长等工序初步制坯,然后在胎模内终锻成形。

胎模的结构简单且形式较多,如图 4-38 所示为其中一种合模,它由上、下模块组成,模块间的空腔称为模膛,模块上的导销和销孔可使上、下模膛对准,手柄供搬动模块用。

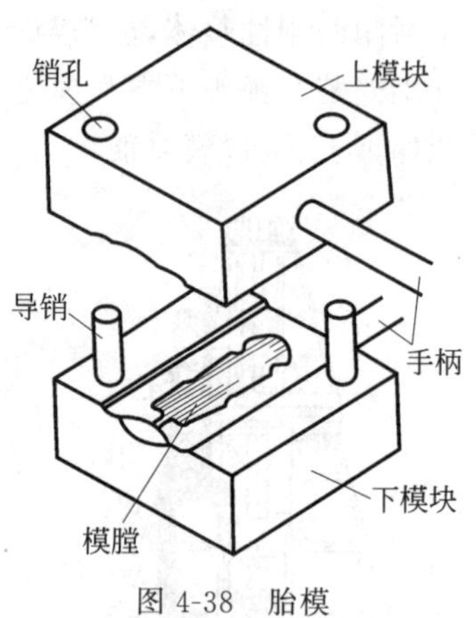

图 4-38 胎模

胎模锻同时具有自由锻和模锻的某些特点。与模锻相比,不需昂贵的模锻设备。模具制造简单且成本较低,但不如模锻精度高,且劳动强度大、胎模寿命低、生产率低;与自由锻相比,坯料最终是在胎模的模膛内成形,可以获得形状较复杂、锻造质量和生产率较高的锻件。因此,正由于胎模锻所用的设备和模具比较简单、工艺灵活多变,故在中、小工厂得到广泛应用,适合小型锻件的中、小批生产。

常用的胎模结构有扣模、合模、套筒模、摔模和弯模等。

(1) 扣模:用于对坯料进行全部或局部扣形,如图 4-39(a)所示。主要生产长杆非回转体锻件,也可为合模锻造制坯。用扣模锻造时毛坯不转动。

(2) 合模:通常由上模和下模组成,如图 4-39(b)所示。主要用于生产形状复杂的非回转体锻件,如连杆、叉形锻件等。

(3) 套筒模:简称筒模或套模,锻模呈套筒形,可分为开式筒模(见图 4-40(a))和闭式筒模(见图 4-40(b))两种。主要用于锻造法兰盘、齿轮等回转体锻件的锻造。

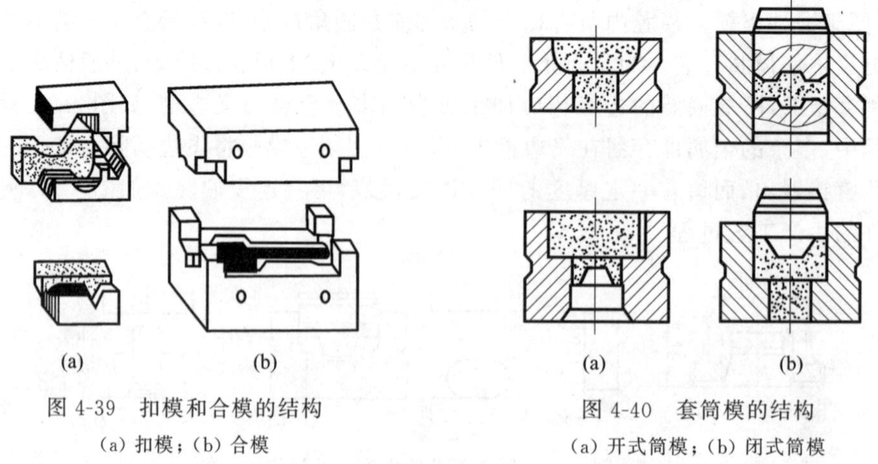

图 4-39 扣模和合模的结构
(a) 扣模;(b) 合模

图 4-40 套筒模的结构
(a) 开式筒模;(b) 闭式筒模

胎模锻造所用胎模不固定在锤头或砧座上,按加工过程需要,可随时放在上下砧铁上进行锻造,也可随时搬下来。锻造时,先把下模放在下砧铁上,再把加热的坯料放在模膛内,然后合上上模,用锻锤锻打上模背部。待上、下模接触,坯料便在模膛内锻成锻件。

4.7 冲 压

4.7.1 冲压概述

利用冲压设备和冲模使金属或非金属板料产生分离或成形而得到制件的工艺方法称为板料冲压,简称冲压。这种加工方法通常是在常温下进行的,所以又称冷冲压。

冲压的原材料是具有较高塑性的金属薄板,如低碳钢、铜及其合金、镁合金等。非金属板料,如石棉板、硬橡胶、胶木板、纤维板、绝缘纸、皮革等也适于冲压加工。用于冲压加工的板料厚度一般小于 6mm,当板厚超过 8～10mm 时则采用热冲压。

冲压生产的特点:

(1) 可以生产形状复杂的零件或毛坯;

(2) 冲压制品尺寸精确、表面光洁,质量稳定,互换性好,一般不再进行切削加工即可装配使用;

(3) 产品还具有材料消耗少、重量轻、强度高和刚度好等优点;

(4) 冲压操作简单,生产率高,易于实现机械化和自动化;

(5) 冲模精度要求高,结构较复杂,生产周期较长,制造成本较高,故只适用于大批量生产场合。

在所有制造金属或非金属薄板成品的工业部门中都可采用冲压生产,尤其在日用品、汽车、航空、电器、电机和仪表等工业生产部门,应用更为广泛。

4.7.2 冲压主要设备

冲压所用的设备种类有很多种,主要设备有剪床和冲床。

1. 剪床

剪床是下料用的基本设备,它是将板料切成一定宽度的条料或块料,以供给冲压所用。反映剪床的主要技术参数是它所能剪板料的厚度和长度,如 Q11-2×1000 型剪床,表示能剪厚度为 2mm、长度为 1000mm 的板材。图 4-41 所示为剪床结构及剪切示意图。

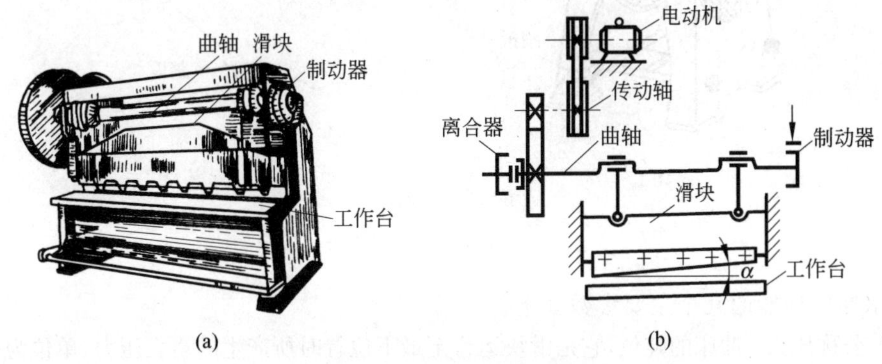

图 4-41 剪床结构及剪切示意图

(a) 外形图;(b) 传动系统简图

电动机带动带轮和齿轮转动，离合器闭合使曲轴旋转，带动装有上刀片的滑块沿导轨作上下运动，与装在工作台上的下刀片相剪切而进行工作。为了减小剪切力和利于剪切宽而薄的板料，一般将上刀片作成具有斜度为6°～9°的斜刃，对于窄而厚的板料则用平刃剪切；挡铁起定位作用，便于控制下料尺寸；制动器控制滑块的运动，使上刀片剪切后停在最高位置，便于下次剪切。

2. 冲床

冲床是进行冲压加工的基本设备，它可完成除剪切外的绝大多数冲压基本工序。冲床按其结构可分为单柱式和双柱式、开式和闭式等；按滑块的驱动方式分为液压驱动和机械驱动两类。机械式冲床的工作机构主要由滑块驱动机构(如曲柄、偏心齿轮、凸轮等)、连杆和滑块组成。

图4-42所示为开式双柱式冲床的外形和传动简图。电动机通过减速系统带动大带轮转动。当踩下踏板后，离合器闭合并带动曲轴旋转，再经连杆带动滑块沿导轨作上、下往复运动，完成冲压动作。冲模的上模装在滑块的下端，随滑块上、下运动，下模固定在工作台上，上、下模闭合一次即完成一次冲压过程。踏板踩下后立即抬起，滑块冲压一次后便在制动器作用下，停止在最高位置上，以便进行下一次冲压。若踏板不抬起，滑块则进行连续冲压。

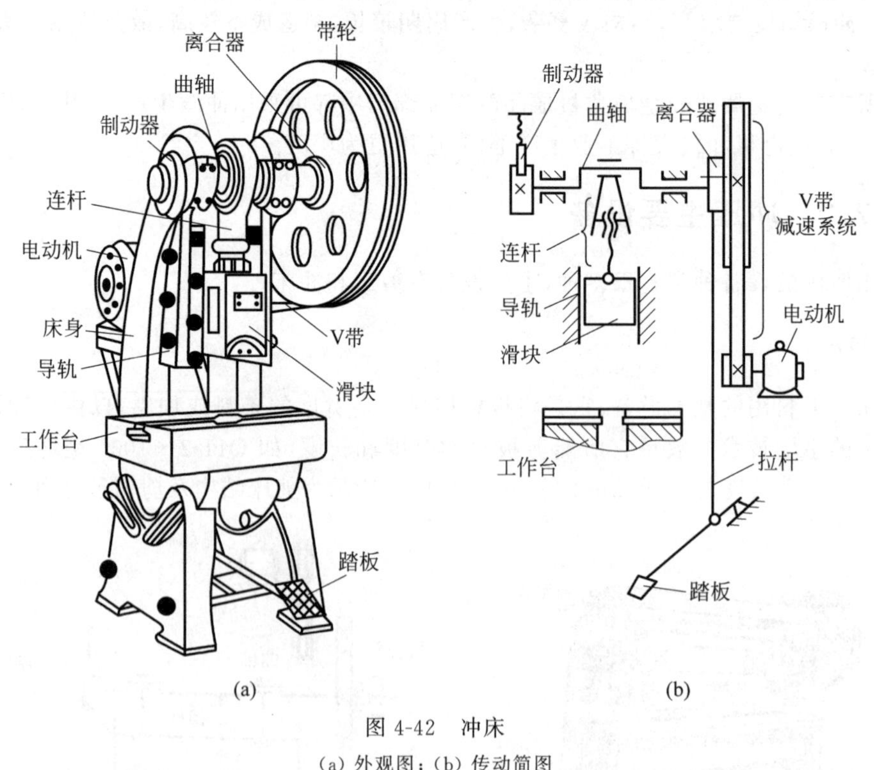

图4-42 冲床

(a) 外观图；(b) 传动简图

表示冲床性能的几个主要参数如下。

(1) 公称压力：冲床的吨位，它是滑块运行至最下位置时所产生的最大压力，单位为N或t。

(2) 滑块行程：曲轴旋转时，滑块从最上位置到最下位置所走过的距离，它等于曲柄回转半径的两倍，单位为mm。

(3) 闭合高度：滑块在行程至最下位置时，其下表面到工作台面的距离，单位为 mm。冲床的闭合高度应与冲模的高度相适应。冲床连杆的长度一般都是可调的，调整连杆的长度即可对冲床的闭合高度进行调整。

冲床操作安全规范：

(1) 冲压工艺所需的冲剪力或变形力要低于或等于冲床的标称压力。

(2) 开机前应锁紧所有调节和紧固螺栓，以免模具等松动而造成设备、模具损坏和人身安全事故。

(3) 开机后，严禁将手伸入上下模之间，取下工件或废料应使用工具。冲压进行时严禁将工具伸入冲模之间。

(4) 两人以上共同操作时应由一人专门控制踏脚板，踏脚板上应有防护罩，或将其放在隐蔽安全处，工作台上应取尽杂物，以免杂物坠落于踏脚板上造成误冲事故。

(5) 装拆或调整模具应停机进行。

4.7.3 冲压基本工序

按板料在加工中是否分离，冲压工艺一般可分为分离工序和成形工序两大类。

1. 分离工序

分离工序是在冲压过程中使冲压件与坯料沿一定的轮廓线互相分离的冲压工序，主要有切断和冲裁等，如表 4-7 所示。

2. 成形工序

成形工序是使坯料塑性变形而获得所需形状和尺寸的制件的冲压工序。主要有拉深、弯曲、翻边、卷边、胀形、压印等，如表 4-7 所示。

表 4-7 常见冲压基本工序及示意图

工艺名称		简图	所用模具的名称	简要说明
分离工序	落料	废料　零件	落料模	冲落的部分是零件
	冲孔	零件　废料	冲孔模	冲落的部分是废料
	切边		切边模	切去多余的边缘
	切断	零件	切断模	将板条料切断

续表

工艺名称		简图	所用模具的名称	简要说明
成形工序	弯曲		弯曲模	将板料弯曲成各种形状
	卷圆	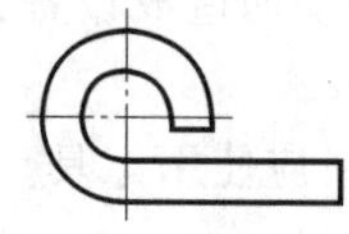	卷圆模	将板料端部卷成接近封闭的圆头
	拉深	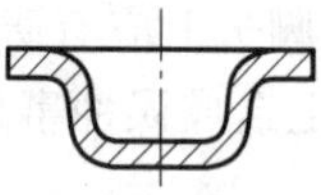	拉深模	将板料拉成空心容器的形状
	翻边	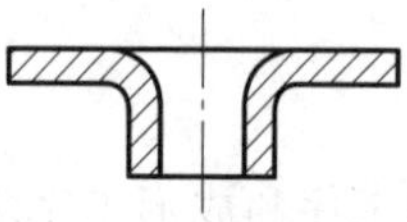	翻边模	将板料上平孔翻成竖立孔
	胀形	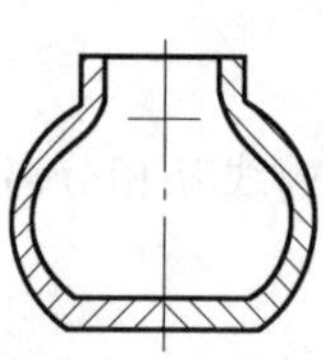	胀形模	将柱状工件胀成曲面状工件
	压印	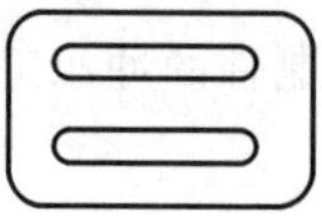	压印模	在板料的平面上压出加强筋或凹凸标识

4.8 实训案例

压力加工实训案例如图 4-43 所示。

(a) (b)

图 4-43 压力加工实训案例图

(c)

(d)

(e)

(f)

(g)

(h)

(i)

(j)

图 4-43 （续）

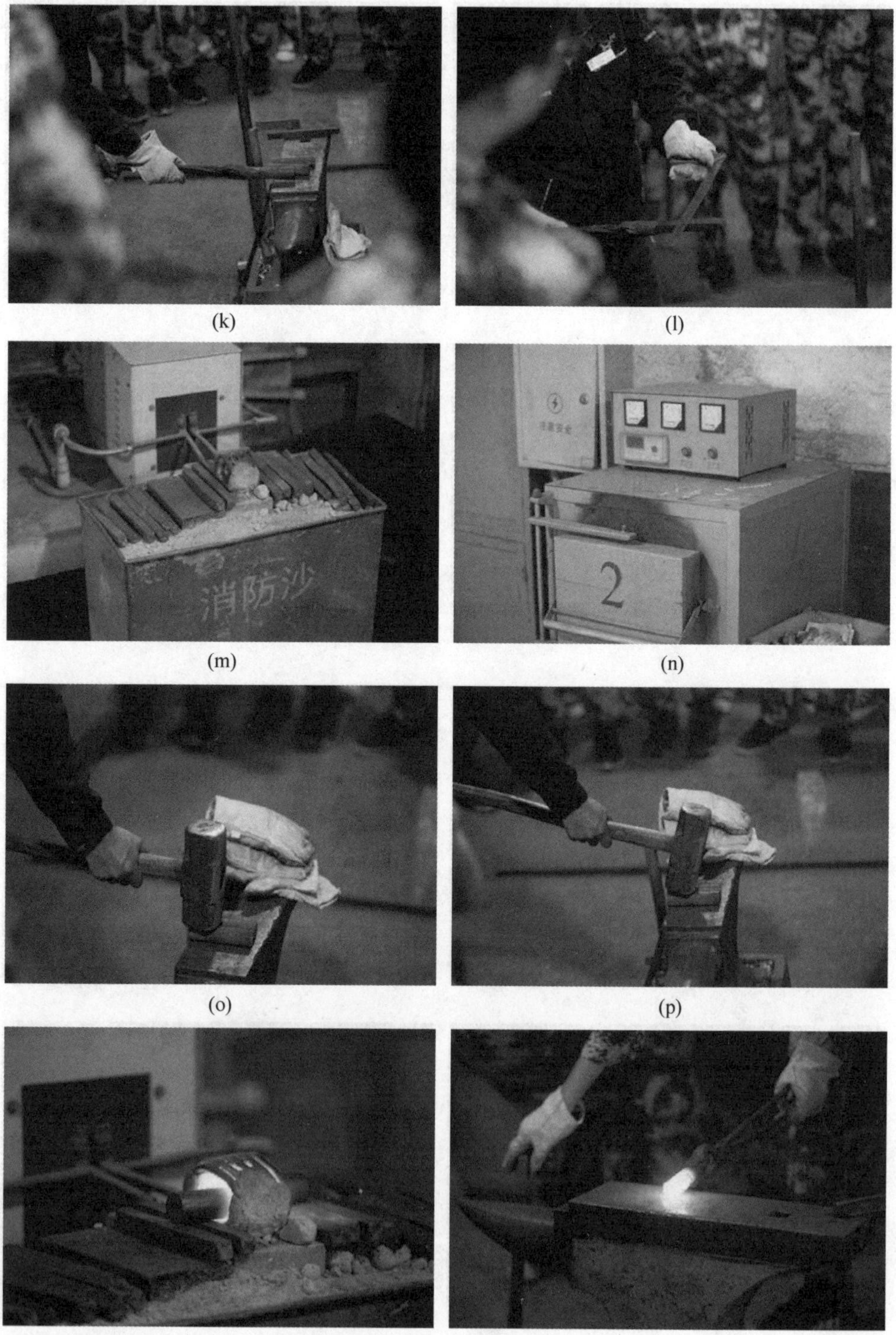

(k)　　(l)

(m)　　(n)

(o)　　(p)

(q)　　(r)

图 4-43 （续）

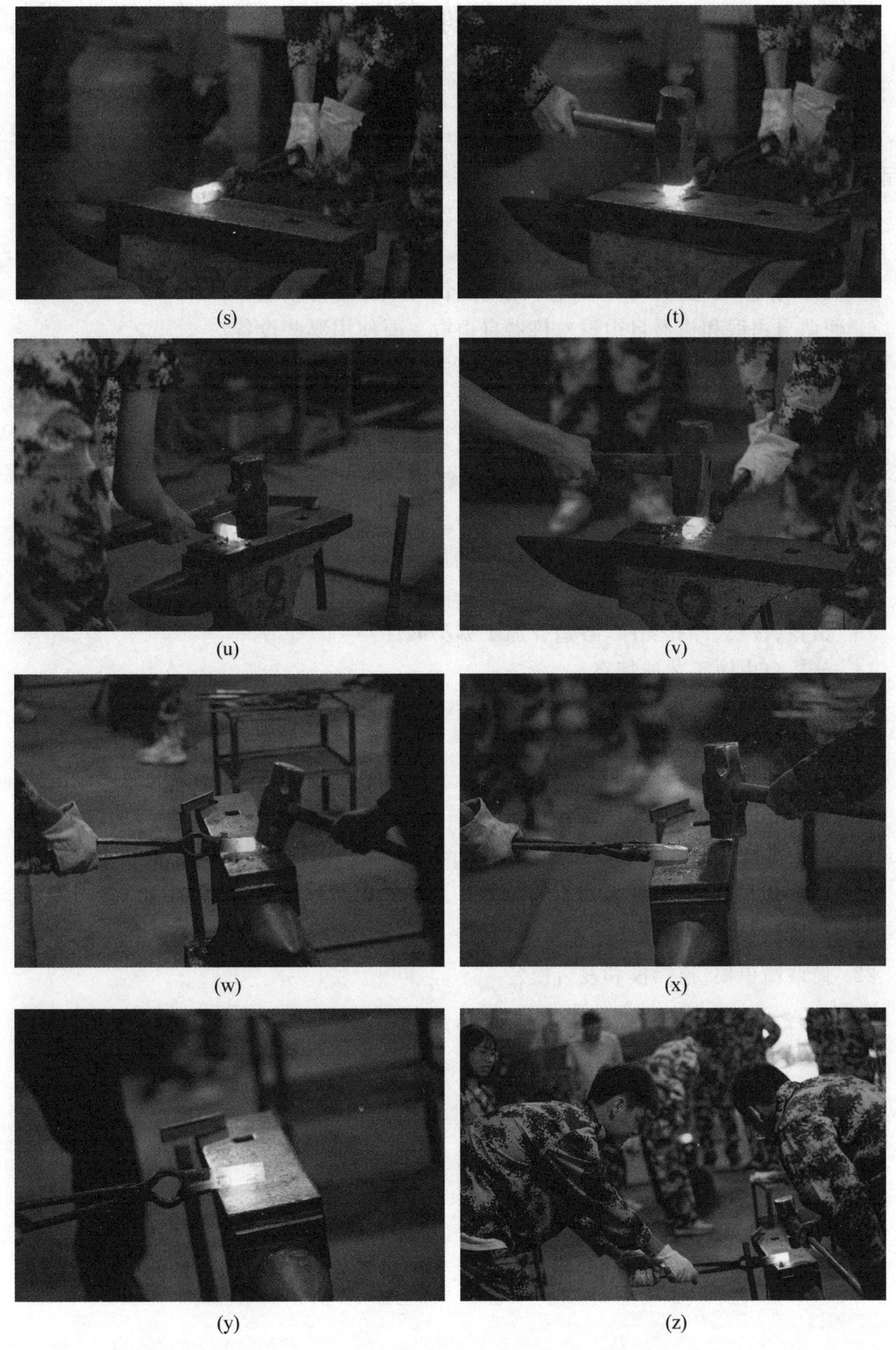

(s) (t)

(u) (v)

(w) (x)

(y) (z)

图 4-43 （续）

思考练习题

1. 锻造前,坯料加热的目的是什么?

2. 何谓始锻温度和终锻温度?低碳钢和中碳钢的始锻温度和终锻温度范围各是多少?各呈现什么颜色?

3. 氧化、脱碳、过热和过烧的实质是什么?它们对锻件质量有什么影响?

4. 加热速度过快或过慢各有什么危害?

5. 锻件的冷却方法有几种?冷却速度过快对锻件有何影响?

6. 何谓自由锻和机器自由锻?机器自由锻主要使用哪些设备?

7. 空气锤由哪几部分组成?各部分的作用是什么?

8. 空气锤的规格是怎样确定的?锤的落下部分指的是什么?

9. 空气锤可完成哪些动作?怎样实现上悬、下压和连续打击等动作?

10. 镦粗操作的方法有几种?它们对镦粗部分坯料的高度与直径之比有何要求?为什么?

11. 拔长时加大进给量是否可加速坯料的拔长效率?为什么?

12. 用实心冲头冲孔时应注意哪些内容?

13. 镦粗、拔长、冲孔工序,各适合加工哪类锻件?

14. 分析自由锻工艺的特点。

15. 制定零件的自由锻工艺时应考虑哪些问题?

16. 分析胎模锻与自由锻的异同。

17. 说明胎模的种类及工艺特点。

18. 冲压生产的主要特点是什么?

19. 冲床滑块的行程长度和闭合高度是否可调?

20. 冲孔和落料有何异同?

21. 分析冲模的组成及其作用。

22. 何谓简单模、连续模和复合模?

第5章

CHAPTER 5

焊接加工

实训目的和要求

(1) 了解焊接加工工艺过程、特点和应用范围；

(2) 了解电弧焊机的种类和主要技术参数；

(3) 了解电焊条的种类、焊接接头形式及不同空间位置的焊接特点；

(4) 熟悉焊接工艺参数及其对焊接质量的影响，了解常见的焊接缺陷；

(5) 了解气焊设备、气焊火焰、焊丝及焊剂的作用；

(6) 熟悉氧气切割原理、过程及金属气割条件；

(7) 能独立正确选择焊接电流及调整火焰，以及按照实训要求完成电弧焊、气焊的平焊操作。

安全操作规程

(1) 实训时应穿绝缘鞋和干燥工作服，戴绝缘手套，女同学要戴工作帽(长发要用发卡固定)，操作者应站在绝缘橡胶板上进行操作以防触电。

(2) 实训前，应首先检查电焊机及焊台是否牢固接地，清除工作场地的棉纱、汽油等易燃物品。开动电焊机时，先闭合电源闸刀，然后启动电焊机电焊电钮。停机时先关电焊机，再拉电源闸刀。正在焊接时，不要切断电源或调节电流，电源接通后不要任意移动焊机。禁止用铜丝代替保险丝。

(3) 电焊钳手柄应可靠绝缘，若有损坏应事先修理或更换。电焊钳应轻取轻放，不得将焊钳置于焊台上，以防短接起弧。

(4) 电焊时必须戴上防护面罩，不准用眼睛直视电弧，以防强烈的弧光灼伤眼睛。如有眼睛疼痛、发热流泪、皮肤发痒等感觉，可用湿毛巾敷在眼睛上，但不能用肥皂水洗。焊接时人应站在上风位置。

(5) 焊接时，手不能同时接触两个电极，以免发生触电危险。实训时不要随意挥动焊条，若焊机及焊钳发热，应稍休息一下再工作。焊后的工件和焊条头不能乱丢，热件不要用手摸，大件要放稳。

(6) 用清渣锤敲除焊渣时，不得朝向面部，以防飞出的焊渣烫伤眼睛和面部。应从侧面轻击，并用戴绝缘手套的左手遮挡飞溅的焊渣。

(7) 在乙炔发生器附近严禁烟火。

(8) 焊前检查焊炬、割炬的射吸能力，是否漏气，焊嘴割嘴是否有堵塞，胶管是否漏气等。

(9) 实训时,应先打开换气扇,以免吸入焊接时产生的有毒气体(CO_2,臭氧,氧化氮等)造成对人体的伤害。

(10) 气焊、气割前要检查回火防止器的水位,在焊、割过程中若遇到回火,应迅速关闭氧气阀,然后关闭乙炔阀,等待处理解决。

(11) 如发现火焰突然回缩,并听到"嘘声",这是回火象征,应立即关闭焊枪的乙炔及氧气。

(12) 实习操作中,若遇有意外情况,应立即报告指导教师,不准擅自慌忙乱动。

5.1 概 述

5.1.1 焊接方法的分类

焊接是通过加热或加压,或两者并用,并且用或不用填充材料使焊件达到原子结合的一种加工方法。因此,焊接是一种重要的金属加工工艺,它能使分离的金属连接成不可拆卸的牢固整体。

焊接方法可分为三大类:熔化焊、压力焊和钎焊。

熔化焊是将焊接接头加热至熔化状态而不加压力的一类焊接方法,其中电弧焊、气焊应用最为广泛。

压力焊是对焊件施加压力,加热或不加热的焊接方法,其中电阻焊应用较多。

钎焊是采用熔点比焊件金属低的钎料,将焊件和钎料加热到高于钎料的熔点而焊件金属不熔化,利用毛细管作用使液态钎料填充接头间隙与母材原子相互扩散的焊接方法,如铜焊等。

熔化焊、压力焊和钎焊三类焊接方法,依据其工艺特点又可将每一类分成若干种不同的焊接方法,如图 5-1 所示。

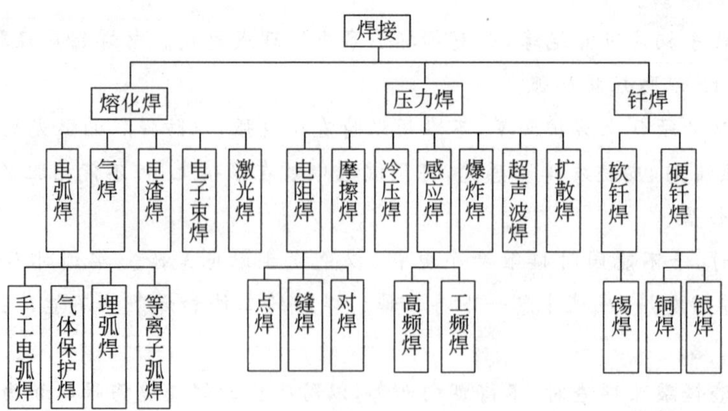

图 5-1 常用的焊接方法

5.1.2 焊接的特点及应用

当今世界已大量应用焊接方法制造各种金属构件。焊接方法得到普遍的重视并获得迅速发展，它与机械连接法(如铆接、螺栓连接等)相比具有以下特点。

(1) 焊接质量好。焊缝具有良好的力学性能，能耐高温、高压、低温，并具有良好的气密性、导电性、耐腐蚀性和耐磨性等；焊接结构刚性大，整体性好。

(2) 焊接适用性强。可以较方便地将不同形状与厚度的型材相连接；可以制成双金属结构；可以实现铸、焊结合件，锻、焊结合件、冲压、焊结合件，以致实现铸、锻、焊结合件等；焊接工作场地不受限制，可在场内、外进行施工。

(3) 省工省料成本低、生产率高。采用焊接连接金属，一般比铆接节省金属材料10%～20%。焊接加工快、工时少、劳动条件较好，生产周期短，易于实现机械化和自动化生产。

(4) 焊接设备投资少。焊接生产不需要大型、贵重的设备，因此投产快，效率高，同时更换产品灵活方便，并能较快地组织不同批量、不同结构件的生产。

(5) 焊接也存在一些问题，例如，焊后零件不可拆，更换修理不方便；如果焊接工艺不当，焊接接头的组织和性能会变坏；焊后工件存在残余应力和变形，影响了产品质量和安全性；容易形成各种焊接缺陷，如应力集中、裂纹、引起脆断等。但只要合理地选用材料、合理选择焊接工艺，精心操作以及进行严格的科学管理，就可以将焊接问题及缺陷的严重程度和危害性降到最低限度，保证焊件结构的质量和使用寿命。

5.1.3 熔化焊的焊接接头

两焊件的连接处为焊接接头，简称接头，如图5-2所示。被焊工件的材料称为母材料，或称基本金属。焊接中：母材局部受热熔化形成熔池，熔池不断移动并冷却后形成焊缝；焊缝两侧部分母材受焊接加热的影响而引起金属内部组织和力学性能变化的区域，称为焊接热影响区；焊缘与母材交接的过渡区其受热温度在合金的固-液相之间，母材部分熔化，此区域称为熔合区，也称半熔化区。因此。焊接接头是由焊缝、熔合区和热影响区三部分组成。

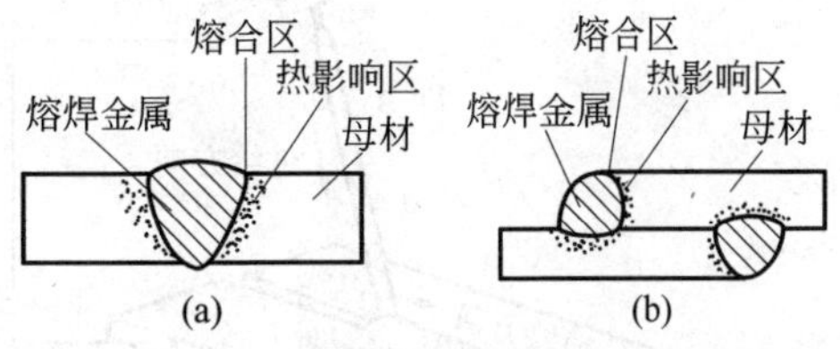

图5-2 熔焊焊接头的组成

(a) 对接接头；(b) 搭接接头

焊缝各部分的名称如图5-3所示。焊缝高出母材表面的高度叫堆高(余高)；熔化的宽度，即冷却凝固后的焊缝宽度，称为熔宽；母材熔化的深度叫熔深。

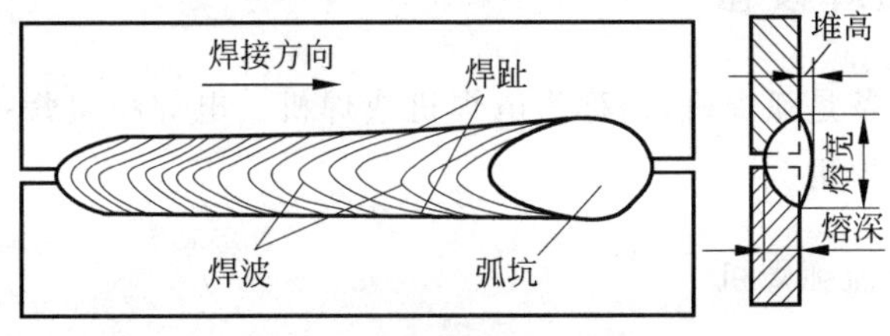

图5-3 焊缝各部分名称

5.2 手工电弧焊

电弧焊是熔化焊中最基本的焊接方法,它也是在各种焊接方法中应用最普遍的焊接方法,其中最简单最常见的是用手工操作电焊条进行焊接的电弧焊,称为手工电弧焊,简称手弧焊。手弧焊的设备简单,操作方便灵活,适应性强。它适用于厚度 2mm 以上的各种金属材料和各种形状结构的焊接,尤其适于结构形状复杂、焊缝短或弯曲的焊件和各种不同空间位置的焊缝焊接。手弧焊的主要缺点是焊接质量不够稳定,生产效率较低,对操作者的技术水平要求较高。

5.2.1 手弧焊的焊接过程

首先,将电焊机的输出端两极分别与焊件和焊钳连接,如图 5-4 所示,再用焊钳夹持电焊条。焊接时在焊条与焊件之间引出电弧,高温电弧将焊条端头与焊件局部熔化而形成熔池。然后,熔池迅速冷却、凝固形成焊缝,使分离的两块焊件牢固地连接成一整体。焊条的药皮熔化后形成熔渣覆盖在熔池上,熔渣冷却后形成渣壳对焊缝起保护作用。最后,将渣壳清除掉,接头的焊接工作就此完成。

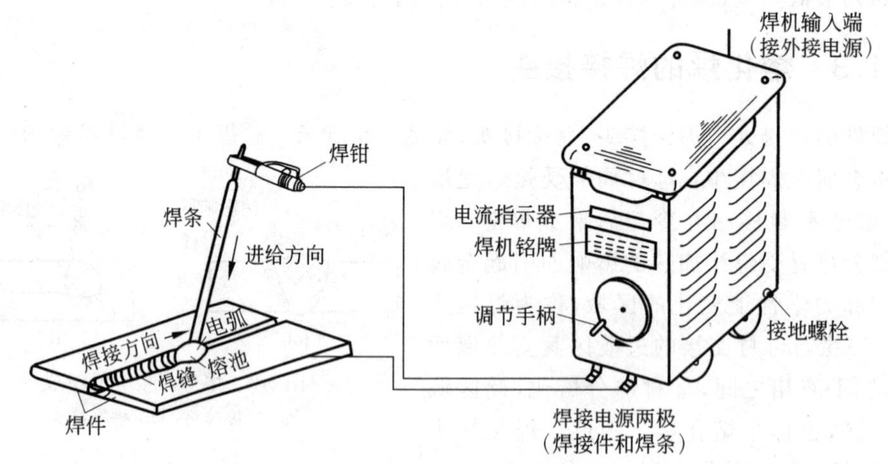

图 5-4 手工电弧焊示意图

5.2.2 手弧焊设备

手弧焊的主要设备是弧焊机,俗称为电焊机或焊机。电焊机是焊接电弧的电源。现介绍国内广泛使用的弧焊机。

1. BX3-300 型交流弧焊机

交流弧焊机如图 5-5 所示,其型号的含义如下。

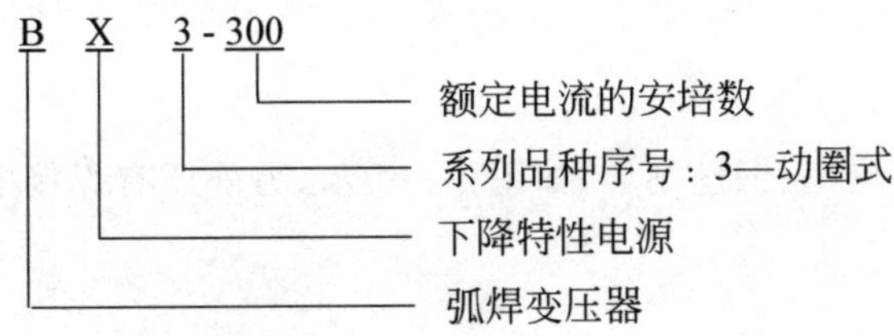

2. **直流弧焊机**

直流弧焊机供给焊接用直流电的电源设备。图5-6所示为ZXG-300型直流弧焊机，其输出端有固定的正负之分。由于电流方向不随时间的变化而变化，因此电弧燃烧稳定，运行使用可靠，有利于掌握和提高焊接质量。

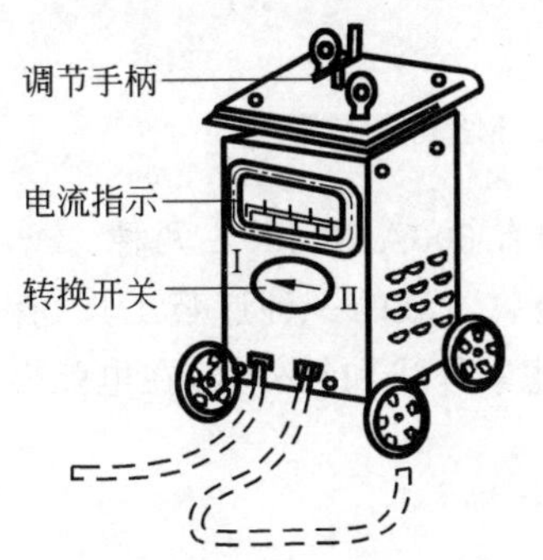

图5-5　BX3-300型交流弧焊机

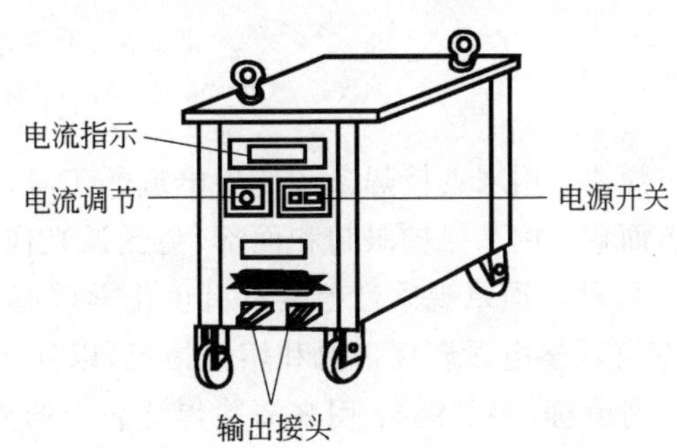

图5-6　ZXG-300型直流弧焊机

使用直流弧焊机时，其输出端有固定的极性，即有确定的正极和负极，因此焊接导线的连接有两种接法，如图5-7所示。

(1) 正接法：焊件接直流弧焊机的正极，电焊条接负极；

(2) 反接法：焊件接直流弧焊机的负极，电焊条接正极。

导线的连接方式不同，其焊接的效果会有差别，在生产中可根据焊条的性质或焊件所需热量情况来选用不同的接法。在使用酸性焊条时，焊接较厚的钢板采用正接法，因局部加热熔化所需的热量比较多，而电弧阳极区的温度高于阴极区的温度，可加快母材的熔化，以增加熔深，保证焊缝根部熔透；焊接较薄的钢板或对铸铁、高碳钢及有色合金等材料的焊接，则采用反接法，因不需要强烈的加热，以防烧穿薄钢板。当使用碱性焊条时，按规定均应采用直流反接法，以保证电弧燃烧稳定。

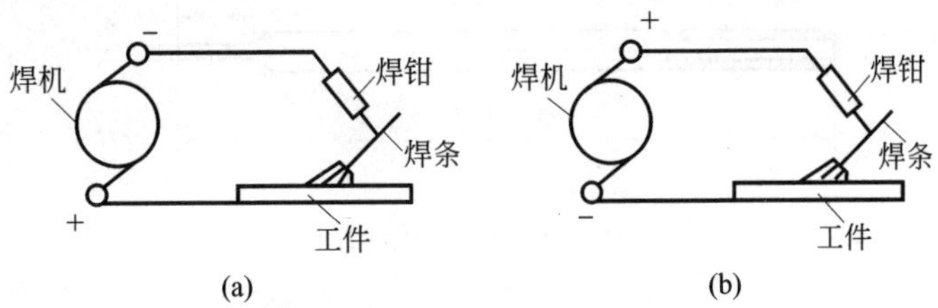

图5-7　直流电弧焊的正接与反接

(a) 正接法；(b) 反接法

5.2.3 手弧焊工具

常用的手弧焊工具有焊钳、面罩、清渣锤、钢丝刷等，如图 5-8 所示，另外还有焊接电缆和劳动保护用品。

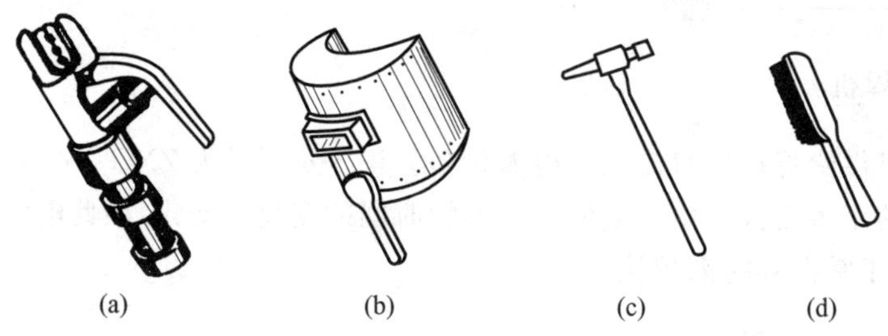

图 5-8 手弧焊工具

(a) 焊钳；(b) 面罩；(c) 清渣锤；(d) 钢丝刷

(1) 焊钳：用来夹持焊条和传导电流的工具，常用的有 300A 和 500A 两种。

(2) 面罩：用来保护眼睛和面部，免受弧光伤害及金属飞溅的一种遮蔽工具，有手持式和头盔式两种。面罩观察窗上装有有色化学玻璃，可过滤紫外线和红外线，在电弧燃烧时能通过观察窗观察电弧燃烧情况和熔池情况，以便于操作。

(3) 清渣锤(尖头锤)：用来清除焊缝表面的渣壳。

(4) 钢丝刷：在焊接之前，用来清除焊件接头处的污垢和锈迹；焊后清刷焊缝表面及飞溅物。

(5) 焊接电缆：常采用多股细铜线电缆，一般可选用 YHH 型电焊橡皮套电缆或 THHR 型电焊橡皮套特软电缆。在焊钳与焊机之间用一根电缆连接，称此电缆为把线(火线)。在焊机与工件之间用另一根电缆(地线)连接。焊钳外部用绝缘材料制成，具有绝缘和绝热的作用。

5.2.4 电焊条

电焊条(简称焊条)是涂有药皮的供手弧焊用的熔化电极。

1. 焊条的组成及作用

焊条由焊芯和药皮两部分组成，如图 5-9 所示。

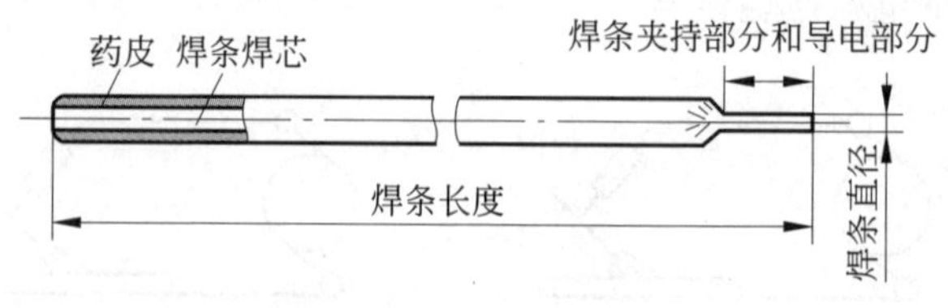

图 5-9 电焊条结构图

1) 焊芯

焊芯是焊条内被药皮包覆的金属丝。它的作用是：

(1) 起到电极的作用，即传导电流，产生电弧。

(2) 形成焊缝金属。焊芯熔化后,其液滴过渡到熔池中作为填充金属,并与熔化的母材熔合后,经冷凝成为焊缝金属。

为了保证焊缝金属具有良好的塑性、韧度和减少产生裂纹的倾向,焊芯是经特殊冶炼的焊条钢拉拔制成,它与普通钢材的主要区别在于具有低碳、低硫和低磷。

焊芯牌号的标法与普通钢材的标法基本相同,如常用的焊芯牌号有 H08、H08A、H08SiMn 等。在这些牌号中的含义是:"H"是"焊"字汉语拼音首字母,表示焊接用实芯焊丝;其后的数字表示碳的质量分数,如"08"表示碳的质量分数为 0.08%左右;再其后则表示质量和所含化学元素,如"A"表示含硫、磷较低的高级优质钢,又如"SiMn"则表示含硅与锰的元素均小于 1%(若大于 1% 的元素则标出数字)。

焊条的直径是焊条规格的主要参数,它是由焊芯的直径来表示的。常用的焊条直径有 2~6mm,长度为 250~450mm。一般细直径的焊条较短,粗焊条则较长。表 5-1 是其部分规格。

表 5-1 焊条直径和长度规格 mm

焊条直径	2.0	2.5	3.2	4.0	5.0	5.8
焊条长度	250 300	250 300	350 400	350 400 450	400 450	400 450

2) 药皮

药皮是压涂在焊芯上的涂料层。它是由多种矿石粉、有机物粉、铁合金粉和黏结剂等原料按一定比例配制而成。由于药皮内有稳弧剂、造气剂和造渣剂等的存在(见表 5-2),所以药皮的主要作用有:

(1) 稳定电弧。药皮中某些成分可促使气体粒子电离,从而使电弧容易引燃,并稳定燃烧和减少熔滴飞溅等。

(2) 保护熔池。在高温电弧的作用下,药皮分解产生大量的气体和熔渣,防止熔滴和熔池金属与空气接触。熔渣凝固后形成渣壳覆盖在焊缝表面上,防止了高温焊缝金属被氧化,同时可减缓焊缝金属的冷却速度。

(3) 改善焊缝质量。通过熔池中的冶金反应进行脱氧、去硫、去磷、去氢等有害杂质,并补充被烧损的有益合金元素。

表 5-2 焊条药皮原料及作用

原料种类	原料名称	作 用
稳弧剂	K_2CO_3、Na_2CO_3、长石、大理石($CaCO_3$)、钛白粉等	改善引弧性,提高稳弧性
造气剂	大理石、淀粉、纤维素等	造成气体保护熔池和熔滴
造渣剂	大理石、萤石、菱苦土、长石、钛铁矿、锰矿等	造成熔渣保护熔池和焊缝
脱氧剂	锰铁、硅铁、钛铁等	使熔化的金属脱氧
合金剂	锰铁、硅铁、钛铁等	使焊缝获得必要的合金成分
黏结剂	钾水玻璃、钠水玻璃	将药皮牢固地黏在焊芯上

电焊条要妥善保管,应保存在干燥的地方,避免受潮。特别是碱性焊条,每次使用前都要经烘干处理后才能使用。

2. 焊条的分类、型号及牌号

1) 焊条的分类

焊条的品种繁多，有如下分类方法。

(1) 按用途分类：按国家标准可分为七大类，即碳钢焊条、低合金钢焊条、不锈钢焊条、堆焊焊条、铸铁焊条、铜及铜合金焊条和铝及铝合金焊条。其中碳钢焊条使用最为广泛。

(2) 按药皮熔化成的熔渣化学性质分类：焊条分为酸性焊条和碱性焊条两大类。药皮熔渣中以酸性氧化物(如 SiO_2、TiO_2、Fe_2O_3)为主的焊条称为酸性焊条。药皮熔渣中以碱性氧化物(如 CaO、FeO、MnO、MgO)为主的焊条称为碱性焊条。在碳钢焊条和低合金钢焊条中，低氢型焊条(包括低氢钠型、低氢钾型和铁粉低氢型)是碱性焊条，其他涂料的焊条均属酸性焊条。

酸性焊条具有良好的焊接工艺性，电弧稳定，对铁锈、油脂和水分等不易产生气孔，脱渣容易，焊缝美观，可使用交流或直流电源，应用较为广泛。但酸性焊条氧化性强，合金元素易烧损，脱硫、磷能力也差，因此焊接金属的塑性、韧性和抗裂性能不高，适用于一般低碳钢和相应强度的结构钢的焊接。

碱性焊条氧化性弱、脱硫、磷能力强，所以焊缝塑性、韧性高，扩散氢含量低、抗裂性能强。因此，焊缝接头的力学性能较使用酸性焊条的焊缝要好，但碱性焊条的焊接工艺性较差，仅适于直流弧焊机，对锈、水、油污的敏感性大，焊件易产生气孔，焊接时产生有毒气体和烟尘多，应注意通风。

(3) 按焊接工艺及冶金性能要求、焊条的药皮类型来分类：将焊条分为十大类，如氧化钛型、钛钙型、低氢钾型、低氢钠型等。

2) 焊条的型号

焊条型号是由国家标准局及国际标准组织(ISO)制定，反映焊条主要特性的一种表示方法。《非合金钢及细晶粒钢焊条》(GB/T 5117—2012)规定，焊条型号编制方法为：字母"E"表示焊条；E后的前两位数字表示熔敷金属抗拉强度的最小值，单位为 MPa；第三位数字表示焊条的焊接位置，若为"0"及"1"则表示焊条适用于全位置焊接(即可进行平、立、仰、横焊)，"2"表示焊条适用于平焊及平角焊，"4"表示焊条适用于向下立焊；第三位和第四位数字组合时表示药皮类型及焊接电流种类，如为"03"表示钛钙型药皮、交直流正反接，又如"15"表示低氢钠型、直流反接。现举一例"E4315"说明其含义：

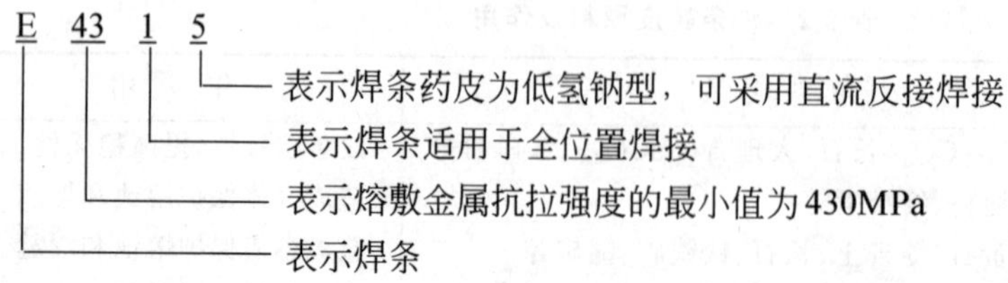

3) 焊条的牌号

焊条牌号是指除焊条国家标准的焊条型号外，考虑到国内各行业对原机械工业部部标的焊条牌号印象较深，因此仍保留了原焊条分十大类的牌号名称，其编制方法为：每类电焊条的第一个大写汉语特征字母表示该焊条的类别，例如：J(或"结")代表结构钢焊条(包括碳钢和低合金钢焊条)、A代表奥氏体铬镍不锈钢焊条等；特征字母后面有三位数字，其中前两位数字在不同类别焊条中的含义是不同的，对于结构钢焊条而言，此两位数字表示焊缝金属最低的抗拉强度，单位是 kgf/mm^2 ($1kgf/mm^2=9.81MPa$)；第三位数字均表示焊条药皮类型和焊接电源要求。现举一例“J422”说明其含义：

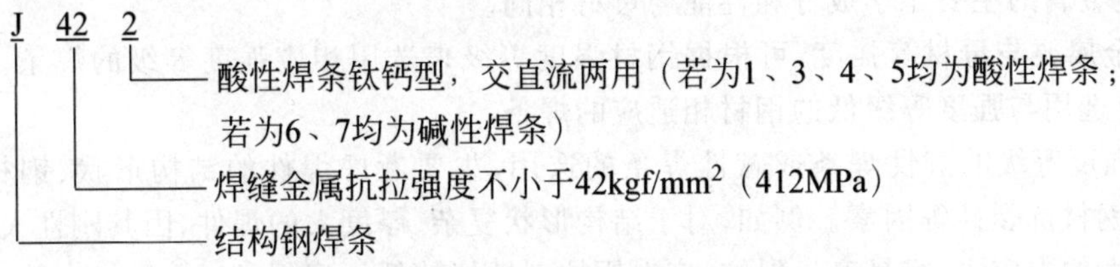

两种常用碳钢焊条型号和其相应的原牌号如表 5-3 所示。

表 5-3　两种常用碳钢焊条

型号	原牌号	药皮类型	焊接位置	电流种类
E4303	J422	钛钙型	全位置	交流、直流
E5015	J507	低氢钠型	全位置	直流反接

“焊条牌号”应尽快过渡到国家标准的“焊条型号”。若生产厂仍以“焊条牌号”标注，则必须在牌号的边上标明所属的“焊条型号”，如焊条牌号 J442(符合 GB/T 5117—2012 E4303 型)。焊条型号与焊条牌号的关系如表 5-4 所示。

表 5-4　国家标准焊条的分类

型　号			牌　号			
焊条大类(按化学成分分类)			焊条大类(按用途分类)			
国家标准编号	名　称	代号	类别	名　称	代　号	
					字母	汉字
GB/T 5117—2012	非合金钢及细晶粒钢焊条	E	—	结构钢焊条	J	结
GB/T 5118—2012	热强钢焊条	E	一	结构钢焊条	J	结
			二	钼和铬钼耐热钢焊条	R	热
			三	低温钢焊条	W	温
GB 983—2012	不锈钢焊条	E	四	不锈钢焊条	G	铬
					A	奥
GB 984—2001	堆焊焊条	ED	五	堆焊焊条	D	堆
—	—	—	六	铸铁焊条	Z	铸
—	—	—	七	镍及镍合金焊条	Ni	镍
GB 3670—1995	铜及铜合金焊条	TCu	八	铜及铜合金焊条	T	铜
GB 3669—2001	铝及铝合金焊条	TAl	九	铝及铝合金焊条	L	铝
—	—	—	十	特殊用途焊条	TS	特

3. 焊条的选用

焊条的种类与牌号很多，选用的是否恰当将直接影响焊接质量、生产率和产品成本。选用时应考虑下列原则。

(1) 根据焊件的金属材料种类选用相应的焊条种类。例如,焊接碳钢或普通低合金钢,应选用结构钢焊条;焊接不锈钢或耐热钢等有特殊性能要求的钢材,应选用相应的专用焊条,以保证焊缝金属的主要化学成分和性能与母材相同。

(2) 焊缝金属要与母材等强度,可根据钢材强度等级来选用相应强度等级的焊条。对异种钢焊接,应选用与强度等级低的钢材相适应的焊条。

(3) 同一强度等级的酸性焊条或碱性焊条的选用,主要考虑焊件的结构形状、钢材厚度、载荷性能、钢材抗裂性等因素。例如,对于结构形状复杂、厚度大的焊件,因其刚性大,焊接过程中有较大的内应力,容易产生裂纹,应选用抗裂性好的低氢型焊条;在母材中碳、硫、磷等元素含量较高时,也应选用低氢型焊条;承受动载荷或冲击载荷的焊件应选择强度足够、塑性和韧性较高的低氢焊条。如焊件受力不复杂,母材质量较好、碳的质量分数低,应尽量选用较经济的酸性焊条。

(4) 焊条工艺性能要满足施焊操作需要,如在非水平位置焊接时,应选用适合于各种位置焊接的焊条。

结构钢焊条的选用方法如表 5-5 所示,常见碳钢焊条的应用见表 5-6。

表 5-5 结构钢焊条的选用

钢种	钢 号	一般结构	承受动载荷、复杂和厚板结构的受压容器
低碳钢	Q235,Q255,08,10,15,20	J422,J423,J424,J425	J426,J427
	Q275,20,30	J502,J503	J506,J507
普通低合金结构钢	09Mn2,09MnV	J422,J423	J426,J427
	16Mn,16MnCu	J502,J503	J506,J507
	15MnV,15MnTi	J506,J556,J507,J557	J506,J556,J507,J557
	15MnVN	J556,J557,J606,J607	J556,J557,J606,J607

表 5-6 常见碳钢焊条的应用

牌号	型号(国标)	药皮类型	焊接位置	电流	主 要 用 途
J422GM	E4303	铁钙型	全位置	交流直流	焊接海上平台、船舶、车辆、工程机械等表面装饰焊缝
J422	E4303	铁钙型	全位置	交流直流	焊接较重要的低碳钢结构和同强度等级的低合金钢
J426	E4316	低氢钾型	全位置	交流直流	焊接重要的低碳钢及某些低合金钢结构
J427	E4315	低氢钠型	全位置	直流	焊接重要的低碳钢及某些低合金钢结构
J502	E5003	钛钙型	全位置	交流直流	焊接 16Mn 及相同强度等级低合金钢的一般结构
J502Fe	E5014	铁粉钛钙型	全位置	交流直流	合金钢的一般结构
J506	E5016	铁粉钛钙型	全位置	交流直流	焊接中碳钢及某些重要的低合金钢(如16Mn)结构
J507	E5015	低氢钠型	全位置	直流	焊接中碳钢及 16Mn 等低合金钢重要结构
J507R	E5015-G	低氢钠型	全位置	直流	焊接压力容器

5.2.5 手弧焊工艺

1. 焊接接头形式与焊缝坡口形式

1）焊接接头形式

焊缝的形式是由焊接接头的形式来决定的。根据焊件厚度、结构形状和使用条件的不同，最基本的焊接接头形式有对接接头、搭接接头、角接接头、T形接头，如图5-10所示。

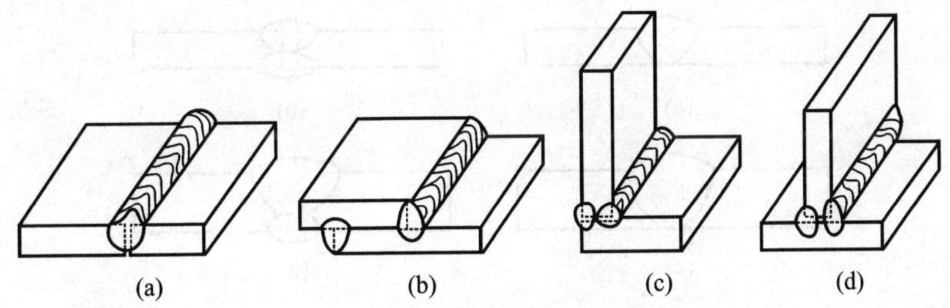

图5-10 焊接接头形式

(a) 对接接头；(b) 接搭接头；(c) 角接接头；(d) T形接头

对接接头受力比较均匀，使用最多，重要的受力焊缝应尽量选用。

2）焊缝坡口形式

焊接前把两焊件间的待焊处加工成所需的几何形状的沟槽称为坡口。坡口的作用是为了保证电弧能深入焊缝根部，使根部能焊透，便于清除熔渣，以获得较好的焊缝成形和保证焊缝质量。坡口加工称为开坡口，常用的坡口加工方法有刨削、车削和乙炔火焰切割等。

坡口形式应根据被焊件的结构、厚度、焊接方法、焊接位置和焊接工艺等进行选择；同时还应考虑能否保证焊缝焊透、是否容易加工、节省焊条、焊后减少变形以及提高劳动生产率等问题。

坡口包括斜边和钝边，为了便于施焊和防止焊穿，坡口的下部都要留有2mm的直边，称为钝边。

对接接头的坡口形式有：I形、Y形、双Y形(X形)、U形和双U形，如图5-11所示。

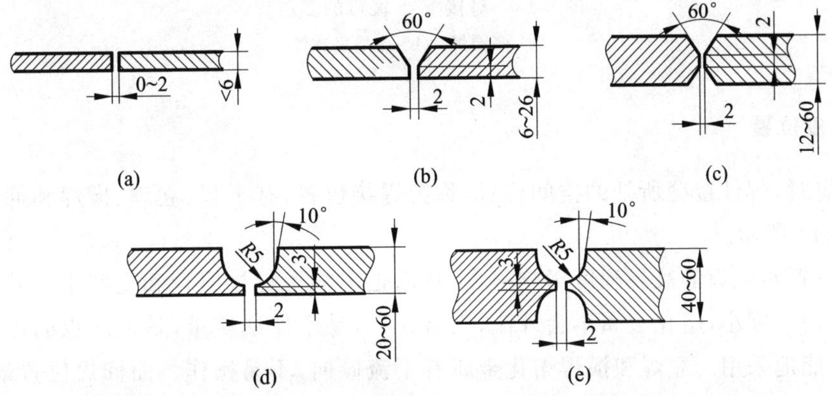

图5-11 对接接头的坡口形式

(a) I形坡口；(b) Y形坡口；(c) 双Y形(X形)坡口；(d) U形坡口；(e) 双U形坡口

焊件厚度小于 6mm 时，采用 I 形，如图 5-11(a)所示，不需开坡口，在接缝处留出 0～2mm 的间隙即可。焊件厚度大于 6mm 时，则应开坡口，其形式如图 5-11(b)～(e)所示，其中：Y 形加工方便；双 Y 形，由于焊缝对称，焊接应力与变形小；U 形容易焊透，焊件变形小，用于焊接锅炉、高压容器等重要厚壁件；在板厚相同的情况下，双 Y 形和 U 形的加工比较费工。

对 I 形、Y 形、U 形坡口，采取单面焊或双面焊均可焊透，如图 5-12 所示。当焊件一定要焊透时，在条件允许的情况下，应尽量采用双面焊，因它能保证焊透。

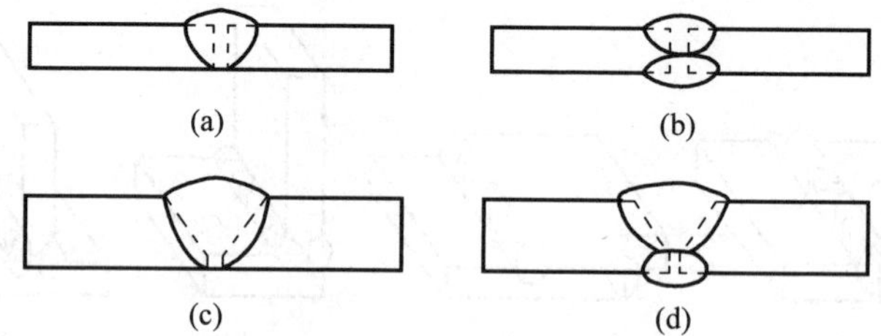

图 5-12 单面焊和双面焊

(a) I 形坡口单面焊；(b) I 形坡口双面焊；
(c) Y 形坡口单面焊；(d) Y 形坡口双面焊

工件较厚时，要采用多层焊才能焊满坡口，如图 5-13 所示。如果坡口较宽，同一层中还可采用多道焊，如图 5-13(b)所示。多层焊时，要保证焊缝根部焊透。第一层焊道应采用直径为 3～4mm 的焊条，以后各层可根据焊件厚度，选用较大直径的焊条。每焊完一道后，必须仔细检查、清理，才能施焊下一道，以防止产生夹渣、未焊透等缺陷。焊接层数应以每层厚度小于 4～5mm 的原则确定。当每层厚度为焊条直径的 0.8～1.2 倍时，生产率较高。

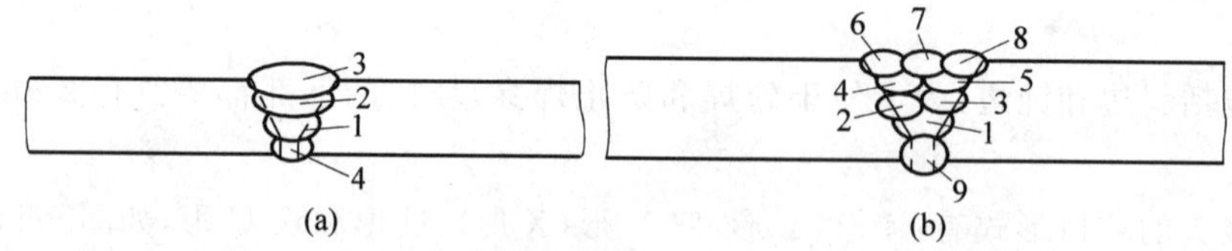

图 5-13 对接 Y 形坡口的多层焊

(a) 多层焊；(b) 多层多道焊

2. 焊接位置

熔化焊时，焊件接缝所处的空间位置，称为焊接位置，有平焊、立焊、横焊和仰焊位置四种，如图 5-14 所示。

焊接位置对施焊的难易程度影响很大，从而也影响了焊接质量和生产率。其中平焊操作方便，劳动强度小，熔化金属不会外流，飞溅较少，易于保证质量，是最理想的操作空间位置，应尽可能地采用。立焊和横焊熔化金属有下流倾向，不易操作。而仰焊位置最差，操作难度大，不易保证质量。典型工字梁的焊缝空间位置如图 5-15 所示。

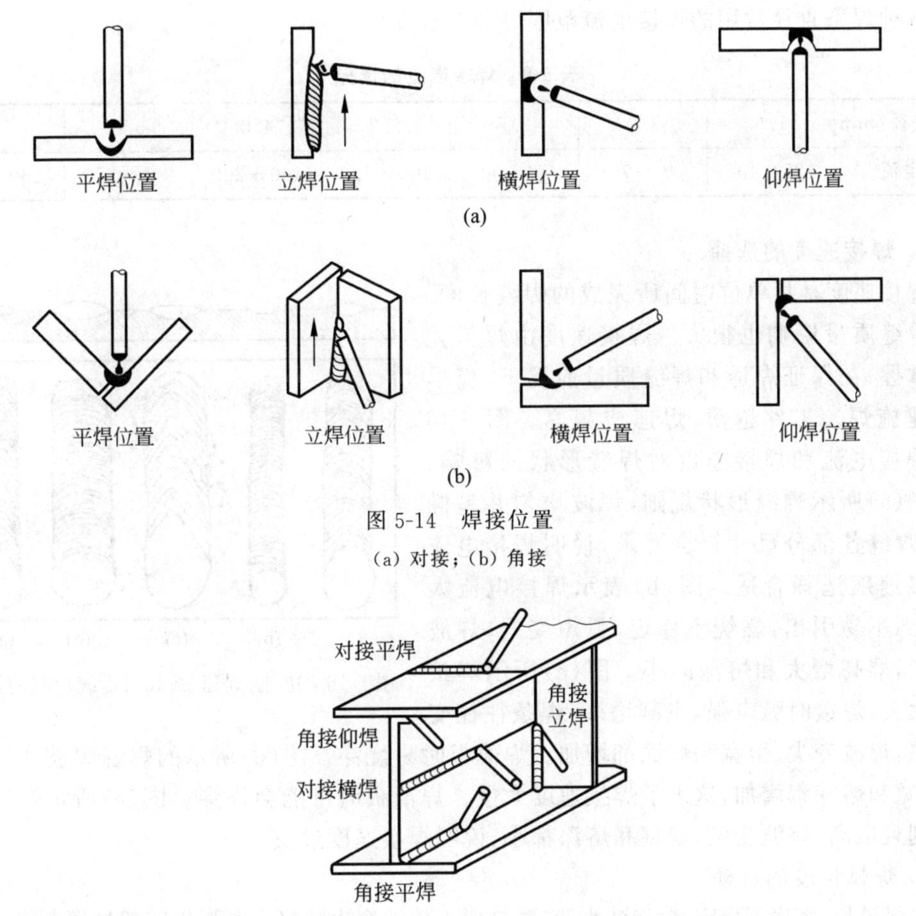

图 5-14　焊接位置

(a) 对接；(b) 角接

图 5-15　工字梁的接头形式和焊接位置

3. 焊接工艺参数

焊接工艺参数是为获得质量优良焊接接头而选定的物理量的总称，包括焊接电流、焊条直径、焊接速度、焊弧长度和焊接层数等。工艺参数选择是否合理，对焊接质量和生产率都有很大影响，其中焊接电流的选择最重要。

1）焊条直径与焊接电流的选择

手弧焊工艺参数的选择一般是先根据工件厚度选择焊条直径，然后根据焊条直径选择焊接电流。

焊条直径应根据钢板厚度、接头形式、焊接位置等来加以选择。在立焊、横焊和仰焊时，焊条直径不得超过 4mm，以免熔池过大，使熔化金属和熔渣下流。平板对接时焊条直径的选择可参考表 5-7。

表 5-7　焊条直径的选择　　mm

钢板厚度	≤1.5	2.0	3	4～7	8～12	≥13
焊条直径	1.6	1.6～2.0	2.5～3.2	3.2～4.0	4.0～4.5	4.0～5.8

各种焊条直径常用的焊接电流范围可参考表 5-8。

表 5-8 焊接电流的选择

焊条直径/mm	1.6	2.0	2.5	3.2	4.0	5.0	5.8
焊接电流/A	25～40	40～70	70～90	100～130	160～200	200～270	260～300

2) 焊接速度的选择

焊接速度是指单位时间所完成的焊缝长度。它对焊缝质量影响也很大。焊接速度由焊工凭经验掌握,在保证焊透和焊缝质量前提下,应尽量快速施焊。工件越薄,焊速应越高。图 5-16 表示焊接电流和焊接速度对焊缝形状的影响。其中图(a)所示焊缝形状规则,焊波均匀并呈椭圆形,焊缝各部分尺寸符合要求,说明焊接电流和焊接速度选择合适。图(b)表示焊接电流太小,电弧不易引出,燃烧不稳定,弧声变弱,焊波呈圆形,堆高增大和熔深减小。图(c)所示焊接电流太大,焊接时弧声强,飞溅增多,焊条往往变得红热,焊波变尖,熔宽和熔深都增加。焊薄板时易烧穿。图(d)所示的焊缝焊波变圆且堆高、熔宽和熔深都增加,这表示焊接速度太慢。焊薄板时可能会烧穿。图(e)所示焊缝形状不规则且堆高、焊波变尖,熔宽和熔深都小,说明焊接速度过快。

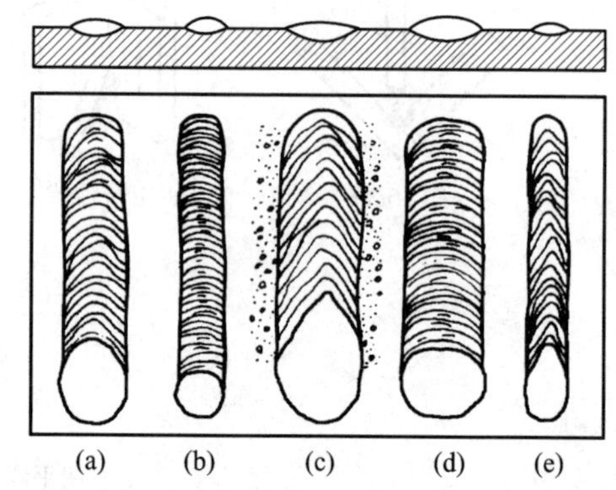

图 5-16 电流、焊速、弧长对焊缝形状的影响

3) 焊弧长度的选择

电弧过长,燃烧不稳定,熔深减小,空气易侵入熔池产生缺陷。电弧长度超过焊条直径者为长弧,反之为短弧。因此,操作时尽量采用短弧才能保证焊接质量,即弧长 $L=(0.5\sim1)d$(mm)。一般多为 2～4mm。

5.2.6 手弧焊的基本操作

1. 焊接接头处的清理

焊接前接头处应除尽铁锈、油污,以便于引弧、稳弧和保证焊缝质量。除锈要求不高时,可用钢丝刷;要求高时,应采用砂轮打磨。

2. 操作姿势

焊条电弧焊的操作姿势如图 5-17 所示。以对接和丁字形接头的平焊从左向右进行操作为例(见图 5-17),操作者应位于焊缝前进方向的右侧;左手持面罩,右手握焊钳;左肘放在左膝上,以控制身体上部不作向下跟进动作;大臂必须离开肋部,不要有依托,应伸展自由。

3. 引弧

引弧就是使焊条与焊件之间产生稳定的电弧,以加热焊条和焊件进行焊接的过程。常

图 5-17 焊接时的操作姿势
(a) 平焊；(b) 立焊

用的引弧方法有划擦法和敲击法两种，如图 5-18 所示。焊接时将焊条端部与焊件表面通过划擦或轻敲接触，形成短路，然后迅速将焊条提起 2～4mm 距离，电弧即被引燃。若焊条提起距离太高，则电弧立即熄灭；若焊条与焊件接触时间太长，就会黏条，产生短路，这时可左右摆动拉开焊条重新引弧或松开焊钳，切断电源，待焊条冷却后再作处理；若焊条与焊件经接触而未起弧，往往是焊条端部有药皮等妨碍了导电，这时可重击几下，将这些绝缘物清除，直到露出焊芯金属表面。

焊接时，一般选择焊缝前端 10～20mm 处作为引弧的起点。对焊接表面要求很平整的焊件，可以另外用引弧板引弧。如果焊件厚薄不一致、高低不平、间隙不相等，则应在薄件上引弧向厚件施焊，从大间隙处引弧向小间隙处施焊，由低的焊件引弧向高的焊件处施焊。

4. 焊接的点固

为了固定两焊件的相对位置，以便施焊，在焊接装配时，每隔一定距离焊上 30～40mm 的短焊缝，使焊件相互位置固定，称为点固，或称定位焊，如图 5-19 所示。

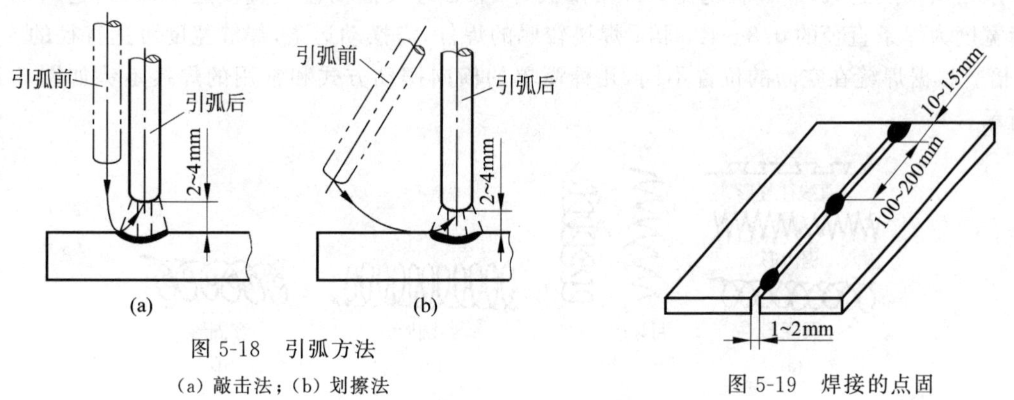

图 5-18 引弧方法
(a) 敲击法；(b) 划擦法

图 5-19 焊接的点固

5. 运条

焊条的操作运动简称为运条。焊条的操作运动实际上是一种合成运动，即焊条同时完成三个基本方向的运动：焊条沿焊接方向逐渐移动；焊条向熔池方向作逐渐送进运动；焊条的横向摆动，如图 5-20 所示。

(1) 焊条沿焊接方向的前移运动：其移动的速度称为焊接速度。握持焊条前移时，首先应掌握好焊条与焊件之间的角度。各种焊接接头在空间的位置不同，其角度有所不同。平焊时，焊条应向前倾斜 70°～80°，如图 5-21 所示，即焊条在纵向平面内，与正在进行焊接的一点上垂直于焊缝轴线的垂线，向前所成的夹角。此夹角影响填充金属的熔敷状态，熔化的均匀性及焊缝外形，能避免咬边与夹渣，有利于气流把熔渣吹后覆盖焊缝表面以及对焊件有预热和提高焊接速度等作用。

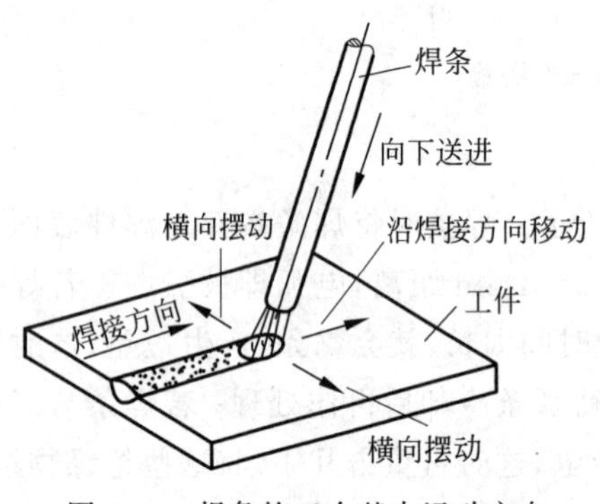

图 5-20 焊条的三个基本运动方向

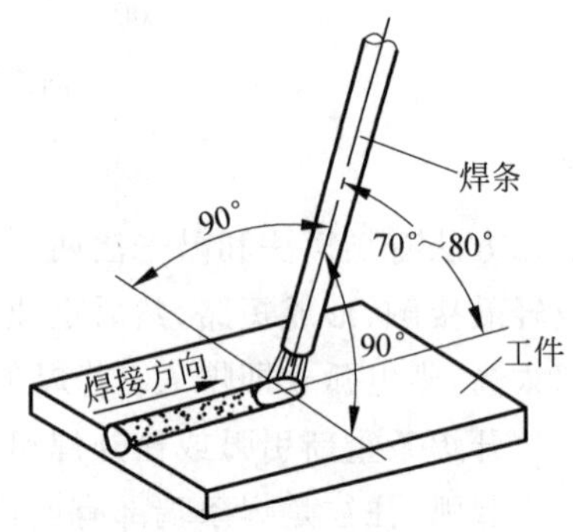

图 5-21 平焊的焊条角度

(2) 焊条的送进运动：送进运动是沿焊条的轴线向焊件方向的下移运动。维持电弧是靠焊条均匀地送进，以逐渐补偿焊条端部的熔化过渡到熔池内。进给运动应使电弧保持适当长度，以便稳定燃烧。

(3) 焊条的摆动：焊条在焊缝宽度方向上的横向运动，其目的是加宽焊缝，并使接头达到足够的熔深，同时可延缓熔池金属的冷却结晶时间，有利于熔渣和气体浮出。焊缝的宽度和深度之比称为"宽深比"，窄而深的焊缝易出现夹渣和气孔。手弧焊的"宽深比"为 2～3。焊条摆动幅度越大，焊缝就越宽。焊接薄板时，不必过大摆动甚至直线运动即可，这时的焊缝宽度为焊条直径的 0.8～1.5 倍；焊接较厚的焊件，需摆动运条，焊缝宽度可达直径的 3～5 倍。根据焊缝在空间的位置不同，几种简单的横向摆动方式和常用的焊接走势如图 5-22 所示。

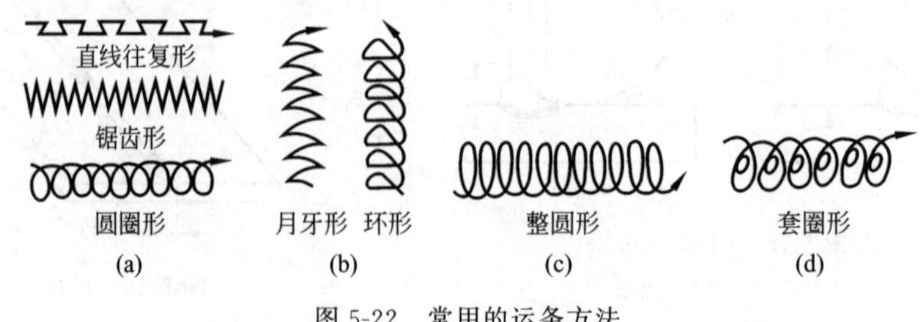

图 5-22 常用的运条方法

(a) 平焊；(b) 立焊；(c) 横焊；(d) 仰焊

综上所述，当引弧后应按三个运动方向正确运条，对应用最多的对接平焊的操作要领主要为掌握好"三度"：焊条角度、电弧长度和焊接速度。

(1) 焊接角度：如图 5-21 所示，焊条应向前倾斜 70°～80°。

(2) 电弧长度：一般合理的电弧长度约等于焊条直径。

(3) 焊接速度：合适的焊接速度应使所得焊道的熔宽约等于焊条直径的两倍，其表面平整，波纹细密。焊速太高时，焊道窄而高，波纹粗糙，熔合不良。焊速太低时，熔宽过大，焊件容易被烧穿。

同时要注意：电流要合适、焊条要对正、电弧要低、焊速不要快、力求均匀。

6. 灭弧(熄弧)

在焊接过程中，电弧的熄灭是不可避免的。灭弧不好，会形成很浅的熔池，焊缝金属的密度和强度差，因此最易形成裂纹、气孔和夹渣等缺陷。灭弧时将焊条端部逐渐往坡口斜角方向拉，同时逐渐抬高电弧，以缩小熔池，减小金属量及热量，使灭弧处不致产生裂纹、气孔等缺陷。灭弧时堆高弧坑的焊缝金属，使熔池饱满地过渡，焊好后，锉去或铲去多余部分。灭弧操作方法有多种，如图 5-23 所示。图 5-23(a)是将焊条运条至接头的尾部，焊成稍薄的熔敷金属，将焊条运条方向反过来，然后将焊条拉起来灭弧；图 5-23(b)是将焊条握住不动一定时间，填好弧坑然后拉起来灭弧。

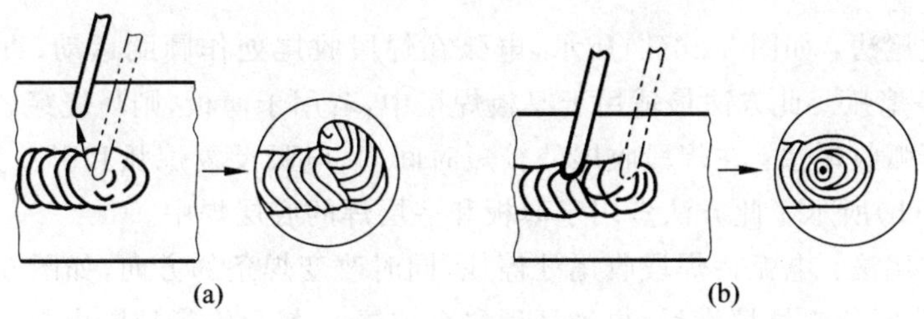

图 5-23　灭弧

(a) 在焊道外侧灭弧；(b) 在焊道上灭弧

7. 焊缝的起头、连接和收尾

1) 焊缝的起头

焊缝的起头是指刚开始焊接的部分，如图 5-24 所示。一般情况下，因为焊件在未焊时温度低，引弧后常不能迅速使温度升高，所以这部分熔深较浅，使焊缝强度减弱。

为此，应在起弧后先将电弧稍拉长，以利于对端头进行必要的预热，然后适当缩短弧长进行正常焊接。

2) 焊缝的连接

手弧焊时，由于受焊条长度的限制，不可能一根焊条完成一条焊缝，因而出现了两段焊缝前后之间连接的问题。应使后焊的焊缝和先焊的焊缝均匀连接，避免产生连接处过高、脱节和宽窄不一的缺陷。常用的连接方式有如图 5-25 所示几种。

3) 焊缝的收尾

焊缝的收尾是指一条焊缝焊完后，应把收尾处的弧坑填满。当一条焊缝结尾时，如果熄弧动作不当，则会形成比母材低的弧坑，从而使焊缝强度降低，并形成裂纹。碱性焊条因熄弧不当而引起的弧坑中常伴有气孔出现，所以不允许有弧坑出现。因此，必须正确掌握焊段的收尾工作，一般收尾动作有如下几种。

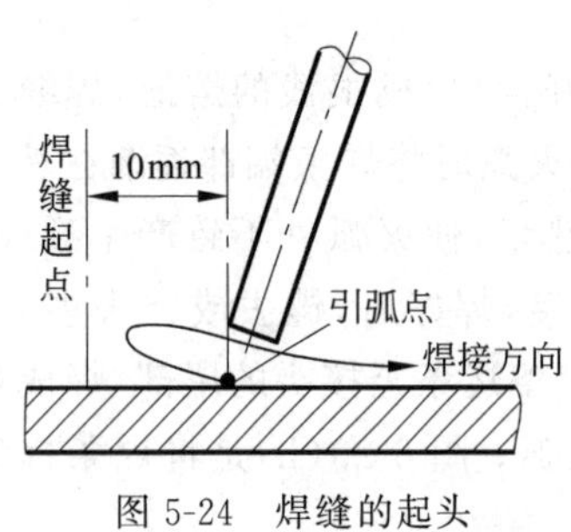

图 5-24　焊缝的起头

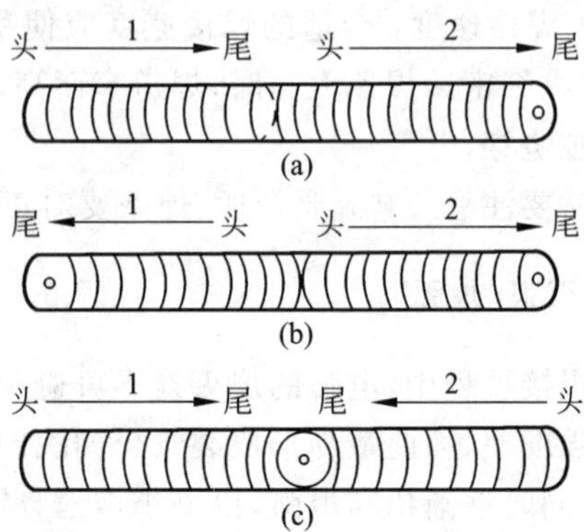

图 5-25　焊接接头的几种情况
(a) 后焊焊缝的起头与先焊焊缝的结尾相接；(b) 后焊焊缝的起头与先焊焊缝的起头相接；(c) 后焊焊缝的结尾与先焊焊缝的结尾相接

(1) 划圈收尾法：如图 5-26(a)所示，电弧在焊段收尾处作圆圈运动，直到弧坑填满后再慢慢提起焊条熄弧。此方法最适用于厚板焊接中，若用于薄板，则易烧穿。

(2) 反复断弧收尾法：在焊段收尾处较短时间内，电弧反复熄弧和引弧数次，直到弧坑填满，如图 5-26(b)所示。此方法多用于薄板和多层焊的底层焊中。

(3) 回焊收尾法：电弧在焊段收尾处停住，同时改变焊条的方向，如图 5-26(c)所示，由位置 1 移至位置 2，待弧坑填满后，再稍稍后移至位置 3，然后慢慢拉断电弧。此方法对碱性焊条较为适宜。

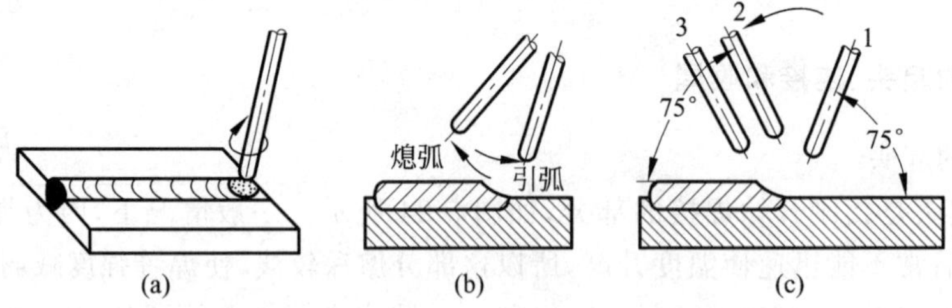

图 5-26　焊段收尾法
(a) 划圈收尾法；(b) 反复断弧收尾法；(c) 回焊收尾法

8. 焊件清理

焊后用钢丝刷等工具将焊渣和飞溅物清理干净。

5.3 焊接质量

1. 对焊接质量的要求

焊接质量一般包括焊缝的外形尺寸、焊缝的连续性和焊缝性能三个方面。

一般对焊缝外形和尺寸的要求是：焊缝与母材金属之间应平滑过渡，以减少应力集中；

没有烧穿、未焊透等缺陷；焊缝的余高为0～3mm，不应太大；对焊缝的宽度、余高等尺寸都要符合国家标准或符合图纸要求。

焊缝的连续性是指焊缝中是否有裂纹、气孔与缩孔、夹渣、未熔合与未焊透等缺陷。

接头性能是指焊接接头的力学性能及其他性能(如耐蚀性等)，它应符合图纸的技术要求。

2. 常见的焊接缺陷

常用焊接缺陷产生的原因及防止措施见表5-9。

表5-9　常见焊接缺陷产生的原因及防止措施

缺陷名称	缺陷简图	缺陷特征	产生原因	防止措施
尺寸和外形不符合要求	焊缝高低不平，宽度不齐，波形粗劣 余高过大或过小	焊波粗劣，焊缝宽度不匀，高低不平	1. 运条不当； 2. 焊接规范、坡口尺寸选择不好	选择恰当的坡口尺寸、装配间隙及焊接规范，熟练掌握操作技术
咬边	咬边 咬边	焊件和焊缝交界处，在焊件一侧上产生凹槽	1. 焊条角度和摆动不正确； 2. 焊接电流过大，焊接速度太快	选择正确的焊接电流和焊接速度，掌握正确的运条方法，采用合适的焊条角度和弧长
焊瘤	焊瘤	熔化金属流淌到焊缝之外的母材上而形成金属瘤	1. 焊接电流太大、电弧太长、焊接速度太慢； 2. 焊接位置及运条不当	尽可能采用平焊，正确选择焊接规范，正确掌握运条方法
烧穿	烧穿	液态金属从焊缝反面漏出而形成穿孔	1. 坡口间隙太大； 2. 电流太大或焊速太慢； 3. 操作不当	确定合理的装配间隙，选择合适的焊接规范，掌握正确的运条方法
未焊透	未焊透	母材与母材之间，或母材与熔敷金属之间尚未熔合，如根部未焊透、边缘未焊透及层间未焊透等	1. 焊接速度太快，焊接电流太小； 2. 坡口角度太小，间隙过窄； 3. 焊件坡口不干净	选择合理的焊接规范，正确选用坡口形式、尺寸和间隙，加强清理，正确操作
夹渣	夹渣	焊后残留在焊缝金属中的宏观非金属夹杂物	1. 前道焊缝熔渣未清除干净； 2. 焊接电流太小，焊速太快； 3. 焊缝表面不干净	多层焊层层清渣，坡口清理干净，正确选择工艺规范

续表

缺陷名称	缺陷简图	缺陷特征	产生原因	防止措施
气孔	气孔	熔池中溶入过多的 H_2、N_2 及产生的 CO 气体，凝固时来不及逸出，形成气孔	1. 焊件表面有水、锈、油； 2. 焊条药皮中水分过多； 3. 电弧太长，保护不好，空气侵入； 4. 焊接电流过小，焊速太快	严格清除坡口上的水、锈、油，焊条按要求烘干，正确选择焊接规范
裂纹	裂纹	在焊接过程中或焊接完成后，在焊接接头区域内所出现的金属局部破裂的现象	1. 熔池中含较多的 S、P 等有害元素； 2. 熔池中含较多的氢； 3. 结构刚度大； 4. 接头冷却速度太快	焊前预热，限制原材料中 S、P 的含量，选用低氢型焊条，严格对焊条烘干及对焊件表面清理

3. 焊接变形

焊接时，由于焊件局部受热，温度分布不均匀，会造成变形。焊接变形的主要形式有纵向变形、横向变形、角变形、弯曲变形和翘曲变形等几种，如图 5-27 所示。

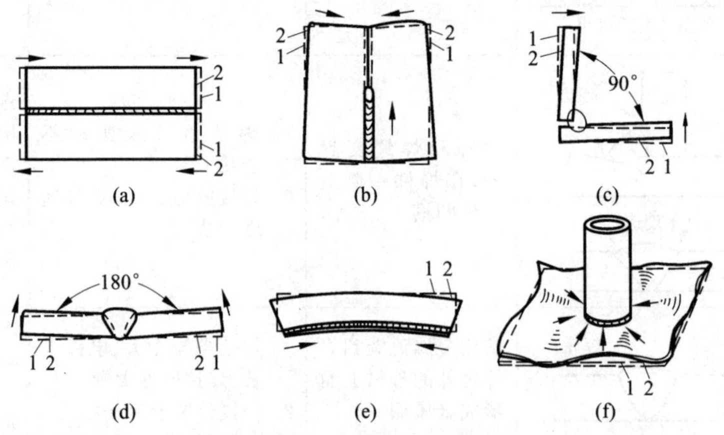

图 5-27 焊接变形的主要形式

(a) 纵向变形；(b) 横向变形；(c) 角接的角变形；(d) 对接的角变形；(e) 弯曲变形；(f) 翘曲变形

1—原样；2—变形

为减小焊接变形，应采取合理的焊接工艺，如正确地选择焊接顺序或机械固定等方法。焊接变形可以通过手工矫正、机械矫正和火焰矫正等方法予以解决。

4. 焊接质量检验

焊缝的质量检验通常有非破坏性检验和破坏性检验两类方法。非破坏性检验包括如下三种。

(1) 外观检验：用肉眼、低倍放大镜或样板等检验焊缝的外形尺寸和表面缺陷(如裂纹、烧穿、未焊透等)。

(2) 密封性检验或耐压试验：对于一般压力容器，如锅炉、化工设备及管道等设备要进行密封性试验，或根据要求进行耐压试验。耐压试验有水压试验、气压试验、煤油试验等。

(3) 无损检测：如用磁粉、射线或超声波检验等方法，检验焊缝的内部缺陷。

破坏性试验包括力学性能试验、金相检验、断口检验和耐压试验等。

5.4　埋　弧　焊

埋弧焊是一种电弧在焊剂层下燃烧进行焊接的方法。其固有的焊接质量稳定、焊接生产率高、无弧光及烟尘很少等优点，使其成为压力容器、管段制造、箱型梁柱等重要钢结构制作中的主要焊接方法。近年来，虽然先后出现了许多种高效、优质的新焊接方法，但埋弧焊的应用领域依然未受任何影响。从各种熔焊方法的熔敷金属重量所占份额的角度来看，埋弧焊占10%左右，且多年来一直变化不大。

5.4.1　埋弧焊简介

焊丝与焊件之间燃烧的电弧使埋在颗粒状焊剂下面的电弧受热将焊丝端部及电弧直接作用的母材和焊剂熔化并使部分蒸发，金属和焊剂所蒸发的气体在电弧周围形成一个封闭空腔，电弧在这个空腔中燃烧。空腔被一层由熔渣所构成的渣膜所包围，这层渣膜不仅很好地隔绝了空气和电弧与熔池的接触，而且使弧光不能辐射出来。被电弧加热熔化的焊丝以熔滴的形式落下，与熔融母材金属混合形成熔池。密度较小的熔渣浮在熔池之上，熔渣除了对熔池金属的机械保护作用外，焊接过程中还与熔池金属发生冶金反应，从而影响焊缝金属的化学成分。电弧向前移动，熔池金属逐渐冷却后结晶形成焊缝。浮在熔池上的熔渣冷却后，形成渣壳可继续对高温下的焊缝起保护作用，避免被氧化。

5.4.2　埋弧焊工作原理

埋弧焊是电弧在焊剂层下燃烧的一种电弧焊方法。如图5-28所示，在焊剂层下，电弧在焊丝末端与焊件之间燃烧，使焊剂熔化、蒸发，形成气体，在电弧周围形成了一个密闭空

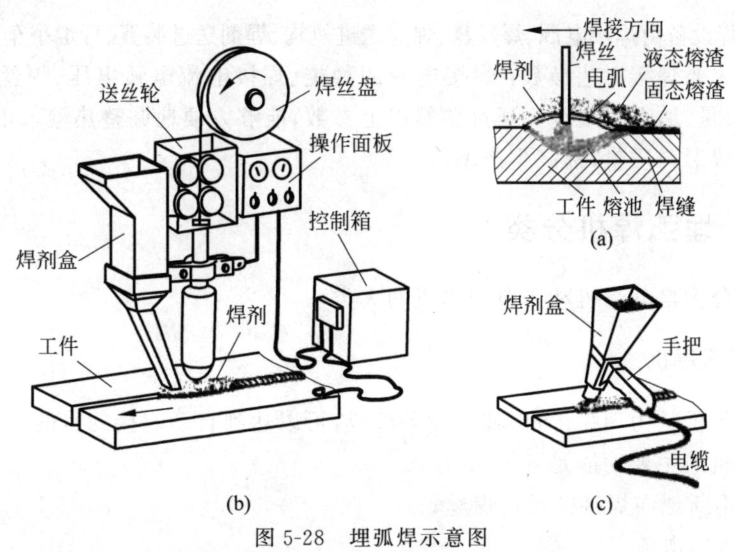

图5-28　埋弧焊示意图

(a) 埋弧焊过程示意图；(b) 自动埋弧焊；(c) 半自动埋弧焊

腔，电弧在这个空腔中稳定燃烧，焊丝不断送入，以熔滴态进入熔池，与熔化的母材金属混合，并受到熔化焊剂的还原、净化及合金化作用。随着焊接过程的进行，电弧向前移动，熔池冷却凝固后形成焊缝，密度较轻的熔渣在熔池的表面。

5.4.3 埋弧自动焊优点

(1) 焊接生产率高：埋弧自动焊所用焊接电流大，加上焊剂和熔渣的隔热作用，热效率高，熔深大，单丝埋弧焊在焊件不开坡口的情况下，一次可熔透 20mm。焊接速度高，以厚度 8～10mm 的钢板对接焊为例，单丝埋弧焊速度可达 50～80cm/min，手弧焊则不超过 10～13cm/min。

(2) 焊接质量好：焊剂和熔渣的存在不仅防止空气中的氮、氧侵入熔池，而且熔池较慢凝固，使液态金属与融化的焊剂间有较多时间的冶金反应，减少了焊缝中产生气孔、裂纹等缺陷的可能性。焊剂还可以向焊缝渗合金，提高焊缝金属的力学性能。另外焊缝成形美观。

(3) 劳动条件好：焊接过程的机械化操作显得更为便利，烟尘少，而且没有弧光辐射，劳动条件得到改善。

5.4.4 埋弧自动焊缺点

(1) 焊接适用位置受限制：由于采用颗粒状的焊剂进行焊接，因此一般只适用于平焊位置的焊接。

(2) 焊接厚度受到限制：由于埋弧焊焊接电流小于 100A 电弧的稳定性通常变差，因此不适用于焊接厚度小于 1mm 以下的薄板。

(3) 对焊件坡口加工和装配要求较严：因为埋弧焊不能直接观察电弧与坡口的相对位置，故必须保证坡口的加工和装配精度，或者采用焊缝自动跟踪装置，才能保证不焊偏。

5.4.5 埋弧自动焊设备组成及焊接工艺参数

埋弧自动焊设备由焊接电源、焊丝盘、焊丝送进机构、焊剂送进装置、行走小车、导轨等组成。

埋弧焊的主要焊接工艺参数：焊接电源的种类、焊接电流电弧电压、焊丝牌号和直径、焊速、焊丝伸长量、坡口角度等。通过调整以上参数，能够方便地调整热输入量的大小，有利于控制焊缝的成形与质量，提高生产率。

5.4.6 埋弧焊机分类

埋弧焊机分为自动焊机和半自动焊机两大类。

1. 自动埋弧焊机

自动埋弧焊机是由埋弧焊机、辅助设备组成，可以达到自动焊接的目的。

自埋弧焊机的主要功能是：

(1) 连续不断地向焊接区送进焊丝；

(2) 传输焊接电流；

(3) 使电弧沿接缝移动；

(4) 控制电弧的主要参数；

(5) 控制焊接的启动与停止；

(6) 向焊接区铺施焊剂；

(7) 焊接前调节焊丝位置。

自动埋弧焊机按照工作需要，做成不同的形式。常见的有焊车式、悬挂式、机床式、悬臂式、门架式等。

2. 半自动埋弧焊机

半自动埋弧焊机是由焊接小车、埋弧焊机组成，焊机小车可以前后行走，速度可调。半自动埋弧焊机的主要功能是：

(1) 将焊丝通过导丝管连续不断地送入电弧区；

(2) 传输焊接电流；

(3) 控制焊接启动和停止；

(4) 向焊接区铺施焊剂。

因此，它主要由送丝机构、控制箱、带软管的焊接手把及焊接电源组成。半自动埋弧焊机兼有自动埋弧焊的优点及手工电弧焊的机动性。在难以实现自动焊的工件上（例如，中心线不规则的焊缝、短焊缝、施焊空间狭小的工件等），可用这种焊机进行焊接。

5.4.7　操作过程

1. 对接直缝焊焊接技术

对接直缝焊的焊接方法有两种基本类型，即单面焊和双面焊。根据钢板厚度又可分为单层焊、多层焊，又有各种衬垫法和无衬垫法。

(1) 焊剂垫法埋弧自动焊。在焊接对接焊缝时，为了防止熔渣和熔池金属的泄漏，采用焊剂垫作为衬垫进行焊接。焊剂垫的焊剂与焊接用的焊剂相同。焊剂要与焊件背面贴紧，能够承受一定的均匀托力。要选用较大的焊接规范，使工件熔透，以达到双面成形。

(2) 手工焊封底埋弧自动焊。对无法使用衬垫的焊缝，可先行用手工焊进行封底，然后再采用埋弧焊。

(3) 悬空焊。悬空焊一般用于无破口、无间隙的对接焊，它不用任何衬垫，装配间隙要求非常严格。为了保证焊透，正面焊时要焊透工件厚度的40%～50%，背面焊时必须保证焊透60%～70%。在实际操作中一般很难测出熔深，经常是靠焊接时观察熔池背面颜色来判断估计，所以要有一定的经验。

(4) 多层埋弧焊。对于较厚钢板，一次不能焊完的，可采用多层焊。第一层焊时，规范不要太大，既要保证焊透，又要避免裂纹等缺陷。每层焊缝的接头要错开，不要重叠。

2. 安全操作技术

(1) 埋弧自动焊机的小车轮子要有良好绝缘，导线应绝缘良好，工作过程中应理顺导线，防止扭转及被熔渣烧坏。

(2) 控制箱和焊机外壳应可靠接地(零)和防止漏电。

(3) 焊接过程中应注意防止焊剂突然停止供给而发生强烈弧光裸露伤眼。所以,焊工作业时应戴普通防护眼镜。

(4) 半自动埋弧焊的焊把应有固定放置处,以防止短路。

(5) 埋弧自动焊熔剂的成分里应含有氧化锰等对人体有害的物质。焊接时虽不像手弧焊那样产生可见烟雾,但将产生一定量的有害气体和蒸气。所以,在工作地点最好有局部的抽气通风设备。

5.4.8 埋弧焊材料

1. 焊丝

埋弧焊使用焊丝的品种随被焊金属的种类不同而异,大约有碳素结构钢、合金结构钢、高合金结构钢、高合金钢和各种有色金属焊丝以及堆焊用的特殊合金焊丝。焊丝表面应光滑,便于焊接时能顺利送进,以免给焊接过程带来干扰,最好选用表面镀铜焊丝,镀铜层既可防锈亦可改善焊丝与导电嘴的电接触状况。如果焊丝上有油污和锈应擦干净,否则带入焊缝会产生气孔及影响焊缝的力学性能。相关参数见表 5-10 与表 5-11。

表 5-10 钢焊丝直径及其允许偏差 mm

焊丝直径	2.0,2.5,3.0	3.2,4.0,5.0,6.0	6.5,7.0,8.0,9.0
允许偏差(普通精度)	−0.12	−0.16	−0.20
允许偏差(较高精度)	−0.06	−0.08	−0.10

表 5-11 各种直径普通钢焊丝使用的参考电流范围

焊丝直径/mm	2.0,2.5	3.0,4.0	5.0,6.0
电流范围/A	200～400	350～600	700～1000

2. 焊剂

焊剂的作用除了要保证焊缝有良好的成形之外,还要熔化成渣覆盖在熔池之上隔离空气中的氧、氮,使其不能或进入熔池的同时,与液体金属起冶金反应,去除金属中的杂质元素氧、氢、硫、磷,并渗入需要的合金元素,使焊缝金属具有良好的力学性能或特殊性能。焊剂按照碱度可分为碱性焊剂、酸性焊剂和中性焊剂;按照焊剂化学性质分类可分为:氧化性焊剂(含大量 SiO_2、MnO 或 FeO 的焊剂)、弱氧化性焊剂和惰性焊剂(含 Al_2O_3、CaO、MgO、CaF_2 等基本上不含 SiO_2、MnO、FeO 等)。各种焊剂见表 5-12。

表 5-12 常见焊剂用途及配用焊丝

焊剂型号	用途	焊剂颗粒度/mm	配用	适用电流种类
HJ130	低碳钢,普通低合金钢	0.45～2.5	$H10Mn_2$	交、直流
HJ131	Ni 基合金	0.3～2	Ni 基焊丝	交、直流
HJ150	轧辊堆焊	0.45～2.5	2Cr13、3Cr2W8	直流

续表

焊剂型号	用途	焊剂颗粒度/mm	配用	适用电流种类
HJ172	高 Cr 铁素钢	0.3～2	相应钢种焊丝	直流
HJ173	Mn-Al 高合金钢	0.25～2.5	相应钢种焊丝	直流
HJ230	低碳钢,普通低合金钢	0.45～2.5	H08MnA、H10Mn2	交、直流
HJ250	低合金高强度高	0.3～2	相应钢种焊丝	直流
HJ251	珠光体耐热钢	0.3～2	Cr-Mo 钢焊丝	直流
HJ260	不锈钢,轧辊堆焊	0.3～2	不锈钢焊丝	直流
HJ330	低碳钢及普通低合金钢重要构件	0.45～2.5	H08MnA、H10Mn2	交、直流
HJ350	低合金高强度钢重要构件	0.2～1.4	Mn-Mo、Mn-Si 及含 Ni 高强度钢用丝	交、直流
HJ430	低碳钢及普通低合金重要构件	0.45～2.5	H08A、H10MnA	交、直流
HJ431	低碳钢及普通低合金重要构件	0.45～2.5	H08A、H10MnA	交、直流
HJ432	低碳钢及普通低合金重要构件(薄板)	0.2～1.4	H08A	交、直流
HJ433	低碳钢	0.45～2.5	H08A	交、直流
SJ101	低合金结构钢	0.3～2	H08MnA、H10MnMoA、H08Mn2MoA、H10Mn2	交、直流
SJ301	普通结构钢	0.3～2	H08MnA、H10Mn2	交、直流

5.4.9 埋弧焊特点

埋弧焊具有以下特点:

(1) 熔深大,生产率高。由于可以使用大电流,增大了单位时间内焊丝熔化量,显著地提高了生产效率。若同手工电弧焊比较,板厚为 12mm 时,埋弧焊速度可达 50～80cm/min,手工电弧焊则不超过 10～13cm/min,埋弧焊速度是手工电弧焊速度的 3～4 倍,特别是双丝(或多丝)以及带状电极的采用,更加提高了埋弧焊的生产效率。

(2) 焊接质量稳定,表面美观。焊缝的质量不受焊工的情绪及其疲劳程度的影响,焊缝的质量主要取决于自动焊机调整的优劣以及原材料(即焊件、焊丝和焊剂)的质量,所以在正确的工艺参数下,就可以获得化学成分均匀、表面光滑、平直的优质焊缝。

(3) 节省焊剂材料和电能。埋弧自动焊电弧熔透力强,对一定厚度的焊件,不开坡口也可焊透,单丝埋弧焊一次可熔透 20mm,同时没有飞溅损伤,从而减少了焊接材料和电能的损耗。

(4) 改善了工人劳动条件。机械化的焊接改善了工人劳动强度,电弧焊剂层下燃烧,消除了弧光及烟尘对焊工的有害影响。

(5) 由于采用颗粒状焊剂,这种焊接方法一般只适用于平焊位置。其他位置焊接需采用特殊措施以保证焊剂能覆盖焊接区。

(6) 坡口精度要求高。由于是机械化焊接，对坡口精度、组对间隙等的要求就比较严格。

5.5 气焊与气割

5.5.1 气焊原理及特点和应用

1. 气焊原理

气焊是利用可燃气体与助燃气体混合燃烧后，产生的高温火焰对金属材料进行熔化焊的一种方法。如图5-29所示，将乙炔和氧气在焊炬中混合均匀后，从焊嘴喷出燃烧火焰，将焊件和焊丝熔化后形成熔池，待冷却凝固后形成焊缝连接。

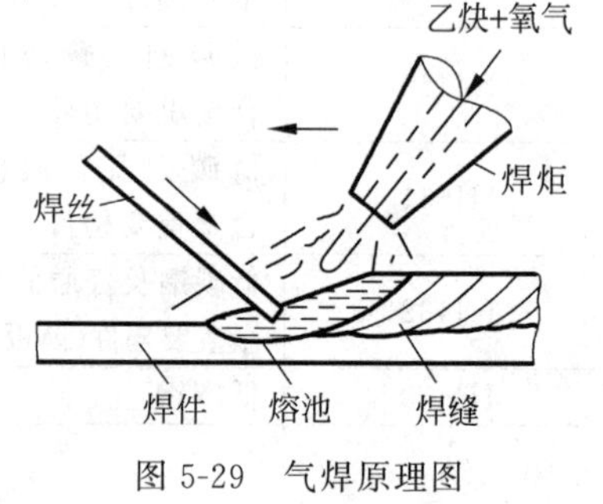

图5-29 气焊原理图

气焊所用的可燃气体很多，有乙炔、氢气、液化石油气、煤气等，而最常用的是乙炔气。乙炔气的发热量大，燃烧温度高，制造方便，使用安全，焊接时火焰对金属的影响最小，火焰温度高达3100～3300℃。氧气作为助燃气，其纯度越高，耗气越少。因此，气焊也称为氧-乙炔焊。

2. 气焊的特点及应用

(1) 火焰对熔池的压力及对焊件的热输入量调节方便，故熔池温度、焊缝形状和尺寸、焊缝背面成形等容易控制。

(2) 设备简单，移动方便，操作易掌握，但设备占用生产面积较大。

(3) 焊炬尺寸小，使用灵活，由于气焊热源温度较低，加热缓慢，生产率低，热量分散，热影响区大，焊件有较大的变形，接头质量不高。

(4) 气焊适于各种位置的焊接。适于焊接在3mm以下的低碳钢、高碳钢薄板、铸铁焊补以及铜、铝等有色金属的焊接。在船上无电或电力不足的情况下，气焊则能发挥更大的作用，常用气焊火焰对工件、刀具进行淬火处理，对紫铜皮进行回火处理，并矫直金属材料和净化工件表面等。此外，由微型氧气瓶和微型溶解乙炔气瓶组成的手提式或肩背式气焊气割装置，在旷野、山顶、高空作业中应用是十分简便的。

5.5.2 气焊设备

气焊所用设备及气路连接，如图5-30所示。

1. 焊炬

焊炬俗称焊枪。焊炬是气焊中的主要设备，它的构造多种多样，但基本原理相同。焊炬是气焊时用于控制气体混合比、流量及火焰并进行焊接的手持工具。焊炬有射吸式和等压

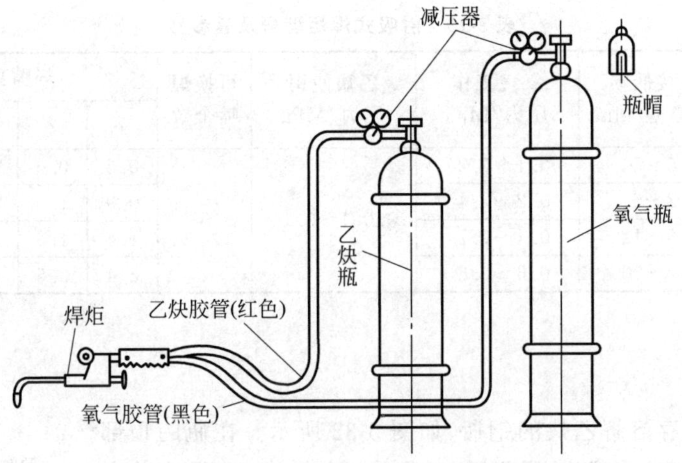

图 5-30 气焊设备及其连接

式两种，常用的是射吸式焊炬，如图 5-31 所示。它是由主体、手柄、乙炔调节阀、氧化调节阀、喷射管、喷射孔、混合室、混合气体通道、焊嘴、乙炔管接头和氧气管接头等组成。它的工作原理是：打开氧气调节阀，氧气经喷射管从喷射孔快速射出，并在喷射孔外围形成真空而造成负压(吸力)；再打开乙炔调节阀，乙炔即聚集在喷射孔的外围；由于氧射流负压的作用，乙炔很快被氧气吸入混合室和混合气体通道，并从焊嘴喷出，形成了焊接火焰。

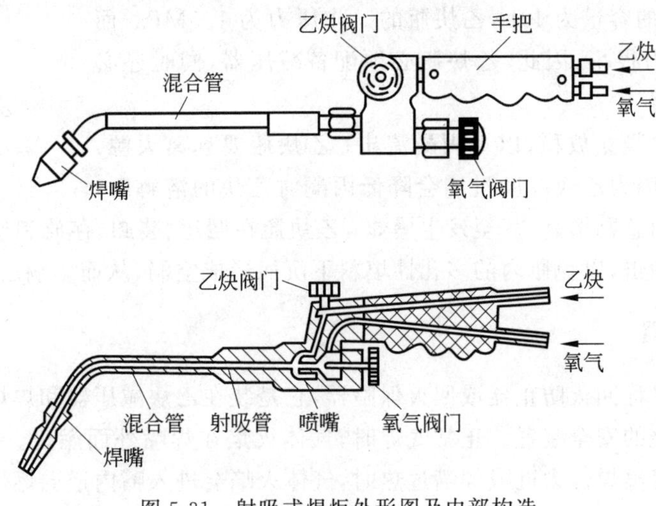

图 5-31 射吸式焊炬外形图及内部构造

射吸式焊炬的型号有 H01-2 和 H01-6 等，其意义如下：

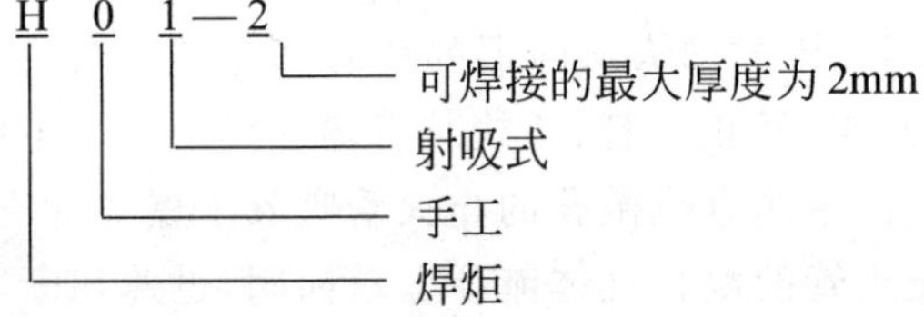

各型号的焊炬均备有 5 个大小不同的焊嘴，可供焊接不同厚度的工件使用。表 5-13 为 H01 型的基本参数。

表 5-13 射吸式焊炬型号及其参数

型 号	焊接低碳钢厚度/mm	氧气工作压力/MPa	乙炔使用压力/MPa	可换焊嘴个数	焊嘴直径/mm				
					1	2	3	4	5
H01-2	0.5～2	0.1～0.25	0.001～0.10	5	0.5	0.6	0.7	0.8	0.9
H01-6	2～6	0.2～0.4			0.9	1.0	1.1	1.2	1.3
H01-12	6～12	0.4～0.7			1.4	1.6	1.8	2.0	2.2
H01-20	12～20	0.6～0.8			2.4	2.6	2.8	3.0	3.2

2. 乙炔瓶

乙炔瓶是储存溶解乙炔的钢瓶，如图 5-32 所示。在瓶的顶部装有瓶阀供开闭气瓶和装减压器用，并套有瓶帽保护；在瓶内装有浸满丙酮的多孔性填充物(活性炭，木屑、硅藻土等)，丙酮对乙炔有良好的溶解能力，可使乙炔安全地储存于瓶内，当使用时，溶在丙酮内的乙炔分离出来，通过瓶阀输出，而丙酮仍留在瓶内，以便溶解再次灌入瓶中的乙炔；在瓶阀下面的填充物中心部位的长孔内放有石棉绳，其作用是促使乙炔与填充物分离。

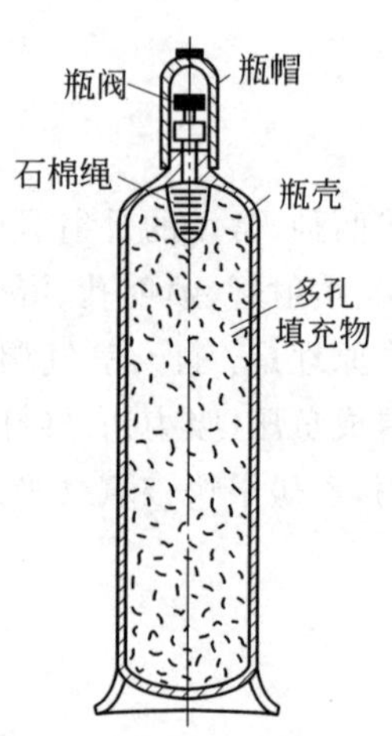

图 5-32 乙炔瓶

乙炔瓶的外壳漆成白色，用红色写明“乙炔”字样和“火不可近”字样。乙炔瓶的容量为 40L，乙炔瓶的工作压力为 1.5MPa，而输送给焊炬的压力很小，因此，乙炔瓶必须配备减压器，同时还必须配备回火安全器。

乙炔瓶一定要竖立放稳，以免丙酮流出；乙炔瓶要远离火源，防止乙炔瓶受热，因为乙炔温度过高会降低丙酮对乙炔的溶解度，而使瓶内乙炔压力急剧增高，甚至发生爆炸；乙炔瓶在搬运、装卸、存放和使用时，要防止遭受剧烈的振荡和撞击，以免瓶内的多孔性填料下沉而形成空洞，从而影响乙炔的储存。

3. 回火安全器

回火安全器又称回火防止器或回火保险器，它是装在乙炔减压器和焊炬之间，用来防止火焰沿乙炔管回烧的安全装置。正常气焊时，气体火焰在焊嘴外面燃烧。但当气体压力不足、焊嘴堵塞、焊嘴离焊件太近或焊嘴过热时，气体火焰会进入嘴内逆向燃烧，这种现象称为回火。发生回火时，焊嘴外面的火焰熄灭，同时伴有爆鸣声，随后有“吱、吱”的声音。如果回火火焰蔓延到乙炔瓶，就会发生严重的爆炸事故。因此，发生回火时，回火安全器的作用是使回流的火焰在倒流至乙炔瓶以前被熄灭。同时应首先关闭乙炔开关，然后再关氧气开关。

图 5-33 为干式回火保险器的工作原理图。干式回火保险器的核心部件是粉末冶金制造的金属止火管。正常工作时，乙炔推开单向阀，经止火管、乙炔胶管输往焊炬。产生回火时，高温高压的燃烧气体倒流至回火保险器，由带非直线微孔的止火管吸收了爆炸冲击波，使燃烧气体的扩张速度趋近于零，而透过止火管的混合气体流顶上单向阀，迅速切断乙炔源，有效地防止火焰继续回流，并在金属止火管中熄灭回火的火焰。发生回火后，不必人工复位，就能继续正常使用。

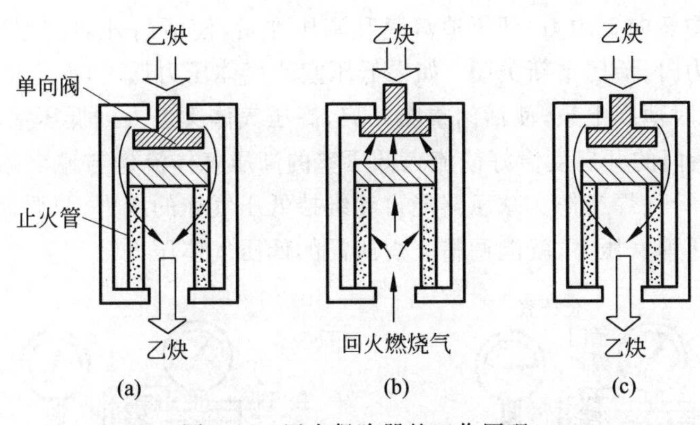

图 5-33 回火保险器的工作原理

(a) 正常工作；(b) 发生回火；(c) 恢复正常

4. 氧气瓶

氧气瓶是储存氧气的一种高压容器钢瓶，如图 5-34 所示。由于氧气瓶要经受搬运、滚动，甚至还要经受振动和冲击等，因此材质要求很高，产品质量要求十分严格，出厂前要经过严格检验，以确保氧气瓶的安全可靠。氧气瓶是一个圆柱形瓶体，瓶体上有防震圈；瓶体的上端有瓶口，瓶口的内壁和外壁均有螺纹，用来装设瓶阀和瓶帽；瓶体下端还套有一个增强用的钢环圈瓶座，一般为正方形，便于立稳，卧放时也不至于滚动；为了避免腐蚀和发生火花，所有与高压氧气接触的零件都用黄铜制作；氧气瓶外表漆成天蓝色，用黑漆标明“氧气”字样。氧化瓶的容积为 40L，储氧最大压力为 15MPa，但提供给焊炬的氧气压力很小，因此氧气瓶必须配备减压器。由于氧气化学性质极为活泼，能与自然界中绝大多数元素化合、与油脂等易燃物接触会剧烈氧化，引起燃烧或爆炸，所以使用氧气时必须十分注意安全，要隔离火源，禁止撞击氧气瓶，严禁在瓶上沾染油脂，瓶内氧气不能用完，应留有余量等。

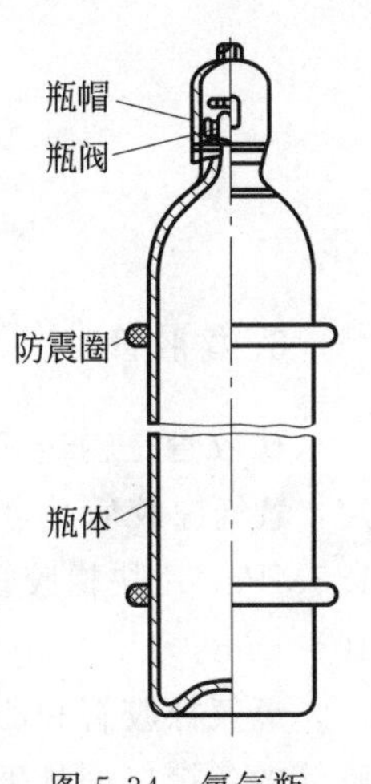

图 5-34 氧气瓶

5. 减压器

减压器是将高压气体降为低压气体的调节装置，作用是减压、调压、量压和稳压。气焊时所需的气体工作压力一般都比较低，如氧气压力通常为 0.2～0.4MPa，乙炔压力最高不超过 0.15MPa。因此，必须将氧气瓶和乙炔瓶输出的气体经减压器减压后才能使用，而且可以调节减压器的输出气体压力。

减压器的工作原理如图 5-35 所示。松开调压手柄(逆时针方向)，活门弹簧闭合活门，高压气体就不能进入低压室，即减压器不工作，从气瓶来的高压气体停留在高压室的区域内，高压表量出高压气体的压力，也是气瓶内气体的压力。拧紧调压手柄(顺时针方向)，使调压弹簧压紧低压室内的薄膜，再通过传动件将高压室与低压室通道处的活门顶开，使高压室内的高压气体进入低压室，此时的高压气体进行体积膨胀，气体压力得以降低，低压表可量出低压气体的压力，并使低压气体从出气口通往焊炬。如果低压室气体压力高了，向下的总压力大于调压弹簧向上的力，即压迫薄膜和调压弹簧，使活门开启的程度逐渐减小，直至达到焊炬工作压力时，活门重新关闭；如果低压室的气体压力低了，向上的总压力小于调压弹簧向上的力，此时薄膜上鼓，使活门重新开启，高压气体又进入到低压室，从而增加低压室的气体压力；当活门的开启度恰好使流入低压室的高压气体流量与输出的低压气体流量相等时，即稳定地进行气焊工作。减压器能自动维持低压气体的压力，只要通过调压手柄的旋入程度来调节调压弹簧压力，就能调整气焊所需的低压气体压力。

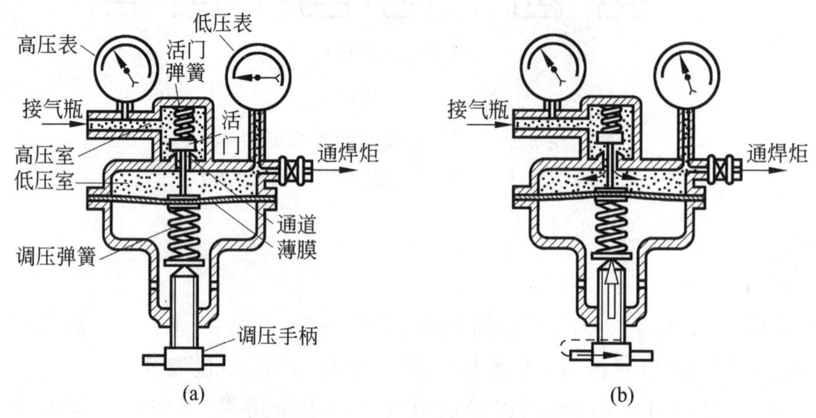

图 5-35 减压器的工作示意图

(a) 不工作状态；(b) 工作状态

6. **橡胶管**

橡胶管是输送气体的管道，分氧气橡胶管和乙炔橡胶管，两者不能混用。国家标准规定：氧气橡胶管为黑色；乙炔橡胶管为红色。氧气橡胶管的内径为 8mm，工作压力为 1.5MPa；乙炔橡胶管的内径为 10mm，工作压力为 0.5MPa 或 1.0MPa；橡胶管长一般为 10～15m。

氧气橡胶管和乙炔橡胶管不可有损伤和漏气发生，严禁明火检漏。特别要经常检查橡胶管的各接口处是否紧固，橡胶管有无老化现象。橡胶管不能沾有油污等。

5.5.3 气焊火焰

常用的气焊火焰是乙炔与氧混合燃烧所形成的火焰，也称氧乙炔焰。根据氧与乙炔混合比的不同，氧乙炔焰可分为中性焰、碳化焰(也称还原焰)和氧化焰三种，其构造和形状如图 5-36 所示。

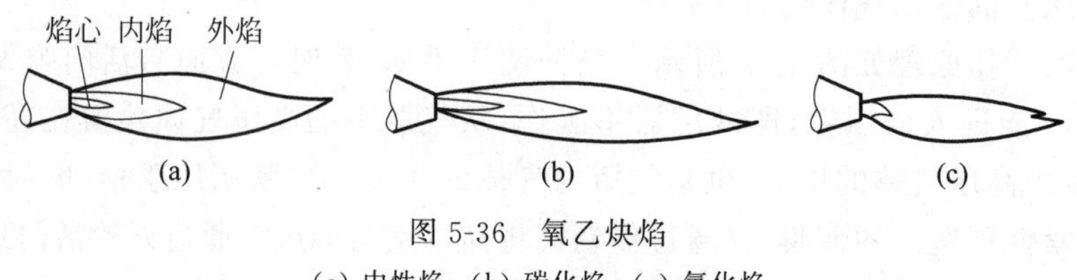

图 5-36 氧乙炔焰

(a) 中性焰；(b) 碳化焰；(c) 氧化焰

1. 中性焰

氧气和乙炔的混合比为1.1～1.2时燃烧所形成的火焰称为中性焰，又称正常焰。它由焰心、内焰和外焰三部分组成。焰心靠近喷嘴孔呈尖锥形，色白而明亮，轮廓清楚，在焰心的外表面分布着乙炔分解所生成的碳素微粒层，焰心的光亮就是由炽热的碳微粒所发出的，温度并不很高，约为950℃。内焰呈蓝白色，轮廓不清，并带深蓝色线条而微微闪动，它与外焰无明显界线。外焰由里向外逐渐由淡紫色变为橙黄色。火焰各部分温度分布见图5-37。中性焰最高温度在焰心前2～4mm处，为3050～3150℃。用中性焰焊接时主要利用内焰这部分火焰加热焊件。中性焰燃烧完全，对红热或熔化了的金属没有碳化和氧化作用，所以称之为中性焰。气焊一般都可以采用中性焰，广泛用于低碳钢、低合金钢、中碳钢、不锈钢、紫铜、灰铸铁、锡青铜、铝及合金、铅锡、镁合金等的气焊。

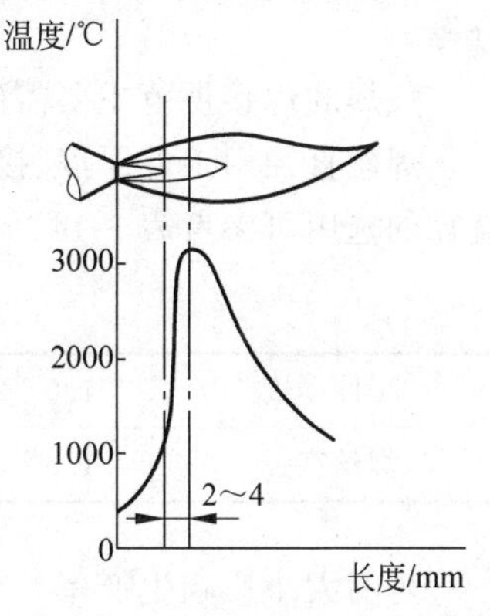

图5-37 中性焰的温度分布

2. 碳化焰(还原焰)

氧气和乙炔的混合比小于1.1时燃烧形成的火焰称为碳化焰。碳化焰的整个火焰比中性焰长而软，它也由焰心、内焰和外焰组成，而且这三部分均很明显。焰心呈灰白色，并发生乙炔的氧化和分解反应；内焰有多余的碳，故呈淡白色；外焰呈橙黄色，除燃烧产物CO_2和水蒸气外，还有未燃烧的碳和氢。

碳化焰的最高温度为2700～3000℃，由于火焰中存在过剩的碳微粒和氢，因此碳会渗入熔池金属，使焊缝的碳的质量分数增高，故称碳化焰，不能用于焊接低碳钢和合金钢，同时碳具有较强的还原作用，故又称还原焰；游离的氢也会透入焊缝，产生气孔和裂纹，造成硬而脆的焊接接头。因此，碳化焰只使用于高速钢、高碳钢、铸铁焊补、硬质合金堆焊、铬钢等。

3. 氧化焰

氧化焰是氧与乙炔的混合比大于1.2时的火焰。氧化焰的整个火焰和焰心的长度都明显缩短，只能看到焰心和外焰两部分。氧化焰中有过剩的氧，整个火焰具有氧化作用，故称氧化焰。氧化焰的最高温度可达3100～3300℃。使用这种火焰焊接各种钢铁时，金属很容易被氧化而造成脆弱的焊接接头；在焊接高速钢或铬、镍、钨等优质合金钢时，会出现互不融合的现象；在焊接有色金属及其合金时，产生的氧化膜会更厚，甚至焊缝金属内有夹渣，形成不良的焊接接头。因此，氧化焰一般很少采用，仅适用于烧割工件和气焊黄铜、锰黄铜及镀锌铁皮，特别适合于黄铜类，因为黄铜中的锌在高温极易蒸发，采用氧化焰时，熔池表面上会形成氧化锌和氧化铜的薄膜，起了抑制锌蒸发的作用，如图5-36(c)所示。

不论采用何种火焰气焊时，喷射出来的火焰(焰心)形状应该整齐垂直，不允许有歪斜、分叉或发生吱吱的声音。只有这样才能使焊缝两边的金属均匀加热，并正确形成熔池，从而保证焊缝质量。否则不管焊接操作技术多好，焊接质量也要受到影响。所以，当发现火焰不正常时，要及时使用专用的通针把焊嘴口处附着的杂质消除掉，待火焰形状正常后再进行焊接。

5.5.4 气焊工艺与焊接规范

气焊的接头形式和焊接空间位置等工艺问题的考虑与焊条电弧焊基本相同。气焊尽可能用对接接头,厚度大于5mm的焊件须开坡口以便焊透。焊前接头处应清除铁锈、油污水分等。

气焊的焊接规范主要需确定焊丝直径、焊嘴大小、焊接速度等。

焊丝直径由工件厚度、接头和坡口形式决定,焊开坡口时第一层应选较细的焊丝。焊丝直径的选用可参考表5-14。

表5-14 不同厚度工件配用焊丝的直径 mm

工件厚度	1.0~2.0	2.0~3.0	3.0~5.0	5.0~10	10~15
焊丝直径	1.0~2.0	2.0~3.0	3.0~4.0	3.0~5.0	4.0~6.0

焊嘴大小影响生产率。导热性好、熔点高的焊件,在保证质量前提下应选较大号焊嘴(较大孔径的焊嘴)。

在平焊时,焊件越厚,焊接速度应越慢。对熔点高、塑性差的工件,焊速应慢。在保证质量前提下,尽可能提高焊速,以提高生产效率。

5.5.5 气焊基本操作

1. 点火

点火之前,先把氧气瓶和乙炔瓶上的总阀打开,然后转动减压器上的调压手柄(顺时针旋转),将氧气和乙炔调到工作压力。再打开焊枪上的乙炔调节阀,此时可以把氧气调节阀少开一点氧气助燃点火(用明火点燃),如果氧气开得大,点火时就会因为气流太大而出现“啪啪”的响声,而且还点不着;如果少开一点氧气助燃点火,虽然也可以点着,但是黑烟较大。点火时,手应放在焊嘴的侧面,不能对着焊嘴,以免点着后喷出的火焰烧伤手臂。

2. 调节火焰

刚点火的火焰是碳化焰,然后逐渐开大氧气阀门,改变氧气和乙炔的比例,根据被焊材料性质及厚薄要求,调到所需的中性焰、氧化焰或碳化焰。需要大火焰时,应先把乙炔调节阀开大,再调大氧气调节阀;需要小火焰时,应先把氧气关小,再调小乙炔。

3. 焊接方向

气焊操作是右手握焊炬,左手拿焊丝,可以向右焊(右焊法),也可向左焊(左焊法),如图5-38所示。

右焊法是焊炬在前,焊丝在后。这种方法是焊接火焰指向已焊好的焊缝,加热集中,熔深较大,火焰对焊缝有保护作用,容易避免气孔和夹渣,但较难掌握。此种方法适用于较厚工件的焊接,而一般厚度较大的工件均采用电弧焊,因此右焊法很少使用。

左焊法是焊丝在前,焊炬在后。这种方法是焊接火焰指向未焊金属,有预热作用,焊接

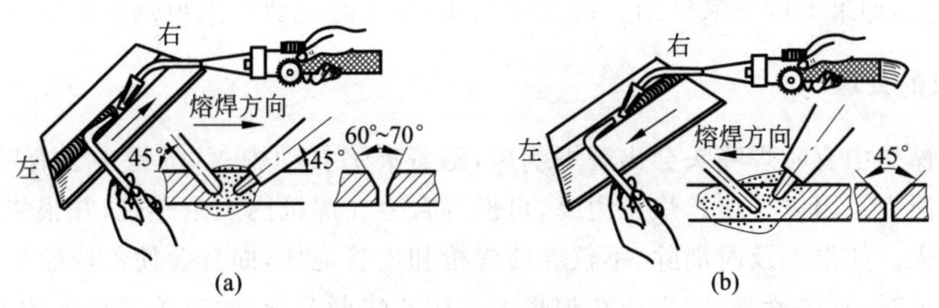

图 5-38 气焊的焊接方向

(a) 右焊法；(b) 左焊法

速度较快,可减少熔深和防止烧穿,操作方便,适宜焊接薄板。用左焊法,还可以看清熔池,分清熔池中铁水与氧化铁的界线,因此左焊法在气焊中被普遍采用。

4. 施焊方法

施焊时,要使焊嘴轴线的投影与焊缝重合,同时要掌握好焊炬与工件的倾角 α。工件越厚,倾角越大；金属的熔点越高,导热性越大,倾角就越大。在开始焊接时,工件温度尚低,为了较快地加热工件和迅速形成熔池,α 应该大一些(80°～90°),喷嘴与工件近于垂直,使火焰的热量集中,尽快使接头表面熔化。正常焊接时,一般保持 α 为 30°～50°。焊接将结束时,倾角可减至 20°,并使焊炬作上下摆动,以便断续地对焊丝和熔池加热,这样能更好地填满焊缝和避免烧穿。焊嘴倾角与工件厚度的关系如图 5-39 所示。

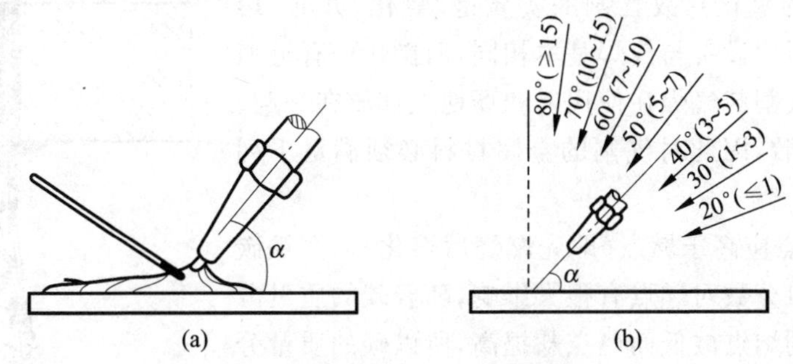

图 5-39 焊嘴倾角与工件厚度的关系

(a) 焊嘴倾角；(b) 不同板厚的倾角

焊接时,还应注意送进焊丝的方法,焊接开始时,焊丝端部放在焰心附近预热。待接头形成熔池后,才把焊丝端部浸入熔池。焊丝熔化一定数量之后,应退出熔池,焊炬随即向前移动,形成新的熔池。注意焊丝不能经常处在火焰前面,以免阻碍工件受热；也不能使焊丝在熔池上面熔化后滴入熔池；更不能在接头表面尚未熔化时就送入焊丝。焊接时,火焰内层焰心的尖端要距离熔池表面 2～4mm,形成的熔池要尽量保持瓜子形、扁圆形或椭圆形。

5. 熄火

焊接结束时应熄火。熄火之前一般应先把氧气调节阀关小,再将乙炔调节阀关闭,最后再关闭氧气调节阀,火即熄灭。如果将氧气全部关闭后再关闭乙炔,就会有余火窝在焊嘴里,不容易熄火,这是很不安全的(特别是当乙炔关闭不严时,更应注意)。此外,这样的熄火黑烟也比较大,如果不调小氧气而直接关闭乙炔,熄火时就会产生很响的爆裂声。

6. 回火的处理

在焊接操作中有时焊嘴头会出现爆响声,随着火焰自动熄灭,焊枪中会有吱吱响声,这种现象叫做回火。因氧气比乙炔压力高,可燃混合会在焊枪内发生燃烧,并很快扩散在导管里而产生回火。如果不及时消除,不仅会使焊枪和皮管烧坏,而且会使乙炔瓶发生爆炸。所以当遇到回火时,不要紧张,应迅速在焊炬上关闭乙炔调节阀,同时关闭氧气调节阀,等回火熄灭后,再打开氧气调节阀,吹除焊炬内的余焰和烟灰,并将焊炬的手柄前部放入水中冷却。

5.5.6 气割

1. 气割的原理及应用特点

气割即氧气切割。它是利用割炬喷出乙炔与氧气混合燃烧的预热火焰,将金属的待切割处预热到它的燃烧点(红热程度),并从割炬的另一喷孔高速喷出纯氧气流,使切割处的金属发生剧烈的氧化,成为熔融的金属氧化物,同时被高压氧气流吹走,从而形成一条狭小整齐的割缝使金属割开,如图 5-40 所示。因此,气割包括预热、燃烧、吹渣三个过程。气割原理与气焊原理在本质上是完全不同的,气焊是熔化金属,而气割是金属在纯氧中的燃烧(剧烈的氧化),故气割的实质是"氧化"并非"熔化"。由于气割所用设备与气焊基本相同,而操作也有近似之处,因此常把气割与气焊在使用上和场地上都放在一起。由于气割原理所致,因此对气割的金属材料必须满足下列条件。

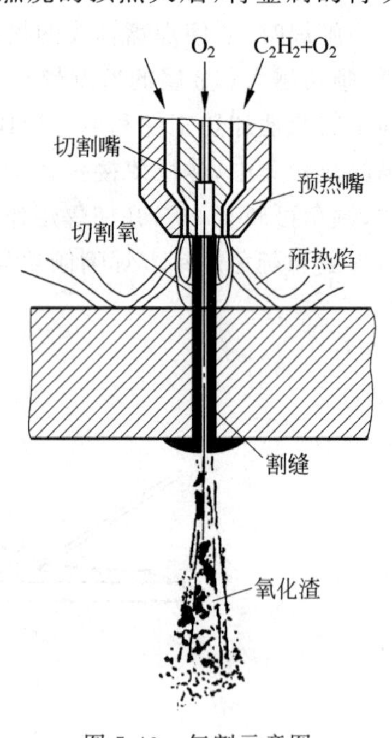

图 5-40 气割示意图

(1) 金属熔点应高于燃点(即先燃烧后熔化)。在铁碳合金中,碳的质量分数对燃点有很大影响,随着碳的质量分数的增加,合金的熔点减低而燃点却提高,所以碳的质量分数越大,气割越困难。例如,低碳钢熔点为 1528℃,燃点为 1050℃,易于气割。但碳的质量分数为 0.7%的碳钢,燃点与熔点差不多,都为 1300℃;当碳的质量分数大于 0.7%时,燃点则高于熔点,故不易气割。铜、铝的燃点比熔点高,故不能气割。

(2) 氧化物的熔点应低于金属本身的熔点,否则形成高熔点的氧化物会阻碍下层金属与氧气流接触,使气割困难。有些金属由于形成氧化物的熔点比金属熔点高,故不易或不能气割。如高铬钢或铬镍不锈钢加热形成熔点为 2000℃左右的 Cr_2O_3,铝及铝合金形成熔点 2050℃的 Al_2O_3,所以它们不能用氧乙炔焰气割,但可用等离子气割法气割。

(3) 金属氧化物应易熔化和流动性好,否则不易被氧气流吹走,难于切割。例如,铸铁气割生成很多 SiO_2 氧化物,不但难熔(熔点约 1750℃)而且熔渣黏度很大,所以铸铁不易气割。

(4) 金属的导热性不能太高,否则预热火焰的热量和切割中所发出的热量会迅速扩散,使切割处热量不足，切割困难。例如，铜、铝及合金由于导热性高成为不能用一般气割法切割的原因之一。

此外，金属在氧气中燃烧时应能发出大量的热量，足以预热周围的金属；其次金属中所含的杂质要少。

满足以上条件的金属材料有纯铁、低碳钢、中碳钢和低合金结构钢。而高碳钢、铸铁、高合金钢及铜、铝等非铁金属及合金，均难以气割。

与一般机械切割相比较，气割的最大优点是设备简单，操作灵活、方便，适应性强。它可以在任意位置、任何方向切割任意形状和任意厚度的工件，生产效率高，切口质量也相当好，如图5-41所示。采用半自动或自动切割时，由于运行平稳，切口的尺寸精度误差在±0.5mm以内，表面粗糙度数值 Ra 为 25μm，因而在某些地方可代替刨削加工，如厚钢板的开坡口。气割在造船工业中使用最普遍，特别适用于稍大的工件和特形材料，还可用来气割锈蚀的螺栓和铆钉等。气割的最大缺点是对金属材料的适用范围有一定的限制，但由于低碳钢和低合金钢是应用最广泛的材料，所以气割的应用也就非常普遍了。

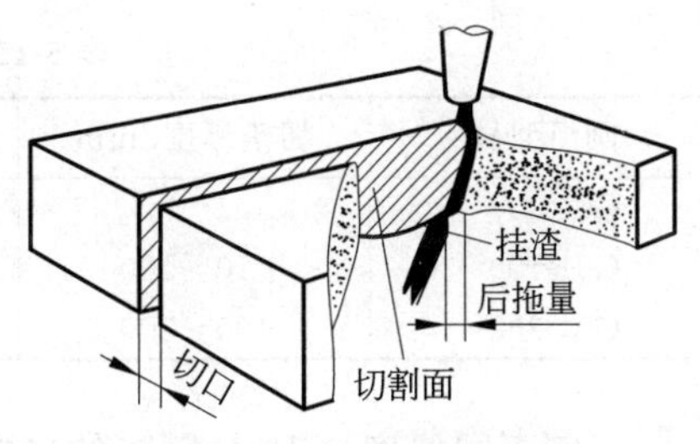

图5-41 气割状况图

2. 割炬及气割过程

气割所需的设备中，氧气瓶、乙炔瓶和减压器同气焊一样。所不同的是气焊用焊炬，而气割要用割炬（又称割枪）。

割炬有两根导管，一根是预热焰混合气体管道，另一根是切割氧气管道。割炬比焊炬只多一根切割氧气管和一个切割氧阀门，如图5-42所示。此外，割嘴与焊嘴的构造也不同，割嘴的出口有两条通道，周围的一圈是乙炔与氧的混合气体出口，中间的通道为切割氧（即纯氧）的出口，二者互不相通。割嘴有梅花形和环形两种。常用的割炬型号有G01-30、G01-100和G01-300等。其中“G”表示割炬，“0”表示手工，“1”表示射吸式，“30”表示最大气割厚度为30mm。同焊炬一样，各种型号割炬均配备几个不同大小的割嘴。

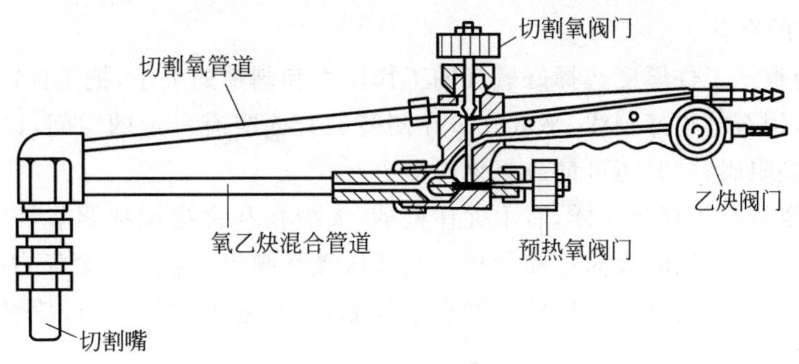

图5-42 割炬

气割过程，例如，切割低碳钢工件时，先开预热氧气及乙炔阀门，点燃预热火焰，调成中性焰，将工件割口的开始处加热到高温（达到橘红至亮黄色约为1300℃）。然后打开切割氧阀门，高压的切割与割口处的高温金属发生作用，产生激烈燃烧反应，将铁烧成氧化铁，氧化铁被燃烧热熔化后，迅速被氧气流吹走，这时下一层碳钢也已被加热到高温，与氧接触后继续燃烧和被吹走，因此氧气可将金属自表面烧到底部，随着割炬以一定速度向前移动即可形成割口。

3. 气割的工艺参数

气割的工艺参数主要有割炬、割嘴大小和氧气压力等。工艺参数的选择也是根据要切割的金属工件厚度而定，见表5-15。

表5-15 普通割炬及其技术参数

割炬型号	切割厚度/mm	氧气压力/Pa	可换割嘴数	割嘴孔径/mm
G01-30	2～30	$(2\sim3)\times10^5$	3	0.6～1.0
G01-100	10～100	$(2\sim5)\times10^5$	3	1.0～1.6
G01-300	100～300	$(5\sim10)\times10^5$	4	1.8～3.0

气割不同厚度的钢时，割嘴的选择和氧气工作压力调整，对气割质量和工作效率都有较大影响。例如，使用太小的割嘴来割厚钢，由于得不到充足的氧气燃烧和喷射能力，切割工作就无法顺利进行，即使勉强一次又一次地割下来，质量既差，工作效率也低。反之，如果使用太大的割嘴来割薄钢，不但要浪费大量的氧气和乙炔，而且气割的质量也不好。因此，要选择好割嘴的大小。切割氧的压力与金属厚度的关系：压力不足，不但切割速度缓慢，而且熔渣不易吹掉，切口不平，甚至有时会切不透；压力过大时，除了氧气消耗量增加外，金属也容易冷却，从而使切割速度降低，切口加宽，表面也粗糙。

无论气割多厚的钢料，为了得到整齐的割口和光洁的断面，除熟练的技巧外，割嘴喷射出来的火焰应该形状整齐，喷射出来的纯氧流风线应该成为一条笔直而清晰的直线，在火焰的中心没有歪斜和出叉现象，喷射出来的风线周围和全长上都应粗细均匀，只有这样才能符合标准，否则会严重影响切割质量和工作效率，并且要浪费大量的氧气和乙炔。当发现纯氧气流不良时，决不能迁就使用，必须用专用通针把附着在嘴孔处的杂质毛刺清除掉，直到喷射出标准的纯氧气流风线时，再进行切割。

4. 气割的基本操作技术

1）气割前的准备

气割前，应根据工件厚度选择好氧气的工作压力和割嘴的大小，把工件割缝处的铁锈和油污清理干净，用石笔划好割线，平放好。在割缝的背面应有一定的空间，以便切割气流冲出来时不致遇到阻碍，同时还可散放氧化物。

握割枪的姿势与气焊时一样，右手握住枪柄，大拇指和食指控制调节氧气阀门，左手扶在割枪的高压管子上，同时大拇指和食指控制高压氧气阀门。右手臂紧靠右腿，在切割时随着腿部从右向左移动进行操作，这样手臂有个依靠，切割起来比较稳当，特别是当切割没有熟练掌握时更应该注意到这一点。

点火动作与气焊时一样，首先把乙炔阀打开，氧气可以稍开一点儿。点着后将火焰调至中性焰（割嘴头部是一蓝白色圆圈），然后把高压氧气阀打开，看原来的加热火焰是否在氧气压力下变成碳化焰为妥。同时还要观察，在打开高压氧气阀时割嘴中心喷出的风线是否笔直清晰，然后方可切割。

2）气割操作要点

(1) 气割一般从工件的边缘开始。如果要在工件中部或内形切割时，应在中间处先钻一个直径大于 5mm 的孔，或开出一孔，然后从孔处开始切割。

(2) 开始气割时，先用预热火焰加热开始点(此时高压氧气阀是关闭的)，预热时间应视金属温度情况而定，一般加热到工件表面接近熔化(表面呈橘红色)。这时轻轻打开高压氧气阀门，开始气割。如果预热的地方切割不掉，说明预热温度太低，应关闭高压氧继续预热，预热火焰的焰心前端应离工件表面 2～4mm，同时要注意割炬与工件间应有一定的角度，如图 5-43 所示。当气割 5～30mm 厚的工件时，割炬应垂直于工件；当厚度小于 5mm 时，割炬可向后倾斜 5°～10°；若厚度超过 30mm，在气割开始时割炬可向前倾斜 5°～10°，待割透时，割炬可垂直于工件，直到气割完毕。如果预热的地方被切割掉，则继续加大高压氧气量，使切口深度加大，直至全部切透。

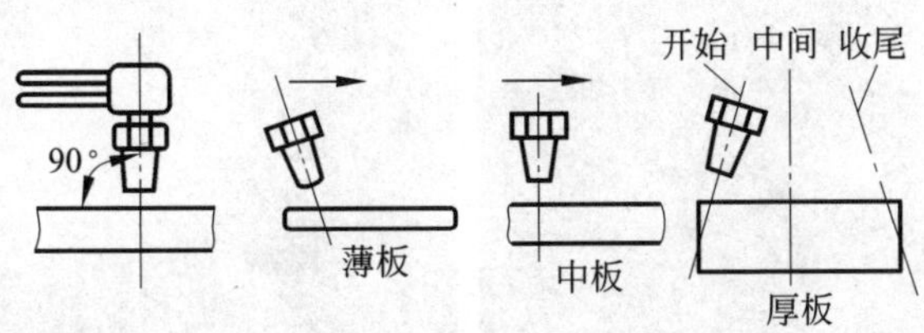

图 5-43　割炬与工件之间的角度

(3) 气割速度与工件厚度有关。一般而言，工件越薄，气割的速度要快，反之则越慢。气割速度还要根据切割中出现的一些问题加以调整：当看到氧化物熔渣直往下冲或听到割缝背面发出“喳喳”的气流声时，便可将割枪匀速地向前移动；如果在气割过程中发现熔渣往上冲，就说明未打穿，这往往是由于金属表面不纯，红热金属散热和切割速度不均匀，这种现象很容易使燃烧中断，所以必须继续供给预热的火焰，并将速度稍为减慢些，待打穿正常起来后再保持原有的速度前进，如发现割枪在前面走，后面的割缝又逐渐熔结起来，则说明切割移动速度太慢或供给的预热火焰太大，必须将速度和火焰加以调整再往下割。

5.6　实训案例

焊接加工实训案例如图 5-44 所示。

(a)　(b)

图 5-44　焊接加工实训案例图

(c)

(d)

(e)

(f)

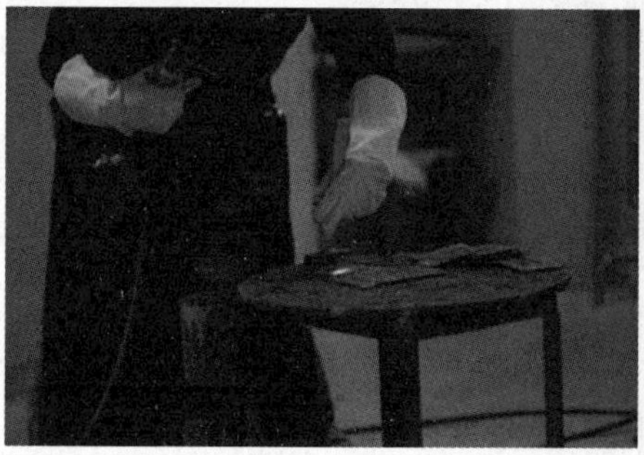

(g)

(h)

图 5-44 （续）

思考练习题

1. 什么是焊接？
2. 什么是焊接接头？它由哪几部分组成？
3. 焊接有什么特点？
4. 焊接方法如何分类？常用的是哪几种？
5. 焊接的应用如何？
6. 什么是手工电弧焊？其简要的焊接过程怎样？具有什么特点？
7. 手工电弧焊机如何分类？它们各自有何特点？
8. 什么是正极性和反极性？焊接时如何选用？

9. 焊接工具主要有哪些？使用中要注意什么？

10. 电焊条的组成怎样？有何作用？什么是酸性焊条和碱性焊条？各有何特点？

11. 什么是焊接规范？如何选择焊条直径、焊接电流、焊接速度？

12. 焊接接头形式主要有哪些？为什么对接接头应用最多？

13. 为什么焊接接头处要制出坡口？有哪些形式的坡口？

14. 焊缝的空间位置有哪些？为什么应尽可能安排在平焊位置施焊？

15. 手工电弧焊如何引弧？有哪几种方法？需注意什么？

16. 焊条的操作运动(运条)是由哪些运动合成的？各有什么含义？

17. 如何选择平焊时焊条的引导角和工作角？焊条在送进时如何考虑电弧的长度？焊条如何考虑横向摆动运条？

18. 如何灭弧？焊缝尾部有何灭弧操作方法？

19. 试举例说明焊条电弧焊产品焊接工艺过程有哪些工序？

20. 焊条电弧焊操作的注意事项有哪些？

21. 什么是气焊？原理如何？特点和应用如何？

22. 乙炔发生器如何提供乙炔气？乙炔瓶如何贮存乙炔气？它有多大压力？输给焊炬的压力为多少？

23. 什么是气焊的回火？回火安全器作用如何？如何防止回火？

24. 氧气瓶能提供多大压力氧气？一般焊炬需多大压力？使用什么设备如何来降压？

25. 气焊时氧乙炔火焰有哪几类？其特征与应用如何？

26. 焊丝与焊条有何区别？气焊低碳钢常用什么焊丝？气焊时为什么要用焊剂？

27. 如何考虑气焊的焊接规范？

28. 气焊时点火、调节火焰、熄火需注意什么？

29. 什么是右焊法、左焊法？气焊常用哪一种？

30. 气焊在施焊时如何考虑倾角 α？焊丝的送进要注意什么？

31. 气割原理是什么？有何特点？气割对材质条件有何要求？常用在什么金属材料上？工艺如何？

32. 气焊和气割时需注意什么事项？

33. 常见的焊接缺陷有哪些种类？各有什么特征？

34. 对焊接构件何时采用外观检测？什么场合采用水压试验？

35. 什么焊件需进行致密性检验？常用哪些方法？

36. 什么是无损探伤？常用的方法有哪些？

第6章

CHAPTER 6

常用量具使用及测量

实训目的和要求

(1) 了解量具在工业生产中的重要性和必要性;

(2) 根据被加工工件的形状,初步掌握选择和使用常用量具的能力;

(3) 掌握量具的保养方法。

安全操作规程

(1) 必须使用经检验合格后的量具。

(2) 使用前,应对量具做外观、校对零值和相互作用检查,不应有影响使用准确度的外观缺陷。活动部分应转动平稳,锁紧装置应灵活可靠。

(3) 测量前,应擦净量具的测量面和被测量面,防止铁屑、毛刺、油污等带来测量误差。

(4) 有测力装置的量具,使用时一定要用测力装置。对于没有测力装置的量具,要更加注意测力大小对测量结果的影响。测量时,量具的测量面与被测表面手感接触即可,切勿测力过大。

(5) 减少温度变化引起的测量误差。对于100mm长的一般钢件,温度每升高或下降1℃,其尺寸将增长或缩短1μm,有色金属的变化量将是它们的2～3倍。

(6) 减少读数误差。读数时要正视量具的读数装置,不要造成斜视误差。测量同一个点有2～3个接近的数值时,应取算术平均值作为测量结果。

(7) 量具不能在工件转动或移动时测量(百分表、千分表等除外),否则容易使量具磨损,甚至发生事故。

(8) 量具属精密仪器,在使用过程中,应小心操作,避免撞击、摔打等情况发生。

(9) 量具要经常维护保养,应防锈、防磁,使用后要擦拭干净放在盒内。

6.1 概　　述

为保证工件的精度,在加工过程中要对工件进行测量;加工完的工件是否符合要求,也要进行检验,这些测量和检验所用的工具称为量具。

由于测量和检验的要求不同,所用的量具也不尽相同。量具的种类很多,常用的有金属直尺、游标卡尺、外径千分尺、游标万能角度尺、百分表等。

6.2 金属直尺

金属直尺是具有一组或多组有序的标尺标记及标尺数码所构成的钢制板状的测量器具,其为普通测量长度用的简单量具,一般用矩形不锈钢片制成,两边刻有线纹。

1. 金属直尺的规格

金属直尺的形式如图 6-1 所示。测量范围有:0～150mm,0～300mm,0～500mm,0～600mm,0～1000mm,0～1500mm,0～2000mm 共 7 种规格,尺的一端呈方形为工作端,另一端呈半圆形并附悬挂孔可用于悬挂。金属直尺的刻线间距为 1mm,也有的在起始 50mm 内加刻了间距为 0.5mm 的刻度线。

图 6-1 金属直尺

2. 金属直尺的用途

由于金属直尺的允许误差为±0.15～±0.3mm,因此,只能用于准确度要求不高的工件的测量,可用于划线,测量内、外径,测量长度、宽度、高度、深度等,如图 6-2 所示。

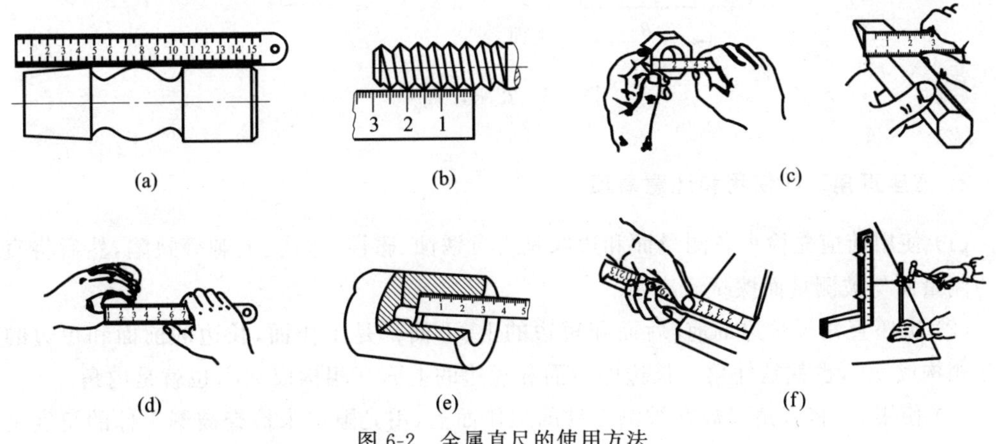

图 6-2 金属直尺的使用方法

(a) 量长度; (b) 量螺距; (c) 量宽度; (d) 量内孔; (e) 量深度; (f) 划线

3. 金属直尺使用的注意事项

(1) 金属直尺使用时必须经常保持良好状态。尺的纵边必须光洁,不得有毛刺、锋口和锉痕等现象;尺的工作端边应光滑平直,并与纵边垂直;尺的工作面不得有碰伤和影响使用的明显斑点、划痕;线纹必须均匀明晰。

(2) 金属直尺的测量位置,应根据工件形状确定。如测量矩形工件尺寸时,应使金属直尺的端面与工件的被测量面垂直;测量圆柱形工件的长度时,应使金属直尺刻线面与圆柱形工件的轴线平行；测量圆柱形工件的外径或内径时，应使尺端靠在工件的一边，另一端前后移动，求得最大读数值，即为工件的测量值。

6.3 直 角 尺

直角尺是测量面与基面相互垂直，用以检验直角、垂直度和平行度的测量器具，又称 90°角尺，其主要用于工件直角的检验和划线。常用的直角尺的形式有圆柱直角尺、三角形直角尺、刀口形直角尺、矩形直角尺、平面形直角尺、宽座直角尺几种。这里主要介绍宽座直角尺。

1. 宽座直角尺的规格

宽座直角尺的形式如图 6-3 所示。精度等级为 0 级、1 级和 2 级三种。0 级精度一般用于检验精密量具；1 级精度可用于精密工件的检验；2 级精度可用于一般工件的检验。角尺的规格用长边(L)×短边(B)表示，从 63×40 到 1600×1000 共 15 种规格。

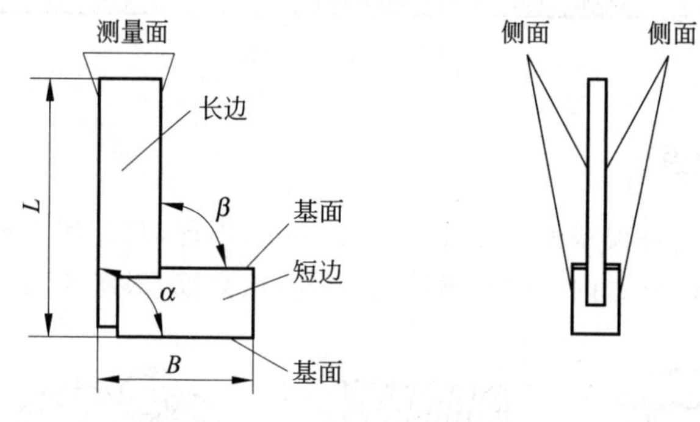

图 6-3 宽座直角尺

2. 宽座直角尺的使用和注意事项

(1) 使用前应先检查各测量面和边缘是否有锈蚀、磁性、碰伤、毛刺等缺陷，然后将直角尺的测量面与被测量面擦拭干净。

(2) 宽座直角尺长边的前、后面和短边的上、下面都是工作面，长边的前面和短边的下面互相构成 90°，也就是外角。长边的后面和短边的上面互相构成 90°，也就是内角。

(3) 使用时，将直角尺放在被测工件的工作面上，用光隙法来检查被测工件的角度是否正确。检验工件外角时，须使直角尺的内边与被测工件接触；检验内角时，则使直角尺的外边与被测工件接触，如图 6-4 所示。

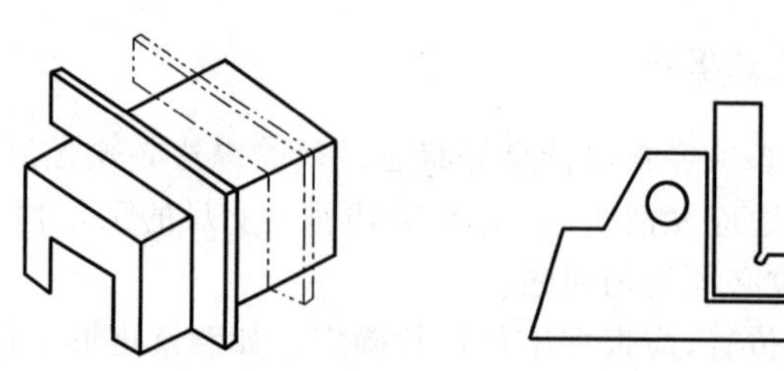

图 6-4 用直角尺检查内、外角

（4）测量时，应注意直角尺的测量位置，不得倾斜。在使用和放置工件边较大的直角尺时，应注意防止弯曲变形，如图6-5所示。

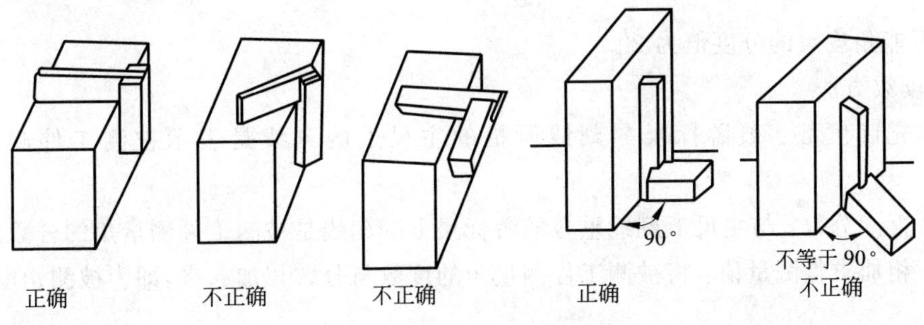

图6-5 宽座直角尺的使用

6.4 游标万能角度尺

在机械制造过程中，有许多带角度的工件需要测量，而测量角度的方法与量具有多种多样的选择，使用游标万能角度尺来测量工件角度是比较方便的。游标万能角度尺是利用游标原理对两测量面相对分隔的角度进行读数的通用角度测量工具。分1型和2型两种形式，其中1型有2′和5′两种分度值，2型只有5′一种分度值，如图6-6所示。

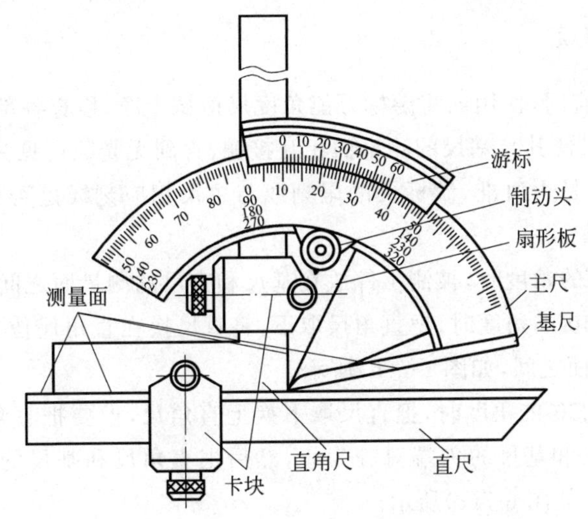

图6-6 游标万能角度尺

1. 工作原理与读数方法

1）工作原理

以1－2′游标万能角度尺为例。主尺的分度为每格1°，游标的分度是把主尺29格的一段弧长分成30格，则有

$$游标每格=\frac{29^\circ}{30}=\frac{60'\times 29}{30}=58'$$

那么，主尺的一格和游标的一格之间的差为

$$1°-\frac{29°}{30}=60'-58=2'$$

即游标万能角度尺的分度值为 2′。

2）读数方法

（1）先读度数：被游标尺零刻线所指的主尺上的刻线是表示被测工件测量角的度数。

（2）再读分数：与主尺上刻线重合的游标尺上的刻线是被测工件测量角的分数。

（3）相加求得测量值：将被测工件测量角的度数与分数相加起来，即为被测角度值。

2. 结构与用途

游标万能角度尺的结构如图 6-6 所示。直角尺和直尺在卡块的作用下分别固定于扇形板部件和直角尺上，当转动卡块上的螺帽时，即可紧固或放松直角尺或直尺，在扇形板部件的后面有一与齿轮杆相连接的手把，而该齿轮杆又与固定在主尺上的弧形齿板相啮合，这个就是微动装置。当转动微动装置时就能使主尺和游标尺作细微的相对移动，以精确地调整测量值，但当把制动头上的螺帽拧紧后，则扇形板部件与主尺被紧固在一起，而不能有任何相对移动。

游标万能角度尺主要用于测量各种形状工件与样板的内、外角度以及角度划线。

3. 使用和注意事项

（1）进行零值检查时，使用前将游标万能角度尺擦拭干净，检查各部分相互作用是否灵活可靠，然后移动直尺使其与基尺的测量面相互接触，直到无光隙可见为止。同时观察主尺零刻线与游标零刻线是否对准，游标尺的尾刻线与主尺相应刻线是否对准，如对准便可使用，不对准则需要调整。

（2）测量 0°～50°的角度时，被测工件放在基尺和直尺的测量面之间，如图 6-7(a)所示。

（3）测量 50°～140°的角度时，把直角尺取下，将直尺换在直角尺位置上，把被测工件放在基尺和直尺的测量面之间，如图 6-7(b)所示。

（4）测量 140°～230°的角度时，把直尺取下换上直角尺，但要把直角尺推进去，直到直角尺上短边的 90°角尖和基尺的尖端对齐为止，然后把直角尺和基尺的测量面靠在被测工件的表面上进行测量，如图 6-7(c)所示。

（5）测量 230°～320°的角度时，把直角尺和卡块全部取下来，直接用基尺和扇形板的测量面去对被测工件进行测量，如图 6-7(d)所示。

（6）测量内角时，应注意被测内角的测量值应为 360°减去游标万能角度尺上的读数值。如测量 50°30′的内角在尺上的读数为 309°30′，则内角的测量值应为

$$360°-309°30'=50°30'$$

（7）游标万能角度尺使用完后，应擦拭干净并涂上防锈油，装入木盒内。

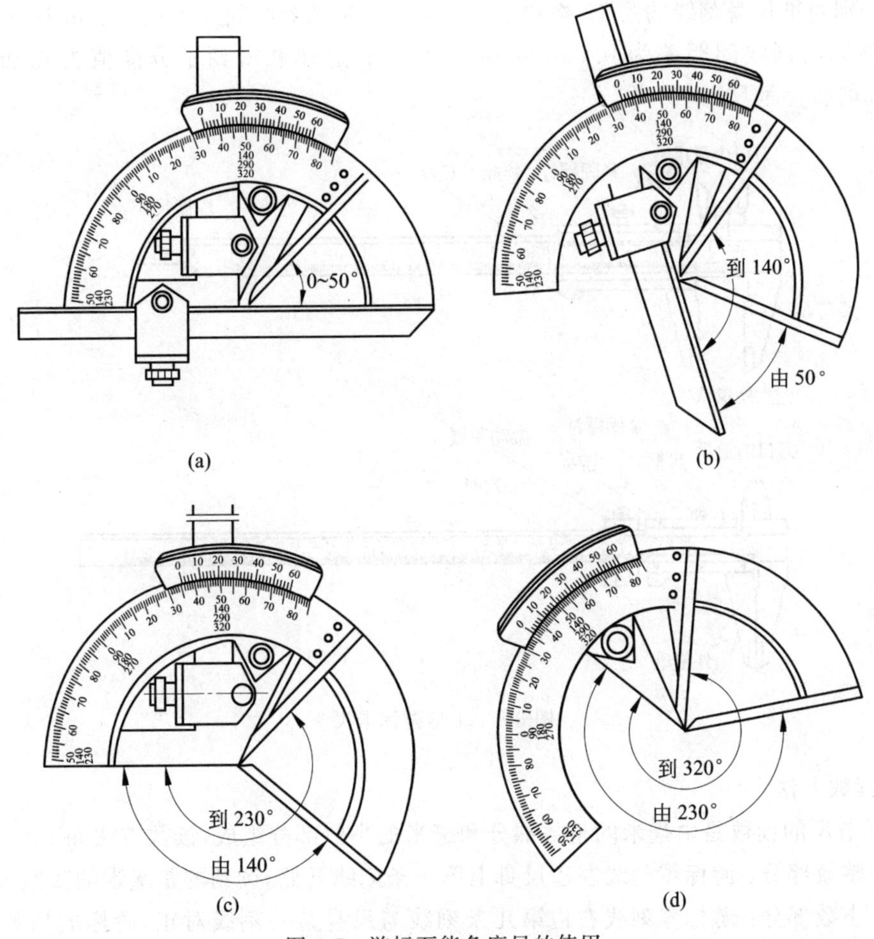

图 6-7　游标万能角度尺的使用

6.5　游标卡尺

游标卡尺是利用游标原理对两测量面相对移动分隔的距离进行读数的测量器具。游标卡尺由于结构简单、制造容易、使用方便，可以用于直接测量，也可以用于间接测量，所以应用广泛。

1. 刻线原理与读数方法

1）刻线原理

游标卡尺是利用尺身的刻线间距与游标的刻线间距差来进行分度的。如图 6-8 所示，尺身刻线间距为 1mm，当游标的零刻线与尺身的零刻线对准时，尺身刻线的第 9 格（9mm）与游标刻线的第 10 格对齐，游标的刻线间距为 9÷10＝0.9（mm），尺身与游标的刻线间距差为 0.1mm，游标卡尺的分度值就是 0.1mm。当游标零刻线后的第几条刻线与尺身的对应刻线对准时，其被测尺寸的小数部分等于 n 与分度值的乘数。同理，把游标的格数分别增加到 20 格、50 格，尺身的刻线间距不变，当游标的零刻线与尺身的零刻线对准时，游标的尾刻线分别对准尺身刻线的第 19 格和 49 格，此时游标的刻线间距为 0.95mm 和 0.98mm，尺身与游标的刻线间距差为 0.05mm 和 0.02mm，这样就得到了分度值为 0.05mm 和 0.02mm 的游标量具。

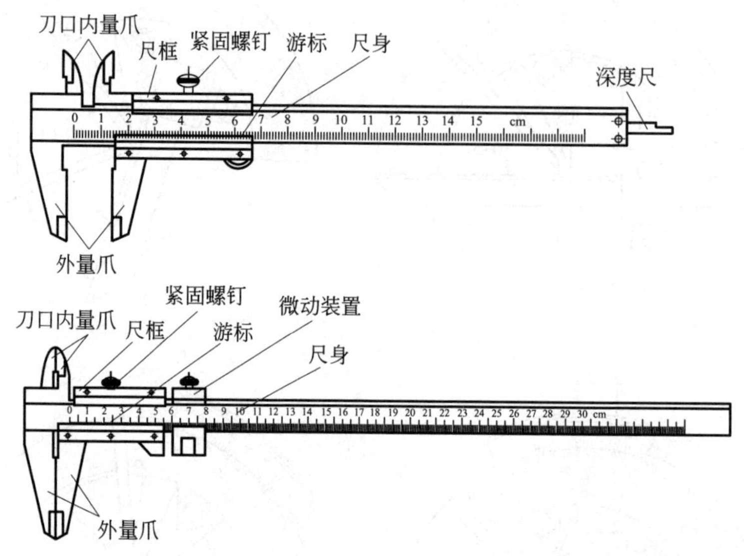

图 6-8　Ⅰ型游标卡尺

2）读数方法

游标卡尺的读数是由毫米的整数部分和毫米的小数部分组成，读数方法如下。

（1）整数部分：游标零刻线左边尺身上第一条刻线开始，读到的是毫米的整数部分。

（2）小数部分：游标零刻线右边第几条刻线与尺身某一刻线对正，游标的格数乘以量具的分度值，为毫米的小数部分。如游标刻线不能与尺身刻线对正，而是对在比某一值大、比另一值小的位置，可读分度值的平均值。

（3）相加确定测量值：将毫米的整数部分与毫米的小数部分相加起来，就是被测工件的测量值。

2. 结构与用途

1）结构

游标卡尺的结构较多，国产游标卡尺可分为Ⅰ型游标卡尺、Ⅱ型游标卡尺、Ⅲ型游标卡尺；测量范围从 0～150mm 到 0～1000mm；分度值有 0.10mm、0.05mm、0.02mm 三种。

（1）Ⅰ型游标卡尺：这种形式的游标卡尺，测量范围为 0～150mm 的带有深度尺，而 0～200mm 和 0～300mm 的两种不带深度尺，但增加了微动装置，如图 6-8 所示。

（2）Ⅱ型游标卡尺：这种形式的游标卡尺的测量范围有 0～200mm 和 0～300mm 两种。其下量爪可以测量内、外径尺寸，上量爪制成可测量外尺寸的刀口形量爪，如图 6-9 所示。

（3）Ⅲ型游标卡尺：这种形式的游标卡尺的测量范围从 0～200mm 开始到 0～1000mm 为止，其特点是全都不带上刀口外量爪，其中有一种带有双排刻线，如图 6-10 所示。

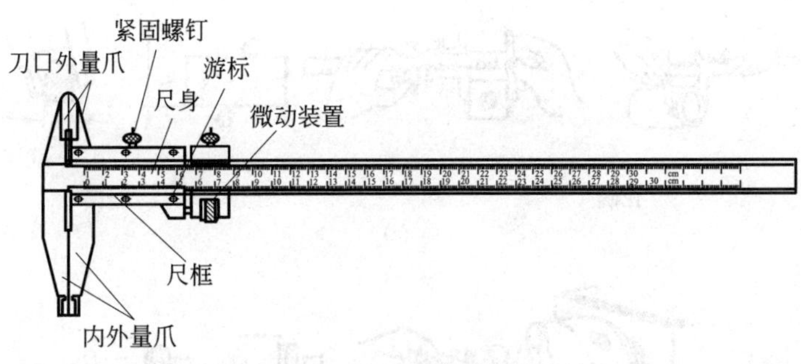

图 6-9　Ⅱ型游标卡尺

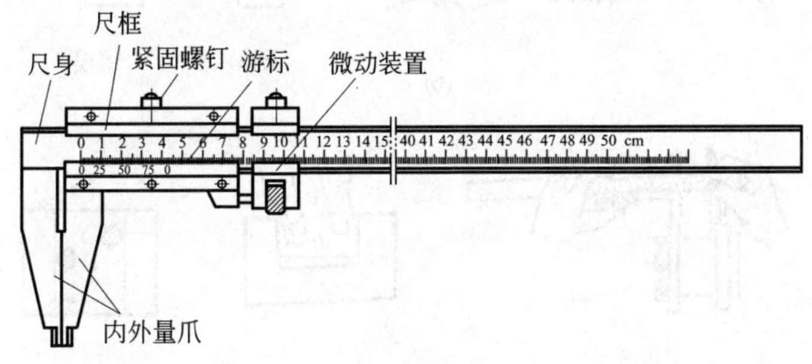

图 6-10　Ⅲ型游标卡尺

2）用途

游标卡尺可测量精度在 IT11～IT16 级工件的内径、外径、长度、宽度、高度、深度、壁厚、孔距等。

3. 使用和注意事项

(1) 使用前，应对零值正确性进行检查，使两外量爪测量面贴合，用眼睛观察应无明显光隙，观察游标的零刻线和尾刻线与尺身的对应刻线是否对正，如没对正说明零值不准确。

(2) 测量时，应以固定量爪定位，摆动活动量爪，找到正确位置后进行读数，测量时两量爪不应倾斜，如图 6-11 所示。

(3) 用带深度尺的游标卡尺测量深度尺寸时，以游标卡尺尺身端面定位，然后推动尺框使深度尺测量面与被测表面贴合，同时保证深度尺与测量尺寸方向一致，不得向任意方向倾斜，如图 6-12 所示。

(4) 由于游标卡尺没有测力装置，测量时要掌握好测力。游标卡尺测量面与被测工件表面应保持正常滑动。有微动装置的游标卡尺，应用微动装置推动活动量爪与被测表面很好地接触。使用微动装置时，将尺框上的活动量爪调到接近被测尺寸的位置，拧紧微动装置上的紧固螺钉、转动微动螺母可使量爪微动。

(5) 由于受到位置上的限制或光线上的影响，在测量时不能直接读数时，必须用紧固螺钉将尺框锁紧后，方可离开读数。用下量爪测量内尺时，除了要读游标卡尺上的读数外，还要加上内量爪的实际尺寸，才是被测工件的测量值。

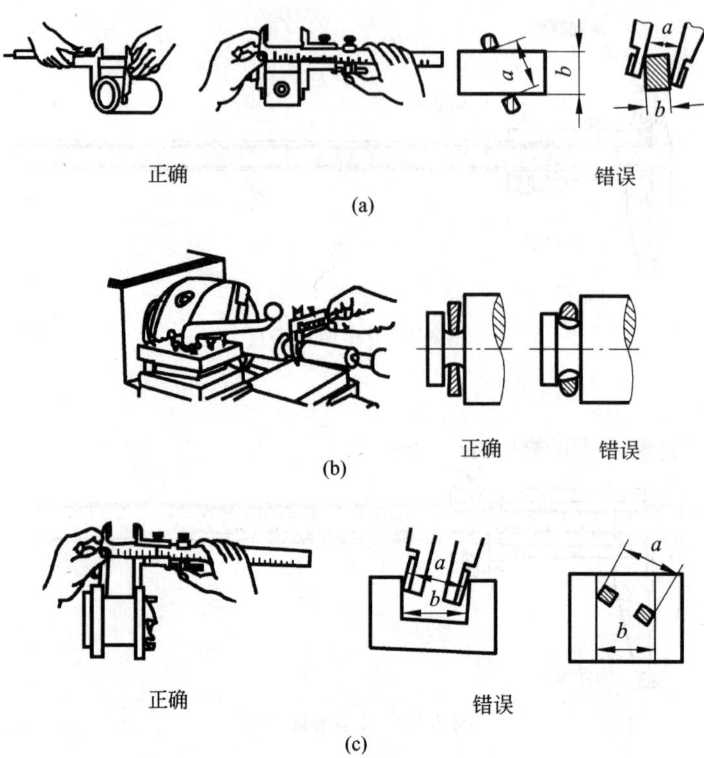

图 6-11 游标卡尺的使用

(a) 测量外尺寸时正确与错误的位置；(b) 测量沟槽时正确与错误的位置；
(c) 测量沟槽宽度时正确与错误的位置

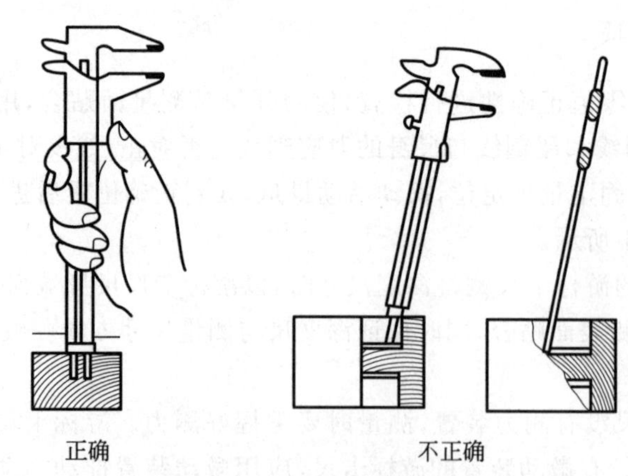

图 6-12 带深度尺的游标卡尺的使用

6.6 深度游标卡尺

深度游标卡尺是利用游标原理对尺框测量面和尺身测量面相对移动分隔的距离进行读数的测量工具。

1. 结构与用途

1) 结构

深度游标卡尺的结构如图 6-13 所示，主要由尺身和尺框组成。尺身上有毫米刻线，它的一端为测量端。为了提高测量面与被测量面的接触精度，测量面端被去掉了一个角。深度游标卡尺的分度值有 0.02mm、0.05mm 和 0.10mm，其测量范围有 0～200mm、0～300mm 和 0～500mm 三种。

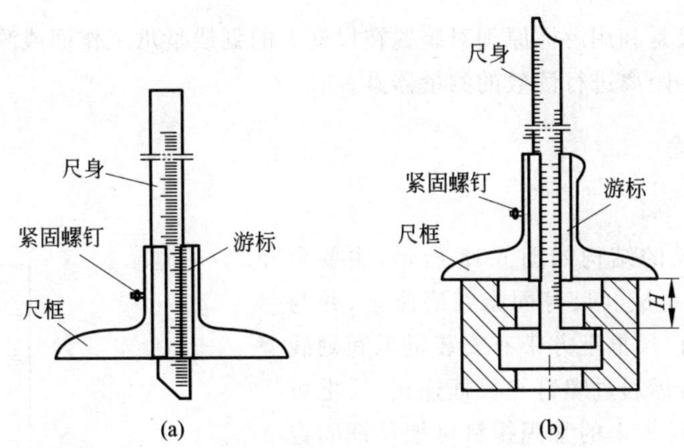

图 6-13　深度游标卡尺

(a) 一般深度游标卡尺；(b) 带弯头的深度游标卡尺

2) 用途

深度游标卡尺可测量精度在 IT16～IT13 级工件的高度、深度。

2. 使用和注意事项

(1) 在零值正确性的检查时，应提起尺身，把尺框测量面放在检验平板上或具有较高精度的平面上，用一只手压住尺框，用另一只手向下推动尺身，使尺身测量面与检验平板良好地接触，从游标深度尺上看游标零刻线与尾刻线是否与尺身相应刻线对正。

(2) 测量时，尽量加大尺框测量面与被测表面的接触面积，最好两侧测量面都接触被测表面，如图 6-14 所示。

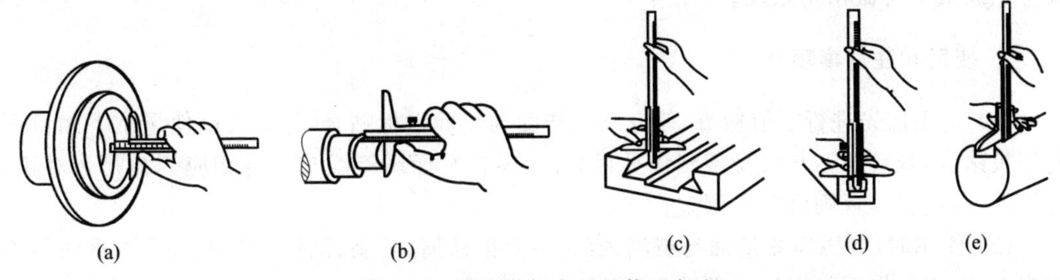

图 6-14　深度游标卡尺的使用方法

(3) 因尺框测量面较大，应注意不要把铁屑、毛刺等带到深度游标卡尺测量面与被测工作表面之间，以免产生测量误差。

(4) 向下推动尺身时，要压住尺框，推力要轻而稳，避免损坏测量面，同时防止尺框倾斜。

(5) 当测量完需要离开测量面读数时，要用紧固螺钉将尺框锁紧后，再从游标深度尺上读数。

6.7 高度游标卡尺

高度游标卡尺是利用游标原理对装置在尺框上的划线量爪工作面或测量头与底座工作面相对移动分隔的距离进行读数的测量器具。

1. 结构与用途

1) 结构

高度游标卡尺的结构如图 6-15 所示，主要由底座、尺框和尺身组成。尺身固定在底座上，并与底座的下平面垂直，尺框下方带有安装量爪和划线量爪的固定臂。游标通过螺钉与尺框连接，尺框可以在尺身上滑动，尺框上的紧固螺钉可把尺框固定在尺身的任一位置上，微动装置用于对游标做较小尺寸的调整。量爪的下测量面与底座工作面在同一平面时，高度测标卡尺的读数为零。高度游标卡尺是靠改变量爪测量面与底座基准面的相对位置进行高度测量和划线的。

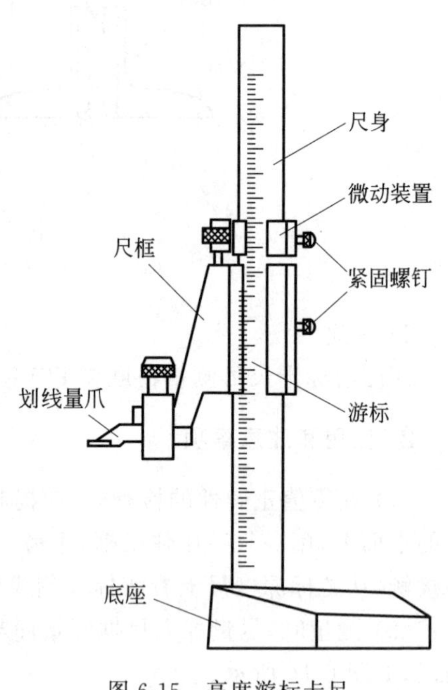

图 6-15 高度游标卡尺

高度游标卡尺的分度值有 0.10mm、0.05mm、0.02mm 三种，其测量范围有 0～200mm、0～300mm、0～500mm 和 0～1000mm 四种。

2) 用途

高度游标卡尺可测量精度在 IT14 级或低于 IT14 级工件的高度尺寸，也可做相对位置的测量，安上划线量爪可做精密划线。

2. 使用和注意事项

(1) 使用前先进行零值检查，使底座工作面与检验平板贴合，降下尺框使量爪下测量面与平板贴合，观察游标与尺身零刻线是否对正，再看游标尾刻线与尺身相应刻线是否对正，对正就可以使用，否则就需要调整。

(2) 使用时，要擦净测量面与被测表面，不要把铁屑、毛刺、油污等带入量爪测量面与被测表面、底座工作面与测量基准面之间。

(3) 测量外高度尺寸时，使用量爪的下测量面；测量内高度尺寸时，使用量爪的上测量面，并在测量值中加入量爪的厚度，才是所测工件的内高度尺寸。

(4) 在测量外高度尺寸时，应将量爪下测量面提到略大于被测尺寸；测量内高度时，应将量爪测量面降到略小于被测尺寸，再用微动装置使量爪测量面与被测表面贴合，读出被测尺寸。离开读数时，先用紧固螺钉锁紧框后，再离开工件读数。

(5) 进行划线时，先换上划线量爪，使工件的基准面与底座工作面和平板表面接触或使工件的基准面平行于底座工作面。在游标高度尺上定好所需的高度并用紧固螺钉把尺框锁紧，使划线量爪的刃口与工件表面接触，稍加压力压住底座，同时推动底座，使划线量爪沿划线的方向移动，就可以在工件表面划出线来。

(6) 移动游标高度尺时，应手持底座，不得手握尺身，以免造成尺身变形。

6.8　外径千分尺

外径千分尺是利用螺旋副原理，对尺架上两测量面间分隔的距离进行读数的外尺寸测量器具。

1. 工作原理与读数方法

1) 工作原理

外径千分尺应用了螺旋副传动原理，借助测微螺杆与测微螺母的精密配合将测微螺杆的旋转运动变为直线位移，然后从固定套管和微分筒组成的读数机构上，读得长度尺寸。

测微螺杆的直线位移与角位移成正比，其关系为

$$L=\frac{\phi}{2\pi}P$$

式中：L——测微螺杆的直线位移量，mm；

ϕ——测微螺杆的角位移，rad；

P——测微螺杆的螺距，mm。

测微螺杆和测微螺母是外径千分尺的主要零件，工作的时候测微螺杆在测微螺母内转动。测微螺杆尾部是一个锥体与微分筒内的锥孔连接，当转动微分筒时，测微螺杆在测微螺母内与微分筒同步转动，其移动量与微分筒的转动量成正比。由于测微螺杆的螺距为 0.5mm。因此，微分筒转动一圈，测微螺杆在轴向上移动 0.5mm，为了准确读出测微螺杆的轴向位移量，在微分筒上刻了 50 格等分刻度，微分筒每转过一格，测微螺杆就轴向移动 $\frac{0.5}{50}$，即 0.01mm，所以外径千分尺的分度值为 0.01mm。

为了能读出毫米的整数部分和半毫米部分，在固定套管上刻有一条纵刻线，在纵刻线以上刻了 25 个小格，在纵刻线以下也刻了 25 个小格，它们的刻线间距同为 1mm，所不同的是下面 25 个小格，整体向后移动了 0.5mm，所以上刻线读到的是毫米的整数部分，下刻线读到的是半毫米部分加上微分筒上的小于半毫米的小数部分，这样就可以在测量范围内读出被测尺寸。

2) 读数方法

外径千分尺的读数值由三部分组成：毫米的整数部分，半毫米部分，小于半毫米的小数部分。

(1) 先读毫米的整数部分和半毫米部分。微分筒的端面是毫米和半毫米读数的指示

线,读毫米和半毫米时,看微分筒端面左边固定套管上露出的刻线,就是被测工件尺寸的毫米和半毫米部分读数。

(2) 再读小于半毫米的小数部分。固定套筒上的纵刻线是微分筒读数的指示线,读数时,从固定套管纵刻线所对正微分筒上的刻线,读出被测工件小于半毫米的小数部分。如果纵刻线处在微分筒上的两条刻线之间,即为千分之几毫米,可用估读法确定。

(3) 相加得测量值。将毫米的整数部分、半毫米部分、小于半毫米的小数部分相加起来,即为被测工件的测量值。

2. 结构与用途

1) 结构

外径千分尺的结构如图 6-16 所示,主要由尺架、测微头、测力装置、锁紧装置等组成。

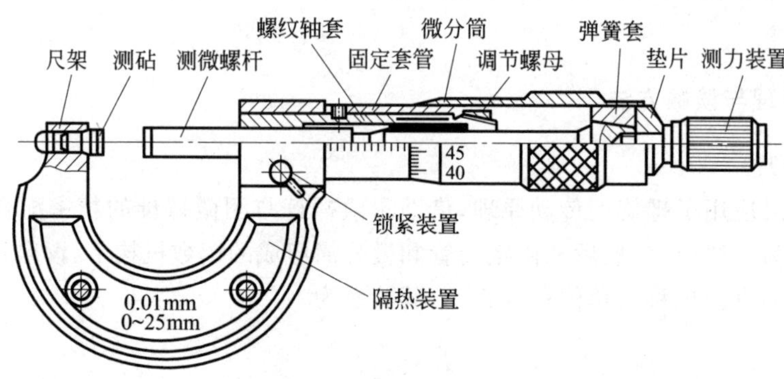

图 6-16 外径千分尺

(1) 尺架

尺架为弓形支架,它是千分尺的本体,其他部件都安装在尺架上,尺架的一端带有固定测砧,另一端装上测微头,测微螺杆可沿轴向移动,改变固定测砧与测微螺杆测量面间的相对位置,从而完成对工件尺寸的测量。为减小由温度变化而引起的测量误差,在尺架上装有隔热装置。由于千分尺的测量范围一般是以 25mm 分段的,所以千分尺只能靠改变尺架的尺寸,得到不同的测量范围。

(2) 测微头

测微头主要由两部分组成:一是螺旋副传动部分,由测微螺杆与螺纹轴套这对精密的耦合件组成了千分尺的传动装置;二是读数装置部分,由固定套管与微分筒及刻线组成读数装置。调节螺母用来调节测微螺杆与测微螺母间隙,弹簧套和垫片用来连接测微螺杆和微分筒。

(3) 测力装置

测力装置是使千分尺测量面与被测工件接触时保持一定的测量力(按规定为 5～10N),如图 6-17 所示。转帽与棘轮连接,并可带动其转动。在弹簧的作用下,棘轮与棘轮啮合,棘轮可带动棘轮转动,棘轮通过轮轴和微分筒测微螺杆连接。当顺时针转动转帽时,测微螺杆可随转帽同步转动。当测力超过弹簧的压力时,棘轮只能沿棘轮的啮合斜面滑动,转帽就不能带动测微螺杆转动,同时棘轮发出“咔咔”的响声,从而达到控制测力的目的。当逆时针转动转帽时,由于棘轮垂直带动棘轮,所以棘轮间不能滑动,只能带动测微螺杆退出。

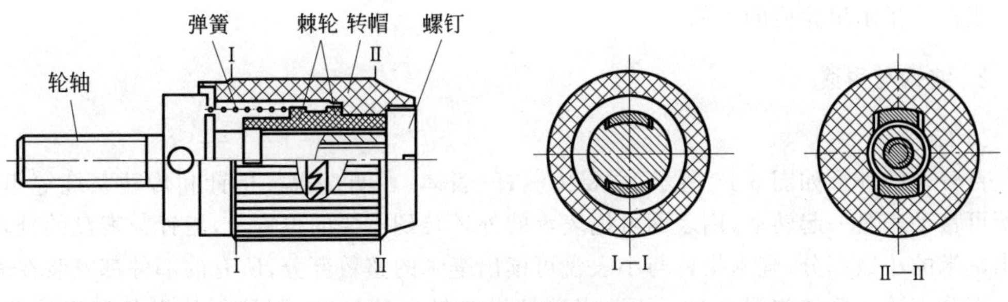

图 6-17 外径千分尺测力装置

(4) 锁紧装置

锁紧装置的作用是把测微螺杆固定在任一需要的位置上,以防止它移动。

常见的锁紧装置有拔销式锁紧装置、套式锁紧装置、螺钉式锁紧装置。

外径千分尺的测量范围有:测量上限不大于500mm的千分尺,按25mm分段,如0～25mm,25～50mm,…,475～500mm;测量上限在500～1000mm的千分尺,按100mm分段,如500～600mm,600～700mm,…,900～1000mm。

2) 用途

外径千分尺是机械制造过程中常用的精密量具,其结构设计基本符合阿贝原则,并有测力装置,可测量精度为IT12～IT8级工件的各种外形尺寸,如长度、外径、厚度等。

3. 使用和注意事项

(1) 零值检查:0～25mm的外径千分尺,可直接用测微螺杆测量面与固定测砧贴合来检查零位;测量下限大于零的外径千分尺,应该用所配的校对用量杆进行检查。检查时,外径千分尺读数与校对用量杆实际之差为零值误差。

(2) 测量过程:测量时,先使固定测砧与被测工件表面接触,然后以固定测砧为轴心,摆动测微头端使测微螺杆测量面在被测工件表面找到正确位置,在外径千分尺上读得测量值。当必须离开被测工件读数时,先用锁紧装置将测微螺杆锁紧后再离开读数。

(3) 测量手法:左手放在外径千分尺隔热装置上,接近被测工件,右手放在微分筒上。当外径千分测量面与被测工件表面相差较远时,右手快速转动微分筒。当测量面与被测面将要接触时,右手换到测力装置上去。应平稳地转动转帽,待测力装置发出"咔咔"的响声后,就可以读数了。当测量完毕,要退出时,右手放在微分筒上逆时针转动微分筒退出,不可用测力装置退出,以免测力装置松动。

(4) 注意事项:外径千分尺不能当卡规或卡钳使用,以免划坏外径千分尺的测量面。

6.9 百 分 表

百分表是利用机械传动系统,将测量杆的直线位移转变为指针的角位移,并由刻度盘进行读数的测量器具,分度值为0.01mm的称为百分表。

1. 工作原理

百分表借助齿轮、齿条的传动,将测杆微小的直线位移,转变为指针的角位移,从而使指针在表盘上指示出相应的示值。

2. 结构与用途

1）结构

百分表的外形如图 6-18 所示，主要由测杆、表体、表圈、表盘、指针和传动系统等组成。表圈可带动表盘一起转动，用表圈可把表盘的外环转到需要的位置上，指针与表盘的外环可读出毫米的小数部分，毫米指针与小表盘可读出毫米的整数部分，所有的部件都安装在表体上。百分表传动系统如图 6-19 所示，当测杆沿其轴向移动时，测杆上的齿条和齿轮 Z_1 啮合，与齿轮 Z_1 同轴的齿轮 Z_2 和齿轮 Z_3 啮合，齿轮 Z_3 的轴上装有指针，所以当测杆移动时，大指针也随之移动，与齿轮 Z_3 啮合的齿轮 Z_4 的齿数是齿轮 Z_3 的 10 倍，所以中心齿轮 Z_3 转一圈（测杆位移 1mm），齿轮 Z_4 转$\frac{1}{10}$圈。毫米指针安装在 Z_4 齿轮的同轴上，小表圈上刻有每格为 1mm 的刻线，这样毫米指针转动一格为 1mm，恰好等于大指针转动一周。在齿轮 Z_4 的轴上装了游丝，是为了使转动系统中的齿条与齿轮、齿轮与齿轮无论在正反方向时，都能保证单面啮合，以克服百分表的回程误差，百分表的测力是靠拉簧控制的。百分表的分度值为 0.01mm，常用百分表的测量范围为 0～3mm，0～5mm，0～10mm。

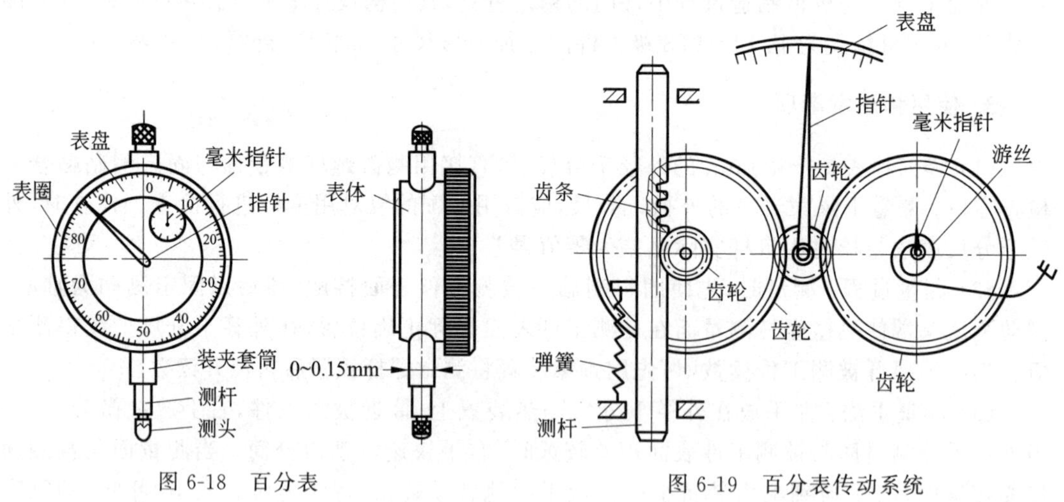

图 6-18　百分表　　图 6-19　百分表传动系统

2）用途

百分表主要用于直接测量或比较测量工件的长度尺寸、几何形状偏差，也可用于检验机床几何精度或调整加工工件装夹位置偏差。

3. 使用和注意事项

(1) 使用前，应对百分表的外观、各部相互作用、示值稳定性进行检查，不应有影响使用准确的缺陷，各活动部分应灵活可靠，指针不得松动。当测头与工件接触时，要多次提起测杆，观察示值是否稳定。

(2) 百分表应牢固地装夹在表架夹具上，但夹紧力不宜过大，以免使装夹套筒变形，卡住测杆。夹紧后应检查测杆移动是否灵活。注意夹紧后再转动百分表。

(3) 在测量时,应轻轻提起测杆,把工件移至测头下面,缓慢下降测头,使之与工件接触,不准把工件强行推入至测头下,也不准急骤下降测头,以免产生瞬时冲击力,给测量带来误差。在测头与工件接触时,测杆应有 0.3～1mm 的压缩量,以保持一定起始测量力。

(4) 测量时,测杆与被测工件表面必须垂直,否则将产生较大的测量误差。测量圆柱形工件时,测杆轴线应与圆柱形工件直径方向一致,如图 6-20 所示。

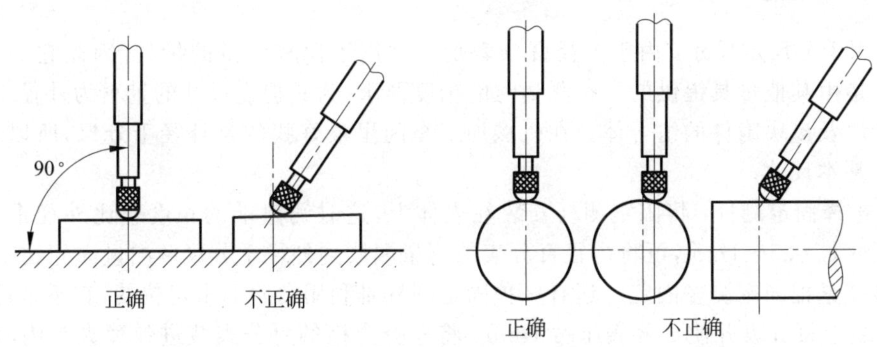

图 6-20　测杆与被测工件表面的关系

(5) 测量杆上不要加油,以免油污进入表内,影响表的传动系统和测杆移动的灵活性。

6.10　内径百分表

内径百分表利用机械传动系统,将活动测头的直线位移转变为指针在圆刻度盘上的角位移,并由刻度盘进行读数的内尺寸测量器具。

1. 结构与用途

1) 结构

内径百分表的结构如图 6-21 所示,主要由百分表、推杆、表体、转向装置(等臂直角杠杆)、固定测头、活动测头等组成。百分表应符合零级精度要求,表体与直管连接成一体,百分表装在直管内并与传动推杆接触,用紧固螺母固定。表体左端带有可换固定测头,右端带有活动测头和定位护桥。定位护桥的作用是使测量轴线通过被测孔的直径。等臂直角杠杆一端与活动测头接触,另一端与推杆接触,当活动测头沿其轴向移动时,通过等臂直角杠杆推动推杆移动,使百分表的指针转动。弹簧能使活动测头产生测量力。

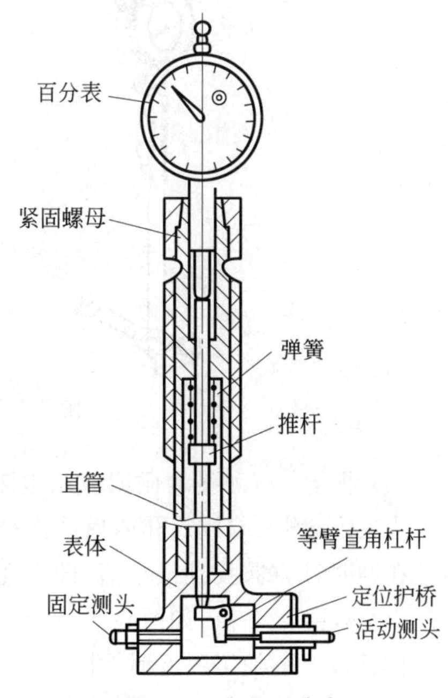

图 6-21　内径百分表

内径百分表的分度值为 0.01mm,其测量范围有 6～10mm、10～18mm、18～35mm、35～50mm、50～100mm、100～160mm、160～250mm、250～450mm 等,各种规格的内径百分表均附有

成套的可换测头,可按测量尺寸自行选择。

2) 用途

内径百分表是只能用于比较测量的量具,可测量孔的直径、槽宽等内尺寸,以及孔或槽的几何形状误差。

2. 使用和注意事项

(1) 用千分尺定尺寸：由于内径百分表是一件用于比较测量的量具,因此它测量时的基本尺寸是由其他量具提供的。按测量时的精度要求,为其提供尺寸的量具为外径千分尺、环规和量块及量块附件的组合体。在机械加工车间里最好找的是外径千分尺,所以通常用千分尺定基本尺寸。

(2) 选择固定测杆：将固定测杆安装在表体上,这时测量端的长度应比外径千分尺上的基本尺寸长 0.5～1mm,可将内径百分表的测量端放到外径千分尺两测量面间比一下,然后将螺母锁紧把固定测杆固定。还有一种固定测杆是利用台阶面来定位的,它不带螺母。

(3) 装上百分表并使百分表压缩 1mm：将检查合格的百分表装进弹簧夹头内,用紧固螺钉压紧弹簧夹头,夹紧力不能过大,以免将百分表测杆夹死。压缩百分表 1mm 的目的：其一,是使百分表有一定的起始力；其二,起到提示作用,此时的百分表与推杆已经接触。

(4) 用内径百分表与外径千分尺对零位：手握手柄将内径百分表测量端放入外径千分尺两测量面间,左右摆动直管,找到最小值后停止摆动,另一只手去转动表圈使表盘上的零刻线与指针重合,重合后记住毫米指针所处的位置。这时指针与毫米指针所处的位置就是外径千分尺的尺寸反映到百分表上的具体位置,如图 6-22 所示。

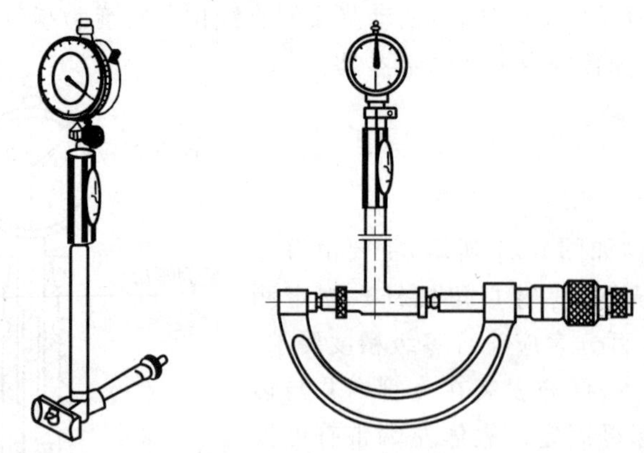

图 6-22 用外径千分尺调整尺寸

(5) 测量：将测量端倾斜放入被测孔内,定位护桥这边先进,再按压定位护桥将固定测杆这边放入,测量端放入孔内后将内径百分表竖直,然后左右摆动直管,使内径百分表的大指针在顺时针方向找到最小值,即为孔的直径。对于两平行平面间的距离,应在上下、左右方向上都找到最小值,如图 6-23 所示。在加工工件时,开始的测量都是由游标卡尺来完成,只有接近最终的加工尺寸时,才用内径百分表去测量。

(6) 读数：被测尺寸的读数值,应等于基本尺寸与百分表示值的代数和。测量时指针与毫米指针都回到对零位时的位置,读数值正好是千分尺上的那个尺寸。如果没有回到对零位的位置上,就以零位点为分界线,处于顺时针方向时为“负”,处于逆时针方向时为“正”。

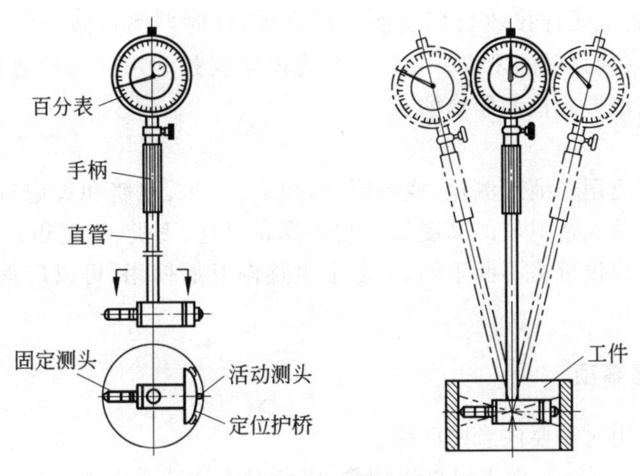

图 6-23 内径百分表的使用

6.11 激光测距仪

激光测距仪是利用调制激光的某个参数实现对目标的距离测量的仪器。

1. 工作原理

激光测距仪的测距原理基本可以归结为测量光往返目标所需要时间,然后通过光速和大气折射系数计算出距离。由于直接测量时间比较困难,通常是测定光波的相位,精度可达到 1mm 误差,适用于各种高精度测量。

2. 分类与用途

1) 分类

激光测距仪分手持激光测距仪和望远镜式激光测距仪等。

(1) 手持激光测距仪:如图 6-24 所示,测量距离一般在 200m 内,精度在 2mm 左右,这是目前使用范围最广的激光测距仪。在功能上除能测量距离外,一般还能计算测量物体的体积。

(2) 望远镜式激光测距仪:测量距离比较远,一般测量范围在 3.5～2000m,也有最大量程为 10km 左右的测距望远镜。

按测量方式分类,又可分为以下几类。

(1) 一维激光测距仪:用于距离测量、定位;

(2) 二维激光测距仪:用于轮廓测量、定位、区域监控等领域;

(3) 三维激光测距仪:用于三维轮廓测量、三维空间定位等领域。

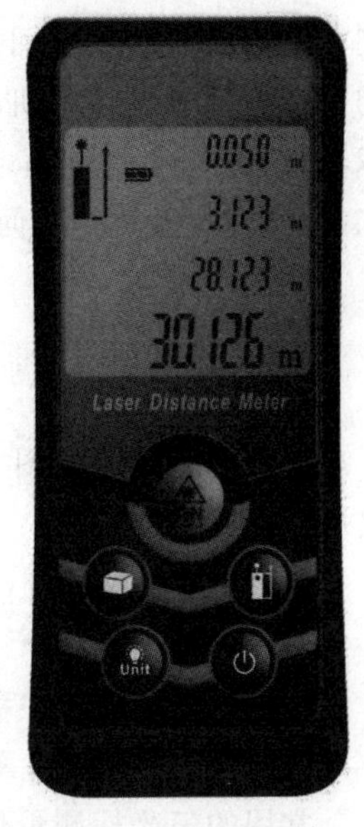

图 6-24 激光测距仪

激光测距仪按照测距方法分为相位法测距仪和脉冲法测距仪。脉冲法激光测距仪是在工作时向目标射出一束或一序列短暂的脉冲激光束，由光电元件接收目标反射的激光束，计时器测定激光束从发射到接收的时间，计算出从测距仪到目标的距离。相位法激光测距仪是利用检测发射光和反射光在空间中传播时发生的相位差来检测距离的。

2）用途

激光测距仪广泛用于地形测量，战场测量，坦克、飞机、舰艇和火炮对目标的测距，测量云层、飞机、导弹以及人造卫星的高度等。它是提高坦克、飞机、舰艇和火炮精度的重要技术装备。由于激光测距仪价格不断下调，工业上也逐渐开始使用，可以广泛应用于工业测控、矿山、港口等领域。

3. 使用和注意事项

激光测距仪使用时需要注意的问题：

(1) 激光测距仪不能对准人眼直接测量，以免对人体造成伤害。

(2) 一般激光测距仪不具防水功能，所以需要注意防水。

(3) 激光器不具备防摔的功能，使用中应小心轻放，严禁挤压或从高处跌落，以免损坏仪器。

(4) 经常检查仪器外观，及时清除表面的灰尘脏污、油脂、霉斑等。清洁目镜、物镜或激光发射窗时应使用柔软的干布。严禁用硬物刻划，以免损坏光学性能。

6.12 三坐标测量仪

三坐标测量仪(coordinate measuring machine，CMM)是指在三维可测的空间范围内，能够根据测头系统返回的点数据，通过三坐标的软件系统计算各类几何形状、尺寸等测量能力的仪器，又称为三次元、三坐标、三坐标测量机。

1. 工作原理

三坐标测量仪的基本原理是将被测零件放入它允许的测量空间范围内，精确地测出被测零件表面的点在空间三个坐标位置的数值，将这些点的坐标数值经过计算机处理，拟合形成测量元素，如圆、球、圆柱、圆锥、曲面等，经过数学计算的方法得出其形状、位置公差及其他几何量数据。

2. 结构与用途

1）结构

三坐标测量仪如图 6-25 所示，一般由以下几个部分组成：

(1) 主机机械系统(X、Y、Z 三轴或其他)；

(2) 测头系统；

(3) 电气控制硬件系统；

(4) 数据处理软件系统(测量软件)。

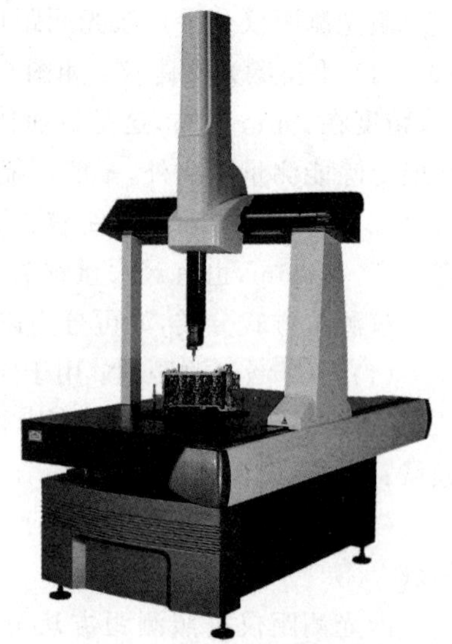

图 6-25 三坐标测量仪

常用的三坐标测量仪有桥式测量机、龙门式测量机、水平臂式测量机和便携式测量机等。按测量方式可分为接触测量和非接触测量以及接触和非接触并用式测量，接触测量常用于测量机械加工产品以及压制成形品、金属膜等。

2）用途

三坐标测量仪主要用于机械、汽车、航空、军工、家具、工具原型、机器等中小型配件、模具等行业中的箱体、机架、齿轮、凸轮、蜗轮、蜗杆、叶片、曲线、曲面等的测量，还可用于电子、五金、塑胶等行业中，可以对工件的尺寸、形状和形位公差进行精密检测，从而完成零件检测、外形测量、过程控制等任务。

3. 使用和注意事项

三坐标测量仪通过扫描物体表面以获取数据点。数据点结果可用于加工数据分析，也可为逆向工程技术提供原始信息。扫描指借助测量仪应用软件在被测物体表面特定区域内进行数据点采集。此区域可以是一条线、一个面片、零件的一个截面、零件的曲线或距边缘一定距离的周线。扫描类型与测量模式、测头类型及是否有CAD文件等有关。

正确使用三坐标测量仪对其使用寿命、精度起到关键作用，应注意以下几个问题：

(1) 工件吊装前，要将探针退回坐标原点，为吊装位置预留较大的空间；工件吊装要平稳，不可撞击三坐标测量仪的任何构件。

(2) 正确安装零件，安装前确保符合零件与测量机的等温要求。

(3) 建立正确的坐标系，保证所建的坐标系符合图纸的要求，才能确保所测数据准确。

(4) 当编好程序自动运行时，要防止探针与工件的干涉，故需注意要增加拐点。

(5) 对于一些大型较重的模具、检具，测量结束后应及时吊下工作台，以避免工作台长时间处于承载状态。

思考练习题

1. 量具在机械制造过程中有什么重要作用？
2. 游标卡尺的刻线原理是什么？外径千分尺和百分表的工作原理又是什么？
3. 常用的几种量具结构是什么？
4. 你能否熟练地使用实训中所接触到的几种量具？

第7章

CHAPTER 7

切削加工的基本知识

实训目的和要求

(1) 掌握金属切削加工的基础知识;

(2) 了解金属切削过程及已加工表面质量参数的含义;

(3) 了解机械加工工艺过程的基本知识;

(4) 注意金属切削加工中的安全问题。

7.1 概　　述

金属的切削加工是利用刀具从毛坯(或型材)上切除多余的金属层,以获得几何形状、精度和表面粗糙度均符合图纸设计和加工工艺要求的零件加工方法。在现代机械制造中,切削加工占全部机械加工的三分之一以上。

1. 切削加工的分类

切削加工方法分为机械加工(简称机加)和人工加工(又称钳工)两大类。

1) 机械加工

机械加工是由人工操作机床来完成工件的切削加工。常用的切削加工方法有车削、铣削、刨削、磨削、钻削等,如图 7-1 所示。

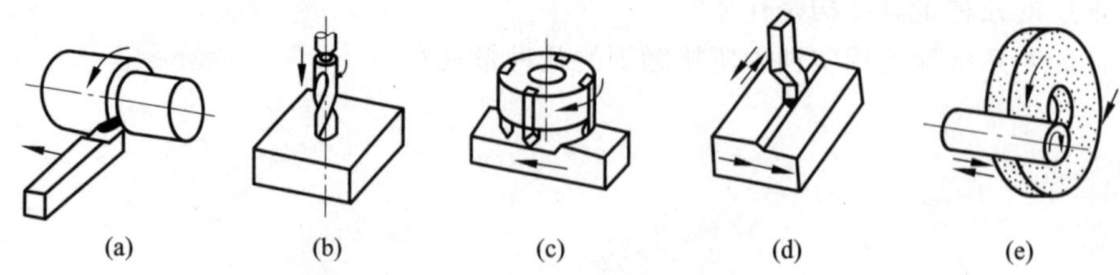

图 7-1　切削加工的主要方法

(a) 车削; (b) 钻削; (c) 铣削; (d) 刨削; (e) 磨削

2) 人工加工

一般是通过人工手持工具切削加工工件,常用的钳工切削加工方法有锯削、锉削、錾(zàn)削、刮削、研磨、钻孔、攻螺纹、套螺纹等。与机械加工相比,其劳动强度较大,生产效率较低。在机器装配和修理中,常用于配件的锉修、机器导轨面进行选择性切削的刮削、笨重零件上小型螺孔的攻螺纹等。因此,钳工有其独特的价值,在装配和修理等工作中仍占有一定的比重。

2. 切削加工的切削运动

在机械加工中,不管采用哪种机床进行切削加工,刀具与工件之间都有相对运动。根据它们切削过程中所起的作用不同,分为主运动和进给运动两部分。

1）主运动

主运动是使刀具从工件上切下切屑形成一定几何表面所必需的相对运动,它是切削过程中机床消耗动力最大、速度最高的运动。在切削加工中,主运动只有一个。例如,车削中的工件的旋转运动,铣削加工中的刀具旋转运动,牛头刨加工中刀具往复直线运动,磨削加工中砂轮的旋转运动。

2）进给运动

进给运动是配合主运动使工件上的未加工部分不断投入被切削,从而加工出完整表面所需的运动。在切削加工中,进给运动可以是一个或几个。例如,车床车削中车刀的移动,铣床铣削中工件的水平移动,牛头刨床刨平面时工件的间歇移动,平面磨床磨削中工件的往复移动,钻床钻削中钻头的移动。

3. 切削加工的切削用量三要素

在切削过程中,切削用量三要素是指切削速度 v_c、进给量 f、切削深度(吃刀量)a_p,它们是切削前调整机床运动的依据。

例如,车削、铣削、刨削的切削三要素,如图7-2所示。

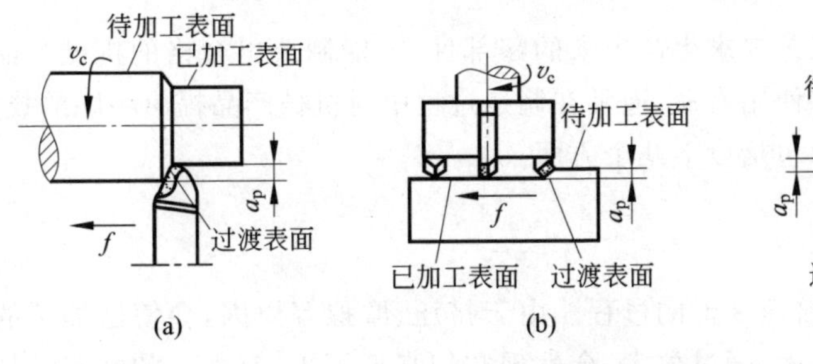

图7-2　切削用量三要素

(a) 车削；(b) 铣削；(c) 刨削

1）切削速度 v_c

单位时间内工件和刀具沿主运动方向的相对位移,即刀具在工件表面切削的线速度(m/min 或 m/s)。

车削、钻削和铣削的切削速度为

$$v_c = \frac{\pi D n}{1000}(\text{m/min})$$

磨削的切削速度为

$$v_c = \frac{\pi D n}{1000 \times 60}(\text{m/s})$$

刨削的切削速度为

$$v_c = \frac{2Ln_r}{1000}(\mathrm{m/min})$$

式中，D——工件待加工表面或刀具砂轮切削处的最大直径，mm；

n——工件、刀具、砂轮的转速，r/min；

n_r——牛头刨床刨刀每分钟往复次数，str/min；

L——牛头刨刀的往复行程长度，mm。

2）进给量 f

切削加工过程中，主运动的一个工作循环(或单位时间)内刀具与工件沿进给方向的相对位移。例如，车削中工件旋转一圈，车刀沿工件进给方向移动的距离(mm/r)；铣削中进给量为工件每分钟沿工件进给方向移动的距离(mm/min)；刨削中进给量由往复一次沿工件进给方向移动的距离(mm/str)。

3）切削深度 a_p

切削深度为工件待加工表面与工件已加工表面之间的垂直距离。

$$a_p = \frac{D-d}{2}$$

式中，D——工件待加工表面或刀具砂轮切削处的最大直径，mm；

d——工件已加工表面的直径，mm。

7.2 零件加工的技术要求

按照设计图纸和加工工艺要求生产出来的零部件，才能制造出合格的机械产品。为了满足机械产品的性能要求和使用寿命，通常在制造过程中对机械产品提出不同的技术要求，机械产品零部件的技术要求包括以下几个方面。

1. 表面粗糙度

金属切削的过程，就是挤压变形的过程。由于挤压、摩擦等原因，会使已加工的表面受到影响。看似非常光滑的表面，通过放大，会发现它们高低不平，有微小的峰谷。加工表面具有的较小间距和微小峰谷的不平度称为表面粗糙度。表面粗糙度常用轮廓算术平均值 Ra 表示，单位为 μm。表面粗糙度数值越小，表面越光滑。

国家标准 GB/T 3505—2009，GB/T 1031—2009，GB/T 131—2006 中详细规定了表面粗糙度的各种参数及其数值。不同的机械加工方法所能达到的表面粗糙度值 Ra 如表 7-1 所示。

表 7-1 常用切削方法与加工表面粗糙度 *Ra* 值的对应表

Ra/μm	旧国标的光洁度	表面特征	加工方法
50($\sqrt{Ra50}$)	▽1	可见明显刀痕	粗加工：车、铣、刨、镗、钻孔
25($\sqrt{Ra25}$)	▽2	可见刀痕	
12.5($\sqrt{Ra12.5}$)	▽3	微见刀痕	

续表

$Ra/\mu m$	旧国标的光洁度	表面特征	加 工 方 法
6.3（$\sqrt{Ra6.3}$）	▽4	可见加工痕迹	半精加工：车、铣、刨、镗
3.2（$\sqrt{Ra3.2}$）	▽5	微见加工痕迹	
1.6（$\sqrt{Ra1.6}$）	▽6	不见加工痕迹	精加工：车、铣、刨、镗
0.8（$\sqrt{Ra0.8}$）	▽7	可辨加工方向	粗加工磨
0.4（$\sqrt{Ra0.4}$）	▽8	微辨加工痕迹方向	精加工磨
0.2（$\sqrt{Ra0.2}$）	▽9	不辨加工痕迹方向	
0.1～0.008（$\sqrt{Ra0.1}$～$\sqrt{Ra0.008}$）	▽10～▽14	按表面光泽判断（镜面）	精密加工

2. 精度

精度是指零件经切削加工后，其尺寸、形状等参数的实际数值同理论数值之间的符合程度。符合程度越高，加工精度也就越高。精度包括：尺寸精度、形状精度和位置精度。

1）尺寸精度

尺寸精度是指加工零件实际尺寸与理想公称尺寸的精确程度，尺寸精度是由尺寸公差来决定的。尺寸公差是加工中尺寸的变动范围，同一尺寸的零件，公差变动越小，尺寸的精度就越高。

国家标准 GB/T 1800.1—2009、GB/T 1800.2—2009 将尺寸精度的标准公差等级分为20级，分别用IT01，IT0，IT1，…，IT18表示，数字越大，公差等级（加工精度）越低，尺寸允许的变动范围（公差数值）越大，加工难度越小。

2）形状精度

仅仅只有表面粗糙度和尺寸精度要求，还不能满足机械产品的装配要求。机械产品装配时还需要对零件的形状和相互的位置提出相应的要求，通常把加工后零件的表面实际测得的形状和理想形状的符合程度称为形状精度，如图7-3所示，上述零件的尺寸都在尺寸公差范围以内，但这8种形状组成了8种形状精度。在机械产品的装配中，它们对使用效果会产生不同的影响。因此对零件的形状精度要用6种参数进行规范。

零件的形状精度是指零件上的线、面要素相对理想形状的准确程度，它可以用形状公差来控制。国家标准中 GB/T 1182—2018、GB/T 1184—1996 规定了6项形状公差，其符号如表7-2所示。

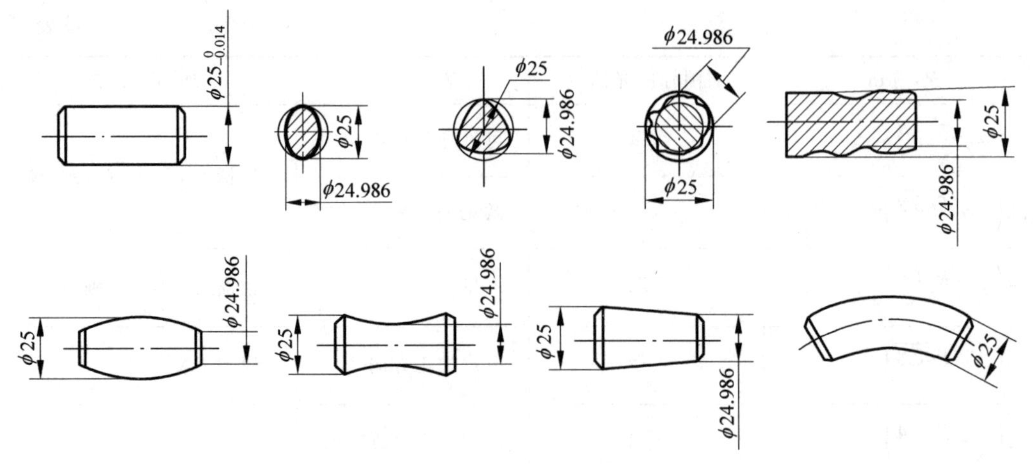

图 7-3 轴的形状示例

表 7-2 形状公差的名称及符号

项　　目	直线度	平面度	圆度	圆柱度	线轮廓度	面轮廓度
符号	—	⏥	○	⌭	⌒	⌓

3. **位置精度**

零件点、线、面的准确位置与实际位置的误差称为位置精度。加工中由于各种因素造成误差是不可避免的。

按照国家标准 GB/T 1182—2018、GB/T 1184—1996 规定，相互位置精度用位置公差来控制，位置公差共有 8 项，其名称及符号如表 7-3 所示。

表 7-3 位置公差的名称及符号

项目	平行度	垂直度	倾斜度	位置度	同轴度	对称度	圆跳动	全跳动
符号	//	⊥	∠	⌖	◎	⌯	↗	⌰

零部件技术要求的部分标注示例，如图 7-4 所示。

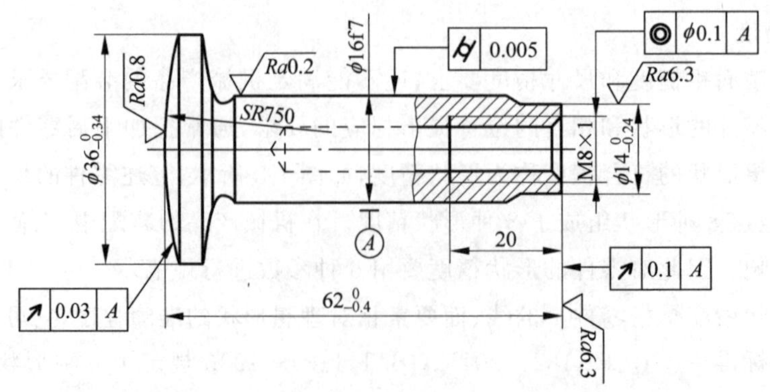

图 7-4 零部件技术要求的部分标注示例

7.3　切削刀具及材料

切削过程中，刀具是直接完成切削任务的部分，无论哪种刀具，一般都是由切削部分和夹持部分组成。切削部分是刀具上直接参与切削工作的部分，刀具切削性能的优劣取决于切削部分的材料、角度和结构。

1. 刀具材料的性能要求

刀具材料一般是指刀具切削部分的材料。切削过程中，刀具要承受高温、较大压力、摩擦、冲击和振动的作用。因此，刀具的材料需要具备以下基本性能。

(1) 高的硬度：刀具材料的硬度要高于工件材料硬度，常温下的硬度一般要大于60HRC以上。

(2) 较好的耐磨度：能抵抗切削加工中的磨损要求。

(3) 高的强度和良好的韧性：能承受切削中的切削力、冲击和振动，防止刀具产生断裂及崩刃。

(4) 足够的热硬性：高温下仍然保持刀具的切削硬度。

(5) 良好的工艺性：便于制造，包括锻造、轧制、焊接、切削加工和热处理的工艺性要求。

(6) 足够的化学稳定性：切削中不易与被加工的材料产生化学、氧化反应，不黏结。

2. 刀具材料的种类

刀具材料种类很多，主要有工具钢、高速钢、硬质合金、陶瓷、金刚石、立方氮化硼等。

常见刀具材料主要性能、牌号及用途见表7-4。

表7-4　常用刀具材料的主要性能、牌号及用途

<table>
<tr><th>种　类</th><th>硬度(淬火)</th><th>热硬度/℃</th><th>抗弯强度/10^3MPa</th><th colspan="2">常用牌号</th><th>用　途</th></tr>
<tr><td>碳素工具钢</td><td>60HRC～64HRC</td><td>200</td><td>2.5～2.8</td><td colspan="2">T8A
T10A
T12A</td><td>用于切削速度不高的刀具(手动的锉刀、锯条)</td></tr>
<tr><td>合金工具钢</td><td>60HRC～65HRC</td><td>250～300</td><td>2.5～2.8</td><td colspan="2">9CrSi
CrWMn
CrW5</td><td>用于切削速度不高、手动复杂刀具，如丝锥、板牙、铰刀</td></tr>
<tr><td>高速钢</td><td>62HRC～70HRC</td><td>540～600</td><td>2.5～4.5</td><td colspan="2">W18Gr4V
W6Mo5Cr4V2</td><td>用于复杂的机动刀具，如钻头、铰刀、铣刀、齿轮刀具等</td></tr>
<tr><td rowspan="2">硬质合金</td><td rowspan="2">89HRC～94HRC</td><td rowspan="2">800～1000</td><td rowspan="2">0.9～2.5</td><td>钨钴类</td><td>YG3、YG6、YG8(铸铁加工)</td><td rowspan="2">做成刀片，焊、镶嵌在刀体上，如车刀刀头、铣刀刀头、刨刀刀头等</td></tr>
<tr><td>钨钛钴类</td><td>YT5、YT15、YT30(钢的精加工)</td></tr>
<tr><td>陶瓷材料</td><td>91HRC～94HRC</td><td>>1200</td><td>0.4～0.8</td><td colspan="2">AM、AMF</td><td>用于铸铁、钢、有色金属的精加工和半精加工</td></tr>
</table>

思考练习题

1. 名词解释：

主运动，进给运动，切削用量，产品质量，精度，表面粗糙度。

2. 切削过程中有哪些主要的物理现象？

3. 刀具材料应具备哪些性能？常见的刀具材料有哪些？并说明它们的使用范围。

第8章

CHAPTER 8

钳工与装配

实训目的和要求

(1) 了解钳工在机器制造和设备维修中的地位和重要性;

(2) 熟悉并掌握钳工的各项基本操作技能;

(3) 初步建立装配生产过程的概念;

(4) 按照实训图纸能够独立地完成所要求加工项目。

安全操作规程

(1) 实训时要穿好工作服,必要时戴好防护用品,如防护镜等。

(2) 工件必须牢固地夹在虎钳上,夹小型工件时必须当小心手指被夹伤。

(3) 不可使用没有手柄的或松手柄的锉刀与刮刀,遇锉刀柄松动时必须加以撞紧。

(4) 使用手锤时要检查锤头装置是否牢固,挥动手锤时,必须正确选择挥动方向,以免锤头脱出伤人。

(5) 在钳工台上进行錾削时要有防护网,视线集中在錾切的地方,控制切屑飞溅方向,錾切工件到最后切断阶段时要轻轻锤击,以免錾削反击伤人。

(6) 刮削实习时,不得用刮刀互相嬉闹,以免误伤人。

(7) 禁止用一种工具代替其他工具使用,如用扳手代替手锤,用钢皮尺代替螺丝刀,用管子接长扳手的柄等。因为这样会损坏工具或发生伤害事故。

(8) 在钻床工作时,未经实训指导人员同意不得任意变换钻床的转速、进给量,调整速度时,必须先停车,然后再用手小心移动皮带或变速箱的手柄。

(9) 操作钻床时,严禁戴手套,禁止用手握住工件进行钻孔,应该把工件固定在虎钳中,用压板螺钉或将平口虎钳固定在工作台上。

8.1 概 述

钳工是切削加工中重要的工种之一。它是利用手持工具对金属进行切削加工的一种方法。

目前,钳工大部分由手工操作来完成,故对工人的个人技术要求较高,劳动强度较大,生产率较低,但由于钳工所用工具简单,操作灵活、简便,因此,在目前机械制造和修配工作中,它仍是不可缺少的重要工种。

钳工的基本操作有划线、錾削、锯削、锉削、钻孔、扩孔、铰孔、攻螺纹、套扣、刮削等。钳工根据其工作性质可分为普通钳工、模具钳工、装配钳工、机修钳工等。钳工的应用范围很广,可以完成下列工作:

(1) 零件加工前的准备工作,如清理毛坯、在工件上划线等。

(2) 完成一般零件的某些加工工序,如钻孔、攻螺纹及去除毛刺等。

(3) 进行某些精密零件的精加工,如精密量具、夹具、模具等。

(4) 机械设备的维修和修理。

(5) 对机械设备进行装配和调试。

8.2 钳工工作台和虎钳

钳工常用的设备主要包括钳工工作台和台虎钳。

1. 钳工工作台

钳工工作台简称钳台,用于安装台虎钳,进行钳工操作。有单人使用和多人使用两种,一般是用硬质木材制成,要求坚实和平稳。台面高度以装上台虎钳后钳口高度恰好与人手肘齐平为宜,一般为 800～900mm,台上装有防护网,如图 8-1 所示。

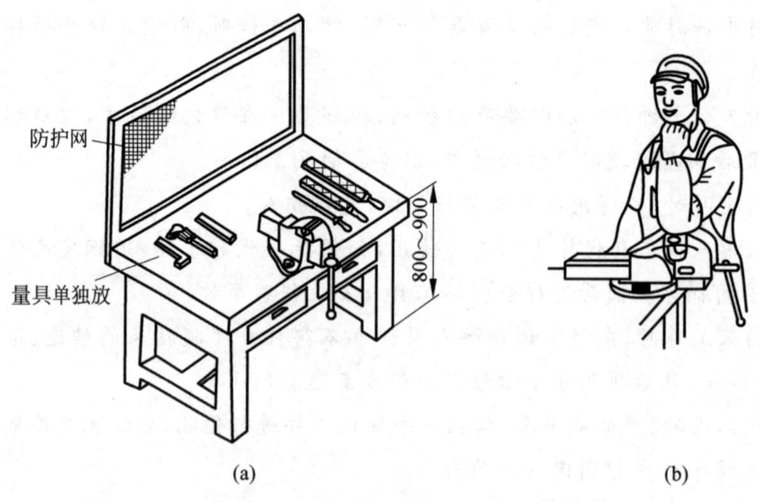

图 8-1 钳工工作台及虎钳的合适高度

(a) 工作台;(b) 虎钳的合适高度

2. 台虎钳

台虎钳是夹持工件用的夹具,装在钳工工作台上,如图 8-2 所示。台虎钳的规格用钳口的宽度表示,常用的尺寸为 100～150mm。

使用虎钳时,应注意下列事项:

(1) 工件应尽量夹在虎钳钳口中部,以使钳口受力均匀。

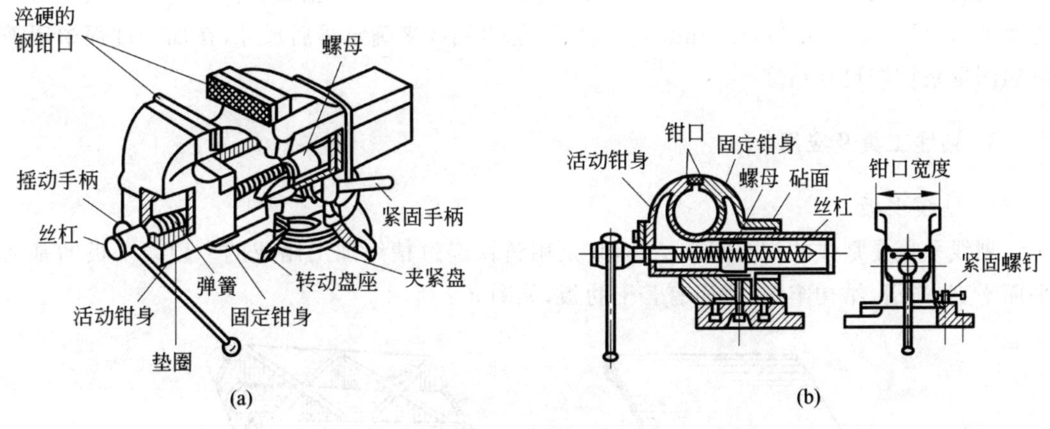

图 8-2 虎钳

(2) 当转动手柄来夹紧工件时,只能用手扳紧手柄,绝不能接长手柄或用手锤敲击手柄,以免钳丝杠或螺母上的螺纹损坏。

(3) 锤击工件只可在砧面上进行,其他各部不许用手锤直接打击。

8.3 划 线

根据图线要求,在毛坯或半成品上划出加工图形或加工界线的操作称为划线。

1. 划线的作用

(1) 明确地表示出加工余量、加工位置或划出加工位置的找正线,使加工工件或安装工件有所依据。

(2) 借划线来检查毛坯的形状和尺寸,避免不合格的毛坯投入机械加工而造成浪费。

(3) 通过划线使加工余量合理分配(又称借料),从而保证加工免出或少出废品。

2. 划线的种类

(1) 平面划线:在工件或毛坯的一个平面上划线,如图 8-3 所示。

(2) 立体划线:在工件或毛坯的长、宽、高三个互相垂直的平面上或其他倾斜方向上划线,如图 8-4 所示。

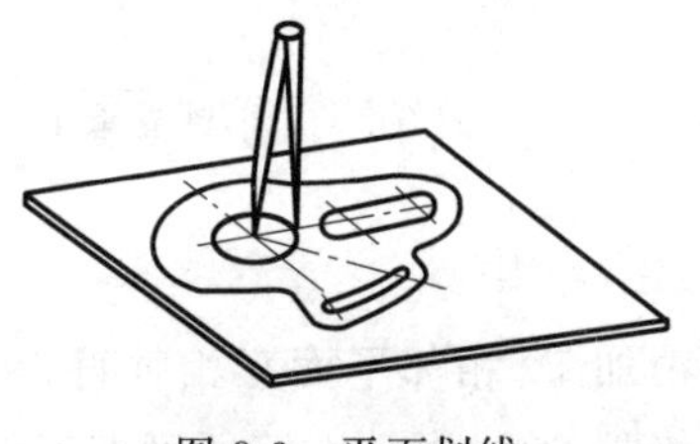

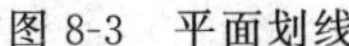

图 8-3 平面划线

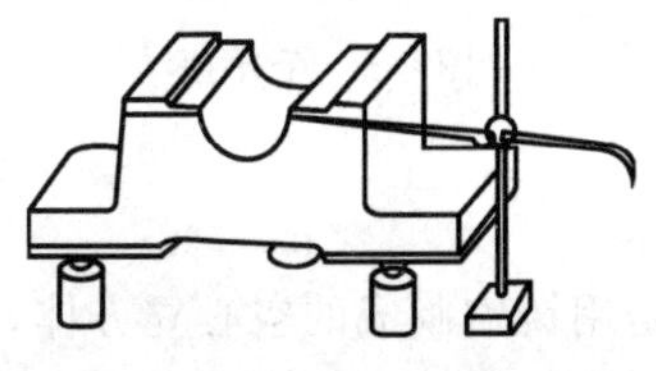

图 8-4 立体划线

划线要求线条清晰，尺寸准确。如划线错误，将会导致工件报废。由于划出的线条有一定宽度，划线误差为0.25～0.5mm，故通常不能以划线来确定最后尺寸，在加工过程中还需依靠测量来控制尺寸精度。

3. 划线工具及应用

1）划线平板

划线平板是划线的主要基准工具，它是用铸铁经过精细加工制成的。划线平板的基准平面平直、光滑、结构牢固、背面有若干肋板，如图8-5所示。

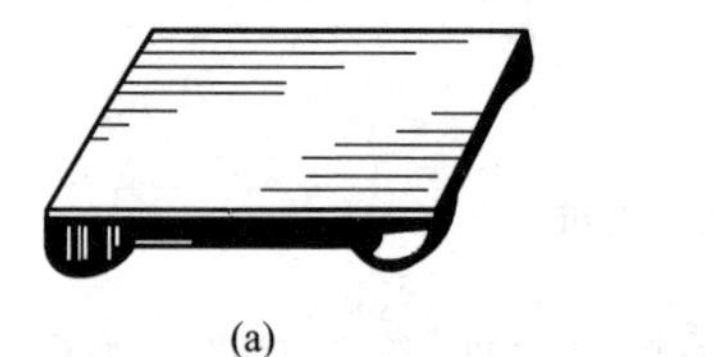
(a)

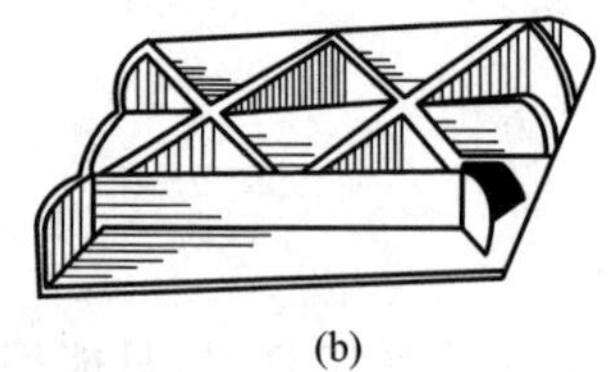
(b)

图8-5 划线平板
(a) 基准平面；(b) 背面

划线平板应平稳放置，保持水平，以便稳定支承工件。划线平板使用部位要均匀，以免局部磨损；要防止碰撞和锤击，以免降低准确度；应注意表面清洁，长期不用时应涂油防锈和加盖木板防护。

2）千斤顶

千斤顶是在平板上用以支承工件的部件，如图8-6(a)所示。用千斤顶支承工件平面如图8-6(b)所示。通常千斤顶是3个一组使用，其高度可以调整，以便找正工件。

3）V形铁

V形铁是在平板上用以支承工件的。工件的圆柱面用V形铁支承，要使工件轴线与平板平行，如图8-7所示。

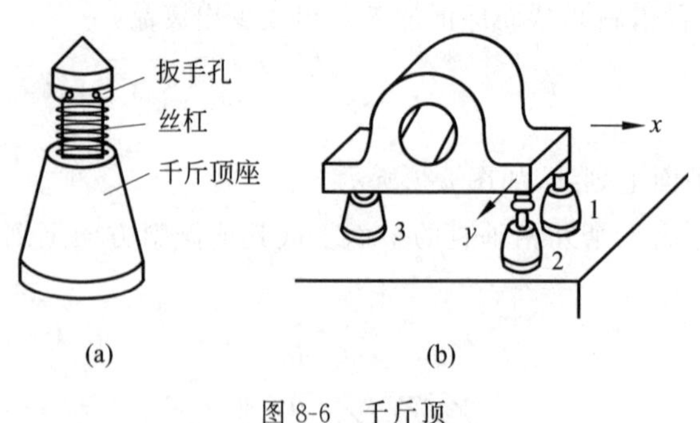

图8-6 千斤顶

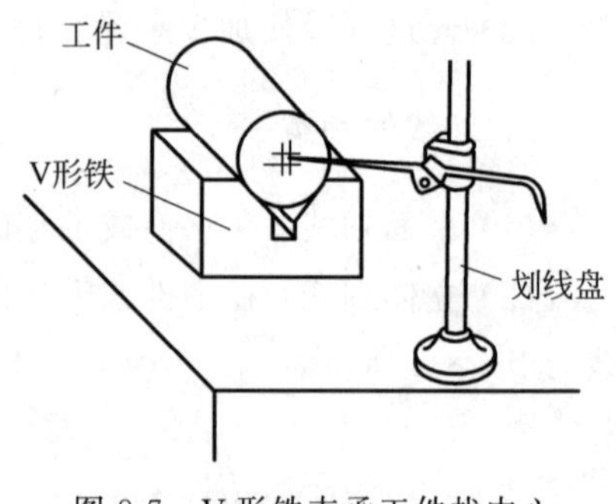

图8-7 V形铁支承工件找中心

4）方箱

方箱是用铸铁制成的空心立方体，六面都经过精加工，相邻平面互相垂直，相对平面互相平行，如图8-8所示。方箱上设有V形槽和压紧装置，通过翻转方箱便可把工件上互相垂直的线在一次安装中全部划出来。

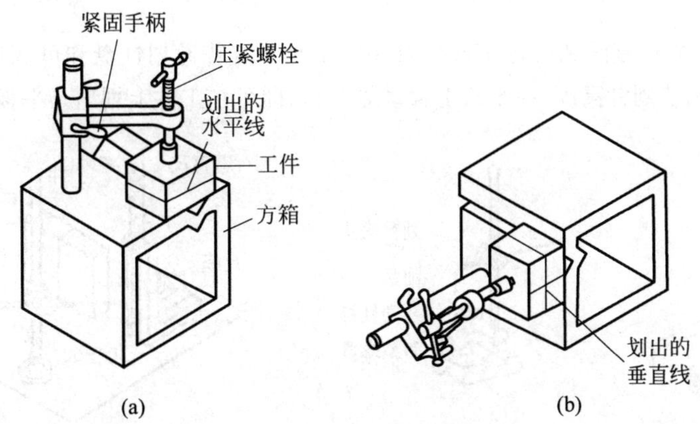

图 8-8　方箱上划线

(a) 将工件压紧在方箱上划水平线；(b) 翻转 90°划垂直线

5）直角尺

直角尺的两边呈精确的直角。直角尺有两种类型，图 8-9(a)为扁直角尺，用于平面划线中划垂直线；图 8-9(b)为宽座直角尺，用在立体的划线中划垂直线或找正垂直面。

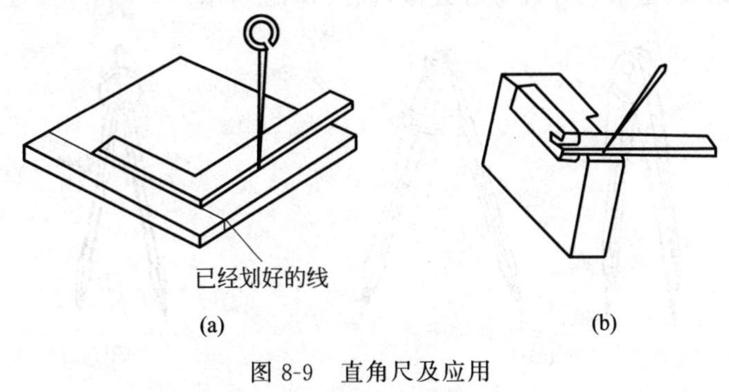

图 8-9　直角尺及应用

(a) 扁直角尺；(b) 宽座直角尺

6）划针

划针是在工件上划线的基本工具。划针的形状及应用如图 8-10 所示。

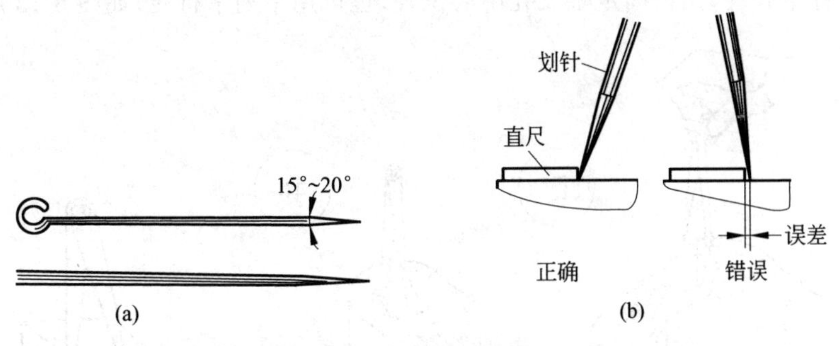

图 8-10　划针及应用

(a) 划针；(b) 用划针划线

7）划针盘

划针盘是用于立体划线和找正工件位置用的工具。有普通划针盘和可调划针盘两种形式，如图 8-11 所示。调节划针高度，在平板上移动划针盘，即可在工件上划出与平板平行的线来。

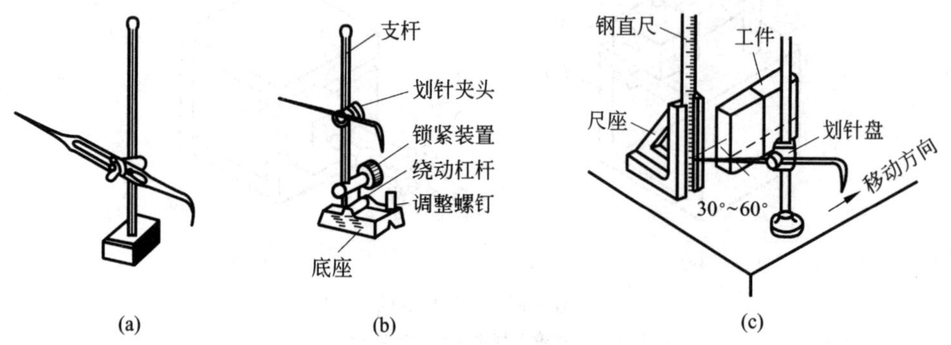

图 8-11 划针盘及应用

（a）普通划针盘；（b）可调划针盘；（c）用划针盘划水平线

8）划规

划规可用于划圆、量取尺寸和等分线段，如图 8-12 所示。

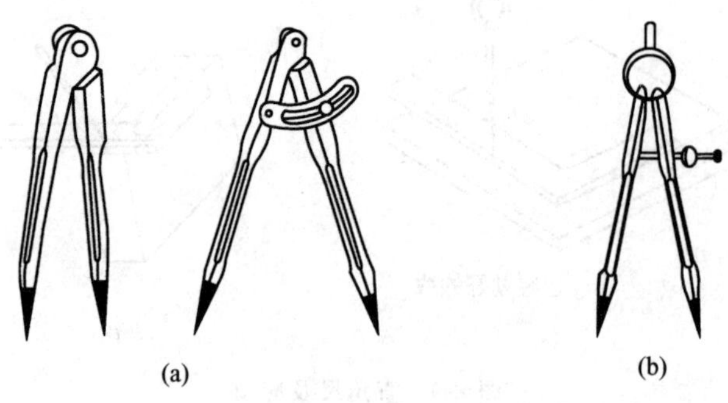

图 8-12 划规

（a）普通划规；（b）弹簧划规

9）划卡

划卡又称单脚规，用以确定轴及孔中心位置，也可用来划平行线，如图 8-13 所示。

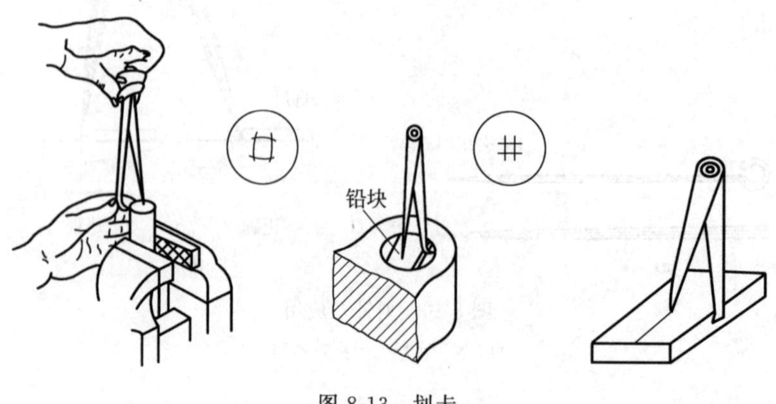

图 8-13 划卡

10）高度游标尺

高度游标尺是精密工具，既可测量高度，又可用于半成品的精密划线，但不可对毛坯划线，以防损坏硬质合金划线脚，如图 8-14 所示。

11）样冲

划出的线条在加工过程中容易被擦去，故要在划好的线段上用样冲打出小而分布均匀的样冲眼，如图 8-15 所示。钻孔前的圆心也要打样冲眼，以便钻头定位，如图 8-16 所示为样冲及其使用方法。

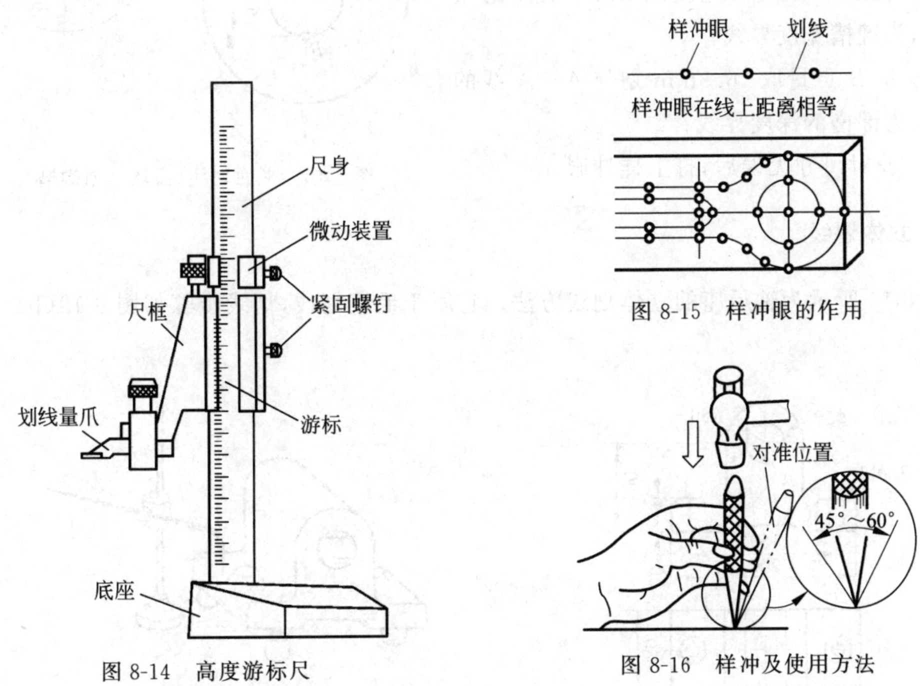

图 8-14 高度游标尺

图 8-15 样冲眼的作用

图 8-16 样冲及使用方法

4. 划线基准

基准是零件上用来确定点、线、面位置的依据。作为划线依据的基准称为划线基准。一般可以选重要孔的中心线或已加工面作划线基准，如图 8-17 所示。

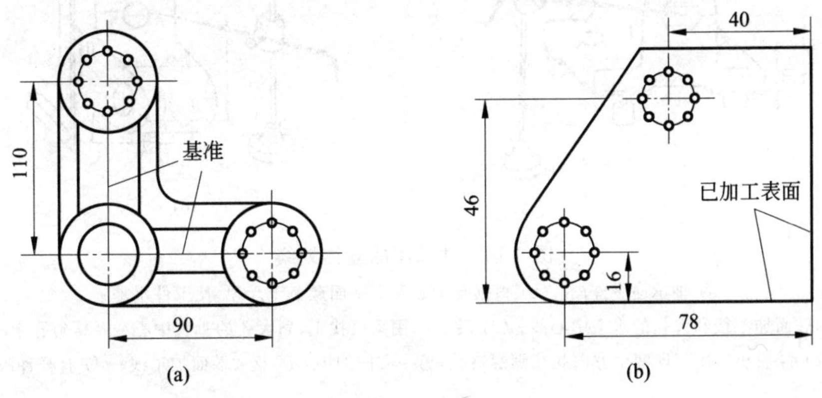

图 8-17 划线基准

5. 平面划线

平面划线与机械制图相似，所不同的是前者使用划线工具。图 8-18 是在齿坯上划键槽的示例。它属于半成品划线，其步骤如下：

(1) 先划出基准线 A—A；

(2) 在 A—A 线两边间隔 2mm 划出两条平行线，为键槽宽度界线；

(3) 从 B 点量取 16.3mm 划与 A—A 线的垂直线，为键槽的深度界线；

(4) 校对尺寸无误后，打上样冲眼。

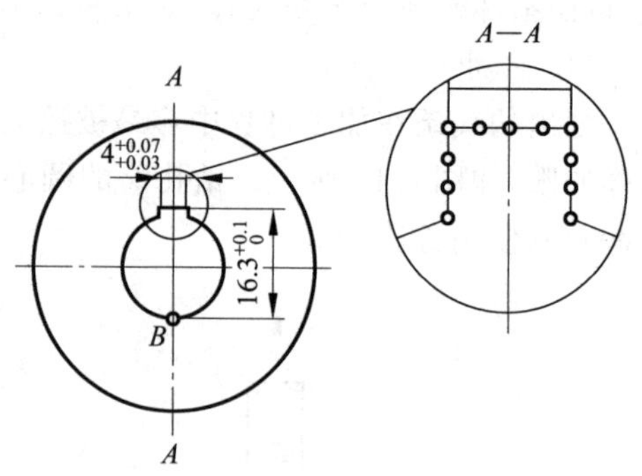

图 8-18 平面划线(齿坯上划键槽)

6. 立体划线

图 8-19 所示为轴承座的立体划线方法。它属于毛坯划线，划线步骤如图 8-19(b)～(f)所示。

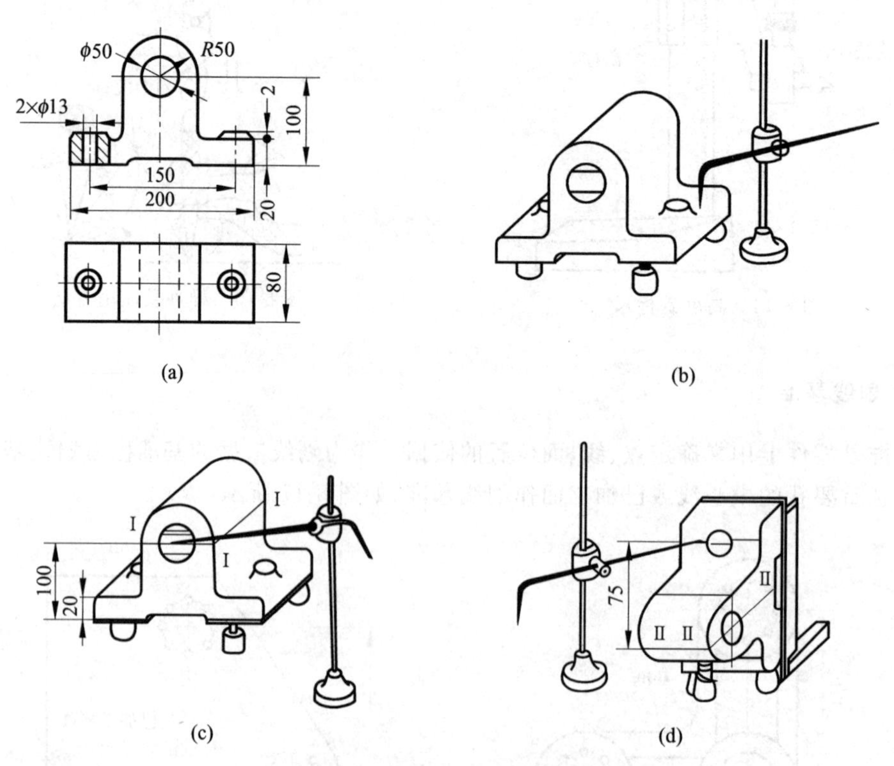

图 8-19 轴承座的立体划线

(a) 轴承座零件图；(b) 根据孔中心及上平面调节千斤顶，使工件水平；(c) 划底面加工线和大孔的水平中心线；(d) 转 90°，用角尺找正，划大孔的垂直中心线及螺钉孔中心线；(e) 再翻 90°，用直尺两个方向找正划螺钉孔，另一方向的中心线及大端面加工线；(f) 打样冲眼

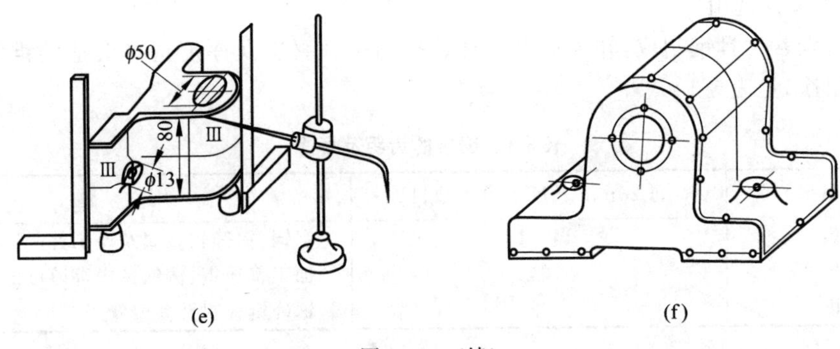

(e) (f)

图 8-19 (续)

立体划线的准备工作及注意事项：

(1) 毛坯工件在划线前需清理，除去残留型砂及氧化皮，划线部位更应仔细清理，以便划出的线条明显、清晰。

(2) 对照图纸，检查毛坯及半成品尺寸和质量，剔除不合格件。

(3) 划线表面需涂上一层薄而均匀的涂料，毛坯面用大白浆；已加工面用紫色涂料(龙胆紫加虫胶和酒精)或绿色涂料(孔雀绿加虫胶和酒精)。

(4) 用铅块或木块堵孔，以便确定孔的中心。

(5) 工件支承要牢固、稳当，以防滑倒或移动。

(6) 在一次支承中，应把需要划出的平行线划全，以免补划时费工、费时及造成误差。

(7) 应注意划线工具的正确使用，爱护精密工具。

8.4 钳工基本工作

8.4.1 锯削

用手锯分割材料或在工件上切槽的加工称为锯削。锯削精度低，常需进一步加工。

1. 手锯的构造

手锯由锯弓和锯条组成。

1) 锯弓

锯弓的形式有固定式和可调整式两类，如图 8-20 所示。固定式锯弓的长度不能变动，只能使用单一规格的锯条。可调整式锯弓可以使用不同规格的锯条，手把形状便于用力，故目前使用广泛。

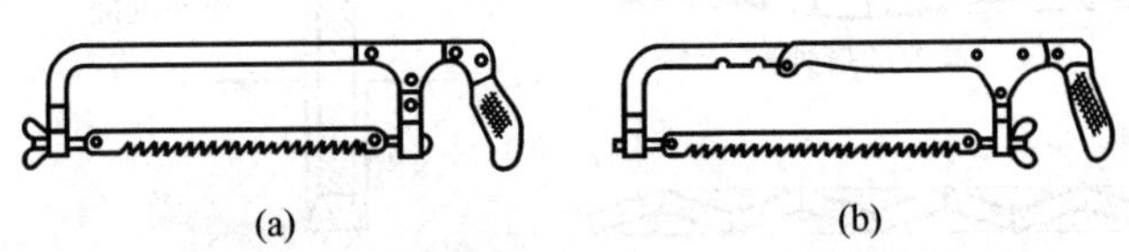

(a) (b)

图 8-20 锯弓

(a) 固定式；(b) 可调整式

2）锯条及其选用

锯条由碳素工具钢制成，并经淬火处理。根据工件材料及厚度选择合适的锯条。锯条的齿距及用途，见表8-1。

表8-1 锯条的齿距及用途

锯齿粗细	每25mm长度内含齿数目	用　途
粗齿	14～18	锯铜、铝等软金属及厚工件
中齿	24	加工普通钢、铸铁及中等厚度的工件
细齿	32	锯硬钢板料及薄壁管子

锯条规格以锯条两端安装孔之间的距离表示。常用的锯条约长300mm、宽12mm、厚0.8mm。

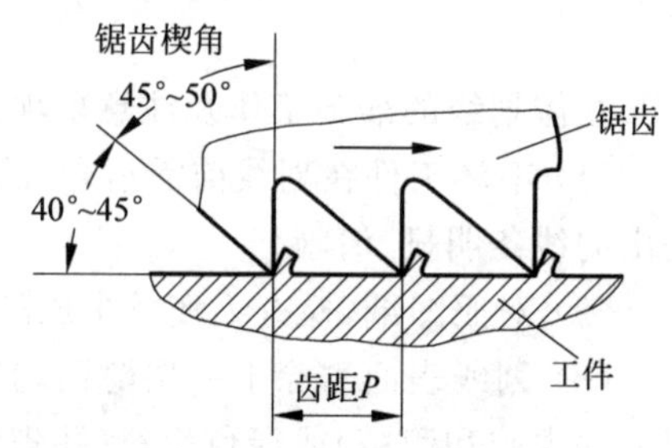

图8-21 锯条齿形

锯条齿形如图8-21所示。锯条按锯齿的齿距大小，又可分为粗齿、中齿、细齿三种，其用途见表8-1。锯齿粗细的选用对锯割的影响，如图8-22所示。

锯齿的排列有波浪形和交叉形，以减少锯口两侧与锯条间的摩擦，如图8-23所示。

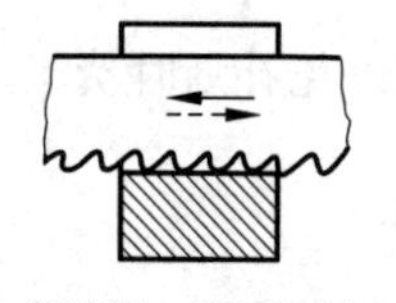
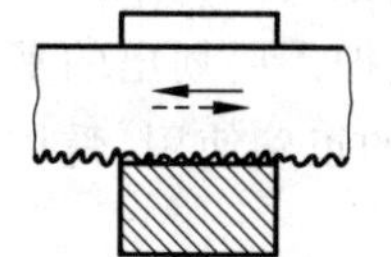
锯齿粗，容屑空间大　　锯齿细，齿间易堵塞

(a)

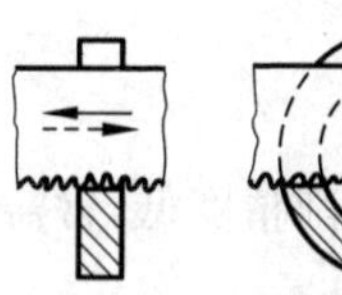
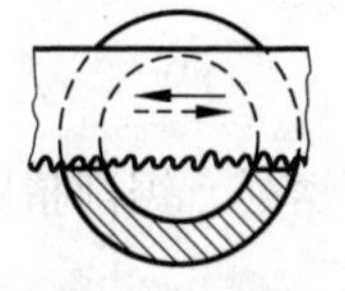
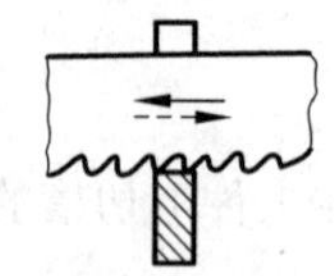
锯齿细，同时锯削的齿数可有2~3个　　锯齿粗，同时锯削的齿数不到2个

(b)

图8-22 锯齿粗细的选择

(a) 厚工件用粗齿；(b) 薄工件用细齿

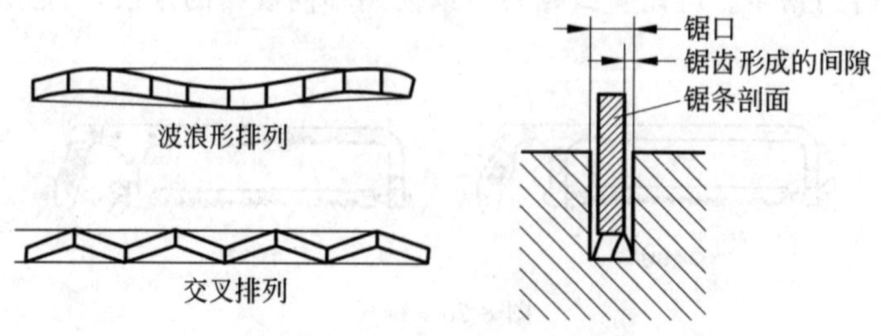

图8-23 锯齿的排列形状

2. 锯削方法

1) 锯条的安装

锯条安装在锯弓上，锯齿应向前，如图 8-20 所示，松紧应适当，一般用两手指的力能旋紧为止。锯条安装好后，不能有歪斜和扭曲，否则锯削时易折断。

2) 工件安装

工件伸出钳口不应过长，以防止锯削时产生振动。锯线应和钳口边缘平行，并夹在台虎钳的左边，以便操作。工件要夹紧，并应防止变形和夹坏已加工的表面。

3) 手锯握法

手锯握法如图 8-24 所示，右手握锯柄，左手轻扶弓架前端。

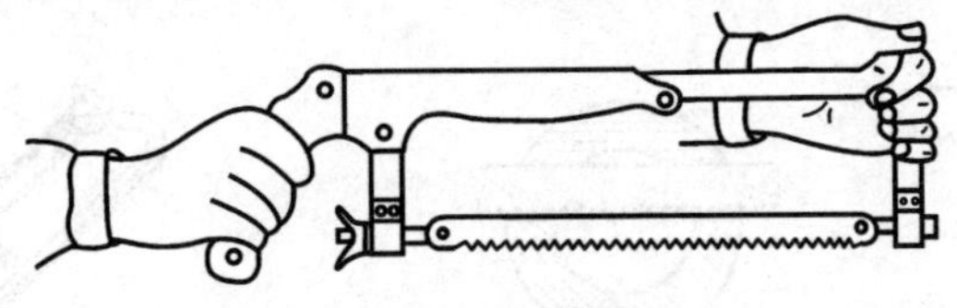

图 8-24 手锯握法

4) 锯削操作

锯削时，应注意起锯、锯削压力、锯削速度和往返长度，如图 8-25 所示。起锯时，锯条应对工件表面稍倾斜，有一起锯角 α(10°～15°)，但不宜过大，以免崩齿。为防止锯条滑动，可用手指甲挡住锯条，如图 8-25(a)所示。

锯削时，锯弓作往返直线运动，左手施压，右手推进，用力要均匀。返回时，锯条轻轻滑过加工面，速度不宜太快，锯削开始和终了时，压力和速度均应减少，如图 8-25(b)所示。

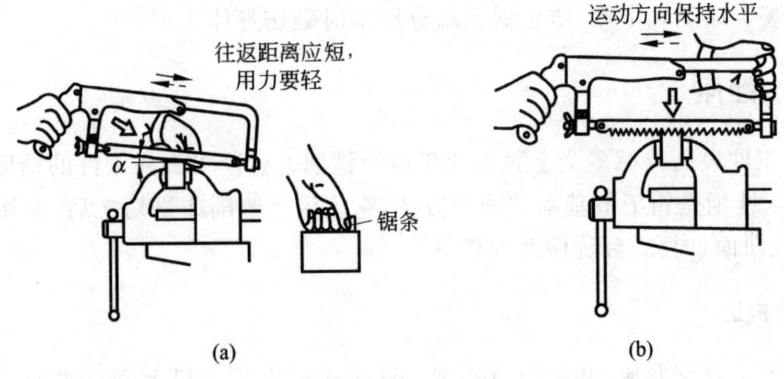

图 8-25 锯削方法

(a) 起锯；(b) 锯削动作

锯硬材料时，应采用大压慢移动；锯软材料时，可适当加速减压。为减轻锯条的磨损，必要时可加乳化液或机油等切削液。

锯条应利用全部长度，即往返长度应不小于全长的 2/3，以免造成局部磨损。锯缝如歪斜，不可强扭，应将工件翻转 90°重新起锯。

5) 锯削示例

锯扁钢应从宽面起锯，以保证锯缝浅而齐整，如图 8-26 所示。

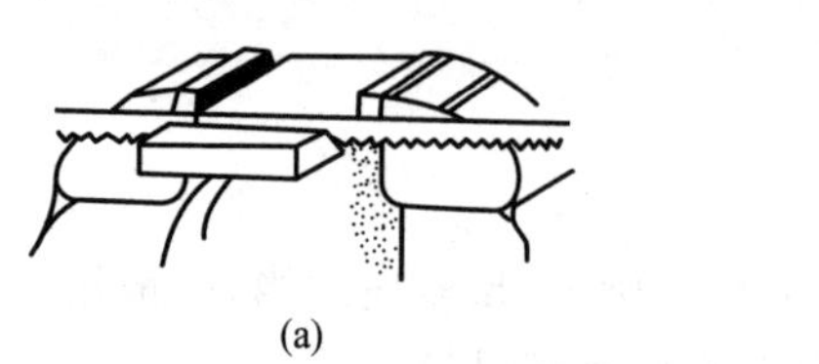

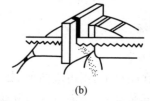

(a)　　(b)

图 8-26　锯扁钢

(a) 正确；(b) 不正确

锯圆管，应在管壁锯透时，先将圆管向推锯方向转一角度，从原锯缝处下锯，然后依次不断转动，直至切断为止，如图 8-27 所示。

锯深缝时，应将锯条转 90°安装，平放锯弓作推锯，如图 8-28 所示。

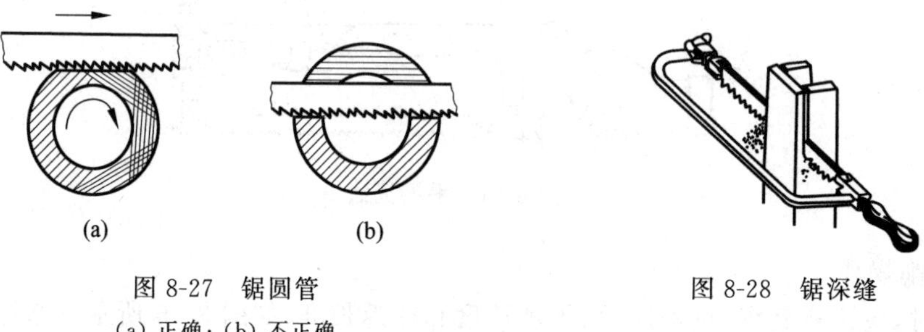

(a)　　(b)

图 8-27　锯圆管

(a) 正确；(b) 不正确

图 8-28　锯深缝

3. 锯削注意事项

(1) 锯削时，用力要平稳，动作要协调，切忌猛推或强扭。

(2) 要防止锯条折断时从锯弓上弹出伤人。

(3) 工件装卡应正确牢靠，防止锯下部分跌落时砸伤身体。

8.4.2　锉削

用锉刀从工件表面锉掉多余金属的加工称为锉削。锉削可提高工件的精度和减小表面粗糙度 Ra 值。锉削是钳工最基本的操作方法，它多用于錾削或锯切之后，应用广泛。加工范围包括平面、曲面、内孔、台阶面及沟槽等。

1. 锉刀的构造

锉刀用碳素工具钢制成，并经淬硬处理。锉齿多是在剁锉机上剁出来的。齿纹呈交叉排列，构成刀齿，形成存屑槽，如图 8-29 所示。

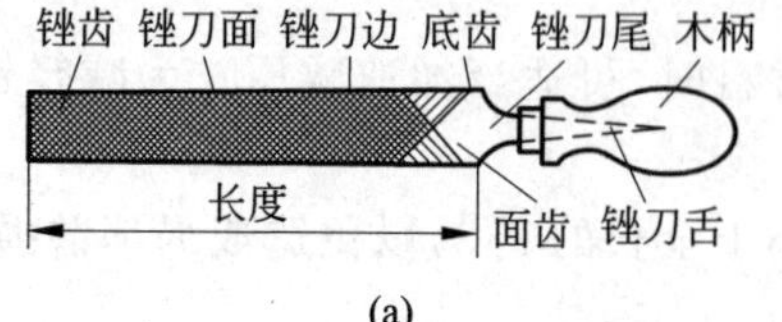

(a)

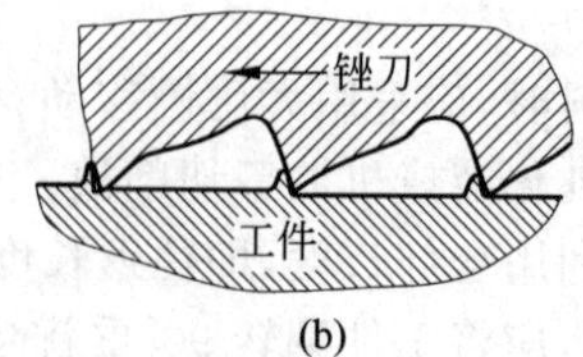

(b)

图 8-29　锉刀结构及齿形

(a) 锉刀结构；(b) 锉刀齿形

锉刀规格以工作部分的长度表示，一般分100mm、150mm、200mm、250mm、300mm、350mm、400mm等七种。

2. 锉刀的种类及选择

锉刀按每10mm锉面上齿数多少划分为粗齿锉、中齿锉、细齿锉和油光锉，其各自的特点及应用见表8-2。

表8-2 锉刀刀齿粗细的划分及其特点和应用

种类	齿数(10mm长度内)	特点和应用
粗齿锉	4～12	齿间大，不易堵塞，适宜粗加工或锉铜、铝等有色金属
中齿锉	13～23	齿间适中，适于粗锉后加工
细齿锉	30～40	锉光表面或锉硬金属
油光锉	50～62	精加工时修光表面

根据锉刀的尺寸不同，又可分为普通锉刀和什锦锉刀两类。普通锉刀形状及用途如图8-30所示。其中，平锉刀用得最多。什锦锉刀尺寸较小，通常以10把形状各异的锉刀为一组，用于修锉小型工件以及某些难以进行机械加工的部位，如图8-31所示。

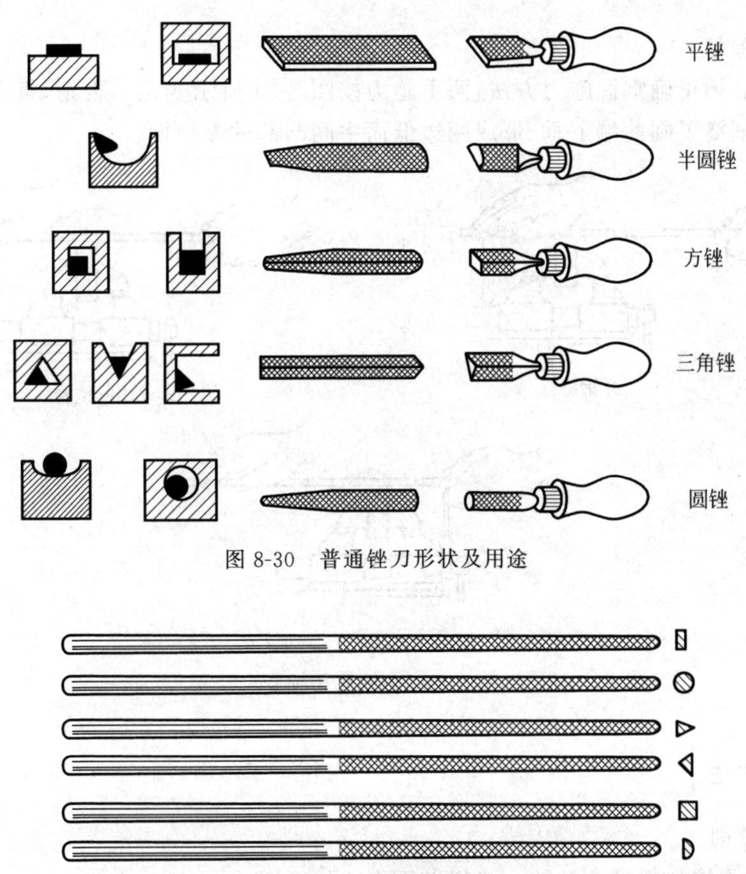

图8-30 普通锉刀形状及用途

图8-31 什锦锉刀形状

3. 锉刀的使用方法

1）锉刀握法

锉刀握法如图 8-32 所示。右手握锉柄，左手压在锉刀另一端上，保持锉刀水平。使用不同大小的锉刀，有不同的姿势及施力方式。

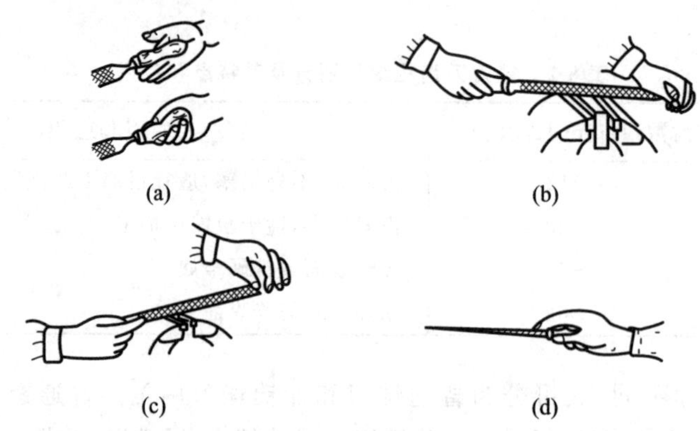

图 8-32 锉刀握法

(a) 锉柄握法；(b) 大锉刀两手握法；(c) 中锉刀两手握法；(d) 小锉刀握法

2）锉削施力

锉削时，必须正确掌握施力方法，两手施力按图 8-33 所示变化。否则，将会在开始阶段锉柄下偏，锉削终了则前端下垂，形成两边低而中间凸起的鼓形面。

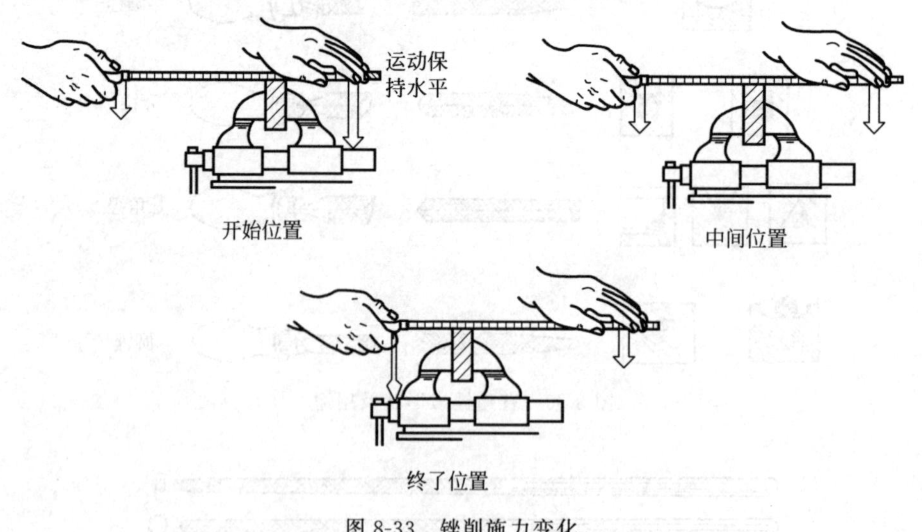

图 8-33 锉削施力变化

4. 锉削方法

1）平面锉削

平面锉削是锉削中最常见的。锉削平面步骤如下所述。

(1) 选择锉刀：锉削前应根据金属的硬度、加工表面及加工余量大小、工件表面粗糙度要求来选择锉刀。

(2) 装夹工件：工件应牢固地夹在虎钳钳口中部，锉削表面需高于钳口；夹持已加工表面时，应在钳口垫以铜片或铝片。

(3) 锉削：锉削平面有顺向锉、交叉锉和推锉三种方法，如图 8-34 所示。顺向锉是锉刀沿长度方向锉削，一般用于最后的锉平或锉光。交叉锉是先沿一个方向锉一层，然后再转90°锉平。交叉锉切削效率高，锉刀也容易掌握，常用于粗加工，以便尽快切去较多的余量。推锉时，锉刀运动方向与其长度方向垂直。当工件表面已基本锉平时，可用细锉或油光锉以推锉法修光。推锉法尤其适合于加工较窄表面，以及用顺向锉法锉刀推进受阻碍的情况。

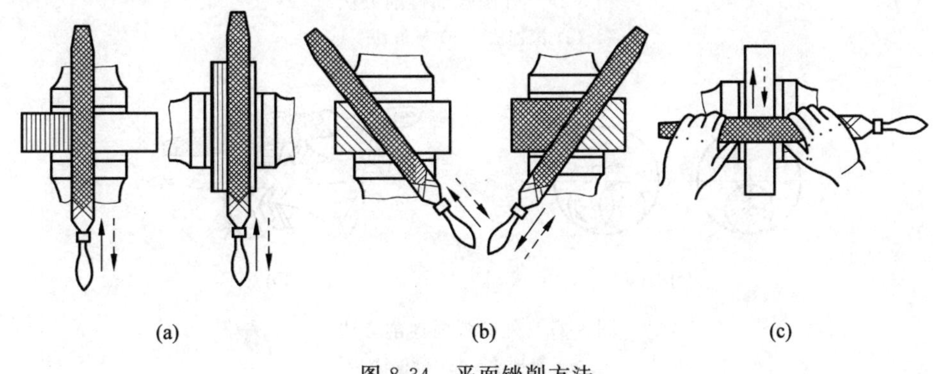

图 8-34　平面锉削方法

(a) 顺向锉；(b) 交叉锉；(c) 推锉

(4) 检验：锉削时，工件的尺寸可用钢尺和卡尺检查。工件的直线度、平面度及垂直度可用刀口尺、直角尺等根据是否透光来检查，检验方法如图 8-35 所示。

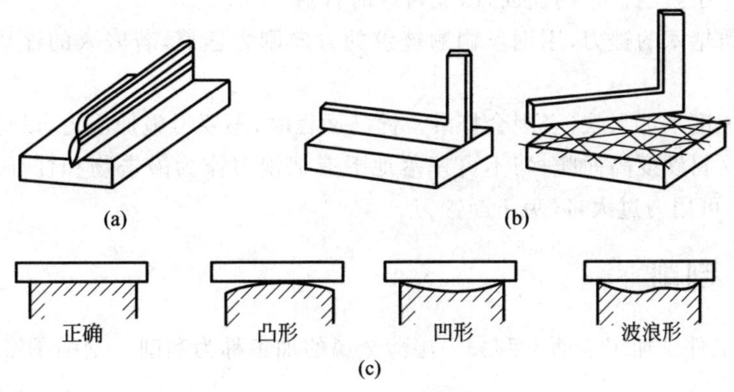

图 8-35　锉削平面的检验

(a) 用刀口尺检查；(b) 用直角尺检查；(c) 检查结果

2) 圆弧面锉削

锉削圆弧面时，锉刀既需向前推进，又需绕弧面中心摆动。常用的有外圆弧面锉削时的滚锉法和顺锉法，如图 8-36 所示。内圆弧面锉削时的滚锉法和顺锉法，如图 8-37 所示。滚锉时，锉刀顺圆弧摆动锉削，常用作精锉外圆弧面。顺锉时，锉刀垂直圆弧面运动，适宜于粗锉。

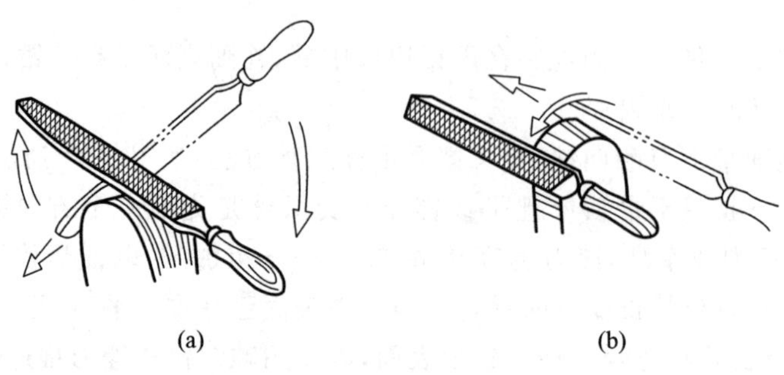

图 8-36　外圆弧面锉削方法

(a) 滚锉法；(b) 顺锉法

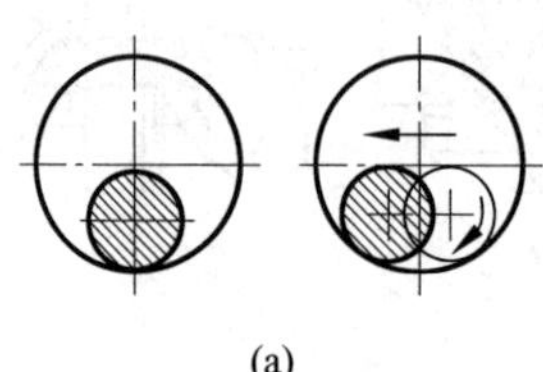

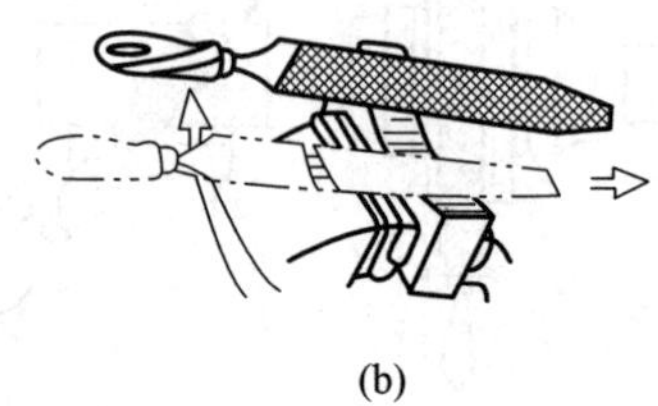

图 8-37　外圆弧面锉削方法

(a) 滚锉法；(b) 顺锉法

5. 锉削操作注意事项

(1) 有硬皮或砂粒的铸件、锻件，要用砂轮磨去后，才可用半锋利的锉刀或旧锉刀锉削。

(2) 不要用手摸刚锉过的表面，以免再锉时打滑。

(3) 被锉屑堵塞的锉刀，用钢丝刷顺锉纹的方向刷去锉屑，若嵌入的锉屑大，则要用铜片剔去。

(4) 锉削速度不可太快，否则会打滑。锉削回程时，不要再施加压力，以免锉齿磨损。

(5) 锉刀材料硬度高而脆，切不可摔落地下或把锉刀作为敲击物和杠杆，撬其他物件；用油光锉时，不可用力过大，以免折断锉刀。

8.4.3　刮削

用刮刀在工件已加工表面上刮去一层薄金属的加工称为刮削。刮削是钳工中的一种精密加工方法。

刮削时，刮刀对工件有切削作用，同时又有压光作用。因此，刮削后的表面具有良好的平面度，表面粗糙度 Ra 值可达 1.6μm 以下。零件上的配合滑动表面，为了达到配合精度，增加接触面，减少摩擦磨损，提高使用寿命，常需经过刮削，如机床导轨、滑动轴承等。刮削劳动强度大，生产率低，故加工余量不宜过大(约 0.1mm 以下)。

1. 刮刀及其用法

平面刮刀如图 8-38 所示，它是用 T10A 等高级优质碳素工具钢锻制而成的，其端部需磨出锋利刃口，并用油石磨光。

如图 8-39 所示为刮刀的一种握法。右手握刀柄，推动刮刀前进，左手在接近端部的位置施压，并引导刮刀沿刮削方向移动。刮刀相对于工件倾斜 25°～30°。刮削时，用力要均匀，避免划伤工件。

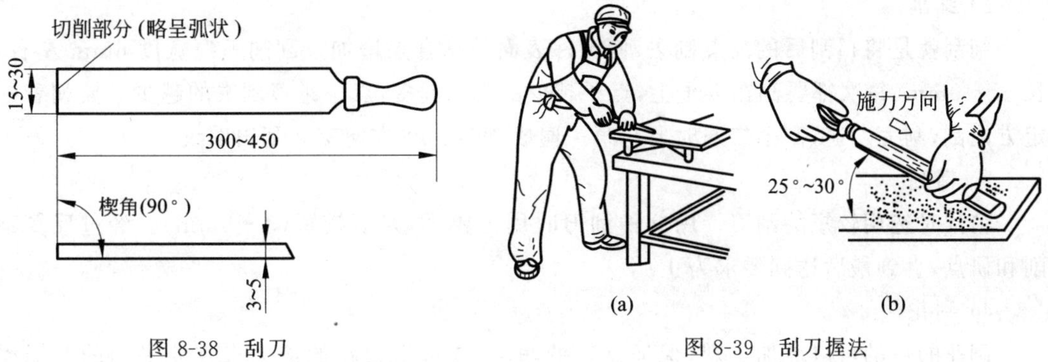

图 8-38 刮刀　　图 8-39 刮刀握法

2. 刮削精度检验

刮削表面的精度通常以研点法来检验，如图 8-40 所示。研点法是将工件刮削表面擦净，均匀涂上一层很薄的红丹油，然后与校准工具(如标准平板等)相配研。工件表面上的凸起点经配研后，被磨去红丹油而显出亮点(即贴合点)。刮削表面的精度即是以 25mm×25mm 的面积内贴合点的数量与分布疏密程度来表示。普通机床的导轨面贴合点为 8～10 点，精密时为 12～15 点。

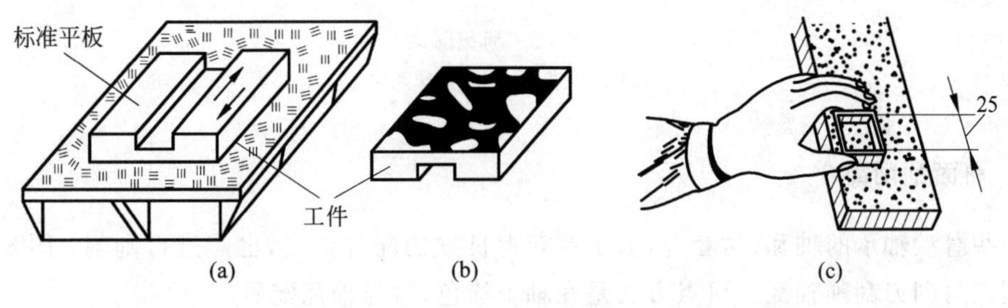

图 8-40 研点法

(a) 配研；(b) 显出的贴合点；(c) 精度检验

3. 平面刮削

平面刮削分为粗刮、细刮、精刮、刮花等。

1) 粗刮

若工件表面比较粗糙，则应先用刮刀将其全部粗刮一次，使其表面较平滑，以免研点时划伤检验平板。粗刮的方向不应与机械加工留下的刀痕方向垂直，以免因刮刀颤动而将表面刮出波纹。一般刮削方向与刀痕方向成 45°，如图 8-41 所示，各次刮削方向应交叉。粗刮时，用长刮刀，刀口端部要平，刮过的刀痕较宽(10mm 以上)，行程较长(10～

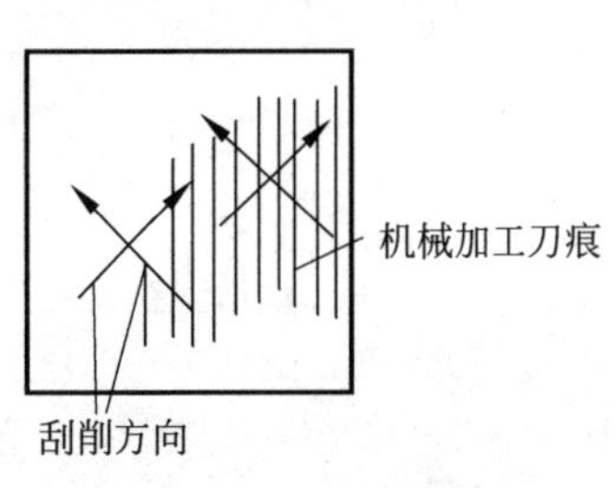

图 8-41 粗刮方向

15mm)，刮刀痕迹要连成一片，不可重复。机械加工的刀痕刮除后，即可研点，并按显出的高点逐一刮削。当工件表面上贴合点增至每 25mm×25mm 面积内 4～5 个点时，可开始细刮。

2）细刮

细刮就是将粗刮后的高点刮去，使工件表面的贴合点增加。刮削刀痕宽度 6mm 左右，长 5～10mm，每次都要刮在点子上，点子越少刮去的越多，点子越多刮去的越少。要朝着一定方向刮，刮完一遍，刮第二遍时要与第一遍成 45°或 60°方向交叉刮出网纹。

3）精刮

精刮时选用较短的刮刀。用这种刮刀时用力要小，刀痕较短(3～5mm)。经过反复刮削和研点，直到最后达到要求为止。

4）刮花

刮花的目的可以增加美观，保证良好的润滑，并可借刀花的消失来判断平面的磨损程度。一般常见的花纹有斜纹花纹(即小方块)和鱼鳞花纹等，如图 8-42 所示。

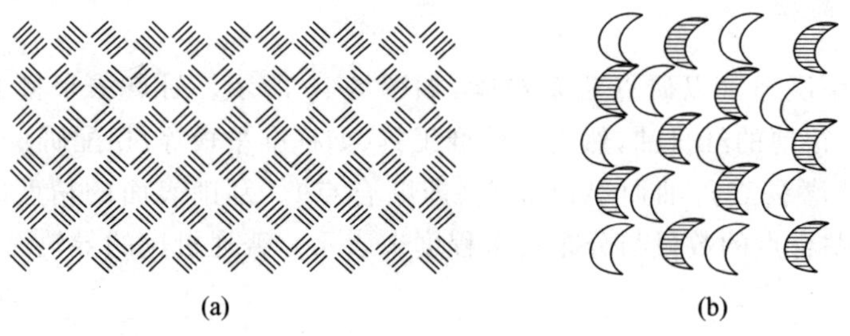

图 8-42　刮花图案

(a) 斜纹花纹；(b) 鱼鳞花纹

4. 曲面刮削简介

一些滑动轴承的轴瓦、衬套等，为了要获得良好的配合精度，也需进行刮削；图 8-43 所示为用三角刮刀刮削轴瓦。研点方法是在轴上涂色，再与轴瓦配研。

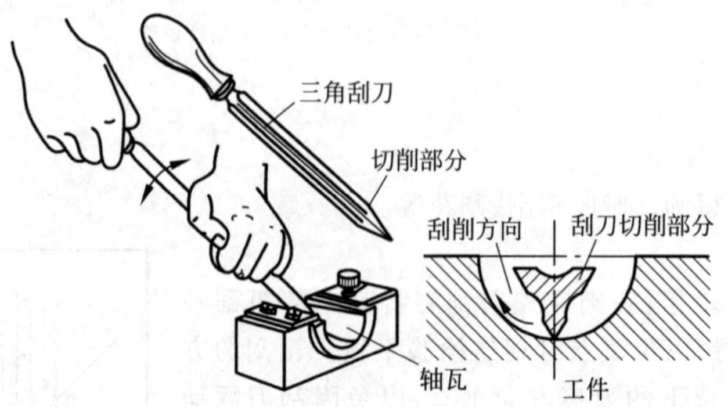

图 8-43　用三角刮刀刮削轴瓦

8.5　孔及螺纹加工

钳工进行的孔加工，主要有钻孔、扩孔、铰孔和锪孔。钻孔也是攻螺纹前的准备工序。

孔加工常在台式钻床、立式钻床或摇臂钻床上进行。若工件大而笨重，也可使用手电钻钻孔。铰孔有时也用手工进行。

8.5.1　钻床

1. 台式钻床

台式钻床简称台钻，如图 8-44 所示。台钻是一种小型机床，安放在钳工台上使用。其钻孔直径一般在 12mm 以下。由于加工的孔径较小，台钻主轴转速较高，最高时每分钟可近万转，故可加工 1mm 以下小孔。主轴转速一般用改变三角胶带在带轮上的位置来调节。台钻的主轴进给运动由手动完成。台钻小巧灵便，主要用于加工小型工件上的各种孔。在钳工中台钻使用得最多。

2. 立式钻床

立式钻床简称立钻，如图 8-45 所示。一般用来钻中型工件上的孔，其规格用最大钻孔直径表示，常用的有 25mm、35mm、40mm、50mm 等几种。

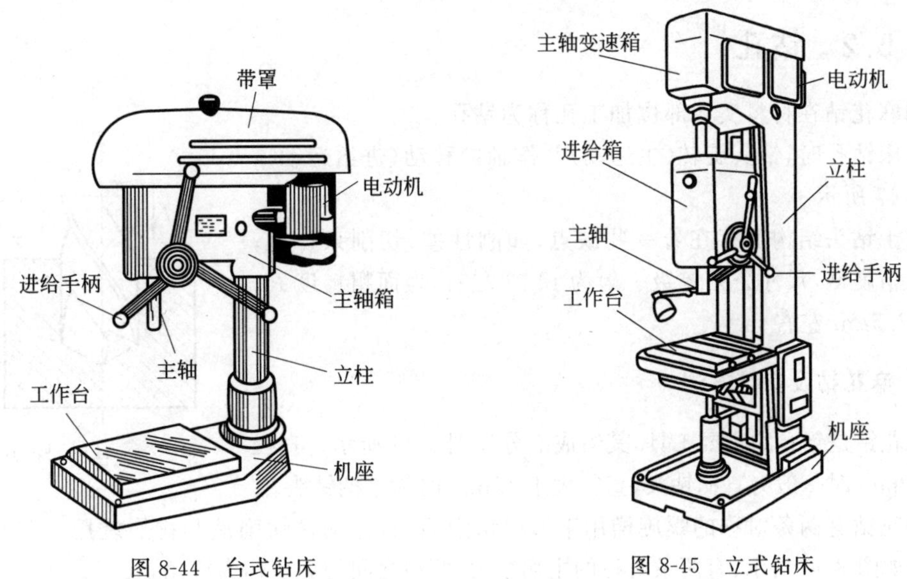

图 8-44　台式钻床　　　　图 8-45　立式钻床

立式钻床主要由机座、立柱、主轴变速箱、进给箱、主轴、工作台和电动机等组成。主轴变速箱和进给箱与车床类似，分别用以改变主轴的转速与直线进给速度。钻小孔时，转速需高些；钻大孔时，转速应低些。钻孔时，工件安放在工作台上，通过移动工件位置使钻头对准孔的中心。

3. 摇臂钻床

摇臂钻床是用来钻削大型工件的各种螺钉孔、螺纹底孔和油孔等，如图 8-46 所示。它有一个能绕立柱旋转的摇臂。主轴箱可以在摇臂上作横向移动，并随摇臂沿立柱上、下作调整运动。刀具安装在主轴上，操作时，能很方便地调整到所需钻削孔的中心，而不需移动工件。摇臂钻床加工范围广泛，在单件和成批生产中多被采用。

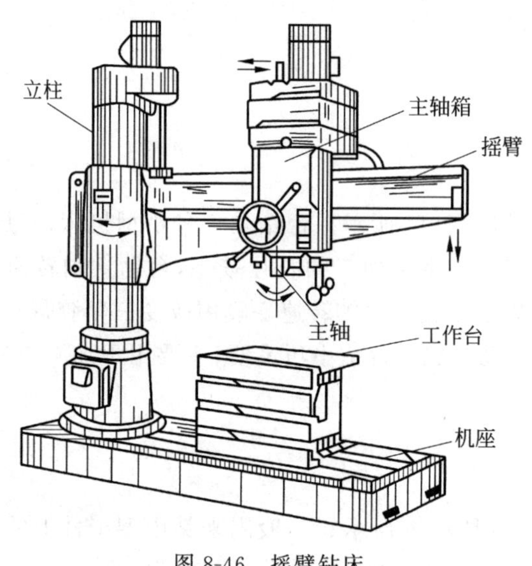

图 8-46　摇臂钻床

8.5.2　钻孔

用麻花钻在材料实体部位加工孔称为钻孔。

钻床钻孔时，钻头旋转(主运动)并作轴向移动(进给运动)，如图 8-47 所示。

由于钻头结构上存在着一些缺点，如刚性差、切削条件差，故钻孔精度低，尺寸公差等级一般为 IT12 左右，表面粗糙度 Ra 值为 12.5μm 左右。

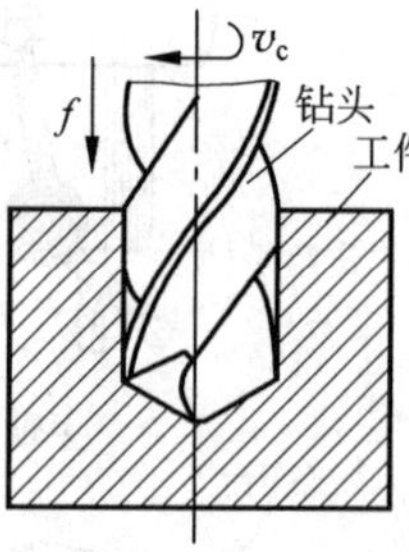

图 8-47　钻削时的运动

1. 麻花钻及安装方法

麻花钻是钻孔的主要工具，其组成部分如图 8-48 所示。直径小于 12mm 时一般为直柄钻头，直径大于 12mm 时为锥柄钻头。

麻花钻有两条对称的螺旋槽用来形成切削刃，且作输送切削液和排屑之用。前端的切削部分如图 8-48 所示，有两条对称的主切削刃，两刃之间的夹角称为锋角，其值为 $2\phi=116°\sim118°$。两个顶面的交线叫作横刃，钻削时，作用在横刃上的轴向力很大，故大直径的钻头常采用修磨的方法，缩短横刃，以降低轴向力，导向部分上的两条刃带在切削时起导向作用，同时又能减少钻头与工件孔壁的摩擦。

麻花钻的装夹方法按其柄部的形状不同而异。锥柄可以直接装入钻床主轴孔内。较小的钻头可用过渡套筒安装，如图 8-49 所示。直柄钻头则用钻夹头安装。

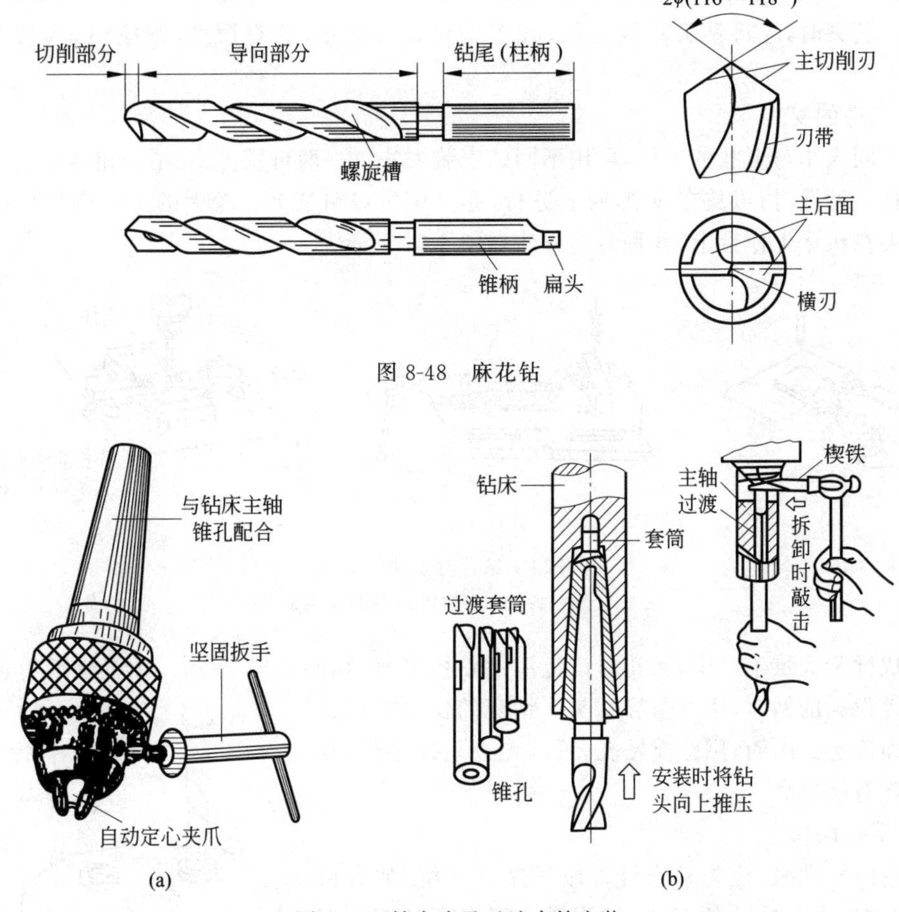

图 8-48　麻花钻

图 8-49　钻夹头及过渡套筒安装

(a) 钻夹头；(b) 用过渡套筒安装

2. 钻孔方法

1) 钻孔前的准备

钻孔前,工件要划线定心,在工件孔的位置划出加工圆和检查圆,并在加工圆和中心冲出样冲眼,如图 8-50 所示。

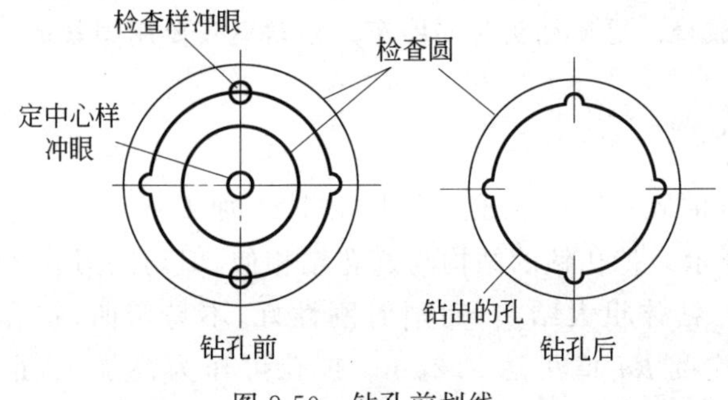

图 8-50　钻孔前划线

根据孔径大小选取合适的钻头，检查钻头主切削刃是否锋利和对称，如不合要求，应认真修磨。装夹时，应将钻头轻轻夹住，开车检查是否放正，若有摆动，则应纠正，最后用力夹紧。

2）工件的安装

对不同大小与形状的工件，可用不同的安装方法。一般可用虎钳、平口钳等装夹。在圆柱形工件上钻孔时，可放在V形铁上进行，亦可用平口钳装夹。较大的工件则用压板螺钉直接装夹在机床工作台上，各种装夹方法如图8-51所示。

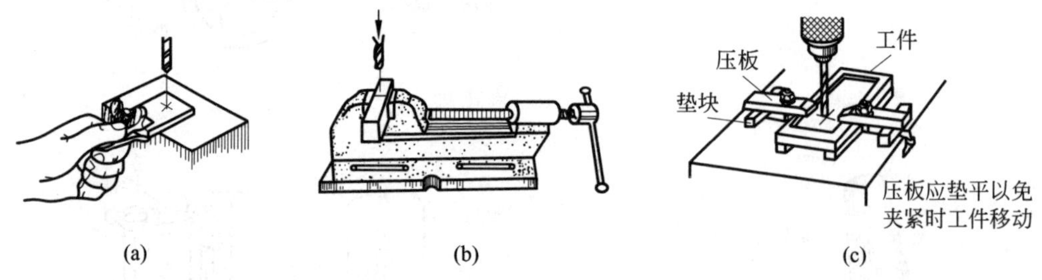

图8-51 钻孔时工件的安装

(a) 手虎钳；(b) 平口钳；(c) 压板夹紧

在成批和大量生产中，钻孔时广泛应用钻模夹具，如图8-52所示。钻模上装有淬过火的耐磨性很高的钻套，用以引导钻头。钻套的位置根据钻孔要求而确定。因而，用钻模钻孔，可以免去划线工作，且钻孔精度有所提高。

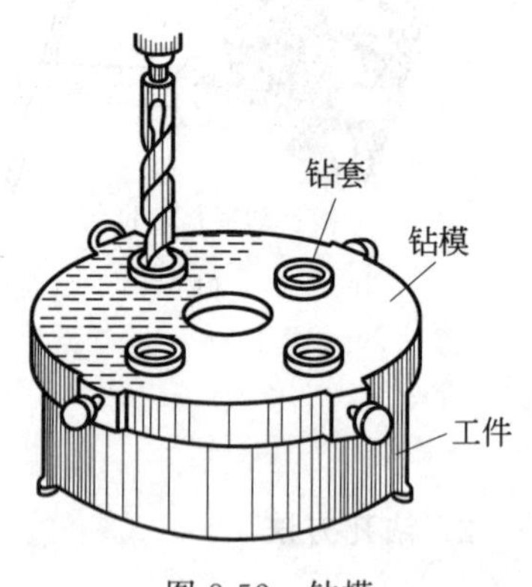

图8-52 钻模

3）钻孔操作

按划线钻孔时，应先对准样冲眼试钻一浅坑，如有偏位，可用样冲重新冲孔纠正，也可用錾子錾出几条槽来纠正。钻孔时，进给速度要均匀。将要钻通时，进给量要减少。钻韧性材料要加切削液。钻深孔（孔深L与直径d之比大于5）时，钻头必须经常退出排屑。钻床钻孔时，孔径大于30mm的孔，需分两次钻出。

4）钻孔注意事项

为了操作安全，钻孔时，身体不要贴近主轴，不得戴手套，手中也不允许拿棉纱。切屑要用毛刷清理，不能用手抹或嘴吹。钻通孔时，工件下面要垫上垫板或把钻头对准工作台空槽。工件必须放平、放稳。更换钻头时要停车。松紧夹头要用固紧扳手，切忌锤击。

8.5.3 扩孔

用扩孔钻对已有的孔（铸孔、锻孔、钻孔）作扩大加工称为扩孔。扩孔所用的刀具是扩孔钻，如图8-53所示。扩孔钻的结构与麻花钻相似，但切削刃有3～4个，前端是平的，无横刃，螺旋槽较浅，钻体粗大结实，切削时刚性好，不易弯曲，扩孔尺寸公差等级可达IT10～IT9，表面粗糙度Ra值可达3.2μm。扩孔可作为终加工，也可作为铰孔前的预加工。

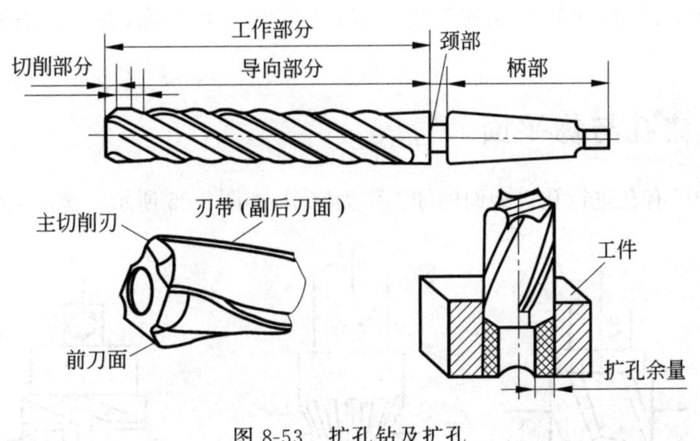

图 8-53　扩孔钻及扩孔

8.5.4　铰孔

铰孔是用铰刀对孔进行最后精加工的一种方法，铰孔可分粗铰和精铰。精铰加工余量较小，只有 0.05～0.15mm，尺寸公差等级可达 IT8～IT7，表面粗糙度 Ra 值可达 0.8μm。铰孔前，工件应经过钻孔-扩孔(或镗孔)等加工。铰孔所用刀具是铰刀，如图 8-54 所示。

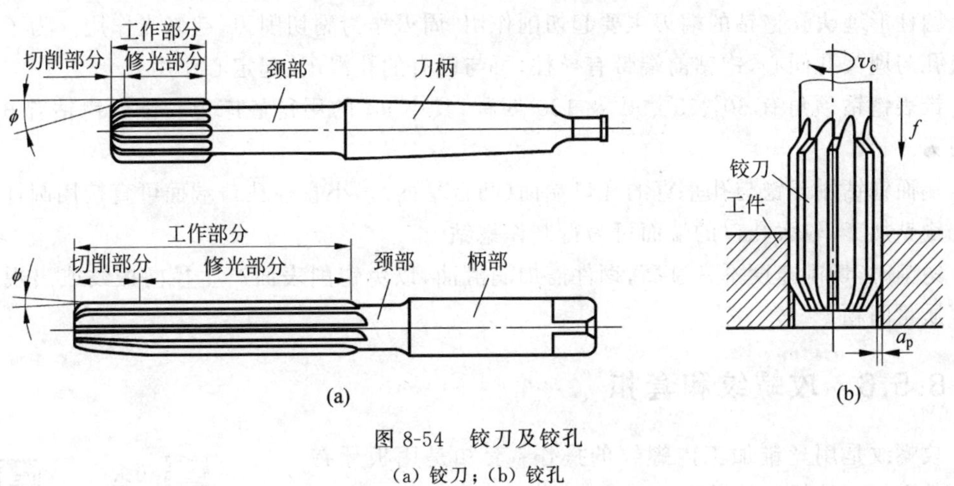

图 8-54　铰刀及铰孔
(a) 铰刀；(b) 铰孔

铰刀有手用铰刀和机用铰刀两种。手用铰刀为直柄，工作部分较长。机用铰刀多为锥柄，可装在钻床、车床或镗床上铰孔。铰刀的工作部分由切削部分和修光部分组成，切削部分呈锥形，担负着切削工作，修光部分起着导向和修光作用。铰刀有 6～12 个切削刃，每个刀刃的切削负荷较轻。铰孔时，选用的切削速度较低，进给量较大，并要使用切削液。铰铸铁件用煤油，铰钢件用乳化液。

铰孔时应注意的事项：

(1) 铰刀在孔中绝对不可倒转，即使在退出铰刀时，也不可倒转。否则，铰刀和孔壁之间易于挤住切屑，造成孔壁划伤或刀刃崩裂。

(2) 机铰时，要在铰刀退出孔后再停车。否则，孔壁有拉毛痕迹。铰通孔时，铰刀修光部分不可全部露出孔外，否则，出口处会划坏。

(3) 铰钢制工件时，切屑易黏在刀齿上，故应经常注意清除，并用油石修光刀刃，否则，孔壁要拉毛。

8.5.5 锪孔与锪平面

对工件上的已有孔进行孔口型面的加工称为锪削，如图8-55所示。锪削又分锪孔和锪平面。

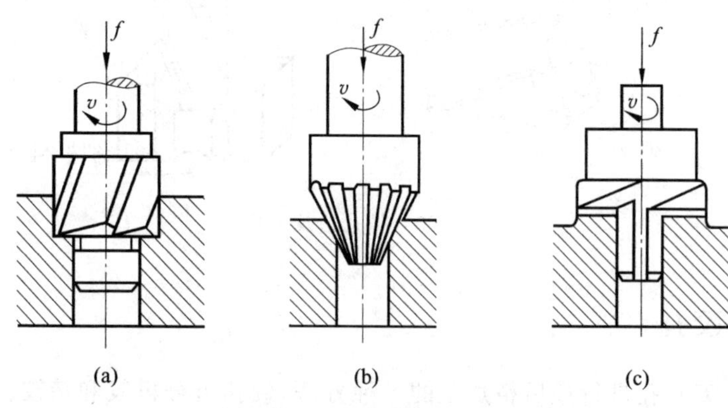

图 8-55 锪削工件

(a) 圆柱形埋头孔钻锪柱孔；(b) 锥形埋头孔钻锪锥孔；(c) 用端面锪钻锪端面

圆柱形埋头孔锪钻的端刃主要起切削作用，周刃作为副切削刃，起修光作用。为了保持原有孔与埋头孔同心，锪钻前端带有导柱，可与已有的孔滑配，起定心作用。

锥表锪钻顶角有60°、75°、90°及120°四种，其中90°的用得最广泛。锥形锪钻有6～12个刀刃。

端面锪钻用于锪与孔垂直的孔口端面(凸台平面)。小直径孔口端面可直接用圆柱形埋头孔锪钻加工，较大孔口的端面可另行制作锪钻。

锪削时，切削速度不宜过高，钢件需加润滑油，以免锪削表面产生径向振纹或出现多棱形等质量问题。

8.5.6 攻螺纹和套扣

攻螺纹是用丝锥加工内螺纹的操作；套扣是用板牙在圆柱件上加工外螺纹的操作。

1. 丝锥和铰杠

丝锥的结构如图8-56所示。其工作部分是一段开槽的外螺纹，还包括切削部分和校准部分。切削部分是圆锥形。切削负荷被各刀齿分担。修正部分具有完整的齿形，用以校准和修光切出的螺纹。丝锥有3～4条窄槽，以形成切削刃和排出切屑。丝锥的柄部有方头，攻螺纹时用其传递力矩。

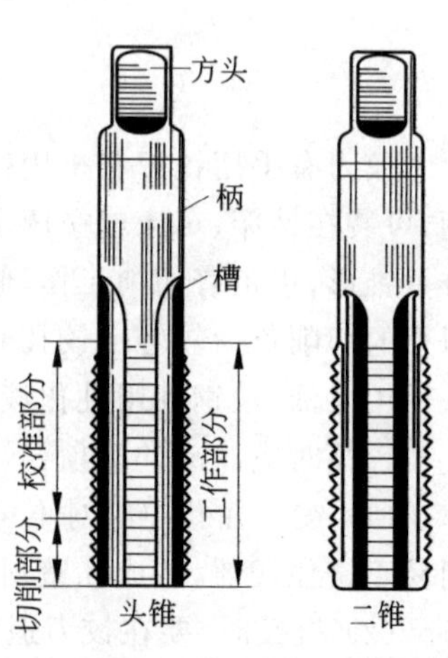

图 8-56 丝锥的结构

手用丝锥一般由两支组成一套，分为头锥和二锥。两支丝锥的外径、中径和内径均相等，只是切削部分的长短和锥角不同。头锥较长，锥角较小，约有6个不完整的齿，以便切入。二锥短些，锥角大些，不完整的齿约为2个。切不通孔时，两支丝锥交替使用，以便攻螺纹接近根部。切通孔时，头锥能一次完成。螺距大于2.5mm的丝锥常制成3支一套。

铰杠是扳转丝锥的工具，如图8-57所示，常用的是可调节式，转动右边的手柄或螺钉，即可调节方孔大小，以便夹持各种不同尺寸的丝锥。铰杠的规格要与丝锥的大小相适应。小丝锥不宜用大铰杠，否则，易折断丝锥。

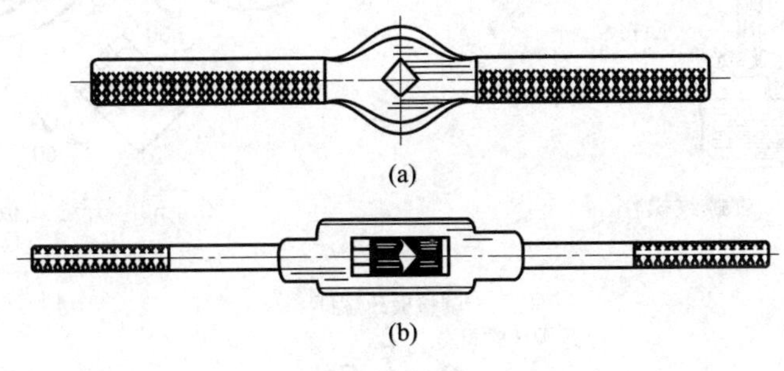

图8-57 铰杠

(a) 固定式；(b) 可调节式

2. 攻螺纹方法

攻螺纹前必先钻孔。由于丝锥工作时除了切削金属以外，还有挤压作用，因此，钻孔的孔径应略大于螺纹的内径，可选用相应的标准钻头。部分普通螺纹攻螺纹前钻孔用的钻头直径见表8-3。

表8-3 钢材上钻螺纹底孔的钻头直径 mm

螺纹直径(d)	2	3	4	5	6	8	10	12	14	16	20	24
螺距(z)	0.4	0.5	0.7	0.8	1	1.25	1.5	1.75	2	2	2.5	3
钻头直径(d_2)	1.6	2.5	3.3	4.2	5	6.7	8.5	10.2	11.9	13.9	17.4	20.9

钻不通螺纹孔时，由于丝锥不能切到底，所以钻孔深度要大于螺纹长度，其大小按下式计算：

孔的深度＝要求的螺纹长度＋0.7×螺纹外径

攻螺纹时，将丝锥头部垂直放入孔内，转动铰杠，适当加些压力，直至切削部分全部切入后，即可用两手平稳地转动铰杠，不加压力旋到底。为了避免切屑过长而缠住丝锥，操作时，应如图8-58所示，每顺转1圈转后，轻轻倒转1/4圈，再继续顺转。对钢料攻螺纹时，要加乳化液或机油润滑；对铸铁攻丝时，一般不加切削液，但若螺纹表面要求光滑时，可加些煤油。

3. 板牙和板牙架

板牙有固定的和开缝的(可调的)两种。如图8-59所示为开缝式板牙，其板牙螺纹孔的大小可作微量的调节。板牙孔的两端带有60°的锥度部分，是板牙的切削部分。

套扣用的板牙架，如图8-60所示。

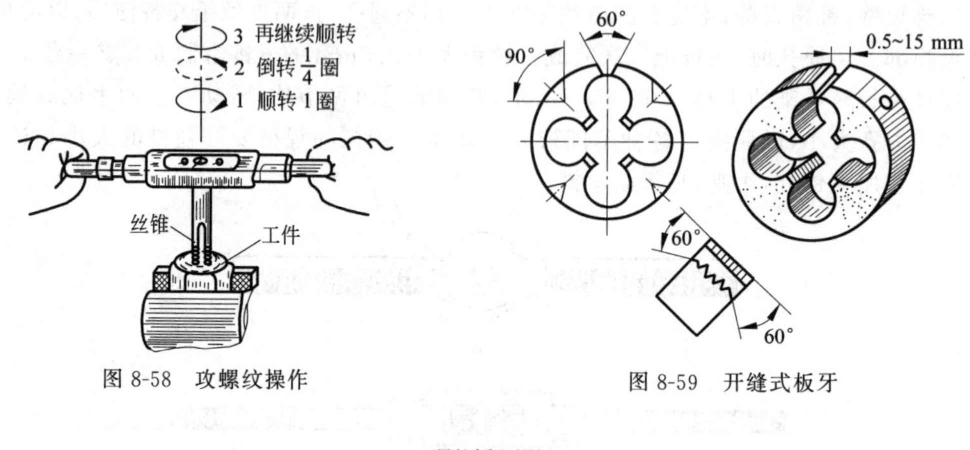

图 8-58 攻螺纹操作　　图 8-59 开缝式板牙

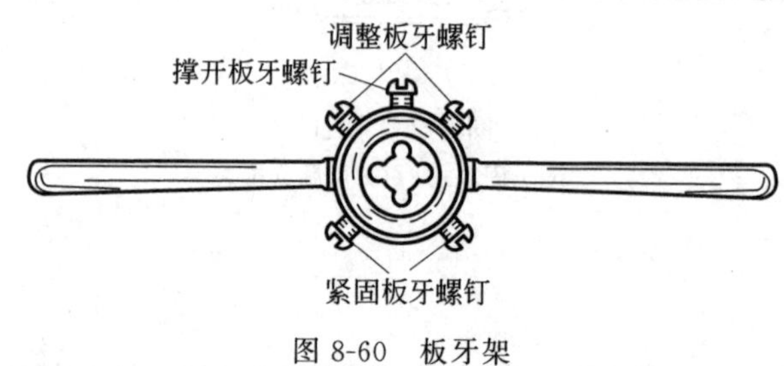

图 8-60 板牙架

4. **套扣方法**

套扣前应检查圆杆直径，太大难以套入，太小则套出螺纹不完整。套扣的圆杆必须倒角，如图 8-61 所示。套扣时板牙端面与圆杆垂直，如图 8-62 所示。开始转动板牙架时，要稍加压力，套入几扣后，即可转动，不再加压。套扣过程中要时常反转，以便断屑。在钢件上套扣时，亦应加机油润滑。

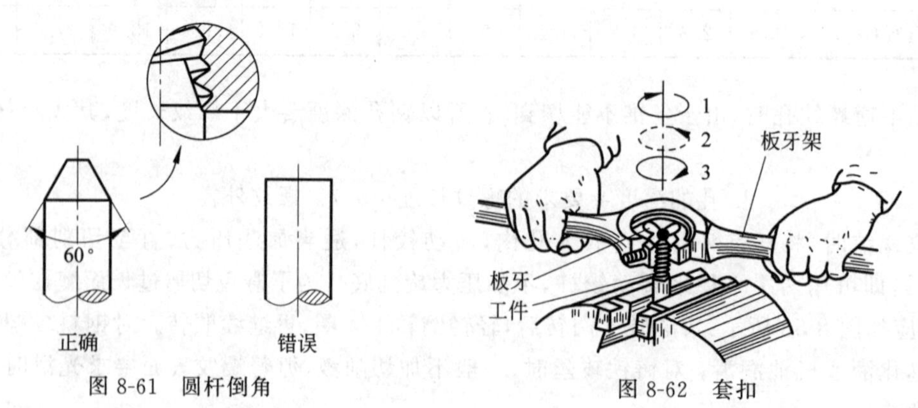

图 8-61 圆杆倒角　　图 8-62 套扣

8.6 装配的基础知识

任何一台机器都是由许多零件组成的。按照规定的技术要求，将零件组装成机器的工艺过程，称为装配。

装配是机器制造的重要阶段，装配质量的好坏对机器的性能和使用寿命影响很大。装配不良的机器，将使其性能降低，消耗的功率增加，使用寿命减短。尤其是工作母机（如机床），装配质量差，用它制造的产品，精度低，表面质量差。

1. 产品装配的步骤

1）装配前的准备

（1）研究和熟悉产品的图纸，了解产品的结构以及零件作用和相互连接关系，掌握其技术要求。

（2）确定装配方法、程序和所需的工具。

（3）备齐零件，并进行清洗，涂防护润滑油。

2）装配

装配工作的过程一般分为组件装配、部件装配和总装配。

（1）组件装配：将两个以上的零件连接组合成为组件的过程。

（2）部件装配：将组件和零件或组件与组件连接组合成独立部件的过程。

（3）总装配：将部件和零件或部件与部件连接组合成为整台机器的过程。

3）调试

对机器进行调试、调整、精度检验和试车，使产品达到质量要求。

4）喷漆和装箱

2. 装配单元系统图

图 8-63 所示为某减速器低速轴组件装配示意图。装配过程可用装配单元系统图来表示，如图 8-64 所示，其绘制方法如下：

（1）先画一条竖线；

（2）竖线左端画一长方格，代表基准件，在长方格中说明装配单元的名称、编号和数量；

（3）竖线右端画一长方格，代表装配的成品；

（4）竖线自上至下表示装配的顺序。

根据装配单元系统图，可以清楚地看出成品的装配过程，也便于指导和组织装配工作。装配时，应注意下述几项要求：

（1）应检查零件与装配有关的形状和尺寸精度是否合格，检查有无变形、损坏等情况。

（2）固定连接的零、部件不允许有间隙，活动连接的零件能在正常的间隙下灵活地按规定方向运动。

（3）各种运动部件的接触面必须有足够的润滑，油路需畅通。

（4）各密封件在装配后不得有渗漏现象。

（5）高速运动构件的外面不得有凸出的螺钉头或销钉头等。

（6）装配完毕，应开机试车。试车前，先检查各运动部件的操纵机构是否灵活，手柄是否在合适位置上。试车时，先开慢车，再逐步加速。

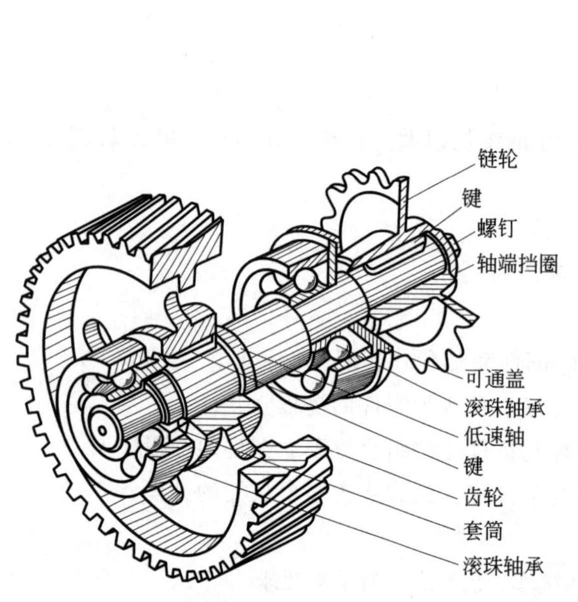

图 8-63 某减速器低速轴组件装配示意图

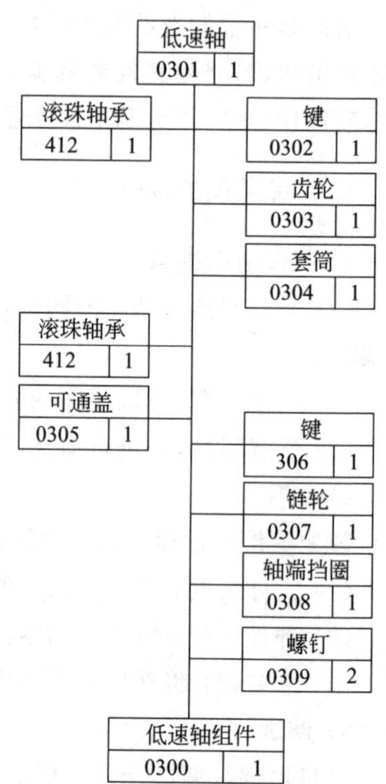

图 8-64 装配单元系统图

3. 典型零件的装配

1）键连接的装配

在机器的传动轴上，往往要装上齿轮、皮带轮、蜗轮等零件，并需采用键连接来传递转矩。图 8-65(a)所示为平键装配示意图。

装配时，先去除键槽锐边毛刺，选取键长并修锉两头，修配键侧使之与轴上键槽相配，将键配入键槽内。然后试装轮毂，若轮毂键槽与键配合太紧时，可修键槽，但不允许松动。装配后，键底面应与轴上键槽底部接触。键的两侧应有一定过盈量，键顶面和轮毂间必须留有一定的间隙。

图 8-65(b)所示为楔键连接示意图。楔键的形状和平键相似，不同的是楔键顶面带有 1∶100 的斜度。装配时，相应的轮毂上键槽也要有同样的斜度。此外，键的一端有沟头，便于装卸。楔键连接，除了传递转矩外，还能承受单向轴向力。楔键装配后，应使顶面和底面分别与轮毂键槽、轴上键槽紧贴，两侧面与键槽有一定的间隙。

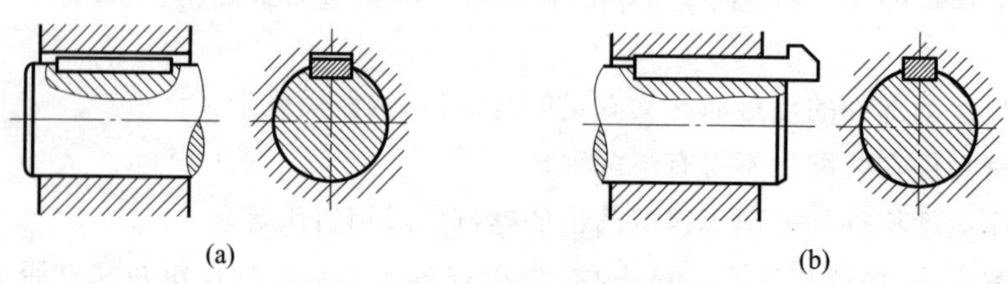

图 8-65 键的装配

(a) 平键装配；(b) 楔键连接

2）滚珠轴承的装配

图 8-66 所示为滚珠轴承的装配简图。滚珠轴承的装配大多用较小的过盈配合，常用手锤或压力机压装。为了装入时施力均匀，一般采用垫套加压。若轴承与轴的配合过盈较大时，则先将轴承悬吊在 80～90℃的热油中加热，然后再进行热装。

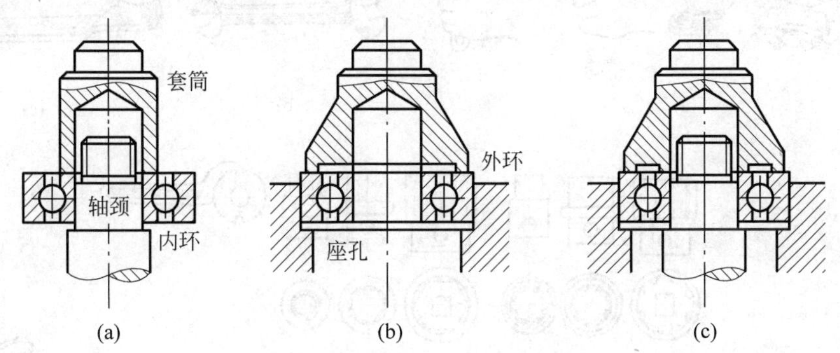

图 8-66 滚珠轴承的装配

(a) 压入轴颈；(b) 压入座孔；(c) 同时压入轴顶和座孔

3）螺纹连接件的装配

螺纹连接具有装配简单、调整及更换方便、连接可靠等优点，因而在机械制造中广泛应用。螺纹连接的形式如图 8-67 所示。

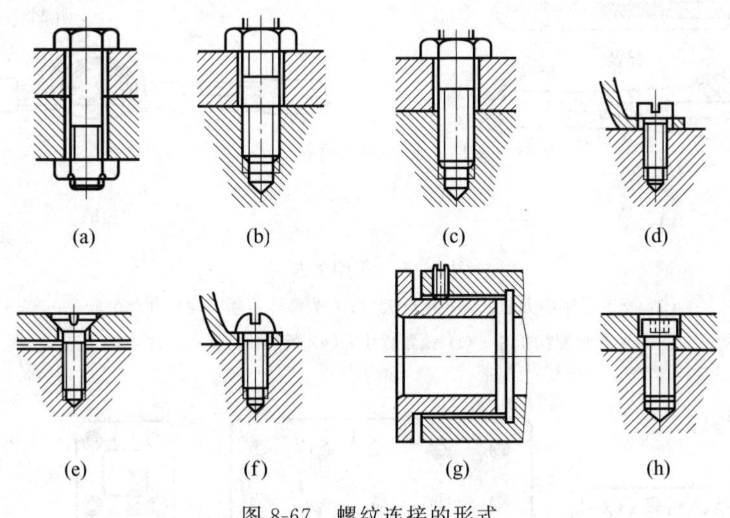

图 8-67 螺纹连接的形式

螺纹连接件装配的基本要求如下：

(1) 螺母配合时，应能用手自由旋入，然后再用扳手拧紧。常用的扳手如图 8-68 所示。

(2) 螺母端面应与螺纹轴线垂直，以便受力均匀。

(3) 零件与螺母的贴合面应平整光洁，否则螺纹连接容易松动。

(4) 装配一组螺纹连接件时，应按图 8-69 所示的顺序拧紧，以保证零件贴合面受力均匀。同时，对每个螺母应分 2～3 次拧紧，这样才能使各个螺钉承受均匀的负荷。

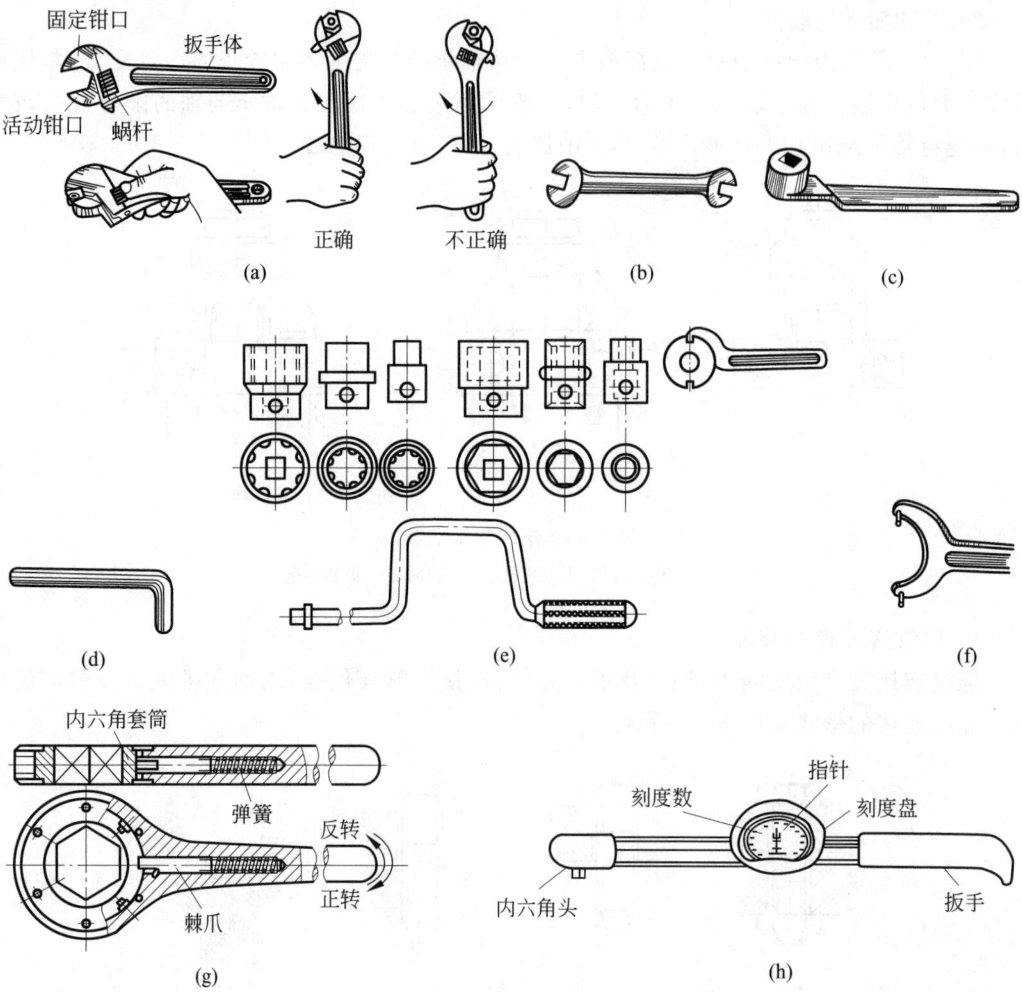

图 8-68　常用的扳手

(a) 扳手及使用方法；(b) 开口扳手；(c) 整体扳手；(d) 内六角扳手；
(e) 成套套筒扳手；(f) 锁紧扳手；(g) 棘轮扳手；(h) 测力扳手

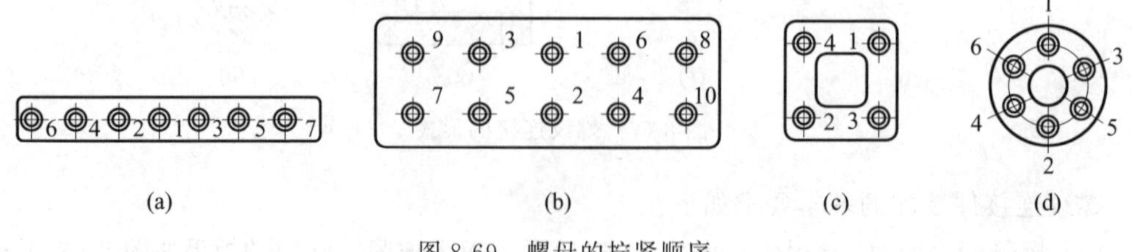

图 8-69　螺母的拧紧顺序

4. **拆卸工作**

机器在运转磨损后，常需要进行拆卸修理或更换零件。拆卸时，应注意如下要求：

(1) 机器的拆卸工作应按其结构不同，预先考虑操作程序，以免先后倒置；应避免猛拆、猛敲，造成零件的损伤或变形。

(2) 拆卸的顺序应与装配的顺序相反，一般应遵循先外部后内部、先上部后下部的拆卸顺序，依次拆下组件或零件。

(3) 拆卸时，为了保证合格零件不会损伤，应尽量使用专用工具。严禁用硬手锤直接敲击工件表面。

(4) 拆卸时，必须先辨清回松方向(如左、右旋等)。

(5) 拆下的零、部件必须按次序收放整齐。有的按原来结构套在一起；有的作上记号，以免错乱；有的易变形、弯曲的零件(如丝杠、长轴等)，拆下后应吊在架子上。

8.7　钳工常用电动工具

1. 手电钻

手电钻(见图 8-70)是用来对金属或其他材料制品进行钻孔的电动工具，具有体积小、质量轻、使用灵活、操作简单等特点。

手电钻使用时的注意事项：

(1) 电钻使用前，须先空转 1min 左右，检查传动部分运转是否正常；

(2) 钻头必须锋利，钻孔时用力不应过猛，当孔将要钻穿时，应相应减轻压力。

2. 模具电磨

模具电磨(见图 8-71)属于磨削工具，配有各种形式的磨头以及各种成形铣刀，适用于在工具、夹具和模具的装配调整中，对各种形状复杂的工件进行修磨、抛光或铣削。

图 8-70　手电钻

图 8-71　模具电磨

模具电磨使用时注意事项：

(1) 安装软轴或更换磨头时，务必切断电源；

(2) 软轴与机身的夹头以及软轴与磨头的夹头，务必要用小扳手锁紧；

(3) 使用前须先开机空转 2～3min，检查是否正常；

(4) 所用砂轮的外径不能超过磨头标牌上规定的尺寸；

(5) 使用时，砂轮和工件的接触压力不宜过大；

(6) 使用切割片加工时，注意安全，以防切割飞片伤人。

3. 电剪刀

电剪刀(见图 8-72)使用灵活、携带方便,能用来剪切各种几何形状的金属板材。剪切成形的板材,具有板面平整、变形小、质量好等优点。同时,电剪刀也是对各种形状复杂的大型样板进行落料加工的主要工具之一。

电剪刀使用时应注意事项:

(1) 电剪刀剪切的板料厚度不得超过标牌上规定的厚度;

(2) 开机前检查螺钉牢固程度,然后开机空转,待运转正常后方可使用;

(3) 剪切时,两刀刃的间距需根据板材厚度进行调整;

(4) 进行小半径剪切时,需将两刃口的间距调至 0.3~0.4mm。

4. 电动扳手

电动扳手(见图 8-73)主要用来装拆螺纹连接件,分为单相冲击电动扳手和三相冲击电动扳手。

图 8-72 电剪刀

图 8-73 电动扳手

电动扳手使用时的注意事项:

(1) 使用前空转 1min 以检查是否正常;

(2) 按下开关空转,看是否是需要的转动方向;

(3) 扳手工作制为断续工作制,运行周期为 2min;

(4) 使用时应扶正电动扳手,使其轴线与螺纹线对正,握稳按下开关即可工作;

(5) 若电动机启动不起来,或电动机转动而工作头不冲击,应先检查电刷磨损情况及冲击块与主动轴人字槽处或其他转动配合部位是否有起毛刺、钢球脱落等现象;

(6) 电刷磨损到长度不足 5mm 时,应及时更换。

5. 电动攻螺纹机

电动攻螺纹机(见图 8-74)主要用于加工钢件、铸铁件、黄铜件、铝件等金属零件的内螺纹。它具有正反转机构和过载时脱扣等优点。

6. 型材切割机

型材切割机(见图 8-75)主要适用于切割圆形钢管、异型钢管、角钢、扁钢、槽钢等各种型材。型材切割机的规格指所用砂轮的直径尺寸。

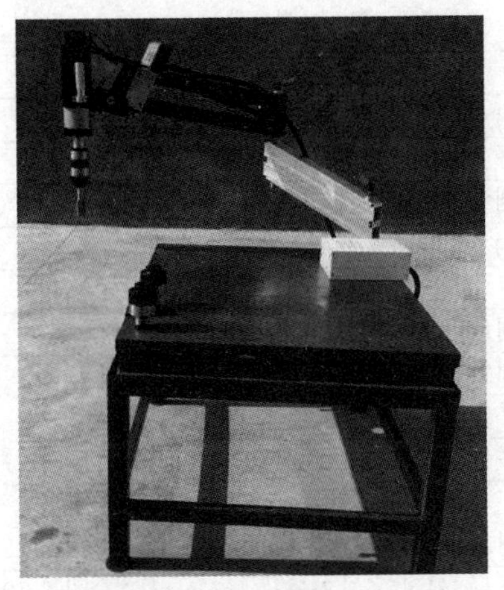

图 8-74　电动攻螺纹机

图 8-75　型材切割机

8.8　实训案例

1. 鸭嘴锤制作

钳工鸭嘴锤(三视图见图 8-76)制作工艺实训过程见表 8-4。

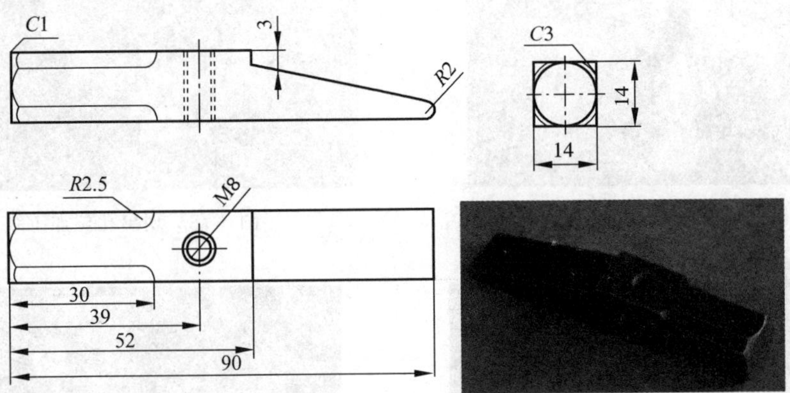

图 8-76　鸭嘴锤三视图

表 8-4　钳工鸭嘴锤制作工艺实训过程

序号	加 工 内 容	时间	工、量、刀具	备注
一	准备工作、讲课	45min		
1	识图			图 8-76
2	讲解图样			
3	讲解平板、量具、工具的使用			
4	讲解加工工艺及步骤			

续表

序号	加 工 内 容	时间	工、量、刀具	备注
二	加工锤头上半部	60min		
1	下料 $L=90$mm		角尺、划针、平锉、钢锯	
2	锉基准面		平锉、直角尺	
3	划线		划线平板、高度游标尺	
4	锯削斜面、锉削斜面		钢锯、平锉	
三	加工锤头下半部	60min		
1	划线		划线平板、高度游标尺	
2	锉削 $C2.5$(4 处)		圆锉、平锉	
3	倒角 $C1$		平锉	
4	锉削 $R2$mm 圆弧面		平锉	图 8-77
四	钻孔、攻螺纹、整形	75min		
1	划线		划线平板、高度游标尺	图 8-78
2	钻孔 $\phi6.7$mm		台钻、钻头 $\phi6.7$mm	图 8-79
3	攻 M8 螺纹		铰手、M8 丝锥	图 8-80
4	抛光		细平锉、砂布	
五	验收			
1	自检、交产品		角尺、游标卡尺	
2	清理工作台及工具		毛刷	
3	打扫卫生		扫把	

图 8-77 锉削 $R2$ 圆弧面的装夹方法

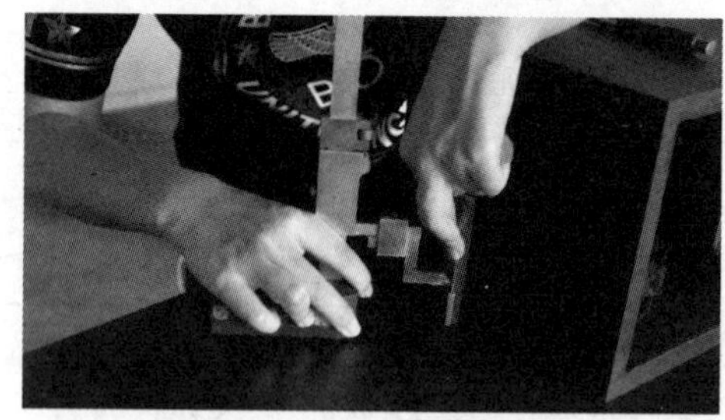

图 8-78 划出孔位加工线

图 8-79 钻孔

图 8-80 攻螺纹

2. 蜗轮蜗杆减速器拆装

蜗轮蜗杆减速器外形如图 8-81 所示，传动简图如图 8-82 所示。

图 8-81　减速器外形

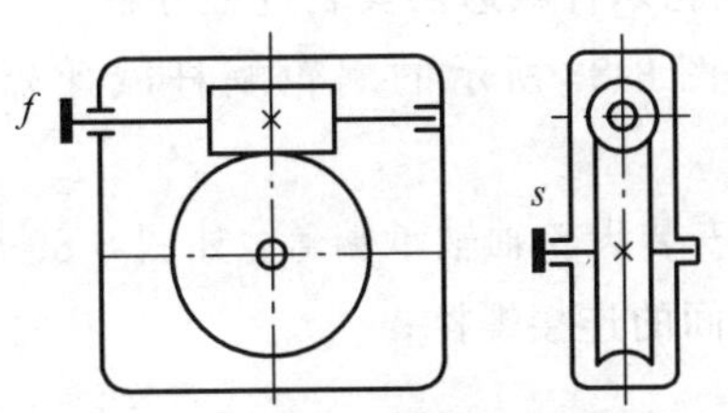

图 8-82　减速器传动简图

s—低速级；f—高速级

1）蜗轮蜗杆减速器拆卸过程分解

(1) 拆去蜗杆轴轴承端盖：如图 8-83 所示，拧动箱体和左、右轴承端盖之间的连接螺栓，卸下蜗杆轴轴承端盖，将螺栓和轴承端盖等集中放置，以免丢失；

(2) 仔细观察箱体内各零部件的结构及位置，同时观察蜗轮蜗杆啮合旋转；

(3) 拆卸蜗杆轴部装：如图 8-84 所示，拆卸蜗杆轴部装，将蜗杆轴和轴上零件(图 8-85)随轴一起从箱座取出；

图 8-83　拆去蜗杆轴轴承端盖

图 8-84　拆卸蜗杆轴部装

(4) 拆去齿轮轴轴承端盖：如图 8-86 所示，拧动箱体和轴承端盖之间的连接螺栓，卸下齿轮轴轴承端盖，将螺栓和轴承端盖等集中放置，以免丢失；

图 8-85　蜗杆轴部装

图 8-86　拆去齿轮轴轴承端盖

(5) 拆卸蜗轮轴部装：将蜗轮轴和轴上零件随轴一起从箱座取出，如图 8-87 所示。

2) 蜗轮蜗杆减速器安装过程分解

将如图 8-88 所示的蜗轮蜗杆减速器零部件，按照如图 8-82 所示的传动简图进行安装。

(1) 安装齿轮轴轴承端盖：如图 8-89 所示，安装齿轮轴一侧的轴承端盖，拧紧箱体和轴承端盖之间的连接螺栓；

图 8-87 蜗轮轴部装

图 8-88 蜗轮蜗杆减速器零部件

(2) 安装蜗轮轴部装及蜗轮轴轴承端盖：如图 8-90 所示，安装蜗轮轴部装，将蜗轮轴、轴上零件和另一侧轴承端盖随轴一起装入箱座，拧紧箱体和轴承端盖之间的连接螺栓；

图 8-89 安装齿轮轴轴承端盖

图 8-90 安装蜗轮轴部装

(3) 安装蜗杆轴部装及蜗杆轴轴承端盖：如图 8-91 所示，安装蜗杆轴部装，将蜗杆轴、轴上零件和一侧的轴承端盖随轴一起装入箱座，拧紧箱体和轴承端盖之间的连接螺栓；

(4) 观察蜗轮蜗杆啮合旋转；

(5) 安装蜗杆轴另一侧轴承端盖：如图 8-92 所示，安装蜗杆轴一侧的轴承端盖，拧紧箱体和轴承端盖之间的连接螺栓。

图 8-91　安装蜗杆轴部装

图 8-92　安装蜗杆轴轴承端盖

思考练习题

1. 划线有何作用？常用的划线工具有哪些？
2. 什么是划线基准？如何选择划线基准？
3. 立体划线时，工件的水平、垂直位置如何找正？
4. 锯削可应用在哪些场合？试举例说明。
5. 怎样选择锯条？安装锯条应注意什么？
6. 试分析锯削时崩齿和断条的原因。
7. 如何选择粗、细锉刀？
8. 锉平面为什么会锉成鼓形？如何克服？
9. 比较顺锉法、交叉锉法、推锉法的优、缺点及应用范围。
10. 台钻、立钻和摇臂钻床的结构和用途有何不同？
11. 攻螺纹时应如何保证螺孔质量？
12. 装配有哪些要求？
13. 滚珠轴承装配有哪些方法？
14. 试述键连接的基本要求。

第9章

CHAPTER 9

车削加工

实训目的和要求

(1) 了解车削加工的基本知识;

(2) 了解车床的型号、组成结构和传动系统以及使用范围;

(3) 了解常用车刀的组成和结构、车刀的主要几何角度及作用;

(4) 掌握车外圆、车端面、钻孔和车孔的方法;

(5) 了解车工生产安全技术规范,并能进行简单经济分析;

(6) 能独立在车床上正确安装工件、刀具,以及按照实训图纸完成车削加工。

安全操作规程

(1) 实训时应穿好工作服、女生要戴工作帽(长发要用发卡固定),防止头发或衣角卷入车床转动机构。车削时严禁戴手套操作机床。

(2) 开动车床前应将小刀架调整到合适位置,以免小刀架导轨碰撞卡盘而发生人身事故和设备故障。

(3) 纵向或横向自动进给时,严禁大拖板(大刀架)或中拖板(横刀架)超过极限位置,以防拖板脱落或碰撞卡盘。

(4) 工件和刀具必须安装牢固,以免飞出伤人。卡盘扳手用完后必须及时取下,否则不得开动车床,停车后,不准用手去刹住转动着的卡盘。

(5) 车削时,勿将头部与正在旋转的工件靠得太近,人站立的位置应偏离切屑飞出方向,以防切屑飞向身体造成伤人事件。切勿用手触摸旋转的工件,也不能用量具测量旋转的工件,以防损坏量具和发生人身事故。

(6) 车床主轴旋转时不得变换速度,必须待车床停稳方能变速。

(7) 车刀磨损后,应立即报告指导教师,否则会增加车床负载,甚至损坏车床。

(8) 清除切屑时应该用专用钩子和刷子,不得用手直接清除。

(9) 车削时应集中精神,在车床运转时不准离开工位或看手机、打电话等。离开车床工位时,必须停车。

(10) 不要随意拆装机床和电气设备,如果发现车床有故障,应及时报告指导教师。

(11) 工作结束后,应关闭电源,清除切屑,擦拭机床,加油润滑,把尾座摇至车床导轨尾部,保持良好的工作环境。

9.1　概　述

车削加工是在车床上利用工件的旋转运动和刀具的轴向和纵向运动来改变毛坯形状和尺寸，将其加工成所需零件的一种切削加工方法。其中，工件的旋转为主运动，刀具的轴向和纵向运动为进给运动，如图9-1所示。

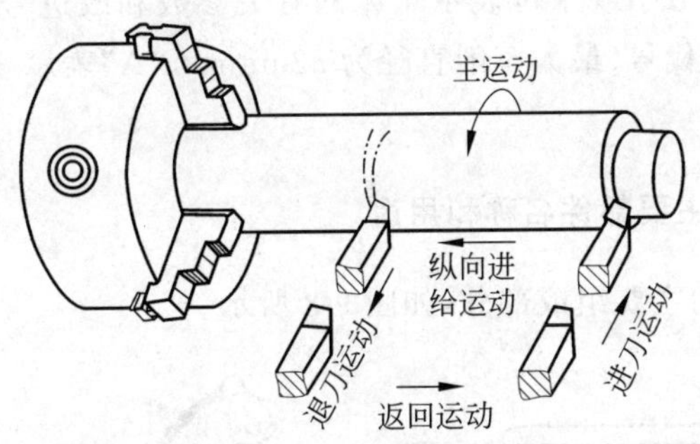

图9-1　车削运动

车床主要用于加工各种回转表面，如图9-2所示。普通车床加工的尺寸公差等级为IT11～IT6，表面粗糙度 Ra 值为12.5～0.8μm。车床的种类很多，其中应用最广泛的是卧式车床。

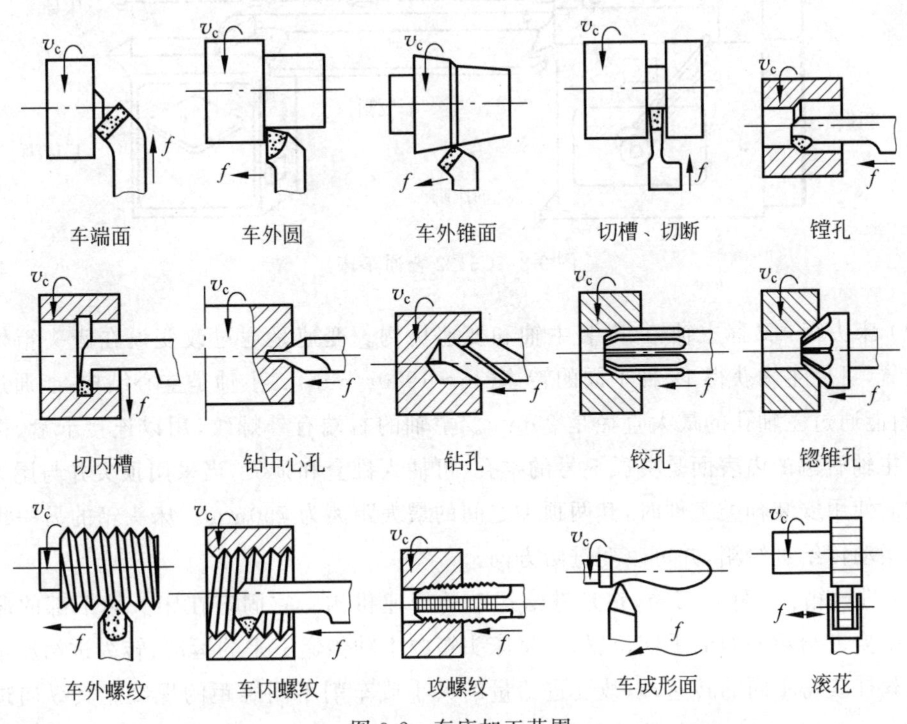

图9-2　车床加工范围

9.2 卧式车床

1. 卧式车床的型号

卧式车床用C61×××来表示，其中：C——机床分类号，表示车床类机床；61——组系代号，表示卧式。其他数字或字母表示车床的有关参数和改进号。如C6132A型卧式车床中，"32"表示主要参数代号（最大车削直径为320mm），"A"表示重大改进序号（第一次重大改进）。

2. C6132卧式车床主要部件名称和用途

C6132型普通车床的主要组成部分，如图9-3所示。

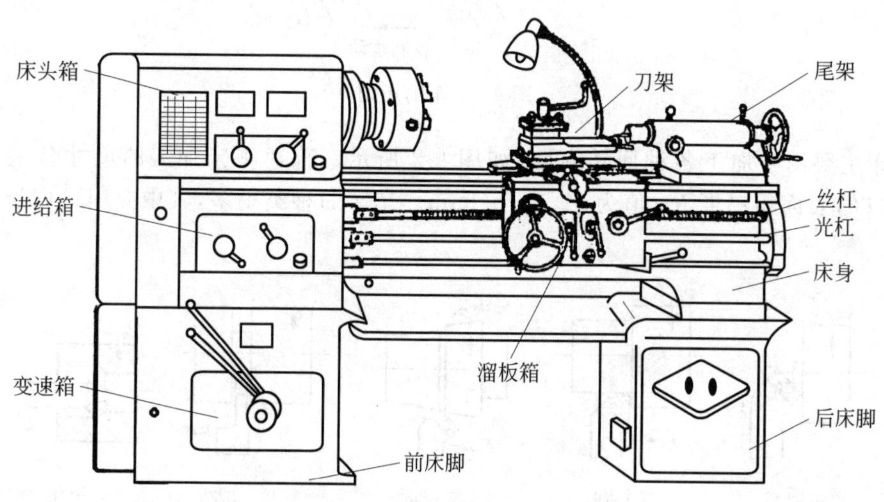

图9-3 C6132普通车床

（1）床头箱：又称主轴箱，内装主轴和变速机构。变速是通过改变设在床头箱外面的手柄位置，可使主轴获得12种不同的转速（45～1980r/min）。主轴是空心结构，能通过长棒料，棒料能通过主轴孔的最大直径是29mm。主轴的右端有外螺纹，用以连接卡盘、拨盘等附件。主轴右端的内表面是莫氏5号的锥孔，可插入锥套和顶尖，当采用顶尖并与尾架中的顶尖同时使用安装轴类工件时，其两顶尖之间的最大距离为750mm。床头箱的另一重要作用是将运动传给进给箱，并可改变进给方向。

（2）进给箱：又称走刀箱，它是进给运动的变速机构。它固定在床头箱下部的床身前侧面。变换进给箱外面的手柄位置，可将床头箱内主轴传递下来的运动，转为进给箱输出的光杠或丝杠获得不同的转速，以改变进给量的大小或车削不同螺距的螺纹。其纵向进给量为0.06～0.83mm/r；横向进给量为0.04～0.78mm/r；可车削17种公制螺纹（螺距为0.5～9mm）和32种英制螺纹（2～38牙/英寸）。

（3）变速箱：安装在车床前床脚的内腔中，并由电动机（4.5kW，1440r/min）通过联轴器直接驱动变速箱中齿轮传动轴。变速箱外设有两个长的手柄，分别用来移动传动轴上的双联滑移齿轮和三联滑移齿轮，可共获六种转速，通过皮带传动至床头箱。

(4) 溜板箱：又称拖板箱，溜板箱是进给运动的操纵机构。它使光杠或丝杠的旋转运动，通过齿轮和齿条或丝杠和开合螺母，推动车刀作进给运动。溜板箱上有三层滑板，当接通光杠时，可使床鞍带动中刀架、小刀架及刀架沿床身导轨作纵向移动；中刀架可带动小刀架及刀架沿床鞍上的导轨作横向移动。故刀架可作纵向或横向直线进给运动。当接通丝杠并闭合开合螺母时可车削螺纹。溜板箱内设有互锁机构，使光杠、丝杠两者不能同时使用。

(5) 刀架：用来装夹车刀，并可作纵向、横向及斜向运动。刀架是多层结构，它由下列组成，如图 9-4 所示。

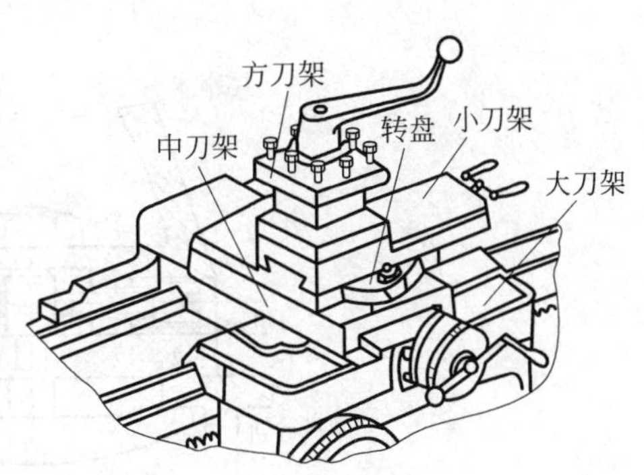

图 9-4 刀架

① 大刀架：与溜板箱牢固相连，可沿床身导轨作纵向移动。

② 中刀架：装置在大刀架顶面的横向导轨上，可作横向移动。

③ 转盘：固定在中刀架上，松开紧固螺母后，可转动转盘，使它和床身导轨成一个所需要的角度，而后再拧紧螺母，以加工圆锥面等。

④ 小刀架：装在转盘上面的燕尾槽内，可作短距离的进给移动。

⑤ 方刀架：固定在小刀架上，可同时装夹四把车刀。松开锁紧手柄，即可转动方刀架，把所需要的车刀更换到工作位置上。

(6) 尾座：用于安装后顶尖，以支持较长工件进行加工，或安装钻头、铰刀等刀具进行孔加工。偏移尾座可以车出长工件的锥体。尾座的结构由下列部分组成。

① 套筒：其左端有锥孔，用以安装顶尖或锥柄刀具。套筒在尾座体内的轴向位置可用手轮调节，并可用锁紧手柄固定。将套筒退至极右位置时，即可卸出顶尖或刀具，如图 9-5 所示。

② 尾座体：与底座相连，当松开固定螺钉，拧动调节螺钉可使尾座体在底板上作微量横向移动，如图 9-6 所示，以便使前后顶尖对准中心或偏移一定距离车削长锥面。

③ 底板：直接安装于床身导轨上，用以支承尾座体。

(7) 光杠与丝杠：将进给箱的运动传至溜板箱。光杠用于一般车削，丝杠用于车螺纹。

(8) 床身：车床的基础件，用来连接各主要部件并保证各部件在运动时有正确的相对位置。在床身上有供溜板箱和尾座移动用的导轨。

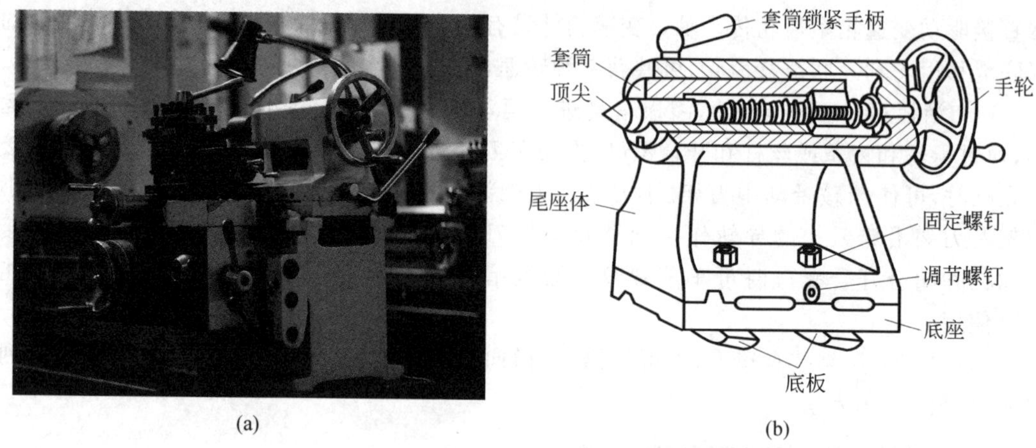

(a) (b)

图 9-5 尾座

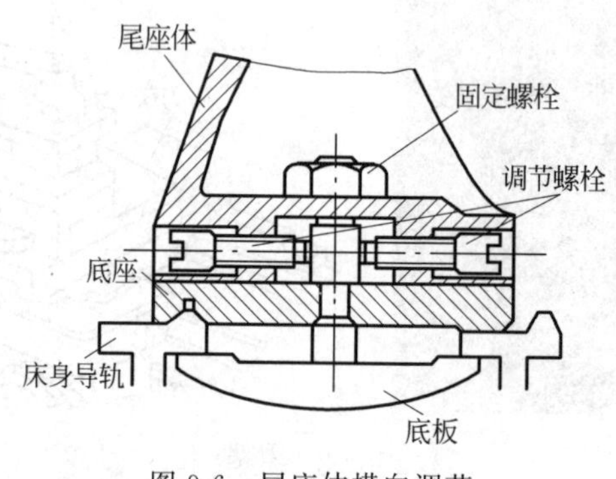

图 9-6 尾座体横向调节

(9) 前床脚和后床脚：用来支承和连接车床各零部件的基础构件，床脚用地脚螺栓紧固在地基上。车床的变速箱与电机安装在前床脚内腔中，车床的电气控制系统安装在后床脚内腔中。

9.3 车床附件及工件安装

工件安装的主要任务是使工件准确定位及夹持牢固。由于各种工件的形状和大小不同，所以有各种不同的安装方法。

1. 三爪自定心卡盘及工件安装

三爪自定心卡盘(简称三爪卡盘)是车床最常用的附件，如图 9-7 所示。三爪卡盘上的三爪是同时动作的，可以达到自动定心兼夹紧的目的。其装夹工作方便，但由于卡爪多次装夹后造成磨损，所以定心精度不高，工件上同轴度要求较高的表面，应尽可能一次装夹。三爪卡盘传递的扭矩不大，适于夹持圆柱形、六角形等中小型工件。

三个卡爪有正爪和反爪之分，有的卡盘可将卡爪反装即成反爪，换上反爪即可安装较大直径的工件。装夹方法如图 9-8 所示。当直径较小时，工件置于三个长爪之间装夹，如图 9-8(a) 所示；也可将三个卡爪伸入工件内孔中利用长爪的径向张力装夹盘、套、环状零件，如图 9-8(b)

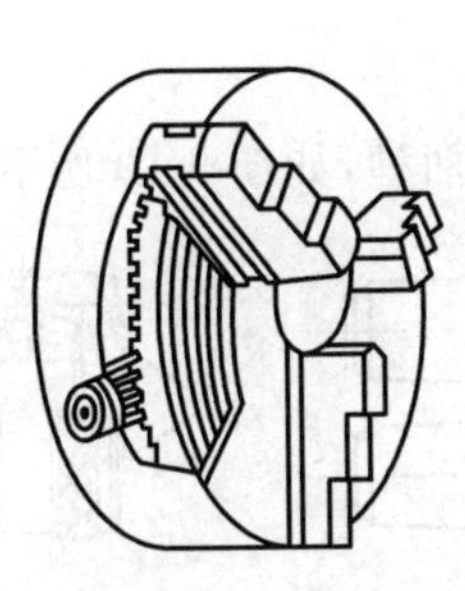

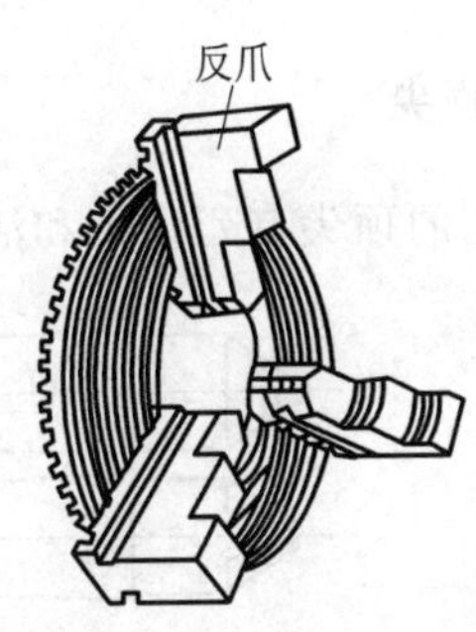

图 9-7　三爪卡盘

所示；当工件直径较大，用正爪不便装夹时，可将三个正爪换成反爪进行装夹，如图 9-8(c)所示。当车削细长轴时，应在工件右端用尾架顶尖支撑，如图 9-8(d)所示。

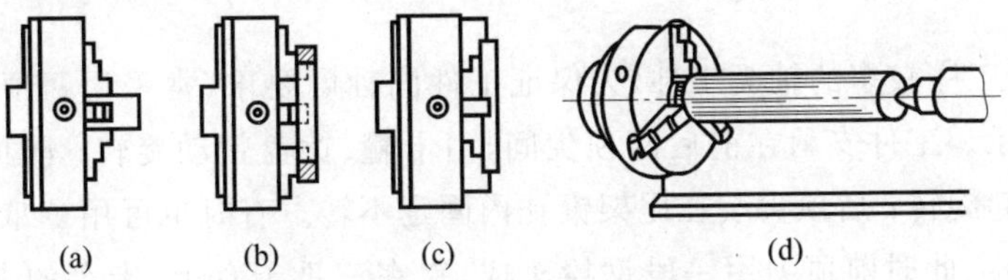

图 9-8　用三爪卡盘装夹工件的方法

(a)、(b) 正爪；(c) 反爪；(d) 三爪卡盘与顶尖配合使用

用三爪卡盘安装工件，其操作步骤如下：

(1) 工件在卡爪间放正，轻轻夹紧。

(2) 放下安全罩，开动机床，使主轴低速旋转，检查工件有无偏摆，若有偏摆应停车，用小锤轻敲校正，然后紧固工件。紧固后，必须取下扳手，并放下安全罩。

(3) 移动车刀至车削行程的左端。用手旋转卡盘，检查刀架是否与卡盘或工件碰撞。

2. 四爪单动卡盘及工件安装

四爪卡盘也是车床常用的附件，如图 9-9 所示。四爪卡盘上的四个爪分别通过转动螺杆而实现单动。根据加工的要求，利用划针盘校正后，安装精度比三爪卡盘高，四爪卡盘的夹紧力大，适用于夹持较大的圆柱形工件或形状不规则的工件。

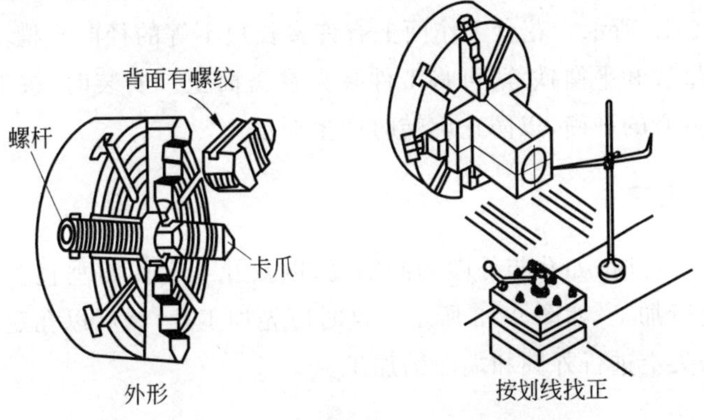

图 9-9　四爪卡盘装夹工件的方法

3. 顶尖

常用的顶尖有死顶尖和活顶尖两种，如图 9-10 所示。

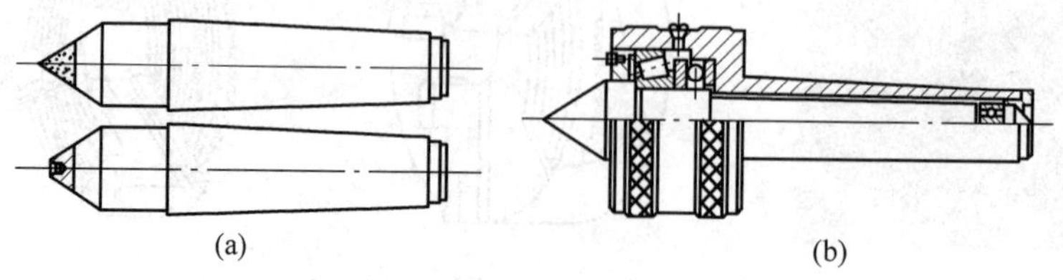

图 9-10 顶尖

(a) 死顶尖；(b) 活顶尖

4. 拨盘和卡箍(或称鸡心夹)

较长或加工工序较多的轴类工件，为保证工件同轴度要求，常采用两顶尖的装夹方法，如图 9-11(a)所示。工件支承在前后两顶尖间，由卡箍、拨盘带动旋转；前顶尖装在主轴锥孔内，与主轴一起旋转；后顶尖装在尾架锥孔内固定不转。有时也可用三爪卡盘代替拨盘，如图 9-11(b)所示，此时前顶尖用一段钢棒车成，夹在三爪卡盘上，卡盘的卡爪通过卡箍带动工件旋转。

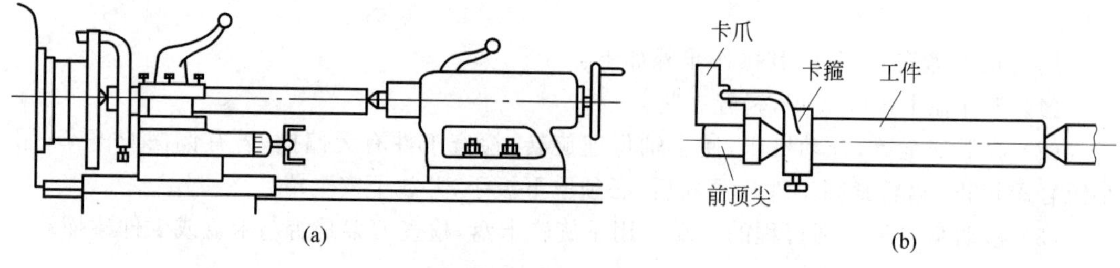

图 9-11 两顶尖安装工件

(a) 用拨盘两顶尖安装工件；(b) 用三爪卡盘代替拨盘安装工件

5. 花盘及工件安装

在车削形状不规则或形状复杂的工件时，三爪、四爪卡盘或顶尖都无法装夹，必须用花盘进行装夹，如图 9-12 所示。花盘工作面上有许多长短不等的径向导槽，使用时配以角铁、压块、螺栓、螺母、垫块和平衡铁等，可将工件装夹在盘面上。安装时，按工件的划线痕进行找正，同时要注意重心的平衡，以防止旋转时产生振动。

6. 芯轴及工件安装

精加工盘套类零件时，如孔与外圆的同轴度，以及孔与端面的垂直度要求较高时，工件需在芯轴上装夹进行加工，如图 9-13 所示。这时应先加工孔，然后以孔定位安装在芯轴上，再一起安装在两顶尖上进行外圆和端面的加工。

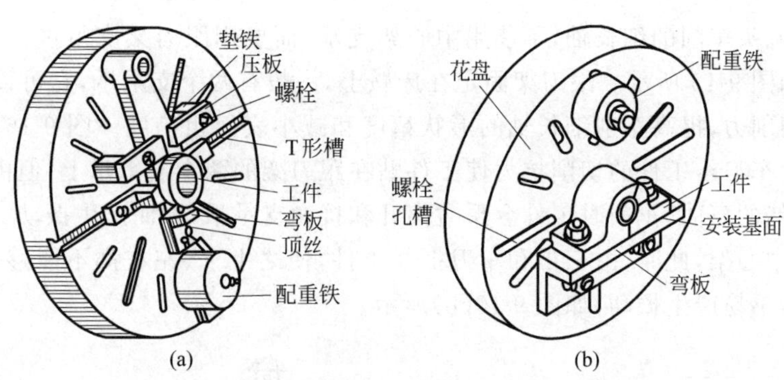

图 9-12 花盘装夹工件

(a) 花盘上装夹工件；(b) 花盘与弯板配合装夹工件

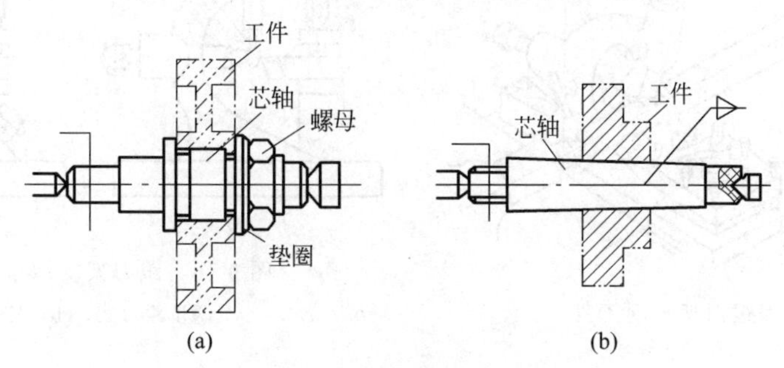

图 9-13 芯轴装夹工件

(a) 圆柱芯轴装夹工件；(b) 圆锥芯轴装夹工件

7. 中心架和跟刀架的使用

当车削长度为直径 20 倍以上的细长轴或端面带有深孔的细长工件时，由于工件本身的刚性很差，当受切削力的作用时，往往容易产生弯曲变形和振动，容易把工件车成两头细中间粗的腰鼓形。为防止上述现象发生，需要附加辅助支承，即中心架或跟刀架。

中心架主要用于加工有台阶或需要调头车削的细长轴，以及端面和内孔(钻中孔)，如图 9-14 所示。中心架固定在床身导轨上的，车削前调整其三个爪与工件轻轻接触，并加上润滑油。

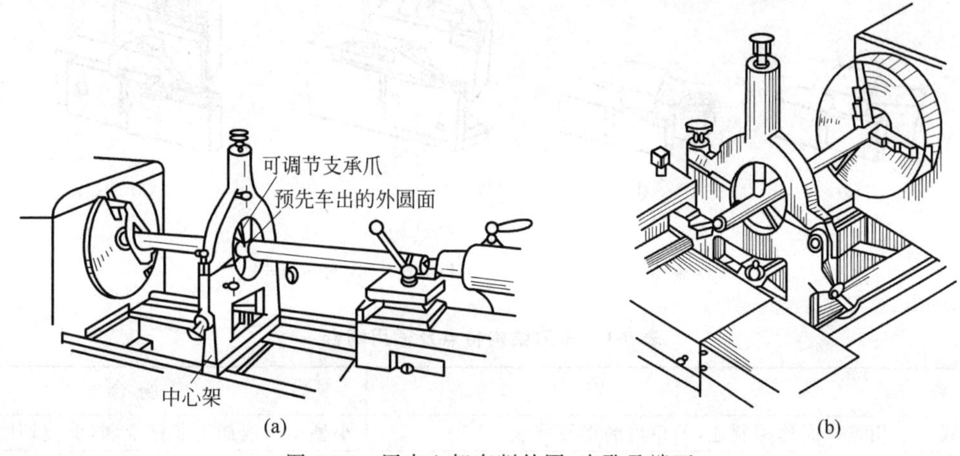

图 9-14 用中心架车削外圆、内孔及端面

对不适宜调头车削的细长轴，不能用中心架支承，而要用跟刀架支承进行车削，以增加工件的刚性，如图 9-15 所示。跟刀架固定在床鞍上，一般有两个支承爪，它可以跟随车刀移动，抵消径向切削力，提高车削细长轴的形状精度和减小表面粗糙度。图 9-16(a)所示为两爪跟刀架，此时车刀给工件的切削抗力使工件贴在跟刀架的两个支承爪上，但由于工件本身的重力以及偶然的弯曲，车削时工件会瞬时离开和接触支承爪，因而产生振动。比较理想的中心架是三爪中心架，此时，由三爪和车刀抵住工件，使之上下、左右都不能移动，车削时工件就比较稳定，不易产生振动，如图 9-16(b)所示。

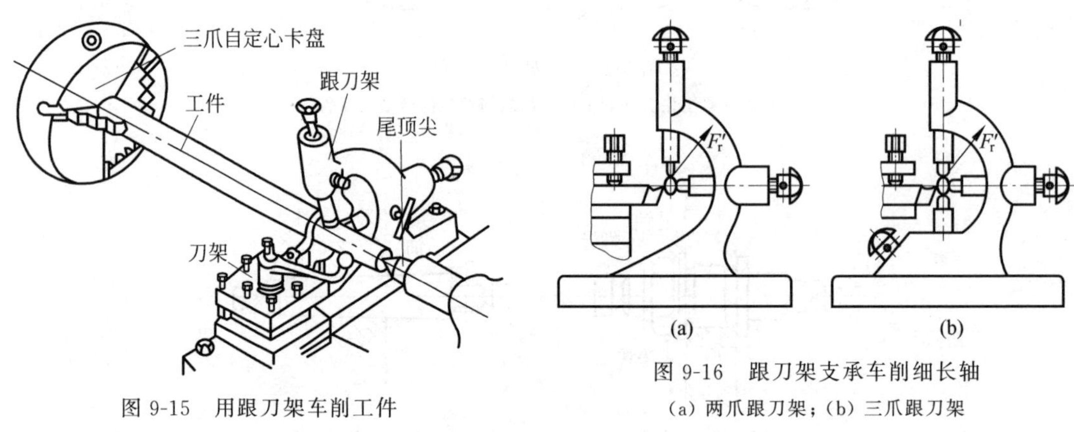

图 9-15　用跟刀架车削工件

图 9-16　跟刀架支承车削细长轴

(a) 两爪跟刀架；(b) 三爪跟刀架

9.4　车刀的结构、刃磨及其安装

9.4.1　车刀的结构

车刀从结构上分为四种形式，即整体式、焊接式、机夹式和可转位式，如图 9-17 所示。其结构特点及适用场合见表 9-1。

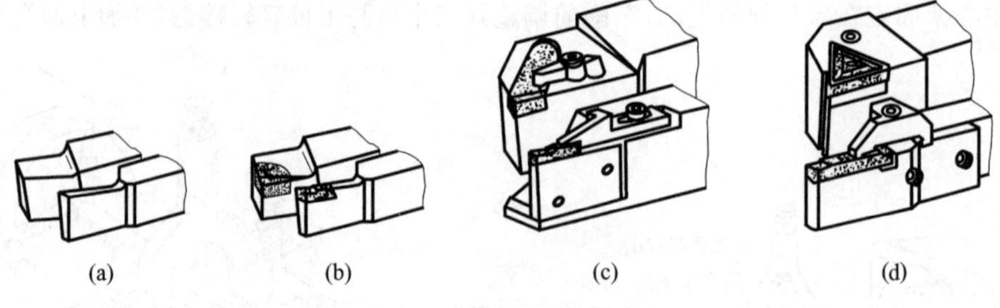

图 9-17　车刀的结构

(a) 整体式；(b) 焊接式；(c) 机夹式；(d) 可转位式

表 9-1　车刀结构特点及适用场合

名　称	特　　点	适 用 场 合
整体式	用整体高速钢制造，刀口可磨得较锋利	小型车床或加工非铁金属，低速切削
焊接式	焊接硬质合金结构紧凑，使用灵活	各类车刀，特别是小刀具

续表

名称	特点	适用场合
机夹式	避免了焊接产生的应力、裂纹等缺陷，刀杆利用率高；刀片可集中刃磨获得所需参数，使用灵活方便	车外圆、车端面、镗孔、切断、螺纹车刀等
可转位式	避免了焊接式车刀的缺点，刀片可快速转位；生产率高；断屑稳定；可使用涂层刀片	大中型车床加工外圆、端面、镗孔，特别适用于自动线、数控机床

车刀由刀头和刀杆两部分组成，刀头是车刀的切削部分，刀杆是车刀的夹持部分。

车刀的切削部分是由三面(前刀面、主后刀面、副后刀面)、二刃(主切削刃、副切削刃)、一尖(刀尖)组成，如图9-18所示。

(1) 前刀面：切削时，切屑流出所经过的表面。

(2) 主后刀面：切削时，与工件加工表面相对的表面。

(3) 副后刀面：切削时，与工件已加工表面相对的表面。

(4) 主切削刃：前刀面与主后刀面的交线。它可以是直线或曲线，担负着主要的切削工作。

(5) 副切削刃：前刀面与副后刀面的交线。切削刃上除主切削刃以外的刃，一般只担负少量的切削工作。

(6) 刀尖：主切削刃与副切削刃的相交部分。为了强化刀尖，常磨成圆弧形或成一小段直线，称为过渡刃，如图9-19所示。

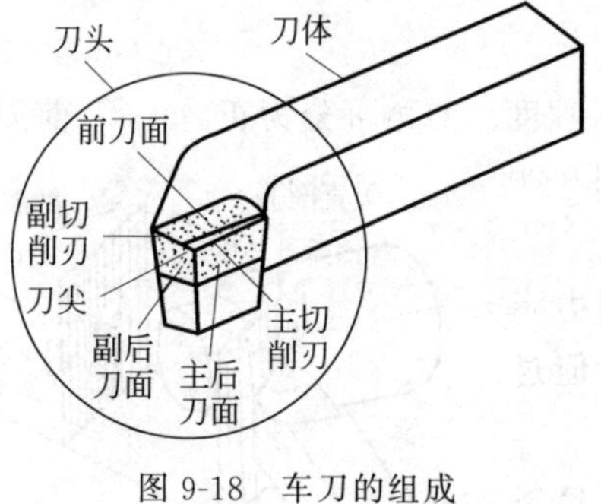

图9-18 车刀的组成

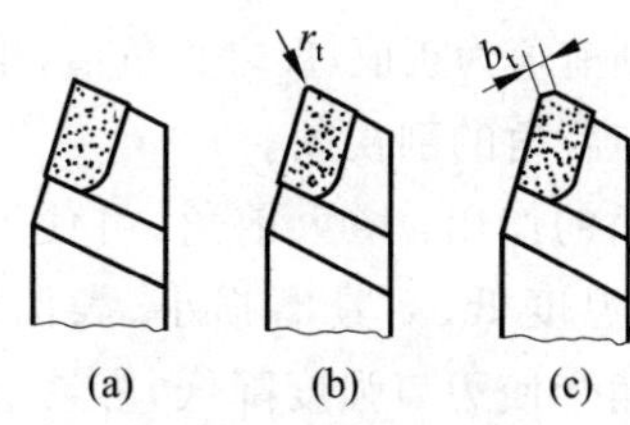

图9-19 刀尖的形成

(a) 切削刃的实际交点；(b) 圆弧过渡刃；(c) 直线过渡刃

9.4.2 车刀的材料

1. 刀具材料应具备的性能

(1) 高硬度和好的耐磨性。刀具材料的硬度必须高于被加工材料的硬度才能切下金属。一般刀具材料的硬度应在60HRC以上。刀具材料越硬，其耐磨性就越好。

(2) 足够的强度与良好的冲击韧度。强度是指在切削力的作用下，不至于发生刀刃崩碎与刀杆折断所具备的性能。冲击韧度是指刀具材料在有冲击或间断切削的工作条件下，保证不崩刃的能力。

(3) 高的红硬性。红硬性是指材料在经过一定温度下保持一定时间后所能保持其硬度的能力，它是衡量刀具材料性能的主要指标。

(4) 良好的工艺性和经济性。

2. 常用刀具材料

车刀常用的主要材料有高速钢和硬质合金两种。

(1) 高速钢：一种高合金钢，俗称白钢、锋钢、风钢等。其强度、冲击韧度、工艺性很好，是制造复杂形状刀具的主要材料。如制造成形车刀、麻花钻头、铣刀、齿轮刀具等。高速钢的红硬性不高，当切削温度超过600℃时，硬度为48.5HRC，不能保持其良好的切削性能。

(2) 硬质合金：以耐热高和耐磨性好的碳化物，以钴为黏结剂，采用粉末冶金的方法压制成各种形状的刀片，然后用铜钎焊的方法焊在刀头上作为切削刀具的材料。其特点是硬度高(相当于74HRC～82HRC)，耐磨性好，且在800～1000℃的高温下仍能保持良好的热硬性。因此，使用硬质合金车刀，可采用较大的切削用量，能显著提高生产率。但硬质合金车刀冲击韧度低，抗冲击能力差，所以大都制成刀片形式，通过焊接或机械装置固定在碳钢的刀体上使用。

9.4.3 车刀角度

车刀的主要角度有前角 γ_0、后角 α_0、主偏角 κ_r、副偏角 κ_r' 和刃倾角 λ_s。

1. 前角 γ_0

前刀面与基面之间的夹角，表示前刀面的倾斜程度。前角可分为正、负、零，前刀面在基面之下则前角为正值，反之为负值，相重合为零。图9-20为前角与后角的剖视图。

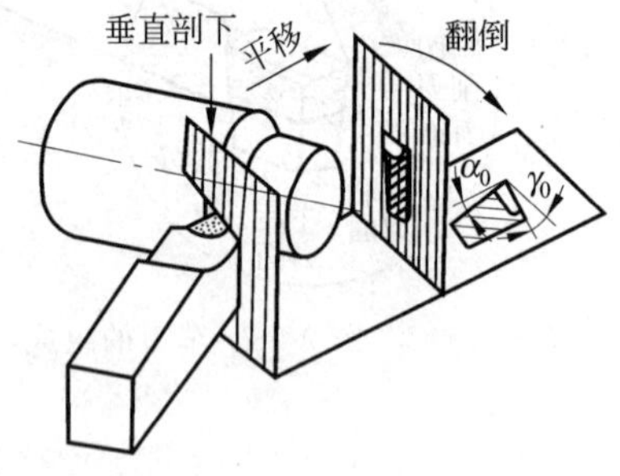

图9-20 前角与后角

前角的作用：增大前角，可使刀刃锋利、切削力降低、切削温度低、刀具磨损小、表面加工质量高。但过大的前角会使刃口强度降低，容易造成崩刃。

选择原则：用硬质合金车刀加工钢件(塑性材料等)，一般选取 $\gamma_0=10°\sim20°$；加工灰口铸铁(脆性材料等)，一般选取 $\gamma_0=5°\sim15°$。

精加工时，可取较大的前角，粗加工应取较小的前角。工件材料的强度和硬度大时，前角取较小值，有时甚至取负值。

2. 后角 α_0

主后刀面与切削平面之间的夹角称为后角，表示主后刀面的倾斜程度。

后角的作用：减少主后刀面与工件之间的摩擦，并影响刃口的强度和锋利程度。选择原则：一般 α_0 可取 $6°\sim8°$。

3. 主偏角 κ_r

主切削刃与进给方向在基面上投影间的夹角称为主偏角，如图9-21所示。

主偏角的作用：影响切削刃的工作长度（见图 9-22）、切深抗力、刀尖强度和散热条件。主偏角越小，切削刃工作长度越长，散热条件越好，但切深抗力越大，如图 9-23 所示。

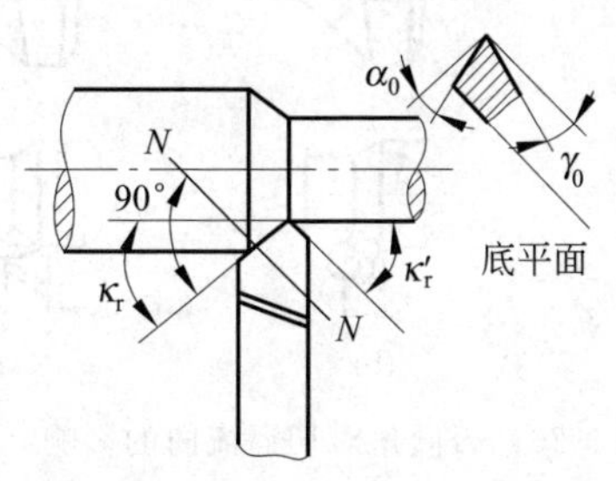

图 9-21 车刀的主偏角与副偏角

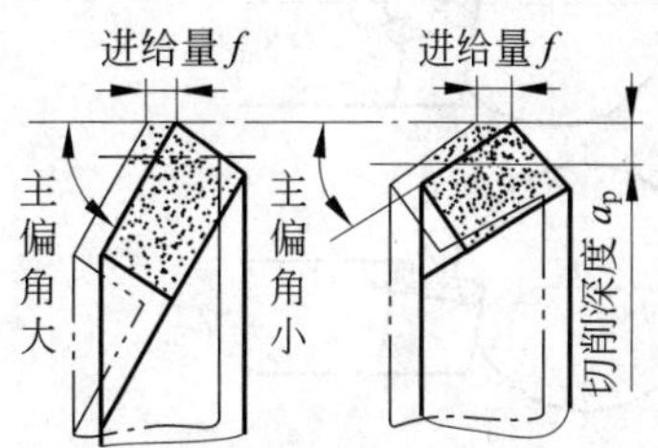

图 9-22 主偏角改变时，对主刀刃工作长度的影响

选择原则：车刀常用的主偏角有 45°、60°、75°、90°几种。工件粗大、刚性好时，可取较小值。车细长轴时，为了减少径向力而引起工件弯曲变形，宜选取 75°或 90°主偏角。

4．副偏角 κ_r'

副切削刃与进给方向在基面上投影间的夹角称为副偏角，如图 9-21 所示。

副偏角的作用：影响已加工表面的表面粗糙度，如图 9-24 所示，减小副偏角可降低已加工表面的表面粗糙度数值，使已加工表面更加光滑。

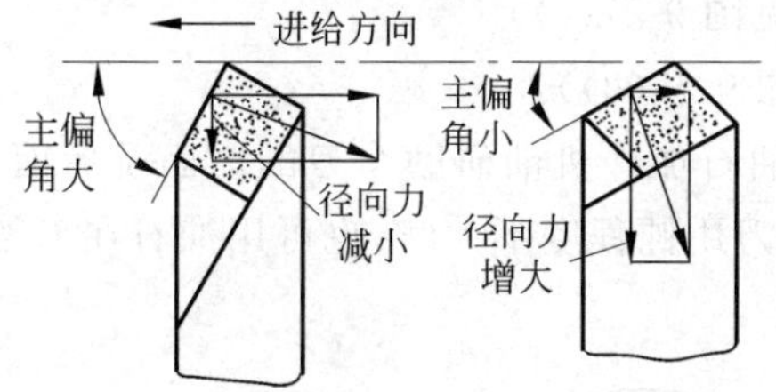

图 9-23 主偏角改变时，径向切削力的变化图

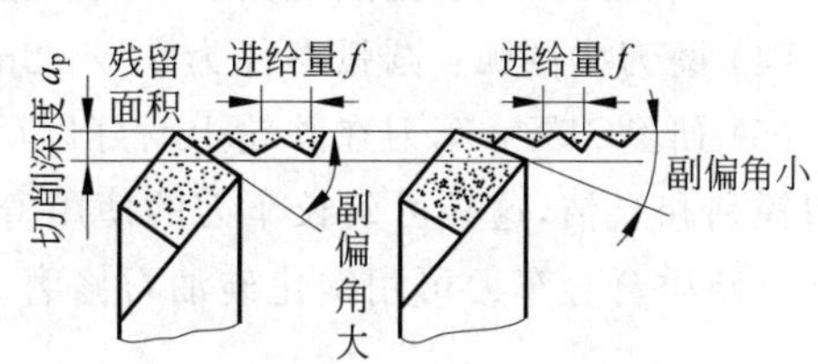

图 9-24 副偏角对残留面积高度的影响

选择原则：κ_r'一般选取 5°～15°，精车时可取 5°～10°，粗车时取 10°～15°。

5．刃倾角 λ_s

主切削刃与基面间的夹角称为刃倾角，刀尖为切削刃最高点时为正值，切屑对刀具的压力使刀头及刀口部分容易损坏，刀头强度较差；反之则表示刀头强度好，如图 9-25 所示。

刃倾角的作用：主要影响主切削刃的强度和控制切屑流出的方向。以刀杆底面为基准，当刀尖为主切削刃最高点时，λ_s 为正值，切屑流向待加工表面，如图 9-26(a)所示；当主切削刃与刀杆底面平行时，$\lambda_s=0°$，切屑沿着垂直于主切削刃的方向流出，如图 9-26(b)所示；当刀尖为主切削刃最低点时，λ_s 为负值，切屑流向已加工表面，如图 9-26(c)所示。

选择原则：λ_s 一般在 0°～±5°之间选择。粗加工时，常取负值，虽切屑流向已加工表面，但保证了主切削刃的强度。精加工常取正值，使切屑流向待加工表面，从而不会划伤已加工表面。

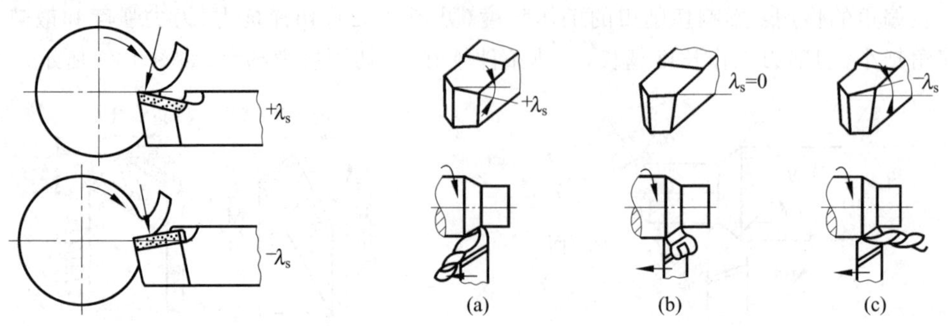

图 9-25 刃倾角对刀头强度的影响

图 9-26 刃倾角对切屑流向的影响

9.4.4 车刀的刃磨

无论硬质合金车刀或高速钢车刀,在使用之前都要根据切削条件所选择的合理切削角度进行刃磨,一把用钝了的车刀,为恢复原有的几何形状和角度,也必须重新刃磨。

1. 磨刀步骤(见图 9-27)

(1) 磨前刀面:把前角和刃倾角磨正确(见图 9-27(a))。

(2) 磨主后刀面:把主偏角和主后角磨正确(见图 9-27(b))。

(3) 磨副后刀面:把副偏角和副后角磨正确(见图 9-27(c))。

(4) 磨刀尖圆弧:圆弧半径为 0.5~2mm(见图 9-27(d))。

(5) 研磨刀刃:车刀在砂轮上磨好以后,再用油石加些机油研磨车刀的前面及后面,使刀刃锐利和光洁,这样可延长车刀的使用寿命。车刀用钝程度不大时,也可用油石在刀架上修磨。硬质合金车刀可用碳化硅油石修磨。

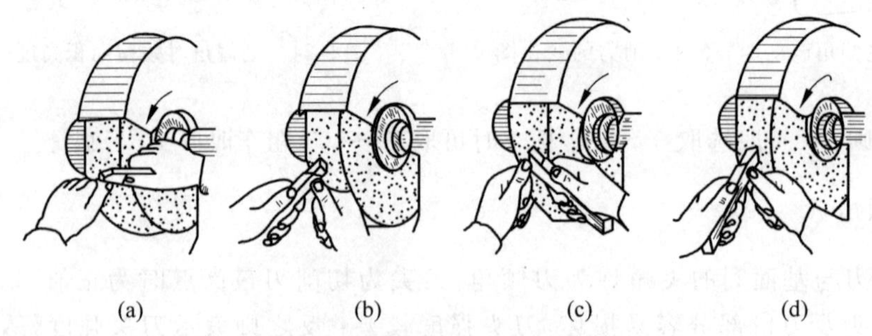

图 9-27 刃磨外圆车刀的一般步骤

(a) 磨前刀面;(b) 磨主后刀面;(c) 磨副后刀面;(d) 磨刀尖圆弧

2. 刃磨刀具注意事项

(1) 刃磨刀具时,人应站在砂轮的侧前方,双手握稳车刀,用力要均匀。

(2) 刃磨刀具时,将车刀左右移动着磨,否则会使砂轮产生凹槽。

(3) 刃磨硬质合金车刀时,不可把刀头放入水中,以免刀片突然受冷收缩而碎裂。刃磨高速钢车刀时,要经常冷却,以免硬度降低。

9.4.5　车刀的种类和用途

在车削过程中，由于零件的形状、大小和加工要求不同，采用的车刀也不相同。车刀的种类很多，用途各异，现介绍几种常用车刀，如图 9-28 所示。

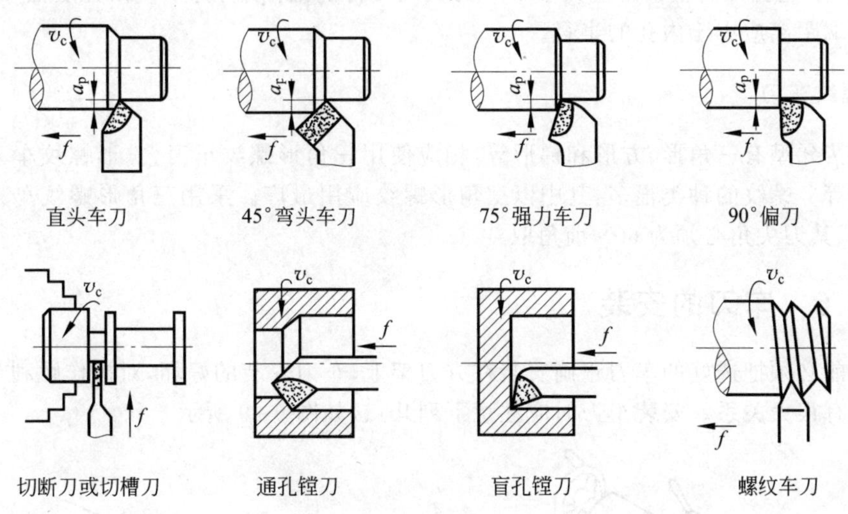

图 9-28　常用车刀的种类和用途

1. 外圆车刀

外圆车刀又称尖刀，主要用于车削外圆、平面和倒角。外圆车刀一般有三种形状。

(1) 直头尖刀：主偏角与副偏角基本对称，一般在 45°左右，前角可在 5°～30°选用，后角一般为 6°～12°。

(2) 45°弯头车刀：主要用于车削不带台阶的光轴，它可以车外圆、端面和倒角，使用比较方便，刀头和刀尖部分强度高。

(3) 75°强力车刀：主偏角为 75°，适用于粗车加工余量大、表面粗糙、有硬皮或形状不规则的零件，它能承受较大的冲击力，刀头强度高，耐用度高。

2. 偏刀

偏刀的主偏角为 90°，用来车削工件的端面和台阶，有时也用来车外圆，特别是用来车削细长工件的外圆，可以避免把工件顶弯。偏刀分为左偏刀和右偏刀两种，常用的是右偏刀，它的刀刃向左。

3. 切断刀和切槽刀

切断刀的刀头较长，其刀刃也狭长，这是为了减少工件材料消耗和切断时能切到中心。因此，切断刀的刀头长度必须大于工件的半径。

切槽刀与切断刀基本相似，只不过其形状应与槽间一致。

4. 扩孔刀

扩孔刀又称镗孔刀，用来加工内孔。它可以分为通孔刀和不通孔刀两种。通孔刀的主偏角小于90°，一般在45°～75°，副偏角20°～45°，扩孔刀的后角应比外圆车刀稍大，一般为10°～20°。不通孔刀的主偏角应大于90°，刀尖在刀杆的最前端，为了使内孔底面车平，刀尖与刀杆外端距离应小于内孔的半径。

5. 螺纹车刀

螺纹按牙型有三角形、方形和梯形等，相应使用三角形螺纹车刀、方形螺纹车刀和梯形螺纹车刀等。螺纹的种类很多，其中以三角形螺纹应用最广。采用三角形螺纹车刀车削公制螺纹时，其刀尖角必须为60°，前角取0°。

9.4.6 车刀的安装

车削前必须把选好的车刀正确安装在方刀架上，车刀安装的好坏，对操作顺利与否和加工质量都有很大关系。安装车刀时应注意下列几点，如图9-29所示。

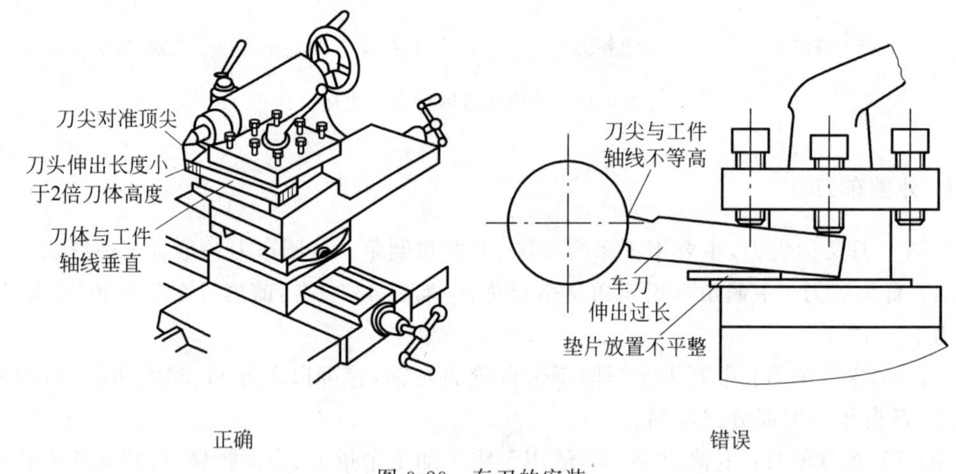

图9-29 车刀的安装

(1) 车刀刀尖应与工件轴线等高。如果车刀装得太高，则车刀的主后刀面会与工件产生强烈的摩擦；如果装得太低，切削就不顺利，甚至工件会被抬起来，使工件从卡盘上掉下来，或把车刀折断。为了使车刀对准工件轴线，可按床尾架顶尖的高低进行调整。

(2) 车刀不能伸出太长。因刀伸得太长，切削起来容易发生振动，使车出来的工件表面粗糙，甚至会把车刀折断。但也不宜伸出太短，太短会使车削不方便，容易发生刀架与卡盘碰撞。一般伸出长度不超过刀杆高度的1.5倍。

(3) 每把车刀安装在刀架上时，不可能刚好对准工件轴线，一般会低，因此可用一些厚薄不同的垫片来调整车刀的高低。垫片必须平整，其宽度应与刀杆一样，长度应与刀杆被夹持部分一样，同时应尽可能用少数垫片来代替多数薄垫片的使用，将刀的高低位置调整合适，垫片用得过多会造成车刀在车削时接触刚度变差而影响加工质量。

(4) 车刀刀杆应与车床主轴轴线垂直。

(5) 车刀位置装正后，应交替拧紧刀架螺丝。

9.5　车床操作

9.5.1　车床的基本操作

C6132车床的调整主要是通过变换各自相应的手柄位置进行的，如图9-30所示。

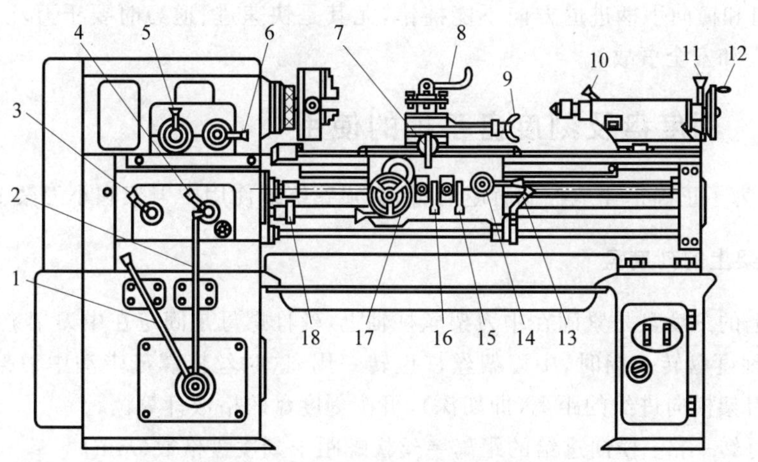

图9-30　C6132车床的调整手柄

1、2、6—主运动变速手柄；3、4—进给运动变速手柄；5—刀架左右移动的换向手柄；
7—刀架横向手动手柄；8—方刀架锁紧手柄；9—小刀架移动手柄；
10—尾座套筒锁紧手柄；11—尾座锁紧手柄；12—尾座套筒移动手轮；
13—主轴正反转及停车手柄；14—"开合螺母"开合手柄；15—刀架横向自动手柄；
16—刀架纵向自动手柄；17—刀架纵向手动手轮；18—光杠、丝杠更换离合器

1. 停车练习（主轴的正反转及停车手柄13在停车位置）

（1）正确变换主轴转速：变动变速箱和主轴箱外面的变速手柄1、2或6，可得到各种相对应的主轴转速。当手柄拨动不顺利时，可用手稍微转动卡盘即可。

（2）正确变换进给量：按所选的进给量查看进给箱上的标牌，再按标牌上进给变换手柄位置来变换手柄3和4的位置，即可得到所选定的进给量。

（3）熟悉掌握纵向和横向手动进给手柄的转动方向：左手握刀架纵向手动手轮17，右手握刀架横向手动手柄7，分别按顺时针和逆时针旋转手轮，操纵刀架和溜板箱的移动方向。

（4）熟悉掌握纵向或横向机动进给的操作：光杠、丝杠更换离合器18位于光杆接通位置上，将刀架纵向自动手柄16提起即可纵向机动进给，如将刀架横向自动手柄15向上提起即可横向机动进给。分别向下扳动则可停止纵、横机动进给。

（5）尾座的操作：尾座靠手动移动，它依靠紧固螺栓螺母来固定。转动尾座移动套筒手轮12，可使套筒在尾架内移动；转动尾座锁紧手柄11，可将套筒固定在尾座内。

2. 低速开车练习

练习前应先检查各手柄位置是否处于正确的位置，准确无误后再进行开车练习。

(1) 主轴启动：电动机启动→操纵主轴转动→停止主轴转动→关闭电动机。

(2) 机动进给：电动机启动→操纵主轴转动→手动纵横进给→机动纵横进给→手动退回→机动横向进给→手动退回→停止主轴转动→关闭电动机。

特别注意：

(1) 机床未完全停止前严禁变换主轴转速，否则可能发生严重的主轴箱内齿轮打齿现象，甚至发生机床事故。开车前要检查各手柄是否处于正确位置。

(2) 纵向和横向手柄进退方向不能摇错，尤其是快速进、退刀时要千万注意，否则可能发生工件报废和安全事故。

9.5.2 刻度盘及刻度盘手柄的使用

车削时，为了正确迅速地控制背吃刀量，必须熟练地使用中刀架和小刀架上的刻度盘。

1. 中刀架上的刻度盘

中刀架上的刻度盘是紧固在中刀架丝杠轴上，丝杠螺母是固定在中刀架上，当中刀架上的手柄带着刻度盘转一周时，中刀架丝杠也转一周，这时丝杠螺母带动中刀架移动一个螺距。所以中刀架横向进给的距离(即切深)，可按刻度盘的格数计算。

刻度盘每转一格：横向进给的距离＝丝杠螺距÷刻度盘格数(mm)

如 C6132 车床中刀架丝杠螺距为 4mm，中刀架刻度盘等分为 200 格，当手柄带动刻度盘每转一格时，中刀架移动的距离为 4÷200＝0.02mm，即进刀切深为 0.02mm。由于工件是旋转的，所以车削后工件的直径减少了 0.04mm。

必须注意：进刻度时，如果刻度盘手柄过了头，或试切后发现尺寸不对而需将车刀退回时，由于丝杠与螺母之间有间隙存在，绝不能将刻度盘直接退回到所要的刻度，应反转约一周后再转至所需刻度，如图 9-31 所示。

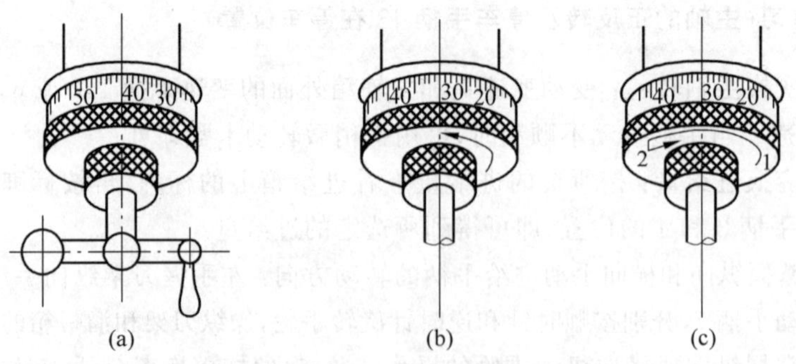

图 9-31 手柄摇过头后的纠正方法

(a) 要求手柄转至 30 但摇过头成 40；(b) 错误：直接退至 30；

(c) 正确：反转约一周后，再转至 30

2. 小刀架刻度盘

小刀架刻度盘的使用与中刀架刻度盘相同，应注意两个问题：C6132 车床刻度盘每转一格，则带动小刀架移动的距离为 0.05mm；小刀架刻度盘主要用于控制工件长度方向的尺寸，与加工圆柱面不同的是小刀架移动了多少，工件的长度就改变了多少。

9.5.3　试切的方法与步骤

工件在车床上安装以后，要根据工件的加工余量决定走刀次数和每次走刀的切深。半精车和精车时，为了准确地定切深，保证工件加工的尺寸精度，只靠刻度盘来进刀是不行的。因为刻度盘和丝杠都有误差，往往不能满足半精车和精车的要求，这就需要采用试切的方法。试切的方法与步骤如图 9-32 所示。

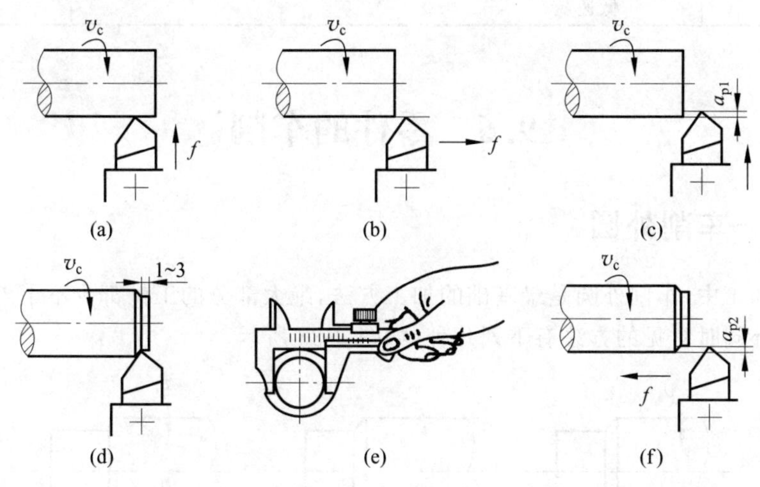

图 9-32　试切的步骤

(a) 开车对刀，使车刀与工件表面轻微接触；(b) 向右退出车刀；(c) 横向进刀 a_{p1}；(d) 切削纵向长度 1～3mm；(e) 退出车刀，进行度量；(f) 如果尺寸不到，再进刀 a_{p2}

图 9-32 所示为试切的一个循环，如果尺寸还大，则进刀仍按以上的循环进行试切，如果尺寸合格了，就按确定下来的切深将整个表面加工完毕。

9.5.4　粗车和精车

在车床上加工零件，往往要经过许多车削步骤才能完成。为了提高生产效率，保证加工质量，生产中把车削加工分为粗车和精车。如果零件精度要求高还需要磨削时，车削又可分为粗车和半精车。

粗车的目的是尽快地从工件上切去大部分加工余量，使工件接近最后的形状和尺寸。粗车要给精车留有合适的加工余量，而精度和表面粗糙度等技术要求都较低。实践证明，加大切深不仅使生产率提高，而且对车刀的耐用度影响也不大。因此，粗车时要优先选用较大的切深，然后适当加大进给量，最后选用中等偏低的切削速度。

粗车和精车(或半精车)保留的加工余量一般为 0.5～2mm，加大切深对精车来说并不重要。精车的目的是要保证零件的尺寸精度和表面粗糙度等技术要求，精加工的尺寸精度可达 IT9～IT7，表面粗糙度数值 Ra 可达 1.6～0.8μm。精车的车削用量如表 9-2 所示，其尺寸精度主要是依靠准确地度量、准确地进刻度并加以试切来保证的。

精车时，为了保证表面粗糙度，采取的主要措施有采用较小的主偏角、副偏角或刀尖磨有小圆弧，这些措施都会减少残留面积，可使 Ra 数值减小；选用较大的前角，并用油石把车刀的前刀面和后刀面打磨得光洁一些，也可使 Ra 数值减小；合理选择切削用量，若选用高的切削速度、较小的切深以及较小的进给量，都有利减少残留面积，从而提高表面质量。

表 9-2　精车的切削用量

参　数		a_p/mm	f/(mm/r)	v/(m/min)
车削铸铁件		0.1～0.15	0.05～0.2	60～70
车削钢件	高速	0.3～0.50		100～120
	低速	0.05～0.10		3～5

9.6　零件的车削

9.6.1　车削外圆

在车削加工中，车削外圆是最基础的加工方法，绝大部分的工件都少不了外圆车削这道工序。车削外圆时常见的方法有下列几种，如图 9-33 所示。

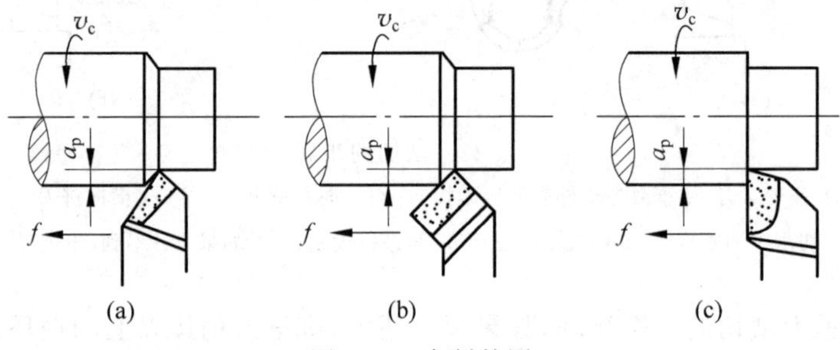

图 9-33　车削外圆

(1) 用直头车刀车外圆：这种车刀强度较好，常用于粗车外圆。

(2) 用 45°弯头车刀车外圆：适用车削不带台阶的光滑轴。

(3) 用主偏角为 90°的偏刀车外圆：适于加工细长工件的外圆。

9.6.2　车削端面和台阶

圆柱体两端的平面叫做端面，由直径不同的两个圆柱体相连接的部分叫做台阶。

1. 车削端面

车削端面所用的刀具有偏刀和弯头车刀两种。

用右偏刀车端面(见图 9-34(a))时，如果是由外向里进刀，则是利用副刀刃在进行切削，故切削不流畅，表面也车不光滑，车刀嵌在中间，使切削力向里，因此车刀容易扎入工件而形成凹面；用左偏刀由外向中心车端面(见图 9-34(b))时，则是利用主切削刃切削，切削条件有所改善；用右偏刀由中心向外车削端面时(见图 9-34(c))时，由于是利用主切削刃在进行切削，所以切削顺利，也不易产生凹面。

用弯头刀车端面，如图 9-34(d)所示，该方法以主切削刃进行切削则很顺利，如果再提高转速可车出粗糙度值较小的表面。弯头车刀的刀尖角为 90°，刀尖强度要比偏刀大，不仅用于车削端面，还可车削外圆和倒角等工件。

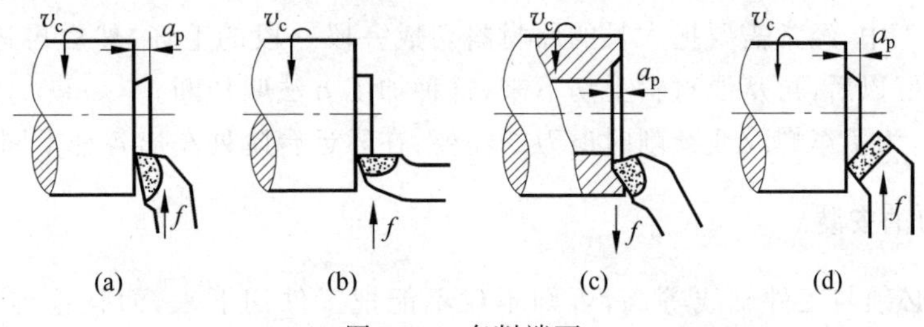

图 9-34　车削端面

2. **车台阶**

1) 低台阶车削方法

较低的台阶面可用偏刀在车外圆时一次走刀同时车出，车刀的主切削刃要垂直于工件的轴线，如图 9-35(a)所示。可用角尺对刀或以车好的端面来对刀，如图 9-35(b)所示，使主切削刃和端面贴平。

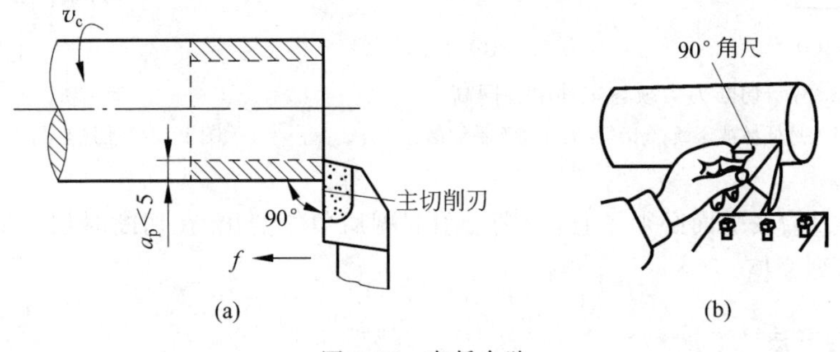

图 9-35　车低台阶

2) 高台阶车削方法

车削高于 5mm 台阶的工件，因肩部过宽，车削时会引起振动。因此高台阶工件可先用外圆车刀把台阶车成大致形状，然后将偏刀的主切削刃装得与工件端面有 5°左右的间隙，分层进行切削，如图 9-36 所示，但最后一刀必须用横走刀完成，否则会使车出的台阶偏斜。

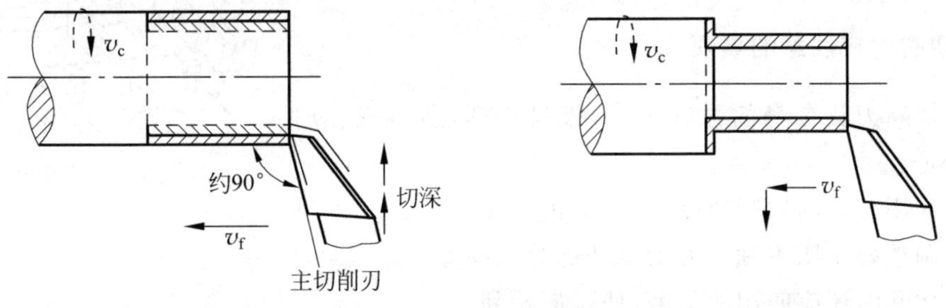

图 9-36　车高台阶

为使台阶长度符合要求，可用刀尖预先刻出线痕，以此作为加工界线。

9.6.3 切断和车外沟槽

在车削加工中，经常需要把太长的原材料切成一段一段的毛坯，然后再进行加工，也有一些工件在车好以后，再从原材料上切下来，这种加工方法叫切断。

有些工件，为了车螺纹或磨削时退刀的需要，在靠近台阶处车出各种不同的沟槽。

1. 切断刀的安装

(1) 刀尖必须与工件轴线等高，否则不仅不能把工件切下来，而且很容易使切断刀折断，如图 9-37 所示。

(2) 切断刀和切槽刀必须与工件轴线垂直，否则车刀的副切削刃与工件两侧面产生摩擦，如图 9-38 所示。

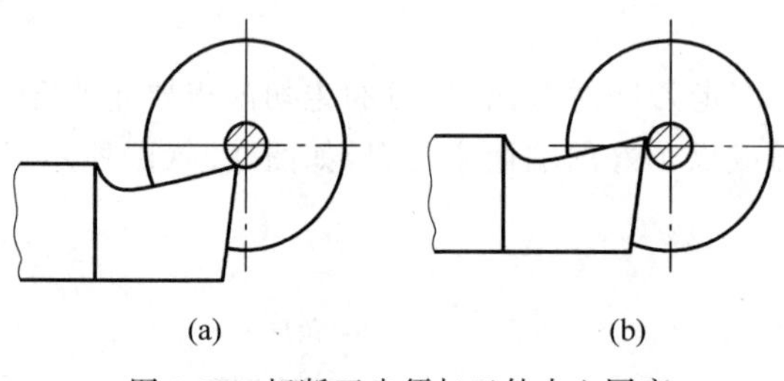

图 9-37 切断刀尖须与工件中心同高

(a) 刀尖过低易被压断；(b) 刀尖过高不易切削

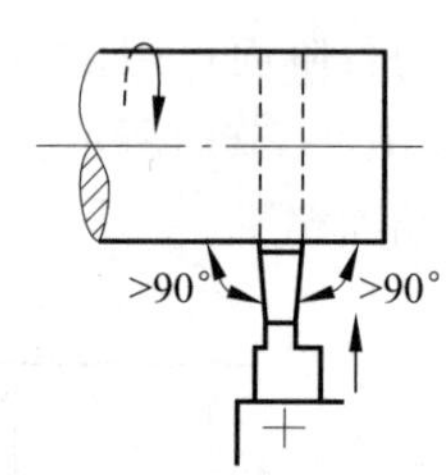

图 9-38 切槽刀的正确位置

(3) 切断刀的底平面必须平直，否则会引起副后角的变化，在切断时切刀的某一副后刀面会与工件强烈摩擦。

2. 切断的方法

(1) 切断直径小于主轴孔的棒料时，可把棒料插在主轴孔中，用卡盘夹住，切断刀离卡盘的距离应小于工件的直径，否则容易引起振动或将工件抬起来而损坏车刀，如图 9-39 所示。

(2) 切断在两顶尖或一端卡盘夹住、另一端用顶尖顶住的工件时，不可将工件完全切断。

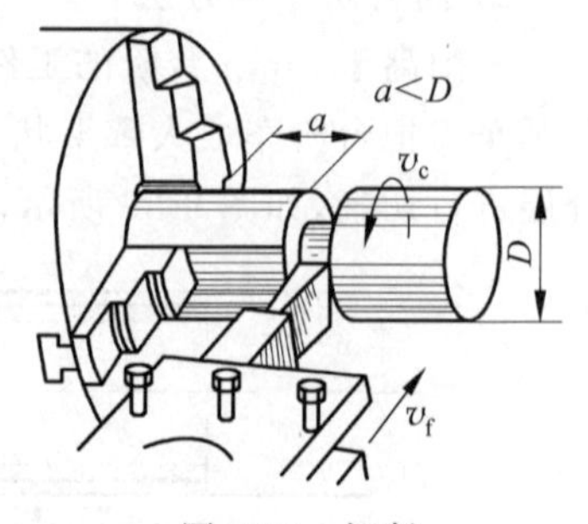

图 9-39 切断

3. 切断时应注意的事项

(1) 切断刀具自身的强度不高，极易折断，所以操作时要特别小心。

(2) 采用较低的切削速度，较小的进给量。

(3) 调整好车床主轴和刀架滑动部分的间隙。

(4) 切断时还应使用冷却液，使排屑顺利。

(5) 快切断时还必须放慢进给速度。

4. 车外沟槽的方法

（1）车削宽度不大的沟槽，可用刀头宽度等于槽宽的切槽刀一次完成。

（2）在车削较宽的沟槽时，应先用外圆车刀的刀尖在工件上刻两条线，把沟槽的宽度和位置确定下来，然后用切槽刀在两条线之间进行粗车，但这时必须在槽的两侧面和槽的底部留下精车余量，最后根据槽宽和槽底进行精车。

9.6.4　钻孔和镗孔

在车床上加工圆柱孔时，可以用钻头、扩孔钻、铰刀和镗刀进行钻孔、扩孔、铰孔和镗孔工作。

1. 钻孔、扩孔和铰孔

在实体材料上加工出孔的工作叫做钻孔，在车床上钻孔，如图9-40所示，把工件装夹在卡盘上，钻头安装在尾架套筒锥孔内，钻孔前先车平端面，并定出一个中心凹坑，调整好尾架位置并紧固于床身上，然后开动车床，摇动尾架手柄使钻头慢慢进给，注意经常退出钻头，排出切屑。钻钢料要不断注入冷却液。钻孔进给不能过猛，以免折断钻头，一般钻头越小，进给量也越小，但切削速度可加大。钻大孔时，进给量可大些，但切削速度应放慢。当孔将钻穿时，因横刃不参加切削，应减小进给量，否则容易损坏钻头。孔钻通后应把钻头退出后再停车。钻孔的精度较低、表面粗糙，多用于对孔的粗加工。

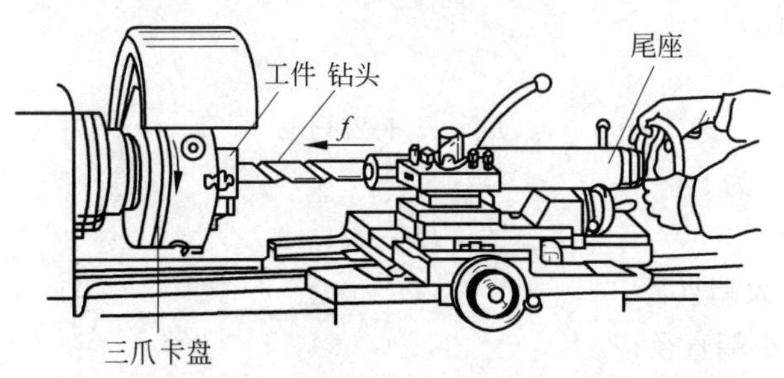

图9-40　在车床上钻孔

扩孔常用于铰孔前或磨孔前的预加工，常使用扩孔钻作为钻孔后的预精加工。

为了提高孔的精度和降低表面粗糙度，常用铰刀对钻孔或扩孔后的工件进行精加工。

在车床上加工直径较小而精度要求较高和表面粗糙度要求较高的孔，通常采用先钻、后扩、再铰的加工工艺路线来进行。

2. 镗孔

镗孔是对钻出、铸出或锻出的孔的进一步加工，如图9-41所示，以达到图纸上精度等技术要求。在车床上镗孔要比车削外圆困难，因镗杆直径比外圆车刀细得多，而且伸出很长，因此往往因刀杆刚性不足而引起振动，所以切深和进给量都要比车外圆时小些，切削速度也要比车削时减少10%～20%。镗盲孔时，由于排屑困难，所以进给量应更小些。

镗孔刀具尽可能选择粗壮的刀杆，刀杆装在刀架上时伸出的长度只要略等于孔的深度

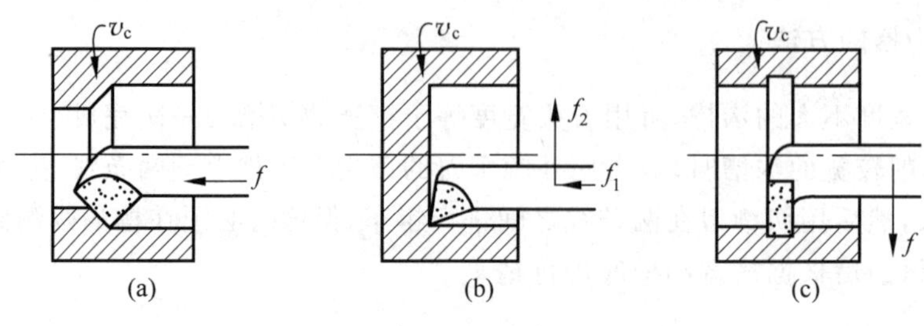

图 9-41 镗孔

(a) 镗通孔；(b) 镗盲孔；(c) 切内槽

即可，这样可减少因刀杆太细而引起的振动。装刀时，刀杆中心线必须与进给方向平行，刀尖应对准中心，精镗或镗小孔时可略为装高一些。

粗镗和精镗时，应采用试切法调整切深。为了防止因刀杆细长而让刀所造成的锥度，当孔径接近最后尺寸时，应用很小的切深重复镗削几次，消除锥度。另外，在镗孔时一定要注意，手柄转动方向与车削外圆时相反。

9.6.5 车圆锥面

圆锥面具有配合紧密、定位准确、装卸方便等优点，并且即使发生磨损，仍能保持精密地定心和配合作用，因此圆锥面应用广泛。

圆锥分为外圆锥（圆锥体）和内圆锥（圆锥孔）两种。

圆锥体大端直径为

$$D = d + 2l\tan\alpha$$

圆锥体小端直径为

$$d = D - 2l\tan\alpha$$

式中，D——圆锥体大端直径；

d——圆锥体小端直径；

l——锥体部分长度；

α——斜角；

2α——锥角。

锥度为

$$C = \frac{D-d}{l} = 2\tan\alpha$$

斜度为

$$M = \frac{D-d}{2l} = \tan\alpha = \frac{C}{2}$$

式中，C——锥度；

M——斜度。

圆锥面的车削方法有很多种，如转动小刀架车圆锥（见图 9-42）、偏移尾架法（见图 9-43）、利用靠模法和样板刀法等，现仅介绍转动小刀架车圆锥。

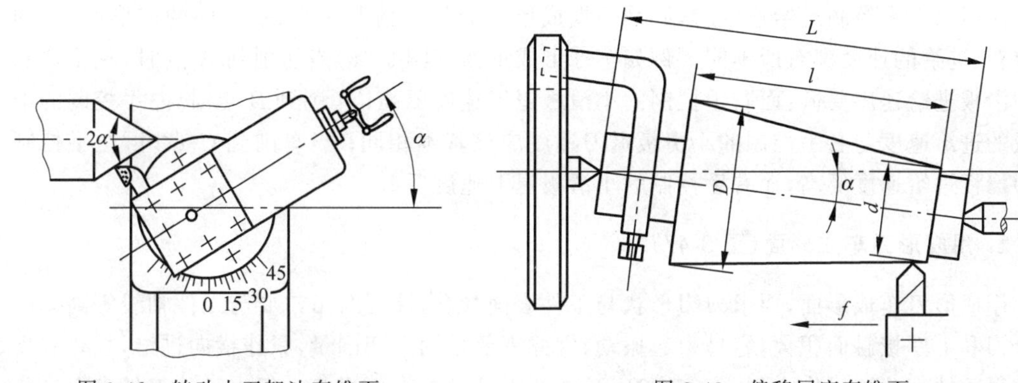

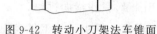

图 9-42　转动小刀架法车锥面　　图 9-43　偏移尾座车锥面

车削长度较短和锥度较大的圆锥体和圆锥孔时常采用转动小刀架方法。这种方法操作简单，能保证一定的加工精度，所以应用广泛。车床上小刀架转动的角度就是斜角 α。将小拖板转盘上的螺母松开，与基准零线对齐，然后固定转盘上的螺母，摇动小刀架手柄开始车削，使车刀沿着锥面母线移动，即可车出所需要的圆锥面。这种方法的优点是能车出整锥体和圆锥孔，能车角度很大的工件，但只能用手动进刀，劳动强度较大，表面粗糙度也难以控制，且由于受小刀架行程限制，因此只能加工锥面不长的工件。

9.6.6　车成形面

有些机器零件，如手柄、手轮、圆球、蜗轮等，它们不像圆柱面、圆锥面那样母线是一条直线，而是一条曲线，这样的零件表面叫做成形面。

在车床上加工成形面的方法有双手控制法、用成形刀法和用靠模板法等。

1. 双手控制法

双手控制法，就是左手摇动中刀架手柄，右手摇动小刀架手柄，两手配合，使刀尖所走过的轨迹与所需的成形面的曲线相同，如图 9-44 所示。在操作时，左右摇动手柄要熟练，配合要协调，最好先做个样板，对照它来进行车削，如图 9-45 所示。双手控制法的优点是不需要其他附加设备；缺点是不容易将工件车得很光整，需要较高的操作水平，生产率较低。

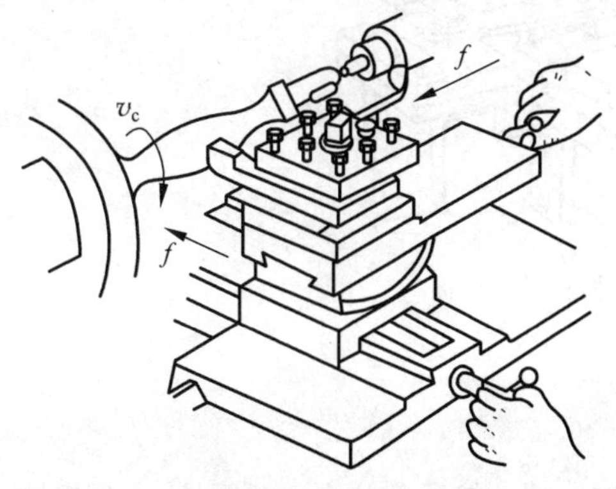

图 9-44　双手控制纵、横向进给车成形面

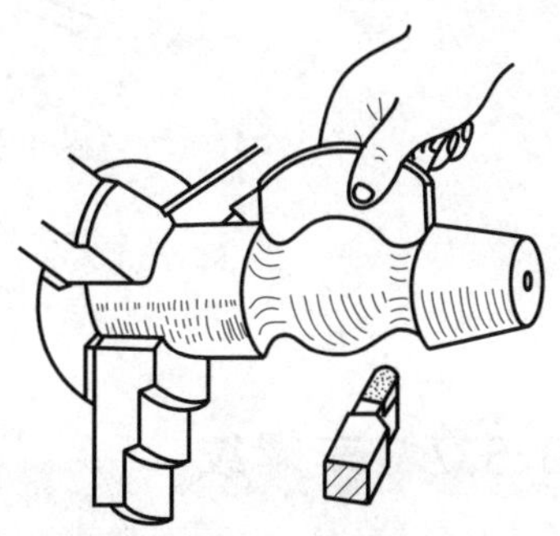

图 9-45　用样板对照成形面

使用双手来控制进给速度时，必须根据成形面的具体情况来掌握，不同的成形面、不同的位置，进给的速度都有所不同。例如车球形成形面，(图 9-46)当切削到 A 点时，左手控制的中滑板进给速度要低，而右手控制的小滑板退刀速度要高；车削到 B 点时，左手控制的中滑板的进给速度与右手控制的小滑板退刀速度应该基本相同；当车削到 C 点时，左手控制的中滑板进给速度要高，而右手控制的小滑板退刀速度要低。

2. 用成形刀车成形面(图 9-47)

用成形刀车成形面，要求刀刃形状与工件表面吻合，装刀时刃口要与工件轴线等高。由于车刀和工件接触面积大，容易引起振动，因此需要采用小切削量，只作横向进给，且要有良好润滑条件。此法操作方便，生产率高，且能获得精确的表面形状。但由于受工件表面形状和尺寸的限制，且刀具制造、刃磨较困难，因此只在成批生产较短成形面的零件时采用。

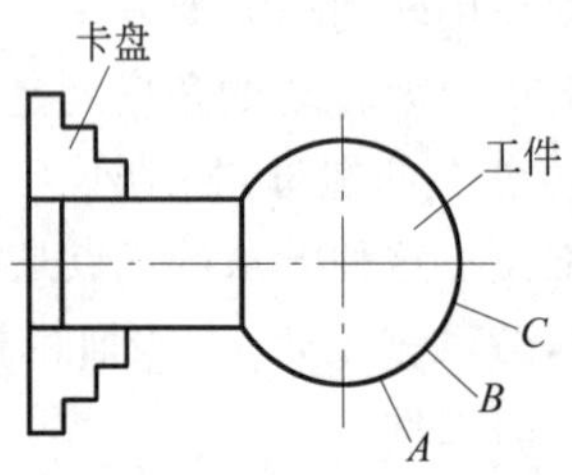

图 9-46 双手控制车削球形

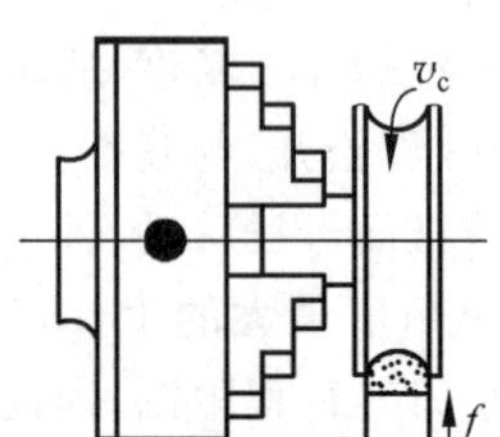

图 9-47 用成形刀车成形面

3. 用靠模板车成形面(图 9-48)

车削成形面的原理和靠模车削圆锥面相同。加工时，只要把滑板换成滚柱，把锥度靠模板换成带有所需曲线的靠模板即可。此法加工工件尺寸不受限制，可采用机动进给，生产效率高，加工精度高，广泛用于成批量生产中。

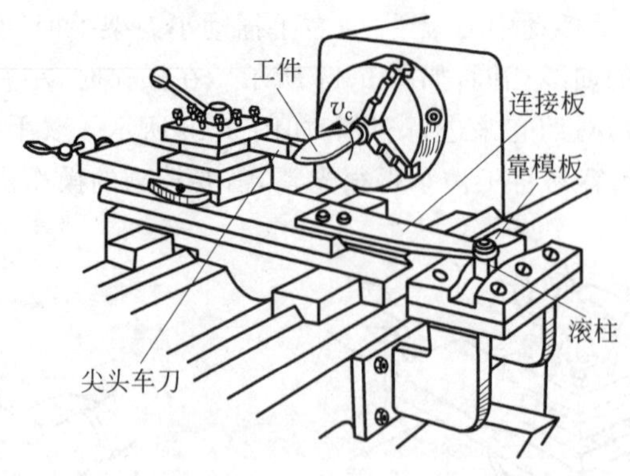

图 9-48 用靠模板车成形面

9.6.7 车螺纹

将工件表面车削成螺纹的方法称为车螺纹。螺纹按牙型分有三角螺纹、方牙螺纹、梯形螺纹(见图 9-49)，其中普通公制三角螺纹应用最广。现介绍三角螺纹的车削。

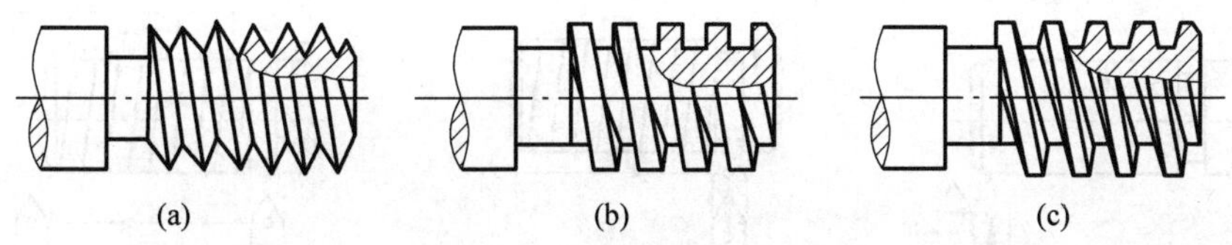

图 9-49　螺纹的种类

（a）三角螺纹；（b）方牙螺纹；（c）梯形螺纹

1. 螺纹车刀的角度和安装

螺纹车刀的刀尖角直接决定螺纹的牙型角（螺纹一个牙两侧之间的夹角），公制螺纹其牙型角为 60°，它对保证螺纹精度有很大的影响。螺纹车刀的前角对牙型角影响较大，如图 9-50 所示，如果车刀的前角大于或小于 0°时，所车出螺纹牙型角会大于车刀的刀尖角，前角越大，牙型角的误差也就越大。精度要求较高的螺纹，常取前角为 0°。粗车螺纹时为改善切削条件，可取正前角的螺纹车刀。

安装螺纹车刀时，应使刀尖与工件轴线等高，否则会影响螺纹的截面形状，并且刀尖的平分线要与工件轴线垂直。如果车刀装得左右歪斜，车出来的牙型就会偏左或偏右。为了使车刀安装正确，可采用样板对刀，如图 9-51 所示。

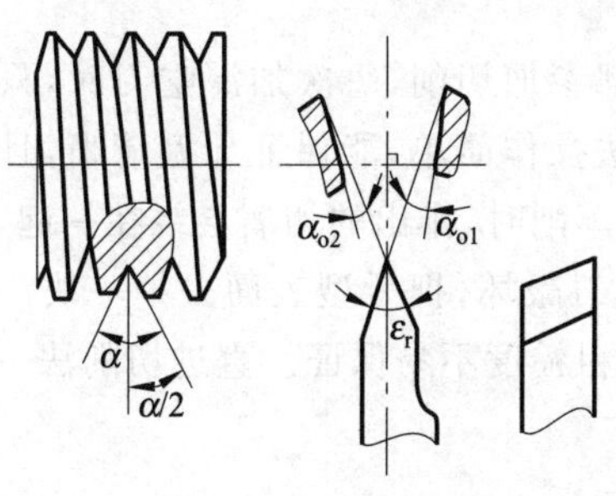

图 9-50　三角螺纹车刀

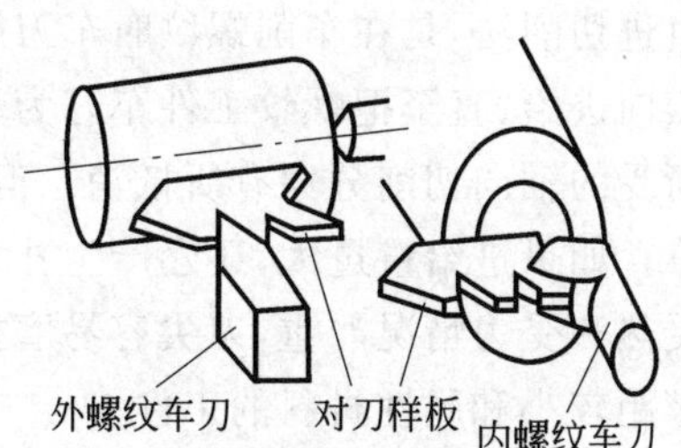

图 9-51　用对刀样板对刀

2. 螺纹的车削方法

首先，把工件的螺纹外圆直径按要求车好（应比规定要求小 0.1～0.2mm），然后在螺纹的长度上车一条标记，作为退刀标记，最后将端面处倒角，装夹好螺纹车刀。其次，调整好车床，为了在车床上车出螺纹，必须使车刀在主轴每转一周得到一个等于螺距大小的纵向移动量，因此刀架是用开合螺母通过丝杠来带动的，只要选用不同的配换齿轮或改变进给箱手柄位置，即可改变丝杠的转速，从而车出不同螺距的螺纹。一般车床都有完整的进给箱和挂轮箱，车削标准螺纹时，可以从车床的螺距指示牌中，找出进给箱各操纵手柄应放的位置进行调整。车床调整好后，选择较低的主轴转速，开动车床，合上开合螺母，正反车数次后，检查丝杠与开合螺母的工作状态是否正常，为使刀具移动较平稳，需消除车床各拖板间隙及丝杠螺母的间隙。车外螺纹操作步骤，如图 9-52 所示。

螺纹车削的特点是刀架纵向移动比较快，因此操作时既要胆大心细，又要集中注意力，操作协调一致。车削螺纹的方法有直进切削法和左右切削法两种。下面介绍直进切削法。

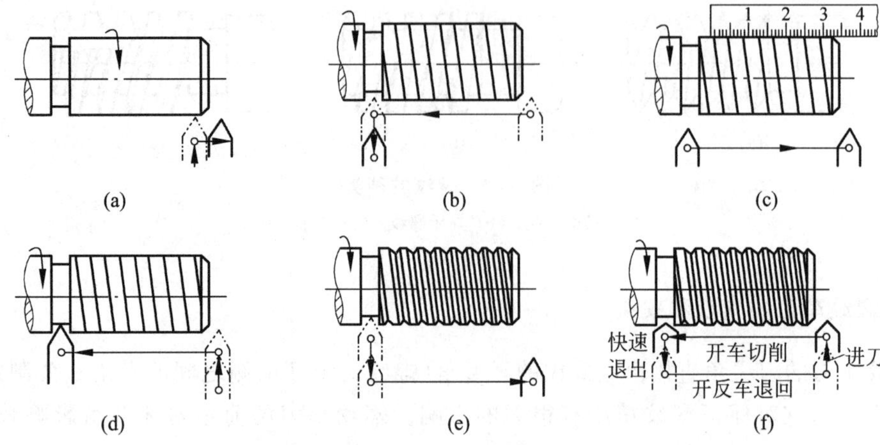

图 9-52 车外螺纹操作步骤

(a) 开车,使车刀与工件轻微接触,记下刻度盘读数,向右退出车刀;
(b) 合上开合螺母,在工件表面车出一条螺旋线,横向退出车刀,停车;
(c) 开反车使车刀退到工件右端,停车,用钢直尺检查螺距是否正确;
(d) 利用刻度盘调整切削深度,开车切削;
(e) 车刀将到行程终点时,先快速退出车刀,开反车退回刀架;
(f) 再次横向切入,继续切削

直进切削法,是在车削螺纹时车刀的左右两侧都参加切削,每次加深吃刀时,只由中刀架作横向进给,直至把螺纹工件车好为止。这种方法操作简单,能保证牙型清晰,且车刀两侧刃所受的轴向切削分力有所抵消。但用这种方法车削时,排出的切屑会绕在一起,造成排屑困难。如果进给量过大,还会产生扎刀现象,把车刀敲坏,把牙型表面去掉一块。由于车刀的受热和受力情况严重,刀尖容易磨损,螺纹表面粗糙度不易保证。直进切削法一般用于车削螺距较小和脆性材料的工件。

9.6.8 滚花

有些机器零件或工具,为了便于握持和外形美观,往往在工件表面上滚出各种不同的花纹,这种加工方法称为滚花。这些花纹一般是在车床上用滚花刀滚压而成的,如图 9-53 所示。花纹有直纹和网纹两种,滚花刀相应有直纹滚花刀和网纹滚花刀两种。

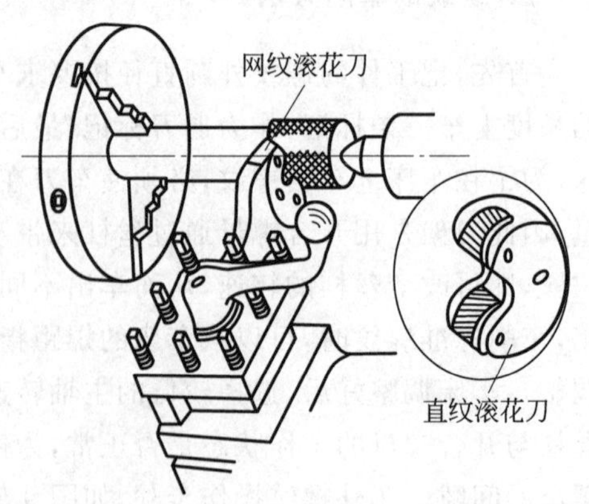

图 9-53 在车床上滚花

滚花时,先将工件直径车到比需要的尺寸略小 0.5mm 左右,此时表面粗糙度值较大,车床转速要低(一般为 70～100r/min);然后将滚花刀装在刀架上,使滚花刀轮的表面与工件表面平行接触,滚花刀对着工件轴线开动车床,使工件转动;当滚花刀刚接触工件时,要用较大的压力,使其表面产生塑性变形而形成花纹;这样来回

滚压几次，直到花纹滚凸出为止。在滚花过程中，要充分供给冷却润滑液，以免碾坏滚花刀和防止细屑滞塞在滚花刀内而产生乱纹。此外由于滚花时压力大，所以工件和滚花刀必须装夹牢固，工件不可以伸出太长，如果工件太长，就要用后顶尖顶紧。

9.7 车削工艺

9.7.1 有关机械加工工艺过程的基本概念

机械加工工艺过程是机械产品生产过程的一部分，是指采用金属切削刀具或磨具来加工工件，使之达到所要求的形状、尺寸、表面粗糙度和力学物理性能，成为合格零件的过程。

机械加工工艺过程由若干个工序组成，每一个工序可依次细分为安装、工位、工步和走刀。

在一个工作地点或在一台机床上，对一个工件所连续完成的那部分工艺过程，称为工序。只要工人、工作地点、工作对象之一发生变化或不是连续完成，则应成为另一个工序。同一个零件，同样的加工内容可以有不同的工序安排。

1. 安装

工件在一次装夹所完成的那部分工艺过程叫做安装。在一个工序中可以包括一次或数次安装。

安装次数增多，就会降低加工精度，同时也会增加装卸工件的时间。在加工过程中，要尽可能减少安装次数。但是，在用前后顶尖装夹工件（轴类）的情况下，增加调头次数，反而可以保证和提高精加工质量。

2. 工位

在工件的一次安装中，通过分度或移位装置，使工件相对于机床床身变换加工位置，则把每一个加工位置上的安装内容称为工位。在一个安装中，可能只有一个工位，也可能需要几个工位。

3. 工步

在一个工序内的一次安装中，当加工表面、切削刀具、切削用量中的转速和进给量均不变时所完成的工位内容，称为工步。

例 加工榔头柄，如图9-54所示。采用ϕ18mm圆棒料（45钢）。

它的加工工艺过程可在车床上一道工序中加工完成。可分为下列工步：

第1工步、第1次安装：车端面；

第2工步、同第1次安装：钻中心孔；

第3工步、第2次安装：车另一端面并车夹位（定位基准）；

第4工步、第3次安装：车外圆、滚花；

第5工步、同第1次安装：车外圆、车圆锥面、车圆角；

第6工步、第4次安装：车圆弧；

第7工步、第5次安装：车外圆、切退刀槽；

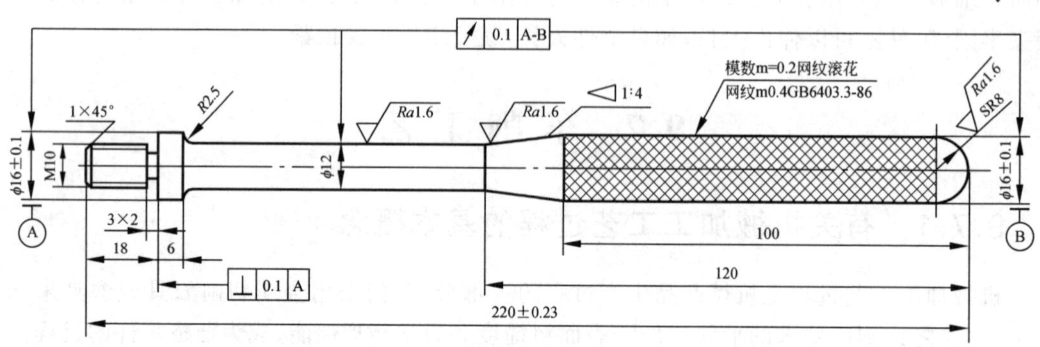

图 9-54 榔头柄

第 8 工步、同第 1 次安装：车螺纹或套丝。

在以上工步中，有的是因为改变了加工表面、切削刀具和切削速度等而划分出不同的工步。有的零件加工，仅在同一台机床上完成，由于加工内容多，也可将较多的工步划分称为少数的几个"工序"，此工序中包含相关工步内容和安装次数。如榔头柄可作为五道工序：

第 1 道工序、第 1 次安装：车端面、钻中心孔；

第 2 道工序、第 2 次安装：车另一端面并车夹位(定位基准)；

第 3 道工序、第 3 次安装：车外圆、滚花、车圆锥面、车圆角；

第 4 道工序、第 4 次安装：车圆弧；

第 5 道工序、第 5 次安装：车外圆、切削退刀槽、车螺纹或套丝。

4. 走刀

在一个工步中，如加工余量很大，不能在一次走刀中完成，则需几次走刀，走刀次数又称行程次数。

走刀为工步的一部分，在这部分工作内切削用量、切削刀具均不改变。

在制定加工工艺卡时，主要制定工序和工步，对于走刀一般不作详细规定。

9.7.2 工件安装

工件的安装包括定位与夹紧两个过程。定位是指工件在机床上相对于刀具处于一个正确的位置。定位是靠定位基准与定位元件来实现的。定位基准是指工件上用以在机床上确定正确位置的表面(如平面、外圆、内孔、顶尖孔等)。定位元件是指与定位基准相接触而在夹具上的元件(如卡爪、V 形块、芯轴、销、挡块等)。工件的夹紧是由夹具上的夹紧装置(如螺旋压板等)来完成的，以在切削力的作用下，使工件的正确位置保持不变。如在车床上车外圆时，用三爪卡盘夹持工件外圆，其外圆面即为定位基准，与外圆面相接触的三爪即为定位元件，也是夹紧元件。

定位基准可分为粗基准与精基准。粗基准是工件上的毛基准，只能用一次，不得重复使用。精基准是经过加工了的基准。以精基准定位，并遵循基准重合原则和基准同一原则，才能保证零件加工的质量。

9.7.3　加工顺序安排的一般原则

（1）先基面后其他：以粗基准定位后，首先加工出下一步加工所用的精基准的表面（基面）。

（2）先粗后精：先进行粗加工，以切除大部分加工余量；后进行精加工，以达到图纸上各项技术要求。

（3）先主后次：先加工主要表面，以早发现该表面是否有缺陷；次要表面贯插安排加工。

（4）精度及表面粗糙度等技术要求高的表面最后加工。

9.8　实训案例

车削加工实训案例如图 9-55 所示。

(a)　(b)　(c)　(d)　(e)　(f)

图 9-55　车削加工实训案例

(g)

(h)

(i)

(j)

(k)

(l)

(m)

(n)

图 9-55 （续）

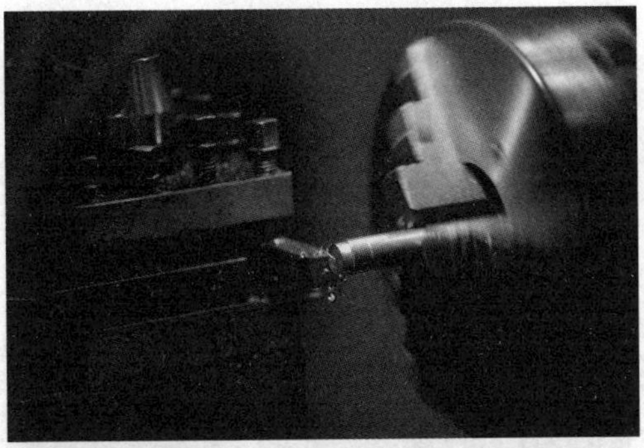

(o)

(p)

(q)

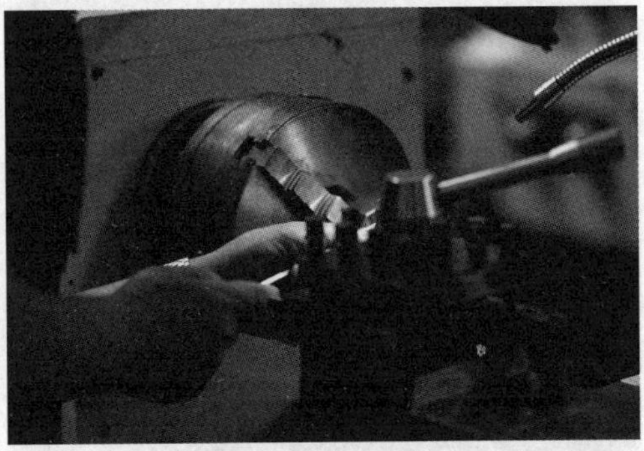

(r)

(s)

(t)

(u)

(v)

图 9-55　（续）

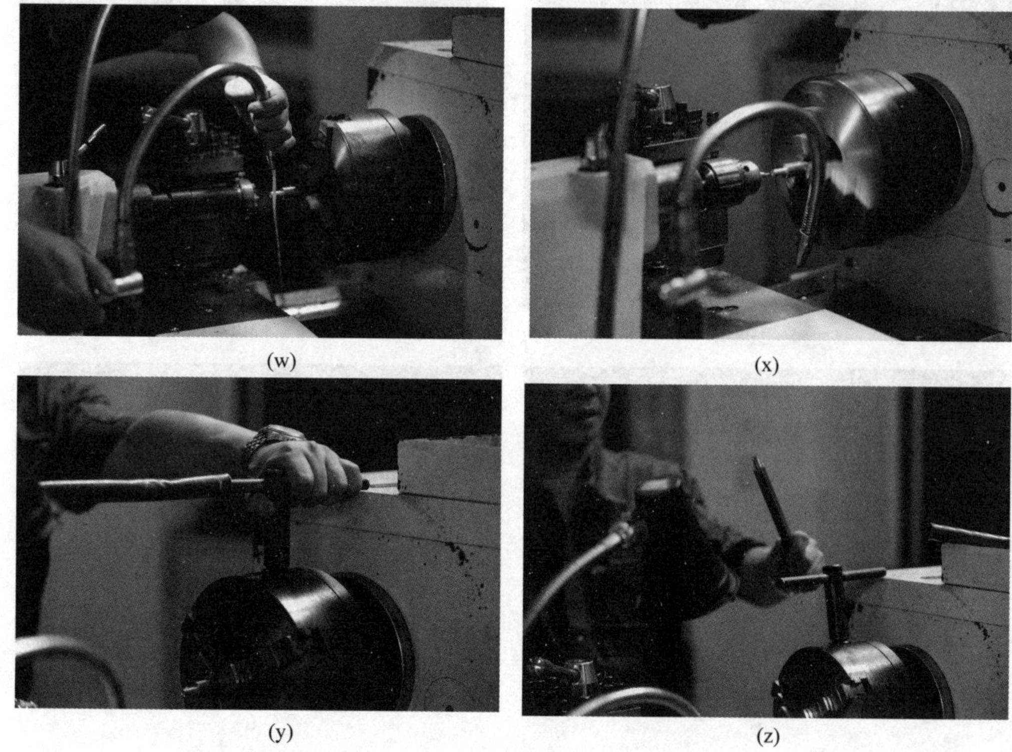

(w) (x)

(y) (z)

图 9-55 (续)

思考练习题

1. 在车床上能进行哪些加工方法？

2. C6132 型普通车床主要由哪几部分组成？

3. 车细长轴时，为了减少工件弯曲变形、提高加工质量，常采用哪些措施？

4. 在实训中使用的车床附件具有哪些功能？

5. 车刀由哪几部分组成？各部分有哪些功能？

6. 刀具材料应具备哪些性能？

7. 车刀的主要角度有哪些？

8. 车刀有哪些种类？其用途有哪些？

9. 为什么说：“车刀安装的好坏，对操作顺利与否和加工质量都有很大关系”？

10. 为了提高生产效率，保证加工质量，生产中把车削加工分成哪几个部分？各部分的作用是什么？

11. 在车床上加工成形面的方法有哪些？请简述其操作过程。

12. 什么是工艺过程？它包括哪些内容？

13. 简述加工顺序安排的一般原则。

第10章

CHAPTER 10

铣削加工

实训目的和要求

(1) 了解铣削加工的基本知识；

(2) 了解常用铣床的型号、结构及使用范围；

(3) 掌握常用铣床附件(平口钳、分度头、回转工作台)的功能及应用；

(4) 掌握基本的铣削方法——铣平面、斜面、直沟槽；

(5) 了解其他铣削方法——铣T形槽、齿形铣削；

(6) 能独立在铣床上正确安装工件、刀具，以及按照实训图纸完成铣削加工。

安全操作规程

(1) 实训时应穿好工作服、女同学要戴工作帽(长发要用发卡固定)，防止头发或衣角被铣床转动部分卷入。严禁戴手套操作。

(2) 铣床机构比较复杂，操作前必须熟悉铣床性能及调整方法。

(3) 铣床运转时不得调整速度(扳动手柄)，如需调整铣削速度，应停车后进行。

(4) 注意铣刀转向及工作台运动方向，学生一般只准使用逆铣法。不得随意更改切削用量。

(5) 铣削齿轮用分度头分齿时，必须等铣刀完全离开工件后，才转动分度头手柄。

(6) 不得用手去触摸旋转着的刀具、主轴，清除铁屑要用毛刷，严禁用手抓或嘴吹，以免铁屑伤人。

(7) 操作时，头不能过分靠近铣削部位，防止切屑飞入眼里或烫伤皮肤。必要时应戴防护眼镜。

(8) 铣削进行中，不准用手触摸或测量工件，不准用手清除切屑。停机后，不准用手制动铣刀旋转。

(9) 装卸工件，调整部件必须停机。

10.1 铣削加工概述

在铣床上使用铣刀对工件进行切削加工的方法称为铣削。铣削是机械加工中最常用的切削加工方法之一。

1. 铣削加工的特点

铣削加工是以铣刀的旋转运动为主运动的切削加工方式。铣刀是多刃刀具，在进行切削加工时多个刀刃进行切削，故铣刀的散热性较好，可进行较高速度的切削加工。由于无空行程，所以铣削加工的生产率较高。铣削属于断续切削，铣刀刀刃不断切入和切出，切削力在不断变化。因此，铣削时会产生冲击和振动，对加工精度有一定的影响，主要用于粗加工和半精加工，也可以用于精加工。

2. 铣削加工精度和粗糙度

铣削加工的精度一般可达 IT9～IT7 级，表面粗糙度 Ra 值可达 6.3～1.6μm。

3. 铣削加工范围

铣削加工广泛应用于机械制造及修理部门，可以加工平面(水平面、垂直面、斜面等)、圆弧面、台阶、沟槽(键槽、T 形槽、V 形槽、燕尾槽、螺旋槽等)、成形面、齿轮及切断等，常见的铣削加工范围如图 10-1 所示。

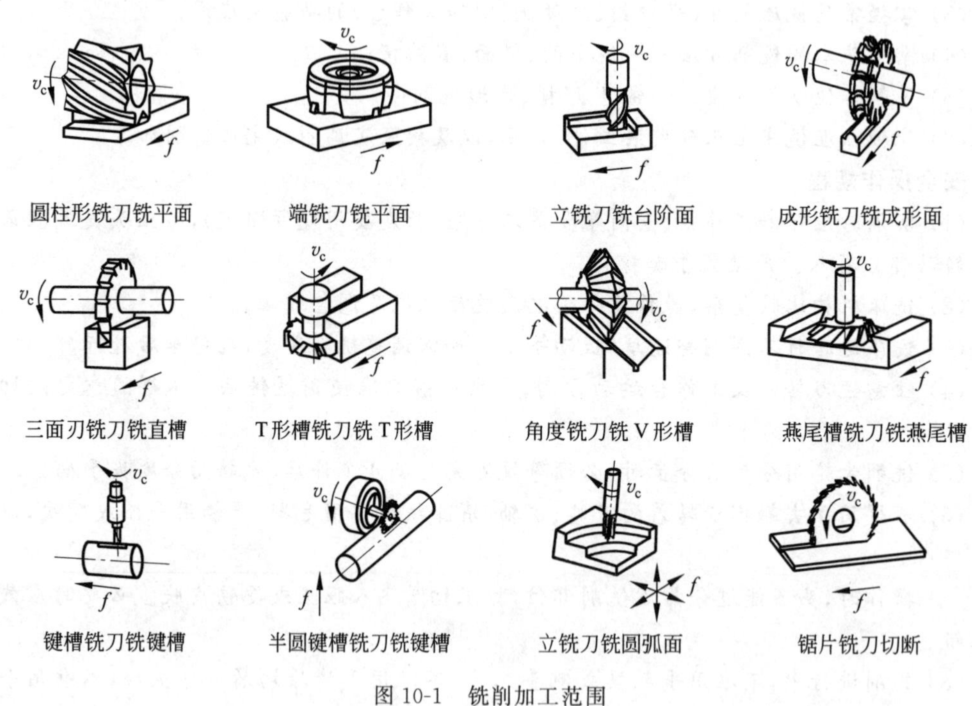

图 10-1 铣削加工范围

10.2 铣床简介

1. 铣床型号介绍

采用铣削加工方式的机床有立式铣床、卧式铣床、龙门铣床和滚齿机等。铣床的编号按照《金属切削机床型号编制方法》(GB/T 15375—2008)的规定表示。例如，X6132 中，字母和数字的含义如下所示：

X：类别，铣床类；

6：组别，卧式铣床组；

1：型别，万能升降台铣床型；

32：主参数，工作台宽度 320mm。

实训中所用铣床编号为 X5032、X6032，其编号的含义如表 10-1 所示。

表 10-1　实训中所用铣床编号表

类		组		系		主参数	
代号	名称	代号	名　称	代号	名　称	折算系数(1/10)	名　称
X	铣床	5	立式升降台铣床	0	立式升降台铣床基型	320mm	工作台面宽度
		6	卧式升降台铣床	0	卧式升降台铣床基型	320mm	工作台面宽度

2. 立式铣床

1）机床结构

X5032 为立式升降台铣床，其主轴轴线垂直于工作台面，外形如图 10-2 所示，主要由床身、立铣头、主轴、工作台、升降台、底座组成。

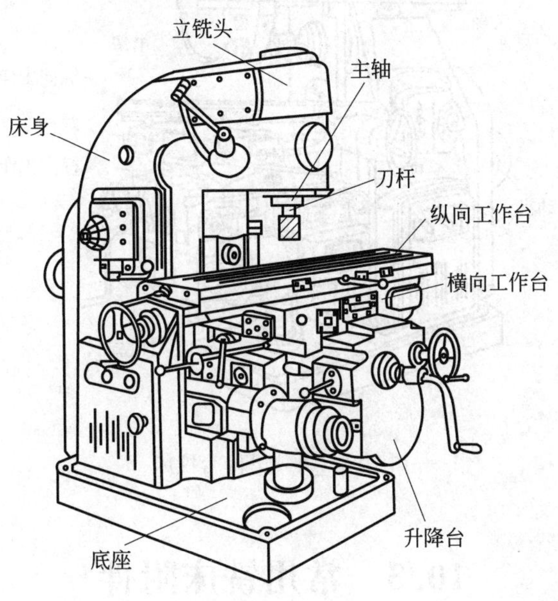

图 10-2　立式升降台铣床

（1）床身：固定和支承铣床各部件；

（2）立铣头：支承主轴，可左右倾斜一定角度；

（3）主轴：为空芯轴，前端为精密锥孔，用于安装铣刀并带动铣刀旋转；

（4）工作台：承载、装夹工件，可纵向和横向移动，还可水平转动；

(5) 升降台：通过升降丝杠支承工作台，可以使工作台垂直移动；

(6) 变速机构：主轴变速机构在床身内，使主轴有 18 种转速，进给变速机构在升降台内，可提供 18 种进给速度；

(7) 底座：支承床身和升降台，底部可存储切削液。

2) 加工范围

X5032 立式升降台铣床适用于单件、小批量或成批生产，主要用于加工平面、台阶面、沟槽等，配备附件可铣削齿条、齿轮、花键、圆弧面、圆弧槽、螺旋槽等，还可进行钻削、镗削加工。

3. 卧式铣床

1) 机床结构

X6032 为卧式升降台铣床，其主轴轴线平行于工作台面，外形如图 10-3 所示，主要由床身、横梁、主轴、工作台、升降台、底座组成。

2) 加工范围

X6032 卧式升降台铣床适用于单件、小批量或成批生产，可铣削平面、台阶面、沟槽、切断等，配备附件可铣削齿条、齿轮、花键等。

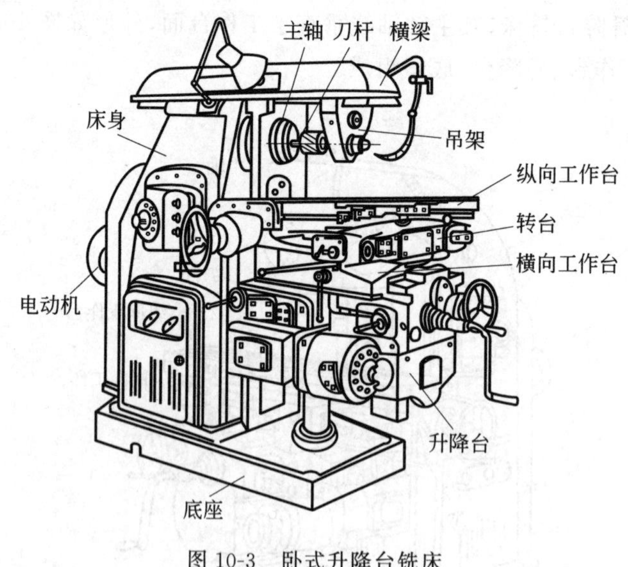

图 10-3 卧式升降台铣床

10.3 常用铣床附件

1. 平口钳

平口钳外形如图 10-4 所示，是铣床上常用来装夹工件的附件，有非回转式和回转式两种。钳口可夹持体积较小、形状较规则的工件。铣削长方体工件的平面、台阶面、斜面和轴类工件上的键槽时都可以用平口钳装夹。平口钳的底座，可以通过 T 形螺栓与铣床工作台稳固连接。在铣床上安装平口钳时,应用百分表校正固定钳口与工作台面的垂直度、平行度。

2. 回转工作台

回转工作台外形如图 10-5 所示,摇动手轮时,通过蜗轮蜗杆传动机构,使转台绕中芯轴线回转。回转工作台可用 T 形螺栓固定在铣床工作台上,主要用来对工件进行分度和进行圆弧面、圆弧槽的铣削加工。

用途:中小型工件的圆周分度和作圆周进给铣削回转曲面。

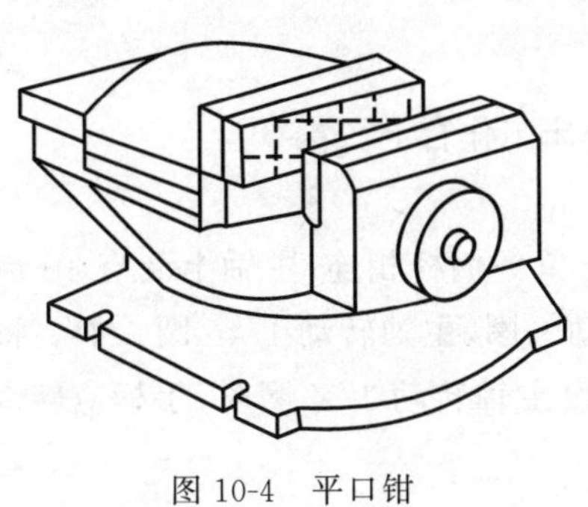
图 10-4　平口钳

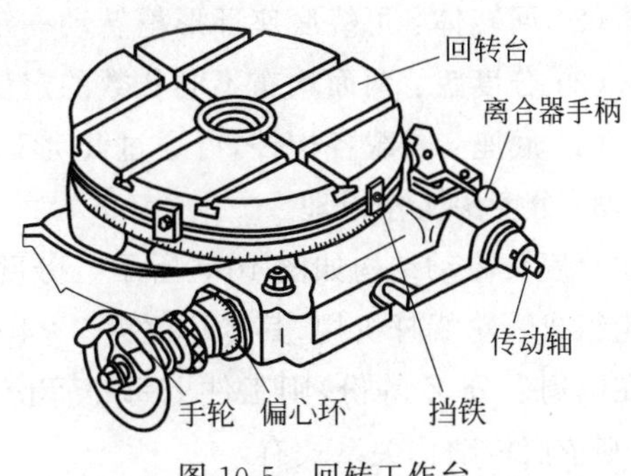

图 10-5　回转工作台

3. 立铣头

立铣头安装在卧式铣床上,使卧式铣床可以完成立式铣床的工作,扩大了卧式铣床的加工范围,其主轴与铣床主轴的传动比为 1∶1。万能立铣头外形如图 10-6 所示。万能立铣头的壳体可根据加工要求绕铣床主轴偏转任意角度,使卧式铣床的加工范围更大。虽然加装立铣头的卧式铣床可以完成立式铣床的工作,但由于立铣头与卧式铣床的连接刚度比立式铣床差,铣削加工时切削量不能太大,所以不能完全替代立式铣床。

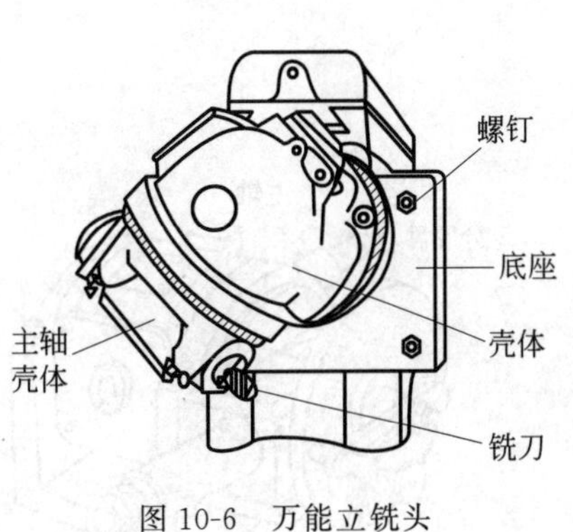

图 10-6　万能立铣头

4. 分度头

万能分度头是重要的铣床附件。分度头安装在铣床工作台上,被加工工件支承在分度头主轴顶尖与尾架顶尖之间或安装于卡盘上。利用分度头,可以根据加工的要求将工件在水平、倾斜或垂直的位置上进行装夹分度,如铣削多边形工件、花键、齿轮等,还可与工作台联动铣削螺旋槽。

1) 分度头的作用

(1) 能使工件周期地绕自身轴线回转一定的角度,以完成等分或不等分的圆周分度工作;

（2）利用分度头主轴上的卡盘夹持工件，使工件轴线相对铣床工作台在向上 90°和向下 10°的范围内倾斜成需要的角度，以加工与工件轴线相交成一定角度的平面、沟槽及锥齿轮等；

（3）通过配换齿轮，可使分度头主轴随纵向工作台的进给运动作连续旋转，并保持一定的运动关系，以铣削螺旋槽、螺旋齿轮及阿基米德螺旋线凸轮等。

2）分度头的结构

分度头外形如图 10-7 所示，由主轴、回转体、分度盘、手柄、底座等组成。

（1）主轴：可安装顶尖、三爪或四爪卡盘，还可随回转体转动一定角度；

（2）回转体：可绕底座环形槽转动一定的角度；

（3）分度盘：两面均布不同孔数的定位孔圈；

（4）底座：承载各构件，可通过 T 形螺栓固定在铣床工作台上。

3）分度头工作原理

分度头传动结构如图 10-8 所示。分度头的手柄与单头蜗杆相连，主轴上装有 40 齿的蜗轮组成蜗轮蜗杆机构，其传动比为 1∶40，即手柄转动一圈，主轴转动 1/40 圈。如要将工件在圆周上分 Z 等份，则工件上每一等份为 $1/Z$ 圈，设主轴转动 $1/Z$ 圈时，手柄应转动 n 圈，则依照传动比关系式有

$$\frac{1}{40}=\frac{n}{Z}$$

即

$$n=\frac{40}{Z}$$

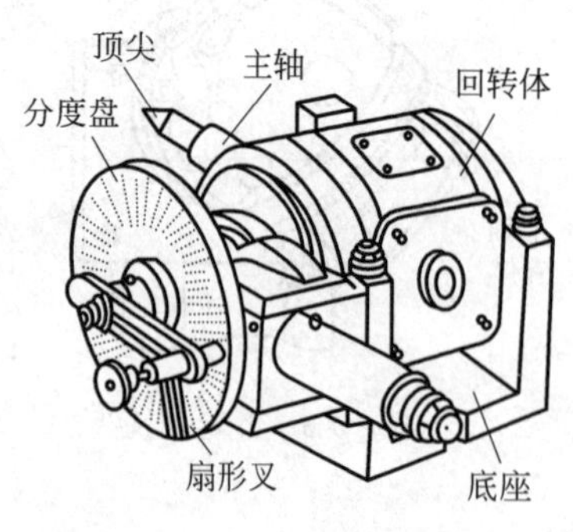

图 10-7 分度头

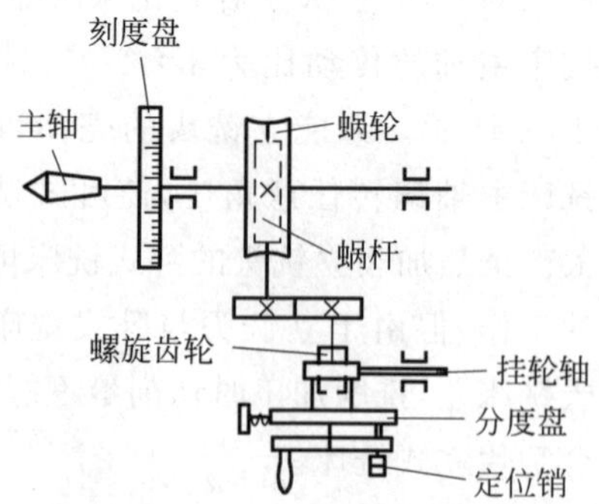

图 10-8 分度头传动结构

4）分度方法

使用分度头进行分度的方法有简单分度、直接分度、角度分度、差动分度和近似分度等，实习中只介绍最常用的简单分度方法，这种方法只适用于分度数 $Z\leqslant 60$ 的情况。

例如，铣削齿数 $Z=26$ 的齿轮，每次分度时手柄应转动的圈数为

$$n=\frac{40}{Z}=\frac{40}{26}=1\,\frac{14}{26}=1\,\frac{7}{13}$$

分度时，如果求出的手柄转速不是整数，可利用分度盘上的等分孔距来确定。分度盘如

图 10-9 所示，分度头一般备有两块分度盘。分度盘的两面各钻有不通的许多圆孔，各圈孔数均不相等，然而同一孔圈上的孔距是相等的。

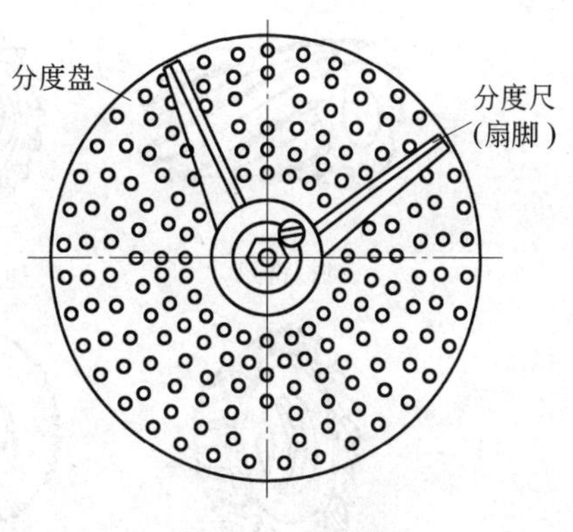

图 10-9　分度盘

按上例计算结果，即每分一齿，手柄应转动 1 整圈加 7/13 圈，7/13 圈的准确圈数由分度盘来控制。

实训中我们使用 FW250 型分度头，其备有两块分度盘，上面的孔圈数如下：

第一块正面：24、25、28、30、34、37；

第一块反面：38、39、41、42、43；

第二块正面：46、47、49、52、53、54；

第二块反面：57、58、59、62、66。

分度时，先将分度盘固定，然后选择 13 的倍数的孔圈，假如我们选定 39 的孔圈，则 7/13 圈等于 21/39 圈，将手柄上的定位销调整到 39 的孔圈上，先将手柄转动 1 圈，再按 39 的孔圈转 21 个孔距即可。

为了确保手柄转过的孔距数可靠，可调整分度盘上两个扇脚间的夹角，使之正好等于分子的孔距数，这样依次进行分度时就可准确无误。

10.4　铣刀简介

1. 常用铣刀的种类和应用

铣刀是一种多刃刀具，其种类很多，按照铣刀的安装方式可分为带孔铣刀和带柄铣刀。通过铣刀的孔来安装的铣刀称为带孔铣刀，一般用于卧式铣床；通过刀柄来安装的铣刀称为带柄铣刀。带柄铣刀又分为直柄铣刀和锥柄铣刀。常见的各种铣刀如图 10-10 所示。

1）带孔铣刀

带孔铣刀按外形主要分为以下几种：

(1) 圆柱铣刀：用于铣削平面；

(2) 圆盘铣刀：用于加工直沟槽，锯片铣刀用于加工窄槽或切断；

(3) 角度铣刀：用于加工各种角度的沟槽；

(4) 成形铣刀：用于加工成形面，如齿轮轮齿。

2）带柄铣刀

(1) 立铣刀：用于加工沟槽、小平面和曲面；

(2) 键槽铣刀：只有两条刀刃，用于铣削键槽；

(3) T 形槽铣刀：铣削 T 形槽；

(4) 燕尾槽铣刀：铣削燕尾槽；

(5) 端面铣刀：铣削较大平面。

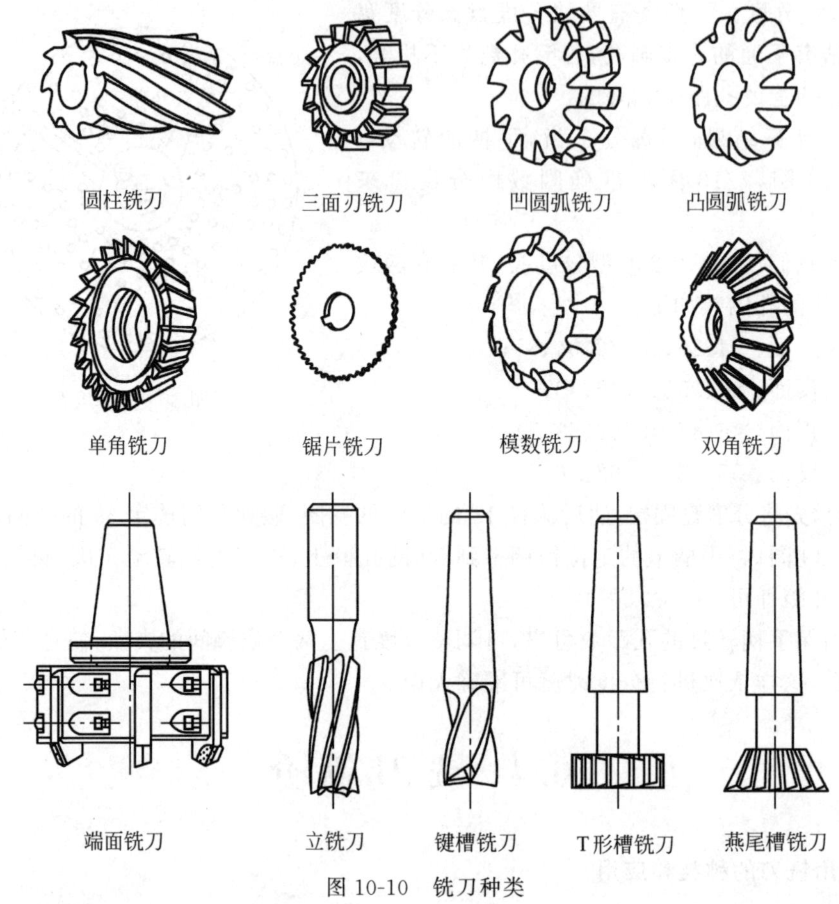

图 10-10 铣刀种类

2. **铣刀的安装**

1）带孔铣刀的安装

在卧式铣床上一般使用拉杆安装铣刀，如图 10-11 所示。刀杆一段安装在卧式铣床的刀杆支架上，刀杆穿过铣刀孔，通过套筒将铣刀定位，然后将刀杆的锥体装入机床主轴锥孔，用拉杆将刀杆在主轴上拉紧。铣刀应尽量靠近主轴，减少刀杆的变形，提高加工精度。

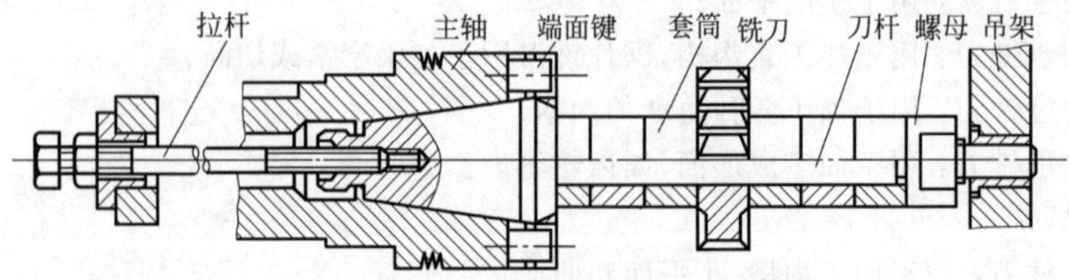

图 10-11 带孔铣刀的安装

2）带柄铣刀的安装

带柄铣刀有直柄铣刀和锥柄铣刀两种。直柄铣刀直径较小，可用弹簧夹头进行安装。常用铣床的主轴通常采用锥度为 7∶24 的内锥孔。锥柄铣刀有两种规格，一种锥柄锥度为 7∶24，一种锥柄锥度采用莫氏锥度。锥柄铣刀的锥柄上有螺纹孔，可通过拉杆将铣刀拉紧，安装在主轴上。锥度为 7：24 的锥柄铣刀可直接或通过锥套安装在主轴上，另一种采用莫氏锥度的锥柄铣刀，由于与主轴锥度规格不同，安装时要根据铣刀锥柄尺寸选择合适的过渡锥套，过渡锥套的外锥锥度为 7：24，与主轴锥孔一致，其内锥孔为莫氏锥度，与铣刀锥柄相配。锥柄铣刀的安装如图 10-12 所示。

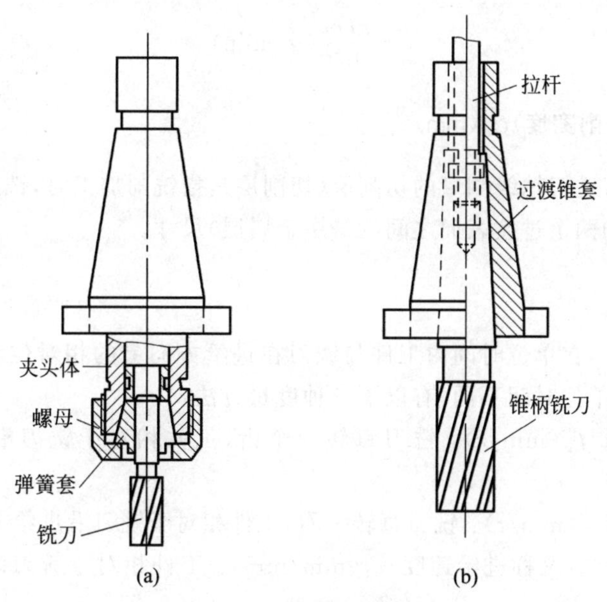

图 10-12　带柄铣刀的安装

（a）直柄铣刀的安装；（b）锥柄铣刀的安装

10.5　铣削用量与方法

10.5.1　铣削用量

铣削加工时，铣刀的旋转运动为切削的主运动，工件在水平和垂直方向的运动为进给运动。铣削用量由铣削速度、侧吃刀量（铣削宽度）、进给量和背吃刀量（铣削深度）组成，如图 10-13 所示。在铣削加工中应根据工件的材料特性、铣刀的类型等多种因素来选择适当的切削用量，以获得最佳加工效率和表面质量。

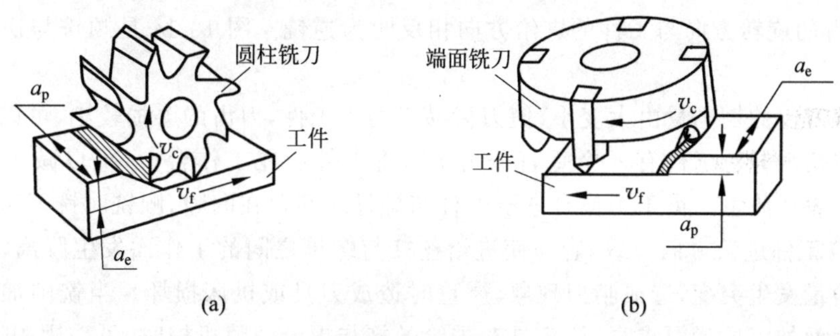

图 10-13　铣削用量

（a）周铣；（b）端铣

1. 铣削速度 v

铣削速度为铣刀在最大直径处的线速度，铣刀直径为 D(mm)，铣刀转速为 n(r/min)时，铣削速度为

$$v=\frac{\pi Dn}{1000}(\mathrm{m/min})$$

2. 侧吃刀量(铣削宽度)a_e(mm)

侧吃刀量为垂直铣刀轴线测量的切削层(切削层是指铣削加工时，铣刀上两个相邻刀齿在工件上先后形成的两个过渡表面之间的一层金属层)尺寸。

3. 进给量 f

进给量为铣削时，在单位时间内工件与铣刀在进给方向上的相对位移量。由于铣刀为多刃刀具，计算时按单位时间不同，有以下三种度量方法：

(1) 每齿进给量 f_z(mm/z)：铣刀每转一个齿，工件相对于铣刀沿进给方向的移动距离；

(2) 每转进给量 f(mm/r)：铣刀每转一圈，工件相对于铣刀沿进给方向的移动距离；

(3) 每分钟进给量(又称进给速度)v_f(mm/min)：工件相对于铣刀沿进给方向每分钟的移动距离。

4. 背吃刀量(铣削深度)a_p(mm)

背吃刀量为平行于铣刀轴线测量的切削层尺寸。因周铣和端铣时相对于工件的方位不同，故铣削深度的表示也有所不同。

10.5.2 铣削方法

1. 铣削平面

卧式和立式铣床均可铣削平面。铣削平面时一般采用圆柱铣刀或端面铣刀。

1) 圆柱铣刀铣削平面

用铣刀周边刀齿进行切削，称为周铣法，当刀齿的旋转方向与工件的进给方向相同时为顺铣；当刀齿的旋转方向与工件的进给方向相反时为逆铣。图 10-14 是顺铣与逆铣的工作示意图。

顺铣时，刀齿的切削量由大变小，使刀齿易于切入工件，刀齿的磨损较小，可以提高刀具寿命，铣刀在切削时对工件有一个垂直分力 F_v，将工件压在工作台上，可以减少工件的振动，提高加工表面质量。由于工作台进给丝杠与螺母之间存在间隙，顺铣时铣刀对工件的水平分力 F_h 与工件进给方向一致，容易使进给丝杠与螺母之间的工作面发生脱离，工作台产生窜动，进给量发生突变，造成啃刀现象，严重时造成刀具或机床损坏。当铣削加工余量较小，对工件表面加工质量要求高，机床具有进给丝杠与螺母消隙机构时，可采用顺铣加工。

逆铣时，刀齿的切削量由小变大，刀齿切入工件有一段滑行挤压过程，使刀齿的磨损较

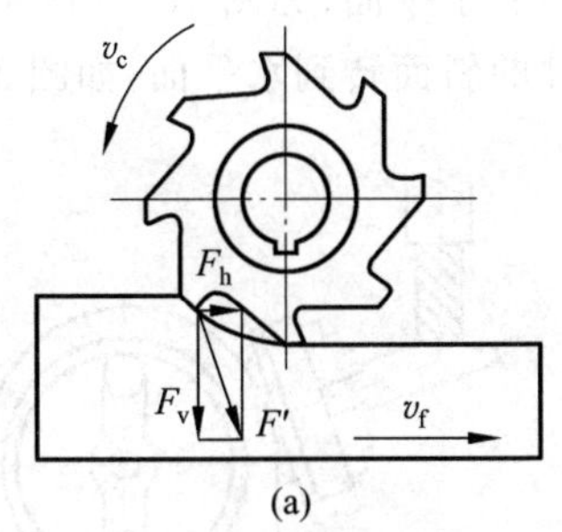

(a)

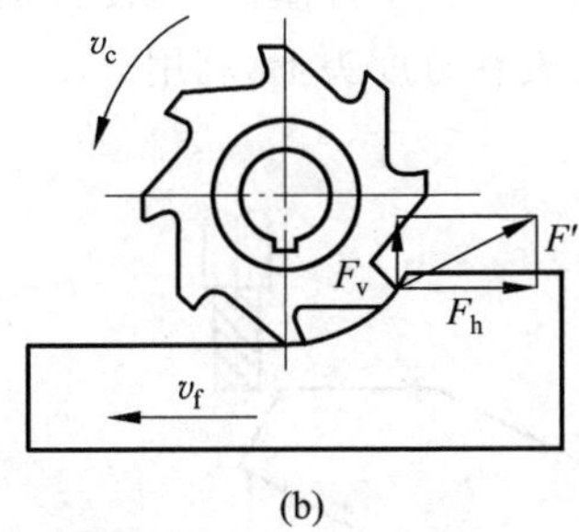

(b)

图 10-14 顺铣与逆铣

(a) 顺铣；(b) 逆铣

大，同时也使已加工表面的粗糙度增大。铣刀在切削时对工件的垂直分力 F_v 是向上的，使工件产生上台趋势，造成周期性振动，影响表面加工质量。逆铣时铣刀对工件的水平分力 F_h 与工件进给方向相反，使进给丝杠与螺母相互压紧，工作台不会发生窜动现象。当铣削加工余量较大，对工件表面加工质量要求不高时，一般都采用逆铣加工。

2）端铣刀铣削平面

用铣刀端面刀齿进行切削，为端铣法。端铣刀刚性好，同时参加切削的刀齿较多，铣削平稳，振动小，加工表面的质量好，可以采用较大的切削量进行铣削加工，铣削效率较高，加工较大平面时应优先采用。

铣削平面的步骤及操作要点如下。

(1) 选择铣刀：根据工件的形状及加工要求选择铣刀，加工较大平面应选择端铣刀，加工较小的平面一般选择铣削平稳的圆柱螺旋铣刀。铣刀的宽度应尽量大于待加工表面的宽度，减少走刀次数。

(2) 安装铣刀。

(3) 选择夹具及装夹工件：根据工件的形状、尺寸及加工要求选择平口钳、回转工作台、分度头或螺栓压板等。

(4) 选择铣削用量：根据工件材料特性、刀具材料特性、加工余量、加工要求等制定合理的加工顺序和切削用量。

(5) 调整机床：检查铣床各部件及手柄位置，调整主轴转速及进给速度。

(6) 铣削操作：

① 开车使铣刀旋转，升高工作台，让铣刀与工件轻微接触；

② 水平方向退出工件，停车，将垂直进给丝杠刻度盘对准零线；

③ 根据刻度盘刻度将工作台升高到预定的切削深度，紧固升降台和横向进给手柄；

④ 开车使铣刀旋转，先手动纵向进给，当工件被轻微切削后改用自动进给；

⑤ 铣削一遍后，停自动进给，停车，下降工作台；

⑥ 测量工件尺寸，观察加工表面质量，重复对工件进行铣削加工达到合格尺寸。

2. 铣削斜面

铣削斜面常采用以下三种方法进行加工。

(1) 将工件的斜面装夹成水平面进行铣削，装夹方法有：

① 将斜面垫铁垫在工件基面下，使被加工斜面成水平面，如图 10-15 所示；

② 将工件装夹在分度头上，利用分度头将工件的斜面转到水平面，如图 10-16 所示。

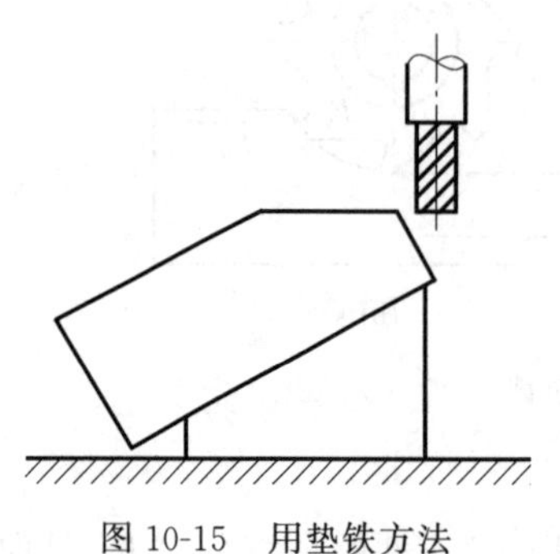

图 10-15 用垫铁方法

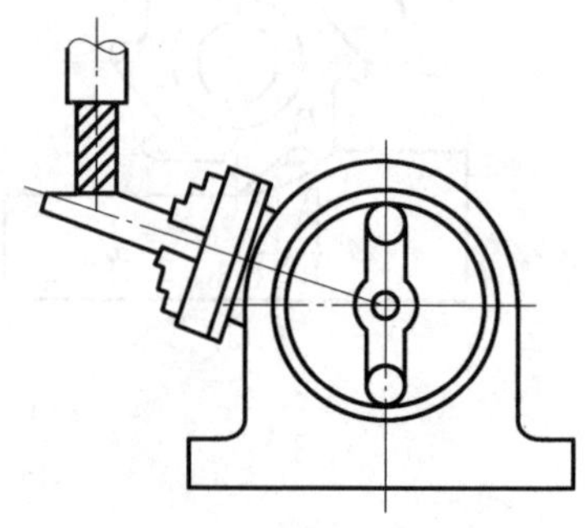

图 10-16 用分度头方法

(2) 利用具有一定角度的角度铣刀可铣削相应角度的斜面，如图 10-17 所示。

(3) 利用立铣头铣削斜面，将立铣头的主轴旋转一定角度可铣削相应的斜面，如图 10-18 所示。

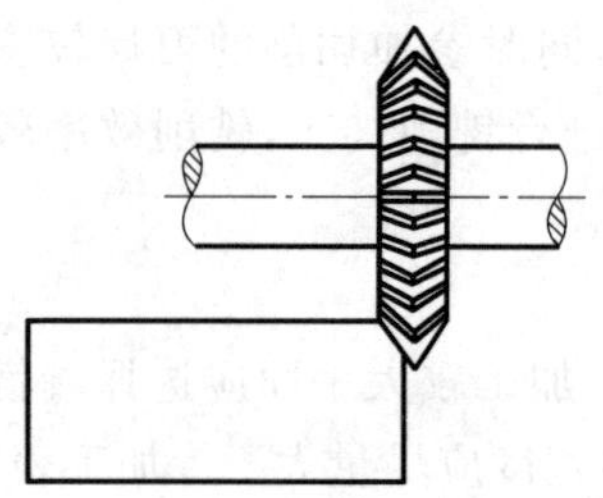

图 10-17 角度铣刀铣斜面

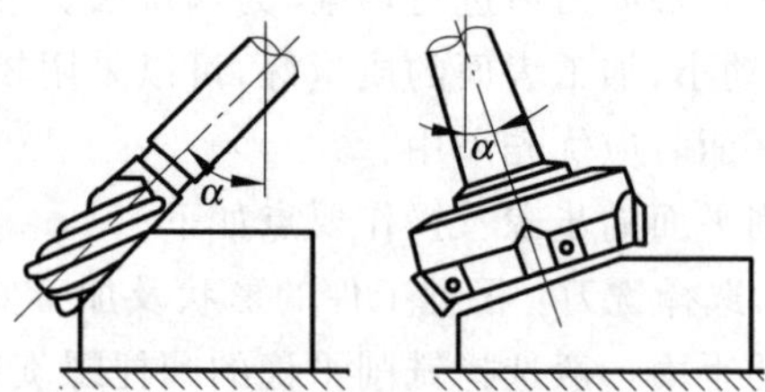

图 10-18 立铣头旋转一定角度铣削斜面

3. 铣削沟槽

1) 铣削键槽

(1) 选择铣刀：根据键槽的形状及加工要求选择铣刀，如铣削月牙形键槽应采用月牙槽铣刀，铣削封闭式键槽选择键槽铣刀。

(2) 安装铣刀。

(3) 选择夹具及装夹工件：根据工件的形状、尺寸及加工要求选择装夹方法，单件生产使用平口钳装夹工件。使用平口钳时必须使用划针或百分表校正平口钳的固定钳口，使之与工作台纵向进给方向平行；还可采用分度头和顶尖或 V 形槽装夹等方式铣削键槽；批量生产使用抱钳装夹工件。常用铣削键槽时工件的装夹方法如图 10-19 所示。

(4) 对刀：使铣刀的中心面与工件的轴线重合，常用对刀方法有切痕对刀法和划线对刀法。

(5) 选择合理的铣削用量。

(6) 调整机床，开车，先试切检验，再铣削加工出键槽。

2) 铣削 T 形槽

铣削 T 形槽步骤：

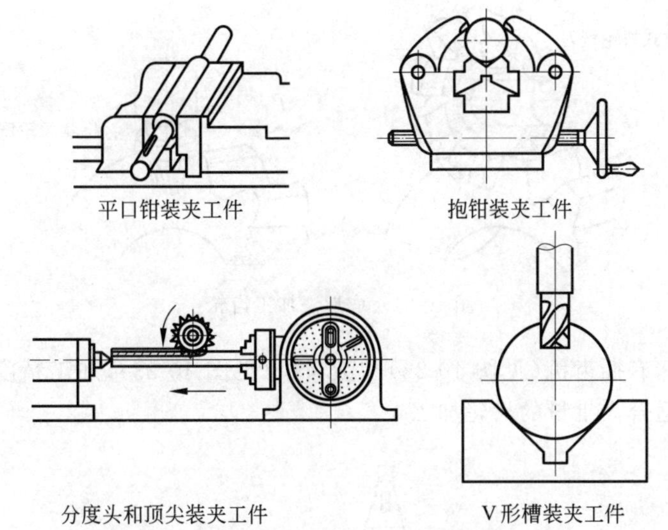

图 10-19　铣削键槽工件装夹方法

(1) 在立式铣床上用立铣刀或在卧式铣床上用三面刃盘铣刀铣出直角槽，如图 10-20(a)、(b)所示；

(2) 在立式铣床上用 T 形槽铣刀铣出 T 形底槽，如图 10-20(c)所示；

(3) 用倒角铣刀对槽口进行倒角，如图 10-20(d)所示。

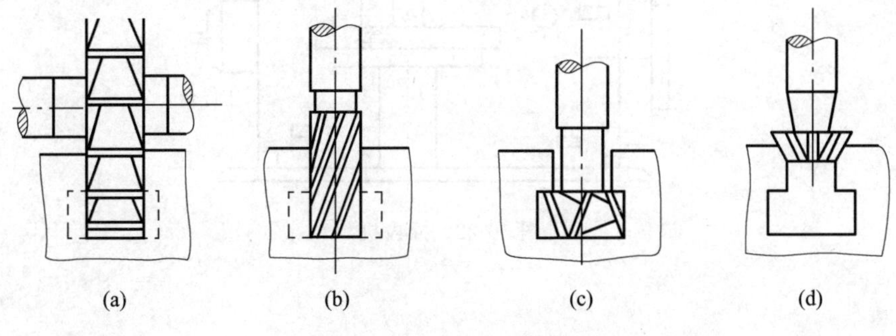

图 10-20　铣削 T 形槽

由于 T 形槽铣刀的颈部较细，强度较差，铣 T 形槽时铣削条件差，因此应选择较小的铣削用量，并在铣削过程中应充分冷却和及时排出切屑。

4. 铣削齿形

通常采用成形法在铣床上加工齿轮。成形法是利用与被加工的齿形相同或相近形状的齿轮铣刀，使用分度头分度，将齿轮的齿形逐个铣削出来。齿轮铣刀又称为模数铣刀，在卧式铣床上采用圆盘式齿轮铣刀，在立式铣床上采用指状齿轮铣刀，如图 10-21 所示。

成形法加工的齿轮精度较低(IT11～IT9)，齿面粗糙度较差，齿形存在一定误差，且生产率较低，生产成本低，只适合单件生产和修配精度要求不高的齿轮加工。

展成法是利用齿轮刀具与被切齿轮相互啮合运动、切削加工出齿形的方法。采用展成

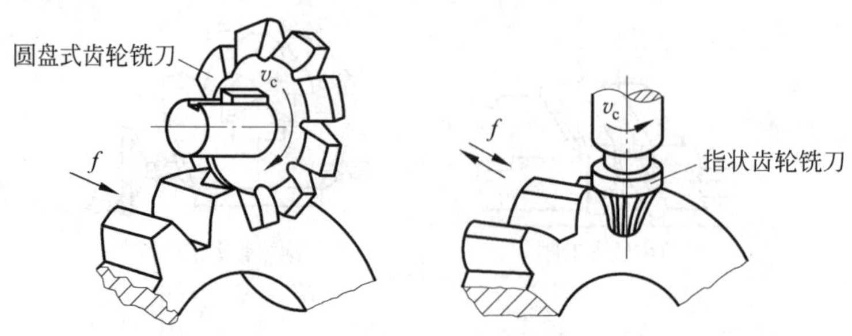

图 10-21 成形法加工齿轮

法加工齿轮的机床有插齿机(见图 10-22)和滚齿机(见图 10-23),加工精度可达 IT8～IT7 级,生产效率高,适合大批量的齿轮加工。

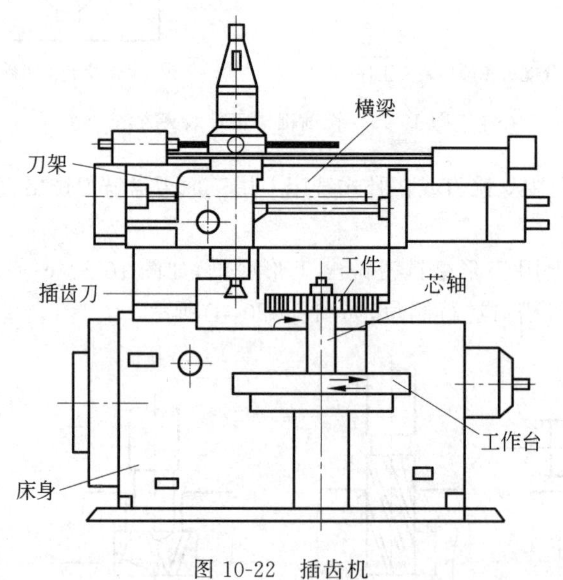

图 10-22 插齿机

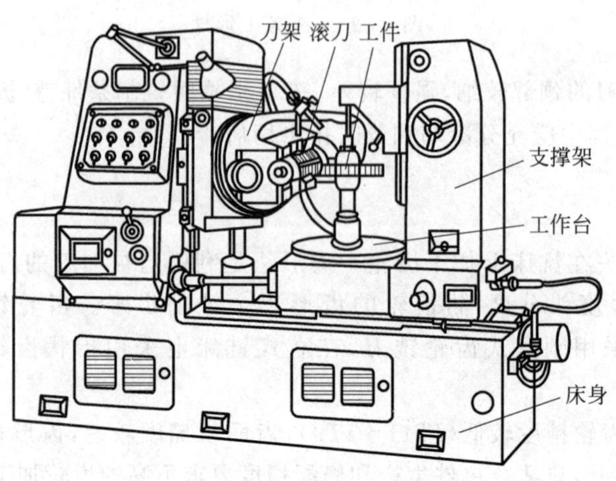

图 10-23 滚齿机

10.6 实训案例

10.6.1 直齿圆柱齿轮的铣齿加工

以卧式铣床(见图 10-24)加工图 10-25 所示的直齿圆柱齿轮为例,其铣削步骤如下。

图 10-24 卧式铣床

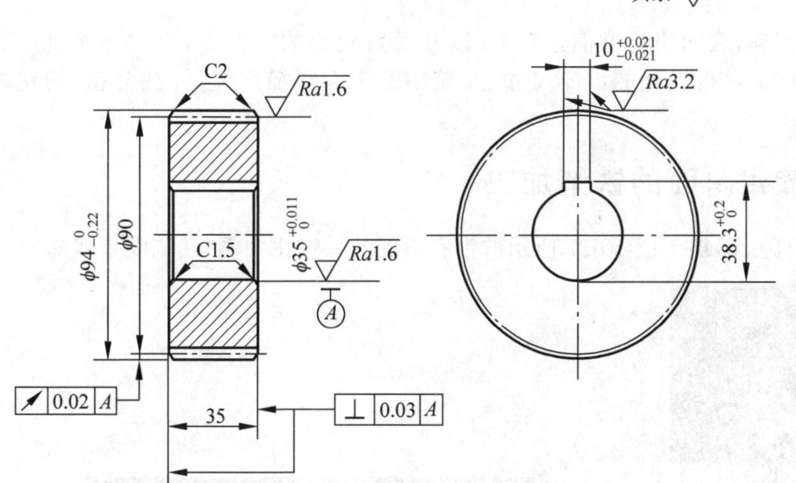

模数	m	2.5
齿数	z	42
压力角	α	20°
精度		9级
公法线长度	W	$34.68^{-0.072}_{-0.190}$
跨测齿数	K	5

材料：45钢
28~32 HRC

图 10-25 直齿圆柱齿轮

1. 检查齿坯

(1) 检查齿顶圆尺寸,以便于调整铣削层深度,保证齿厚正确。

(2) 检查孔径尺寸及内孔与外圆的同轴度,以保证工件装夹的位置精度。

(3) 检查基准端面与内孔的垂直度,以保证工件装夹的位置精度。

2. 安装分度头及尾架

(1) 要求前后顶尖的连线与工作台面平行,并与工作台纵向进给方向一致。

(2) 分度计算和调整分度叉。当齿数 $Z=45$ 时,则 $n=40/Z=40/45=8/9$,即每铣完一齿,先将分度盘固定,然后选择 9 的倍数的孔圈,假如我们选定 54 的孔圈,则 8/9 圈等于 48/54 圈,将手柄上的定位销调整到 54 的孔圈上,再按 54 的孔圈转 48 个孔距,使两分度叉之间包含 49 个孔。

3. 装夹和调整工件

(1) 安装芯轴并校验:先把芯轴安装在两顶尖之间,并用鸡心夹头固定(也可用三爪卡盘和顶尖装夹),再对芯轴配合部分校验,然后把工件装夹在芯轴上,用螺母紧固,并检查基准端面。

(2) 在单件生产时,若无专用芯轴,则采用轴径小于孔径的芯轴装夹工件。

4. 选择和安装铣刀

选用 $m=2.5\text{mm}$、$\alpha=20°$ 的盘形齿轮铣刀,并进行安装(齿轮铣刀的安装方法与其他铣刀相同)。

5. 对刀

使齿轮铣刀的中分面通过工件的轴线。

6. 调整铣削用量和铣削层深度

如果齿轮的精度不高,表面粗糙度值也较大,以及模数较小的情况下,可以一次进给铣出全部齿深。但为了保证获得准确的齿厚尺寸,及较小的表面粗糙度值,往往分粗、精铣两次进给来完成。

10.6.2 鸭嘴钳斜面的铣削加工

以立式铣床(见图 10-26)加工图 10-27 所示的带有斜面的鸭嘴钳为例,其铣削步骤如下。

图 10-26 立式铣床

图 10-27 带有斜面的鸭嘴钳

(1) 将工件倾斜所需的角度安装铣斜面，如图 10-28 所示；

(2) 划线装夹工件铣斜面；

(3) 采用立铣刀铣斜面，如图 10-29 所示。

图 10-28　倾斜工件安装铣斜面

图 10-29　立铣刀铣斜面

思考练习题

1. 铣床的主轴和车床主轴同样都作旋转运动，试分析各自的主运动和进给运动，并举出两种以上既能在车床上又能在铣床上加工表面的例子。

2. 铣削加工的精度一般可达到几级？表面粗糙度值 Ra 为多少？

3. 为什么用端铣刀铣平面比用圆柱铣刀铣平面好？

4. 利用卧式铣床和立式铣床都能加工平面，试比较其优缺点和各自的适用场合。

5. 试叙述铣床的主要附件的名称和用途。

6. 简单分度的公式是什么？拟铣一个齿数 Z 为 26 的直齿圆柱齿轮，试用简单分度法计算出每铣一齿，分度头手柄应在孔数为多少的孔圈上转过多少圈又多少个孔距？(已知分度盘的各圈孔数为 37，38，39，41，42，43。)

7. 用圆柱铣刀铣平面时，有顺铣和逆铣之分，它们的不同点是什么？在什么条件下才能使用顺铣？

8. 加工轴上封闭式键槽，常选用什么铣床和刀具？

9. 铣削曲面可以采用哪几种方法？各自有何特点？

10. 成形法加工齿轮和展成法加工齿轮各有何特点？

第11章 CHAPTER 11

刨削加工

实训目的和要求

(1) 了解刨削加工的基本知识；

(2) 了解牛头刨床的型号、结构及使用范围；

(3) 掌握基本的刨削方法(刨平面、斜面、直沟槽)；

(4) 了解其他刨削方法(刨 T 形槽、燕尾槽)；

(5) 能独立按照实习图纸完成刨削加工。

安全操作规程

(1) 实训时应穿好工作服、女同学要戴工作帽(长发要用发卡固定),防止头发或衣角被机床转动部分卷入。

(2) 装夹刨刀、工件要安全可靠,工作台和横梁上不准堆放任何物品。开机前要前后照顾,避免发生机床或人身事故。

(3) 工件夹紧后,先用手柄转动主轴,试探刨头的行程大小是否合适,如不合要求,则加以调整,但不准开车时调整。

(4) 刨刀须牢固地夹在刀架上,不能装得太长,以防损坏刨刀。吃刀量要合适,当遇到吃力困难时应立即关车。

(5) 开动刨床后,身体不可靠近机床运动范围。操作时手里不能拿棉纱或戴手套,不可随意拨动机件。如需调节皮带或变换齿轮时,须征得实习指导人员的同意后停车调节。

(6) 刨床在运行时,禁止进行变速、调整刨床、清除切屑、测量工件等操作。清除切屑要用刷子,不可直接用手,以免刺伤手指。

(7) 刨床往复运动时,不可用手触摸刨刀和工件。不要在刨刀的正面迎头看工件,以防头部被撞伤。

(8) 刨床在运转时,绝不允许离开刨床。

(9) 工作中发现刨床有异常情况,应立即停车,并报告指导人员。

11.1 刨削加工概述

刨削是刀具与工件的相对运动为往复直线运动的金属切削加工方式。采用刨削方式可以加工出由直线组成的表面。

1. 刨削加工的特点

刨削加工是一种间歇性的切削加工方式。刨刀在切削过程中，需要承受较大的冲击力，故刨削的切削速度较低。在通常情况下，返回行程刨刀不进行切削，所以刨削生产率较低。但是由于刨削机床及刀具的结构简单，价格低廉，刨削加工广泛应用于单件、小批量生产及维修中。

2. 刨削加工范围

在金属切削加工中，刨削主要用来加工平面、斜面、沟槽及成形面，还可加工精度要求较低的齿轮，如图 11-1 所示。

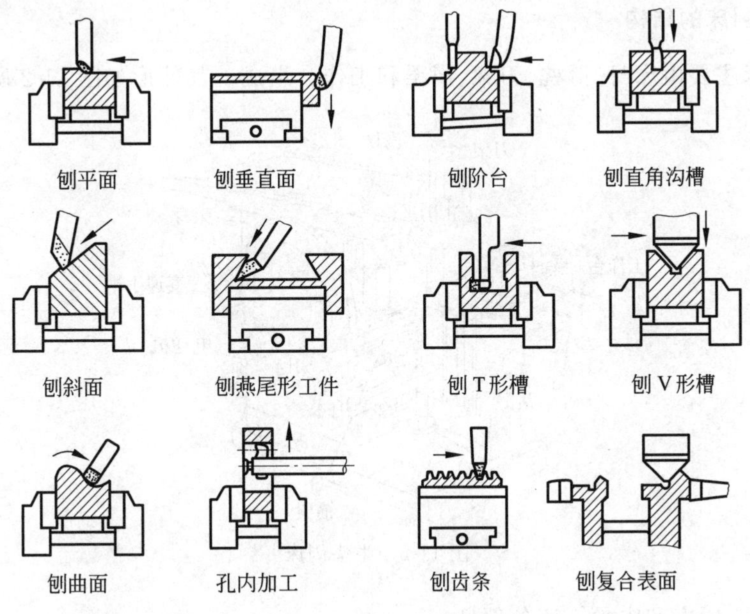

图 11-1　刨削加工范围

3. 刨削加工精度

刨削加工的尺寸公差等级为 IT9～IT8，表面粗糙度 Ra 值为 6.3～0.8μm。

11.2　刨床简介

11.2.1　机床型号简介

采用刨削加工方式的机床主要有牛头刨床、龙门刨床、插床、拉床和刨齿机。刨床的编号按照《金属切削——机床型号编制方法》(GB/T 15375—2008)的规定表示。刨床的编号如表 11-1 所示。

表 11-1 刨床编号表

类		组		系		主参数	
代号	名称	代号	名称	代号	名称	折算系数	名称
B	刨插床	2	龙门刨床	0	龙门刨床基型	1/100	最大刨削宽度
		5	插床	0	插床基型	1/10	最大插削长度
		6	牛头刨床	0	牛头刨床基型	1/10	最大刨削长度

例如，实训中所用刨床型号为B6050，表示该型机床为牛头刨床基型，最大刨削长度为500mm。

11.2.2 牛头刨床介绍

牛头刨床在金属切削加工中应用较广，适合刨削长度不超过1000mm的中小型工件。

1. 牛头刨床的结构

牛头刨床主要由床身、滑枕、刀架、横梁和工作台组成。其外形如图11-2所示。

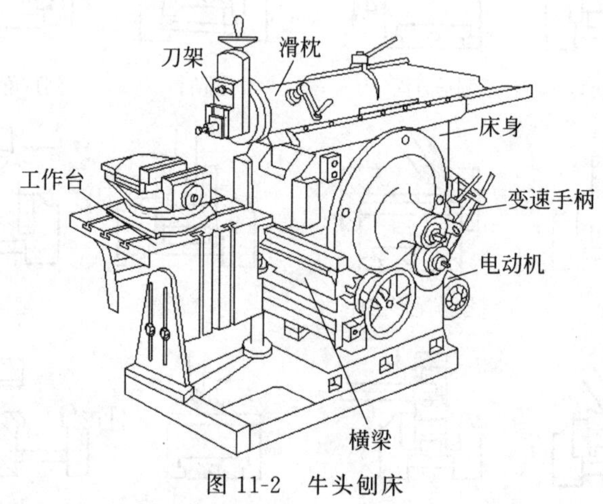

图11-2 牛头刨床

(1) 床身：固定和支承刨床各部件；

(2) 滑枕：前端安装刀架，可沿床身水平导轨作直线往复运动；

(3) 刀架：又称牛头，由转盘、溜板、刀座、抬刀板、刀夹、手柄等组成，主要作用是夹持刨刀，并可使刨刀倾斜一定角度；

(4) 横梁：可沿床身垂直导轨垂直移动；

(5) 工作台：承载、装夹工件，可沿横梁导轨水平移动。

2. 牛头刨床传动系统简介

牛头刨床的主运动为滑枕带动刨刀作直线往复运动，其传动路线为：电动机→皮带轮→齿轮变速机构→曲柄摆杆机构。进给运动为工作台作水平或垂直运动，其传动路线为：电动机→皮带轮→齿轮变速机构→棘轮机构→进给丝杠→工作台。

牛头刨床的传动机构主要由以下几种机构组成。

1) 齿轮变速机构

齿轮变速机构由几组滑动齿轮组成，通过调整齿轮的不同组合来改变齿轮变速机构的传动比，使刨床可以获得不同的切削速度。

2）曲柄摆杆机构

曲柄摆杆机构如图 11-3 所示，由摆杆齿轮、摆杆、偏心滑块组成，其作用是将摆杆齿轮的旋转运动变为滑枕的直线往复运动。当摆杆齿轮旋转一周时，偏心滑块带动摆杆来回摆动一次，与摆杆连接的滑枕就往复运动一次。这里要注意以下两点。

(1) 滑枕的往复速度是不同的，在滑枕的工作行程中，摆杆齿轮转过的角度为 α，在返回行程摆杆齿轮转过的角度为 β，由于 $\alpha>\beta$，所以返回行程滑枕的速度大于工作行程，这种特点对提高刨削加工的效率是有利的。

(2) 摆杆下支点通过滑块与床身连接，因为如果摆杆与床身铰接，则摆杆上支点的运动路线为圆弧线，所以摆杆必须可以沿其轴线滑移，才能保证滑枕作直线运动。

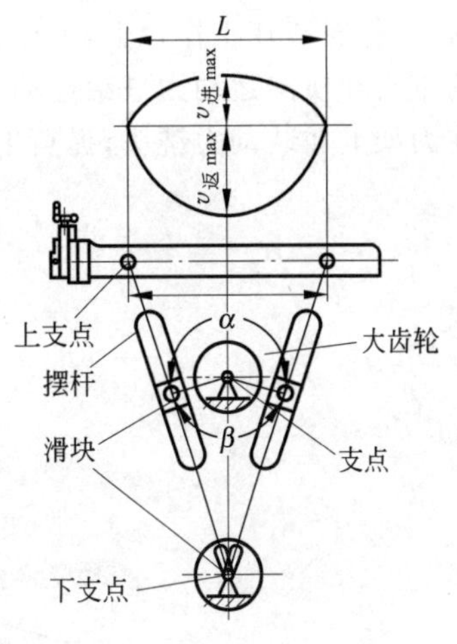

图 11-3　曲柄摆杆机构

通过调整偏心滑块的偏心距可以改变滑枕的行程，偏心距变小，摆杆摆动的角度变小，滑枕的行程也就变短。

3）棘轮机构

棘轮机构由棘轮、棘爪、连杆、棘轮罩组成，其作用是使工作台在滑枕返回行程结束后、工作行程开始前，实行间歇进给。棘轮机构工作原理如图 11-4 所示。齿轮 B 带动连杆使棘爪往复摆动，棘爪前进时，其垂直面接触轮齿，拨动棘轮，使棘轮旋转，棘轮通过键与进给丝杠连接，带动进给丝杠使工作台横向运动，棘爪返回时，其斜面接触轮齿，只能从轮齿上滑过，不能拨动棘轮，工作台静止不动，完成间歇进给。

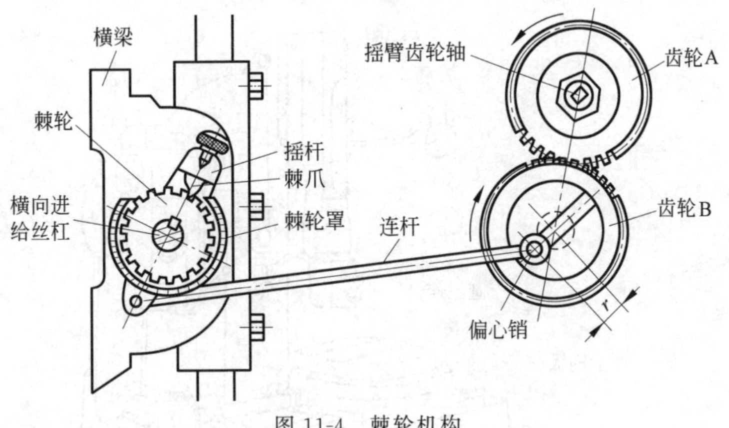

图 11-4　棘轮机构

改变进给速度可通过调节棘轮罩的位置，改变棘爪拨动的齿数，即可改变进给丝杠的转动角度。改变进给方向则只需将棘爪提起，转过 180°再放下即可。

11.2.3　其他刨床简介

1. 龙门刨床

龙门刨床主要用来刨削大型工件或一次刨削若干个中小型工件，如图 11-5 所示。刨削时，工件安装在工作台上，工作台的直线往复运动为主运动。横梁和立柱上装有刀架，刀架的垂直和横向运动为进给运动。龙门刨床刚性好，加工精度和生产效率都比牛头刨高，还可在刀架上加装动力铣头，提高生产效率。

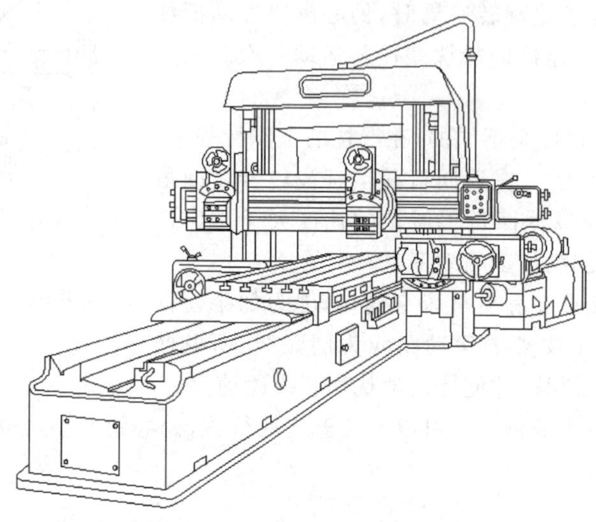

图 11-5 龙门刨床

2. 插床

插床的滑枕是垂直运动的，实际上是一种立式刨床，如图 11-6 所示。插床主要用于加工键槽、方孔、多边形孔等内表面，主要用于单件、小批量生产。

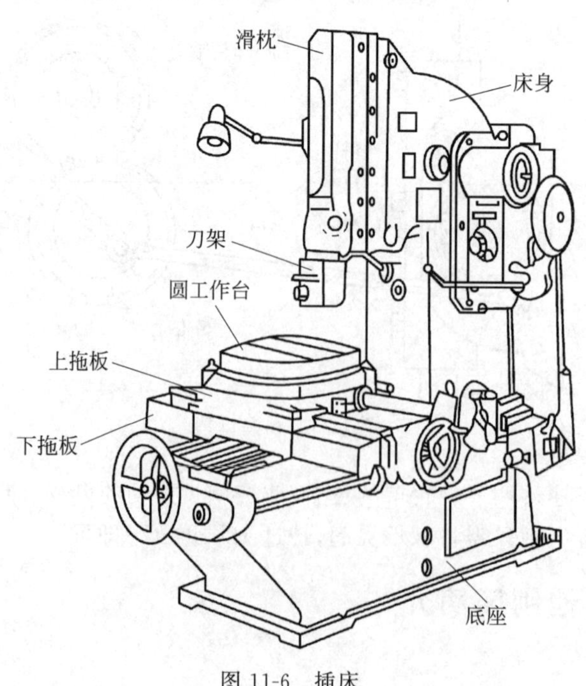

图 11-6 插床

11.3　刨削加工方法

11.3.1　刨刀介绍

刨刀的种类很多，常用的刨刀形状及应用如图 11-1 所示。由于刨削加工的不连续性，刨刀在切入工件时受到很大的冲击力，所以刨刀的刀杆横截面一般较大，以提高刀杆的强度。刨刀的刀杆有直杆和弯杆两种形式，由于刨刀在受到较大切削力时，刀杆会绕 O 点向后弯曲变形，如图 11-7 所示。弯杆刨刀变形时，刀尖不会啃入工件，而直杆刨刀的刀尖会啃入工件，造成刀具及加工表面的损坏，所以弯杆刨刀在刨削加工中应用较多。

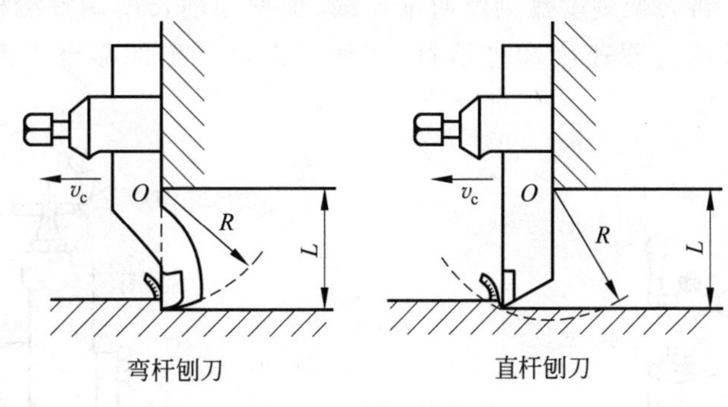

图 11-7　刨刀的变形

11.3.2　刨削加工方法

1. 刨削平面

刨削水平面步骤如下。

(1) 工件装夹：根据工件的形状和大小来选择安装方法，对于小型工件通常使用平口钳进行装夹，如图 11-8 所示。对于大型工件或平口钳难以夹持的工件，可使用 T 形螺栓和压板将工件直接固定在工作台上，如图 11-9 所示。为保证加工精度，在装夹工件时，应根据加工要求，使用划针、百分表等工具对工件进行找正。

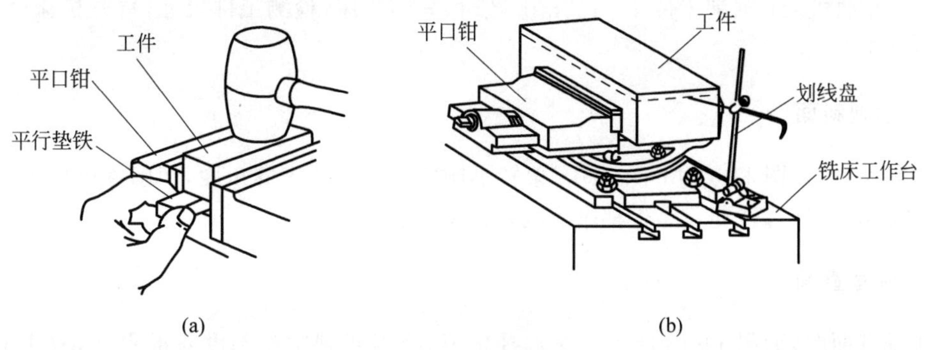

图 11-8　平口钳装夹工件

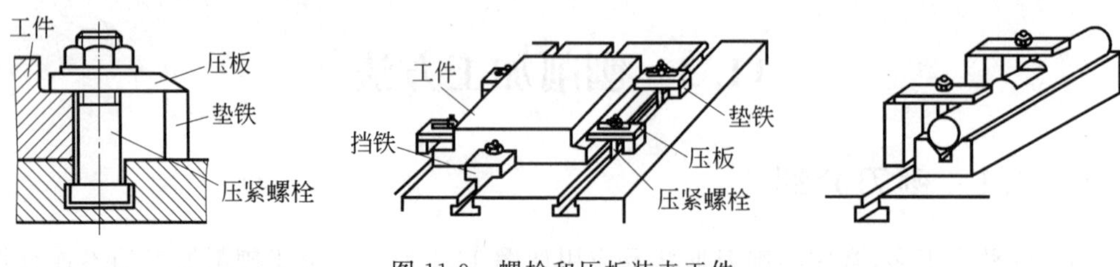

图 11-9 螺栓和压板装夹工件

(2) 安装刨刀：刨刀选择普通平面刨刀，安装在刀夹上，如图 11-10 所示。刀头不能伸出太长，以免刨削时产生较大振动，刀头伸出长度一般为刀杆厚度的 1.5～2 倍。由于刀夹是可以抬起的，所以无论是装刀还是卸刀，用扳手拧刀夹螺丝时，施力方向都应向下。

(3) 调整机床：将刀架刻度盘刻度对准零线，根据刨削长度调整滑枕的行程及滑枕的起始位置，设置合适的行程速度和进给量，调整工作台将工件移至刨刀下面，如图 11-11 所示。

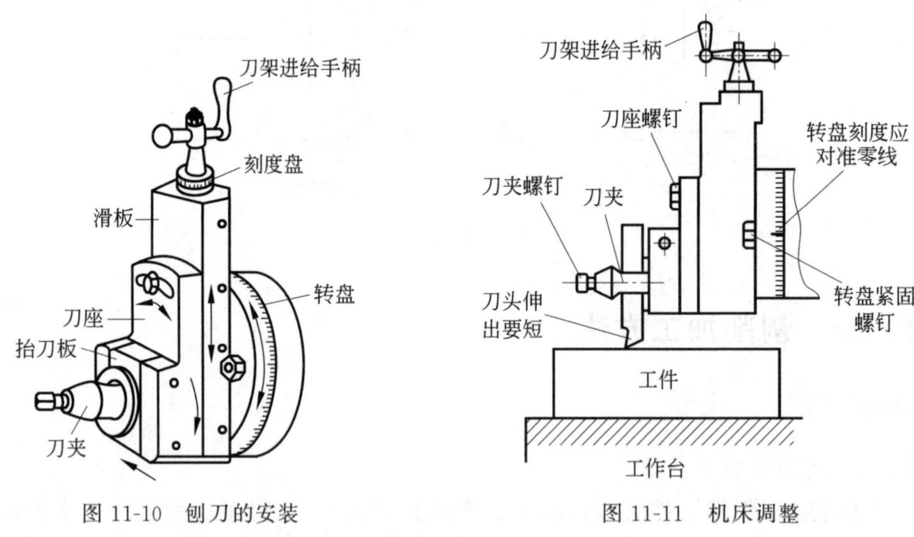

图 11-10 刨刀的安装　　图 11-11 机床调整

(4) 对刀：开动机床，转动刀架手柄，使刨刀轻微接触工件表面。

(5) 进刀：停机床，转动刀架手柄，使刨刀进至选定的切削深度并锁紧。

(6) 开动机床：刨削工件 1～1.5mm 宽时，先停机床，检测工件尺寸，再开机床，完成平面刨削加工。

2. 刨削斜面

刨斜面时，如图 11-12 所示。将刀架转盘倾斜至加工要求的角度，切削深度由工作台横向移动来调整，通过转动刀座手柄来实现进给运动。

3. 刨垂直面

刨垂直面时，如图 11-13 所示。应选择偏刀，将刀架刻度盘刻度对准零线，刀座偏转一定角度(10°～15°)，以避免刨刀回程时划伤已加工表面，切削深度由工作台横向移动来调整，通过转动刀座手柄或工作台垂直方向的移动实现进给运动。

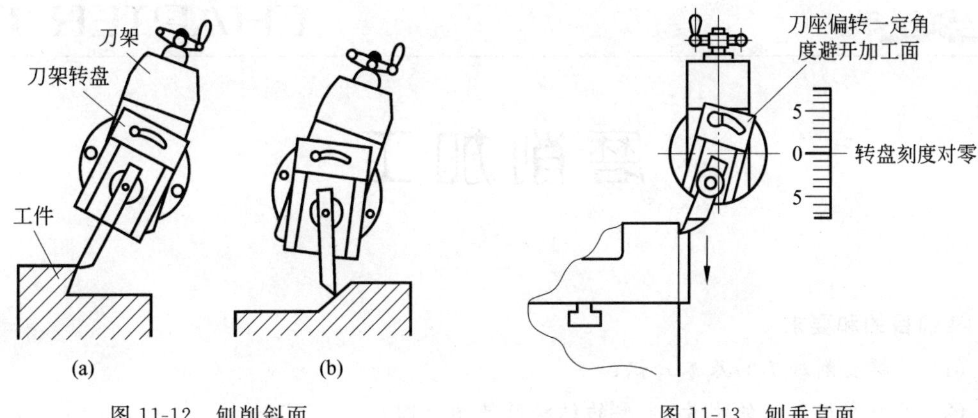

图 11-12 刨削斜面　　图 11-13 刨垂直面

4. 刨削沟槽

在刨削沟槽时，一般先在工件端面划出加工线，然后装夹找正，为保证加工精度，应在一次装夹中完成加工。刨直槽时，选用切槽刀，刨削过程与刨垂直面方法相似。刨T形槽时，如图11-14所示。先用切槽刀刨出直槽，然后用左、右弯刀刨出凹槽，最后用45°刨刀刨出倒角。

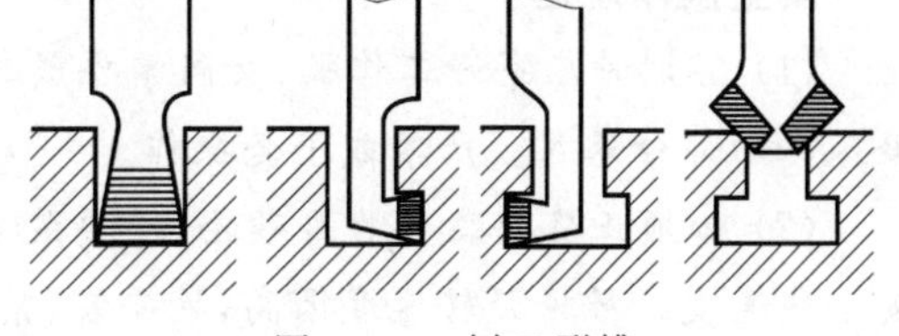
图 11-14 刨T形槽

刨V形槽时，如图11-15所示。其刨削方法是将刨平面与刨斜面的方法综合进行：

(1) 先用刨平面的方法刨出V形槽轮廓；
(2) 用切槽刀切出V形槽的退刀槽；
(3) 用刨斜面的方法刨出左、右斜面。

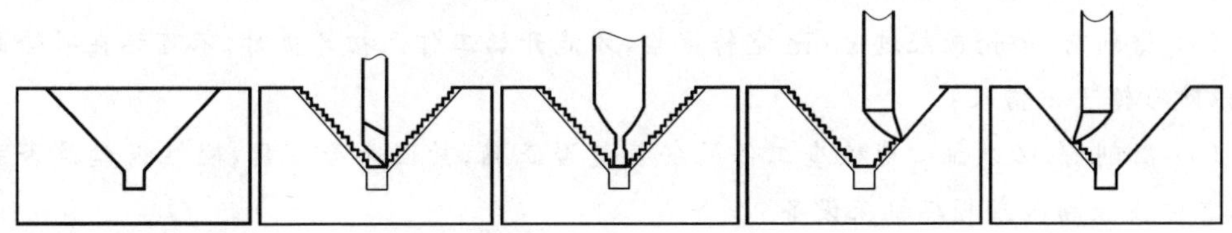
图 11-15 刨V形槽

思考练习题

1. 刨削加工有何特点？
2. 牛头刨床由哪几部分组成？
3. 牛头刨床主运动由哪种机构实现？进给运动由哪种运动实现？
4. 为什么在一般情况下刨削加工效率比铣削低？加工细长平面应选择哪种机床进行加工？
5. 为什么在加工中通常选择弯杆刨刀？

第12章

CHAPTER 12

磨削加工

实训目的和要求

(1) 了解磨削加工的基本知识；

(2) 了解常用磨床的型号、主要的结构及使用范围；

(3) 了解砂轮的选用及常用磨床附件；

(4) 能独立操作平面磨床磨削平面；

(5) 能独立操作万能外圆磨床磨削外圆、内孔；

(6) 了解使用万能外圆磨床磨削圆锥面。

安全操作规程

(1) 实训时应穿好工作服、女同学要戴工作帽(长发要用发卡固定),防止头发或衣角被磨床转动部分卷入。严禁戴手套操作。

(2) 必须正确安装和紧固砂轮,并要装好砂轮防护罩。砂轮的线速度不应超过允许的安全线速度。砂轮旋转速度很高,故安装、紧固、使用等都要处处非常小心。在使用前要检查砂轮有无裂缝,如有裂纹要更换后才能使用。

(3) 摇动工作台或确定行程时,要特别注意避免砂轮撞上夹头或尾座。

(4) 开机前必须调整好换向挡块的位置并将其紧固,以免由于挡块松动而使工作台行程过头,使夹头、卡盘或尾架碰撞砂轮,发生工件弹出或砂轮碎裂等事故。

(5) 磨削前,砂轮应经过2min空转试验,才能开始工作。初开机时,不可站在砂轮的正面,以防砂轮飞出伤人。

(6) 磨削前,必须细心地检查工件的安装是否正确,紧固是否可靠,磁性吸盘是否失灵以防工件飞出伤人或损坏机床设备。

(7) 磨削时必须在砂轮和工件转动后再进给,在砂轮退刀后再停机,否则容易挤碎砂轮和损坏机床,而且易使零件报废。

(8) 测量工件或调整机床都应在磨床头架停机以后再进行。机床运转时,严禁用手接触工件或砂轮,也不要在旋转的工件或砂轮附近做清洁工作,以免发生意外。

(9) 一个工件加工结束后,必须将砂轮架横向进给手轮(外圆磨床)或垂直进给手轮(平面磨床)退出一些,以免装好下一个工件再开机时,砂轮碰撞工件。

(10) 工作结束或完成一个段落时,应将磨床有关操纵手柄放在“空挡”位置上,以免再开机时部件突然运动而发生事故。

12.1　磨削加工概述

磨削就是利用高速旋转的磨具(砂轮、砂带、磨头等)从工件表面切削下细微切屑的加工方法。

1. 磨削加工的特点

在机械制造业中,磨削加工是对工件进行精密加工的主要方法之一。磨削加工具有以下特点。

(1) 切削速度高。磨削加工时,砂轮以 1000～3000m/min 的高速旋转,由于切削速度很高,产生大量的切削热,工件加工表面温度可达 1000℃以上。为防止工件材料在高温下发生性能改变,在磨削时应使用大量的冷却液,降低切削温度,保证加工表面质量。

(2) 多刃、微刃切削。磨削用的砂轮是由许多细小的硬度很高的磨粒用结合剂黏结而成的,砂轮表面每平方厘米的磨粒数量为 60～1400 颗,每个磨粒的尖角相当于一个切削刀刃,形成多刃、微刃切削。

(3) 加工精度高,表面质量好。由于磨粒体积微小,其切削厚度可以小到几微米,所以磨削加工的精度较高,可达 IT6～IT5 级,表面质量较好,表面粗糙度 Ra 值可达 0.8～0.2μm,高精度磨削时 Ra 值可达 0.01～0.008μm。

(4) 磨粒硬度高。砂轮的磨粒材料通常采用 Al_2O_3、SiC、人造金刚石等硬度极高的材料,因此磨削不仅可以加工碳钢、铸铁和有色金属等常用金属材料,而且可以加工其他切削方法不能加工的各种硬材料,如淬硬钢、硬质合金、超硬材料、宝石、玻璃等。

(5) 磨削不宜加工较软的有色金属。一些有色金属由于硬度低而塑性很好,砂轮进行磨削时,磨削会黏在磨粒上而不脱落,很快将磨粒空隙堵塞,使磨削无法进行。

2. 磨削加工的范围

磨削的加工范围很广,用于粗加工时,主要用于材料的切断,倒角,清除工件的毛刺、铸件上的浇口、冒口和飞边等工作,如图 12-1 所示。用于精加工时,可磨削零件的内外圆柱面、内外圆锥面和平面,还可加工螺纹、齿轮、叶片等成形表面。

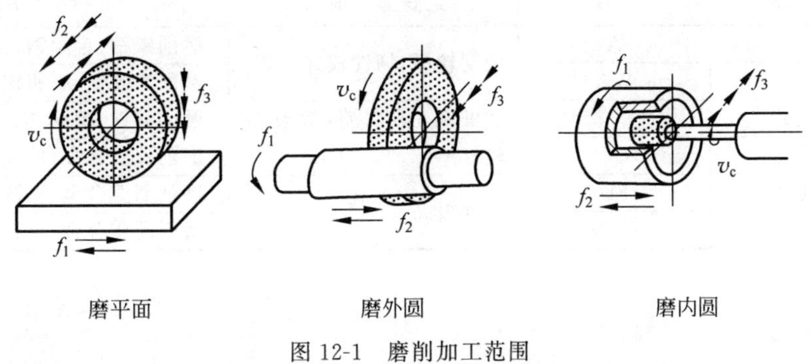

图 12-1　磨削加工范围

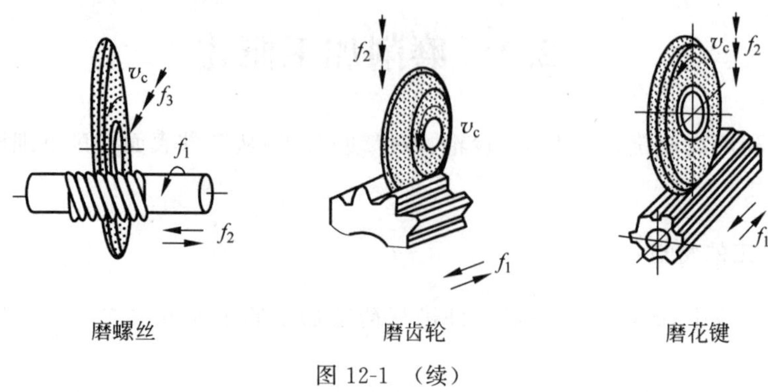

图 12-1 （续）

12.2 砂轮简介

砂轮是磨削加工中最常用的磨具，由许多极硬的磨粒材料经过结合剂黏结而成的多孔体，如图 12-2 所示。磨料、结合剂和孔隙是砂轮结构的三要素。磨料起切削作用，结合剂使砂轮具有一定的形状、硬度和强度，孔隙在磨削中起散热和容纳磨屑的作用。

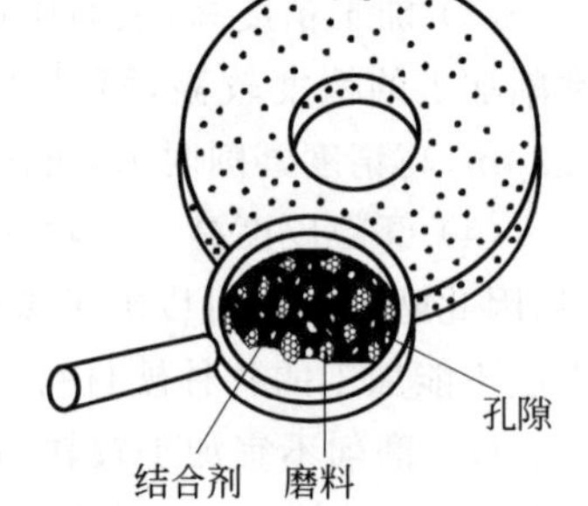

图 12-2 砂轮的结构

12.2.1 砂轮的特性

砂轮特性包括磨料、粒度、结合剂、硬度、组织、形状和尺寸等。

1. 磨料

磨料是砂轮的主要成分，直接担负切削工作。磨料在磨削过程中承受着强烈的挤压力及高温的作用，所以必须具有很高的硬度、强度、耐热性和相当的韧性。常用的磨料的种类、代号及应用如表 12-1 所示。

表 12-1 常用的磨料种类、代号、性能及应用

磨料名称	代号	性能	应用
棕刚玉	A	硬度较高，韧性较好	磨削碳钢、合金钢、可锻铸铁等
白刚玉	WA		磨削淬硬钢、高速钢等
黑色碳化硅	C	硬度高，韧性差，导热性较好	磨削铸铁、黄铜、铝合金等
绿色碳化硅	GC		磨削硬质合金、玻璃、陶瓷等
立方氮化硼	SD	硬度很高	磨削高温合金、不锈钢等
人造金刚石	CBN		磨削硬质合金、宝石等

2. 粒度

粒度是指磨料颗粒的大小，即粗细程度。粒度用筛选法分类，以 1in^2（1in＝0.0254m）的筛子上的孔眼数来表示，粒度号越大，磨粒越细。直径很小的磨粒称为微粉，微粉用显微测量法测量到的实际尺寸来表示。粒度号标准依照国家标准 GB 2481.1—1998 和 GB 2481.2—1998 分 37 个粒度号，F4～F220 为粗磨粒，F230～F1200 为微粉。

为提高磨削加工效率和加工表面质量，应根据实际情况选择合适的粒度号砂轮。在磨削较软材料或粗磨时，应选用粒度号小的粗砂轮，精磨或磨削较硬材料时应选用粒度号大的细砂轮。

3. 结合剂

结合剂将磨粒黏结在一起，并使砂轮具有一定的形状。砂轮的强度、耐热性、耐冲击性及耐腐蚀性等性能都取决于结合剂的性能。常用的结合剂有陶瓷结合剂(代号为 V)、树脂结合剂(代号为 B)和橡胶结合剂(代号为 R)。陶瓷结合剂由于耐热、耐水、耐油、耐酸碱腐蚀，且强度大，应用范围最广。

4. 硬度

砂轮硬度不是指磨料的硬度，而是指结合剂对磨粒黏结的牢固程度。磨粒易脱落，则砂轮的硬度低；不易脱落，则砂轮的硬度高。在磨削时，应根据工件材料的特性和加工要求来选择砂轮的硬度。一般情况下磨削较硬材料应选择软砂轮，可使磨钝的磨粒及时脱落，及时露出具有尖锐棱角的新磨粒，有利于切削顺利进行，同时防止磨削温度过高“烧伤”工件。磨削较软材料则采用硬砂轮，精密磨削应采用软砂轮。砂轮硬度代号以英文字母表示，字母顺序越大，砂轮硬度越高。

5. 组织

砂轮的组织表示磨粒、结合剂和气孔三者之间的比例。砂轮的组织号以磨粒所占砂轮体积的百分比来确定。组织号分 15 级，以阿拉伯数字 0～14 表示，组织号越大，磨粒所占砂轮体积的百分比越小，砂轮组织越松。一般磨削加工使用中等组织的砂轮，精密磨削应采用紧密组织砂轮，磨削较软的材料应选用疏松组织的砂轮。

6. 形状与尺寸

为了磨削各种形状和尺寸的工件，砂轮可制成各种形状和尺寸。表 12-2 为常用砂轮的形状、代号。

表 12-2　常用砂轮的形状、代号

砂轮名称	代号	简　图	主要用途
平形砂轮	1		用于磨外圆、内圆、平面、螺纹及无心磨等
双斜边形砂轮	4		用于磨削齿轮和螺纹
薄片砂轮	41		主要用于切断和开槽等
筒形砂轮	2		用于立轴端面磨

续表

砂轮名称	代号	简图	主要用途
杯形砂轮	6		用于磨平面、内圆及刃磨刀具
碗形砂轮	11		用于导轨磨及刃磨刀具
碟形砂轮	12a		用于磨铣刀、铰刀、拉刀等,大尺寸的用于磨齿轮端面

12.2.2 砂轮标记和选用

1. 砂轮标记

通常在砂轮的非工作表面标示砂轮的特性代号,按 GB/T 2485—2016 规定,砂轮标志的顺序为:形状代号、尺寸、磨料、粒度号、硬度、组织号、结合剂、允许的磨削速度。

砂轮标记举例如下:

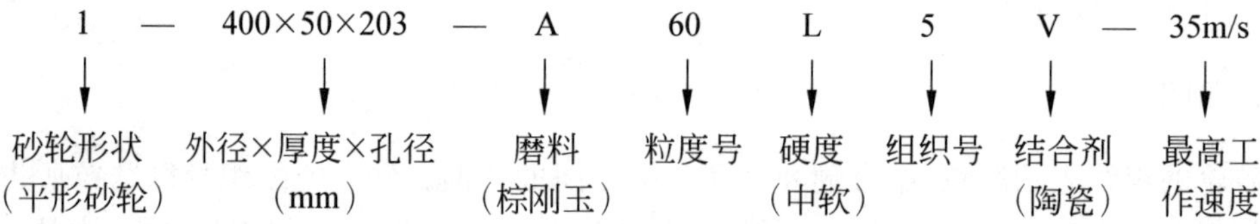

2. 砂轮的选用

选用砂轮时,应综合考虑工件的形状、材料性质及磨床条件等各种因素,具体可根据表 12-3 的推荐加以选择。

表 12-3 砂轮的选用

磨削条件	粒度		硬度		组织		结合剂			磨削条件	粒度		硬度		组织		结合剂		
	粗	细	软	硬	松	紧	V	B	R		粗	细	软	硬	松	紧	V	B	R
外圆磨削				•			•			磨削软金属	•			•		•			
内圆磨削			•				•			磨韧性、延展性大的材料	•				•			•	
平面磨削			•				•			磨硬脆材料		•	•						
无心磨削				•			•			磨削薄壁工件	•		•		•			•	
粗磨、打磨毛刺	•		•							干磨	•		•						
精密磨削		•		•		•	•	•		湿磨		•		•					
高精密磨削		•		•		•	•	•		成形磨削		•		•		•	•		
超精密磨削		•		•		•	•	•		磨热敏性	•				•				
镜面磨削		•	•			•		•		材料刀具刃磨			•				•		
高速磨削		•		•						钢材切断			•					•	•

12.2.3　砂轮的安装和修整

1. 砂轮的检查

砂轮安装前必须先进行外观检查和裂纹检查，以防止高速旋转时砂轮破裂导致安全事故。检查裂纹时，可用木槌轻轻敲击砂轮，声音清脆的为没有裂纹的砂轮。

2. 砂轮的平衡

由于砂轮在制造和安装中的多种原因，砂轮的重心与其旋转中心往往不重合，这样会造成砂轮在高速旋转时产生振动，轻则影响加工质量，严重时会导致砂轮破裂和机床损坏。所以砂轮安装在法兰盘上后必须对砂轮进行静平衡。如图 12-3 所示，砂轮装在法兰盘上后，将法兰盘套在芯轴上，再放在平衡架导轨上。如果不平衡，砂轮较重的部分总是会转到下面，移动法兰盘端面环形槽内的平衡块位置，调整砂轮的重心进行平衡，反复进行，直到砂轮在导轨上任意位置都能静止不动，此时砂轮达到静平衡。安装新砂轮时，砂轮要进行两次静平衡。第一次静平衡后，装上磨床用金刚石笔对砂轮外形进行修整，然后卸下砂轮再进行一次静平衡才能安装使用。

3. 安装砂轮

通常采用法兰盘安装砂轮，两侧的法兰盘直径必须相等，其尺寸一般为砂轮直径的一半。砂轮和法兰之间应垫上 0.5～3mm 厚的皮革或耐油橡胶弹性垫片，砂轮内孔与法兰盘之间要有适当间隙，以免磨削时主轴受热膨胀而将砂轮胀裂，如图 12-4 所示。

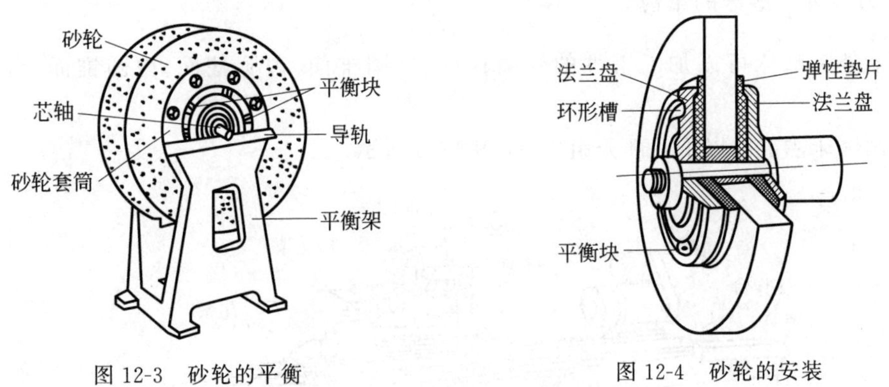

图 12-3　砂轮的平衡　　　　图 12-4　砂轮的安装

4. 修整

砂轮工作一段时间后，磨粒会逐渐变钝，磨屑将砂轮表面空隙堵塞，砂轮几何形状也会发生改变，造成磨削质量和生产率都下降。这时需要对砂轮进行修整。修整砂轮通常用金刚石笔进行，利用高硬度的金刚石将砂轮表层的磨料及磨屑清除掉，修出新的磨粒刃口，恢复砂轮的切削能力，并校正砂轮的外形。

12.3 常用磨削机床简介

12.3.1 磨削机床型号简介

磨床有外圆磨床、内圆磨床、平面磨床、齿轮磨床、导轨磨床、无心磨床、工具磨床等多种类型。磨床的编号按照《金属切削——机床型号编制方法》(GB/T 15375—2008)的规定表示。常用磨床编号如表 12-4 所示。

表 12-4 常用磨床编号

类		组		系		主 参 数	
代号	名称	代号	名称	代号	名称	折算系数	名称
M	磨床	1	外圆磨床	4	万能外圆磨床	1/10	最大磨削直径
		2	内圆磨床	1	内圆磨床基型	1/10	最大磨削孔径
		7	平面磨床	1	卧轴矩台平面磨床	1/10	工作台面宽度

例如,实习中所用磨床型号为 M1432,表示该型机床为万能外圆磨床,最大磨削直径 320mm。

12.3.2 万能外圆磨床简介

1. 万能外圆磨床的结构

万能外圆磨床可以加工工件的外圆柱面、外圆锥面、内圆柱面、内圆锥面、台阶面和端面。

外圆磨床主要由以下几部分组成,如图 12-5 所示。

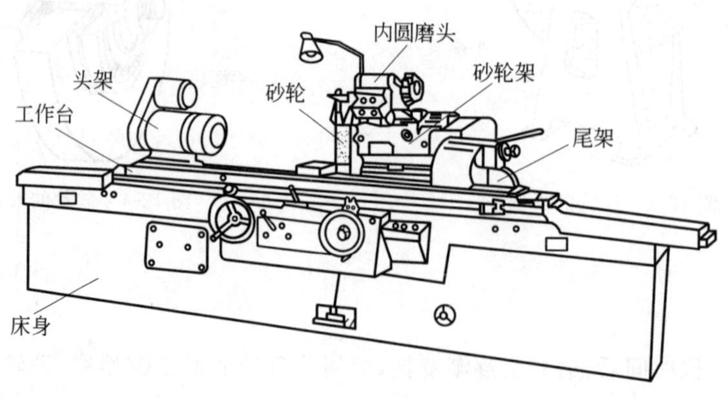

图 12-5 外圆磨床

(1) 床身:用来支承机床各部件,内部装有液压传动系统,上部装有工作台和砂轮架等部件。

(2) 工作台:有两层,下层工作台可沿床身导轨作纵向直线往复运动,上层工作台可相对下层工作台在水平面偏转一定的角度(±8°),以便磨削小锥度的圆锥面。

(3) 头架：安装在上层工作台上,头架内装有主轴,主轴前端可安装卡盘、顶尖、拨盘等附件,用于装夹工件。主轴由单独的电动机经变速机构带动旋转,实现工件的圆周进给运动。

(4) 砂轮架：安装在砂轮架主轴上,由单独的电动机通过皮带传动带动砂轮高速旋转,实现切削主运动。砂轮架安装在床身的横向导轨上,可沿导轨作横向进给,还可水平旋转±30°,用来磨削较大锥度的圆锥面。

(5) 内圆磨头：安装在砂轮架上,其主轴前端可安装内圆砂轮,由单独电动机带动旋转,用于磨削内圆表面。内圆磨头可绕其支架旋转,使用时放下,不使用时向上翻起。

(6) 尾架：安装在上层工作台,用于支承工件。

2. 万能外圆磨床的磨削加工

1) 磨削运动

磨削加工时,一般有一个主运动和四个进给运动,这四个运动的参数组成磨削用量,如图 12-6 所示。应根据工件材料的特性、加工要求等因素来选择磨削用量,如表 12-5 所示。

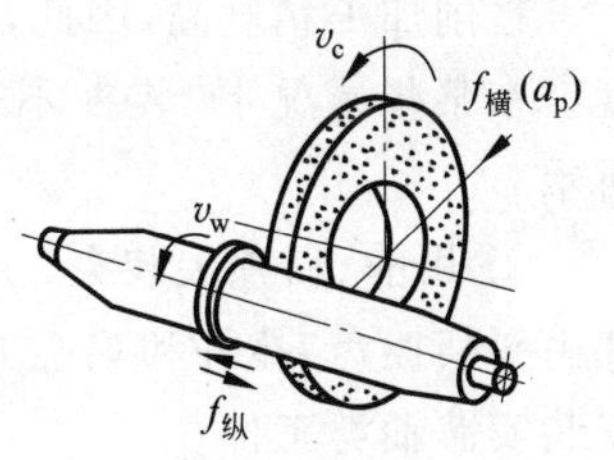

图 12-6　磨削运动

表 12-5　磨削用量的选择(B 为砂轮宽度)

磨削用量	粗　磨	精　磨	选择磨削用量原则
纵向进给速度($f_{纵}$)	$(0.4\sim0.8)B$	$(0.2\sim0.4)B$	磨细长件时,取大 $f_{横}$；精磨时,$f_{纵}$ 取小些；反之取大些
横向进给量($f_{横}$)	0.01～0.06	0.0025～0.01	磨细长件、硬件、韧性料及精磨时,$f_{横}$ 取小些；反之取大些
圆周进给速度	0.3～0.5	0.08～0.3	磨细长件、大直径件、硬件、重件、端磨、韧性材料时,用大 $f_{横}$；精磨时,v_w 取小些；反之取大些
磨削速度	≤35		

(1) 主运动

砂轮的旋转运动为主运动,砂轮外圆相对于工件表面的瞬时速度称为磨削速度(v_c),即砂轮外圆处的线速度,表达式为

$$v_c=\frac{\pi dn}{1000\times60}(\mathrm{m/s})$$

式中：d——砂轮的外径,mm；

n——砂轮的转速,r/min。

(2) 圆周进给运动

圆周进给速度指工件绕本身轴线作低速旋转的速度(v_w),即工件外圆处的线速度,由头架提供,其表达式为

$$v_w=\frac{\pi d_w n_w}{1000\times60}(\mathrm{m/s})$$

式中：d_w——工件的外径,mm；

n_w——工件的转速,r/min。

(3) 纵向进给运动

工作台提供的工件直线运动为纵向进给运动,纵向进给速度($f_{纵}$)称为纵向进给量,单位为 mm/r。

(4) 横向进给运动

砂轮架的横向运动为横向进给运动,横向进给速度($f_{横}$)称为横向进给量,单位为 mm,即切削深度。

2) 磨削外圆操作

(1) 工件的装夹

磨削加工精度高,因此,工件装夹是否正确、稳固,直接影响工件的加工精度和表面粗糙度。在某些情况下,装夹不正确还会造成事故。通常采用以下四种装夹方法,如图 12-7 所示。

① 用前、后顶尖装夹:用前、后顶尖顶住工件两端的中心孔,中心孔应加入润滑脂,工件由头架拨盘、拨杆和鸡心夹头(卡箍)带动旋转。此方法安装方便、定位精度高,主要用于安装实芯轴类工件。

② 用芯轴装夹:磨削套筒类零件时,以内孔为定位基准,将零件套在芯轴上,芯轴再装夹在磨床的前、后顶尖上。

③ 用三爪卡盘或四爪卡盘装夹:对于端面上不能打中心孔的短工件,可用三爪卡盘或四爪卡盘装夹。四爪卡盘特别适于夹持表面不规则工件,但校正定位较费时。

④ 用卡盘和顶尖装夹:当工件较长,一端能打中心孔,一端不能打中心孔时,可一端用卡盘,一端用顶尖装夹工件。

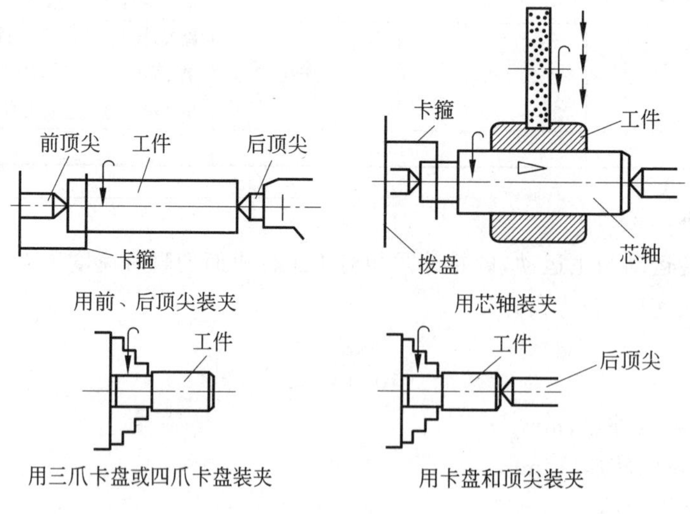

图 12-7 工件装夹方法

(2) 调整机床

根据工件材料的特性、加工要求等因素来选择合适的磨削用量,调整头架主轴转速,调整工作台直线运动速度和行程长度,调整砂轮架进给量。

(3) 磨削外圆

在外圆磨床上磨外圆有以下四种方法。

① 纵磨法

磨削时，砂轮高速旋转，工件作圆周进给运动，工作台作纵向进给运动，每次纵向行程或往复行程结束后，砂轮作一次小量的横向进给，当工件尺寸达到要求时，再无横向进给地纵向往复磨削几次，直至火花消失，停止磨削。纵磨法的磨削深度小，磨削力小，磨削温度低，最后几次无横向进给的光磨行程，能消除由机床、工件、夹具弹性变形而产生的误差，所以磨削精度较高，表面粗糙度小，适合于单件小批量生产和细长轴的精磨，如图 12-8 所示。

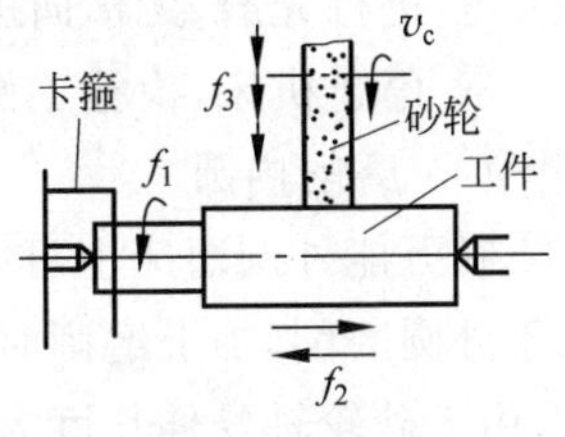

图 12-8　纵磨法

② 横磨法（切入磨法）

磨削时，工件不作纵向进给运动，采用比工件被加工表面宽（或等宽）的砂轮连续地或间断地以较慢的速度作横向进给运动，直至磨掉全部加工余量。横磨法的生产率高，但砂轮的形状误差直接影响工件的形状精度，所以加工精度较低，而且由于磨削力大，磨削温度高，工件容易变形和烧伤，磨削时应使用大量冷却液。横磨法主要用于大批量生产，适合磨削长度较短、精度较低的外圆面，如图 12-9 所示。

③ 分段综合磨法

先采用横磨法对工件外圆表面进行分段磨削，每段都留下 0.01～0.03mm 的精磨余量，然后用纵磨法进行精磨。这种磨削方法综合了横磨法生产率高、纵磨法精度高的优点，适合于磨削加工余量较大、刚性较好的工件。

④ 深磨法

将砂轮的一端外缘修成锥形或阶梯形，选择较小的圆周进给速度和纵向进给速度，在工作台一次行程中，将工件的加工余量全部磨除，达到加工要求尺寸。深磨法的生产率比纵磨法高，加工精度比横磨法高，但修整砂轮较复杂，只适合大批量生产、刚性较好的工件，而且被加工面两端应有较大的距离方便砂轮切入和切出，如图 12-10 所示。

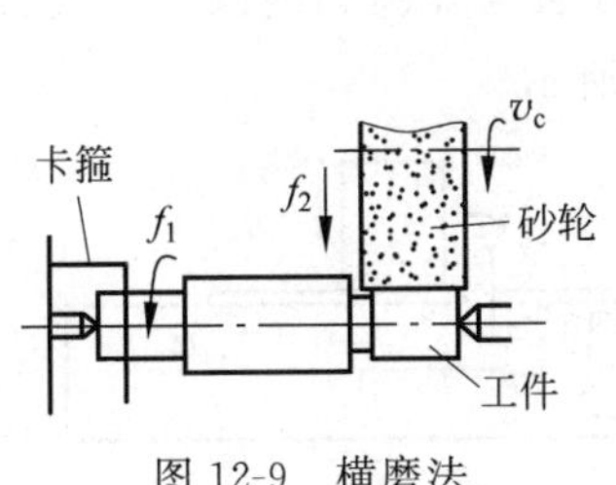

图 12-9　横磨法

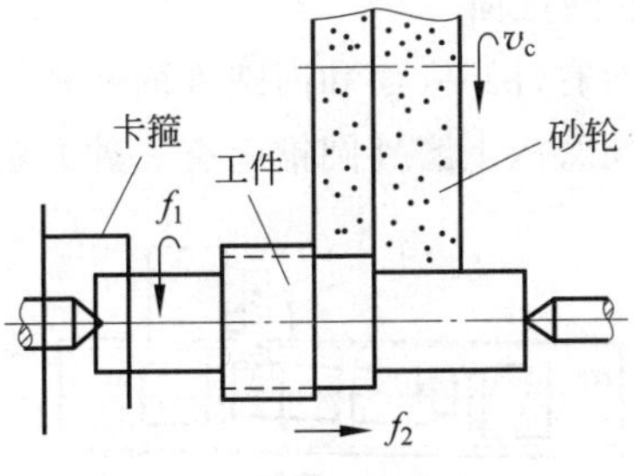

图 12-10　深磨法

纵磨法磨削外圆步骤如下：

① 启动机床油泵电机；

② 启动砂轮电机；

③ 启动快速进退阀，将砂轮快速移近工件，供冷却液；

④ 启动工作台作纵向进给运动，摇进给手轮，让砂轮轻微接触工件表面；

⑤ 调整切削深度；

⑥ 先进行试磨，边磨边调整锥度，直至消除锥度误差；

⑦ 粗磨，每次切深为 0.01～0.025mm；

⑧ 精磨至规定尺寸，每次切深为 0.005～0.015mm；

⑨ 进行光磨，无横向进给，直至火花消失；

⑩ 停止机床，检验工件。

(4) 磨削内圆

在万能外圆磨床上可以磨削内圆。与磨削外圆相比，由于砂轮直径较小，切削速度大大低于外圆磨削，加上磨削时散热、排屑困难，磨削用量不能选择太高，所以生产效率较低。此外，由于砂轮轴悬伸长度大，刚性较差，因此，加工精度较低。磨削内圆如图 12-11 所示。

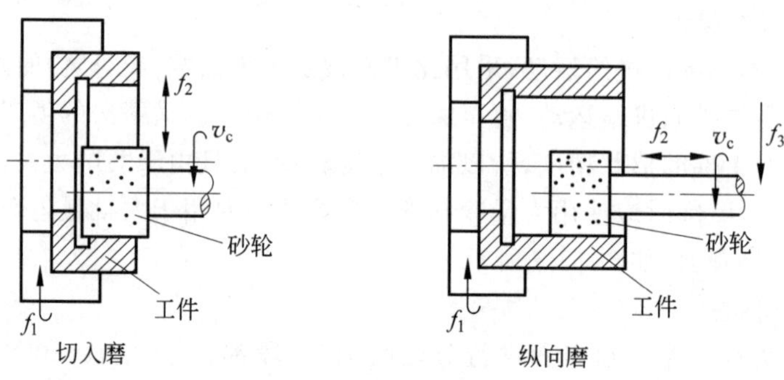

图 12-11 磨削内圆

① 工件的装夹

在万能外圆磨床上磨削内圆，短工件用三爪卡盘或四爪卡盘找正外圆装夹，长工件的装夹方法有两种：一种是一端用卡盘夹紧，一端用中心架支承；另一种是用 V 形夹具装夹。

② 磨内孔的方法

磨削内孔一般采用纵向磨和切入磨两种方法。磨削时，工件和砂轮按相反的方向旋转。

(5) 磨削锥面

圆锥面有外圆锥面和内圆锥面两种。工件的装夹方法与外圆和内圆的装夹方法相同。在万能外圆磨床上磨外圆锥面有三种方法，如图 12-12 所示。

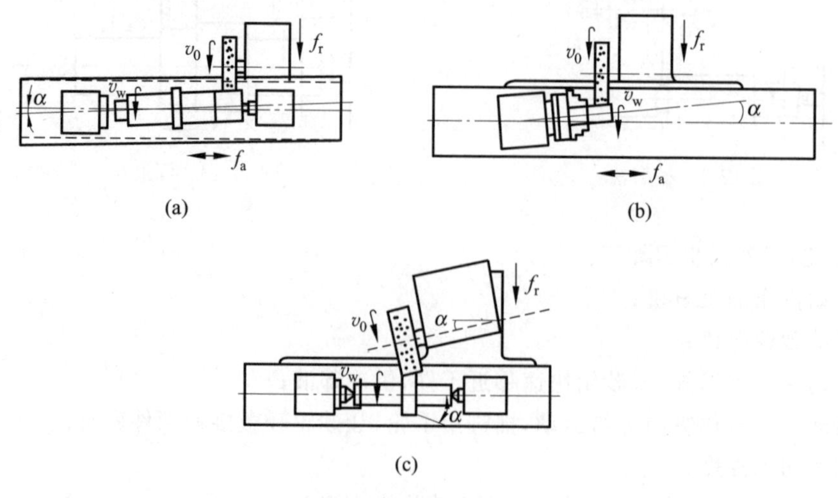

图 12-12 磨外圆锥

① 转动上层工作台磨外圆锥面，适合磨削锥度小而长度大的工件；

② 转动头架磨外圆锥面，适合磨削锥度大而长度短的工件；

③ 转动砂轮架磨外圆锥面，适合磨削长工件上锥度较大的圆锥面。

在万能外圆磨床上磨削内圆锥面方法有两种方法：

① 转动头架磨削内圆锥面，适合磨削锥度较大的内圆锥面；

② 转动上层工作台磨内圆锥，适合磨削锥度小的工件。

12.3.3　平面磨床简介及操作

平面磨床主要用于磨削平面，磨削加工时，砂轮的旋转运动为主运动 v_c(m/s)，工作台提供的工件直线运动为纵向进给运动 v_w(m/s)，还有砂轮的横向进给运动 $f_{横}$(mm/r)，和垂直进给运动 $f_{垂}$(mm)，这四个运动的参数组成平面磨削的磨削用量。

1. 平面磨床的结构

实训中所用平面磨床为卧轴式矩台平面磨床，型号为 M7120，它由床身、工作台、立柱、滑鞍、磨具架和砂轮修整器等部件组成，如图 12-13 所示。

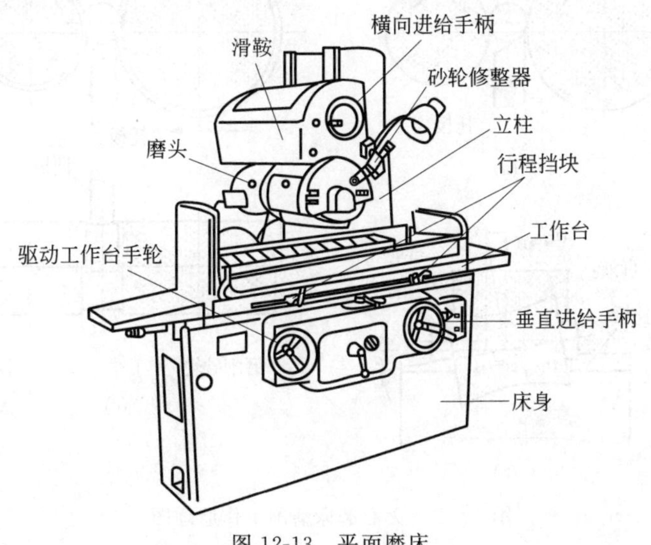

图 12-13　平面磨床

(1) 床身：承载机床各部件，内部安装液压传动系统；

(2) 矩形工作台：由液压系统驱动，可沿床身导轨作直线往复运动，其上安装有电磁吸盘，利用电磁吸力装夹工件；

(3) 砂轮架：安装砂轮，由电机直接驱动砂轮旋转；

(4) 滑鞍：砂轮架安装在滑鞍水平导轨上，可沿水平导轨移动，滑鞍安装在立柱上，可沿立柱导轨垂直移动；

(5) 立柱：其侧面有垂直导轨，滑鞍安装其上。

2. 磨削平面步骤

(1) 装夹工件：磁性工件可以直接吸在电磁吸盘上，对于非磁性工件(如有色金属)或不能直接吸在电磁吸盘上的工件，可使用精密平口钳或其他夹具装夹后，再吸在电磁吸盘上。

（2）调整机床：根据工件材料的特性、加工要求等因素来选择合适的磨削用量，调整工作台直线运动速度和行程长度，调整砂轮架横向进给量。

（3）启动机床：启动工作台，摇进给手轮，让砂轮轻微接触工件表面，调整切削深度，磨削工件至规定尺寸。

（4）停车：退磁，测量工件，取下工件，检验。

12.3.4 无心磨床简介及操作

1. 工作原理

无心磨削法是由磨削砂轮、调整轮和工件支架三个机构构成，其中磨削砂轮实际担任磨削的工作，调整轮轴线在垂直方向上与磨削砂轮成一角度，控制工件的旋转，并使工件发生进刀速度，工件支架在磨削时起支承的作用，如图 12-14 所示。

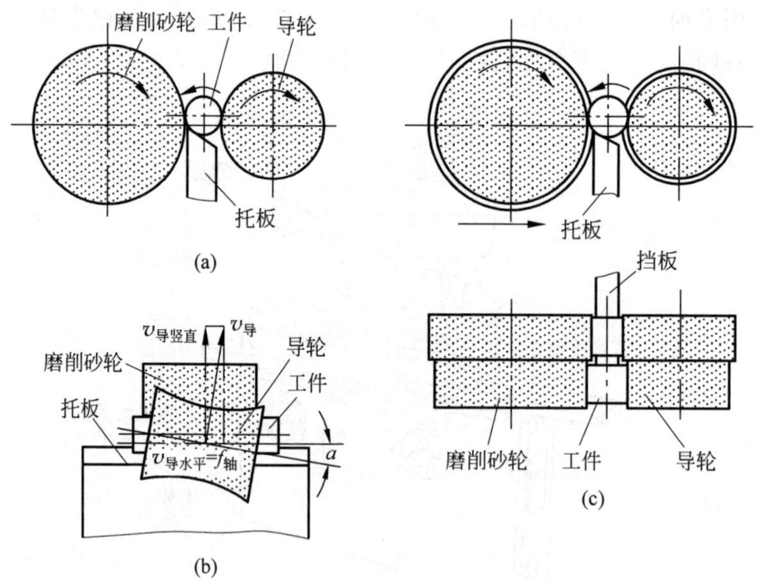

图 12-14　无心磨床磨削工作原理图

2. 机床简介

台湾荣光生产的 RC-12S 磨床如图 12-15 所示，参数如表 12-6 所列。

表　12-6

序号	名　　称	备注	序号	名　称	备　　注
1	换向阀	修导轮	6	导轮	使工件旋转和进给
2	导轮进给手轮	0.05/格	7	磨削砂轮	磨削工件
3	导轮进给手轮	0.001/格	8	导板	工件导向
4	导轮架进给手轮	0.05/格	9	托架	支撑工件
5	导轮架进给手轮	0.001/格	10	导轮垂直角度	控制进给速度

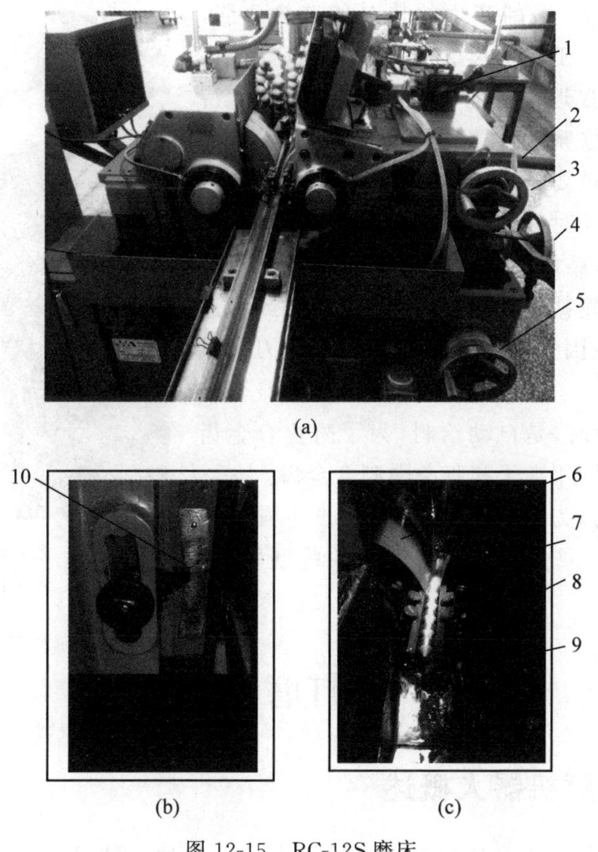

图 12-15 RC-12S 磨床

3. 操作步骤

(1) 磨削工件前,先检查砂轮是否完好,正常的砂轮为棕色,损坏的砂轮发黑或者表面异常光滑。

修砂轮的步骤(用钢棒修):①先将导轮水平方向调整1度,修砂轮的前端向前移动10mm;②再将导轮反向调整1度,修砂轮的末端向后移动20mm;③再将导轮调整至0度,修磨削区域;④修至砂轮颜色为棕色。

(2) 检查导轮是否完好,正常的导轮为棕色,损坏的导轮发黑且异常光滑,工件打滑。

修导轮的步骤:①将导轮的速度调至最高;②调整修导轮手轮,每次进给1～3丝;③打开换向阀,修整导轮;④修整后的导轮为棕色。

(3) 调整导轮与砂轮的间隙,使工件在砂轮和导轮之间自由地滑动。

(4) 调整导板,贯通研磨时所用导板,应互相平行而且调整轮的导板,应与调整轮边成一直线,其测试方法是将研磨好的研磨物,自进口通至出口,再从出口通至进口,确认是否圆滑通行,其方向是否在同一条有线上,导板与调整轮若不在同一直线上,则研磨物会呈凹形或凸形。调整轮边的进口为研磨物公差的1/2,出口边取0.01～0.03mm的间隙,在研磨砂轮边进出口取0.2～0.4mm的间隙。

(5) 调整工件尺寸时,先少进一点,然后测量后,再进至修磨尺寸。随着修磨时间的增加,由于粗磨时余量大,磨削产生的热会使砂轮膨胀,随着修磨时间的增加,工件的尺寸会变小,所以修磨一段要检测尺寸,如果接近尺寸的下限,要及时退刀;待温度平衡之后,继续修磨工件,砂轮磨损会出现工件的尺寸越来越大,因此也要及时检测工件尺寸,如果工件的尺寸接近上限,要及时进刀。

(6) 由于进给是靠蜗轮蜗杆传动,有间隙,进刀或退刀时,要退几圈导轮架微调手轮,然后再进刀或者退刀至工件尺寸。避免因蜗轮蜗杆的间隙产生进刀或者退刀误差。

(7) 磨削合金齿时,是自动给料,为了防止合金齿进入导板时竖起来,要用夹子和胶条限制合金齿。

粗磨削和精磨时,为了防止工件跳动,产生圆度超差,用胶条压住工件,减少工件在磨削时的跳动量,如图 12-16 所示。

图 12-16 无心磨床防止工件跳动,产生圆度超差措施

12.4 打磨机器人

12.4.1 打磨机器人概述

(1) 定义:打磨机器人是现代工业机器人众多种类的一种,用于替代传统人工进行工件的打磨工作。

(2) 用途:主要用于工件的表面打磨,棱角去毛刺,焊缝打磨,内腔内孔去毛刺,孔口螺纹口加工等工作。

(3) 组成:一般是由示教盒、控制柜、机器人本体、压力传感器、磨头组件等部分组成,可以在计算机的控制下实现连续轨迹控制和点位控制。

(4) 应用领域:卫浴五金行业、IT 行业、汽车零部件、工业零件、医疗器械、木材建材家具制造、民用产品等行业。

(5) 主要优点:提高打磨质量和产品光洁度,保证其一致性;提高生产率,一天可 24 小时连续生产;改善工人劳动条件,可在有害环境下长期工作;降低对工人操作技术的要求;缩短产品改型换代的周期,减少相应的投资设备;可再开发性,用户可根据不同样件进行二次编程。具有可长期进行打磨作业、保证产品的高生产率、高质量和高稳定性等特点。

(6) 主要类别:按照对工件的处理方式的不同可分为工具型打磨机器人和工件型打磨机器人两种。

(7) 发展前景:在传统制造行业,抛光打磨是最基础的一道工序,但是其成本占到总成本的 30%。由于劳动力成本越来越高,这种不需要文化技术的岗位,其薪酬反而越来越高,有的甚至月薪超过一万元。以卫浴行业为例,如果使用打磨机器人,一年半可回收成本。另外产品品质更好,抛光打磨颜色更均匀。纵观全球产业化发展,随着人口红利的消失、产品成本降低和产品质量提高的要求等因素,打磨机器人的市场前景一片光明。

12.4.2 打磨机器人主要分类

1. 工具型打磨机器人

工具型打磨机器人是机器人通过操纵末端执行器固连打磨工具，完成对工件打磨加工的自动化系统，组成如下：

(1) 机器人本体。

(2) 工具型打磨机器人的工具系统。

① 工具型打磨机器人的刀库系统，要能储存 3～5 把打磨工具。

② 打磨工具包括铣削、磨削、抛光工艺加工的铣刀、磨头、抛光轮等，满足粗、细、精等工艺加工。

(3) 工具型打磨机器人的末端执行器。

① 刀具动力装置，一般采用电动或气动方式。

② 电主轴的功率、转速要满足打磨需要的工效和光洁度。

(4) 配置力控制器：避免机器人和刀具过载而损坏，同时力控制器使打磨工具对工件的作用力能相对恒定，可以保持打磨工件的一致性，保证打磨精度。

(5) 机器人行走导轨：打磨机器人可以通过导轨行走，扩大工作范围，同时也有利用不同车间场地的机器人单元的布局。

(6) 工件变位机：通过变位机的回转式翻转，便于打磨机器人夹持的各种打磨工具，避免工件干涉而到达打磨部位，如图 12-17 所示。

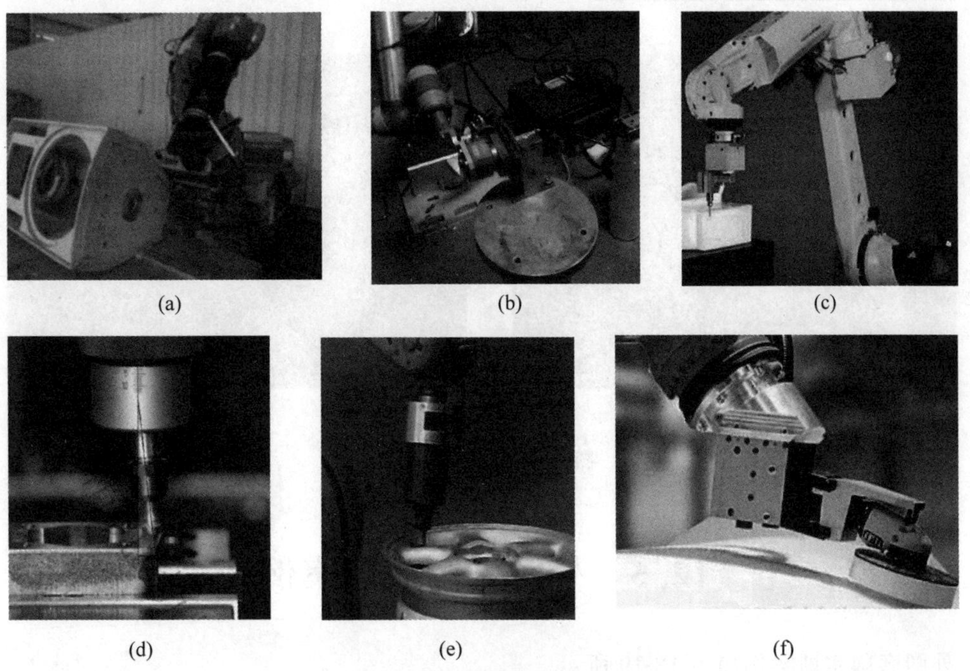

(a) (b) (c) (d) (e) (f)

图 12-17 打磨机器人工件变位机

2. 工件型打磨机器人

工件型打磨机器人是一种通过机器人抓手夹持工件，把工件分别送达各种位置固定的打磨机床设备，分别完成磨削、抛光等不同工艺和各种工序的打磨加工的打磨机器人自动化加工系统。其中砂带打磨机器人最为典型，通常包括：

(1) 机器人本体；

(2) 工件型打磨机器人配备的打磨设备；

(3) 按打磨工艺要求，分别配置砂带机、毛刷机、砂轮机、抛光机等；

(4) 按精度要求，分别配置粗加工、半精加工、高精加工等各种工艺的打磨设备；

(5) 工件型打磨机器人的夹具；

(6) 工件型打磨机器人的力控技术。

工件型打磨机器人，可根据打磨需要配置力控制器，通过力传感器，及时反馈机器人在打磨过程中工件与打磨设备的附着力，以及打磨程度，防止机器人过载，或工件打磨适度，从而确保工件打磨的一致性，防止产生废品，如图 12-18 所示。

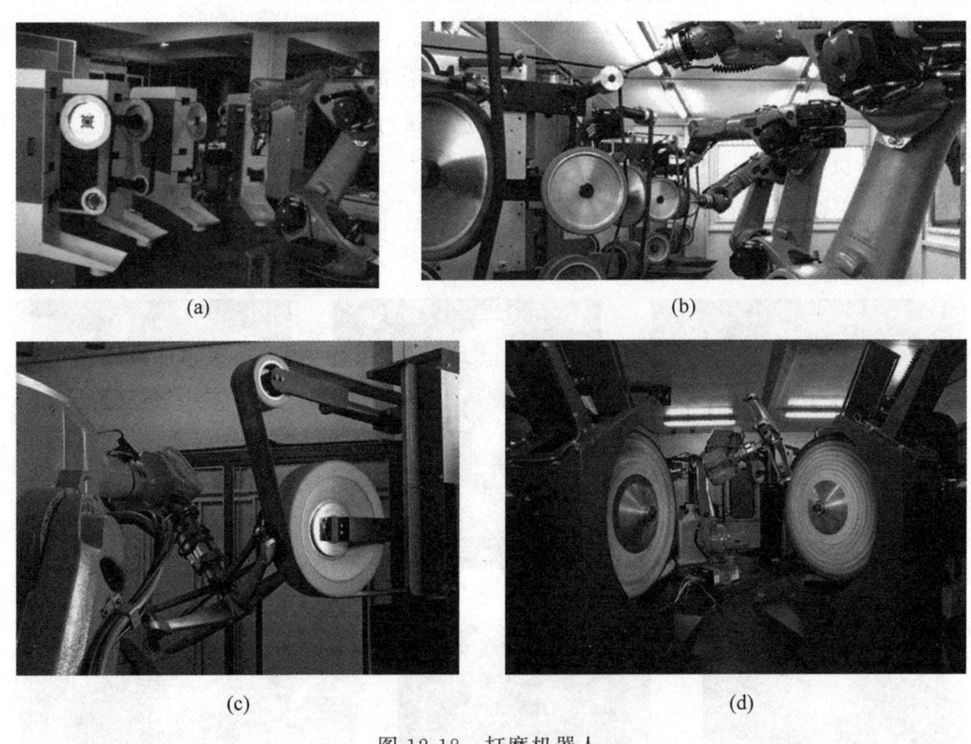
(a) (b) (c) (d)

图 12-18 打磨机器人

12.5 外圆磨削实训案例

外圆磨削实训案例如图 12-19 所示。

(a) (b) (c) (d) (e) (f) (g) (h)

图 12-19　外圆磨削案例

思考练习题

1. 磨削加工的精度一般可达到几级？表面粗糙度值 Ra 可达到多少？
2. 磨削加工有什么特点？适用于加工哪类零件？
3. 万能外圆磨床由哪几部分组成？各有何功用？
4. 磨床为什么要使用液压传动？
5. 为什么磨硬材料要用软砂轮，而磨软材料要用硬砂轮？
6. 磨削外圆时磨削运动一般由哪些运动组成？请指出主运动和进给运动。
7. 使用两顶尖装夹工件时，应注意哪几点？
8. 使用万能外圆磨床磨削内圆与磨削外圆相比，有什么不同之处？为什么？
9. 常采用哪几种方法磨削外圆锥面？
10. 平面磨削中工件的装夹方法有什么特点？
11. 磨削细长轴外圆应采用哪种外圆磨削方法？

第13章 CHAPTER 13

数控加工

实训目的和要求

(1) 了解数控车、数控铣、加工中心机床的型号、结构及使用范围；

(2) 了解编程的基础知识及简单零件的加工工序；

(3) 初步掌握数控子程序的编写与调用；

(4) 按照实训图纸要求和创新设计，能独立编制加工程序，并在数控设备(或计算机仿真)上完成切削加工；

(5) 通过实训过程，建立现代工程意识，培养创新精神。

安全操作规程

(1) 实训时应穿好工作服，女学生要戴工作帽(长发要用发卡固定)。防止头发或衣角被机床转到部分卷入。严禁戴手套操作。

(2) 未经实训指导教师确认程序，严禁启动数控机床上已设置好的“机床锁住”键。

(3) 严格按开机程序开机，数控柜电源→机床电源→急停开关→进入数控系统。

(4) 对加工的首件要进行动作检查和防止刀具干涉的检查，按“高速扫描运行”“空运转”“单程序段切削”“连续运转”的顺序进行。

(5) 认真观察加工过程，如遇到异常情况应立即停车(按下急停开关)，并及时向指导教师报告，不得擅自处理。

(6) 不准自带软盘、U盘上机，不得删改计算机内的系统文件。

(7) 实训结束后，按开机相反顺序开关，清理工作现场；核实工具、量具，打扫实训场地，经指导教师同意后，方可离开实习场地。

13.1 概　　述

随着社会的进步和科技的发展，机械产品的结构越来越复杂，对机械产品的质量和生产率要求越来越高。为了适应国内外市场的不断变化，必须不断地改型，缩短产品的生产周期，加快产品进入市场的时间，以便抢占市场。传统的机械制造业已经不能满足市场经济和技术发展的要求。数控技术应运而生，彻底改变了传统制造业的状况。现在，数控技术已经成为制造业实现自动化、柔性化、集成化生产的基础技术，现代的CAD/CAM，FMS和

CIMS，敏捷制造和智能制造等都是在数控技术基础上发展起来的。

由于数字技术及控制技术的发展，数控机床应运而生，NC是numerical control（数控）的简称，早期的数控系统全靠数字电路实现，因此电路复杂，功能扩展困难。现代数控系统都已采用小型计算机或微型计算机控制，大量采用集成电路，使得功能大大增强，称之为计算机数控系统（computer numerical control，CNC）。

数控机床具有广泛的适应性，加工对象改变时只需要改变输入的程序指令。加工性能比一般自动机床高，可以精确加工复杂型面，因而适合于加工中小批量、改型频繁、精度要求高、形状又较复杂的工件，并获得良好的经济效果。随着数控技术的发展，采用数控系统的机床品种日益增多，有车床、铣床、镗床、钻床、磨床、齿轮加工机床和电火花加工机床等。此外还有能自动换刀、一次装卡进行多工序加工的加工中心、车削中心等。由于采用数控技术，在机床行业，许多在普通机床上无法完成的工艺内容得以实现。

1. 数控加工技术的发展

机床的数控系统的发展经历了两大阶段。1952—1970年为第一阶段。这一阶段由于计算机的运算速度低，还不能适应机床实时控制的要求，因此，人们只能采用数字逻辑电路制成的专用计算机作为机床的数控系统，简称数控（NC）。

1970年至今为第二阶段。1970年以后，小型计算机的运算速度和可靠性比早期的专用计算机大大提高，且成本大幅度下降，于是将小型计算机移植过来作为机床数控系统的核心部件，从此进入了计算机数控（CNC）阶段。1990年以来，PC机的性能已经发展到很高的阶段，可满足作为机床数控系统核心部件的要求，而且PC机的生产批量大、价格低、可靠性高。从此，数控机床进入广泛应用的PC阶段。

2. 数控加工技术的特点

与传统机床相比，数控机床具有如下特点：

(1) 生产效率高；

(2) 能稳定地获得高精度；

(3) 减轻工人的劳动强度，改善劳动条件；

(4) 加工能力提高。

13.2 数控机床的组成、基本加工原理、分类

13.2.1 数控机床的组成

现代数控机床一般由控制介质、数控装置、伺服系统、位置测量与反馈系统、辅助控制单元和机床主机组成，如图13-1所示为各组成部分的逻辑结构简图。

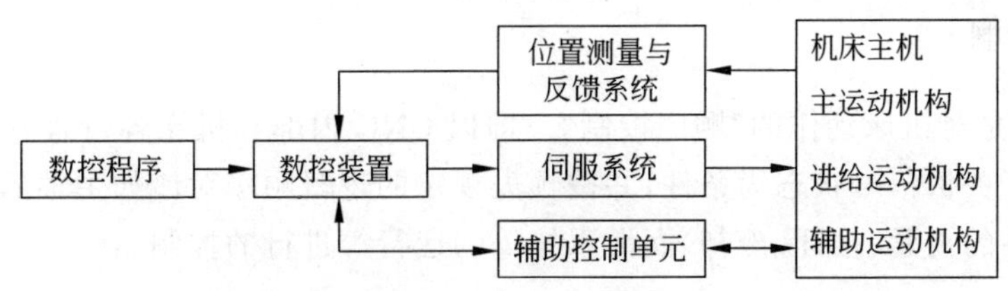

图 13-1　数控机床逻辑结构示意图(图中箭头表示信息流向)

13.2.2　数控机床的基本加工原理

数控机床加工零件时，先将加工过程所需的各种操作(如主轴变速、松夹工件、进刀与退刀、开车与停车、选择刀具、供给冷却液等)和步骤以及与工件之间的相对位移等都用数字化代码表示，并按工艺先后顺序组织成“NC 程序”，通过介质(如软盘、电缆等)或手工将其输入机床的 NC 存储单元中，NC 装置对输入的程序、机床状态、刀具偏置等信息进行处理和运算，发出各种驱动指令来驱动机床的伺服系统或其他执行元件，使机床自动加工出尺寸和形状都符合预期结果的零件。

数控加工中数据转换过程如图 13-2 所示。

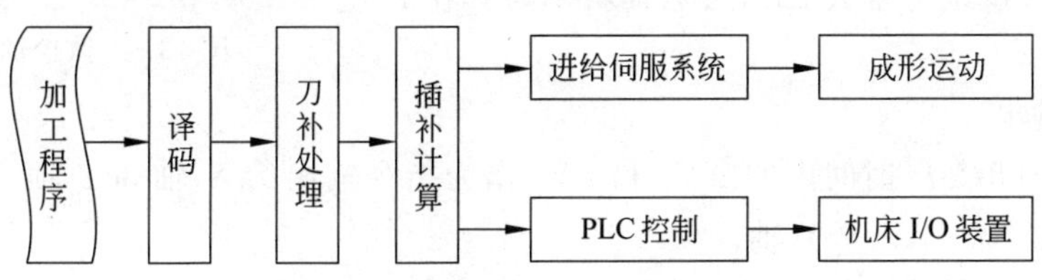

图 13-2　数控加工中数据转换过程

1. 译码(解释)

译码程序的主要功能是将用文本格式(通常用 ASCII 码)表达的零件加工程序，以程序段为单位转换成刀补处理程序所要求的数据结构(格式)。该数据结构用来描述一个程序段解释后的数据信息。它主要包括：X、Y、Z 等坐标值；进给速度；主轴转速；G 代码；M 代码；刀具号；子程序处理和循环调用处理等数据或标志的存放顺序和格式。

2. 刀补处理(计算刀具中心轨迹)

用户零件加工程序通常是按零件轮廓编制的，而数控机床在加工过程中控制的是刀具中心轨迹，因此在加工前必须将零件轮廓变换成刀具中心的轨迹。刀补处理就是完成这种转换的程序。

3. 插补计算

本模块以系统规定的插补周期 Δt 定时运行，它将由各种线型(直线、圆弧等)组成的零件轮廓，按程序给定的进给速度 F，实时计算出各个进给轴在 Δt 内位移指令(ΔX_1、ΔY_1、…)，并送给进给伺服系统，实现成形运动。

4. PLC 控制

PLC 控制是对机床动作的“顺序控制”。即以 CNC 内部和机床各行程开关、传感器、按钮、继电器等开关量信号状态为条件，并按预先规定的逻辑顺序对诸如主轴的起停、换向，刀具的更换，工件的夹紧、松开，冷却、润滑系统等的运行等进行的控制。

5. 数控加工轨迹控制原理

1) 逼近处理

(1) 如图 13-3 所示为欲加工的圆弧轨迹 L，起点为 P_0，终点为 P_e。CNC 装置先对圆弧进行逼近处理。

(2) 系统按插补时间 Δt 和进给速度 F 的要求，将 L 分割成若干短直线 $\Delta L_1, \Delta L_2, \cdots, \Delta L_i, \cdots$，这里有 $\Delta L_i = F\Delta t(i=1,2,\cdots)$。

(3) 用直线 ΔL_i 逼近圆弧存在着逼近误差 δ，但只要 δ 足够小(ΔL_i 足够短)，总能满足零件的加工要求。

(4) 当 F 为常数时，而 Δt 对数控系统而言恒为常数，则 ΔL_i 的长度也为常数 ΔL，只是其斜率与其在 L 上的位置有关。

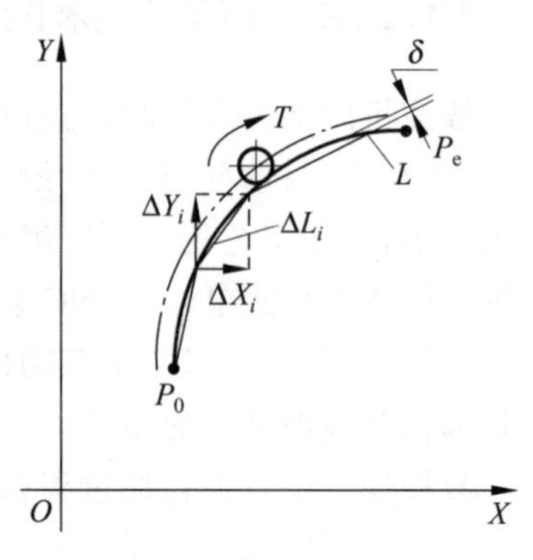

图 13-3 数控加工原理图

2) 指令输出

(1) 将计算出 Δt_i 时间内的 ΔX_i 和 ΔY_i 作为指令输出给 X 轴和 Y 轴，以控制它们联动。即$\Delta X_i \Rightarrow X$ 轴；$\Delta Y_i \Rightarrow Y$ 轴。

(2) 只要能连续自动地控制 X,Y 两个进给轴在 Δt_i 时间内移动量，就可以实现曲线轮廓零件的加工。

13.2.3 数控机床的分类与特点

1. 数控机床的分类

1) 按加工路线可分类

(1) 点位控制数控机床：这种机床只能控制工作台(或刀具)从一个位置(点)精确地移动到另一个位置(或点)，在移动过程中不进行加工。

(2) 轮廓加工数控机床：这种机床的数控系统能够同时控制多个坐标轴联合动作，不仅控制轮廓的起点和终点，而且还控制轨迹上每一点的速度和位置。此类机床能对不同形状的工件轮廓表面进行加工，如数控车床能够车削各种回转体表面，数控铣床能铣削轮廓表面。

2) 按伺服系统的控制方式分类

(1) 开环控制系统：开环控制是指控制装置与被控对象之间只有按顺序工作，没有反向联系的控制过程。按这种方式组成的系统称为开环控制系统，其特点是系统的输出量不会对系统的控制作用产生影响，没有自动修正或补偿的能力。

(2) 闭环控制系统：闭环控制有反馈环节，通过反馈系统使系统的精确度提高，响应时间缩短，适合于对系统的响应时间，稳定性要求高的系统。

(3) 半闭环控制系统：半闭环控制系统是在开环控制系统的伺服机构中装有角位移检测装置，通过检测伺服机构的滚珠丝杠转角间接检测移动部件的位移，然后反馈到数控装置的比较器中，与输入原指令位移值进行比较，用比较后的差值进行控制，使移动部件补充位移，直到差值消除为止的控制系统。

2. 数控机床的特点

数控机床能控制机床实现自动运转。数控加工经历了半个世纪的发展已成为应用于当代各个制造领域的先进制造技术。数控加工的最大特征有两点：首先，可以极大地提高精度，包括加工质量精度及加工时间误差精度；其次，实现加工质量的重复性，可以稳定加工质量，保持加工零件质量的一致。

13.3　数控编程基础知识

数控加工程序编制就是将加工零件的工艺过程、工艺参数、工件尺寸、刀具位移的方向及其他辅助动作(如换刀、冷却、工件的装卸等)按运动顺序依照编程格式用指令代码编写程序单的过程。所编写的程序单即加工程序单。

13.3.1　数控加工的坐标系与指令系统

数控加工程序的编写方法有两种：手工编程和自动编程。手工编程是由用户根据加工要求，使用该机床的指令代码手工书写数控程序。自动编程是由用户运行编程软件，输入零件图纸和加工参数(如进给量、背吃刀量、切削速度、工件材料、毛坯尺寸等)，由编程软件自动生成数控程序。两种编程方法各有所长。

1. 坐标系

为了确定机床的运动方向和运动距离，必须在机床上建立坐标系，以描述刀具和工件的相对位置及其变化关系。

数控机床的坐标轴的指定方法已经标准化，我国在 JB 3051—1982 中规定了各种数控机床的坐标轴和运动方向，它按照右手法则规定了直角坐标系中 X、Y、Z 三个直线坐标轴和 A、B、C 三个回转坐标轴的关系，如图 13-4 所示。

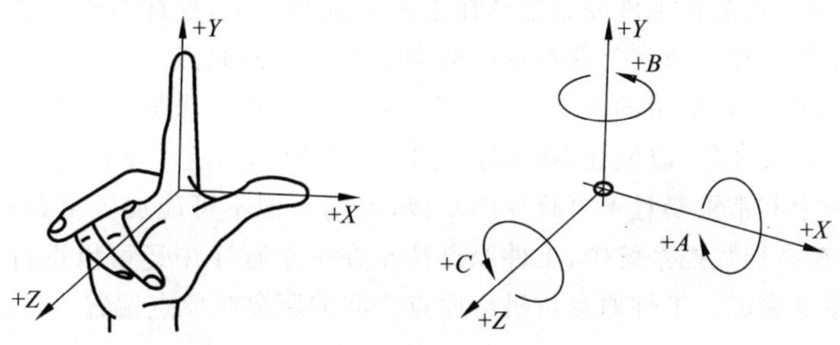

图 13-4　数控机床的坐标轴

图 13-5(a)为车床的坐标系，装夹车刀的溜板可沿两个方向运动，溜板的纵向运动平行于主轴，定为 Z 轴，而溜板垂直于 Z 轴方向的水平运动，定为 X 轴，由于车刀刀尖安装于工件中心平面上，不需要作竖直方向的运动，所以不需要规定 Y 轴。

图 13-5(b)为三轴联动立式铣床的坐标系，图中安装刀具的主轴方向定为 Z 轴，主轴可以上下移动，机床工作台纵向移动方向定为 X 轴。与 X、Z 轴垂直的方向定为 Y 轴。

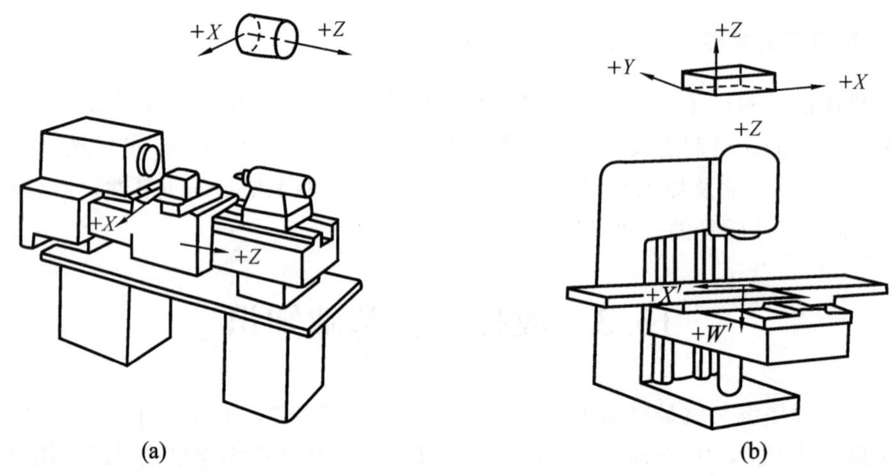

图 13-5 数控机床的坐标系统

(a) 数控车床的坐标系；(b) 数控铣床的坐标系

2. **坐标原点**

机床原点由机床生产厂家在设计机床时确定，由于数控机床的各坐标轴的正方向是定义好的，所以原点一旦确定，坐标系就确定了，机床原点也称机械原点或零点，是机床坐标系的原点。机床原点不能由用户设定，一般位于机床行程的极限位置。机床原点的具体位置须参考具体型号的机床随机附带的手册，如数控车的机床原点一般位于主轴装夹卡盘的端面中心点上。

(1) 机床参考点：机床参考点是相对于机床原点的一个特定点，它由机床厂家在硬件上设定，厂家测量出位置后输入 NC 中，用户不能随意改动，机床参考点的坐标值小于机床的行程极限。为了让 NC 系统识别机床坐标系，就必须执行回参考点的操作，通常称为回零操作，或者叫返参操作，但并非所有的 NC 机床都设有机床参考点。

(2) 工件原点：也叫编程原点，它是编程人员在编程前任意设定的，为了编程方便，选择工件原点时，应尽可能将工件原点选择在工艺定位基准上，这样对保证加工精度有利，如数控车一般将工件原点选择在工件右端面的中心点。工件原点一旦确立，工件坐标系就确定了。编写程序时，用户使用的是工件坐标系，所以在启动机床加工零件之前，必须对机床进行设定工件原点的操作，以便让 NC 确定工件原点的位置，这个操作通常称为对刀。对刀是加工零件前一个非常重要且不可缺少的步骤，否则不但不可能加工出合格的零件还会导致事故的发生，在高档数控系统中，工件原点甚至在一个程序中还可以进行变换，由相应的选择工件原点指令完成。工件原点与机床原点之间的距离叫原点偏置。

3. **坐标指令**

在加工过程中,工件和刀具的位置变化关系由坐标指令来指定,坐标指令的值的大小是与工件原点带符号的距离值。坐标指令包括 X、Y、Z、U、V、W、I、J、K、R 等。其中,通常来说 X、Y、Z 是绝对坐标方式;U、V、W 是相对坐标方式,但在三坐标以上系统中,由相应的 G 指令来表示是绝对坐标方式还是相对坐标方式,不使用 U、V、W 表示相对坐标方式;I、J、K 或 R 是表示圆弧的参数的两种方法,I、J、K 表示圆心与圆弧起点的相对坐标值,R 表示圆弧的半径。

以下介绍点的相对坐标与绝对坐标表示法。

图 13-6(a)中,*A* 点(10,10)用绝对坐标指令表示为 X10 Z10;*B* 点(25,30)用绝对坐标指令表示为 X25 Z30。

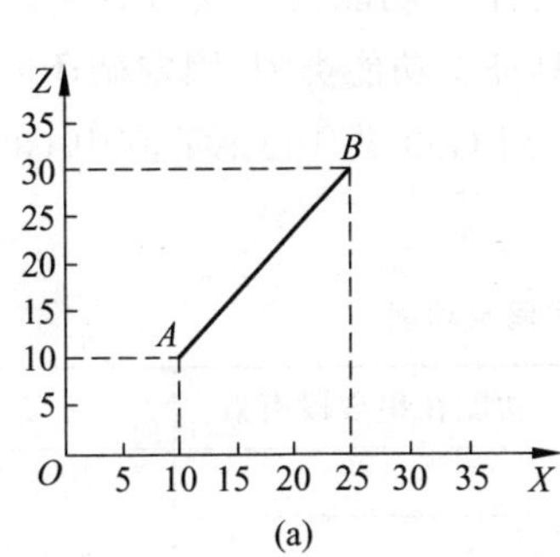

(a)

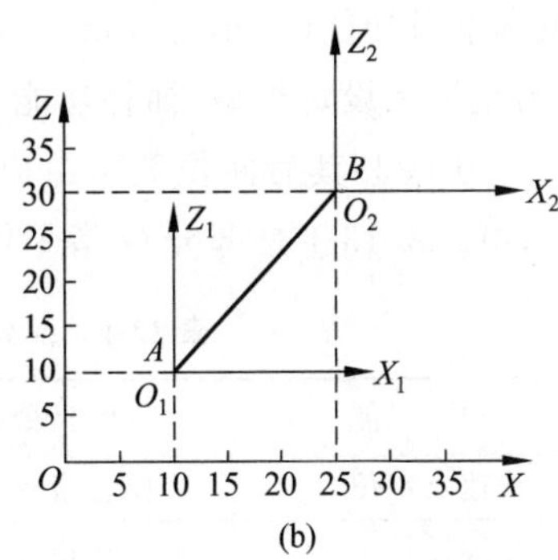

(b)

图 13-6 绝对坐标和相对坐标

(a) 绝对坐标;(b) 相对坐标

需要指出的是:在坐标指令中,有一种特殊情况,即数控车床系统的 *X* 轴方向的指令值,*X* 轴方向是零件的半径或直径方向,在工程图纸中,通常标注的是轴类零件的直径,如果按照数控车的工件原点,*X* 轴的指令值应是工件的半径,这样在编程时会造成很多直径值转化为半径值的计算,给编程造成很多不必要的麻烦,因此,数控车的 NC 系统在设计时通常采用直径指定。所谓直径指定即数控车的 *X* 轴的指令值按坐标点在 *X* 轴截距的 2 倍,即表示的是工件的直径。如 X20,那么在数控车系统中表示的是 *X* 方向刀具与工件原点的距离是 10mm,而不是 20mm。

1) 绝对坐标方式

在某一坐标系中,用与前一个位置无关的坐标值来表示位置的一种方式,称为绝对坐标方式。在该方式下,坐标原点始终是编程原点,例如,*A*(X10 Z10)。

2) 相对坐标方式(或叫增量坐标方式)

在某一坐标系中,由前一个位置算起的坐标值增量来表示的一种方式,称为相对坐标方式。即设定工件坐标系的原点自始至终都和刀尖重合,亦即程序起始点就是工件坐标系的原点,并且和上一程序段中的参考点重合。如图 13-6(b)所示,若刀具由 *A*→*B*,当刀具位于 *A* 点时,编程原点是 *A* 点,当刀具位于 *B* 点时,编程原点是 *B* 点,那么,*B* 点坐标指令值分

别是由 $A \to B$ 在各坐标轴方向的增量。

例如，A 点用绝对坐标方式表示为(X10 Z10)

B 点用增量坐标方式(相对坐标方式)表示为(U+15 W+20)，其中"+"号可以省略则写成(U15 W20)。

可以看到

$$\Delta X = 15, \quad \Delta Z = 20$$

应用于编写程序时，在图 13-6(b)中，假设刀具当前位于 A 点，要求刀具快速运动到 B 点(空行程)，采用绝对指令方式：N1 G00 X25 Z30；采用相对指令方式 N1 G00 U15 W20。

4. G 指令

G 指令也称准备功能(prepare function)指令，简称 G 功能指令或 G 代码。G 指令确定的功能，可分为坐标系设定类型、插补功能类型、刀具补偿功能类型、固定循环类型等。

G 指令由字母 G 和其后两位数字组成，从 G00 到 G99 共 100 种；其中 G00 至 G09 可简写为 G0 至 G9。表 13-1 是部分 G 指令代码简介。

表 13-1 部分 G 指令代码及功能

代码	功　能	程序指令类型	功能在出现段有效	备　注
G00	快速点定位	模态指令		用于空行程
G01	直线插补	模态指令		直线切削进给
G02	顺时针圆弧	模态指令		圆弧或圆切削
G03	逆时针圆弧	模态指令		圆弧或圆切削
G04	暂停	非模态指令	仅本段内有效	用于拐角过渡
G17	*XY* 平面选择	模态指令		用于数控铣
G18	*ZX* 平面选择	模态指令		用于数控铣
G19	*ZY* 平面选择	模态指令		用于数控铣
G32	螺纹单一循环	模态指令		用于数控车
G72	螺纹复合循环	模态指令		用于数控车
G90	绝对方式	模态指令		用于数控铣
G91	增量方式	模态指令		用于数控铣

模态指令：指具有自保性的指令，即后面的程序段与前面程序段代码相同时，可以不必重复指定，G 指令有部分是模态指令，即将介绍的 F 指令也是模态指令。关于模态指令，有的文献称为续效指令，含义相同。

5. M 指令

M 指令用于指定机床一些辅助动作的开/关功能，如机床主轴的正向、停、反向旋转，切削液的开关，程序的启动、停止等，因此也称辅助功能指令，它由 M 字母和后两位数字组成。表 13-2 是部分 M 指令功能表。

表 13-2 部分 M 代码功能表

代 码	功 能	数控车	数控铣	备 注
M00	程序停止	√	√	“模态信息”保存
M01	计划停止	√	√	“任选停止”有效
M02	程序结束	√	√	不返回
M03	主轴正转	√	√	
M04	主轴反转	√	√	
M05	主轴停止	√	√	进给不停
M06	换刀		√	
M07	2 号冷却开	√	√	
M08	1 号冷却开	√	√	
M09	冷却关	√	√	
M41	主轴低速	√		
M42	主轴高速	√		
M30	程序结束	√	√	返回程序头部
M98	子程序调用	√	√	调出子程序
M99	子程序调用	√	√	子程序调用结束

6. F 指令

F 指令用于指定插补进给速度。

F 指令编程有两种：每分钟进给量编程和每转进给量编程。在每分钟进给量编程中,F 后的数值表示的是主轴每分钟内刀具的进给量,比如 F50,表示每分钟进给量为 50mm。值得注意的是,F 指令是模态指令,但一个程序中至少应该在第一个插补指令后有一个 F 指令,例如,

N35 G1 X30 F60 *

N40 Z-20 *

N45 U-3 F22 *

注意：N 指令表示行号,此外无任何其他意义,机床读到 N 指令时不产生任何动作,其中 N35 和 N40 的 F 指令是一致的(G1 也是模态指令,N40、N45 中对 G1 也没有重复指定)。

7. S 指令

S 指令用于指定主轴的旋转速度,一个程序段内只能含有一个 S 指令,由字母 S 加数字表示,例如：

(1) 指定主轴的转速是 400r/min,则相应的指令为 S400。

(2) 在数控车系统中,根据加工工艺要求,零件端面要求恒线速度加工,因此,数控车系统中,对 S 指令有特殊规定：①端面恒线速度切削,如 N1 G96 S1000,其中 1000 是端面的线速度,为 1000m/min。速度单位因机床而异,可以参见机床说明书。②端面恒线速度删除,如 N2 G97 S1000。

8. T 指令

T 指令用于指定所选用的刀具,它由字母 T 和后接数字组成,在同一程序中,若同时指

令坐标移动指令和刀具 T 指令，执行顺序一般为先执行 T 指令，但具体由机床厂家确定，可以参见机床说明书。

需要指出的是：有的数控系统，如发那科（FANUC O—TD）系统，刀具指令采用字母 T 加四位数字表示，四位数字的高 2 位表示刀具选择号，低 2 位表示刀具偏置号。具体表示方法见机床说明书。

13.3.2 数控加工程序格式

数控加工程序一般由程序名、程序字、程序段等组成。

1. 程序名

程序名是数控程序必不可少的第一行，由一个地址符加上后接四位数字组成，第一个字符或字母是具体的数控系统规定的，后接的四位数字是用户任意取的，可以小于四位，但不能大于四位。根据具体数控系统要求，首字符或字母一般为％或字母 O。

例％123，％7788，（CJK6236A2 数控车床）是合法的程序名。

01111，08888，（MV—5 数控铣床）是合法的程序名。

子程序也有程序名，其程序名是主程序调用的入口。子程序的命名规则与主程序一样，视不同的数控系统有不同的规则。

2. 程序字

程序字由地址符及其后面的数字组成，在数字前可以加上“＋”“－”号。程序字是构成程序段的基本单位，也称指令字。“＋”号通常可以省略不写。

例 X-100.0，前面字母 X 为地址，必须是大写，地址规定其后数值的意义；－100.0 为数值；合在一起称程序字。根据程序中 G 指令的不同，同一个地址也许会有不同的含义。

3. 程序段

程序段由多个程序字组成，在程序段的结尾有结束符号，一般是“；”或“＊”，ISO 标准为“LF”，显示为“＊”，EIA 标准为“CR”，显示为“；”。

程序段的格式为：

N X X X　G X X　X±X X X.X X　Z±X X X.X X　F X X　S X X　T X X M X X ＊

数控系统一般采用一行为一个程序段，也有的采用多行为一个程序段。

例 N1 G01 X-100.0 Z20.0；是一个合法程序段（适用于 MV—5 数控铣床）。

N10 G1 X-100.0 Z20.0 ＊ 是一个合法程序段（适用于 CJK6236A2 数控车床）。

4. 小数点与子程序

小数点用于距离、时间作单位的数，但有的地址不能用小数点输入。如 F10 表示 10m/min 或 10mm/r，速度不能用小数点输入。而有的地址必须用小数点输入。如 G04 X1.0 表示暂停 1s。

要用小数点输入的地址如下：

X，Y，Z，A，B，C，U，V，W，I，J，K，R，Q

通常情况下 NC 按主程序的指令进行移动，当程序中有调用子程序指令时，以后 NC 就按子程序移动，当在子程序中有返回主程序指令时，NC 就返回主程序，继续按照主程序指令移动。调用子程序使用如下格式：

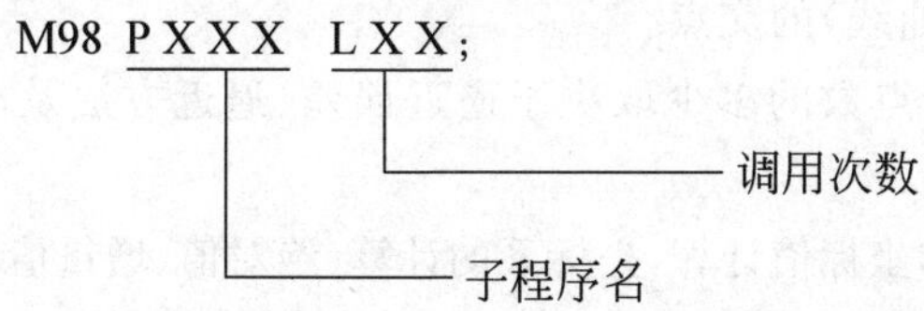

编写程序时，试采用表格形式，可以提高编程效率，减少差错。试验零件程序单如表 13-3 所示。

表 13-3 试验零件程序单

<table>
<tr><td colspan="2">名称</td><td colspan="7" rowspan="4">零件图形或工艺说明</td><td colspan="2">日期</td><td colspan="4">页</td></tr>
<tr><td colspan="2">试验程序</td><td colspan="2">2005.4</td><td colspan="3">1</td><td>1</td></tr>
<tr><td colspan="2">程序名</td><td colspan="2">编写者</td><td colspan="4">审核</td></tr>
<tr><td colspan="2">%123</td><td colspan="2">小泉</td><td colspan="4">小林</td></tr>
<tr><td>N</td><td>G</td><td>X</td><td>Z</td><td>U</td><td>W</td><td>R/C</td><td>F</td><td>S</td><td>T</td><td>M</td><td>P</td><td>Q</td><td>*</td><td></td></tr>
<tr><td>N10</td><td>G00</td><td>X20</td><td>Z99</td><td></td><td></td><td></td><td></td><td></td><td></td><td></td><td></td><td></td><td>*</td><td></td></tr>
<tr><td>N11</td><td></td><td></td><td></td><td></td><td></td><td></td><td></td><td></td><td>T01</td><td>M03</td><td></td><td></td><td>*</td><td></td></tr>
<tr><td>N12</td><td>G00</td><td>X18</td><td>Z0</td><td></td><td></td><td></td><td></td><td></td><td></td><td></td><td></td><td></td><td>*</td><td></td></tr>
<tr><td>N13</td><td>G02</td><td>Z-10</td><td></td><td></td><td></td><td></td><td></td><td></td><td></td><td></td><td></td><td></td><td>*</td><td></td></tr>
<tr><td>N14</td><td>G01</td><td></td><td></td><td></td><td>W-10</td><td></td><td></td><td></td><td></td><td></td><td></td><td></td><td>*</td><td></td></tr>
<tr><td>N15</td><td></td><td></td><td></td><td></td><td></td><td></td><td></td><td></td><td></td><td>M02</td><td></td><td></td><td>*</td><td></td></tr>
</table>

13.3.3 数控加工程序编制的步骤

1. 工艺方案分析

(1) 确定加工对象是否适合于数控加工(形状较复杂、精度一致性要求高)。

(2) 毛坯的选择(对同一批量的毛坯和质量应有一定的要求)。

(3) 工序的划分(尽可能采用一次装夹、集中工序的加工方法)。

(4) 选用适合的数控机床。

2. 工序详细设计

(1) 工件的定位与夹紧。

(2) 工序划分(先粗后精、先面后孔、先主后次、尽量减少换刀)。

(3) 刀具选择(应符合标准刀具系列、较高的刚性和耐用度、易换易调)。

(4) 切削参数(尽可能取高一点)。

(5) 走刀分配(走刀路线要短，次数要少，尽量避免法向切入，零件轮廓的最终加工应尽可能一次连续完成)。

(6) 工艺文件编制(工序卡、工具卡、走刀路线示意图)。

(7) 工序卡编制包括工步与走刀的序号、加工部位与尺寸、刀号及补偿号刀具形式与规格、主轴转速、进给量及工时的确定等。

3. 运动轨迹的坐标值计算

(1) 基点：两个几何元素(线、弧及样条曲线)的交点。

(2) 节点：对非圆曲线用圆弧段逼近，节点数的多少取决于逼近误差、逼近方法及曲线本身的性质。

(3) 辅助计算：刀具的引入与退出路线的坐标值计算，坐标系的计算(绝对值、增量值)。

4. 编写数控加工程序

(1) 用数控机床规定的指令代码(G、S、M)与程序格式，编写加工程序。

(2) 编制机床调整卡，供操作者调整机床用。

(3) 输入程序。

(4) 校验与试切。

13.3.4 数控加工生产流程

使用数控机床进行零件加工，一般包括以下过程：

(1) 审图并确定加工要求；

(2) 决定使用何种刀具；

(3) 确定工件的装夹方法和夹具；

(4) 编写加工程序；

(5) 打开机床电源；

(6) 输入程序到机床的 NC 中；

(7) 装刀、装工件；

(8) 测量刀具长度和直径偏置量；

(9) 对齐工件和设置工件原点；

(10) 检查程序(试空车，修正程序错误)；

(11) 通过试切来检查切削状态(如有必要，修正错误、修正刀具偏置)；

(12) 机床自动运行切削工件；

(13) 产品完成。

13.4 数控车削加工

13.4.1 数控车床结构及工作原理

数控车床又称为 CNC 车床，即计算机数字控制车床，是目前国内使用量最大，覆盖面最广的一种数控机床，约占数控机床总数的 25%。数控机床是集机械、电气、液压、气动、微电子和信息等多项技术为一体的机电一体化产品，是机械制造设备中具有高精度、高效率、高自动化和高柔性化等优点的工作母机。数控机床的技术水平高低及其在金属切削加工机床产量和总拥有量的百分比是衡量一个国家国民经济发展和工业制造整体水平的重要标志之一。数控车床是数控机床的主要品种之一，它在数控机床中占有非常重要的位置，几十年来一直受到世界各国的普遍重视并得到了迅速的发展。

1. 数控车床的分类

数控车床品种、规格繁多，按照不同的分类标准，有不同的分类方法。目前应用较多的是中等规格的两坐标连续控制的数控车床。

(1) 按主轴布置形式分为卧式数控车床和立式数控车床。

(2) 按可控轴数分为两轴控制和多轴控制。

(3) 按数控系统的功能分为经济型数控车床、全功能数控车床和车削中心。

2. 数控车床的结构

数控车床的结构主要由床身和导轨、主轴变速系统、刀架系统、进给传动系统等组成。

(1) 床身：机床的床身是整个机床的基础支承件，是机床的主体，一般用来放置导轨、主轴箱等重要部件。

(2) 导轨：车床的导轨可分为滑动导轨和滚动导轨两种。滑动导轨具有结构简单、制造方便、接触刚度大等优点。滚动导轨的优点是摩擦系数小，动、静摩擦系数很接近，不会产生爬行现象，可以使用油脂润滑。

(3) 主轴变速系统：全功能数控车床的主传动系统大多采用无级变速。目前，无级变速系统主要有变频主轴系统和伺服主轴系统两种，一般采用直流或交流主轴电机，通过带传动带动主轴旋转，或通过带传动和主轴箱内的减速齿轮(以获得更大的转矩)带动主轴旋转。由于主轴电机调速范围广，又可无级调速，使得主轴箱的结构大为简化。主轴电机在额定转速时可输出全部功率和最大转矩。

(4) 刀架系统：数控车床的刀架是机床的重要组成部分。刀架用于夹持切削用的刀具，因此其结构直接影响机床的切削性能和切削效率。

(5) 进给传动系统：数控车床的进给传动系统一般均采用进给伺服系统。它一般由驱动控制单元、驱动元件、机械传动部件、执行件和检测反馈环节等组成。驱动控制单元和驱动元件组成伺服驱动系统；机械传动部件和执行元件组成机械传动系统；检测元件与反馈电路组成检测系统。

3. 数控车床的基本原理

数控车床的基本原理如图 13-7 所示。普通车床是靠手工操作机床来完成各种切削加工，而数控车床是将编制好的加工程序输入数控系统中，由数控系统通过控制车床 X、Z 坐标轴的伺服电机去控制车床进给运动部件的动作顺序、移动量和进给速度，再配以主轴的转速和转向，便能加工出各种不同形状的轴类和盘套类回转体零件。

4. 数控车床的主要功能

不同数控车床其功能也不尽相同，各有特点，但都应具备以下主要功能。

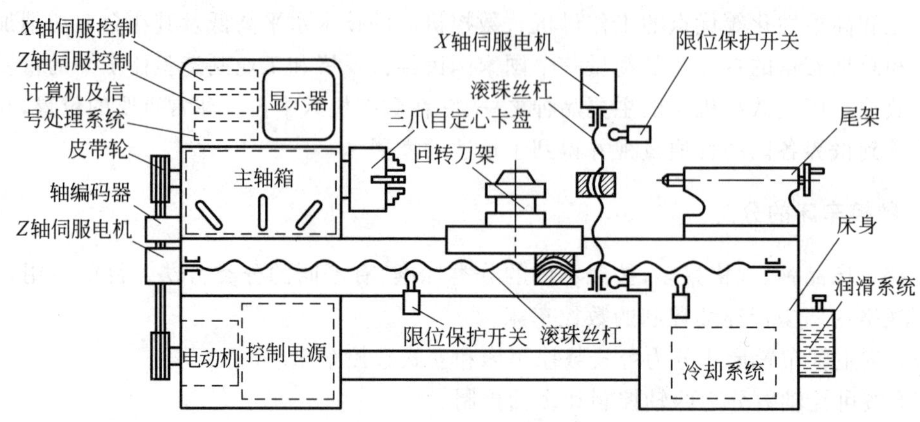

图 13-7 数控车床的基本原理

(1) 直线插补功能：控制刀具沿直线进行切削，在数控车床中利用该功能可加工圆柱面、圆锥面和倒角。

(2) 圆弧插补功能：控制刀具沿圆弧进行切削，在数控车床中利用该功能可加工圆弧面和曲面。

(3) 固定循环功能：固化机床常用的一些功能，如粗加工、切螺纹、切槽、钻孔等，使用该功能简化了编程。

(4) 恒线速度车削：通过控制主轴转速保持切削点处的切削速度恒定，可获得一致的加工表面。

(5) 刀尖半径自动补偿功能：可对刀具运动轨迹进行半径补偿，具备该功能的机床在编程时可不考虑刀具半径，直接按零件轮廓进行编程，从而使编程变得方便简单。

数控车床除了具有上述主要功能外，还常常具有下列一些拓展功能，如 C 轴功能、Y 轴控制、加工模拟等。

5. 数控车床的特点

(1) 与普通车床相比，数控车床具有以下特点：①采用了全封闭或半封闭防护装置；②采用自动排屑装置；③主轴转速高，工件装夹安全可靠；④可自动换刀。

(2) 数控车床的加工特点：数控车床的主要优点体现在“数控”上，再加上各种完善的机械机构，使之具有高精度、质量稳定、高难度、高效率、自动化程度高等特点。

6. 数控车床的应用范围

数控车床除了可以完成普通车床能够加工的轴类和盘套类零件外，还可以加工各种形状复杂回转体零件，如复杂曲面；还可以加工各种螺距甚至变螺距的螺纹。数控车床一般应用于精度较高、批量生产的零件以及各种形状复杂的轴类和盘套类零件。

13.4.2 数控车床加工程序的编制

1. 数控车床坐标系的确定

数控车床坐标采用我国执行的 JB/T 3051—1999“数控机床坐标和运动方向的命名”数

控标准,与国际上统一的 ISO841 等效。

(1) 如图 13-8 所示,刀具运动的正方向是工件与刀具距离增大的方向。

(2) 可采用绝对坐标(X,Z)编程,也可采用相对坐标(U,W)编程,或二者混合编程。用绝对坐标编程时,无论刀具运动到哪一点,各点的坐标均以编程坐标系原点为基准读得,X 坐标值和 Z 坐标值是刀具运动终点的坐标;用相对坐标值编程时,刀具当前点的坐标是以前一点为基准读得,U 值(沿 X 轴增量)和 W 值(沿 Z 轴增量)指定了刀具运动的距离,其正方向分别与 X 轴和 Z 轴正方向相同。

2. 数控车床编程指令介绍

1) 准备功能(G 指令功能)

(1) 设定工件坐标系指令 G92

指令格式:N ____ G92 X ____ Z ____;

注意:本指令只能用 X、Z 指令坐标值,且 X、Z 值必须齐全。程序中使用该指令,应放在程序的第一段,用于建立工件坐标系,并且通常将坐标系原点设在主轴的轴线上,以方便编程,如图 13-9 所示。

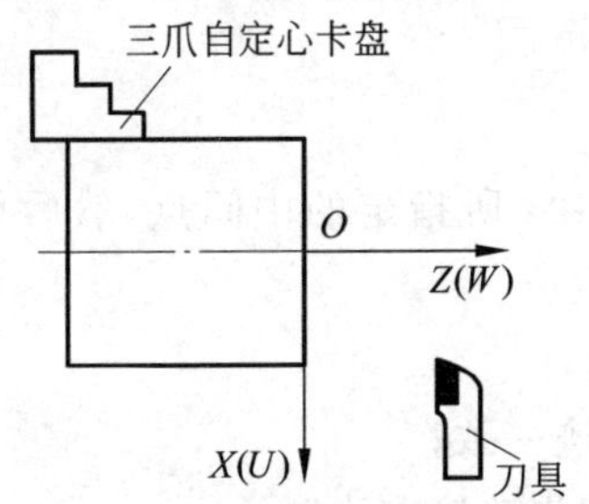

图 13-8 数控车床工件坐标系示意图

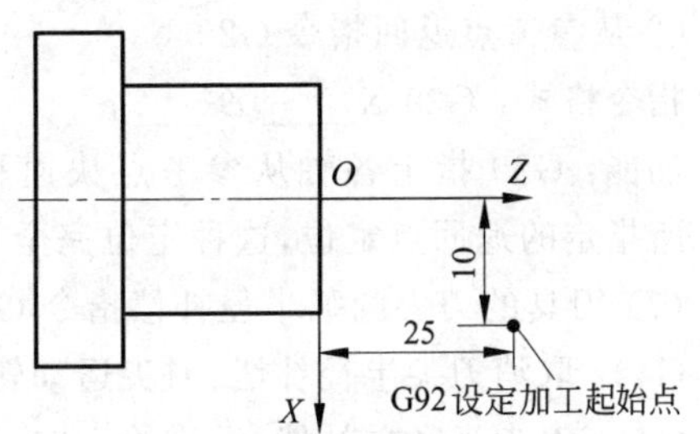

图 13-9 工件坐标系指令 G92 示意图

例 1 N10 G92 X20 Z25;执行该指令时,显示器显示设定值,X 值用直径值设定。

(2) 快速定位指令 G00

指令格式:N ____ G00 X ____ Z ____(或 U ____ W ____);

本指令可将刀具按机床指定的 G00 限速快速移动到所需位置上,一般作为空行程运动,既可单坐标运动,也可两坐标同时运动。如图 13-8 和图 13-9 所示。执行本指令时,机床操作面板上的进给倍率开关有效。在一个程序段中已经指定,直到出现同组另一个代码才失效的代码为模态代码。G00 为模态指令,其他 G 代码被指令前均有效的 G 代码称为模态 G 代码。

例 2 G00 X100 Z300;表示将刀具快速移动到 X 为 100mm,Z 为 300mm 的位置上。

(3) 直线插补指令 G01

本指令可将刀具按给定速度沿直线移动到所需位置,一般作为切削加工运动指令,既可单坐标运动,也可双坐标同时运动,在车床上用于加工外圆、端面、锥面等。

指令格式:N ____ G01 X ____ Z ____(或 U ____ W ____)F ____;

注:进给速度 F 需要指定,单位为 mm/min,为模态指令。

例 3 N20 G01 X50 Z50 F200；表示刀具以 200mm/min 的速度运动到（X50,Z50）的位置。

(4) 圆弧插补指令 G02,G03

G02 指定为顺时针圆弧插补；G03 指定为逆时针圆弧插补。

指令格式：N ____ G02(03) X(U) ____ Z(W) ____ R ____ F ____；

例 4 N30 G03 X20 Z-15 R10 F50；表示加工逆时针圆弧，刀具以 F50 速度运动到（X20,Z-15）位置。

(5) 延时（暂停）指令 G04

指令格式：N ____ G04 X ____；

注：程序执行到此指令后即停止，延时 X 所指定时间后继续执行，X 范围 0～9999.99s，X 最小指定时间为 0.001s，但准确度为 16ms。该指令可使刀具作短时间的无进给光整加工，常用于切槽、锪孔、加工尖角，以减少表面粗糙度值。

(6) 回参考点控制功能指令 G28、G29

① 自动返回参考点指令 G28

指令格式：G28 X ____ Z ____；

功能：G28 指定刀具先快速移动到指令值所指定的中间点位置，然后自动回参考点。

② 从参考点返回指令 G29

指令格式：G29 X ____ Z ____；

功能：G29 指定各轴从参考点快速移动到前面 G28 所指定的中间点，然后再移动到 G29 所指定的返回点定位，这种定位完全等效于 G00 定位。

(7) 刀具的刀尖圆弧半径补偿指令 G40、G41、G42

G40：取消刀尖半径补偿，刀尖运动轨迹与编程轨迹一致；

G41：刀尖半径左补偿，沿进给方向，刀尖位置在编程轨迹左边时；

G42：刀尖半径右补偿，沿进给方向，刀尖位置在编程轨迹右边时。

(8) 零点偏置指令 G54～G59

零点偏置是数控系统的一种特性，即允许把数控测量系统的原点在相对机床基准的规定范围内移动，而永久原点的位置则被存储在数控系统中。因此当不用 G92 指令设定工件坐标系时，可以用 G54～G59 指令设定 6 个工件坐标系，即设定机床所特有的 6 个坐标系原点在机床坐标系中的坐标值。

2) 辅助功能指令 M

本系统 M 指令用两位数字表示。

(1) M00：程序暂停指令，重新按“启动键”后下一程序段开始继续执行。

(2) M01：程序选择暂停指令，与 M00 相似，不同的是由面板上的 M01 选择开关决定是否有效。

(3) M02：循环执行指令，用以返回到本次加工程序的开始程序段并从开始程序段循环执行。

(4) M03：主轴正转指令，用以启动主轴正转。

(5) M04：主轴反转指令，用以启动主轴反转。

(6) M05：主轴停止指令。

(7) M08：冷却泵启动指令。

(8) M09：冷却泵停止指令。

3) 进给速度指令 F

本系统的进给速度指令用 F 及后面的数值表示，F 后面的数值为每分钟进给的毫米数，如 F1000 表示每分钟进给 1000mm。

4) 换刀指令 T

本系统的换刀指令用 T 及后面的两位数表示。高位数为刀具号(0～4)，高位数为 0 则不换刀；低位数为刀具位置偏置值补偿号(0～4)，低位数为 0 表示取消刀具偏置，没有低位数时则只执行换刀不进行刀具偏置。如 T22 表示换第 2 号刀，按第 2 号刀具位置偏置补偿号中的数据进行刀具位置补偿。

5) 跳过任选程序段

在程序顺序号"N"的前面带有"/"的程序可由系统面板上的"跳选"按键决定其是否执行，该按键灯亮则"跳选"有效，灯灭则跳选无效。

例/N30 G01 X100 Z50；当系统面板上的"跳选"按键灯不亮时，执行"N30"程序段；当系统面板上的"跳选"按键灯点亮时，跳过"N30"程序段，执行下面的程序。

13.4.3 数控车削中的加工工艺分析及编程

数控加工以数控机床加工中的工艺问题为主要研究对象，以机械制造中的工艺理论为基础，结合数控机床的加工特点，综合运用多方面的知识来解决数控加工中的工艺问题。工艺制定得合理与否，对程序编制、机床的加工效率、零件的加工精度都有极为重要的影响。

1. 确定工件的加工部位和具体内容

确定被加工工件需在本机床上完成的工序内容及其与前后工序的联系。

(1) 工件在本工序加工之前的情况。例如，铸件、锻件或棒料、形状、尺寸、加工余量等。

(2) 前道工序已加工部位的形状、尺寸或本工序需要前道工序加工出的基准面、基准孔等。

(3) 本工序要加工的部位和具体内容。

(4) 为了便于编制工艺及程序，应绘制出本工序加工前毛坯图及本工序加工图。

2. 确定工件的装夹方式与设计夹具

根据已确定的工件加工部位、定位基准和夹紧要求，选用或设计夹具。数控车床多采用三爪自定心卡盘夹持工件；轴类工件还可采用尾座顶尖支持工件。由于数控车床主轴转速极高，为便于工件夹紧，多采用液压高速动力卡盘，因它在生产厂已通过了严格的平衡，具有高转速(极限转速可达 4000～6000r/min)、高夹紧力(最大推拉力为 2000～8000N)、高精度、调爪方便、通孔、使用寿命长等优点。为减少细长轴加工时受力变形，提高加工精度，在加工带孔轴类工件内孔时，可采用液压自动定心中心架，定心精度可达 0.03mm。

3. 确定加工方案

1) 确定加工方案的原则

制定加工方案的一般原则为：先粗后精，先近后远，先内后外，程序段最少，走刀路线最短以及特殊情况特殊处理。这些原则并不是一成不变的，对于某些特殊情况，则需要采取灵活可变的方案。如有的工件就必须先精加工后粗加工，才能保证其加工精度与质量。

2）加工路线与加工余量的关系

在数控车床还未达到普及使用的条件下，一般应把毛坯件上过多的余量，特别是含有锻、铸硬皮层的余量安排在普通车床上加工。如必须用数控车床加工时，则要注意程序的灵活安排。安排一些子程序对余量过多的部位先作一定的切削加工。

4. 确定切削用量与进给量

在编程时，编程人员必须确定每道工序的切削用量。选择切削用量时，一定要充分考虑影响切削的各种因素，正确地选择切削条件，合理地确定切削用量，可有效地提高机械加工质量和产量。影响切削条件的因素有：机床、工具、刀具及工件的刚性；切削速度、切削深度、切削进给率；工件精度及表面粗糙度；刀具预期寿命及最大生产率；切削液的种类、冷却方式；工件材料的硬度及热处理状况；工件数量；机床的寿命。

进给量 f(mm/r)或进给速度 F(mm/min)要根据零件的加工精度、表面粗糙度、刀具和工件材料来选。最大进给速度受机床刚度和进给驱动及数控系统的限制。

13.4.4 基本操作知识(以西门子 802S/802C 为例)

1. 基本操作

SIEMENS 802S/802C 操作面板分为三个区(见图 13-10)：LCD 显示区、NC 键盘区、MCP 机床控制面板区域。

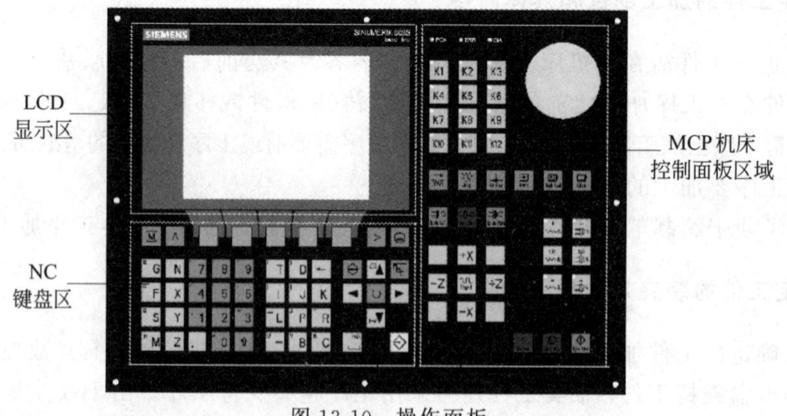

图 13-10 操作面板

1) NC 键盘区(见图 13-11)：

各按键功能说明如下。

① 加工显示键：按此键后，屏幕立即回到加工显示的界面，在此可以见到当前各轴的加工状态。

② 返回键：返回到上一级菜单。

③ 软键：在不同的屏幕状态下，操作对应的软键，可以调用相应的画面。

④ 删除/退格键：在程序编辑画面时，按此键删除(退格)消除前一字符。

⑤ 报警应答键：报警出现时，按此键可以消除报警(取决于报警级别)。

⑥ 选择/转换键：在设定参数时，按此键可以选择或转换参数。

⑦ 光标向上键/上挡：向上翻页键。

⑧ 菜单扩展键：进入同一级的其他菜单画面。

⑨ 区域转换键：不管目前处于何界面，按此键后都可以立即回到主画面。

⑩ 垂直菜单键：在某些特殊画面，按此键可以垂直显示可选项。

⑪ 光标向右键。

⑫ 光标向下键：向下翻页键。

⑬ 回车/输入键：按此键确认所输入的参数或者换行。

⑭ 空格键：在编辑程序时，按此键插入空格。

⑮ 光标向左键。

⑯ 字符键：用于字符输入，上挡键可以转换对应字符。

⑰ 上挡键：按数字键或字符键时，同时按此键可以使该数字/字符的左上角字符生效。

⑱ 数字键：用于数字输入。

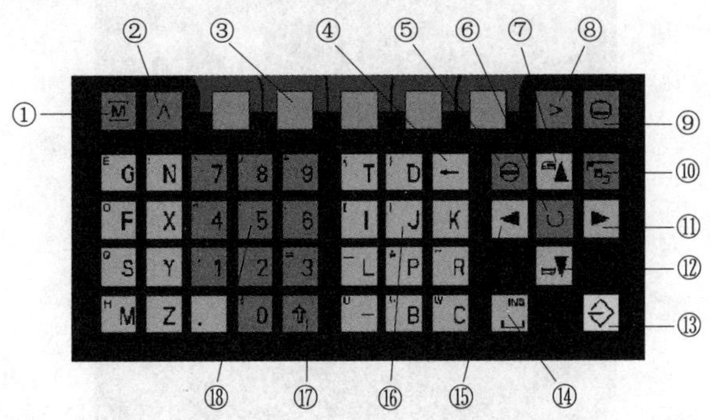

图 13-11　NC 键盘区(序号与正文对应)

2) MCP 机床控制面板区域(见图 13-12)

各按键功能说明如下。

① POK(绿灯)：电源上电，灯亮表示电源正常供电。

② ERR(红灯)：系统故障，此灯亮表示 CNC 出现故障。

③ DIA(黄灯)：诊断，该灯显示不同的诊断状态，正常状态时闪烁频率为 1∶1。

④ 急停开关(选件)：________。

⑤ K1～K12 用户自定义键(带 LED)：用户可以编写 PLC 程序进行键的定义。

⑥ 用户定义键(不带 LED)：________。

以下是运行方式键。

⑦ 增量选择键：在 JOG 方式(手动运行方式)下，按此键可以进行增量方式的选择，范围：1,10,100,1000。

⑧ 点动方式键：按此键切换到手动方式。

⑨ 参考点方式键：在此方式下运行回参考点。

⑩ 自动方式键：按此键切换到自动方式，按照加工程序自动运行。

⑪ 单段方式键：自动方式键复位后，可以按此键设定单段方式，程序按单段运行。

⑫ MDA 方式键：在此方式下手动编写程序，然后自动执行。

以下是主轴键。

⑬ 主轴正转键：按此键主轴正方向旋转。

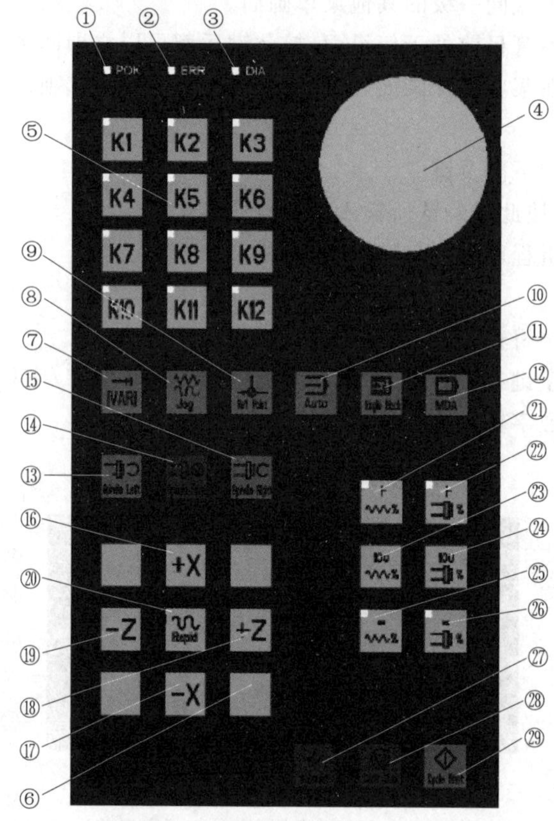

图 13-12　MCP 机床控制面板区域(序号与正文对应)

⑭ 主轴停键：按此键，主轴停止转动。

⑮ 主轴反转键：按此键，主轴反方向旋转。

以下是点动键。

⑯ X 轴点动正向键：在手动方式下按此键，X 轴正方向点动。

⑰ X 轴点动负向键：在手动方式下按此键，X 轴负方向点动。

⑱ Z 轴点动正向键：在手动方式下按此键，Z 轴正方向点动。

⑲ Z 轴点动负向键：在手动方式下按此键，Z 轴负方向点动。

⑳ 快速运行叠加键：在手动方式下，同时按此键和一个坐标轴点动键，坐标轴按快速进给速度点动。

以下是倍率键。

㉑ 进给轴倍率增加键：进给轴倍率大于 100%时，LED 亮；达到 120%时(最大)，LED 闪烁。

㉒ 主轴倍率增加键：主轴倍率大于 100%时，LED 亮；达到 120%时(最大)，LED 闪烁。

㉓ 进给轴倍率 100%键：按此键大于 MDI4510[13]所设定的时间值(缺省值为 1.5s)时，进给轴倍率直接变为 100%。

㉔ 主轴倍率 100%键：按此键大于 MDI4510[13]所设定的时间值(缺省值为 1.5s)时，主轴倍率直接变为 100%。

㉕ 进给轴倍率减少键；按此键大于 MDI4510[12]所设定的时间值(缺省值为 1.5s)时，进给轴倍率直接变为 0。进给轴倍率在 0～100%时，进给轴倍率减少键 LED 亮；降为 0 时(最小)，LED 闪烁。

㉖ 主轴倍率减少键；按此键大于 MDI4510[12]所设定的时间值(缺省值为 1.5s)时，主轴倍率直接变为 0。主轴倍率在 0～100%时进给轴倍率减少键 LED 亮，降为 0 时(最小)，LED 闪烁。

以下是其他键。

㉗ 复位键：按此键，系统复位，当前程序中断执行。

㉘ 数控停止键：按此键，当前执行的程序中断执行，系统停止运行。

㉙ 数控启动键：按此键，系统开始执行程序，进行加工。

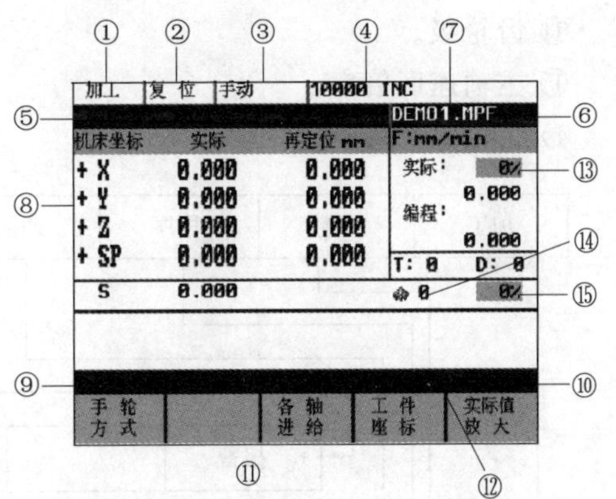

图 13-13　屏幕划分(序号与正文对应)

3) 屏幕划分(见图 13-13)

① 当前操作区域：加工、参数、程序、通信、诊断。

② 程序状态：程序停止、程序运行、程序复位。

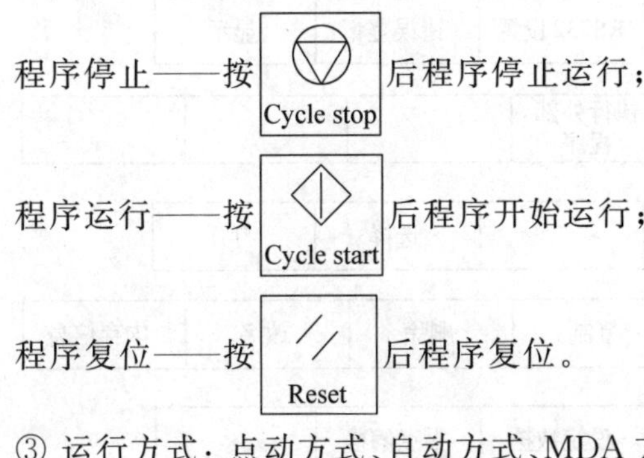

程序停止——按 Cycle stop 后程序停止运行；

程序运行——按 Cycle start 后程序开始运行；

程序复位——按 Reset 后程序复位。

③ 运行方式：点动方式、自动方式、MDA 方式。

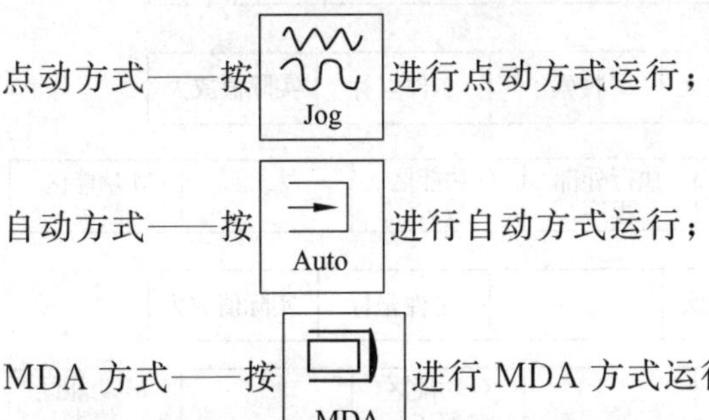

点动方式——按 Jog 进行点动方式运行；

自动方式——按 Auto 进行自动方式运行；

MDA 方式——按 MDA 进行 MDA 方式运行。

④ 状态显示：程序段跳跃、空运行、快速修调、单段运行、程序停止、程序调试、步进增量。

⑤ 操作信息。

⑥ 程序名。

⑦ 报警显示行。

⑧ 工作窗口。

⑨ 返回键。

⑩ 扩展键。

⑪ 软键。

⑫ 垂直菜单。

⑬ 进给轴速度倍率。

⑭ 齿轮级。

⑮ 主轴速度倍率。

4）主菜单及菜单树(见图 13-14)

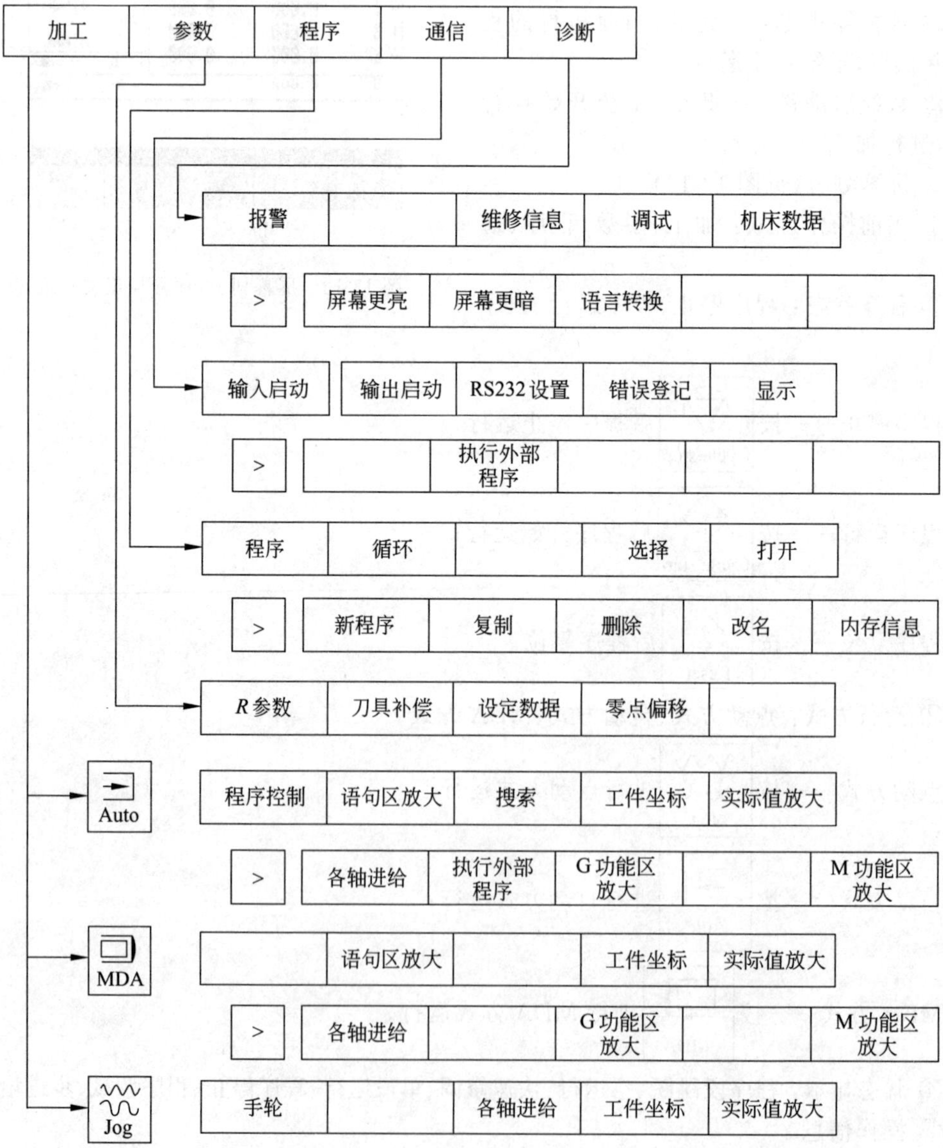

加工	参数	程序	通信	诊断

菜单						
诊断		报警		维修信息	调试	机床数据
	>	屏幕更亮	屏幕更暗	语言转换		
通信		输入启动	输出启动	RS232 设置	错误登记	显示
	>		执行外部程序			
程序		程序	循环		选择	打开
	>	新程序	复制	删除	改名	内存信息
参数		*R* 参数	刀具补偿	设定数据	零点偏移	
Auto		程序控制	语句区放大	搜索	工件坐标	实际值放大
	>	各轴进给	执行外部程序	G 功能区放大		M 功能区放大
MDA			语句区放大		工件坐标	实际值放大
	>	各轴进给		G 功能区放大		M 功能区放大
Jog		手轮		各轴进给	工件坐标	实际值放大

图 13-14　主菜单及菜单树

5）开机步骤(见图 13-15）

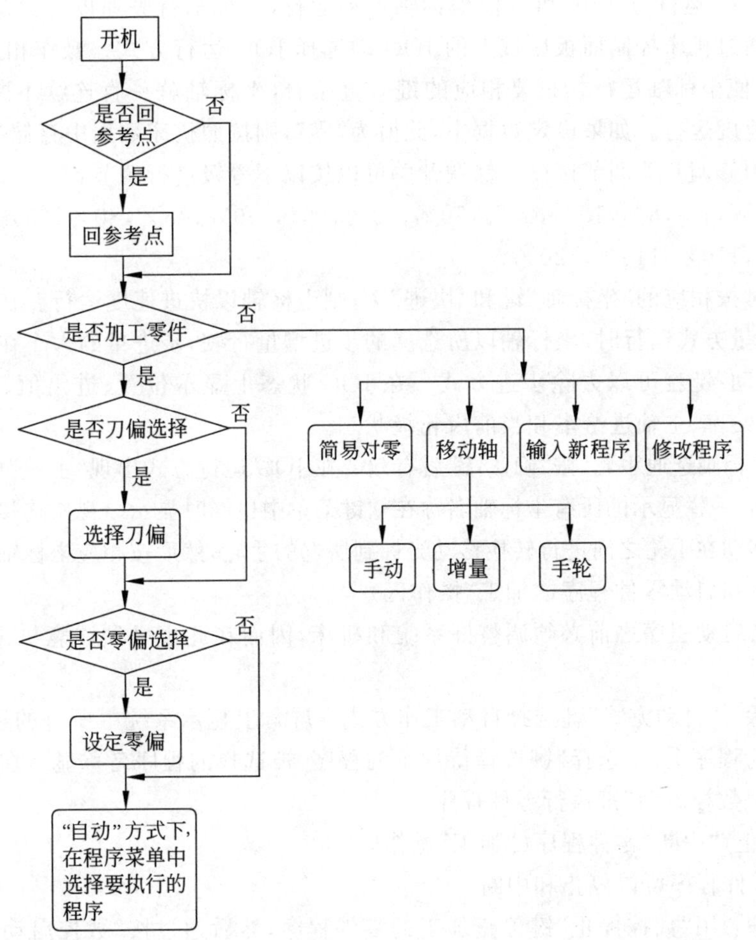

图 13-15　开机步骤

6）回参考点(“加工”操作区）

“回参考点”只有在 JOG 运行方式下才可以进行。用机床控制面板区域上的回参考点键来启动“回参考点”。在“回参考点”窗口中，显示该坐标轴是否必须回参考点。

说明： ○坐标未回参考点；◐坐标轴已经达到参考点。

7）刀具补偿

(1）建立新刀具：按“新刀具”键，建立一个新刀具。出现输入窗口，显示所有给定的刀具号。输入新的刀具(最多三位数)，并定义刀具类型。按“确认”键确认输入，刀具补偿参数窗口打开。

(2）刀具补偿参数：刀具补偿分为刀具长度补偿和刀具/刀尖半径补偿。参数表结构因刀具类型不同而不同。

8）输入修改零点偏置值(“参数”操作）

在回参考点之后实际值存储区以及实际值的显示均以机床零点为基准，而工件的加工程序则以工件零点为基准，这之间的差值就作为可设定的零点偏移量输入。通过操作软键“参数”和“零点偏移”可以选择零点偏置。屏幕上显示出可设定零点偏置的情况。

9）JOG 运行方式——（“加工”操作区）

（1）在 JOG 运行方式中，可以使坐标轴点动运行，坐标轴行驶速度可以通过修调开关调节。可以通过机床控制面板区域上的 JOG 键选择 JOG 运行方式。操作相应的键“＋X”或“－Z”可以使坐标轴运行。只要相应的键一直按着，坐标轴就一直连续不断地以设定数据中规定的速度运行。如果设定数据中，此值为“零”，则按照机床数据中存储的值运行。需要时可以使用修调开关调节速度。修调开关可以按以下等级进行调节：

0，1％，2％，4％，8％，10％，20％，30％，40％，50％，60％，75％，80％，85％，90％，95％，100％，105％，110％，115％，120％

如果同时按相应的“坐标轴”键和“快进”键，则坐标轴以快进速度运行。在选择“增量选择”以步进增量方式运行时，坐标轴以所选择的步进增量行驶，步进量的大小在屏幕上显示。再按一次“点动”键就可以去除步进方式。在 JOG 状态上显示位置、进给值、主轴值、刀具值、坐标轴进给率、主轴进给率和当前齿轮级状态。

（2）给坐标轴选通手轮，按“确认”键后有效。在 JOG 运行方式出现“手轮”窗口。打开窗口，在“坐标轴”一栏显示的所有坐标轴名称在软键菜单中也同时显示。视所连接的手轮数，可以通过光标移动在手轮之间进行转换移动光标到所选的手轮，然后按相应坐标轴的软键。

10）选择和启动零件程序（“加工”操作区）

功能：在启动程序之前必须调整好系统和机床，因而在此也必须注意机床生产厂家的安全说明。

操作步骤：“自动方式”键选择自动工作方式。屏幕上显示系统中所有的程序。把光标定位到所选的程序上。“选择”键选择待加工的程序，被选择的程序名称显示在屏幕区“程序名”下。按动“数控启动”键执行零件程序。

11）“停止”“中断”零件程序（“加工”操作区）

功能：零件程序可以停止和中断。

操作步骤：用“数控停止”键停止加工的零件程序，然后通过按“数控启动”键可恢复被中断了的程序运行。用“复位”键中断加工的零件程序，按“数控启动”键重新启动，程序从头开始运行。

12）输入新程序（“程序”操作区）

功能：编制新的零件程序文件。打开一个窗口，输入零件名称和类型。

操作步骤：选择“程序”操作区，显示 NC 中已经存在的程序目录。按“新程序”键，出现一个对话窗口，在此输入新的主程序和子程序名称。输入新文件名。按“确认”键接收输入，生成新程序文件。就可以对新程序进行编辑。用“返回”键中断程序的编制，并关闭此窗口。

13）零件程序的编辑（“程序”运行方式）

功能：零件程序不处于执行状态时，可以进行编辑。在零件程序中进行的任何修改均立即被存储。

操作步骤：在主菜单下选择“程序”键，出现程序目录窗口。用“光标”键选择待编辑的程序。按“打开”键，调用编辑器用于所选程序，屏幕上出现编辑窗口。现在可以进行程序的编辑。按“关闭”键，在文件中存储修改情况并关闭此文件。

14）垂直菜单

功能：在程序编辑器中可以使用垂直菜单。使用垂直菜单可以在零件程序中非常方便地直接插入 NC 指令。

操作步骤：在程序编辑状态，操作“垂直菜单”键，从显示的表中选择指令。后面带“…”的显示行含有一组 NC 指令，它们可以用“输入”键输入或用相应的行号列出。用“光标”键在表中定位，按“输入”键输入到程序中，或者通过行号数字 1～7 选择相应的指令行，并输入到零件程序中。

15）对刀

按“对刀”键，出现“对刀”窗口。如果刀具不能回到零点 GXX，请输入偏移值。没有零点偏置时，请输入 G500 并输入偏移值。按“计算”键，控制器根据所处的位置、GXX 功能和所输入的偏移值，计算出所在坐标轴的刀补长度 1 或 2，计算出的补偿值被存储。

2. 安全操作要点

（1）数控车床安全操作要求同普通车床一样，加工时应佩戴好劳动保护用品（如眼镜、帽子）。

（2）多人使用一台车床操作时，彼此应协调一致。当键盘操作时，禁止车床其他操作；当进行装刀、装工件等操作时，禁止操作键盘。

（3）加工时应关好机床防护门。

（4）加工之前，应请辅导人员检查程序和对刀情况。

13.5　数控铣床加工

13.5.1　数控铣床概论

数控铣床是出现比较早和使用比较早的数控机床，在制造中具有很重要的地位，在汽车、航天、军工、模具等行业得到了广泛的应用。

1. 数控铣床分类

1）数控铣床从构造上分类：

（1）工作台升降式数控铣床；

（2）主轴头升降式数控铣床；

（3）龙门式数控铣床。

2）数控铣床也可以按通用铣床的分类方法分类：

（1）数控立式铣床；

（2）卧式数控铣床；

（3）立卧两用数控铣床。

2. 数控铣床的组成、工作原理及特点

1）数控铣床的组成

数控铣床的基本组成如图 13-16 所示，它由床身、立柱、主轴箱、工作台、滑鞍、滚珠丝杠、伺服电机、伺服装置、数控系统等组成。

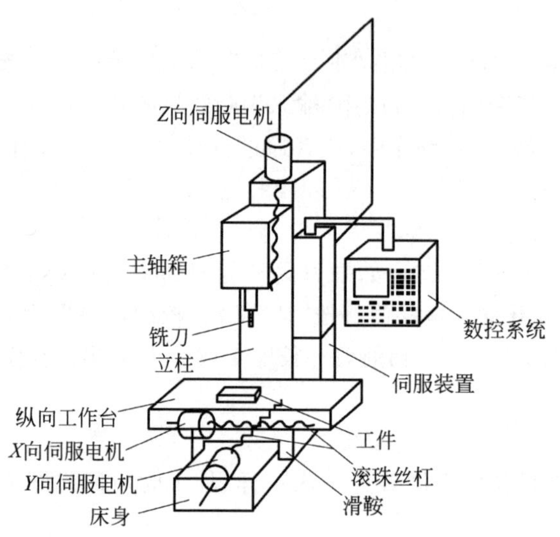

图 13-16 数控铣床的基本组成

床身用于支撑和连接机床各部件，主轴箱用于安装主轴，主轴下端的锥孔用于安装铣刀。当主轴箱内的主轴电机驱动主轴旋转时，铣刀能够切削工件。主轴箱还可沿立柱上的导轨在 Z 向移动，使刀具上升或下降。工作台用于安装工件或夹具。工作台可沿滑鞍上的导轨在 X 向移动，滑鞍可沿床身上的导轨在 Y 向移动，从而实现工件在 X 和 Y 向的移动。无论是 X、Y 向，还是 Z 向的移动都靠伺服电机驱动滚珠丝杠来实现。伺服装置用于驱动伺服电机。控制器用于输入零件加工程序和控制机床工作状态。控制电源用于向伺服装置和控制器供电。

2）数控铣床的工作原理

根据零件形状、尺寸、精度和表面粗糙度等技术要求制定加工工艺，选择加工参数。通过 CAM 软件自动编程，将编好的加工程序输入到控制器。控制器对加工程序处理后，向伺服装置传送指令。伺服装置向伺服电机发出控制信号。主轴电机使刀具旋转，X、Y 和 Z 向的伺服电机控制刀具和工件按一定的轨迹相对运动，从而实现工件的切削。

3）数控铣床加工的特点

（1）用数控铣床加工零件，精度很稳定。如果忽略刀具的磨损，用同一程序加工出的零件具有相同的精度。

（2）数控铣床尤其适合加工形状比较复杂的零件，如各种模具等。

（3）数控铣床自动化程度很高，生产率高，适合加工批量较大的零件。

3. 数控铣床的功能

各种类型数控铣床所配置的数控系统虽然各有不同，但各种数控系统的功能，除一些特殊功能不尽相同外，其主要功能基本相同。

（1）点位控制功能；

（2）连续轮廓控制功能；

（3）刀具半径补偿功能；

(4) 刀具长度补偿功能；
(5) 比例及镜像加工功能；
(6) 旋转功能；
(7) 子程序调用功能。

4. 数控铣床的主要加工对象

(1) 平面类零件；
(2) 变斜角类零件；
(3) 曲面类(立体类)零件。

13.5.2 数控铣床编程基本方法

数控铣床编程就是按照数控系统的格式要求，根据事先设计的刀具运动路线，将刀具中心运动轨迹上或零件轮廓上各点的坐标编写成数控加工程序。所编写的数控加工程序，要符合具体的数控系统的格式要求。

1. 数控铣削加工工艺

数控加工程序不仅包括零件的工艺规程，还包括切削用量、走刀路线、刀具尺寸和铣床的运动过程等，所以必须对数控铣削加工工艺方案进行详细的制定。

1) 数控铣削加工的内容

(1) 零件上的曲线轮廓，特别是由数学表达式描绘的非圆曲线和列表曲线等曲线轮廓；
(2) 已给出数学模型的空间曲面；
(3) 形状复杂、尺寸繁多、划线与检测困难的部位；
(4) 用通用铣床加工时难以观察、测量和控制进给的内外凹槽；
(5) 以尺寸协调的高精度孔或面；
(6) 能在一次安装中顺带铣出来的简单表面；
(7) 采用数控铣削后能成倍提高生产率，大大减轻体力劳动强度的一般加工内容。

2) 零件的工艺性分析

(1) 零件图样分析
① 零件图样尺寸的正确标注；
② 零件技术要求分析；
③ 零件图上尺寸标注是否符合数控加工的特点。
(2) 零件结构工艺性分析
① 保证获得要求的加工精度；
② 尽量统一零件外轮廓、内腔的几何类型和有关尺寸；
③ 选择较大的轮廓内圆弧半径；
④ 零件槽底部圆角半径不宜过大；
⑤ 保证基准统一原则；
⑥ 分析零件的变形情况。

(3) 零件毛坯的工艺性分析

① 毛坯应有充分、稳定的加工余量；

② 分析毛坯的装夹适应性；

③ 分析毛坯的余量大小及均匀性。

3) 工艺路线的确定

(1) 加工方法的选择

① 内孔表面加工方法；

② 平面加工方法；

③ 平面轮廓加工方法；

④ 曲面轮廓加工方法。

(2) 加工阶段的划分

① 有利于保证加工质量；

② 有利于及早发现毛坯的缺陷；

③ 有利于设备的合理使用。

(3) 工序的划分

① 按所用刀具划分工序的原则；

② 按粗、精加工分开，先粗后精的原则；

③ 按先面后孔的原则划分工序。

(4) 加工顺序的安排

① 切削加工工序的安排；

② 热处理工序的安排；

③ 辅助工序的安排；

④ 数控加工工序与普通工序的衔接；

⑤ 装夹方案的确定(组合夹具的应用)；

⑥ 进给路线的确定，即加工路线应保证被加工零件的精度和表面质量，且效率要高；使数值计算简单，以减少编程运算量；应使加工路线最短，这样既可简化程序段，又可减少空走刀时间。

4) 刀具选择

(1) 数控刀具材料：高速钢、硬质合金、陶瓷、金属陶瓷、金刚石、立方氮化硼、表面涂层。

(2) 数控铣削对刀具的要求：刚性好、耐用度高。

(3) 铣刀的种类：面铣刀、立铣刀、模具铣刀、键槽铣刀、鼓形铣刀、成形铣刀。

(4) 铣刀的选择：包括铣刀类型的选择和铣刀参数的选择。

2. 数控铣床的程序编制

1) 坐标系统及相关指令

(1) 数控铣床的坐标系

① 机床坐标系；

② 机床原点，即机床坐标系原点；

③ 参考点，即机床上的固定点，由机械挡块或行程开关确定；建立机床坐标系；

④ 工件坐标系，刀具起点相对于工件原点的相对位置；

⑤ 工件原点，即工件坐标系原点，也叫程序零点。

(2) 工件坐标系设定指令

① 工件坐标系建立指令 G92 X _ Y _ Z _：X、Y、Z 为刀位点在工件坐标系中的初始位置，不产生位移。

② 坐标系偏置指令 G54(G54～G59)：工件坐标系相对于机床原点的零点偏置，即坐标系的平移变换。需设置偏置值到机床偏置页面中，在程序中直接调用。

③ 坐标平面选择指令(G17、G18、G19)。

2) 尺寸形式指令

(1) 绝对和增量尺寸编程(G90/G91)；

(2) 公制尺寸/英制尺寸指令(G20/G21)。

3) 刀具功能 T、主轴转速功能 S 和进给功能 F

4) 进给控制指令

(1) 快速定位指令 G00　格式：G00 X _ Y _ Z _

(2) 直线插补指令 G01

(3) 圆弧插补和螺旋线插补指令 G02、G03

该指令在进行圆弧插补的同时，沿垂直于插补平面的坐标方向做同步运动，构成螺旋线插补运动。

格式：G17　G02/G03　X _ Y _ Z _ R(I _ J _) _ K _

其中：X、Y、Z——螺旋线的终点坐标；

I、J——圆心在 X、Y 轴上的坐标，是相对螺旋线起点的增量坐标；

R——螺旋线半径，与 I、J 形式两者取其一；

K——螺旋线的导程，为正值。

(4) 暂停指令 G04

(5) 螺纹加工指令 G33

5) 刀具补偿指令及其编程

(1) 刀具半径补偿

刀具半径补偿指令　G41、G42、G40

格式：G40　G00(G01) X _ Y _；G41(G42)　G00(G01) X _ Y _ D _；

D _ 两位数：刀具半径补偿值所存放的地址，或刀具补偿值在刀具参数表中的编号；

G40：刀具半径补偿取消，使用后，G41、G42 指令无效。

补偿方向的判定：沿刀具运动方向看，刀具在被切零件轮廓边左侧即为刀具半径左补偿，用 G41；否则，便为右补偿，用 G42 指令。

(2) 刀具长度补偿 G43、G44

① 刀具长度：绝对长度、相对于标准刀具的增量长度；长度补偿只和 Z 坐标有关。

② 刀具长度补偿指令：

格式：G43(G44)　G00(G01) Z _ H _；G49　G00(G01) Z _；

其中，G43 为刀具长度正补偿；G44 为刀具长度负补偿；H _ 中的两位数字，表示刀具长度补偿值所存放的地址，或者说是刀具长度补偿值在刀具参数表中的编号；G49 为取消刀具长度补偿。另外，在实际使用中，也可不用 G49 指令取消刀具长度补偿，而是调用 H00 号刀具补偿，也可收到同样效果。

无论是绝对坐标还是增量坐标形式编程，在用 G43 时，用已存放在刀具参数表中的数值与 Z 坐标相加；用 G44 时，用已存放在刀具参数表中的数值与 Z 坐标相减。

6）参考点相关指令

（1）返回参考点检查指令 G27

格式：G27　X＿Y＿Z＿；

检查机床能否准确返回参考点，非模态指令。执行时，刀具返回到 G27 指令后 X、Y、Z 坐标所指定的参考点在工件坐标系中的坐标值；刀具快速移动，接近指定参考点时自动减速，并在该点做定位校验，定位准确后操作面板上回零指示灯亮；某一方向上未准确回到参考点位置，对应指示灯不亮。

（2）自动返回参考点指令 G28

格式：G28　X＿Y＿Z＿；

使控制轴自动返回参考点，非模态指令。执行时，刀具经过 G28 指令后 X、Y、Z 坐标所指定的中间点，返回到参考点位置；刀具快速向中间点移动，并在中间点做定位校验，快速移动到参考点。中间点的作用是在返回过程中，控制快速运动的轨迹，避免"撞刀"。

（3）从参考点返回指令 G29

格式：G29　X＿Y＿Z＿；

使刀具再返回参考点，经过 G28 指令所指定的中间点，快速移动到某一指定坐标点，非模态指令。执行时，刀具从参考点快速移动，经 G28 所指定的中间点，到达 G29 指令后 X、Y、Z 坐标所指定的目标点。该指令一般与 G28 指令成对使用。

7）子程序

主程序调用子程序，子程序返回主程序或上一级子程序。

（1）子程序的格式

子程序的格式与主程序相同，在子程序的开头后面编制子程序号，在子程序的结尾用 M99 指令返回主程序（有些系统用 RET 返回）。

（2）子程序的调用格式

常用的子程序调用格式有以下几种。

① M98 P×××××××：P 后面的前 3 位为重复调用次数，省略时为调用一次；后 4 位为子程序号。

② M98 P××××L×××：P 后面的 4 位为子程序号；L 后面的 4 位为重复调用次数，省略时为调用一次。

③ 子程序的嵌套：子程序调用另一个子程序。

8）镜像加工指令

镜像加工指令通常有以下几种形式。

（1）关于 X、Y 或原点对称的工件，使用不同的 G 指令代码，如 G11、G12、G13 指令，分别代表 X 轴、Y 轴或原点镜像；

（2）关于 X、Y 对称的工件，使用不同 M 的指令代码，如 M21、M22 指令，分别代表 X 轴、Y 轴原点镜像，M23 代表镜像取消；

(3) 关于 X、Y 或原点对称的工件，使用相同的指令代码，如 G24 指令表示建立镜像，由指令坐标轴后的坐标值指定镜像位置，G25 指令表示镜像取消。

9）宏程序

宏程序是含有变量的程序。它允许使用变量、运算以及条件功能，使程序顺序结构更加合理。宏程序编制多用于零件形状有一定规律的情况下。用户使用宏指令编制的含有变量的子程序叫做用户宏程序。

(1) 算术运算、逻辑运算与条件

① 算术运算：主要是指加、减、乘、除、乘方、函数等。

② 逻辑运算：可以理解为比较运算，它通常是指两个数值的比较或者关系。

③ 条件：是指程序中的条件语句，通常与转移语句一起使用。

(2) 赋值与变量

① 赋值是指将一个数据赋予一个变量。例如，#1=0，则表示#1 的值是 0。其中#1 代表变量，"#"是变量符号，0 就是给变量#1 赋的值。这里的"="号是赋值符号，起语句定义作用。

② 变量是指在一个程序运行期间其值可以变化的量。变量可以是常数或者表达式，也可以是系统内部变量，变量在程序运行时参加运算，在程序结束时释放为空。其中内部变量称为系统变量，是系统自带，也可以人为地为其中一些变量赋值，内部变量主要分为四种类型：

(a) 空变量：指永远为空的变量。

(b) 局部变量：用于存放宏程序中的数据，断电时丢失为空。

(c) 公共变量：可以人工赋值，有断电为空与断电记忆两种。

(d) 系统变量：用于读写 CNC 数据变化。

10）程序编制案例

以图 13-17 为例，编制太极图工件的加工程序。

具体程序如下：

```
文件名
1. 华中数控字母 O+6 位字母或数字,程序名 %0001.
2. 发那科字母 O+4 位数字.
3. 西门子字母两位__+6 位字母或数字.
M03S1200(主轴正转 转速 1200)
G54G01X- 40Y0F500(XY 向到达下刀点位)
G01Z5(Z 向快进)
Z- 1F100(仅写一次)(切深 1mm,F 值降为 100)
G02X- 40Y0I40J0 顺时针加工整圆
X0Y0R20 左侧半圆
G03X40Y0R20 右侧半圆
G01Z5(Z 向提刀)
X20Y0(右侧点定位)
Z-1(切入)
G01Z5 再次提刀
X-20Y0 左侧点定位
Z-1 再切入
```

```
G01Z100F500(快速提刀至工件上方 100mm 处)
M05(主轴停转)
M30(程序结束并返回程序头)
```

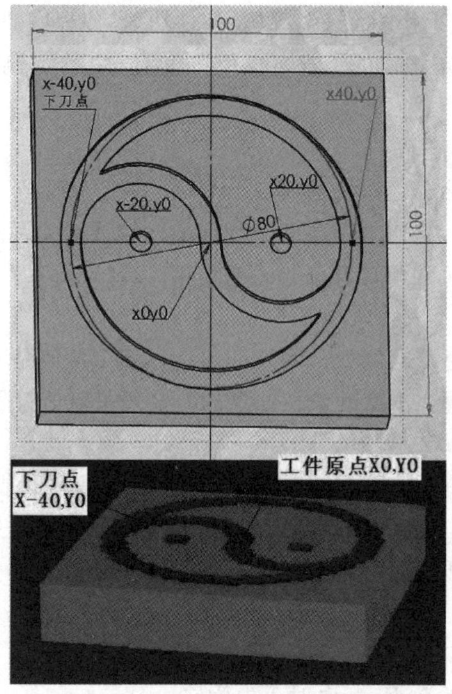

说明：

(1)塑料块大小为100mm×100mm;
(2)太极图直径为80mm;
(3)刀具直径为6mm;
(4)主轴转速S=1200r/min;
(5) 加工进给量F=100mm/min;
(6) 刀具进深为1mm。

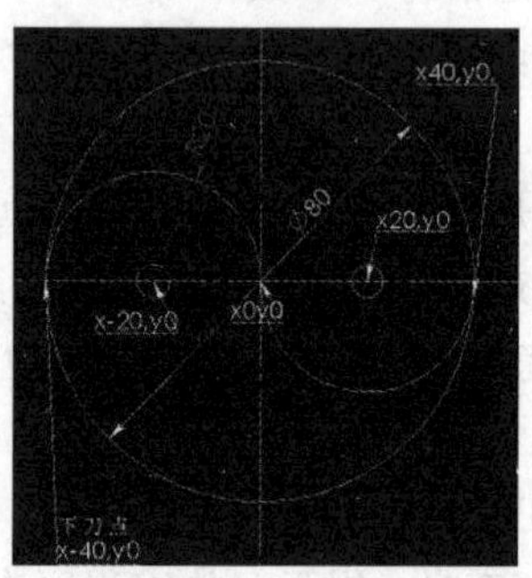

图 13-17　太极图工件示意图

3. 数控铣床基本操作知识

SIEMENS 数控铣床操作面板及各按键功能同数控车床，这里不再赘述。

13.5.3　数控铣削实训案例(见图 13-18)

(a)

(b)

图 13-18　数控铣削实训案例图

(c)

(d)

(e)

(f)

(g)

图 13-18 （续）

13.6 数控系统介绍

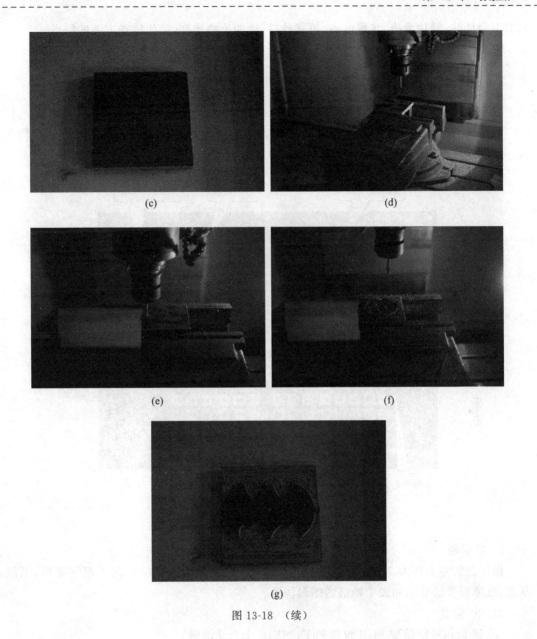

13.6.1 华中世纪星 HNC-21M 铣床数控系统介绍

华中世纪星(HNC-21M)是基于 PC 的铣床 CNC 数控装置，是武汉华中数控股份有限公司在国家“八五”“九五”科技攻关重大科技成果——华中Ⅰ型(HNC-1)高性能数控装置的基础上，为满足市场要求，开发的高性能经济型数控装置。

HNC-21M 采用彩色 LCD 液晶显示器，内装式 PLC 可与多种伺服驱动单元配套使用。

具有开放性好、结构紧凑、集成度高、可靠性好、性能价格比高、操作维护方便的特点。

在此主要介绍 HNC-21M 操作装置、显示界面、基本操作界面等。

1. 操作装置

1）操作台结构

HNC-21M 世纪星铣床数控装置操作台为标准固定结构，如图 13-19 所示，其结构美观、体积小巧、外形尺寸为 420mm×310mm×110mm($W\times H\times D$)。

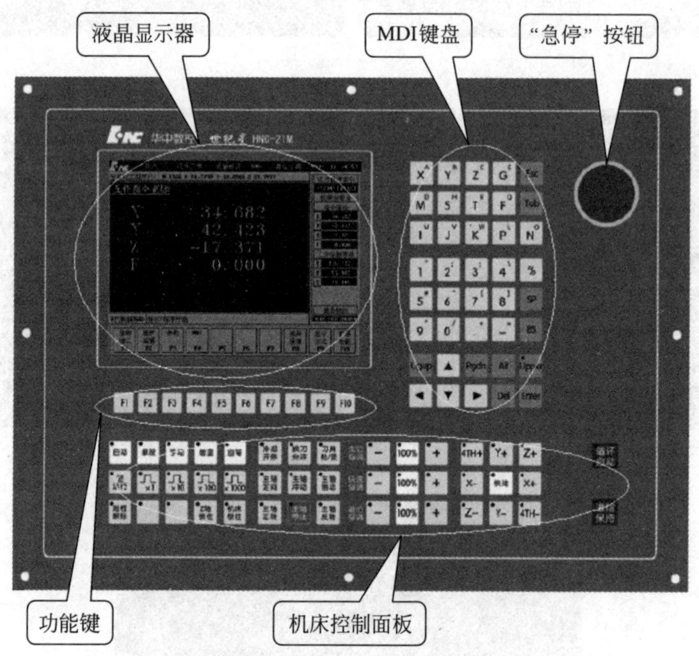

图 13-19 华中世纪星铣床数控装置操作台

2）显示器

操作台的左上部为 7.5in 彩色液晶显示器(分辨率为 640×480)，用于汉字菜单、系统状态、故障报警的显示和加工轨迹的图形仿真。

3）NC 键盘

NC 键盘包括精简型 MDI 键盘和 F1～F10 十个功能键。

标准化的字母数字式 MDI 键盘介于显示器和“急停”按钮之间，其中的大部分键具有上挡键功能，当 Upper 键有效时(指示灯亮)，输入的是上挡键。

F1～F10 十个功能键位于显示器的正下方。

NC 键盘用于零件程序的编制、参数输入、MDI 及系统管理操作等。

4）机床控制面板(MCP)

标准机床控制面板的大部分按键(除“急停”按钮外)位于操作台的下部，“急停”按钮位于操作台的右上角。机床控制面板用于直接控制机床的动作或加工过程。

5）MPG 手持单元

MPG 手持单元由手摇脉冲发生器 、坐标轴选择开关组成，用于手摇方式增量进给坐标轴。MPG 手持单元的结构如图 13-20 所示。

6）软件操作界面

HNC-21M 的软件操作界面如图 13-21 所示，其界面由如下几个部分组成。

（1）图形显示窗口：可以根据需要，用功能键 F9 设置窗口的显示内容。

（2）菜单命令条：通过菜单命令条中的功能键 F1～F10 来完成系统功能的操作。

（3）运行程序索引：自动加工中的程序名和当前程序段行号。

（4）选定坐标系下的坐标值：

① 坐标系可在机床坐标系、工件坐标系、相对坐标系之间切换；

② 显示值可在指令位置、实际位置、剩余进给、跟踪误差、负载电流、补偿值之间切换（负载电流只对 11 型伺服有效）。

图 13-20　MPG 手持单元结构

（5）工件坐标零点：工件坐标系零点在机床坐标系下的坐标。

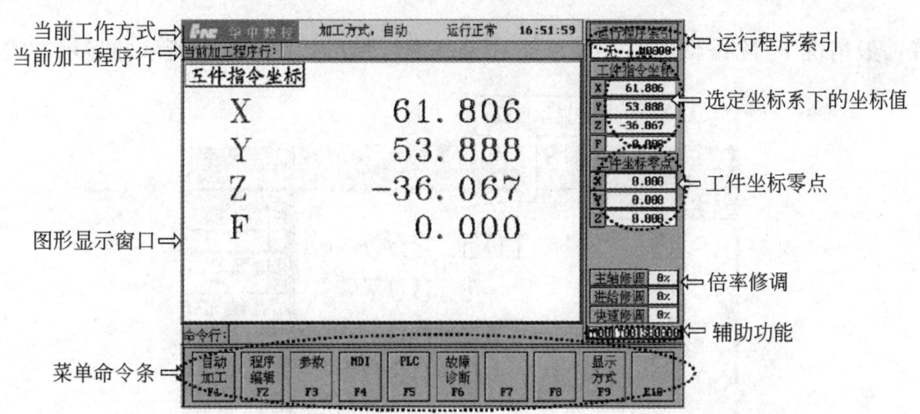

图 13-21　HNC-21M 的软件操作界面

（6）倍率修调：

① 主轴修调：当前主轴修调倍率；

② 进给修调：当前进给修调倍率；

③ 快速修调：当前快进修调倍率。

（7）辅助功能：自动加工中的 M、S 、T 代码。

（8）当前加工程序行：当前正在或将要加工的程序段。

（9）当前工作方式、系统运行状态及系统时钟。

① 工作方式：系统工作方式根据机床控制面板上相应按键的状态可在自动（运行）、单段（运行）、手动（运行）、增量（运行）、回零、急停、复位等之间切换；

② 运行状态：系统工作状态在“运行正常”和“出错”间切换；

③ 系统时钟：当前系统时间。

操作界面中最重要的一块是菜单命令条。系统功能的操作主要通过菜单命令条中的功能键 F1～F10 来完成。由于每个功能包括不同的操作，菜单采用层次结构，即在主菜单下选择一个菜单项后，数控装置会显示该功能下的子菜单，用户可根据该子菜单的内容选择所需的操作，如图 13-22 所示。

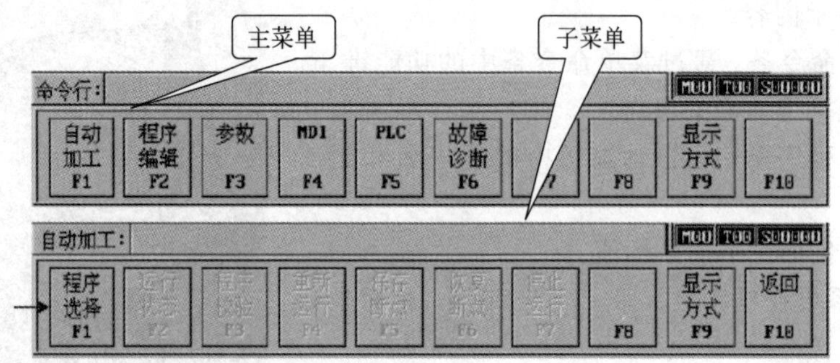

图 13-22　菜单层次

当要返回主菜单时，按主菜单下的 F10 键即可。

2. 显示

在一般情况下(除编辑功能子菜单外)按 F9 键将弹出如图 13-23 所示的显示方式菜单。

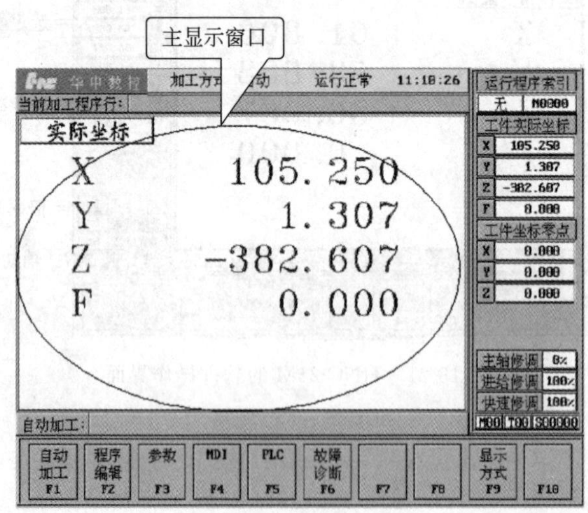

图 13-23　主显示窗口

在显示方式菜单下，可以选择显示模式、显示值、显示坐标系、图形显示参数、相对指零点。

1) 主显示窗口

HNC-21M 的主显示窗口如图 13-23 所示：

2) 显示模式

HNC-21M 的主显示窗口共有 8 种显示模式可供选择：

(1) 正文：当前加工的 G 代码程序；

(2) 大字符：由“显示值”菜单所选显示值的大字符；

(3) 三维图形：当前刀具轨迹的三维图形；

(4) *XY* 平面图形：刀具轨迹在 *XY* 平面上的投影(主视图)；

(5) *YZ* 平面图形：刀具轨迹在 *YZ* 平面上的投影(正视图)；

(6) *ZX* 平面图形：刀具轨迹在 *ZX* 平面上的投影(侧视图)；

(7) 图形联合显示：刀具轨迹的所有三视图及正则视图。

(8) 坐标值联合显示：指令坐标、实际坐标 、剩余进给。

3) 运行状态显示

在自动运行过程中，可以查看刀具的有关参数或程序运行中变量的状态，操作步骤如下：

(1) 在自动加工子菜单下按 F2 键，弹出如图 13-24 所示“运行状态”菜单；

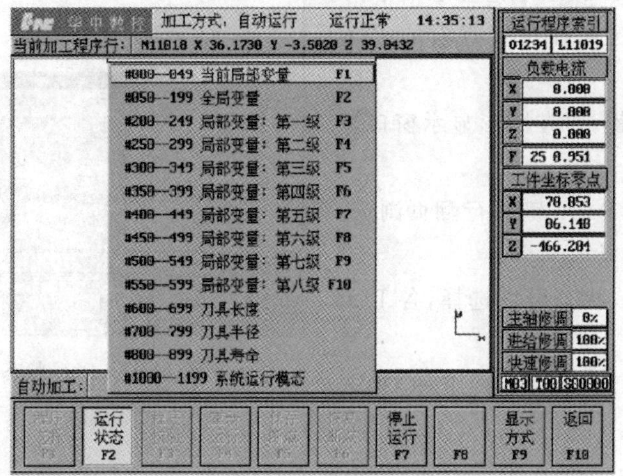

图 13-24　运行状态

(2) 用▲、▼，选中其中某一选项，如“系统运行模态”；

(3) 按 Enter 键，弹出如图 13-25 所示窗口；

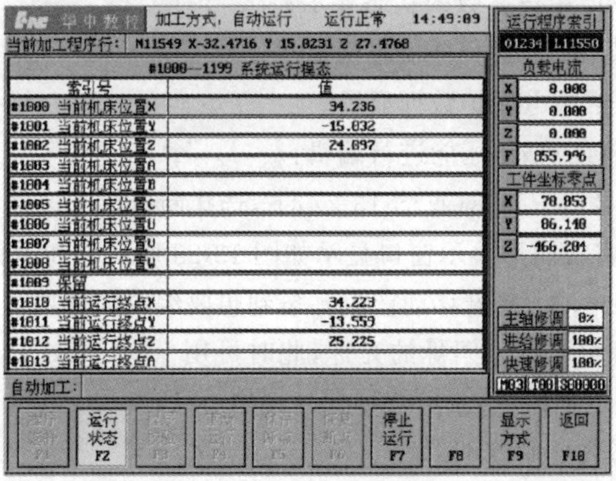

图 13-25　系统运行模态

(4) 用▲、▼,PgUp,PgDn 可以查看每一子项的值;

(5) 按 Esc 键则取消查看。

4) PLC 状态显示

在图 13-21 所示的主操作界面下,按 F5 键进入 PLC 功能,命令行与菜单条的显示如图 13-26 所示。

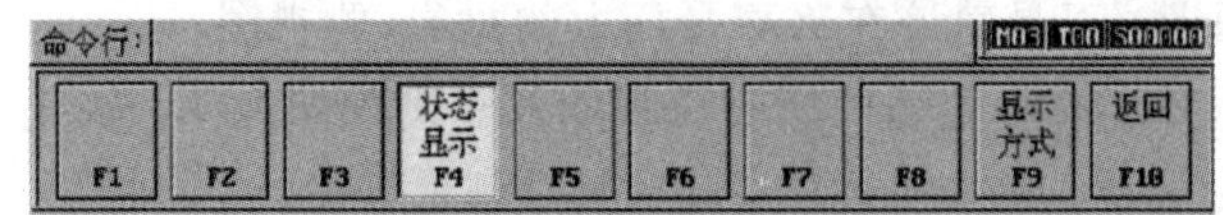

图 13-26　PLC 功能子菜单

在 PLC 功能子菜单下,可以动态显示 PLC(PMC)状态,操作步骤如下:

(1) 在 PLC 功能子菜单下,按 F4 键,弹出如图 13-27 所示 PLC 状态显示菜单;

(2) 用▲,▼键选择所要查看的 PLC 状态类型;

(3) 按 Enter 键,将在图形显示窗口显示相应 PLC 状态;

(4) 按 PgUp,PgDn 键进行翻页浏览,按 Esc 键退出状态显示。

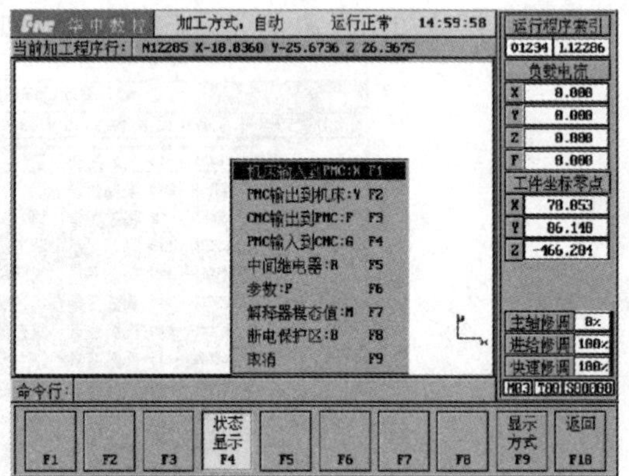

图 13-27　PLC 状态显示菜单

共有 8 种 PLC 状态可供选择,各 PLC 状态的意义如下:

(1) 机床输入到 PMC(X):PMC 输入状态显示;

(2) PMC 输出到机床(Y):PMC 输出状态显示;

(3) CNC 输出到 PMC(F):CNC→PMC 状态显示;

(4) PMC 输入到 CNC(G):PMC→CNC 状态显示;

(5) 中间继电器(R):中间继电器状态显示;

(6) 参数(P):PMC 用户参数的状态显示;

(7) 解释器模态值(M):解释器模态值显示;

(8) 断电保护区 B:断电保护数据显示。

断电保护区除了能显示外,还能进行编辑:

(1) 在 PLC 状态显示子菜单(见图 13-27)下,选择断电保护区选项;

(2) 按 Enter 键,将在图形显示窗口显示如图 13-28 所示的断电保护区状态;

(3) 按 PgUp,PgDn,▲,▼键移动蓝色亮条到想要编辑的选项上;

(4) 按 Enter 键即可看见一闪烁的光标,此时可用 * 、1,BS,Delete 键移动光标对此项进行编辑,按 Esc 键将取消编辑,当前选项保持原值不变;

(5) 按 Enter 键将确认修改的值;

(6) 按 Esc 键退出断电保护区编辑状态。

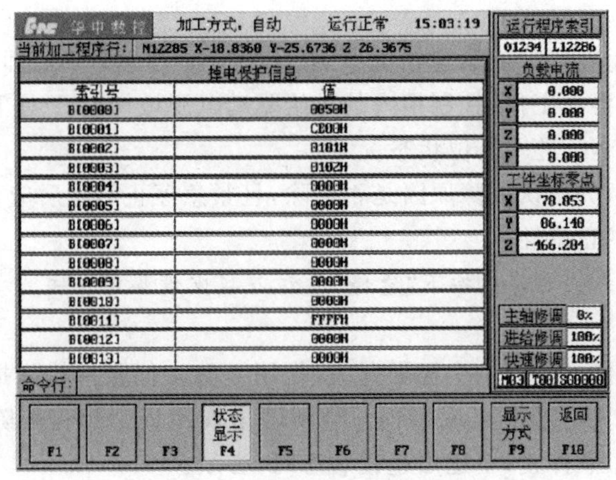

图 13-28　断电保护区

3. 机床、数控装置的上电、关机、急停、复位回参考点、超程解除等操作

1）上电

（1）检查机床状态是否正常；

（2）检查电源电压是否符合要求，接线是否正确；

（3）按下“急停”按钮；

（4）机床上电；

（5）数控上电；

（6）检查风扇电机运转是否正常；

（7）检查面板上的指示灯是否正常。

接通数控装置电源后，HNC-21M 自动运行系统软件。此时液晶显示器显示系统上电屏幕（软件操作界面），加工方式为“急停”。

2）复位

系统上电进入软件操作界面时，系统的工作方式为“急停”，为控制系统运行，需左旋并拔起操作台右上角的“急停”按钮使系统复位，并接通伺服电源。系统默认进入“回参考点”方式，软件操作界面的工作方式变为“回零”。

3）返回机床参考点

控制机床运动的前提是建立机床坐标系，为此，系统接通电源、复位后首先应进行机床各轴回参考点操作。方法如下：

（1）如果系统显示的当前工作方式不是回零方式，按一下控制面板上面的“回零”按键，确保系统处于“回零”方式。

（2）根据 X 轴机床参数“回参考点方向”按一下“＋X”（“回参考点方向”为“＋”）或“－X”（“回参考点方向”为“－”）按键，X 轴回到参考点后，“＋X”或“－X”按键内的指示灯亮。

（3）用同样的方法使用“＋Y”“－Y”“＋Z”“－Z”“＋4TH”“－4TH”按键可以使 Y 轴、Z 轴、4TH 轴回参考点。所有轴回参考点后，即建立了机床坐标系。

4）急停

机床运行过程中，在危险或紧急情况下，按下“急停”按钮，CNC即进入急停状态，伺服进给及主轴运转立即停止工作(控制柜内的进给驱动电源被切断)；松开“急停”按钮（左旋此按钮，自动跳起），CNC进入复位状态。

解除紧急停止前，先确认故障原因是否排除，且紧急停止解除后应重新执行回参考点操作，以确保坐标位置的正确性。

注意：*在上电和关机之前应按下“急停”按钮以减少设备电冲击。*

5）超程解除

在伺服轴行程的两端各有一个极限开关，作用是防止伺服机构碰撞而损坏。每当伺服机构碰到行程极限开关时就会出现超程。当某轴出现超程(“超程解除”按键内指示灯亮)时，系统视其状况为紧急停止，要退出超程状态时，必须：

(1) 松开“急停”按钮，置工作方式为“手动”或“手摇”方式；

(2) 一直按压着“超程解除”按键(控制器会暂时忽略超程的紧急情况)；

(3) 在手动(手摇)方式下，使该轴向相反方向退出超程状态；

(4) 松开“超程解除”按键。

若显示屏上运行状态栏“运行正常”取代了“出错”表示恢复正常，可以继续操作。

注意：*在操作机床退出超程状态时请务必注意移动方向及移动速率，以免发生撞机。*

6）关机

(1) 按下控制面板上的“急停”按钮，断开伺服电源；

(2) 断开数控电源；

(3) 断开机床电源。

4. 机床手动操作

机床手动操作主要由手持单元(图13-20)和机床控制面板共同完成，机床控制面板如图13-29所示。

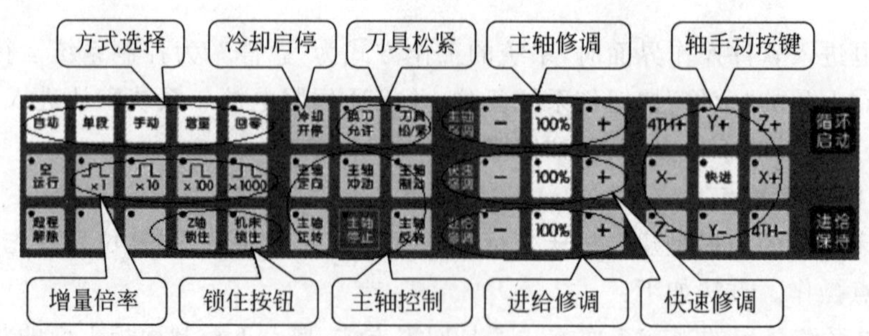

图13-29 机床控制面板

1）坐标轴移动

手动移动机床坐标轴的操作由手持单元和机床控制面板上的方式选择、轴手动、增量倍率、进给修调、快速修调等按键共同完成。

(1) 点动进给

按一下“手动”按键(指示灯亮)，系统处于点动运行方式，可点动移动机床坐标轴(下面

以点动移动 X 轴为例说明)：

① 按压“＋X”或“－X”按键(指示灯亮)，X 轴将产生正向或负向连续移动；

② 松开“＋X”或“－X”按键(指示灯灭)，X 轴方向的移动即减速停止。

用同样的操作方法使用“＋Y”“－Y”“＋Z”“－Z”“＋4TH”“－4TH”按键，可以使 Y 轴、Z 轴、4TH 轴产生正向或负向连续移动。同时按压多个方向的轴手动按键，每次能手动连续移动多个坐标轴。

(2) 点动快速移动

在点动进给时，若同时按压“快进”按键，则产生相应轴的正向或负向快速运动。

(3) 点动进给速度选择

在点动进给时，进给速率为系统参数“最高快移速度”的 1/3 乘以进给修调选择的进给倍率。

点动快速移动的速率为系统参数“最高快移速度”乘以快速修调选择的快移倍率。

按压进给修调或快速修调右侧的“100％”按键(指示灯亮)，进给或快速修调倍率被置为 100％，按一下“＋”按键，修调倍率递增 5％，按一下“－”按键，修调倍率递减 5％。

(4) 增量进给

当手持单元的坐标轴选择波段开关置于“Off”挡时，按一下控制面板上的“增量”按键(指示灯亮)，系统处于增量进给方式，可增量移动机床坐标轴(下面以增量进给 X 轴为例说明)：

① 按一下“＋X”或“－X”按键(指示灯亮)，X 轴将向正向或负向移动一个增量值；

② 再按一下“＋X”或“－X”按键，X 轴将向正向或负向继续移动一个增量值。

用同样的操作方法使用“＋Y”“－Y”“＋Z”“－Z”“＋4TH”“－4TH”按键，可以使 Y 轴、Z 轴、4TH 轴向正向或负向移动一个增量值。

同时按一下多个方向的轴手动按键，每次能增量进给多个坐标轴。

(5) 增量值选择

增量进给的增量值由“×1”“×10”“×100”“×1000”四个增量倍率按键控制。增量倍率按键和增量值的对应关系如表 13-4 所示。

表 13-4 增量倍率按键和增量值的对应关系

增量倍率按键	×1	×10	×100	×1000
增量值/mm	0.001	0.01	0.1	1

注意：这几个按键互锁，即按一下其中一个(指示灯亮)，其余几个会失效(指示灯灭)。

(6) 手摇进给

当手持单元的坐标轴选择波段开关置于“X”“Y”“Z”“4TH”挡时，按一下控制面板上的“增量”按键(指示灯亮)，系统处于手摇进给方式，可手摇进给机床坐标轴(以 X 轴为例)：

① 手持单元的坐标轴选择波段开关置于“X”挡；

② 旋转手摇脉冲发生器，可控制 X 轴正、负向运动；

③ 顺时针/逆时针旋转手摇脉冲发生器一格，X 轴将向正向或负向移动一个增量值。用同样的操作方法使用手持单元，可以使 Y 轴、Z 轴、4TH 轴向正向或负向移动一个增量值。

手摇进给方式每次只能增量进给 1 个坐标轴。

(7) 手摇倍率选择

手摇进给的增量值(手摇脉冲发生器每转一格的移动量)由手持单元的增量倍率波段开关“×1”“×10”“×100”控制。

增量倍率波段开关的位置和增量值的对应关系如表 13-5 所示。

表 13-5 增量倍率波段开关的位置和增量值的对应关系

位置	×1	×10	×100
增量值/mm	0.001	0.01	0.1

2) 主轴控制

主轴控制由机床控制面板上的主轴控制按键完成。

(1) 主轴制动

在手动方式下,主轴处于停止状态时,按一下“主轴制动”按键(指示灯亮),主电机被锁定在当前位置。

(2) 主轴正反转及停止

在手动方式下,当“主轴制动”无效时(指示灯灭):

① 按一下“主轴正转”按键(指示灯亮),主电机以机床参数设定的转速正转;

② 按一下“主轴反转”按键(指示灯亮),主电机以机床参数设定的转速反转;

③ 按一下“主轴停止”按键(指示灯亮),主电机停止运转。

(3) 主轴冲动

在手动方式下,当“主轴制动”无效时(指示灯灭),按一下“主轴冲动”按键(指示灯亮),主电机以机床参数设定的转速和时间转动一定的角度。

(4) 主轴定向

如果机床上有换刀机构,通常就需要主轴定向功能,这是因为换刀时,主轴上的刀具必须定位完成,否则会损坏刀具或刀爪。

在手动方式下,当“主轴制动” 无效时(指示灯灭),按一下“主轴定向”按键,主轴立即执行主轴定向功能,定向完成后,按键内指示灯亮,主轴准确停止在某一固定位置。

(5) 主轴速度修调

主轴正转及反转的速度可通过主轴修调调节:按压主轴修调右侧的“100%”按键(指示灯亮),主轴修调倍率被置为 100%;按一下“+”按键,主轴修调倍率递增 5%,按一下“−”按键,主轴修调倍率递减 5%。

机械齿轮换挡时,主轴速度不能修调。

3) 机床锁住与 Z 轴锁住

机床锁住与 Z 轴锁住由机床控制面板上的“机床锁住”与“Z 轴锁住”按键完成。

(1) 机床锁住:禁止机床所有运动。在手动运行方式下,按一下“机床锁住”按键(指示灯亮),再进行手动操作,系统继续执行,显示屏上的坐标轴位置信息变化,但不输出伺服轴的移动指令,所以机床停止不动。

(2) Z 轴锁住:禁止进刀。在手动运行开始前,按一下“Z 轴锁住”按键(指示灯亮),再手动移动,Z 轴坐标位置信息变化,但 Z 轴不运动。

5. 其他手动操作

1）刀具夹紧与松开

在手动方式下，通过按压“允许换刀”按键，使得允许刀具松/紧操作有效（指示灯亮）。按一下“刀具松/紧”按键，松开刀具（默认值为夹紧），再按一下又为夹紧刀具，如此循环。

2）冷却启动与停止

在手动方式下，按一下“冷却开/停”冷却液开（默认值为冷却液关），再按一下又为冷却液关，如此循环。

13.6.2　北京发那科 BEIJING-FANUC Oi-TC 系统介绍

1. 显示单元

BEIJING-FANUC Oi-TC 系统的显示单元，如图 13-30 所示。

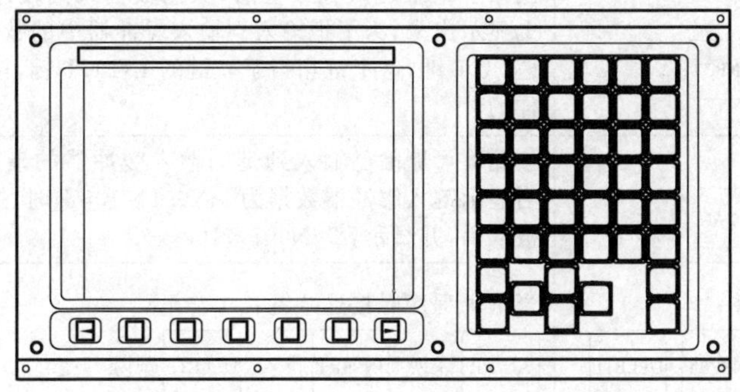

图 13-30　显示单元

2. 键盘说明

MDI 键的位置如图 13-31 所示，图中各键盘的说明如表 13-6 所示。

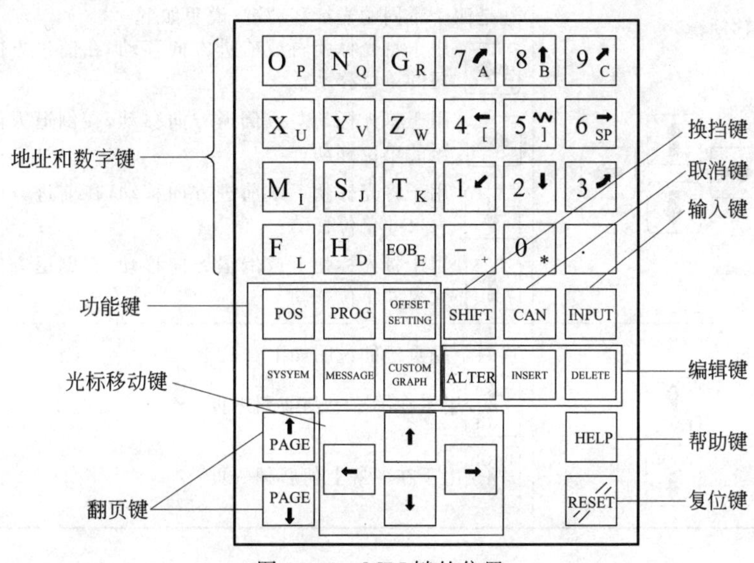

图 13-31　MDI 键的位置

表 13-6 键盘说明

序号	名　称	说　明
1	复位键 RESET	按此键可使 CNC 复位，用以消除报警等
2	帮助键 HELP	按此键用来显示如何操作机床，如 MDI 键的操作，可在 CNC 发生报警时提供报警的详细信息(帮助功能)
3	地址和数字键 N Q　4 ← […	按这些键可输入字母，数字以及其他字符
4	换挡键 SHIFT	在有些键的顶部有两个字符，按 Shift 键来选择字符。当一个特殊字符 Ê 在屏幕上显示时，表示键面右下角的字符可以输入
5	输入键 INPUT	当按了地址键或数字键后，数据被输入到缓冲器，并在 CRT 屏幕上显示出来，为了把输入到输入缓冲器中的数据复制到寄存器，按 INPUT 键，这个键相当于软键的 INPUT 键，按此二键的结果是一样的
6	取消键 CAN	按此键可删除已输入到键的输入缓冲器的最后一个字符或符号。当显示键入缓冲器数据为＞N001×100Z_时，按 CAN 键，则字符 Z 被取消，并显示：＞N001×100
7	程序编辑键 ALTER　INSERT　DELETE	当编辑程序时按这些键： ALTER 替换，INSERT 插入，DELETE 删除
8	功能键 POS　PROG …	按这些键用于切换各种功能显示画面
9	光标移动键 ← ↑ ↓ →	这是四个不同的光标移动键，说明如下 → 用于将光标朝右或前进方向移动，在前进方向光标按一段短的单位移动； ← 用于将光标朝左或倒退方向移动，在倒退方向光标按一段短的单位移动； ↓ 用于将光标朝下或前进方向移动，在前进方向光标按一段大尺寸单位移动； ↑ 用于将光标朝上或倒退方向移动，在倒退方向光标按一段大尺寸单位移动
10	翻页键 ↑ PAGE　PAGE ↓	这两个翻页键的说明如下： ↑ PAGE 用于在屏幕上朝前翻一页； PAGE ↓ 用于在屏幕上朝后翻一页

3. **功能键和软键**

功能键用于选择显示的屏幕(功能)类型。按了功能键之后,一按软键(节选择软键),与已选功能相对应的屏幕(节)就被选中。

1) 画面的一般操作(见图 13-32)。

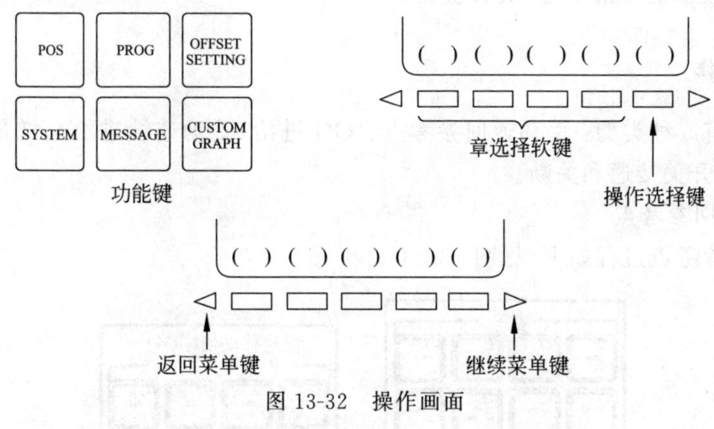

图 13-32 操作画面

(1) 在 MDI 面板上按功能键,属于选择功能的章选择软键出现。

(2) 按其中一个章选择软键,与所选的章相对应的画面出现。如果目标章的软键未显示,则按继续菜单键(下一个菜单键)。

(3) 当目标章画面显示时,按操作选择键显示被处理的数据。

(4) 为了重新显示章选择软键,按返回菜单键。

2) 功能键

功能键提供了选择要显示的画面类型。下述功能键在 MDI 面板上:

[POS] 按此键显示位置画面;

[PROG] 按此键显示程序画面;

[OFFSET SETTING] 按此键显示刀偏/设定(SETTING)画面;

[SYSTEM] 按此键显示系统画面;

[MESSAGE] 按此键显示信息画面;

[CUSTOM GRAPH] 按此键显示用户宏画面或图形显示画面。

3) 软键

为了显示更详细的画面,在按了功能键之后紧接着按软键。软键在实际操作中也很有用。下面说明按了各个功能键后软键显示是如何改变的。

[ ] 表示画面;

表示按功能键可显示的画面（＊1）；

[ ]表示软键（＊2）；

( )表示从 MDI 面板输入；

[_]表示用绿色（或高亮度）显示的软键；

▷ 表示继续菜单键(最右软键)（＊3）。

4. **手动操作**

手动操作有 5 种类型：手动返回参考点、JOG 进给（手动连续进给）、增量进给、手轮进给、手动绝对值开关接通和关断。

1）手动返回参考点

刀具返回参考点过程如下（见图 13-33）。

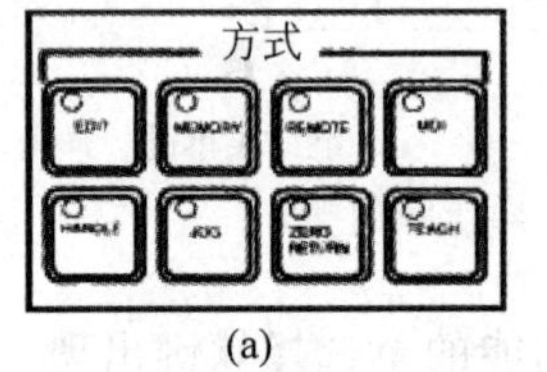

(a)

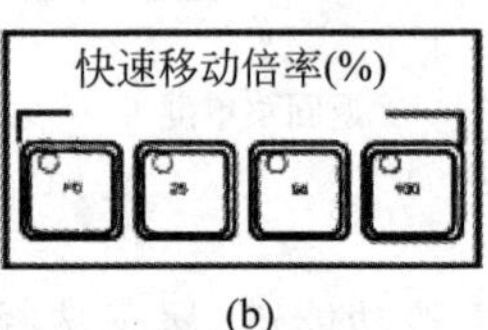

(b)

图 13-33 面板示意图

(a) 方式选择；(b) 移动倍率选择

刀具按参数 ZMI（1006 号第 5 位）规定的方向移动，返回参考点用的各轴开关在机床操作面板上。刀具按快速移动速度移动到减速点上，然后按 FL 速度移动到参考点。快速移动速度和 FL 速度由参数（1420 号、1421 号和 1425 号）设定。

在快速移动时四挡快速移动倍率有效。

当刀具返回到参考点后，返回参考点完成 LED 灯点亮。通常刀具是沿着一个轴移动的，但当设定了参数 JAX（1002 号第 0 位）时，也可同时沿三轴运动。

手动返回参考点步骤：

(1) 按返回参考点开关，它是方式选择开关之一。

(2) 为了减小速度，按一个快速移动倍率开关。

(3) 按与返回参考点相应的进给轴和方向选择开关。按住开关直至刀具返回到参考点。在适当参数中进行设定之后，刀具也可同时三轴联动。刀具以快速移动速度移动到减速点，然后按参数中设定的 FL 速度移动到参考点。

当刀具返回到参考点后，返回参考点完成灯（LED）点亮。

(4) 对其他轴也执行同样的操作。

2) JOG 进给（手动连续进给）

在 JOG 方式，按机床操作 ICI 板上的进给轴和方向选择开关，机床沿选定轴的选定方向移动。手动连续进给速度由参数（1423 号）设定。手动连续进给速度可用手动连续进给速度倍率刻度盘调节。按快速移动开关，以快速移动速度（1424 号参数）移动机床，而不顾 JOG 进给速度倍率刻度盘的位置。此功能称为手动快速移动（见图 13-34）。

手动操作通常一次移动一个轴。根据参数 JAX(1002 号第 0 位)也可选择同时一三轴运动。

JOG 进给步骤:

(1) 按手动连续开关,它是方式选择开关的一种。

(2) 按进给轴和方向选择开关,机床沿相应轴的相应方向移动。在开关被按期间,机床按参数(1423 号)设定的进给速度移动。开关一释放,机床就停止。

(3) 手动连续进给速度可由手动连续进给速度倍率刻度盘调整。

(4) 若在按进给轴和方向选择开关期间按了快速移动开关,则在快速移动开关被按期间,机床按快速移动速度运动。在快速移动期间,快速移动倍率有效。

3) 增量进给

在增量(INC)方式,按机床操作面板上的进给轴和方向选择开关,机床在选择的轴向上移动一步。机床移动的最小距离是最小输入增量。每一步可以是最小输入增量的 10 倍、100 倍或 1000 倍(见图 13-35)。当没有手摇脉冲发生器时,此方式有效。

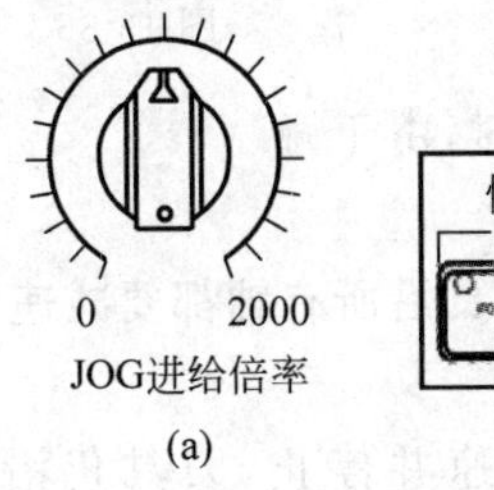

(a)

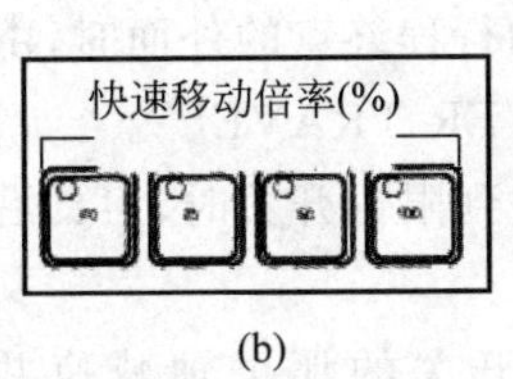

(b)

图 13-34 快速移动倍率调节

(a) JOG 进给倍率选择;(b) 移动倍率选择

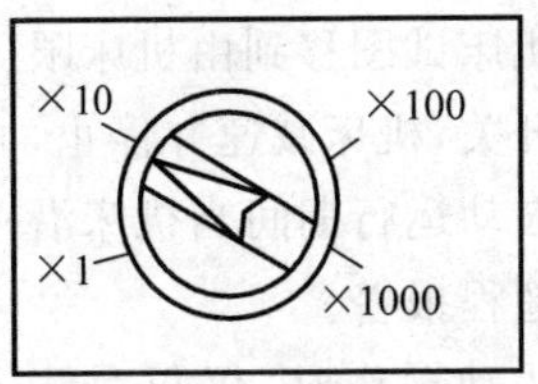

图 13-35 增量进给旋钮

增量进给步骤:

(1) 按 INC 开关,它是方式选择开关的一种。

(2) 用倍率波段开关选择每步移动的距离。

(3) 按进给轴和方向选择开关,机床沿选择的轴向移动。每按一次开关,就移动一步。其进给速度与手动连续进给速度一样。

(4) 在按进给轴和方向选择开关期间按快速移动开关,机床将按快速移动速度移动。在快速移动时,快速移动倍率有效。

4) 手轮进给

在手轮方式,机床可通过旋转机床操作面板上的手摇脉冲发生器而连续不断地移动。用开关选择移动轴。

当手摇脉冲发生器旋转一个刻度时,刀具移动的最小距离等于最小输入增量。手摇脉冲发生器转一个刻度时,刀具移动距离可被放大 10 倍或由参数(7113 号和 7114 号)确定的两种放大倍率的一种。

手轮进给步骤:

(1) 按 HANDEL 开关,它是方式选择开关之一。

(2) 按手轮进给轴选择开关,选择一个机床要移动的轴。

(3) 按手轮进给倍率开关,选择机床移动的倍率。当手摇脉冲发生器转过一个刻度时,机床移动的最小距离等于最小输入增量。

(4) 旋转手轮机床沿选择轴移动。旋转手轮 360°,机床移动距离相当于 100 个刻度的距离。

5) 手动绝对值通和断

由手动操作使刀具移动的距离是否叠加到选择的坐标系上,取决于机床操作面板上的手动绝对值开关是接通还是断开。当开关接通时,由手动操作使刀具移动的距离叠加到坐标系上。当开关关断时,由手动操作使刀具移动的距离不加到坐标系上。

5. 安全按钮

1) 急停

如果按了机床操作面板上的急停按钮,机床立即停止运动(见图 13-36)。

图 13-36 机床急停按钮

该按钮被按下时,它是自锁的。虽然它是随机床制造而异的,但通常是旋转按钮即可释放。

2) 超程

当机床试图移到由机床限位开关设定的行程终点的外面时,由于碰到限位开关,机床减速并停止,而且显示"OVER TRAVEL"。

在自动运行期间当机床沿一个轴运动碰到限位开关时,刀具沿所有轴都要减速和停止,并显示超程报警。

在手动操作时,仅仅是刀具碰到限位开关的那个轴减速并停止,刀具仍沿其他轴移动。

在用手动操作使刀具朝安全方向移动之后,按复位按钮解除报警。

3) 存储型行程限位检查

用存储型行程限位检查 1、存储型行程限位检查 2 以及存储型行程限位检查 3 规定的区域,刀具不能进入。

当刀具超过了存储型行程限位,显示报警而且刀具减速并停止。

当刀具进入禁区并产生报警时,刀具可以朝着进入时的相反方向移动。

6. 设定和显示数据

1) 用功能键 POS 显示的画面

按 POS 功能键显示当前刀具位置。

下述三种画面用于显示当前刀具位置:

(1) 工作坐标系的位置显示画面;

(2) 相对坐标系的位置显示画面;

(3) 综合位置显示画面。

上述画面上也显示进给速度、运行时间以及零件数。

功能键 POS 也可用于显示伺服电机和主轴电机的负载以及主轴电机的旋转速度(运行监视画面)。功能键 POS 也可用于显示由手轮中断引起的移动距离。

2) 用功能键 POS 显示的画面(在 MEMORY 方式或 MDI 方式下)

(1) 程序内容显示画面;

(2) 当前程序段显示画面;

(3) 下一程序段显示画面;

(4) 程序检查画面;

(5) MDI 操作用的程序画面。

在 MEMORY 方式也可以按功能键 POS 以显示程序再启动画面和计划调度画面。

3) 用功能键[POS]显示的画面(在 EDIT 方式下)

在 EDIT 方式下按下功能键 POS 可以显示程序编辑画面和程序显示画面(显示所使用的内存和程序清单),在 EDIT 方式下按下功能键 POS 也可显示图形会话编程画面和软盘文件目录画面。

4) 用功能键[OFFSET SETING]显示的画面

按下功能键可以显示或设定刀具补偿值和其他数据。可以显示或设定以下数据:

(1) 刀具偏移值;

(2) 设定;

(3) 运行时间和零件数;

(4) 工件原点偏移值或工件坐标系偏移值;

(5) 用户宏程序公用变量;

(6) 软操作面板;

(7) 刀具寿命管理数据。

5) 用功能键[SYSTEM]显示的画面

当 CNC 与机床连接起来时,必须设定参数以定义机床的功能和规格,以便充分利用伺服电机或其他部件的特性。可以在 MDI 面板上设定参数,也可使用外部输入/输出设备设定参数。用该功能键下的操作可以设定或显示提高丝杠定位精度的误差补偿数据。按下该功能键可以显示诊断画面。

6) 用功能键[MESSAGE]显示的画面

按下 MESSAGE 功能键,可以显示报警、报警履历和外部信息等数据。

7) 清屏

当不需要屏幕显示时,可关闭显示单元,以延长其寿命。按指定键可以清屏,也可用参数设定时间,在此期间内若不按任何键,屏幕自动清除。但是若频繁地进行清屏与显示,反而会使显示器的寿命降低,当清屏超过一小时就会出现这一现象。

7. 发那科数控铣床开机操作(见图 13-37 和图 13-38)

(1) 在机床侧顺时针打开电源开关 ON,如图 13-37 所示。

(2) 按下机床控制面板 POWER 绿色键。进入系统,等待半分钟左右。

(3) 红灯闪烁,打开急停开关(按照箭头方向旋转)。

(4) 回参考点,模式选择 MODE 在 ZRN 挡,按“Z+”“Y+”“X+”按钮,机床自动回到坐标原点。

(5) 手动把刀具移动到工作台中间位置,模式选择 MODE 在 JOG 挡,按“X−”按钮使机床移动到中间位置后停下,然后再移动其他两轴。

按以上步骤开机完成,进行程序编辑和加工。

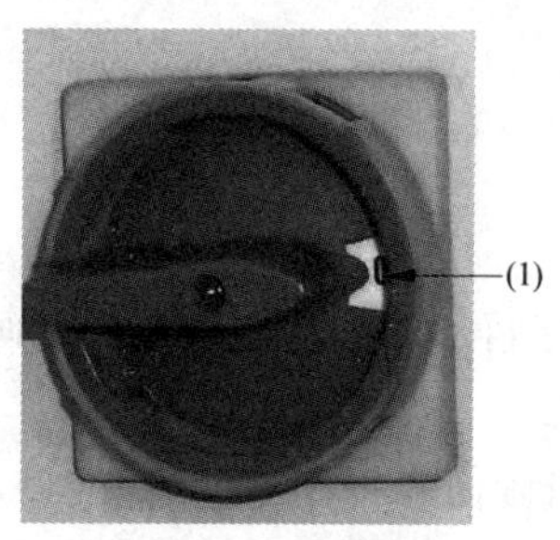

图 13-37 电源开关(序号与正文对应)

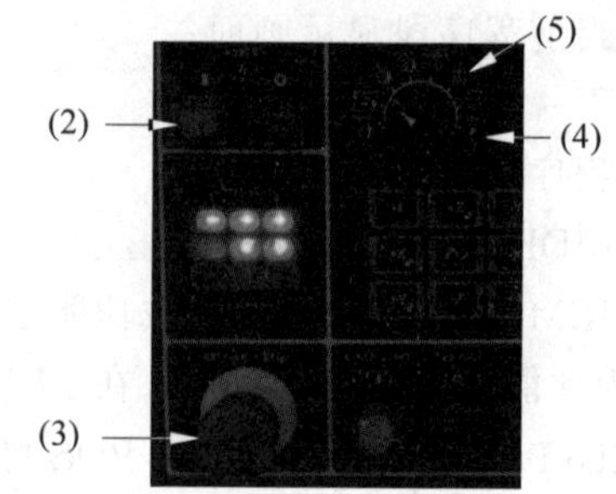

图 13-38 操作按钮及表盘(序号与正文对应)

8. 发那科数控铣床关机操作

(1) 刀具在工作台中间位置;
(2) 按下急停开关;
(3) 按下机床控制面板 POWER 红色键;
(4) 在机床侧逆时针关闭电源开关 OFF。

9. 发那科数控铣床程序输入及运行

通过控制面板手工输入 NC 程序:
(1) 置模式开关在 EDIT;
(2) 按 PROG 键,进入程序页面;
(3) 按 O1234 键输入"O1234"程序编名(输入程序名,但不可以与已有程序名重复);
(4) 按 INSERT 键,开始程序输入;
(5) 输入程序,每次可以输入一行代码;
(6) 按 EOBINSERT 键,结束一行的输入后换行。再继续输入。

10. 通过 TF 卡程序传输步骤

用 MasterCam 软件编写数控程序,把后缀 nc 的文件复制到 TF 卡中,err 文件删除。机床处于 JOG 模式,把 TF 卡插入机床卡套(注意方向)。

模式转换到 EDIT,按 PROG 键切换到程序画面,按屏幕下方向右的箭头▶,按"卡",显示卡中储存的程序,按"操作""F 读取",输入文件号(序号),按"F 设定",输入程序号(文件名),按"O 设定",按"执行",屏幕有"输入"闪烁,输入结束后按 PROG 键查看程序,转换到 JOG 模式,取出 TF 卡。

11. NC 程序的空运行检查步骤

检查程序没有计算和输入错误:
(1) 置模式开关在 EDIT,在 PROG 画面把光标移动到程序开始位置;
(2) 置模式开关在 MEMORY,切换画面到 CSTM/GR 图形;
(3) 按下循环启动 CYCLE START,机床自动运行,注意观察如有程序错误立即停止运行;
(4) 程序运行结束自动停机,按 RESET 键复位。

12. NC 程序的自动运行步骤

先装夹工件在虎钳左边对齐，然后进行以下操作：

(1) 置模式开关在 EDIT，在 PROG 画面把光标移动到程序开始位置；

(2) 置模式开关在 MEMORY，按下循环启动 CYCLE START，机床自动运行，注意观察，如有程序错误立即停止运行；

(3) 程序运行结束自动停机，按 RESET 复位。

13.7　数控加工中心介绍

13.7.1　加工中心的概念

加工中心(machining center)，是具有自动回转刀具库的多功能数控机床，在工件一次装夹后可自动转位、自动换刀、自动调整主轴转速和进给量、自动完成多工序的数控加工机床。

加工中心是由机械设备与数控系统组成的，适用于加工复杂形状工件的高效率自动化机床。当工件装夹后，数控系统能控制机床按不同工序自动选择、更换刀具、自动对刀、自动改变主轴转速、进给量等，可连续完成钻、镗、铣、铰、攻螺纹等多种工序，因而大大减少了工件装夹时间、测量和机床调整等辅助工序时间，对加工形状比较复杂、精度要求较高、品种更换频繁的零件具有良好的经济效果。

在加工中心上使用的刀库主要有两种：一种是盘式刀库，另一种是链式刀库。盘式刀库装刀容量相对较小，一般有 1～24 把刀具，主要适用于小型加工中心；链式刀库装刀容量大，一般有 1～100 把刀具，主要适用于大中型加工中心。

加工中心的换刀方式一般有两种：机械手换刀和主轴换刀。

(1) 机械手换刀：由刀库选刀，再由机械手完成换刀动作，这是加工中心普遍采用的形式。机床结构不同，机械手的形式及动作均不一样。

(2) 主轴换刀：通过刀库和主轴箱的配合动作来完成换刀，适用于刀库中刀具位置与主轴上刀具位置一致的情况。一般是把盘式刀库设置在主轴箱可以运动到的位置，或整个刀库能够移动到主轴箱可以到达的位置。换刀时，主轴运动到刀库上的换刀位置，由主轴直接取走或放回刀具。这种方式多用于采用 40 号以上刀柄的中小型加工中心。

加工中心用于实现多功能的自动化和多种加工，从而可大大简化工艺设计，减少零件运输量，提高设备的利用率和生产率，并可简化和改善生产管理。加工中心为实现 CAD(计算机辅助设计)和 CAM(计算机辅助制造)一体化提供了重要条件。

13.7.2　加工中心的分类

加工中心按其加工工序分为镗铣和车削两大类，按控制轴数可分为三轴、四轴和五轴加工中心。

1. 镗铣加工中心

具有刀库和自动换刀装置是加工中心与数控铣床的主要区别。加工中心是带有刀库和自动换刀装置的数控机床，它将数控铣床、数控镗床、数控钻床的功能组合在一起，功能强大。数控铣床没有刀库和自动换刀装置。镗铣类加工中心把铣削、镗削、钻削、加工内外螺纹等功能集中在一台设备上，使其具有多种工艺手段。它设置有刀库，刀库中存放着不同数量的各种刀具或检具，在加工过程中由程序自动选用和更换。

按主轴在空间所处的状态镗铣加工中心分为立式加工中心（主轴在空间处于垂直状态）、卧式加工中心（主轴在空间处于水平状态）、复合加工中心（主轴可作垂直和水平转换），如图 13-39 所示为镗铣加工中心。图 13-40 所示为镗铣加工中心加工的箱体零件。

图 13-39 镗铣加工中心

镗铣加工中心的特点：

(1) 能在一次装夹中完成铣、镗、钻、扩、铰、加工螺纹等多种工序的加工；

(2) 有多种换刀和选刀的功能，其中生产率和自动化程度非常高；

(3) 对于一台镗铣加工中心来说，可以有 3～6 个运动坐标轴。

图 13-40 镗铣加工中心加工的箱体零件

2. 车削加工中心(turning center)

车削加工中心是配有刀库和自动换刀装置的数控车床，其运动坐标轴较多，功能比数控车床更强，是一种用于加工轴盘类回转零件的高精度和高效率自动化机床。

回转类零件上的一些特殊加工表面在一般的数控车床上无法加工，如轴向垂直孔、槽、偏心孔等，这类加工还需要在其他机床（如铁床、钻床等）进行，而回转体在这些机床上定位和夹紧比较困难，生产率降低，精度不容易保证，使工件的加工成本增加。因此，为满足轴盘类零件的加工需要，在数控车床的基础上又发展出类似于加工中心那样高自动化、高效率，同时又有高柔性的车床类设备——车削加工中心，如图 13-41 所示为车削加工中心及其加工的零件。

车削加工中心的特点：

(1) 车削加工中心用于加工零件的各种回转表面，可加工内外圆柱面、圆锥面、圆球面、回转曲面、各种螺纹等；

(2) 车削加工中心的加工工艺范围比数控车床更宽，它具有附加的 C 坐标轴，能够加工回转体上的横向孔、各方向的槽、偏心孔等。

(a)　(b)　(c)　(d)　(e)　(f)

图 13-41　车削加工中心及其加工的零件

思考练习题

1. 简述数控机床的主要组成部分。
2. 数控机床为什么要进行刀具补偿?
3. 选定工件编程原点时要考虑哪些原则?
4. 简要说明几种常用的 G 指令、M 指令的功能。
5. 数控加工程序编制有哪几个步骤?
6. 简述数控车床和铣床的主要功能以及它们的应用对象。
7. 简述三种数控系统的主要特点。
8. 简述数控加工中心的基本工作原理。

第14章

CHAPTER 14

数控雕刻加工

实训目的和要求

(1) 使学生了解精雕 CNC 雕刻机床加工原理、机床结构并能正确、规范、熟练地操作精雕 CNC 雕刻机；

(2) 掌握锥度平底刀的磨制，掌握 JD Paint 软件的绘图设计与编程功能，掌握运用精雕 CNC 雕刻机床进行简单零件、模具的加工方法。

安全操作规程

(1) 雕刻前及雕刻过程中必须检查并确认电机的冷却系统(水泵)和润滑系统(油泵)是否正常工作。

(2) 主轴旋转时严禁用手触摸，避免意外伤害。

(3) 装夹工件时，必须遵循“装实、装平、装正”的原则，严禁在悬空的材料上雕刻；为了防止材料的变形，材料的厚度要比雕刻的深度大 2mm 以上。

(4) 装卡刀具前须将卡头内杂物清理干净。

(5) 刀具装卡时，一定先将卡头旋进锁紧螺母内放正，一起装到电机轴上，再将刀具插进卡头，然后再用上刀扳手慢慢锁紧螺母，装卸刀具时，松紧螺母禁用推拉方式，要用旋转方式。

(6) 刀具露出卡头的长度须根据雕刻深度、工件与夹具是否干涉来共同决定，在满足以上条件下尽量取短。

(7) 加工前一定要正确的定义 X、Y、Z 轴的起刀点。更换刀具后，必须立即重新定义 Z 轴起刀点，X、Y 轴起刀点不能更改。

(8) 在开始加工(下刀)前，须把手放在红色紧急开关按钮处，一有意外情况立即按下。

(9) 学生在上机操纵中一定要勤于动手、动脑，使用各种雕刻耗材一定要留意节约，不得浪费。

(10) 加工完毕要关闭机床电源，核实工具、量具，打扫实训场地，认真填好“仪器、设备使用记录”，经指导教师同意后，方可离开实习场地。

14.1 概　述

由于计算机技术、信息技术、自动化技术的迅速发展，计算机数控雕刻机应运而生，为现代雕刻加工行业提供了很多便利。计算机数控雕刻机在许多行业中得到广泛应用，尤其在广告、家具木门加工、模具加工、石材雕刻、艺术玻璃雕刻等领域，极大地推动了这些行业的发展。

数控雕刻机秉承了传统雕刻精细轻巧、灵活自如的操作特点，同时利用了计算机数字自动化技术，并将二者有机地结合在一起，成为一种先进的雕刻技术。传统的手工雕刻质量主要取决于雕刻师的经验技巧，而且继承性很差，所以一直制约着雕刻行业的发展，数控雕刻机的出现则为人们解决了这一难题。

数控雕刻机是利用小刀具对工件进行雕刻加工，主要适合加工文字、图案、小型精密工艺品、精细浮雕等。其雕刻出来的产品尺寸精度高、一致性好，而且整个过程都是计算机自动执行任务，极大地减轻了工人的劳动强度。

14.2　数控雕刻设备

14.2.1　数控雕刻机的组成

数控雕刻机主要由雕刻机床、电控柜、控制计算机和雕刻控制软件 4 个基本部分组成，其结构如图 14-1 所示。

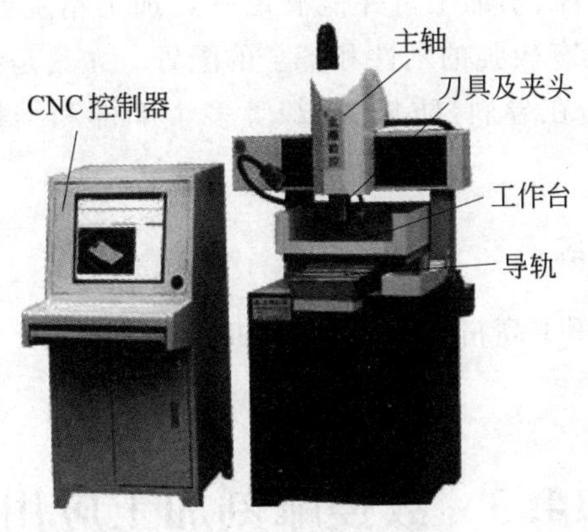

图 14-1　数控雕刻机的组成

14.2.2　数控雕刻机的分类

按加工机理分类，数控雕刻机可分为激光雕刻机和机械雕刻机。

激光雕刻机主要用于雕刻广告制版，可以用亚克力、胶皮、双色板等材料做成印刷制版、水晶字等；另外激光雕刻机还可以雕刻工艺品，可以在大理石、竹或双色板等材料上雕刻各种精致美丽的图案和文字，制作成工艺品。

机械雕刻机广泛用于加工木材、石材、亚克力、双色板等一些非金属的字体切割和雕刻，还有一些简单的金属模具制造等。

14.2.3　数控雕刻机的特点

从基本结构和工作原理而言，数控雕刻机是典型的计算机数控钻铣组合机床。由于其应用目标是“雕刻”，其机床结构，雕刻加工工艺及 CAD/CAM 软件的功能与面向传统工业制造行业的数控铣床都有着较大差异。“CNC 雕刻”是一项独特的新型数控加工技术。

1. 使用小刀具进行精细雕刻

CNC 雕刻对象的特点是图形复杂、细节丰富、造型奇特、成品精细，如果要实现这样的加工要求，则必须使用小尺寸的刀具作为基本加工刀具。在很多情况下，雕刻刀具的刀尖直径不足 0.5mm 甚至在 0.1mm 以下。使用小刀具进行精细雕刻是一个最基本的特征，CNC 雕刻系统的所有其他特点都围绕这个基本的特点和要求而产生。

2. 使用高速精密主轴电机

由于 CNC 雕刻使用小尺寸的刀具进行加工，因此加工中为保证刀具的切削线速度和切削能力，势必要提高刀具的旋转速度，使用具有高转速能力的主轴电机。除高速特性外，还要求主轴电机非常精密，以保持较高的旋转精度和较强的轴系刚性，减少振动和跳动，降低小刀具的断刀概率和提高加工精度。

3. 轻型精密的机床结构

CNC 雕刻适合于小工件、小加工量并能满足一定加工精度要求的轻型加工，所以雕刻机的整体结构较为精巧，具有较强的刚性和齐全的配置。尤其是精雕的模具机系列，为了适应在模具加工领域的应用，在导轨、防护、冷却等多个部件和结构上均进行了特殊设计和处理。

4. 高速平稳的控制系统

雕刻机的控制系统采用了高精度控制单元，机床运动高速平稳，分辨率高，保证工件的加工精度。

14.3 数控雕刻加工应用

14.3.1 模具雕刻

CNC 雕刻机在工业领域中应用最广的是模具业。在模具生产过程中 CNC 雕刻不是主要加工方式和生产手段，但其作用却非同一般。可谓是“画龙点睛”，这是由雕刻对象的“图案、文字和复杂的曲面”所决定的。当前 CNC 雕刻在模具雕刻领域主要应用在以下几个方面。

1. 紫铜和石墨电极加工

电火花成形机是当前模具行业中主要的生产设备。电极的需求量较大，但电极生产缺乏专业设备，CNC 雕刻可为电火花成形机做专业配套。可高效精细地加工棱角分明、形态别致的电火花成形电极。

2. 五金冲模和精细冲头加工

五金行业中冷冲压是一种主要的生产手段，冲压模具的加工是一个十分关键的环节，五金冲模主要以 Cr12 为加工材料，CNC 雕刻可加工的典型冲模有眼镜角丝、眼镜中梁、眼链托叶芯、纽扣、饰物、纪念币、餐具柄、拉链等。

3. 鞋材模具和鞋底模型加工

制鞋是世界性的大行业，鞋材和鞋底加工是制鞋业的主要生产环节。CNC 雕刻可构造和加工以艺术曲面为主要形态的鞋底模型（代木）、鞋材高周波（高频）模具以及斩皮模具。

4. 滴塑（微量射出）模具加工

滴塑模具是滴塑礼品的主要生产工具，这是典型的薄壁件产品，单件小批量，一致性和加工精度要求较高。CNC 雕刻尤其擅长 59 号铜材等脆性材料的曲面形态薄壁件加工。

5. 钟表零件加工和轻型 CNC 加工

这是轻型 CNC 设备的典型应用，专业设备的专业使用，生产效率高、投资成本低。CNC 雕刻可高效精细地进行表壳异形曲面铣、钻和雕花，CNC 雕刻还可精确快速地进行表壳、表链、表盘等镶钻位钻孔加 T，而这种类似的轻型加工应用还有许多，如装饰品雕刻、印章雕刻、产品刻字、模具刻字、烫金模板、印刷胶版等。

6. 压花（皮纹、花纹）辊轮和圆柱体工件雕刻

辊花是皮革、装饰纸张等产品的主要生产手段，CNC 雕刻在皮革压花辊轮（皮纹）、纸张（餐巾纸、包装纸、壁纸）压花辊轮、圆柱体工件雕刻的应用十分有特色。

7. 首板（手板、样板）模型加工

首板（模型样板）是手工机械雕刻的基本工具，CNC 雕刻可按照实物建模，实现二维到三维的构造，高效精细地加工模型样板。

14.3.2 广告雕刻

CNC 雕刻在广告行业中主要应用于沙盘模型、广告标牌和文字标志的制作，这些业务在雕刻工艺上相对简单，关键是在效果表现上，而且主要突出的效果是“精雕细刻和求新创异”。

（1）精雕细刻

“精雕细刻”是一个优质产品形态和内涵的表征。这一特征体现在沙盘模型部件、广告标志和文字图案雕刻加工方式上，如文字图案清晰精细、镂空字和图形边缘光滑、镂空图案内角 R 小、加工效率高。CNC 雕刻以其特有的小刀具加工方式，在生产效率和加工精度上可满足广告制作业的精雕细刻的要求。

(2) 求新创异

广告人多以“新”和“异”来表达自己所诉求的主题并吸引公众的注意。平面图形是一种使用很久的表达方式,人们已逐渐“熟视无睹”了。浮雕文字和艺术标志是广告人常用的表达方式,但目前只停留在“感观”上。随着CNC雕刻机的使用,CNC雕刻加工已将过去人们感观上“看”到的浮雕效果变成真正的“浮雕”文字和标志。这将有助于广告人在表达方式上有所突破。

14.3.3 数控雕刻机加工的一般步骤

1. 绘制图形

数控雕刻机绘制图形一般有两种方法:一种是通过扫描仪,直接把图形(如工程图纸)和图像(如照片、广告画)扫描到计算机中,以像素信息进行存储表示,然后通过数控雕刻机自带软件对图形进行矢量化,得到加工轮廓轨迹图;另一种是直接使用雕刻机自带的软件中的绘图功能(类似CAD绘图软件)绘制加工图形,并矢量化得到加工轮廓轨迹图。

2. 生成加工程序

类似于一般数控加工机床,数控雕刻机自带软件可以根据矢量化的加工轮廓轨迹图生成加工程序单,雕刻机即按照程序单加工。

3. 加工前机床准备

(1) 机床开始工作前要有预热,雕刻前及雕刻过程中必须检查并确认电机的冷却系统(水泵)和润滑系统(油泵)是否正常工作。

(2) 使用的刀具应与机床允许的规格相符、有严重破损的刀具要及时更换,安装刀具时,刀具露出卡头的长度须根据雕刻深度、工件与夹具是否干涉来共同决定,在满足以上条件下尽量取短,刀具安装好后应进行一两次试切削。

(3) 检查卡盘夹紧工作状态,装夹工件时,必须遵循“装实、装平、装正”的原则,严禁在悬空的材料上雕刻;为了防止材料的变形,材料的厚度要比雕刻的深度大2mm以上。

(4) 加工前一定要正确地定义X、Y、Z轴的起刀点。更换刀具后,必须立即重新定义Z轴起刀点,X、Y轴起刀点不能更改。

(5) 使用对刀仪定义对刀点时严禁主轴旋转,以防扎坏对刀仪;严禁向对刀仪注水、注油,不用时须用杯子将对刀仪罩住。

4. 加工

机床准备好以后按下加工按钮开始加工。

5. 清理工作

零件加工完毕后,机床各坐标轴回到安全位置,关闭机床电源,工件送检,收拾工、量具,清洁机床和地面。

14.4 实训案例

图 14-2 所示为正在加工木材的数控雕刻机，图 14-3 所示为数控雕刻机加工出来的最常见的产品。

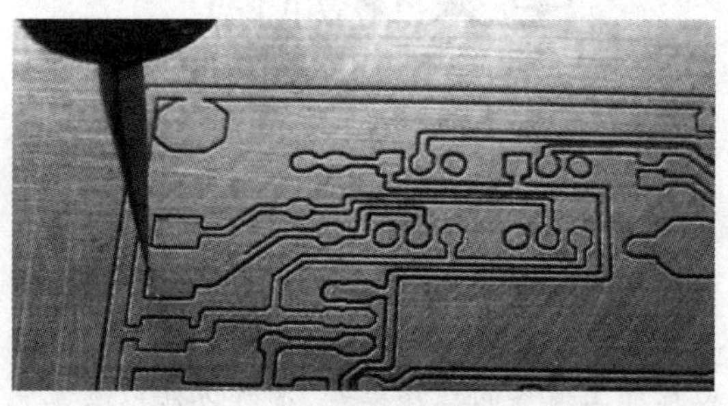

图 14-2 数控雕刻机加工木材

大理石雕刻

浮雕

激光雕刻

玻璃雕刻

木材雕刻

图 14-3 数控雕刻机产品实物图

思考练习题

1. 简述数控雕刻机的特点。
2. 简述数控雕刻机的典型应用。

第15章

CHAPTER 15

电火花加工

实训目的和要求

(1) 了解电火花加工的基本原理、加工特点及应用范围;

(2) 了解电火花加工设备的结构特征、工作原理;

(3) 掌握实训中电火花加工设备的程序编制、操作方法以及工艺参数的选择原则;

(4) 按照实训图纸要求和创新设计,能独立编制加工程序,并在相应加工设备(或计算机仿真)上完成加工;

(5) 通过实训过程,建立现代工程意识,培养创新精神。

安全操作规程

(1) 操作前,穿好工作服,袖口扎紧,女同志(女同学)必须戴工作帽,做好操作准备。

(2) 操作者必须熟悉设备的加工工艺,恰当地选取加工参数,按规定操作顺序操作。检查控制柜指定的电压、频率、相位与供应源是否符合。检查控制柜内元件是否完好无缺,一切正常方可切送电源。

(3) 检查紧固油路接头、油槽门是否渗漏。使用前给各运动部位注油,以使润滑充足。工作前应检查机械和电器部分是否正常,并在允许范围内选好电的参数,方可工作。

(4) 电火花机床必须在教师指导下进行操作,不允许未经许可自行操作。电火花机床周围必须铺放绝缘橡胶,绝缘橡胶要求耐压500V以上。电火花加工放电中,严禁锁上Z轴锁定钮。

(5) 电火花机床工作液为易燃煤油,必须配备干粉灭火器,以防运行中发生火灾,并且操作者操作前必须掌握干粉灭火器的使用方法。

(6) 工作油箱中的工作液面高度必须高出被加工工件表面50mm以上,以防止工作液着火燃烧。在放电加工过程中,严禁手或身体各部位触摸卡头和电极。

(7) 操作过程中,进行移动操作时要特别小心,必须确认移动行程中没有阻挡物,以防撞坏电极和工件,或造成移动轴伺服过载甚至损坏机床。工作时必须集中精力,如发现异响或故障,应立即停车检查,排除故障后方可继续工作。

(8) 拆换电器保险和查看线路时,必须先切断电源,确保安全。机床连续工作不得超过5小时。工作液中不得混有汽油,机床在工作时不得移动工作台,以免工作液着火。

(9) 重工件安放在工作台上时要轻放。注意保持电器箱的清洁与干燥,箱内放置干燥剂。电器箱受潮后,使用时必须先预热1～2小时。

(10) 严格按规定加油,油料应过滤,牌号不能用错。经常保持机床清洁,定期擦拭洗丝杠和导轨,擦拭时一定要用丝绸和绒布。

(11) 定期检查装置的绝缘程度。电火花工作场地禁止吸烟。

(12) 电火花机床操作完毕，要切断电源，将工作液回放到储液槽中，清扫机床，收捡工具，打扫场地卫生。

15.1 概 述

从苏联科学院拉扎连柯夫妇在1943年研制出世界上第一台实用化电火花加工装置以来，电火花加工已有70多年的历史，发展速度惊人，目前已广泛应用于机械、航天、航空、电子、电机、仪器仪表、汽车、轻工等行业，它不仅是一种有效的机械加工手段，而且已经成为在某些场合不可替代的加工方法。例如，在解决难、硬材料及复杂零件的加工问题时，应用电火花加工技术十分有效。

据统计，目前电火花加工机床的市场占有率已占世界机床市场的6%以上。而且随着科学技术的不断发展，现代制造技术及其相关技术为电火花技术的发展提供了良好机遇。柔性制造、人工智能技术、网络技术、敏捷制造、虚拟制造和绿色制造等现代制造技术正逐渐渗透到电火花加工技术中，给电火花加工技术的发展带来了新的生机。近年来，国内外很多研究机构对电火花加工技术进行了大量的研究，并且在许多方面取得了显著进展。

电火花加工技术是一项历史比较悠久的技工技术，在航空航天和模具的加工行业被广泛地应用，其能够对那些硬度比较大的复合材料进行加工，而且这项技术的优势还是比较明显的，是材料加工的重要方法。现在，科学技术实现了高速的发展，能够根据生产的需要进行不同类型的加工，其加工的方向朝着柔性的方向发展，而且在材料加工过程中能够节省大量的时间。所以，应该在电火花加工技术原有优势的基础上，提高其加工的精密程度，实现环保型的加工，完善加工的方法，使电火花加工技术能够在更加广阔的范围中使用。

1. 电火花加工技术的精密化方向

电火花加工技术越来越精密，在材料的尺寸选择上，实现了高度的精密化，而且使材料的表面质量比较精确。在对电火花进行加工的过程中，能够对放电的间隙进行合理的处理，这就使材料加工的精度非常高。加工的间隙在处理的过程中是非常平均的，这就提高了这项加工技术的稳定性。电火花加工技术中，放电间隙是比较小的，而且能够根据材料的不同，分成不同类型的间隙，能够将放电状态进行精确化的检测。电火花加工技术在运行时，由于受到外部因素的影响，所以其效果也是不同的，要强化加工间隙的处理就必须提高伺服控制，还要对其加工的状态进行检测，确保电源是稳定的。在运用电火花进行精密化加工的过程中，需要制定一定的标准，如尺寸标准等，从而能够使材料的表面精度提高。但是，在进行电火花加工时，电极的损耗程度易受到外界的影响，尽管工作人员可以对电源和工作介质进行控制，能够尽量减少电极损耗，但是，在进行电火花精确化加工的过程中，还是存在着大量的电极损耗的问题，这就使材料在加工时尺寸存在一定的误差。所以要根据材料尺寸的要求对材料进行反复地加工，会浪费很多的时间。因此，在进行电火花加工的过程中，要减少电极的损耗。在电火花加工技术中，提高其表面质量的准确度也是重点问题，电火花加工的表面是由一个个微小的凹坑构成的，在加工后表面上会形成一个个裂纹，这时就需要对表面进行抛光，使表面变得平整，这就使材料加工的成本上升，而且会导致电火花加工技术的效率下降，而且还不能够采用自动化的加工方法。所以，在进行电火花加工的过程中，要实现其表面质量的精密度是相当重要的，可以运用低速的走丝切割技术，在表面形成一个变质层，能够对表面进行保护，防止表面出现凹凸不平的问题。

2. 电火花加工技术的微细化方向

在材料实际生产的过程中，微机电系统得到了较为广泛的应用，而且材料的加工越来越朝着微细化的方向发展，在电火花加工的过程中，材料与材料之间没有形成宏观作用力，而且加工不受到材料硬度的影响，从而能够使材料在加工的过程中朝着微细化的方向发展。电火花磨削技术使电火花加工技术更加的细致，所以微细化的发展是今后电火花技术发展的一个重要的趋势。提供少量的能量电源也是今后电火花技术发展的重点。因此，维系电火花技术能够完善材料加工的速度，能够在一定程度上实现多元化的加工。现在，微细多孔电火花加工技术还是比较完善的，其能够形成阵列式的孔隙，能够形成两个不同线路的磨削系统，然后对材料实现粗加工，在粗加工的基础上，能够采用微细电极，对材料的尺寸进行微细化的加工，结合超声振动的方法，能够在一定程度上完善微细电火花加工技术。

3. 电火花加工的高速高效化方向

电火花技术与传统的切削加工对比，其性能还是比较优越的，电火花技术加工材料的效率非常高，能够提高材料生产率。从电火花加工技术的相关原理可知，其能够提高材料的加工速度，主要在于其使用了节能的电源，能够在一定程度上使加工时的电力更加的充足，从而能够提高电火花加工技术的用电效率。在传统的材料加工过程中，电能的利用率还不到30%，很多电能都通过大量的电阻消耗，而在电火花加工中采用新型的电源，能够完善电火花加工的用电率，使电能损耗能够减少。电火花加工技术运用了铣削技术，在材料形状比较复杂时，电火花铣削加工技术能够结合复杂的电极，从而能够节省电极在制作过程中消耗的大量时间。电火花铣削加工技术要分析电极消耗的电能，分析其补偿问题，而且还会受到外界因素的影响，所以，在对电极损耗进行分析时，尽量采用在线分析的方法，从而能够在一定程度上完善加工的效率。在气体的介质中进行电火花铣削加工技术，可以运用自动化的手段，使加工的效率能够显著地提高，而且能够结合伺服系统，节省一半的时间。而且能够借助直线电机加工的方法，这种方法在材料加工时性能更稳定，使材料的性能更加完善，即使对深小孔进行加工，也能够在一定程度上借助电磁式的驱动程序，使电火花的加工效率提高。运用先进的技术手段，借助与电火花加工技术配套的机床技术，从而能够实现对加工的控制，建立模型，从而实现电火花加工技术的高效发展。

4. 绿色环保的电火花加工和复合加工方法

在采用电火花加工技术对材料进行加工时，不必使用液体冷却方法，在材料加工时采用气体作为介质，这符合可持续发展的加工模式。然而，在实际应用中，电火花加工中会产生大量的工作液，这些工作液会造成很严重的污染，在这些工作液中含有大量的碳氢化合物，这些化合物能够在空气中挥发，从而导致空气污染。而且在电火花加工时，在高温的条件下，会形成大量的烟气，这些烟气中含有大量的二氧化碳和一氧化碳，直接会对人体不利。这些气体还会对机床产生腐蚀作用，在加工的过程中形成电解质的废物，对水资源和土地资源造成极大的污染。在现在的电火花加工技术中，逐渐实现了采用气体介质的方式，这样就不会产生大量的废气和废水，从而能够实现环保型的加工，而且其加工的成本是比较低的，在加工的过程只需要采用空气就能够完善材料的加工。现在，其中电火花加工技术还不太成熟，还在研发的过程中，但是在不久的将来，其一定可以得到很好的应用。电火花加工技术也可以结合超声进行加工，这样能够提高加工的速度。

5. 新研发的电火花加工工艺

要使电火花加工技术能够走得更加长远，就必须不断研发新技术，从而能够为材料的加工提供动力。现在，在电火花加工技术中，主要是对绝缘陶瓷加工技术进行研究，这种加工方法实现了新的突破，能够在一定程度上使电火花加工技术的内容加以扩宽，使其研究方向更加广泛。在对传统的电火花加工技术进行研究的过程中，其局限性在于只能运用液体介质，所以还是会产生一定的污染。在使用绝缘陶瓷技术进行材料的加工时，能够突破导电材料自身的限制，能够通过在陶瓷的表面覆盖电极，从而实现对电极区域的加工。然后将产生的一氧化碳和二氧化碳气体去除。现在，新型的电火花加工技术，如立式旋转电火花切割加工工艺实现了长足的发展，能够实现连续的切割，防止了断丝的发生，而且在材料的加工中具有较强的稳定性，能够减少材料表面的粗糙度。这项技术在原理方面呈现出很多优点，其能够分析材料的加工机理，能够从加工的动力学角度去完善加工的效率，但是，这项技术才开始投入使用，所以还需要进一步的完善，而且相关的设备也需要完善，应该建立起配套的设备。

15.2　数控电火花切割加工

数控电火花线切割机床是在电火花加工基础上用线状电极（钼丝或铜丝）靠火花放电对工件进行切割，故称为电火花线切割，简称线切割。控制系统是进行电火花线切割加工的重要组成部分，控制系统的稳定性、可靠性、控制精度及自动化程度都直接影响加工工艺指标和工人的劳动强度。

15.2.1　概述

1. 控线切割机床的组成

数控线切割机床的外形如图 15-1 所示，其组成包括机床主机、脉冲电源和数控装置三大部分。

(1) 机床主机：由运丝机构、工作台、床身、工作液系统等组成。

(2) 脉冲电源：又称高频电源，其作用是把普通的 50Hz 交流电转换成高频率的单向脉冲电压。加工时，钼丝接脉冲电源负极，工件接正极。

(3) 数控装置：以 PC 机为核心，配备其他的硬件及控制软件。加工程序可用键盘输入

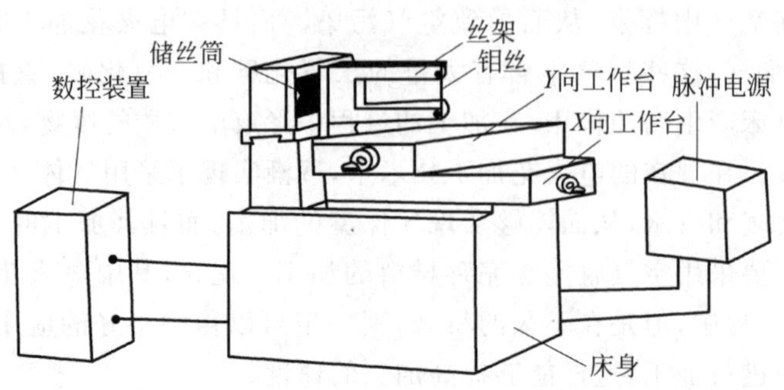

图 15-1 数控线切割机床外形图

或磁盘输入。通过它可实现放大、缩小等多种功能的加工，其控制精度为±0.001mm，加工精度为±0.001mm。

2. 线切割加工原理

线切割加工是线电极电火花加工的简称，是电火花加工的一种，其基本原理如图 15-2 所示。被切割的工件作为工件电极，钼丝作为工具电极，脉冲电源发出一连串的脉冲电压，加到工件电极和工具电极上。钼丝与工件之间施加足够的具有一定绝缘性能的工作液（图中未画出）。当钼丝与工件的距离小到一定程度时，在脉冲电压的作用下，工作液被击穿，在钼丝与工件之间形成瞬间放电通道，产生瞬时高温，使金属局部熔化甚至汽化而被蚀除下来。若工作台带动工件不断进给，就能切割出所需要的形状。由于储丝筒带动钼丝交替作正、反向的高速移动，所以钼丝基本不被蚀除，可使用较长的时间。

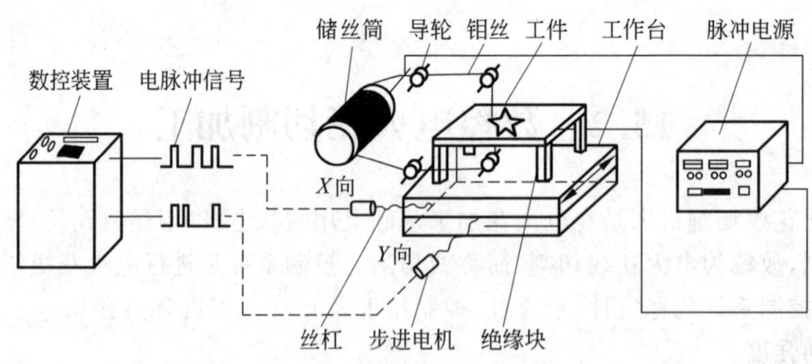

图 15-2 线切割加工原理图

电火花线切割加工能正常运行，必须具备下列条件：

(1) 钼丝与工件的被加工表面之间必须保持一定间隙，间隙的宽度由工作电压、加工量等加工条件而定。

(2) 电火花线切割机床加工时，必须在有一定绝缘性能的液体介质中进行，如煤油、皂化油、去离子水等，要求较高绝缘性是为了利于产生脉冲性的火花放电，液体介质还有排除间隙内电蚀产物和冷却电极的作用。钼丝和工件被加工表面之间保持一定间隙，如果间隙过大，极间电压不能击穿极间介质，则不能产生电火花放电；如果间隙过小，则容易形成短路连接，也不能产生电火花放电。

(3) 必须采用脉冲电源，即火花放电必须是脉冲性、间歇性，如图15-3所示，图中 t_i 为脉冲宽度、t_o 为脉冲间隔、t_p 为脉冲周期。在脉冲间隔内，使间隙介质消除电离，使下一个脉冲能在两极间击穿放电。

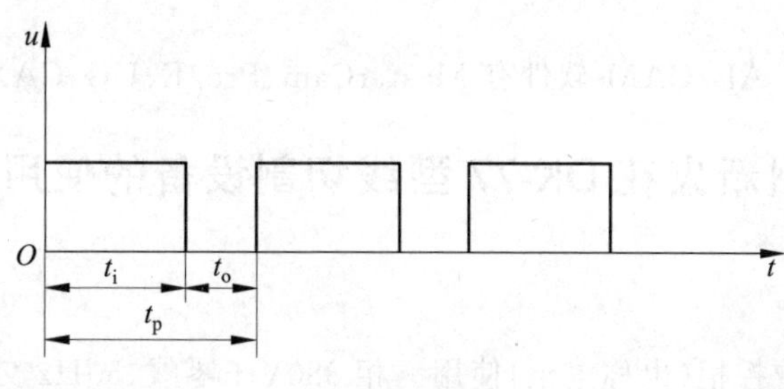

图15-3　脉冲示意图

3. 数控线切割机床的分类

(1) 按控制方式可分为靠模仿型控制、光电跟踪控制、数字程序控制及微机控制等；
(2) 按电源形式可分为 RC 电源、晶体管电源、分组脉冲电源及自适应控制电源等；
(3) 按加工特点可分为大、中、小型以及普通直壁切割型与锥度切割型等；
(4) 按走丝速度可分为慢走丝方式和快走丝方式两种。

4. 线切割加工的加工对象

(1) 广泛应用于加工各种冲模。
(2) 可以加工微细异形孔、窄缝和复杂形状的工件。
(3) 加工样板和成形刀具。
(4) 加工粉末冶金模、镶拼型腔模、拉丝模、波纹板成形模。
(5) 加工硬质材料，切割薄片，切割贵重金属材料。
(6) 加工凸轮、特殊的齿轮。
(7) 适合于小批量、多品种零件的加工，可以减少模具制作费用，缩短生产周期。

15.2.2 线切割加工程序的编程方法

数控线切割机床的控制系统是根据指令控制机床进行加工的，要加工出所需要的图形，必须首先把要切割的图形转换成一定的命令，并将之输入到控制系统中，这就是程序。在数控机床中编辑程序有两种方式：一种是手工编程，另一种是自动编程。手工编程采用各种数学方法，使用一般的计算工具，人工地对编程所需的数据进行处理和运算。为了简化编程工作，随着计算机的飞速发展，自动编程已经成为主要编程手段。自动编程使用专用的数控语言及各种输入手段向计算机输入必要的形状和尺寸数据，利用专门的应用软件即可求得各交切点坐标及编写加工程序所需的数据。

自动编程根据编程信息的输入与计算机对信息的处理方式不同，分为以自动编程语言为基础的自动编程方法和以计算机绘图为基础的自动编程方法。以编程语言为基础的自动编程方法，在编程时编程人员是依据所用数控语言的编程手册以及零件图样，以语言的形式表达出加工的全部内容，然后再把这些内容输入计算机中进行处理，制作出可以直接用于数控机床的NC加工程序。以计算机绘图为基础的自动编程方法，编程人员先用自动编程软件的CAD功能，构建出几何图形，然后利用CAM功能，设置好几何参数，才能制作出NC加工程序。

现在比较常用的CAD/CAM软件有MasterCam、Pro/E、UG、CAXA等。

15.2.3 苏州新火花DK-77型线切割设备的使用

1. 通电准备

（1）本章介绍的数控柜(也称电柜)使用三相380V＋零线、50Hz交流电源，要求外界输入电压波动范围为380V(1±10%)。本电柜与一根五芯电缆与外界电源相接，必须接零线，黄绿线接地。

（2）将数控柜的30芯、26芯联机线与机床床身相连，将四芯水泵电缆与机床相连。

2. 操作面板布局与说明

操作面板如图15-4所示。

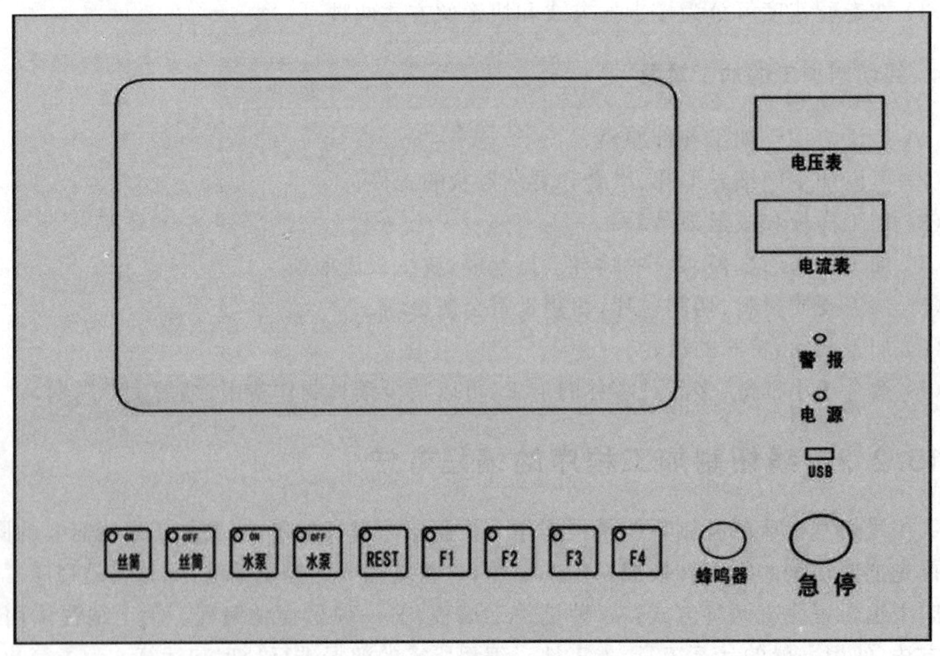

图15-4 操作面板

（1）电压表(V)：指示整流直流电压。

（2）电流表(A)：指示加工电流。

（3）警报指示灯：加工电参数传输警报指示灯，当传输数据及传输数据出错时，指示灯亮。

(4) 电源指示灯：当电柜送上电时，指示灯亮。

(5) USB 接口：外部文件从此输入计算机(U 盘第一次在这里使用时需安装驱动)。

(6) 急停按钮：压下此按钮，电柜总电源断电。

(7) 蜂鸣器：当钼丝断丝、运丝机构超程、加工结束时，蜂鸣器报警。

(8) 丝筒开/关：控制运丝机构电机的启动与停止。

(9) 水泵开/关：控制水泵电机的启动与停止。

(10) RESET：当按水泵开/关与丝筒开/关及手控盒上的按键没反应时，单片机可能死机，按下此键后，单片机复位。

3. 开机说明

(1) 在确定输入电源准确无误的情况下，关上电柜的前后门及弹出两急停按钮(否则会因电柜开门断电功能而合不上开关)，合上电柜左侧的断路器，电柜即通电，风机运转，面板上绿色电源指示灯亮。

(2) 启动计算机主机：当电柜接通电源后，或是按下计算机电源开关，计算机主机开启。

(3) 本电柜所有的工作软件出厂时，均安装在 C 盘，并在 E 盘有备份，以便于计算机数据的恢复。

(4) 本电柜采用 HF 编控一体化软件，具有类似慢丝的多次切割功能，每次切割的加工参数可以在编程时设定，使用前请仔细阅读该软件的使用说明书及本节内容。

4. 加工电参数设置

进入 HF 编控一体化软件，可通过按键命令，进入高频电源参数编辑页面(具体操作方法详见后面内容)。各项参数可通过键盘选择设置和修改，其页面如图 15-5 所示。

代码	A	B	C	D	E	F	G	H	I	J	K	L	M
组号	脉宽	脉间	分组宽	分组间隔	短路电流	分组脉冲状态	高压脉冲状态	等宽脉冲状态	梳波脉冲状态	前阶梯波代码	后阶梯波代码	走丝速度代码	电压代码
M10	××	××	××	××	××	××	××	××	××	××	××	×	××
M11	××	××	××	××	××	××	××	××	××	××	××	×	××
M12	××	××	××	××	××	××	××	××	××	××	××	×	××
M13	××	××	××	××	××	××	××	××	××	××	××	×	××
M14	××	××	××	××	××	××	××	××	××	××	××	×	××
M15	××	××	××	××	××	××	××	××	××	××	××	×	××
M16	××	××	××	××	××	××	××	××	××	××	××	×	××
M17	××	××	××	××	××	××	××	××	××	××	××	×	××

图 15-5　高频电源参数

5. **加工图形的编制、储存和调用**

(1) 在 HF 编控软件的主界面，单击“全绘式编程”，进入如图 15-6 所示的界面。

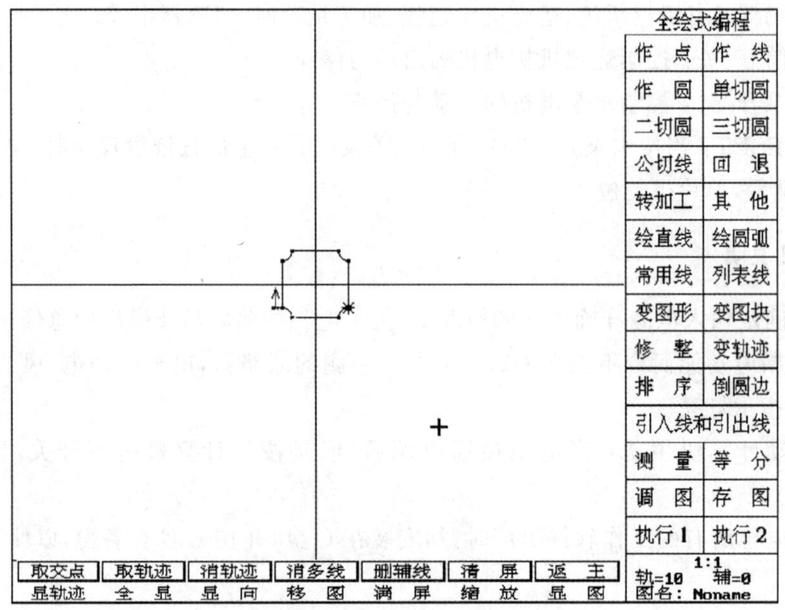

图 15-6 全绘式编程界面

(2) 绘制出所需加工的工件图形(例为圆角四方形)，绘好引入、引出线，选加工方向，具体绘制方法见 HF 编控软件的说明书，然后单击“执行 1”或“执行 2”，进入如图 15-7 所示的界面。

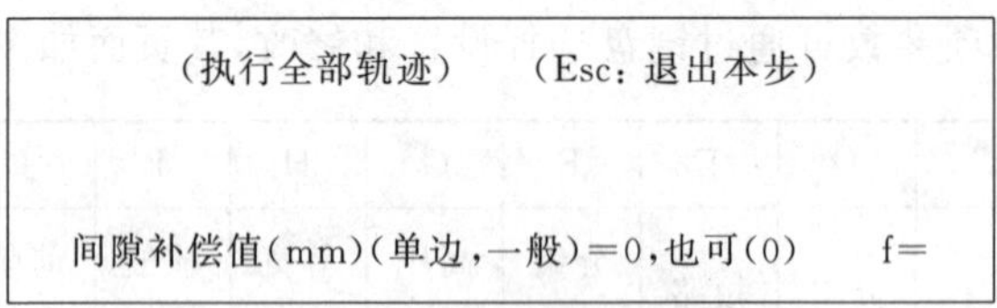

图 15-7 输入补偿值界面

(3) 输入补偿值(补偿值=钼丝半径+单边放电间隙)，对于凹模应输负值，凸模则应为正值，然后按 Enter 键，进入如图 15-8 所示的界面。

(4) 单击“后置”，进入如图 15-9 所示的界面。

(5) 单击“切割次数”，进入到如图 15-10 所示的界面。

(6) 单击“过切量”，可输入过切量值，以消除工件接缝，单击“切割次数”，输入切割次数，按 Enter 键。如果切割次数为 1，则单击“确定”按钮，返回上一界面；否则进入如图 15-11 所示的界面，图中为 3 次切割的界面，过切量为 0.3mm。

(7) 图 15-11 中，“凸模台阶宽”为加工凸模时，为防止工件脱落，将工件分为两段加工，此值为第二段加工的长度，大小以保证第一段加工完成时，加工缝隙不变形为准；“偏离量”为每次切割出的工件实际尺寸与目标尺寸的差值，大小与放电参数有关，太大则影响下次切

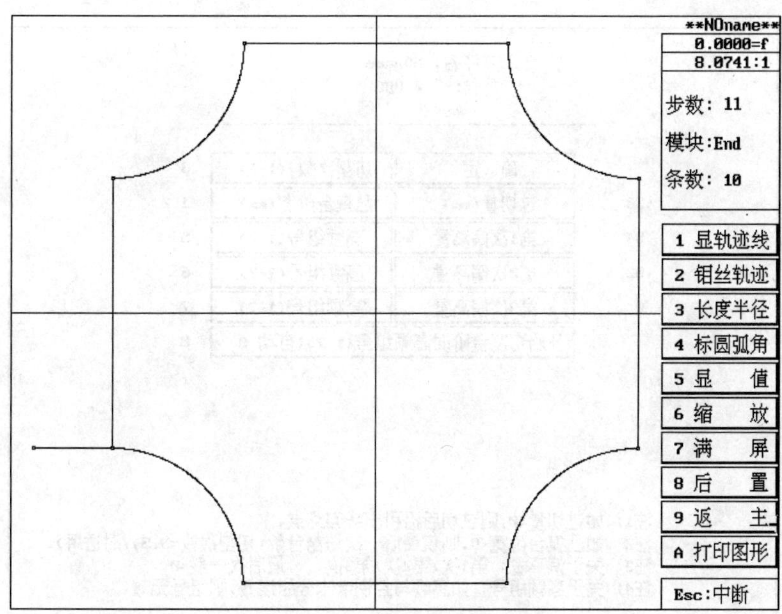

图 15-8　输入补偿值后的界面

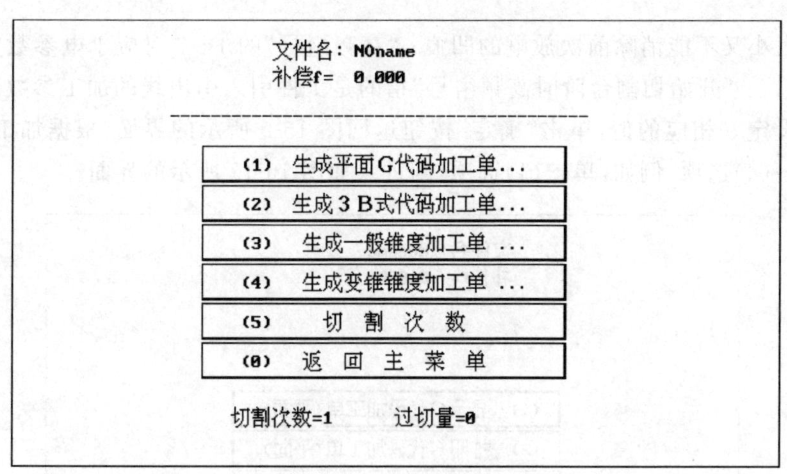

图 15-9　后置界面

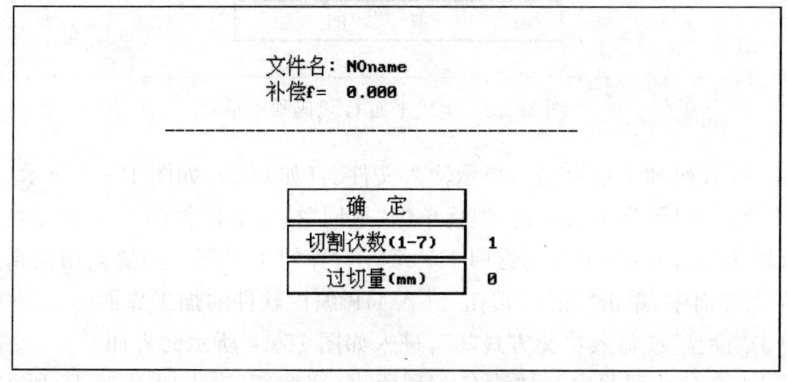

图 15-10　切割次数设置界面

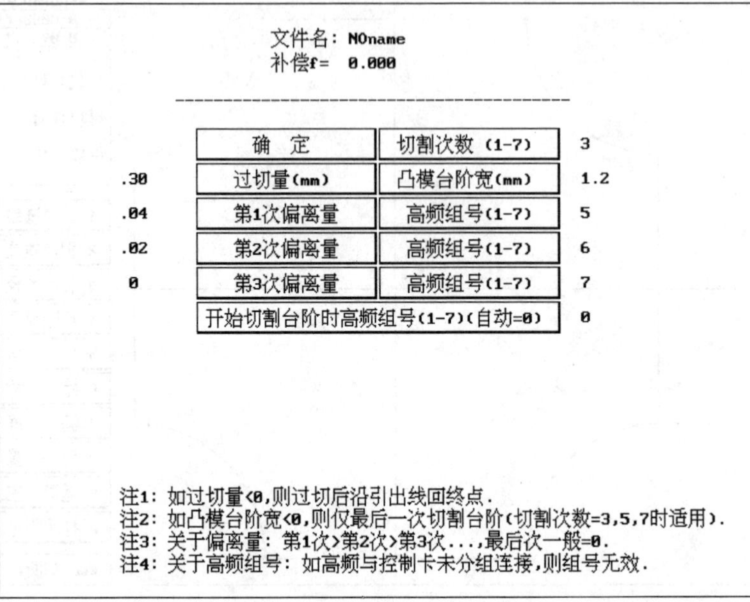

图 15-11 切割次数和过切量设置

割的效率,太小又不能消除前次放电的凹痕；“高频组号”的 1～7 对应于电参数文件中的组号 M11～M17；“开始切割台阶时高频组号”指的是工件引入引出线的加工参数组号。根据加工工艺,设定好相应的值,单击“确定”按钮返回图 15-9 所示的界面,根据加工要求,可选择单击(1)～(4)选项,例如,单击(1)选项,则进入如图 15-12 所示的界面。

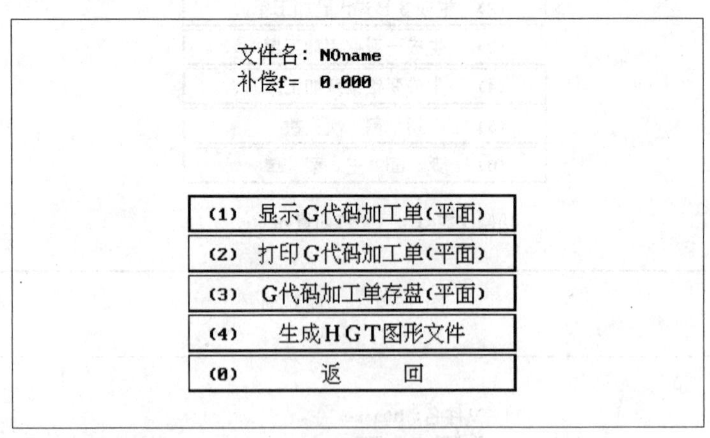

图 15-12 生成平面 G 代码加工单

(8) 单击“G 代码加工单存盘”,提示输入文件名(如 002),如图 15-13 所示。

(9) 输入文件名后,按 Enter 键,然后单击“返回”按钮返回如图 15-9 所示的界面。

(10) 再单击“返回主菜单”,则返回 HF 编控软件的主界面。如要调用编辑好的 002 号加工工件,在主界面中,单击“加工”按钮,进入 HF 编控软件的加工界面。

(11) 单击“读盘”或输入快捷方式“5”,进入如图 15-14 所示的界面。

(12) 单击“读 G 代码程序”或“读 G 代码程序(变换)”,进入如图 15-15 所示的界面。

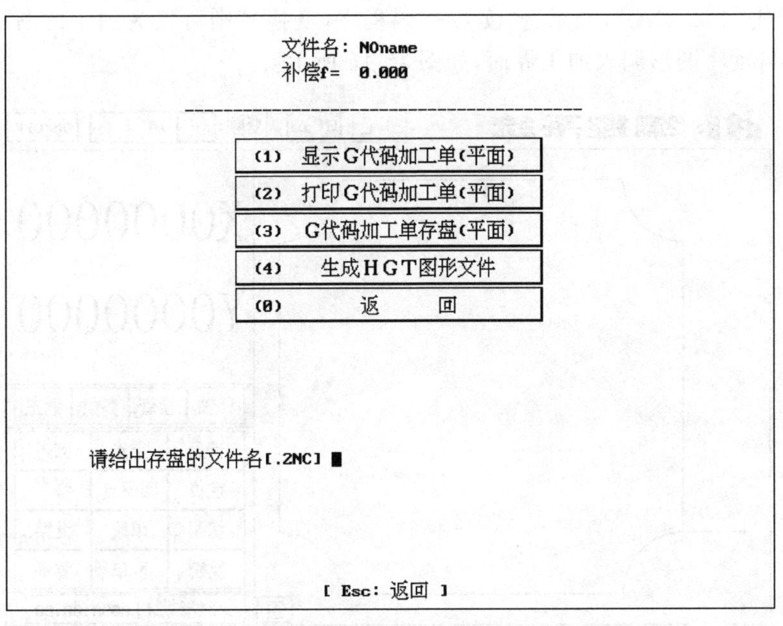

图 15-13　输入文件名

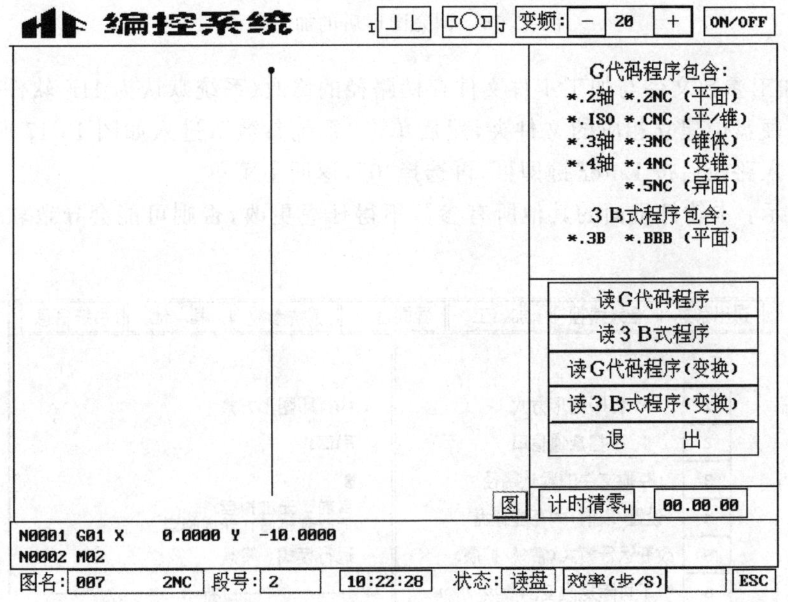

图 15-14　读取 G 代码程序界面

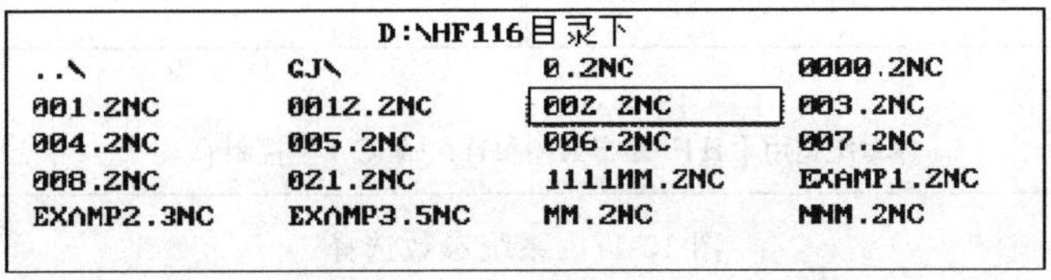

D:\HF116目录下

..\	GJ\	0.2NC	0000.2NC
001.2NC	0012.2NC	002 2NC	003.2NC
004.2NC	005.2NC	006.2NC	007.2NC
008.2NC	021.2NC	1111MM.2NC	EXAMP1.2NC
EXAMP2.3NC	EXAMP3.5NC	MM.2NC	NNM.2NC

图 15-15　选择 002.2NC

(13) 单击“002.2NC”,如果选“读G代码程序(变换)”则可以为加工的图形进行旋转,选好后程序自动将图形调入加工界面,如图15-16所示。

图15-16 调完图形后的加工界面

(14) 加工参数文件与加工工件文件存储路径的修改(系统默认为HF软件安装路径):先在计算机硬盘中建立相应的文件夹,然后单击“系统参数”,进入如图15-17所示的界面,选择“3”,输入路径后按Enter键即可,再选择“0”,返回主菜单。

特别提示:本软件里面的其他所有参数不得任意更改,否则可能会导致软件不能正常工作。

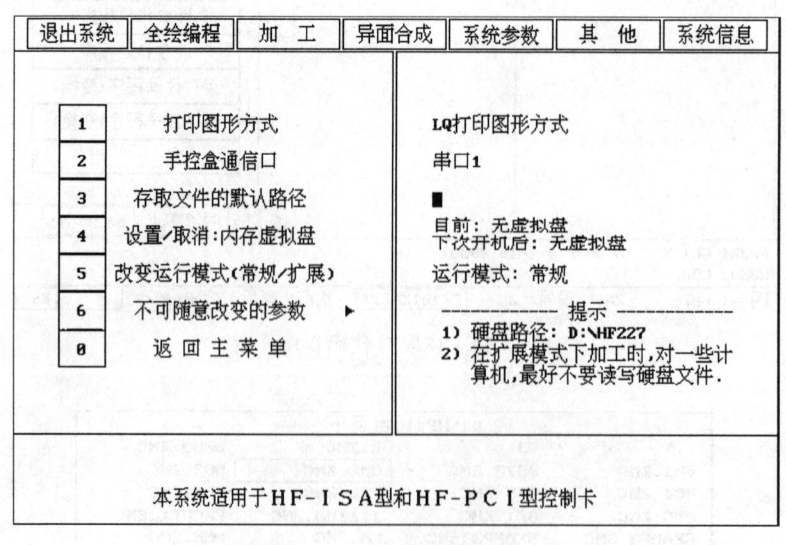

图15-17 系统参数选择

6. **HF 软件操作使用**

1）HF 软件概述

HF 线切割数控自动编程软件系统是一个高智能化的图形交互式软件系统。通过简单、直观的绘图工具，将所要切割的零件形状描绘出来，再通过系统处理成一定格式的加工程序。

HF 软件包括内置卡一块、软件狗一个、编程控制软件。

2）HF 软件的基本术语

为了更好地学习和应用此软件，先来了解该软件中的一些基本术语。

(1) 辅助线：用于求解和产生轨迹线（也称切割线）几何元素。它包括辅助点、辅助直线、辅助圆——统称辅助线，在软件中，点用红色表示，直线用白色表示，圆用高亮度白色表示。

(2) 轨迹线：具有起点和终点的曲线段，它包括轨迹线、轨迹圆弧（包含圆）——统称轨迹线。在软件中，直线段用淡蓝色表示，圆弧用绿色表示。

(3) 切割线方向：切割线的起点到终点方向。

(4) 引入线和引出线：一种特殊的切割线，用黄色表示，它们应该是成对出现的。

3）界面及功能模块的介绍

在主菜单下，单击“全绘编程”按钮，出现下列显示框，如图 15-18 所示。

图 15-18 所示界面是常常出现的界面，随着功能选择框、功能的不同所显示的内容不同。

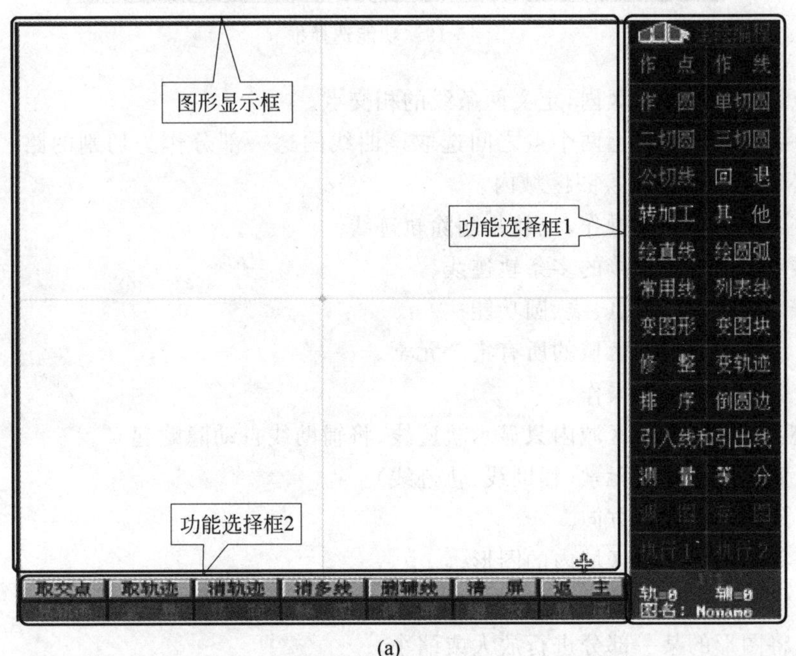

(a)

图 15-18　显示框图例

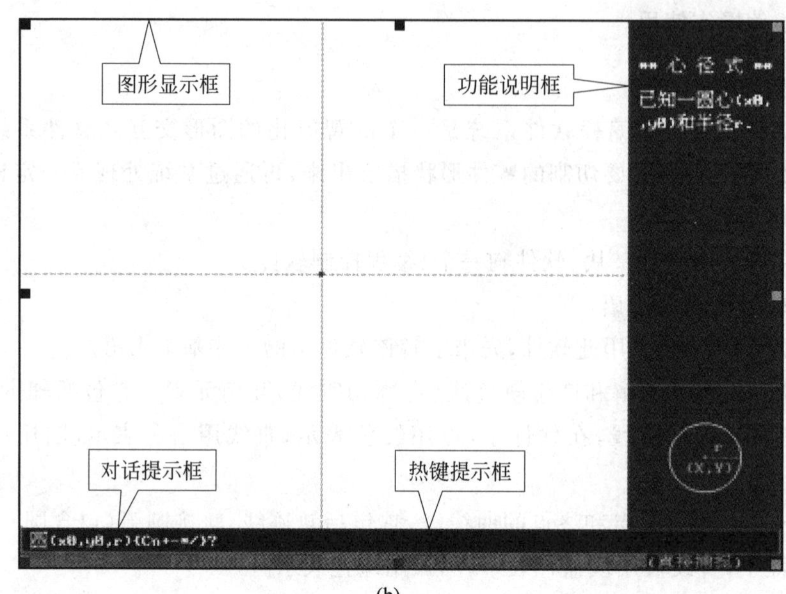

(b)

图 15-18 （续）

4）功能选择框功能介绍

功能选择框如图 15-19 所示，其功能介绍如下。

图 15-19 功能选择框

取交点：在图形显示区内，定义两条线的相交点。

取轨迹：在某一曲线上两个点之间选取该曲线的这一部分作为切割的路径，取轨迹时这两个点必须同时出现在绘图区域内。

消轨迹：上一步的反操作，也就是删除轨迹线。

消多线：删除首尾相接的多条轨迹线。

删辅线：删除辅助的点、线、圆功能。

清屏：清除图形显示区域的所有集合元素。

返主：返回主菜单的操作。

显轨迹：在图形显示区域内只显示轨迹线，将辅助线自动隐藏起来。

全显：显示全部几何元素（辅助线、轨迹线）。

显向：预览轨迹线的方向。

移图：移动图形显示区域内的图形。

满屏：将图形自动充满整个屏幕。

缩放：将图形的某一部分进行放大或缩小。

显图：显示整个图形。

7. **手控盒说明**

(1) 本机手控盒分为两部分：一部分为可以直接使用的水泵、丝筒开与关及断丝保护；其余功能必须在HF软件“手控盒移轴”状态下才有效，同时需要将手控盒的传输线插在计算机的串口COM2(COM1为HF系统默认，但易造成HF软件不能正常工作)上，手控盒向计算机发送数据时，W3A08板上的SEND发光管会闪亮发光。

(2) 使用手控盒移轴，需在加工界面的参数设置中设定移轴时的最大速度，以保证步进电机不掉步，一般 *XY*/*UV* 轴不得大于300步/s，同时，在加工界面的“移轴”设置中选择“手控盒移轴”，将移轴方式设为手控盒移轴。

(3) “XY/UV”键为移轴切换键，指示灯不亮为 *XY* 轴，灯亮为 *UV* 轴；“速度”键为移轴速度切换键，指示灯不亮为慢速，灯亮为快速；“断丝”键为断丝保护键，指示灯不亮，当钼丝断时自动停丝筒，灯亮，当钼丝断时丝筒不停。

8. **工件加工流程**

(1) 水箱内准备好工作液，配比浓度以工作液的说明为准，一般需加工精度及光洁度时，配比浓度需适当大一些；加大加工效率及加工大厚度(200mm以上)时，配比浓度需适当小一些。

(2) 装夹好工件，调整好上丝架的高度，一般上下丝嘴到工件的距离为10mm。

(3) 机床穿好钼丝，调好钼丝胀紧力，*X*、*Y* 两个方向校正垂直。

(4) 进入HF编控软件，按图纸要求编制加工程序；按工件的材质、厚度和精度要求，编辑加工电参数。

(5) 进入HF加工界面，调入所要加工工件的文件，再单击加工界面中的“检查”，可进行“轨迹模拟”，检查加工轨迹是否正确，显示“加工数据”，检查加工工件是否超出机床行程，等等，正确无误后单击“退出”按钮，返回加工界面。

(6) 移动拖板，钼丝调整到工件的起割点，电锁紧拖板；开丝筒，开水泵，调节好上下水嘴的出水，以上下水包裹住钼丝为佳。

(7) 调用加工电参数：对于多次切割，只需将所需加工的电参数文件名设为当前文件名即可，在切割过程中，软件会根据加工程序自动调用该文件下对应的组号加工电参数；而一次切割，需手动将该文件所需组号的加工电参数送出。

(8) 单击“切割”按钮进行加工，根据面板电流表指针的摆动情况来合理调节变频(加工界面的右上角，“－”表示进给速度加快，“＋”表示进给速度减慢)，使电流表指针摆动相对最小，稳定地进行加工。

(9) 如在加工过程中，发现加工电参数不适合，可以在加工状态下单击“参数”→“其他参数”→“高频组号和参数”→“送高频参数”，进入如图15-20所示的界面，可以对当前加工的电参数进行修改、储存。

9. **注意事项**

(1) HF控制软件的有关参数已由厂方设置好，用户切记不要随意设置，以免造成机床无法正常工作；当计算机有COMS掉电后，可能会造成HF无法正常工作，此时要按照HF

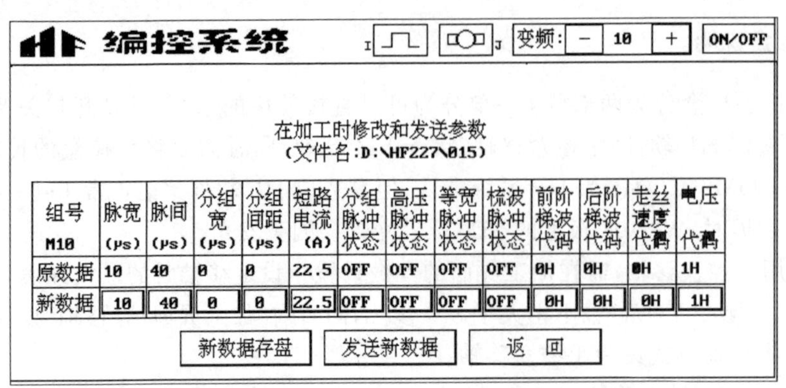

组号 M10	脉宽 (μs)	脉间 (μs)	分组宽 (μs)	分组间距 (μs)	短路电流 (A)	分组脉冲状态	高压脉冲状态	等宽脉冲状态	梳波脉冲状态	前阶梯波代码	后阶梯波代码	走丝速度代码	电压代码
原数据	10	40	0	0	22.5	OFF	OFF	OFF	OFF	0H	0H	0H	1H
新数据	10	40	0	0	22.5	OFF	OFF	OFF	OFF	0H	0H	0H	1H

图 15-20 修改和储存电参数

说明书中的说明重新设置 COMS,并保存。

(2) 加工对中或对边时,必须将工件表面清理干净,无锈、无油污、无毛刺等,多对几次,减小误差。

(3) 本电柜所有的工作软件出厂时,均安装在 C 盘,并在 E 盘有备份; HF 控制软件的安装方法请见其使用说明书,安装完成后,需要进行相关的参数设置,设置方法请与厂家联系。

(4) 移机或换外电源开关时,请注意检查水泵电机与丝筒电机的运转方向是否正确。

(5) 机床与电柜一定要接地。电柜要注意防尘、防潮; 电柜机床必须按时由专业人员进行保养、维护。

(6) 电柜断电后,电柜前后板上的大电容上留有残余高压,谨防电击,必要时需对其进行放电。

10. 机床加工工艺特点简介

为了更好地发挥线切割机床的使用效能,操作者在使用本机床时注意以下几点:

(1) 根据图纸尺寸及工件的实际情况计算坐标点编制程序,但要考虑工件的装夹方法和电极丝直径,并选择合理的切入部位。

(2) 按已编制的程序,正确输入数控柜。

(3) 装夹工件时注意位置、工作台移动范围,使加工型腔与图纸要相符。对于加工余量较小或有特殊要求的工件,调整工件在工作台中间的位置,并精确调整工件与工作台纵横移动方向的平行度,避免余量不够而报废工件,并记下工作台起始纵横向坐标值。

(4) 加工凹模、卸料板、固定板及某些特殊型腔时,均需先把电极丝穿入工件的预钻孔中。

(5) 必须熟悉线切割加工工艺中一些特性,影响电火花线切割加工精度的主要因素和提高加工精度的具体措施。在线切割加工中,除了机床的运动精度直接影响加工精度外,电极丝与工件间的火花间隙的变化和工件的变形加工精度也有不可忽视的影响。

(6) 机床精度。在机床加工精密工件之前,需对机床进行必要的精度检查和调整。

加工前,应仔细检查导轮的 V 形槽是否损伤,并应除去堆积在 V 形槽中的电蚀物(导轮要求用硬度高、耐磨性好的材料制成,如 GCr15、W18Cr4V 等,也可选用硬质合金或陶瓷材料制造导轮的镶件来增强导轮 V 形工作面的耐磨性和耐蚀性)。

检查工作台纵横向丝杠副传动间隙。

在加工高精度工件时，一定要实测火花间隙而进行编程或选定间隙补偿量。

电极丝与工件间的火花间隙的大小随工件材质、切割厚度的不同而变化；由于材料的化学、物理、力学性能的不同以及切割时排屑、消电离能力的不同也会影响火花间隙大小。

在有效的加工范围内，切割速度绝不能超过电腐蚀速度，否则就会产生短路。在切割过程中保持一定的加工电流，那么工件与电极丝之间的电压也就一定。则火花间隙大小一定。因此，要想提高加工速度，在切割过程中应尽量做到变频均匀，加工电流也基本稳定，切割速度也就能保持匀速。

冷却液成分不同，其电阻率不同，排屑和消电离能力不同，从而影响火花间歇的大小。

(7) 减少工件材料变形的措施

① 合理的工艺流程：以线切割加工为主要工序时，钢件的加工流程为下料、锻造、退火、粗加工、淬火与回火、磨加工、线切割加工、钳工修整。

② 工件材料的选择：工件的材料应选择变形量小、渗透性好、屈服极限高的材料，如用作凹凸模具的材料应尽量选用 CrWMn、Cr12Mn、GCr15 等合金工具钢。

③ 提高锻造毛坯的质量：锻造时要严格按规范进行，掌握好始锻、终锻温度，特别是高合金工具钢还应该注意碳化物的偏析程度，锻造后需要进行球化退火，以细化晶粒，尽可能降低热处理的残余应力。

④ 注意热处理的质量：热处理淬、回火时应合理选择工艺参数，严格控制规范，操作要正确，淬火加热温度尽可能采用下限，冷却要均匀，回火要及时，回火温度尽可能采用上限，时间要充分，尽量消除热处理后产生的残余应力。

⑤ 正确安排加工工艺顺序，以消除机加工产生的应力。

(a) 从坯料切割凸模时，不能从外部切割进去，要在离凸模轮廓较近处做穿丝孔，同时要注意到切割部位不能离毛坯周边的距离太近，要保证坯料还有足够的强度，否则会造成切割工件变形。

(b) 切割起点最好在图形质量平衡处，并处于两段轮廓的结交处，这样开口变形小。

(c) 切割较大工件时，应边切割边加夹板或用垫铁垫起，以便减少因已加工部分下垂引起的变形。

(d) 对于尺寸很小或细长的工件，影响变形的因素复杂，切割时采用试探法，边切边测量，边修正程序，直到满足图纸要求为止。

⑥ 切割路线的选择。

(a) 恰当安排切割图形。线切割加工用的坯料在热处理时表面冷却快，内部冷却慢，形成热处理后坯料金相组织不一致，产生内应力，而且越靠近边角处，应力变化越大。所以，线切割的图形应尽量避开坯料边角处，一般让出 8～10mm。对于凸模还应留出足够的夹持余量。

(b) 正确选择切割路线。切割路线应有利于保证工件在切割过程中的刚度和避开应力变形影响。由于在线切割中工件坯料的内应力会失去平衡而产生变形，影响加工精度，严重时切缝甚至会夹住、拉断电极丝。综合考虑内应力导致的变形等因素，可以看出，图 15-21 中的图(c)最好，图(a)次之，图(b)不正确。在图 15-21(d)中，零件与坯料工件的主要连接部位被过早地割离，余下的材料被夹持部分少，工件刚性大大降低，容易产生变形，从而影响加工精度。

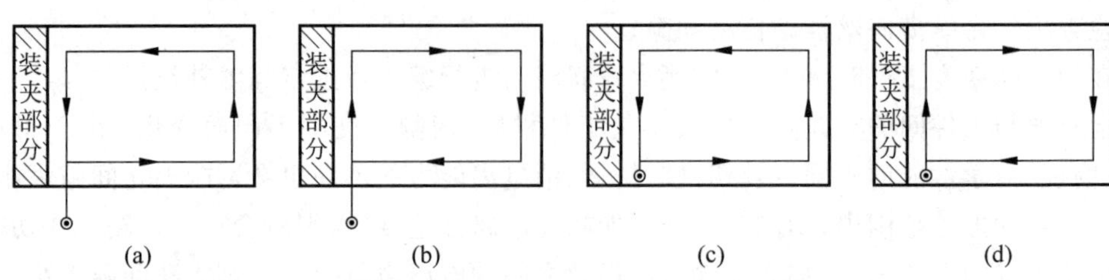

图 15-21　切割凸模时穿丝孔位置及切割方向比较图

11. 实际操作练习

切割一个正八边形，具体如图 15-22 所示。对边尺寸为 28mm，厚度为 20～40mm，精度要求为纵剖面上的尺寸差 0.012mm，横剖面上的尺寸差 0.015mm。

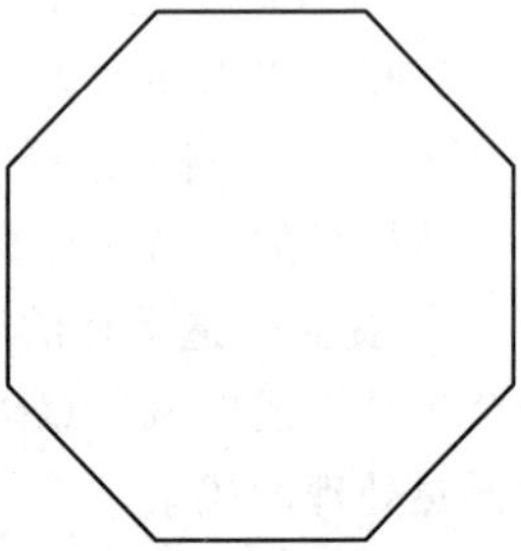

图 15-22　正八边形

操作步骤如下。

(1) 单击“全绘式编程”，进入绘图界面。

(2) 单击“绘直线”按钮。

(3) 选择“多边形”按钮，系统提示三种方式：①外切多边形；②内接多边形；③一般多边形，选择“外切多边形”。

(4) 按提示，输入已知圆(X0，Y0，R)：(0，0，14)，按 Enter 键。

(5) 提示几边形，N：输入 8，按 Enter 键，正八边形在图形显示框中自动绘出，按 Esc 键退出或单击“退出”，按 Enter 键。

(6) 单击“引入线、引出线”按钮，选择作引线(长度法)输入引线长度 3mm，按 Enter 键输入终点，在正八边形的交点处确认。

(7) 确定钼丝的补偿方向和加工方向，单击“退出”按钮。

(8) 单击“执行”，输入钼丝的补偿值，单击“后置”按钮。

(9) 确认切割次数，并生成平面 G 代码加工单。

(10) G 代码加工单存盘，输入存盘文件名，例如“KK”，按 Enter 键。

(11) 在加工界面上单击“读盘”，再单击“读 G 代码”程序，选择“kk. 2NC”。

加工顺序如图 15-23 所示。

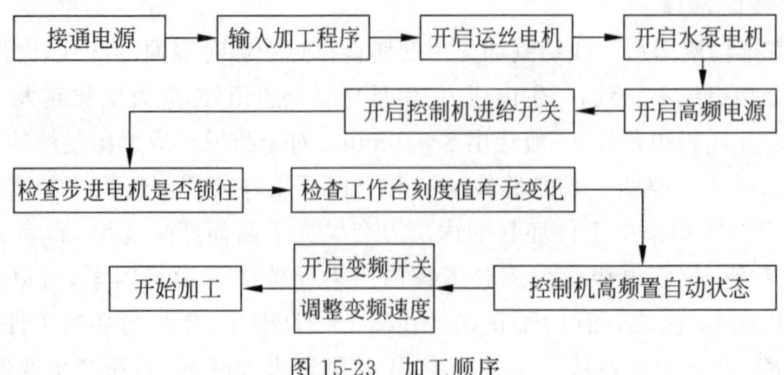

图 15-23　加工顺序

机床加工结束顺序如图 15-24 所示。

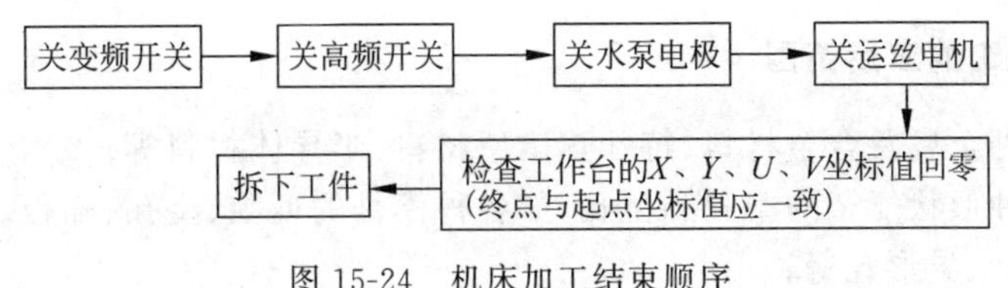

图 15-24　机床加工结束顺序

15.3　电火花加工原理条件和特点

电火花加工(electrical discharge machining，EDM)是通过工件和工具电极间的放电而有控制地去除工件材料，以及使材料变形、改变性能的特种加工。其中，成形加工适用于加工各种孔、槽模具，还可穿孔、刻字、表面强化等；切割加工适用于加工各种冲模、粉末冶金模及工件，加工各种样板、磁钢及硅钢片的冲片，加工钼、钨、半导体或贵重金属。

1. 电火花加工原理

电火花加工是通过工具电极和工件之间产生脉冲性的火花放电，靠放电瞬间产生局部高温把金属蚀除下来。由于在放电过程中可见到火花，故称为电火花加工。电火花加工原理如图 15-25 所示。

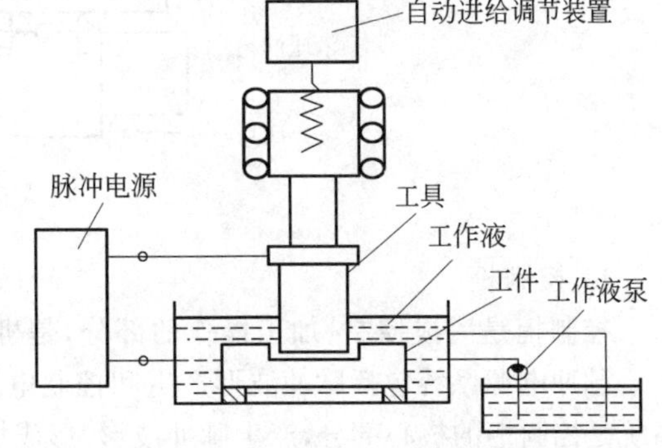

图 15-25　电火花加工原理示意图

2. 实现电火花加工的条件

(1) 工具电极和工件电极之间必须施加 60～300V 的脉冲电压，同时还需维持合理的放电间隙。大于放电间隙，介质不能被击穿，无法形成火花放电；小于放电间隙，会导致积炭，甚至发生电弧放电，无法继续加工。

(2) 两极间必须充放具有一定绝缘性能的液体介质，电火花成形加工一般用煤油做工作液。

(3) 输送到两极间的脉冲能量应足够大，放电通道间的电流密度一般为 10^4～10^9 A/cm^2。

(4) 放电必须是短时间的脉冲放电。一般放电时间为 1μs～1ms，这样才能使放电产生的热量来不及扩散，从而把能量作用局限在很小的范围内。

(5) 脉冲放电需要多次进行，并且在时间上和空间上是分散的，以避免发生局部烧伤。

(6) 脉冲放电后的电蚀产物应能及时排放至放电间隙之外，使重复性放电能顺利进行。

3. 电火花加工的特点

(1) 适合于难切削材料的加工，能“以柔克刚”；

(2) 工具电极与工件不接触，两者间作用力很小；

(3) 脉冲参数可调节，能在同一机床连续进行粗、半精、精加工，加工过程易于自动控制；

(4) 主要用于加工金属等导电材料，在一定条件下也可以加工半导体和非金属材料；

(5) 电极的耗损影响加工精度。

4. **电火花加工的应用范围**

(1) 加工各种金属及合金材料、特殊热敏感材料、半导体材料等；

(2) 加工各种形状复杂的型腔和型孔，如各种模具的型腔、型孔、样板、成形刀具以及小孔(直径 0.01mm)、异形孔等；

(3) 加工范围已达到小至 10μm 的孔、缝，大到几米的大型模具和零件。

5. **电火花成形加工机床**

电火花成形加工机床(见图 15-26)主要由控制柜、主机及工作液净化循环系统三大部分组成。其中控制柜包含脉冲电源及控制系统，主机又包括床身、立柱和 X、Y 工作台及主轴头等几部分。

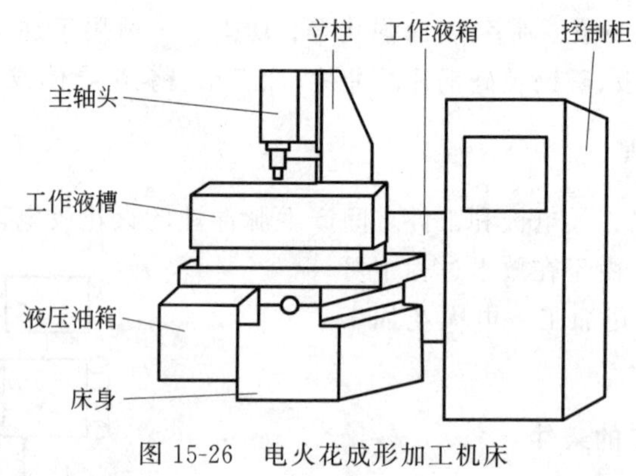

图 15-26 电火花成形加工机床

1) 控制柜

控制柜是完成控制、加工操作的部分，是机床的中枢神经系统。

脉冲电源系统包括脉冲波形产生和控制电路、检测电路、自适应控制电路、功率板等。该系统是控制柜的核心部分，产生脉冲波形，形成加工电流，监测加工状态并进行自适应调整。

伺服系统产生伺服状态信息，由计算机发出伺服指令，驱动伺服电机进行高速高精度定位操作。

手控盒集中了点动、停止、暂停、解除、油泵启停等加工操作过程中使用频率高的按键，更加便于操作。

2) 机床主机

主机主要包括床身、立柱、工作台及主轴头几部分。主轴头是电火花成形机床中关键的部件，是自动调节系统中的执行机构，对加工工艺指标的影响极大。主轴头主要由进给系统、导向防扭机构、电极装夹及其调节环节组成。

3) 工作液净化循环系统

工作液净化循环系统包括工作液(煤油)箱、电动机、泵、过滤装置、工作液槽、油杯、管道、阀门、测量仪表等。

6. **操作步骤**

(1) 工具电极安装后，调整夹头，相对于工件找正，要求严格的工件用千分表找正。

(2) 工件安装在工作台上，用螺钉、压板紧固工件，根据要求移动 X、Y 方向，可以用数显确定加工的位置。

(3) 电参数根据加工工件的要求选择。

(4) 启动工作液。

(5) 启动加工。

回退位置：设置 0～9.9mm 之间的数值，加工结束后，主轴回退至此值。打开周期提升开关，提升高度可以调节。

15.4 实训案例

电火花加工实训案例如图 15-27 所示。

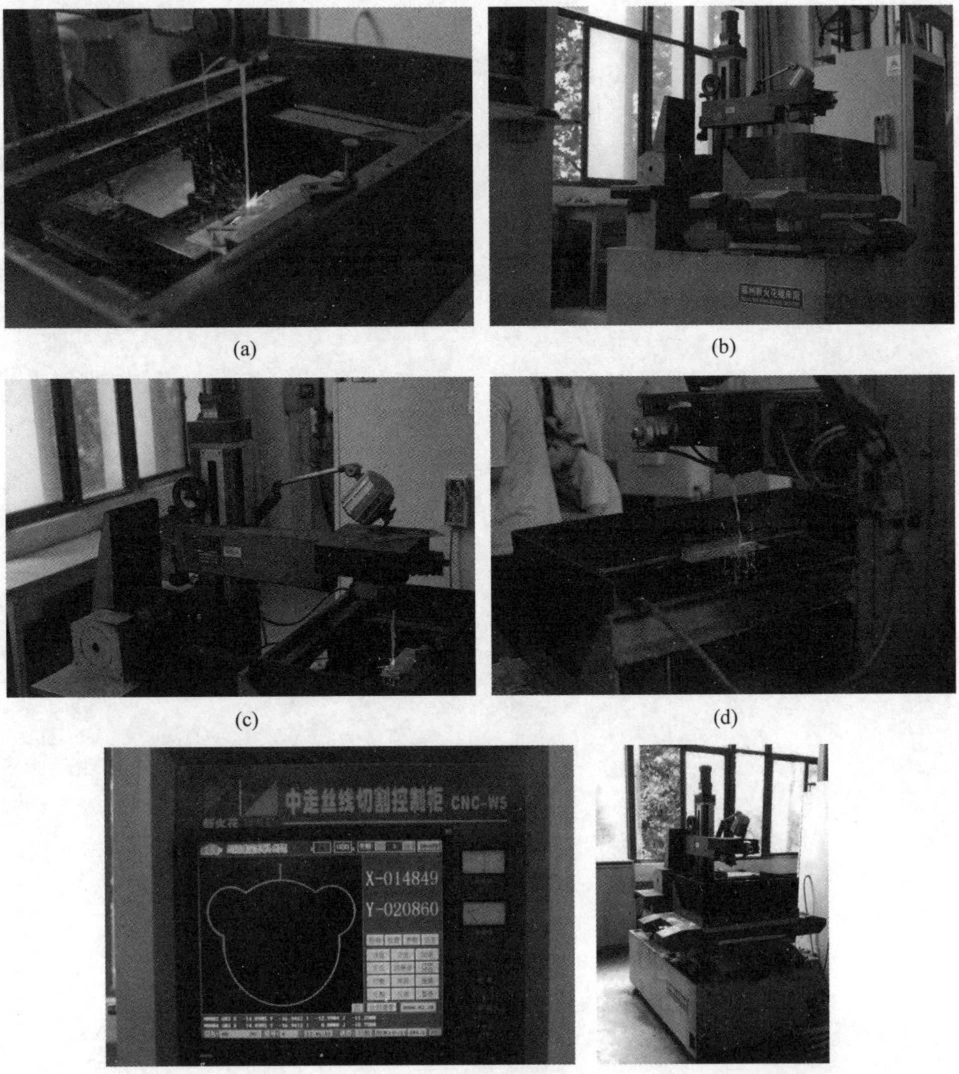

(a)

(b)

(c)

(d)

(e)

(f)

图 15-27 电火花成形加工实训案例

思考练习题

1. 简述数控线切割机床的加工原理。
2. 电火花线切割加工能正常运行,必须具备的条件有哪些?
3. 简述电火花加工的应用范围。

第16章

CHAPTER 16

激光加工

实训目的和要求

(1) 熟悉激光打标机的结构及各部分的作用，重点是光学谐振腔和振镜部分；

(2) 熟悉激光打标机的控制软件及操作，学会简单图形的编辑及参数设置；

(3) 典型材料和图案的激光打标工艺设计及设备的简单操作。

安全操作规程

(1) 主机开启状态下，因设备内部带有高压电，任何人不得打开主机箱封盖。

(2) 激光输出时，操作人员与激光镜头保持一定距离，不得用手触摸激光镜头或将手伸进行标刻区域。

(3) 注意激光主机箱风扇始终应保持在正常运转状态，发现异常应停机报检。

(4) 设备开机状态下，操作人员严禁擅自离开，必要时必须切断所有电源。

(5) 在工作台上装卸工件、标牌时注意应保护激光镜头不受碰撞。

16.1 概 述

激光加工(laser beam machining，LBM)是用高强度、高亮度、方向性好、单色性好的相干光，通过一系列的光学系统聚焦成平行度很高的微细光束(直径几微米至几十微米)，获得极高的能量密度(10^8～10^{10} W/cm^2)和10000℃以上的高温，使材料在极短的时间内(千分之几秒甚至更短)熔化甚至汽化，以达到去除材料的目的。

1. 激光加工的原理

激光是一种受激辐射而得到的加强光。其基本特征是：强度高，亮度大；波长频率确定，单色性好；相干性好，相干长度长；方向性好，几乎是一束平行光。

如图16-1所示，当激光束照射到工件表面时，光能被吸收，转化成热能，使照射斑点处的温度迅速升高、熔化、汽化而形成小坑，由于热扩散，使斑点周围金属熔化，小坑内金属蒸气迅速膨胀，产生微型爆炸，将熔融物高速喷出并产生一个方向性很强的反冲击波，于是在被加工表面打出一个上大下小的孔。

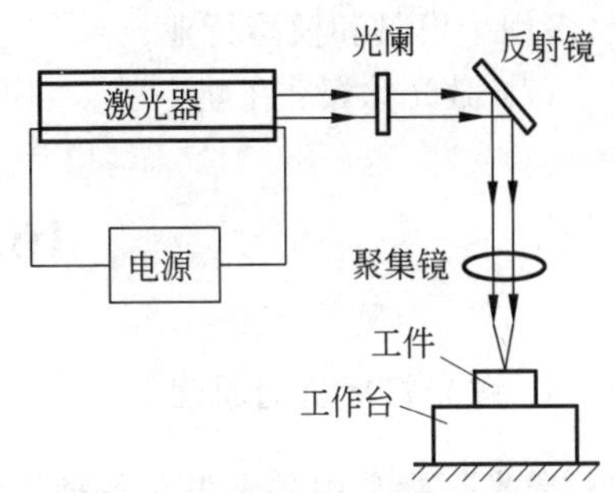

图16-1 激光加工原理示意图

2. 激光加工的特点

(1) 对材料的适应性强。激光加工的功率密度是各种加工方法中最高的一种，激光加工几乎可以用于任何金属材料和非金属材料，如高熔点材料、耐热合金及陶瓷、宝石、金刚石等硬脆性材料。

(2) 打孔速度极快，热影响区小。通常打一个孔只需 0.001s，易于实现加工自动化和流水作业。

(3) 激光加工不需要加工工具。由于它属于非接触加工，工件无变形，对刚性差的零件可实现高精度加工。

(4) 激光能聚焦成极细的光束，能加工深而小的微孔和窄缝(直径几微米，深度与直径比可达 10 以上)，适于精微加工。

(5) 可穿越介质进行加工。可以透过由玻璃等光学透明介质制成的窗口对隔离室或真空室内的工件进行加工。

3. 激光加工的应用

激光加工的应用包括切割、焊接、表面处理、打孔、打标、划线、微调等各种加工工艺，已经在生产实践中越来越多地显示了它的优越性，受到广泛的重视。

(1) 激光焊接：用于汽车车身厚薄板、汽车零件、锂电池、心脏起搏器、继电器等密封器件以及各种不允许焊接污染和变形的器件。

(2) 激光切割：用于汽车行业、计算机、电气机壳、木刀模业、各种金属零件和特殊材料、圆形锯片、亚克力、弹簧垫片、2mm 以下的电子机件用铜板、一些金属网板、钢管、镀锡铁板、镀亚铅钢板、磷青铜、电木板、薄铝合金、石英玻璃、硅橡胶、1mm 以下氧化铝陶瓷片、航天工业使用的钛合金等。

(3) 激光打标：在各种材料和几乎所有行业均得到广泛应用。

(4) 激光打孔：主要应用在航空、航天、汽车制造、电子仪表、化工等行业。

(5) 激光热处理：在汽车工业中应用广泛，如缸套、曲轴、活塞环、换向器、齿轮等零部件的热处理，同时在航空、航天、机床行业和其他机械行业也应用广泛。我国的激光热处理应用远比国外广泛得多。

(6) 激光快速成形：将激光加工技术和计算机数控技术及柔性制造技术相结合而形成，多用于模具和模型行业。

(7) 激光涂覆：在航空航天、模具及机电行业应用广泛。

16.2 激光打标

1. 激光打标机的原理

激光打标是用激光束在各种不同的物质表面打上永久的标记。打标的效应是通过表层物质的蒸发露出深层物质，或者是通过光能导致表层物质的化学物理变化而“刻”出痕迹，或者是通过光能烧掉部分物质，显示出所需刻蚀的图案、文字，如图 16-2 和图 16-3 所示。

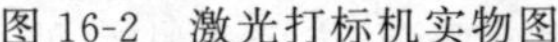

图 16-2　激光打标机实物图

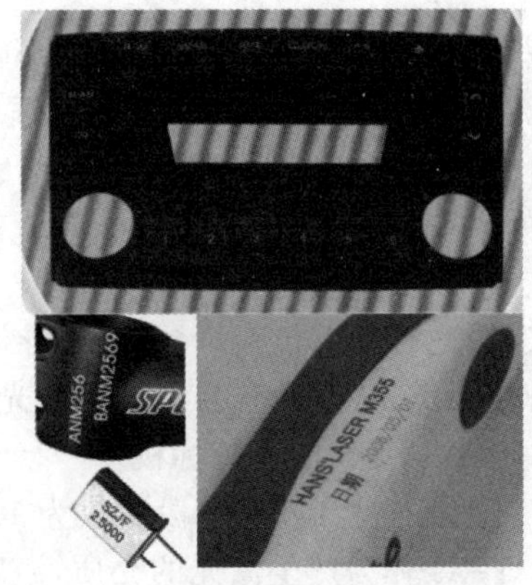

图 16-3　激光打标机产品实物图

目前,激光打标公认的原理有以下两种。

(1)“热加工”:当激光束照射到物体表面时,引起快速加热,热能把对象的特性改变或把物料熔化蒸发。具有较高能量密度的激光束(它是集中的能量流),照射在被加工材料表面上,材料表面吸收激光能量,在照射区域内产生热激发过程,从而使材料表面(或涂层)温度上升,产生变态、熔融、烧蚀、蒸发等现象。

(2)“冷加工”:又称光化学加工,指当激光束加于物体时,高密度能量光子引发或控制光化学反应的加工过程。具有很高负荷能量的(紫外)光子,能够打断材料(特别是有机材料)或周围介质内的化学键,致使材料发生非热过程破坏。这种冷加工在激光标记加工中具有特殊的意义。因为,它不是热烧蚀,而是不产生“热损伤”副作用的、打断化学键的冷剥离,因而对被加工表面的里层和附近区域不产生加热或热变形等作用。例如,电子工业中使用准分子激光器在基底材料上沉积化学物质薄膜,在半导体基片上开出狭窄的槽等。

相对于气动打标、电腐蚀、丝印、喷码机、机械雕刻等传统的标记方式,激光标识具有以下优势。

(1) 激光加工为光接触,是非机械接触,没有机械应力,所以特别适合在高硬度(如硬质合金)、高脆性(如太阳能硅片)、高熔点及高精度(如精密轴承)要求的场合使用。

(2) 激光加工的能量密度很大,时间短,热影响区小,热变形小,热应力小,不会影响内部电气机能。特别是 532μm,355μm,266μm 激光的冷加工,适合特殊材质的精密加工。

(3) 激光直接灼烧蚀刻,为永久性的标记,不可擦除,不会失效、变形、脱落。

(4) 激光加工系统是计算机控制系统,可以方便地编排、修改,有跳号、随机码等功能,实现产品独一编码的要求,适合于个性化加工,对小批量多批次的加工更有优势。

(5) 激光打标机标记效果精美,工艺美观,精度较高,可提升产品档次,提高产品附加值。

(6) 线宽可小到 10μm,深度可达 10μm 以下,可对“毫米级”尺寸大小的零件表面进行标记。

(7) 低耗材,无污染,节能环保,符合欧洲环保尺度,符合医药行业 GMP 要求。

(8) 加工成本低。设备的一次性投资较大,但连续的、大量的加工使单个零件的加工成本降低。

(9) 加工方式灵活。可通过透明介质对内部工件进行加工,易于导向、聚焦,实现方向变换,极易与数控系统配合。

2. 激光打标机分类

根据不同材料对不同波长的激光吸收不同的特性，一般把激光打标机分为两大类。一类采用 YAG 激光器，适合加工金属材质和大部分的非金属材质，如铁、铜、铝、金、银等金属和各类合金，还有 ABS 料、油墨覆层、环氧树脂等。另一类采用 CO_2 激光器，只能加工非金属材质，如木头、纸张、亚克力、玻璃等。有些材料同时适用于两种类型的激光打标机，但标识的工艺效果会有差异。

YAG 激光打标机包括灯泵浦、半导体泵浦和光纤三大类，CO_2 激光打标机包括射频管和玻璃管两大类，这五种产品构成了激光打标机的标准机型。

1）灯泵浦 YAG 激光打标机

YAG 激光器是红外光频段波长为 1.064μm 的固体激光器，采用氪灯作为能量源（激励源），Nd：YAG 作为产生激光的介质，激励源发出特定波长的入射光，促使工作物质发生居量反转，通过能级跃迁释放出激光，将激光能量放大并整形聚焦后形成可使用的激光束，通过计算机控制振镜头改变激光束光路实现自动打标。

Nd：YAG 激光器：Nd（钕）是一种稀土族元素，YAG 代表钇铝石榴石，晶体结构与红宝石相似。

其优点是使用面广，价格较低；缺点是三个月左右要换一次灯，光斑大，不适合做精细加工。

2）半导体泵浦 YAG 激光打标机

半导体泵浦激光打标机是使用了半导体激光二极管（侧面或端面）泵浦，将 Nd：YAG 作为产生激光的介质，使介质产生大量的反转粒子在 Q 开关的作用下形成巨脉冲激光输出，电光转换效率高。

半导体泵浦 YAG 激光打标机与灯泵浦 YAG 激光打标机相比有较好的稳定性、省电、不用换灯等优点，但价格相对较高。

3）光纤 YAG 激光打标机

光纤 YAG 激光打标机主要由激光器、振镜头、打标卡三部分组成，是采用光纤激光器生产激光的打标机，光束质量好，其输出中心为 1064nm。其整机寿命在 10 万 h 左右，相对于其他类型激光打标机寿命更长；其电光转换效率为 28%以上，相对于其他类型激光打标机 2%～10%的转换效率优势很大；在节能环保等方面性能卓著。

优点：比较灵活方便，体积较小；光斑小，适合做精细加工；采用风冷，减少水冷所需耗材成本。

缺点：光纤打标机价格较高，功率较小，不适合做激光深加工。

4）CO_2 激光打标机

CO_2 激光器是红外光频段波长为 10.64nm 的气体激光器，采用 CO_2 气体充入放电管作为产生激光的介质，在电极上加高电压，放电管中产生辉光放电，就可使气体分子释放出激光，将激光能量放大后就形成对材料加工的激光束，通过计算机控制振镜头改变激光束光路实现自动打标。

优点：用于非金属打标切割，速度快，价格较灯泵浦 YAG 激光打标机低，技术成熟。

缺点：功率小，不适合做精细加工，不能打金属，切割时有一定的斜度。

3. 激光打标机的应用

（1）激光打标机可用于雕刻多种金属及非金属材料。例如，普通金属及合金（铁、铜、铝、镁、锌等所有金属)、稀有金属及合金(金、银、钛)、金属氧化物(各种金属氧化物均可)、特殊表面处理(磷化、铝阳极化、电镀表面)、ABS 料(电器用品外壳、日用品)、油墨(透光按键、印刷制品)、环氧树脂(电子元件的封装、绝缘层)。

(2) 激光打标机可用于机械制造、汽车配件、五金制品、工具配件、精密器械、电子元器件、集成电路(IC)、电工电器、手机通信、眼镜钟表、首饰饰品、塑胶按键、建材、PVC 管材、医疗器械、服装辅料、医药包装、酒类包装、建筑陶瓷、饮料包装、橡胶制品、工艺礼品、皮革等行业。

16.3 实训案例

激光加工实训案例如图 16-4 所示。

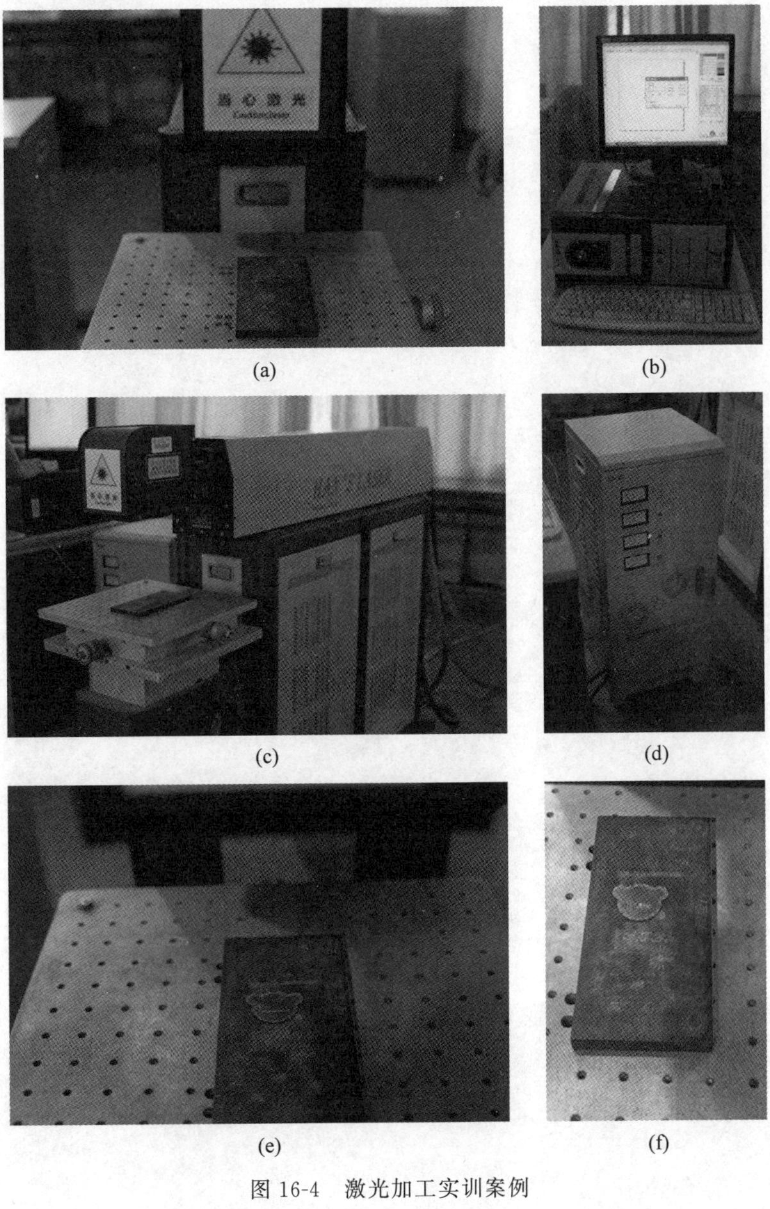

(a)

(b)

(c)

(d)

(e)

(f)

图 16-4 激光加工实训案例

思考练习题

1. 简述激光加工的特点。
2. 简述激光打标机的应用。

第17章

CHAPTER 17

快速成形加工

实训目的和要求

(1) 了解快速成形的基本理论;

(2) 了解FDM(融熔堆积固化成形)的原理,成形工艺过程及特点;

(3) 掌握快速成形设备操作方法。

安全操作规程

(1) 要注意保护好打印设备。

(2) 打印前要检查打印机是否可用,喷头是否堵塞,供料机构是否能正常工作。

(3) 打印前要预热,对于有悬空部分的模型应该添加支撑。

(4) 打印头的移动速度因与挤出量相配合,模型切片厚度因合理。

17.1 概　　述

1. 现代成形科学简介

现代成形科学是研究将材料有序地组织成具有确定外形和一定功能的三维实体的科学,从机械零件的制造到动植物的生长成形均属其研究范畴。根据成形过程中物质的组织形式的不同特点,可以将成形方式分为四大类。

(1) 去除成形:从基体上有序地分离出去一部分材料,从而获得所需要形状的成形方法。机械制造技术中的车削、铣削、磨削、电火花加工、激光切割等切削加工方式都属于去除成形方式。因此,去除成形方式是目前应用最广泛,也是最主要的成形方式。

(2) 受迫成形:利用材料的可成形性,在特定的外界约束(边界约束或外力约束)条件下,获得所需要形状的方法。例如,机械制造中的铸造、锻造、冲压、粉末冶金等加工方式属于受迫成形方式。

(3) 堆积成形:把材料有序地堆积起来,获得所需要形状的方法。例如,机械制造技术中的焊接、铆接等加工方式属于堆积成形方式。

(4) 生长成形:利用材料的活性自行生长成形的方法。自然界中各类生物个体的生长发育均属于生长成形。人工可控的生长成形技术即克隆(clone)技术。

传统的机械制造技术着重于去除成形、受迫成形及堆积成形的研究与开发,但随着科技的飞速发展,人们越来越关注生长成形技术的研究,科幻世界中的生物机器人终有一天会成为现实。

2. 快速成形技术简介

随着全球市场一体化的形成,制造业的竞争十分激烈,为满足日益变化的用户需求,要求产品的开发迅速,且制造技术应当有较强的灵活性,能够以小批量甚至单件生产而不增加产品的成本。因此,集机械工程、CAD、逆向工程技术、分层制造技术、数控技术、材料科学、激光技术于一身,可以自动、直接、快速、精确地将设计思想转变为具有一定功能的原型或直接制造零件,从而为零件原型制作、新设计思想的校验等方面提供了一种高效低成本的实现手段的快速成形技术应运而生。

快速成形技术又称快速原型制造技术(rapid prototyping manufacturing,RPM 或 RP),是近年来发展起来的直接根据 CAD 模型快速生产样件或零件的成组技术的总称,也是先进制造技术的重要组成部分。它集成了 CAD 技术、数控技术、激光技术和材料技术等现代科技成果,是基于材料堆积法的高新技术,能在几小时或几十小时内直接从 CAD 三维实体模型制作出原型,提供了一个比图纸和计算机屏幕信息更丰富、更直观的实体。

快速成形技术的基本原理为:通过计算机建立零件的三维数字化模型,将三维数字化模型"微分"——沿某一坐标轴对三维数字化模型进行分层处理,得到每层截面的一系列二维截面数据;计算机根据"离散"过程所获得的分层数据,建立成形材料堆积的路径、限制和方式;实体"积分"——快速成形设备根据材料堆积的路径,有序地堆积材料,每次只加工一个截面,通过反复叠加每层成形材料,制造出所需的三维实体原型。

快速成形的过程是首先生成一个产品的三维 CAD 实体模型或曲面模型文件,将其转换成 STL 文件格式,再用软件从 STL 文件"切"(slice)出设定厚度的一系列的片层,或者直接从 CAD 文件切出一系列的片层,这些片层按次序累积起来仍是所设计零件的形状。然后,将上述每一片层的资料传到快速自动成形机中,类似于计算机向打印机传递打印信息,用材料添加法依次将每一层做出来并同时连接各层,直到完成整个零件。因此,快速自动成形可定义为一种将计算机中储存的任意三维形体信息通过材料逐层添加法直接制造出来。

快速成形技术具有以下特点:

(1) 由数字化模型直接驱动,通过 CAD 设计出所需三维数字化模型,即可根据所设计的数字化模型加工出实体,与反求工程、CAD 技术、网络技术、虚拟现实等相结合,成为产品快速开发的有力工具;

(2) 可以设计制造任意复杂的三维集合模型,由于是堆积成形方式,几乎不受加工条件制约,实现了机械工程学科多年来追求的两大先进目标,即材料的提取(气、液、固相)过程与制造过程一体化以及设计(CAD)与制造(CAM)一体化;

(3) 在制造过程中无需专用夹具和工具,通用性强;

(4) 产品的复制性、互换性高;

(5) 加工周期短,加工成本与产品的复杂程度无关,加工成本较低;

(6) 制造材料种类较多,可使用金属材料或非金属材料。

3．快速成形的工艺过程

快速成形的工艺过程具体如下。

(1) 产品三维模型的构建。由于 RP 系统由三维 CAD 模型直接驱动,因此首先要构建所加工工件的三维 CAD 模型。该三维 CAD 模型可以利用计算机辅助设计软件(如 Pro/E、I-DEAS、Solidworks、UG 等)直接构建,也可以将已有产品的二维图样进行转换而形成三维模型,或对产品实体进行激光扫描、CT 断层扫描,得到点云数据,然后利用反求工程的方法构造三维模型。

(2) 三维模型的近似处理。由于产品往往有一些不规则的自由曲面,加工前要对模型进行近似处理,以方便后续的数据处理工作。由于 STL 格式文件简单、实用,目前已经成为快速成形领域的准标准接口文件。它是用一系列的小三角形平面来逼近原来的模型,每个小三角形用 3 个顶点坐标和一个法向量来描述,三角形的大小可以根据精度要求进行选择。STL 文件有二进制码和 ASCII 码两种输出形式,二进制码输出形式的文件所占的空间比 ASCII 码输出形式的文件所占用的空间小得多,但 ASCII 码输出形式可以用来阅读和查阅。典型的 CAD 软件都带有转换和输出 STL 格式文件的功能。

(3) 三维模型的切片处理。根据被加工模型的特征选择合适的加工方向,在成形高度方向上用一系列一定间隔的平面切割近似后的模型,以便提取截面的轮廓信息。间隔一般为 0.05～0.5mm,常用 0.1mm。间隔越小,成形精度越高,但成形时间也越长,效率就越低,反之则精度低,但效率高。

(4) 成形加工。根据切片处理的截面轮廓,在计算机控制下,相应的成形头(激光头或喷头)按各截面轮廓信息做扫描运动,在工作台上一层一层地堆积材料,然后将各层黏结,最终得到原型产品。

(5) 成形零件的后处理。从成形系统里取出成形件,进行打磨、抛光、涂挂,或放在高温炉中进行后烧结,进一步提高其强度。

4．快速成形技术的应用

与数控加工、铸造、金属冷喷涂、硅胶模等制造手段一起,快速成形已成为现代模型、模具和零件制造的强有力手段,在航空航天、汽车、摩托车、家电等领域得到了广泛应用。

(1) 新产品开发设计：运用快速成形技术能够快速、直接、精确地将设计思想转化为具有一定功能的实物模型,大幅缩短开发周期,有效降低开发费用,使企业在激烈的市场竞争中能够占有先机。

(2) 复杂零件制造：对于特殊复杂零件,由于只需单件或小批量生产,可采用快速成形技术直接进行零件成形,成本低、周期短。

(3) 快速模具制造：传统的模具生产时间长、成本高,将快速成形技术与传统的模具制造技术相结合,可以大大缩短模具制造的开发周期,提高生产率。快速成形技术在模具制造方面的应用,可分为直接制模和间接制模两种。直接制模是指采用快速成形技术直接堆积制造出模具；间接制模是先制造出快速成形零件,再由零件复制得到所需要的模具。

(4) 航空航天领域应用：风洞实验所需模型形状复杂、精度要求高、又具有流线型特性,可采用快速成形技术制作风洞模型,节省制作周期,保障模型质量。

(5) 医学领域应用：近几年来，快速成形技术在医学领域的应用较多。以医学影像数据为基础，利用快速成形技术制作人体器官模型，对外科手术有极大的应用价值。

(6) 在文化艺术领域应用：在文化艺术领域，快速成形制造技术多用于艺术创作、文物复制、数字雕塑等。

17.2 快速成形方法

快速成形技术发展至今，以其技术的高集成性、高柔性、高速性而得到迅速发展。目前，快速成形的工艺方法已有几十种之多，其中应用较为广泛的主要工艺类型有5种：光固化成形法、分层实体制造法、选择性激光烧结法、熔融沉积成形法和三维印刷方法。

1. 光固化成形/立体印刷

光固化成形(stereo lithography apparatus，SLA)工艺也称光造型、立体光刻及立体印刷，其工艺过程是：以液态光敏树脂为材料充满液槽；由计算机控制激光束扫描层状截面轨迹；受到激光照射的液体树脂固化成形；升降台下降一层高度，已成形的层面上又布满一层树脂；进行新一层的激光扫描，新固化的一层牢固地黏在前一层上；如此不断重复直到整个零件制造完毕。其结构原理如图17-1所示。

SLA成形是第一个投入商业应用的RP技术。目前全球销售的SLA设备占RP设备总数的70%左右，SLA成形设备如图17-2所示。这种方法的特点是精度高、表面质量好，原材料利用率将近100%，能制造形状特别复杂(如空心零件)、特别精细(如首饰、工艺品等)的零件。

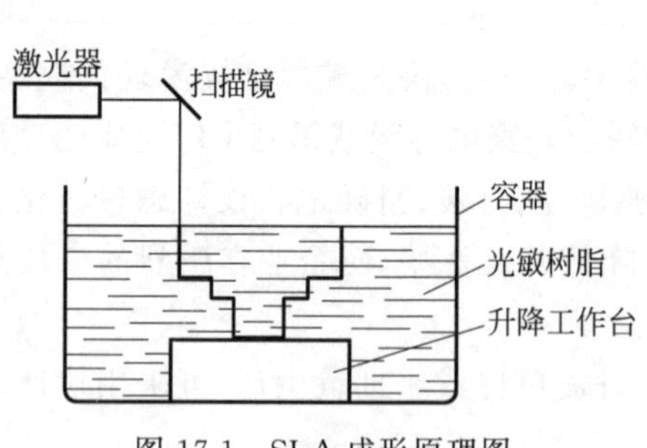

图17-1 SLA成形原理图

图17-2 SLA成形设备

光固化成形工艺的特点是：成形方法简单，自动化程度高，能直接生产塑料件；原型件精度高，零件强度和硬度好，可制出形状特别复杂的空心零件，生产的模型柔性化好，可随意拆装，是间接制模的理想方法；成形过程中有物理、化学以及相的变化，制件较易翘曲、变形，需要支撑结；成形速度较低，需要对制件进行二次固化，以提高制件的尺寸稳定性和使用性能；制造成本较高，光敏树脂价格昂贵，且必须避光保存，同时光敏树脂有毒性和难闻气味，对环境有污染。

2. 分层实体制造

分层实体制造(laminated object manufacturing，LOM)工艺或称为叠层实体制造，其工艺原理是：采用薄片材料(如纸、塑料薄膜等)，在材料表面事先涂覆一层热熔胶，根据零件分层几何信息，用 CO_2 激光器或刀具在计算机控制下对材料进行切割，然后通过热压辊热压，使当前层与下面已成形的工件黏结，再切割下一层的轮廓，如此反复直到加工完毕，最后去除切碎部分以得到完整的零件。其结构原理如图 17-3 所示。

分层实体制造工艺特点是：原型件强度类似硬木，可承受 200℃左右的高温，具有较好的机械强度和稳定性，可承受切削加工；经过适当的表面处理，如喷涂清漆、高分子材料或金属后，可作为各类间接快速制模工艺的母模，或直接制作用于注塑用的纸基模具；适合大、中型结构简单的零件加工；在加工过程中，主要成形材料没有相变，变形小，加工精度较高(<0.15mm)；难以清除内腔的废料，不宜制作内部结构复杂的零件；材料浪费大，且清除废料困难。分层物件制造设备如图 17-4 所示。

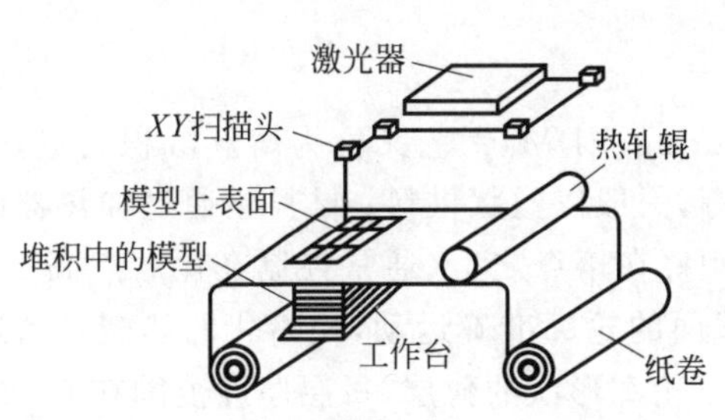

图 17-3　分层物件制造原理图

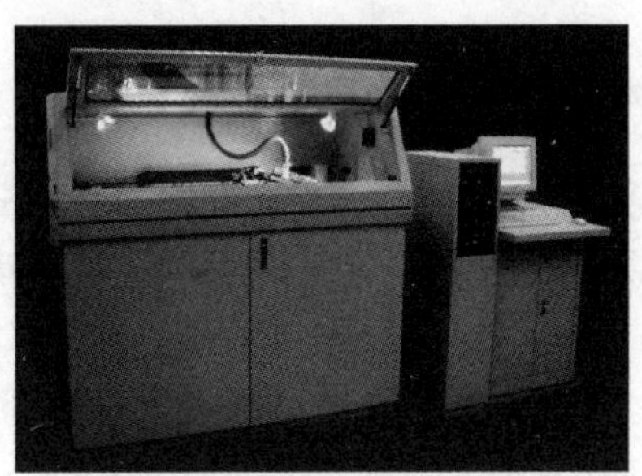
图 17-4　分层物件制造设备

3. 选择性激光烧结

选择性激光烧结(selective laser sintering，SLS)工艺，其工艺原理是：采用金属、陶瓷、ABS 塑料等材料的粉末作为成形材料；先在工作台上铺一层粉末，在计算机控制下用激光束对粉末有选择地进行烧结(零件的空心部分不烧结，仍为粉末材料)；被烧结部分固化构成零件的实心部分；通过层层烧结，每层均被牢牢地烧结在一起；全部层数烧结完成后，去除多余的粉末，便得到烧结形成的零件。其结构原理如图 17-5 所示。

选择性激光烧结工艺的特点是：材料适应面广，不仅能制造塑料零件，还能制造陶瓷、金属、蜡等材料的零件；成形精度一般，原型强度高；适合中小零件的生产，但实心零件成形时间较长。

选择性激光烧结工艺能够制造金属零件，因而具有较高的工程应用价值，受到广泛的关注和研究。从 20 世纪 90 年代开始，随着快速原型技术的逐渐成熟，金属粉末激光熔融沉积技术，在西方发达国家逐渐成为材料加工领域的研究热点，并迅速进入高速发展阶段。国外已经利用这些商业化的技术及设备取得了实质性的成果，其相关成果在武装直升机、AIM 导弹、波音 7×7 客机、F/A-18E/F、F-22 战机等方面均有实际应用。例如，AeroMet 公司利用 Lasform 技术，制备 F-22 战机的 TC4 钛合金接头满足疲劳寿命 2 倍要求，以及 F/A-18E/F 的翼根吊环满足疲劳寿命 4 倍要求，且静力加载到 225%仍未破坏。国内最早从 1998 年开始了相关技术的研究工作并取得了一定成果。例如，北京航空航天大学已开发同轴送粉激光快速成形技术及装备，并制备了一些钛合金结构件。SLS 成形设备如图 17-6 所示。

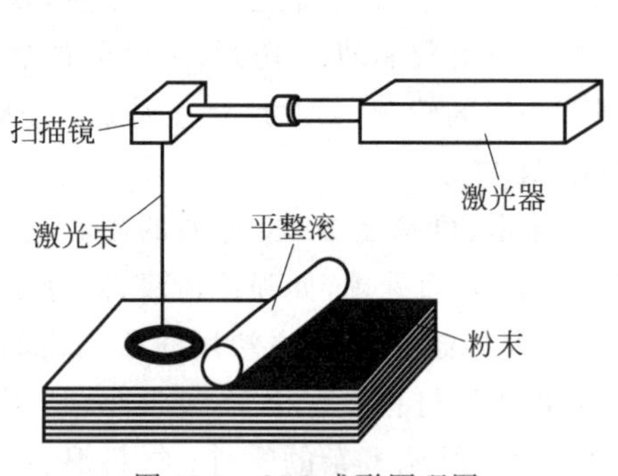

图 17-5 SLS 成形原理图

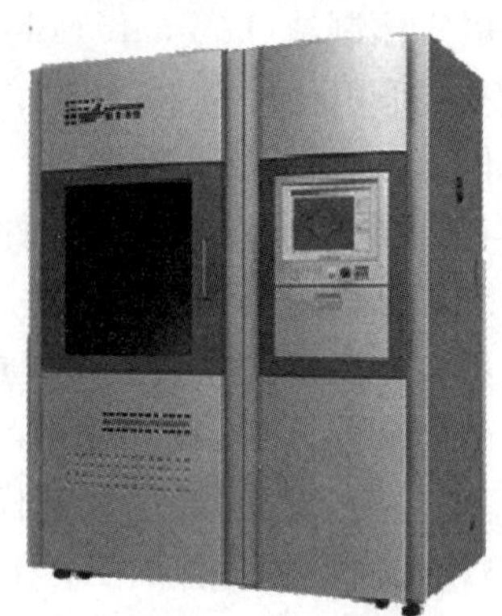
图 17-6 SLS 成形设备

4. 熔融沉积成形

熔融沉积成形(fused deposition manufacturing，FDM)工艺又称为熔丝沉积制造，其工艺原理是：采用热塑性材料，如 ABS、蜡、尼龙等，一般以丝状供料；材料丝通过加热器的挤压头熔化成液体，关键是保持半流动成形材料刚好在熔点之上(通常控制在比熔点高 1℃左右)；在计算机控制下，挤压头沿零件的每一截面的轮廓准确运动，使熔化的热塑材料通过喷嘴挤出，并在极短的时间内迅速凝固，凝固形成轮廓形状的薄层，每层厚度范围在 0.025～0.762mm；通过逐层堆积形成一个实体模型或零件。其结构原理如图 17-7 所示。

熔融沉积成形工艺的特点是：用 ABS 工程塑料制造的原型具有较高强度，在产品设计、测试与评估等方面得到广泛应用；由于产品精度较低，且 FDM 工艺一般在 80～120℃进行，材料的收缩必然会引起尺寸误差，同时会产生热应力容易发生变形；FDM 工艺适合成形小塑料件；成形时间较长。FDM 成形设备如图 17-8 所示。

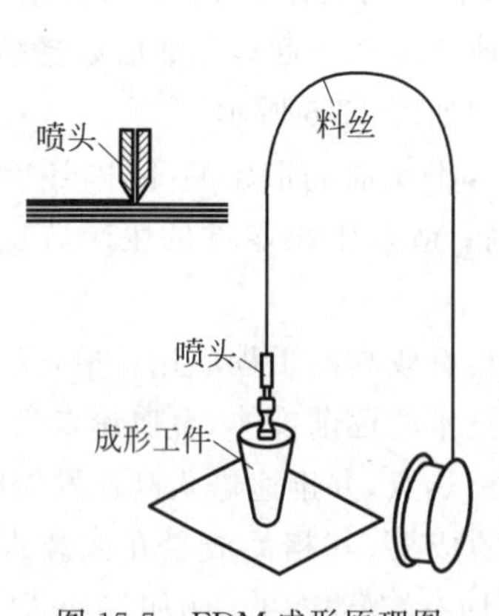

图 17-7 FDM 成形原理图

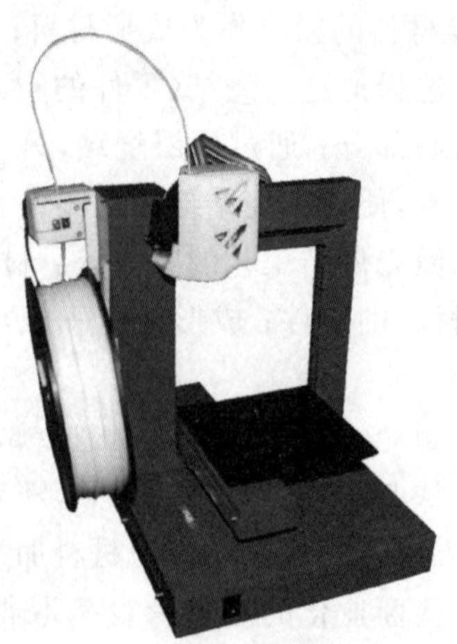
图 17-8 FDM 成形设备

5. 三维印刷

三维印刷(three-dimensional printing,TDP)工艺与 SLS 工艺类似,采用粉末材料成形,如陶瓷粉末、金属粉末。但粉末成形并不是通过高温烧结,而是通过喷头喷洒黏结剂(如 502、硅胶等)将零件的截面"印刷"在材料粉末上面。与二维打印机在打印头下送纸不同,三维打印成形机是在一层粉末的上方移动打印头,打印由软件传送的横截面数据。三维打印成形机通过逐层升高的供给活塞和平台来完成这项工作。墨辊装置将供给活塞送出的粉末在制作平台上铺开,并特意在每层多铺大约 30%的粉末,以确保制作平台的整个层面都被粉末密实地覆盖。多余的粉末会掉到溢流槽中,然后流入一个容器,以备下次制作时重新使用。其工作原理如图 17-9 所示。

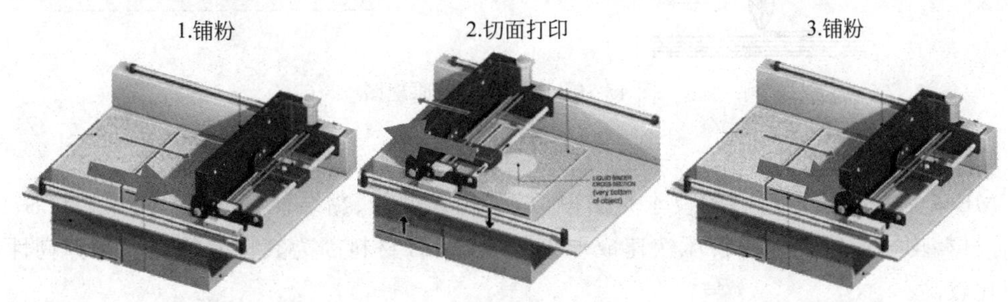

图 17-9　Zprinter 310 Plus 三维快速成形系统成形原理图

17.3　熔融挤压快速成形技术及设备的使用

1. 熔融挤压快速成形技术

随着快速成形技术的快速发展,熔融沉积工艺(FDM)中的熔融挤压快速成形技术(MEM)日益成熟,其设备价格及耗材低廉,目前在国内应用范围非常广泛。工程训练课程基本采用熔融挤压快速成形技术及设备进行快速成形技术实训。

熔融挤压成形工艺原理如图 17-10 所示,将成形材料先抽成丝状,通过送丝机构送进喷头,在喷头内被加热熔化,计算机控制喷头沿零件截面轮廓和填充轨迹运动,同时将熔化的材料挤出,材料冷却后迅速固化,并与周围的材料黏结,层层堆积成形。

2. 熔融挤压快速成形技术的特点

1) 运行费用较低

MEM 熔融挤压技术无需激光器,不仅在初期投入时费用低,而且耗材制造方便,价格便宜,设备运行费用较低。

2) 加工精度较高

熔融挤压快速成形技术能够达到的精度为 0.2mm/100mm,可以制造复杂的各种模型。制作出来的模型可以用于装配验证。熔融挤压成形件打磨非常方便,打磨后可以实现间隙配合或过盈配合。其成形精度对于大多数情况下的设计验证是完全足够的。

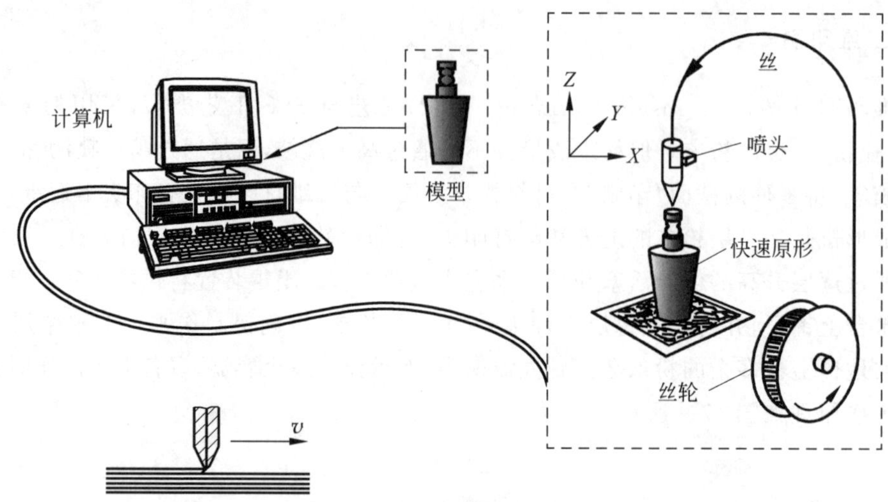

图 17-10　MEM 工艺原理图

3）成形材料种类较多

MEM 工艺对成形材料的要求是熔融温度低、黏度低、黏结性好、收缩率小。ABS、PC、PP 等材料均可应用在熔融挤压快速成形工艺中，ABS 材料因为其良好的强度和弹韧性，使用率比较高。

4）材料的利用率高

MEM 工艺可以很方便地将零件的内部做成网状结构。对于一些大型实体件，如果用户只是需要验证零件的外形，用户在用 MEM 工艺制作样件时就可以通过参数设置将零件的内部做成稀疏网格结构，这样既可以节省成形材料，又可以大大减少造型时间。

5）成形样件强度好，易于装配，可进行消失模铸造

MEM 工艺的成形件强度高，打磨性能也比较好。在成形零件表面挂涂陶瓷浆料，经过高温焙烧后 ABS 材料会完全汽化挥发，从而可以获得陶瓷型腔，用于金属浇注即可获得金属件。采用这种办法可以间接实现金属零件的快速成形。

6）表面质量较好

由于填充纹理比较细密，熔融挤压快速成形技术制造的模型表面比较光滑、平整，基本上不需进行二次机械加工。

7）加工速度较慢

由于喷头的运动系统通常是采用打印机皮带导轨驱动或丝杠导轨驱动，且制造过程为分层制造，因此在制作一些大型零件或零件分层精度较高时，成形速度较慢。

8）加工大型零件易变形

由于材料是由喷头加热熔化后挤出，在成形过程中由于喷头运动较慢，导致模型受热不均匀，在打印大型零件时容易产生变形，影响加工质量和加工精度。

3. 熔融挤压快速成形设备

由于熔融挤压快速成形技术较为成熟，设备生产厂家及型号较多，以实训中使用的北京太尔时代科技有限公司生产的 UP！桌面式三维打印机进行使用介绍。

1）打印机外观（见图 17-11 和图 17-12）

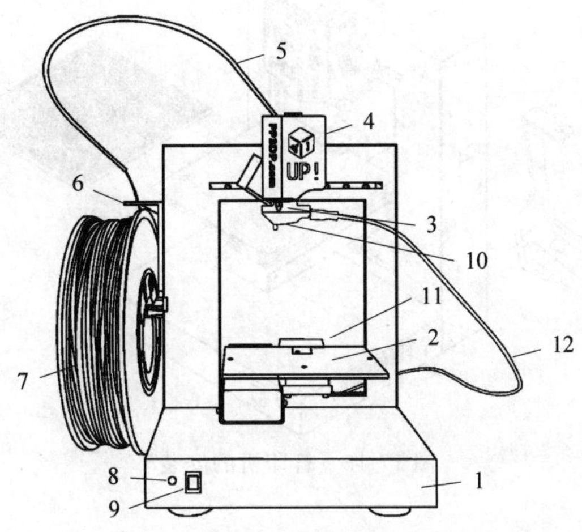

图 17-11　打印机正面

1—基座；2—打印平台；3—喷嘴；4—喷头；5—丝管；
6—材料挂轴；7—丝材；8—信号灯；9—初始化按钮；10—水平校准器；
11—自动对高块；12—3.5mm 双头线

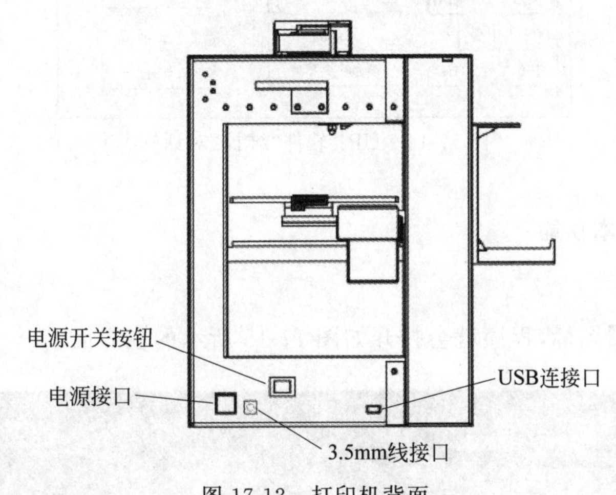

图 17-12　打印机背面

2）打印机的安装（见图 17-13）

第一步：安装打印平台。将打印平板 b_1 置于打印平台 b 上，然后拨动平台边缘的 8 个弹簧以固定平板。

第二步：安装材料挂轴。将材料挂轴 a_1 背面的开口插入机身左侧的插槽 a 中，然后向下推动以便固定。

第三步：接通电源。

第四步：将打印材料插入送丝管。

第五步：启动 UP！软件，在菜单的“维护”对话框内单击“挤出”按钮，如图 17-14 所示。

第六步：喷嘴加热至 260℃后，打印机会发出蜂鸣声。将丝材插入喷头，并轻微按住，直到喷头挤出细丝。

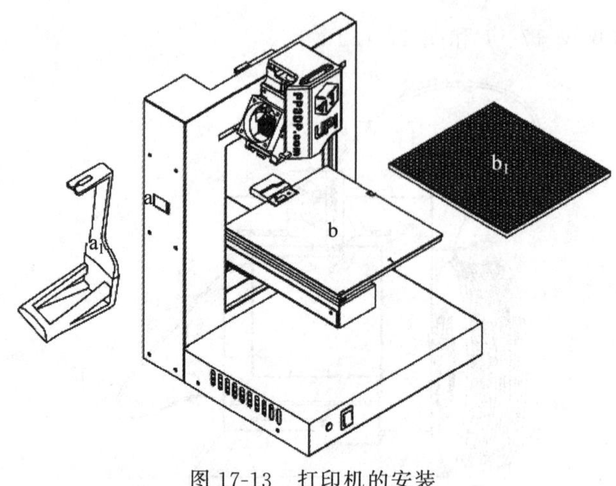

图 17-13　打印机的安装

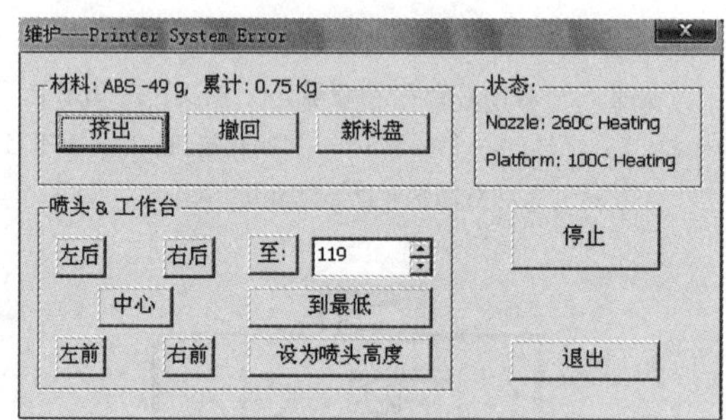

图 17-14　UP！软件“维护”对话框

4. UP！软件基本功能

1）启动程序

单击桌面上的图标，程序就会打开如图 17-15 所示的主界面。

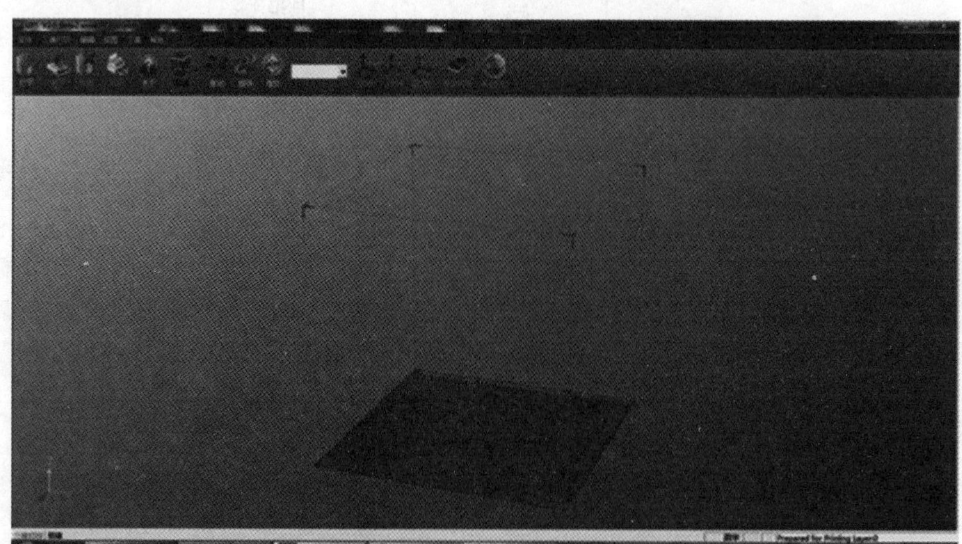

图 17-15　UP！软件主界面

2）载入一个 3D 模型

单击菜单中“文件/打开”或者工具栏中按钮，选择一个想要打印的模型。由于 UP！仅支持 STL 格式（为标准的 3D 打印输入文件）、UP3 格式（为 UP！三维打印机专用的压缩文件）以及 UPP 格式（UP！工程文件），所以使用三维绘图软件绘制三维图形后，均需将文件格式保存为 STL 格式。

将鼠标指针移到模型上，单击，模型的详细资料介绍会悬浮显示出来，如图 17-16 所示。

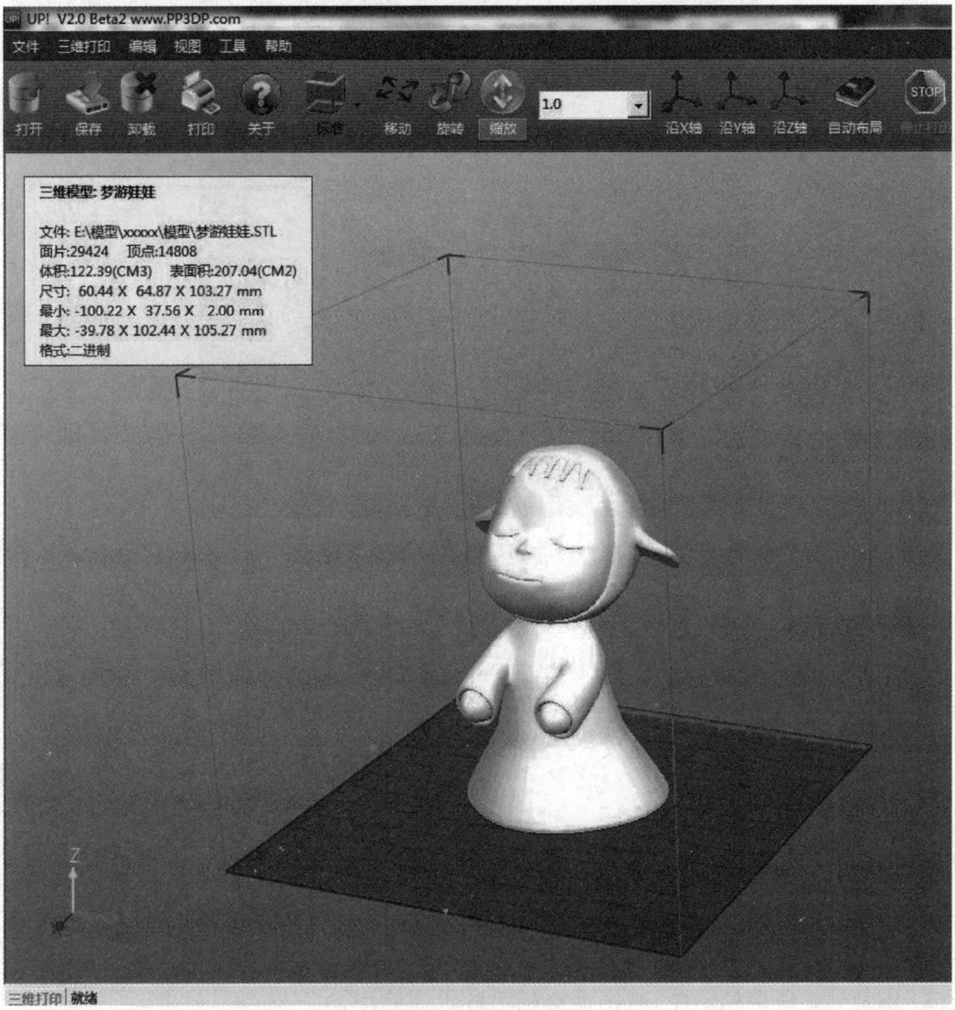

图 17-16　载入模型

3）卸载模型

将鼠标指针移至模型上，单击选择模型，然后在工具栏中选择卸载，或者在模型上右击，会出现一个下拉菜单，选择卸载模型或者卸载所有模型。

4）保存模型

选择模型，然后单击“保存”。文件就会以 UP3 格式保存，此外，还可选中模型，单击菜单中的“文件—另存为工程”选项，保存为 UPP（UP Project）格式，该格式可将当前所有模型及参数进行保存，当载入 UPP 文件时，将自动读取该文件所保存的参数，并替代当前参数。

5）修复 STL 文件

为了准确打印模型，模型的所有面都要朝向外。UP！软件会用不同颜色来标明一个模型是否正确。当打开一个模型时，模型的默认颜色通常是灰色或粉色。如模型有方向的错误，则模型错误的部分会显示成红色，如图 17-17 所示。UP！软件具有修复模型损坏表面的功能。在修改菜单项下有一个修复选项，选择模型的错误表面，单击“修复”选项即可。

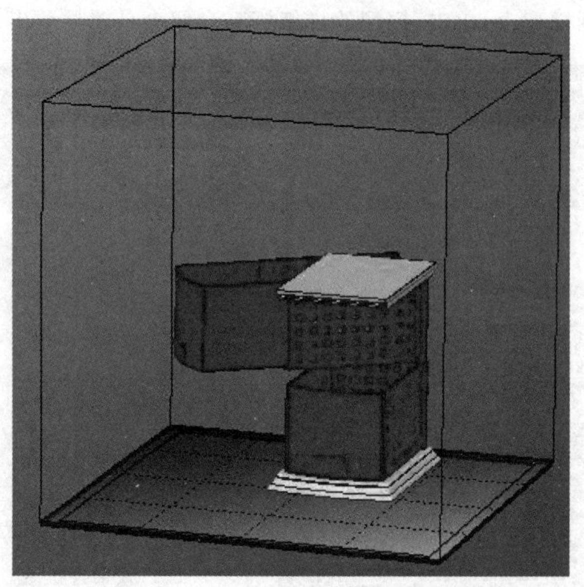

图 17-17 模型错误区域示意图

6）合并模型

通过修改菜单中的“合并”按钮，可以将几个独立的模型合并成一个模型。只需要打开所有想要合并的模型，按照所希望的方式排列在平台上，然后单击“合并”按钮。当单击“保存”文件后，所有的部件会被保存成一个单独的 UP3 文件。

7）编辑模型视图功能

单击菜单栏“编辑”选项，可以通过不同的方式观察目标模型。

(1) 旋转：按住鼠标中键，移动鼠标，视图会旋转，可以从不同的角度观察模型。

(2) 移动：同时按住 Ctrl 和鼠标中键，移动鼠标，可以将视图平移；也可以用键盘方向键平移视图。

(3) 缩放：旋转鼠标滚轮，视图就会随之放大或缩小。

(4) 视图：该系统有 8 个预设的标准视图，存储于工具栏的视图选项中。单击工具栏上的“视图”按钮（单击“启动”按钮—标准）可以通过顶视、底视、前视、后视、左视、右视功能观察目标模型。

8）移动模型

按住 Ctrl 键，即可将模型放置于任何需要的地方，如图 17-18 所示。

9）旋转模型

单击工具栏上的“旋转”按钮，在文本框中选择或者输入想要旋转的角度，然后再选择需要旋转的坐标轴，如图 17-19 所示。

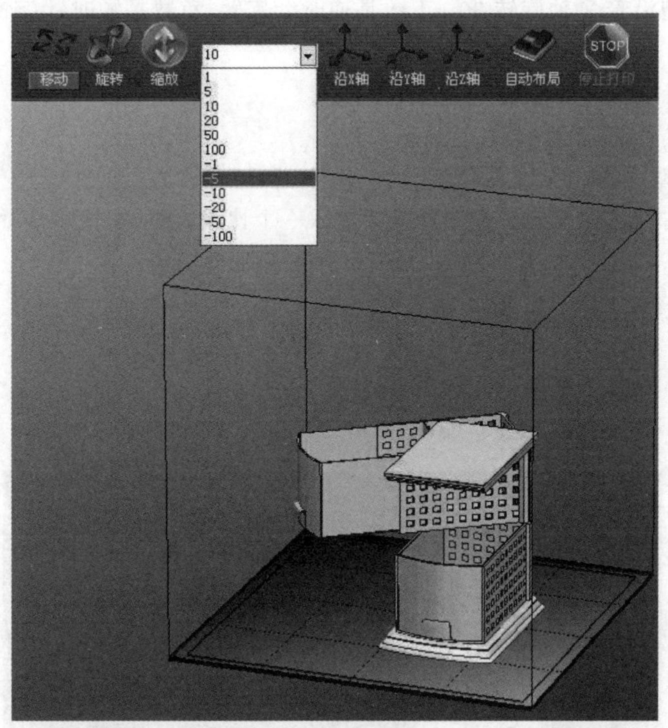

图 17-18　模型的移动

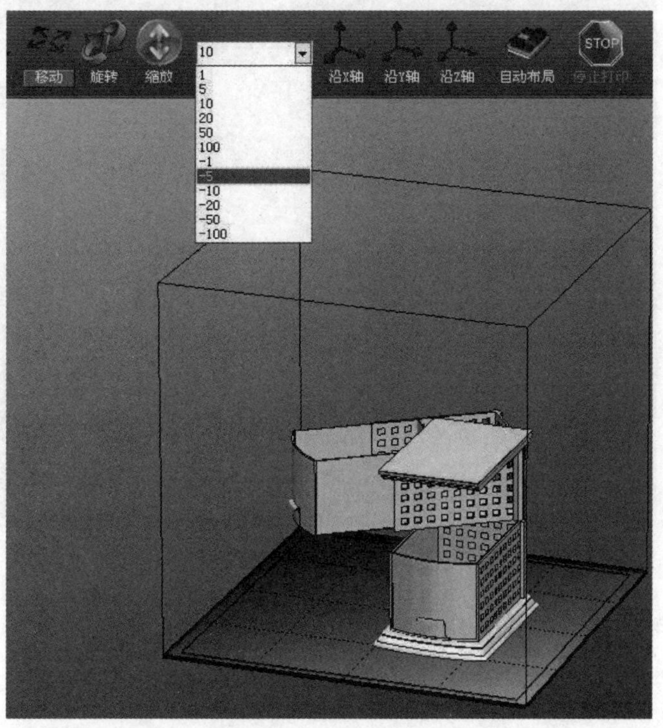

图 17-19　模型的旋转

例如，将模型沿着 Y 轴旋转 30°（正数是逆时针旋转，负数是顺时针旋转）。

操作步骤 1：单击"旋转"按钮；

操作步骤 2：在文本框中输入 30；

操作步骤 3：单击 Y 坐标轴。

10）缩放模型

单击"缩放"按钮，在工具栏中选择或者输入一个比例，然后再次单击"缩放"按钮缩放模型；如只想沿着一个坐标轴方向缩放，只需选择这个坐标轴即可。

例 1　统一将模型放大 2 倍。

操作步骤 1：单击"缩放"按钮；

操作步骤 2：在文本框内输入数值 2；

操作步骤 3：再次单击"缩放"按钮，如图 17-20 所示。

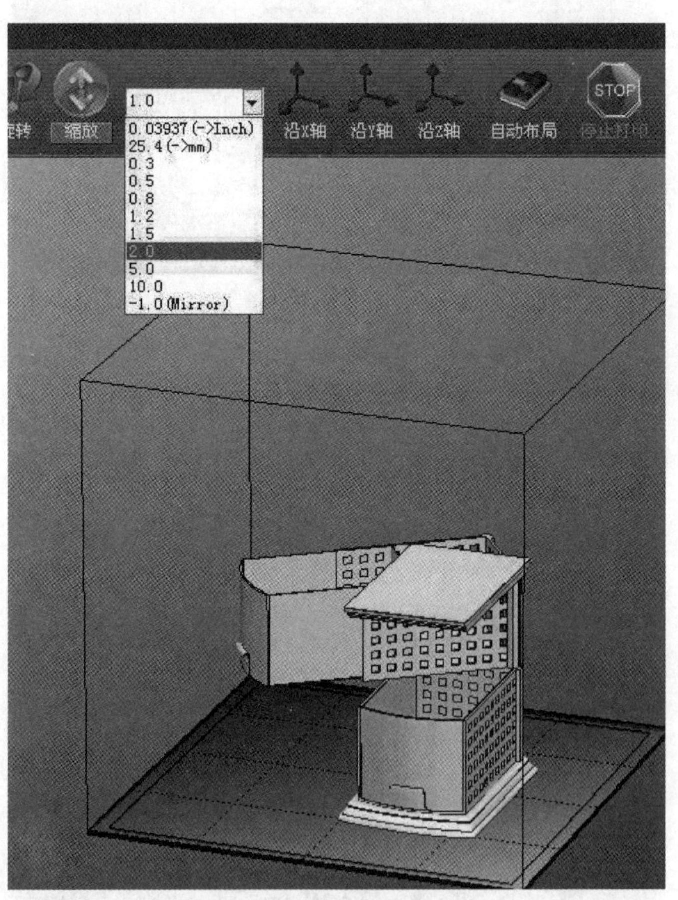

图 17-20　放大模型 2 倍

例 2　在 Z 轴方向放大模型 1.2 倍。

操作步骤 1：单击"缩放"按钮；

操作步骤 2：在文本框内输入数值 1.2；

操作步骤 3：单击 Z 轴，如图 17-21 所示。

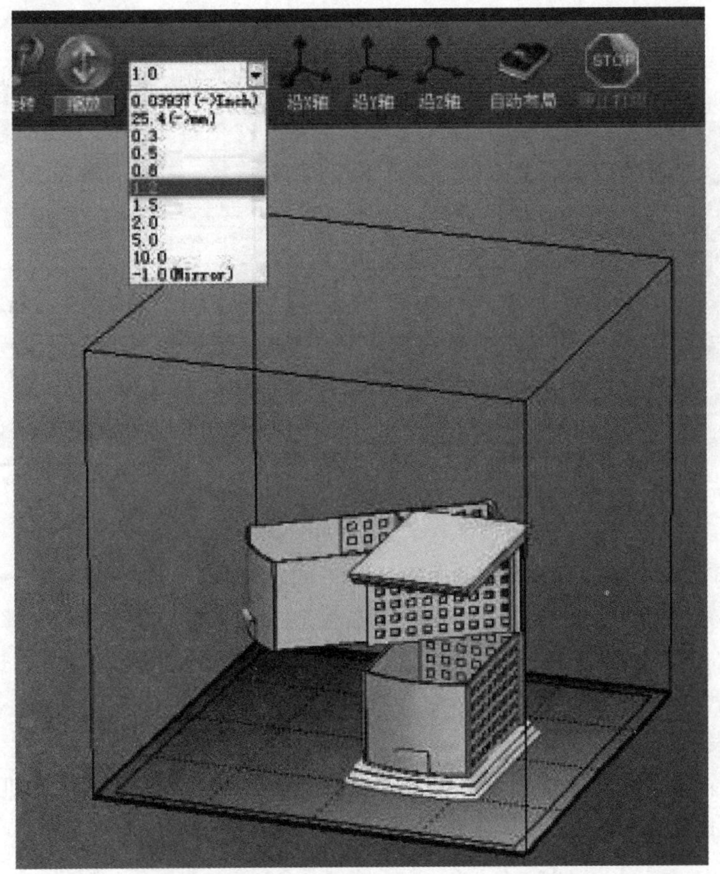

图 17-21 轴向放大模型 1.2 倍

5. 打印模型

1) 模型布局

将模型放置于平台的适当位置(尽量将模型放置在平台的中央),有助于提高打印的质量。

(1) 采用自动布局:单击工具栏最右边的“自动布局”按钮,软件会自动调整模型在平台上的位置。当平台上不止一个模型时,建议使用自动布局功能。

(2) 采用手动布局:单击 Ctrl 键,同时用鼠标左键选择目标模型,移动鼠标,拖动模型到指定位置,每个模型之间的距离至少要保 12mm 以上。

2) 初始化打印机

在打印之前,需要初始化打印机。单击 3D 打印菜单下面的初始化选项(见图 17-22),当打印机发出蜂鸣声,初始化即开始。打印喷头和打印平台将再次返回到打印机的初始位置,当准备好后将再次发出蜂鸣声。

3) 打印设置选项

单击软件“三维打印”选项内的“设置”,将会出现图 17-23 所示的界面。

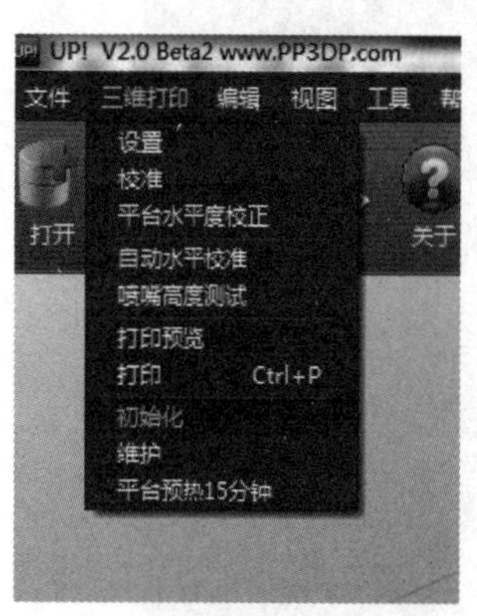

图 17-22 初始化打印机

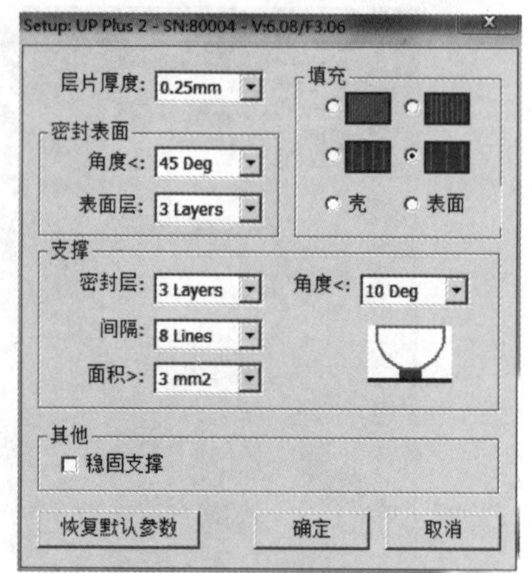

图 17-23 打印设置界面

(1) 层片厚度：设定打印层厚，根据模型的不同，每层厚度设定在 0.15～0.4mm。

(2) 支撑：当打印机开始打印时，首先在底板上打印一层支撑底座，支撑底座厚度参数可调，默认参数值设为 2mm，支撑底座打印完成后，打印机才开始一层层的打印实际模型，如图 17-24 所示。

(3) 密封表面

① 表面层：表面层参数将决定打印底层的层数。例如，如果设置成 3，机器在打印实体模型之前会打印 3 层。

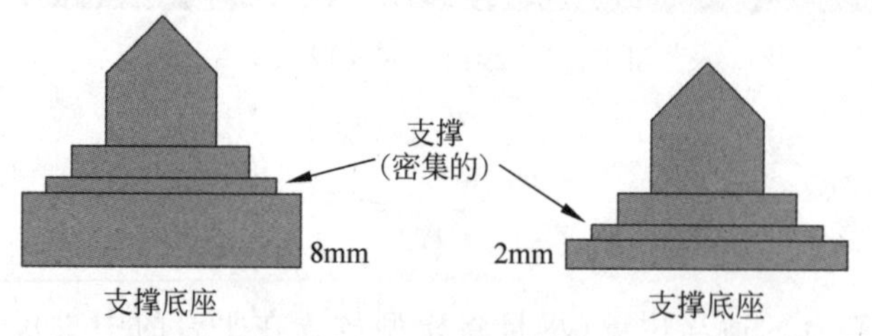

图 17-24 支撑底座

② 角度：根据角度大小决定在什么时候添加支撑结构。如果角度小，系统自动添加支撑。

③ 填充选项：有 4 种方式填充内部支撑，如表 17-1 所示，其实物照片如图 17-25 所示。

表 17-1 填充方式选择

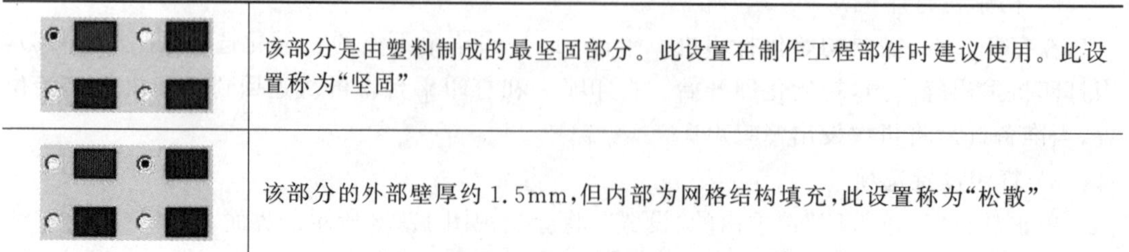

	该部分是由塑料制成的最坚固部分。此设置在制作工程部件时建议使用。此设置称为"坚固"
	该部分的外部壁厚约 1.5mm，但内部为网格结构填充，此设置称为"松散"

续表

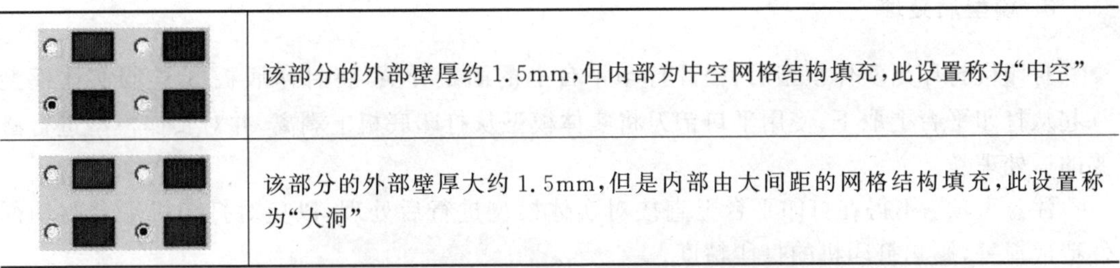

	该部分的外部壁厚约 1.5mm，但内部为中空网格结构填充，此设置称为“中空”
	该部分的外部壁厚大约 1.5mm，但是内部由大间距的网格结构填充，此设置称为“大洞”

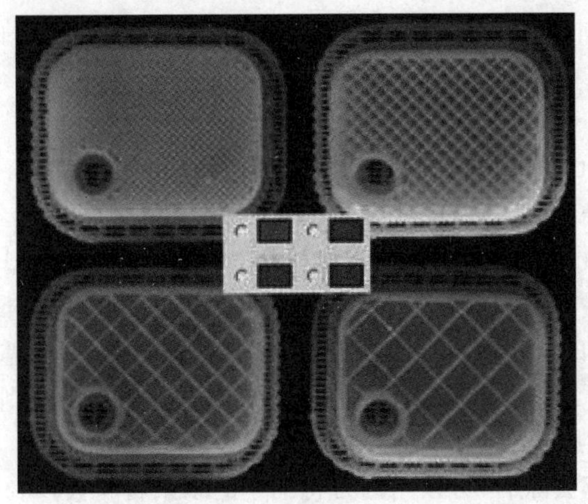

图 17-25　4 种填充内部支撑实物照片

④ 壳：该模式在模型打印过程中将不会产生内部填充，有助于提升中空模型的打印效率。如仅需打印模型作为概览，可选择该模式。

⑤ 表面：该模式仅打印模型的一层表面层，且模型上部与下部将不会封口，可以在一定程度上提高模型表面质量。如仅需打印模型轮廓且不封口，可选择该模式。

(4) 支撑选项

① 密封层：为避免模型主材料凹陷入支撑网格内，在贴近主材料被支撑的部分要做数层密封层，而具体层数可在支撑密封层选项内进行选择(可选范围为 2～6 层，系统默认为 3 层)，支撑间隔取值越大，密封层数取值相应越大。

② 角度：设定需要使用支撑材料时的角度。例如，设置成 10°，在表面和水平面的成形角度大于 10°的时候，支撑材料才会被使用。如果设置成 50°，在表面和水平面的成形角度大于 50°的时候，支撑材料才会被使用。按照常规，外部支撑比内部支撑更容易移除，开口向上将比向下节省更多的支撑材料。

③ 间隔：支撑材料线与线之间的距离。要通过支撑材料的用量，移除支撑材料的难易度和零件打印质量等一些经验来改变此参数。

④ 面积：支撑材料的表面使用面积。例如，当您选择 $5mm^2$ 时，悬空部分面积小于 $5mm^2$ 时不会有支撑添加，将会节省一部分支撑材料并且可以提高打印速度。此外，还可以选择“仅基底支撑”，以节省支撑材料。

6. 模型后处理

打印机打印出实体模型后，松开打印平台上的固定弹簧，将打印底板 b_1 连同实体模型一起从打印平台上取下，使用平口铲刀将实体模型从打印底板上剥离，并对实体模型进行必要的后处理。

注意事项：不得在打印平台上直接对实体模型进行后处理，以免对打印机平台驱动部件造成损害，影响打印机的打印精度。

1）后处理工具介绍

在后处理过程中所用到的工具有平口铲刀、什锦锉刀、刻刀、偏口钳、CA-50 胶、水砂纸、爽身粉等。

2）剥离支撑材料

(1) 在剥离过程中注意安全，不要被工具割伤手。

(2) 观察模型的结构，注意有哪些细小、不易剥离部分。

(3) 可以使用偏口钳去除大面积的支撑材料，注意不要损坏模型。

(4) 大面积支撑材料去除后，使用适当大小的刻刀去除细小的支撑材料。在剥离支撑材料过程中，对于整块的材料，尽可能地用刻刀从中间部位撬开，使整块支撑材料脱落，节省时间。若无法撬开，为了不损坏模型，改用偏口钳、刻刀等一点点地剥离。在剥离过程中，尽量不要让刀刃接触模型，以免对模型造成损坏。

(5) 支撑材料全部去除后，可以用刻刀将细小的多余材料去掉。

3）修整打磨

对于外形需要修整的模型，可以选用合适的什锦锉刀小心修整；对于表面粗糙度要求较高的模型表面，使用砂纸小心打磨。

4）缝隙的修复

选取爽身粉和胶适量，放在白纸上混合均匀，黏稠度适中。将混合液涂抹在需要修补的地方，放置一段时间，待干燥后，使用什锦锉刀进行修整。

17.4 逆向工程

17.4.1 逆向工程简介

逆向工程(reverse engineering，RE)也称反求工程、反向工程，是对产品设计过程的一种描述。在工程技术人员的一般概念中，产品设计过程是一个从无到有的过程：设计人员首先构思产品的外形、性能和大致的技术参数等，然后利用 CAD 技术建立产品的三维数字化模型，最终将这个模型转入制造流程，完成产品的整个设计制造周期。这样的产品设计过程可以称为正向设计。逆向工程则是一个“从有到无”的过程，是根据已经存在的产品模型，反向推出产品的设计数据(包括设计图纸或数字模型)的过程。逆向工程与传统的设计方法不同，实现了从实际物体到几何模型的直接转换，是一种全新、高效的重构手段。图 17-26 所示为逆向工程的流程。

逆向工程是一项先进制造技术，能够快速开发制造出高附加值、高技术水平的新产品，

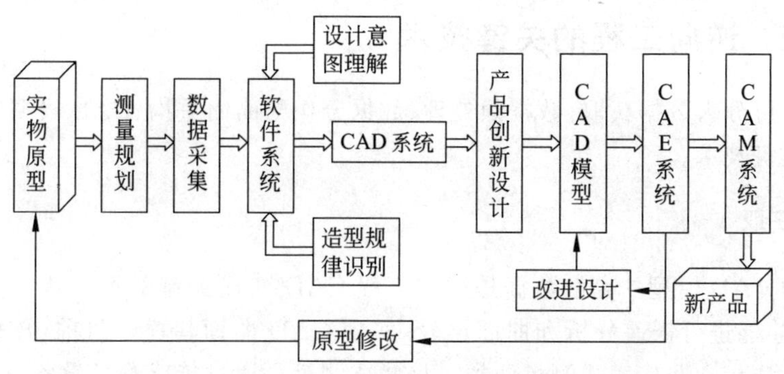

图 17-26　逆向工程流程

可以显著缩短产品设计、加工制造生产周期。逆向工程的应用有利于技术的引进和创新，在我国的经济技术发展中占有越来越重要的地位。通常，广义的逆向工程包括影像反求、软件反求和实物反求三种，其最终产品除了实现形状反求外，还包括功能反求、材料反求等诸多方面。目前基于实物的逆向工程在现代先进制造技术中应用越来越广泛，对于吸收先进技术及适应面对实物的设计具有重要的实际意义。

逆向工程主要通过以下步骤来实现：数据采样、数据处理及 CAD 三维模型的建立、产品功能模拟及再设计、后处理等。针对实物模型，利用三维数字化测量仪准确、快速地取得点云图像，随后经过曲面构建、编辑、修改，建立 CAD 三维模型之后，置入一般的 CAD/CAM 系统，再由 CAD/CAM 计算出数控加工路径，最后通过数控加工设备加工出实际产品。基于实物的反求工程实际上是从实物模型，到 CAD 模型再到实际产品，并利用各种 CAD/CAM/CAE 技术再设计的过程，是计算机集成制造(CIMS)技术的一种。图 17-27 所示为逆向工程的实现步骤。

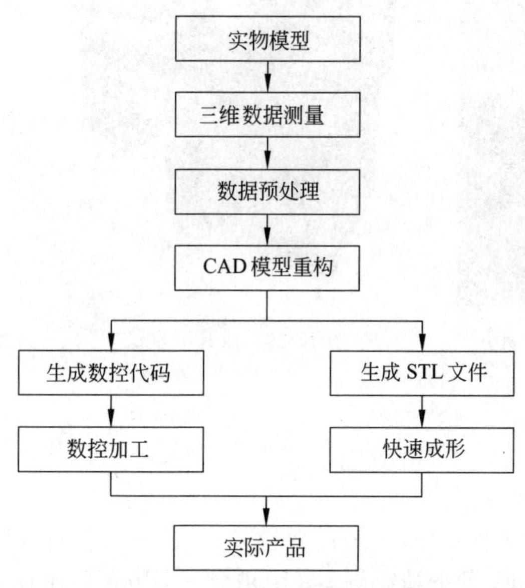

图 17-27　逆向工程的实现步骤

17.4.2 逆向工程的关键技术

逆向工程可分为数据获取、数据预处理、数据分块与曲面重构、CAD模型构造以及快速原型等五大关键技术。

1. 数据获取

获得重构CAD模型的离散数据是逆向工程CAD建模关键的第一步。只有获取正确的测量数据，才能进行误差分析和曲面比较，实现CAD曲面建模。目前，数据采集方法主要分为接触式测量和非接触式测量两类。接触式测量是通过传感测量设备与样件的接触来记录样件表面的坐标位置，接触式测量的精度一般较高，可以在测量时根据需要进行规划，从而做到有的放矢，避免采集大量冗余数据，但测量效率很低。非接触式测量方法主要是基于光学、声学、磁学等领域中的基本原理，将测得的物理模拟量，通过适当的算法转化为表示样件表面的坐标点信息的数字量。非接触式测量技术具有测量效率高的特点，所测数据能包含被测物体足够的细节信息。由于非接触式测量技术本身的限制，在测量时会出现一些不可测区域(如型腔、小的凹形区域等)，可能会造成测量数据不完整。

测量常用的数字化设备有三坐标测量机(见图17-28)、激光测量仪(见图17-29)、非接触激光三维扫描仪(见图17-30)、工业CT和逐层切削照相测量装置、数控机床(NC)加工测量装置、专用数字化仪器等。逆向工程在实际应用中，对三维表面的测量仍以三坐标测量机为主。

图17-28 三坐标测量机

图17-29 激光测量仪

图17-30 非接触激光三维扫描仪

2. 数据预处理

数据预处理是逆向工程CAD建模的关键环节，其结果将直接影响后期重构模型的质量。此过程包括噪声处理、数据精简与多视图拼合等多方面的工作。由于在实际测量过程中受到各种人为和随机因素的影响，所得数据不连续或出现数据噪声，为了降低或消除噪声对后续建模质量的影响，有必要对测量点云进行平滑滤波。对于高密度点云，由于存在大量的冗余数据，有时需要按要求减少测量点的数量。多视图拼合的任务是将多次装夹获得的测量数据融合到统一坐标系中。

3．数据分块与曲面重构

产品表面往往无法由一张曲面进行完整描述，而是由多张曲面片组成，因而必须将测量数据分割成属于不同曲面片的数据子集，然后对各子集分别构造曲面模型。数据分块大体可分为基于边、基于面和基于边、面的数据分块混合技术。曲面重构是逆向工程的关键环节，其目的是要构造出能满足精度和光顺性的要求，并与相邻的曲面光滑拼接的曲面模型。根据曲面拓扑形式的不同，可将曲面重构方法分为两大类：基于矩形域曲面的方法和基于三角域曲面的方法。

4．CAD 模型构造

CAD 模型构造的目的在于获得完整一致的边界表示 CAD 模型，即用完整的面、边、点信息来表示模型的位置和形状。由于重构的曲面之间可能存在裂缝，或缺少曲面边界信息等因素，这就使得表示产品模型的几何信息和拓扑信息不完整。因此有时要使用其他的手段，比如延伸、求交、裁剪、过渡、缝合等信息的高级计算功能，建立模型完整的面、边、点信息。

5．快速原型

快速原型也是逆向工程的一个必要的环节。在逆向工程中，快速成形机或数控加工机床可用来快速制作实物，能实现原型的放大、缩小、修改等功能。通过对制得的原型产品进行快速、准确的测量，用来验证零件与原设计中的不足，可形成一个包括设计、制造、检测的快速设计制造的闭环反馈系统，使产品设计更加完善。

17.4.3　逆向工程的应用

逆向工程技术实现了设计制造技术的数字化，为现代制造企业充分利用已有的设计制造成果带来便利，从而降低新产品开发成本、提高制造精度、缩短设计生产周期。据统计，在产品开发中采用逆向工程技术作为重要手段，可使产品研制周期缩短 40%以上。

逆向工程的应用领域主要是飞机、汽车、玩具及家电等模具相关行业。近年来随着生物、材料技术的发展，逆向工程技术也开始应用于人工生物骨骼等医学领域。但是其最主要的应用领域还是在模具行业。由于模具制造过程中经常需要反复试冲后，修改模具型面，对已达到要求的模具经测量并反求出其数字化模型，在后期重复制造或修改模具时，就可方便地运用备用数字模型生成加工程序，快捷完成重复模具的制造，从而大大提高复制模具的生产效率，降低模具制造成本。逆向工程技术在我国，特别对以生产各种汽车、玩具配套件的地区、企业有着十分广阔的应用前景。这些地区、企业经常需要根据客户提供的样件制造出模具或直接加工出产品。在这些企业，测量设备和 CAD/CAM 系统是必不可少的，但是由于逆向工程技术应用不够完善，严重影响了产品的精度以及生产周期。因此，逆向工程技术与 CAD/CAM 系统的结合对这些企业的应用有着重要意义。一方面各个模具企业非常需要逆向工程技术，但另一方面又苦于缺乏必要的推广指导和合适的软件产品，这种情况严重制约了逆向工程技术在模具行业的推广。与CAD/CAM系统在我国几十年的应用时间相比，逆向工程技术为工程技术人员所了解只有十几年甚至几年的时间。时间虽短，但逆向工程技术广泛的应用前景已经为大多数工程技术人员所关注，这对提高我国模具制造行业的整体技术含量，进而提高产品的市场竞争力具有重要的推动作用。目前，逆向工程技术的应用主要有以下几个方面。

1. 无设计图纸

在无设计图纸或者设计图纸不完整的情况下，通过对零件原型进行测量，生成零件的设计图纸或CAD模型，并以此为依据产生数控加工的NC代码，加工复制出零件原型。

2. 以实验模型作为设计零件及反求其模具的依据

对通过实验测试才能定型的工件模型，也通常采用逆向工程的方法来制造模具。比如航空、航天领域，为了满足产品对空气动力学等条件要求，首先要求在初始设计模型的基础上经过各种性能测试(如风洞实验等)，建立符合要求的产品模型，这类零件一般具有复杂的自由曲面外形，最终的实验模型将成为设计这类零件及反求其模具的依据。

3. 美学设计领域

例如，汽车外形设计广泛采用真实比例的木制或泥塑模型来评估设计的美学效果，此外，如计算机仿型、礼品创意开发等都需要用逆向工程的设计方法。

逆向工程设备如图17-31所示。

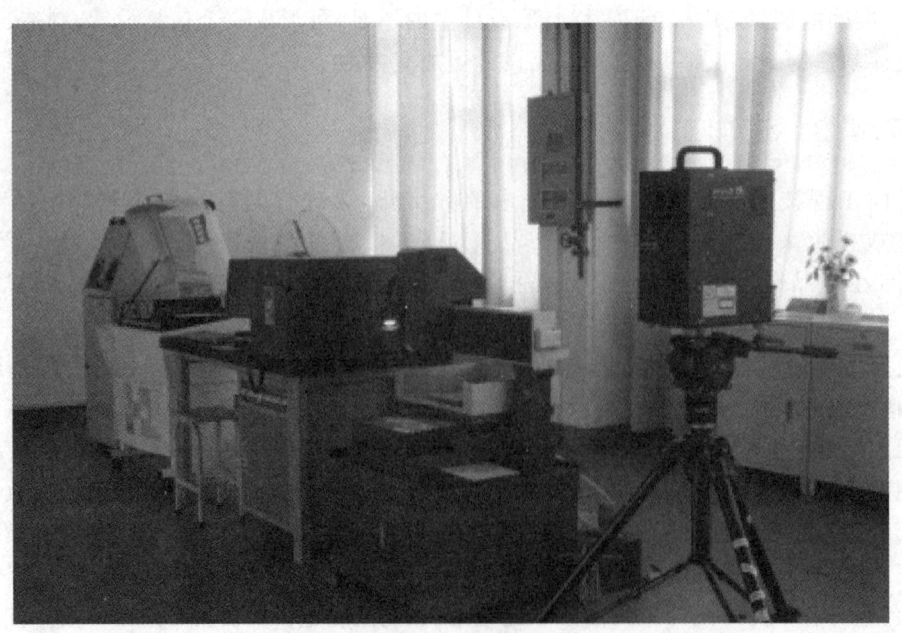

图17-31　逆向工程设备

17.5　实训案例

快速成形加工实训案例如图 17-32 所示。

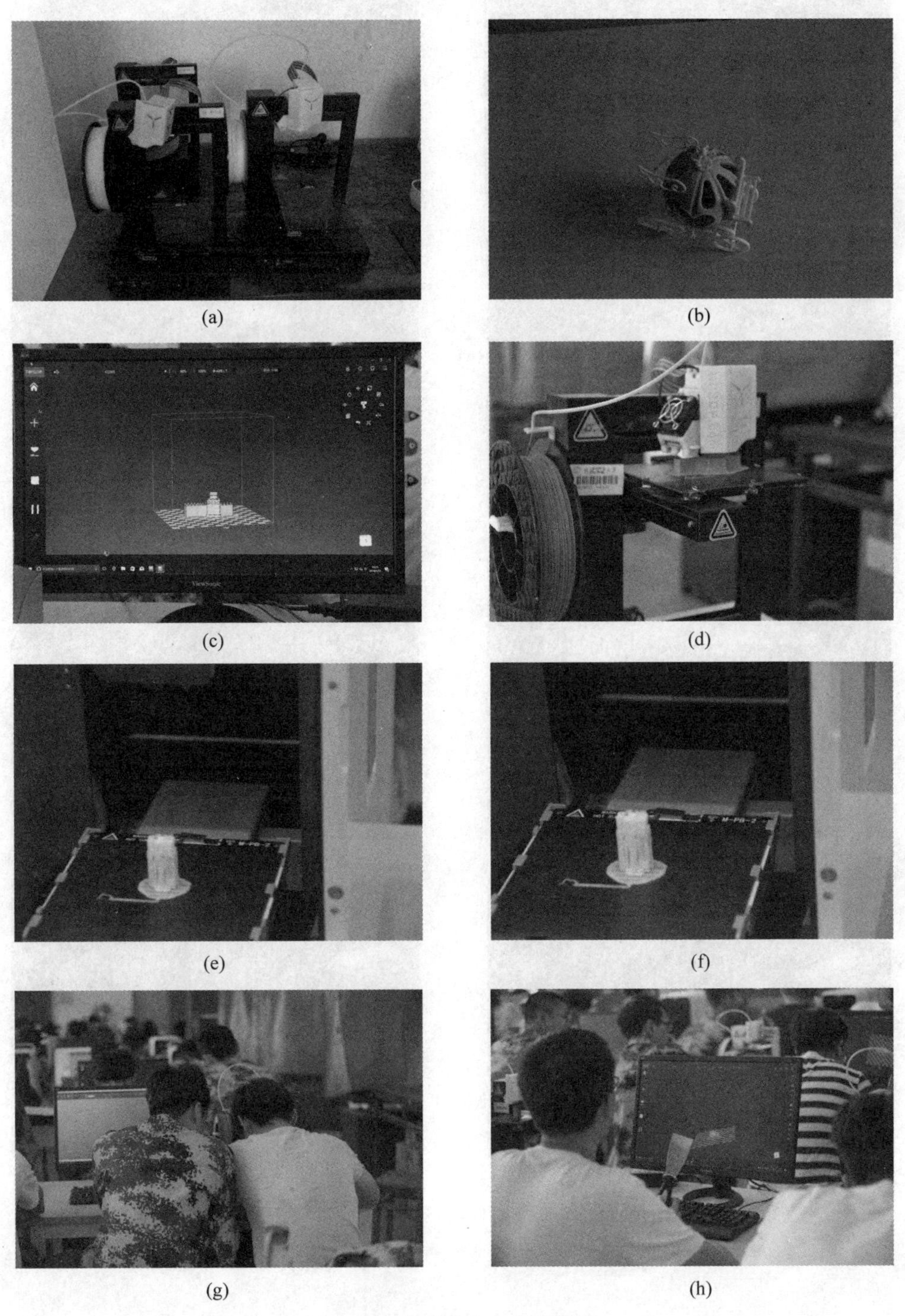

(a)　(b)　(c)　(d)　(e)　(f)　(g)　(h)

图 17-32　快速成形实训案例

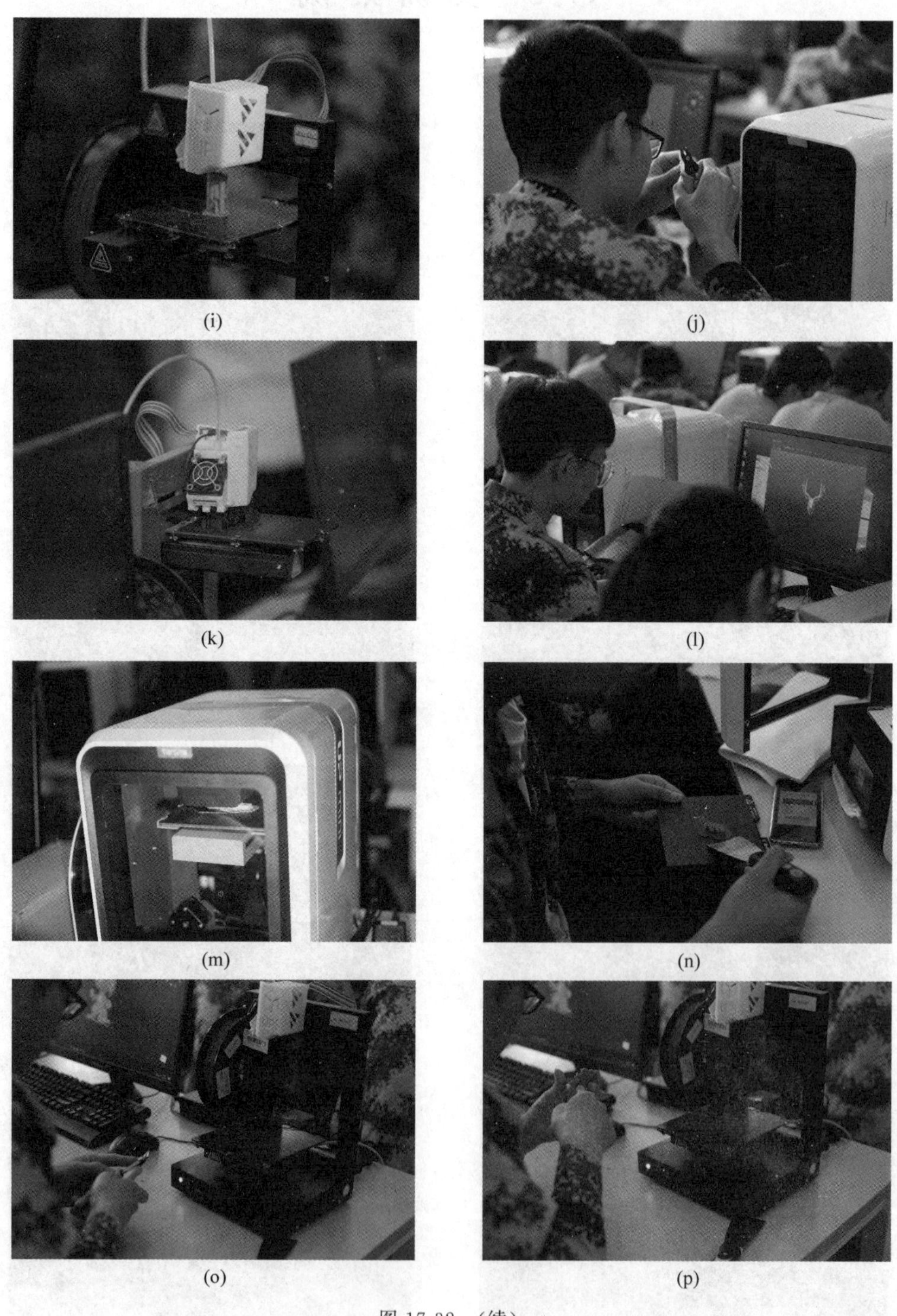

(i) (j) (k) (l) (m) (n) (o) (p)

图 17-32 （续）

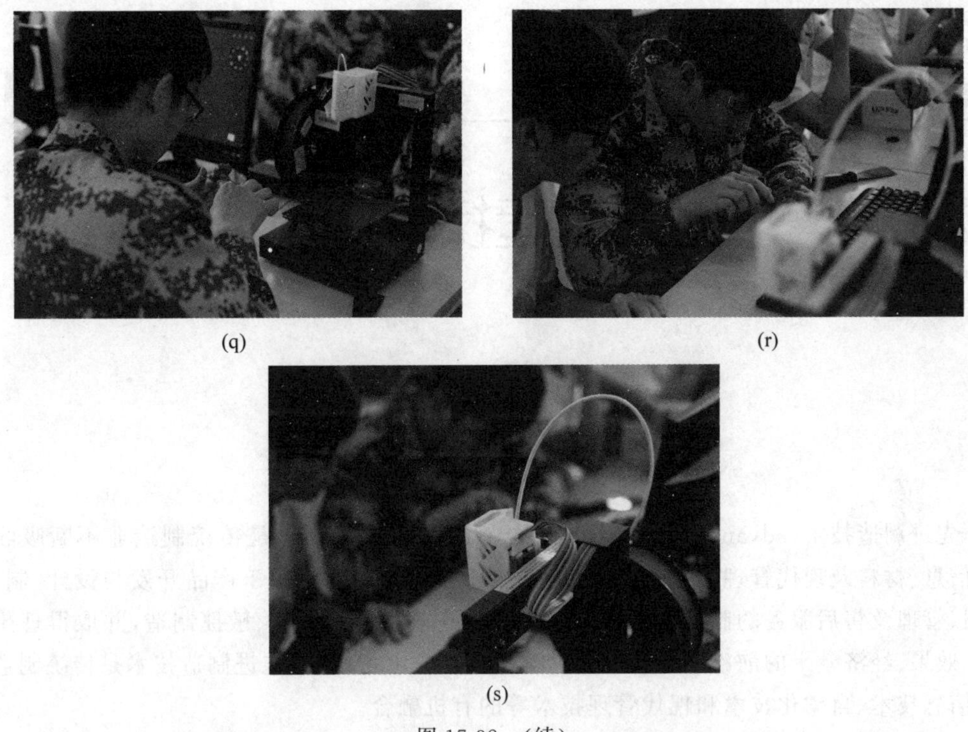

(q)　(r)

(s)

图 17-32　(续)

思考练习题

1. 简述快速成形的四种成形方法。
2. 简述逆向工程的关键技术。

第18章

CHAPTER 18

先进制造技术简介

18.1 先进制造技术概述

先进制造技术(advanced manufacturing technology,AMT)是传统制造业不断吸收机械、信息、材料及现代管理技术等方面最新成果,并将其综合应用于产品开发与设计、制造、检测、管理及售后服务的制造全过程,实现优质、高效、低耗、清洁、敏捷制造,并取得理想的技术效果、经济效果的前沿制造技术的总称。从本质上可以说,先进制造技术是传统制造技术、信息技术、自动化技术和现代管理技术等的有机融合。

先进制造技术是制造业21世纪发展的方向。先进制造技术的特点如下。

(1) 先进制造技术贯穿了从产品设计、加工制造到产品销售及使用维修等全过程,成为"市场—产品设计—制造—市场"的大系统。而传统制造工程一般单指加工过程。

(2) 先进制造技术充分应用计算机技术、传感技术、自动化技术、新材料技术、管理技术等的最新成果,各专业、学科间不断交叉、融合,其界限逐渐淡化甚至消失。

(3) 先进制造技术是技术、组织与管理的有机集成,特别重视制造过程组织和管理体制的简化及合理化。先进制造技术又可看作是硬件、软件、人和支持网络(技术的与社会的)综合与统一。

(4) 先进制造技术并不追求高度自动化或计算机化,而是通过强调以人为中心,实现自主和自律的统一,最大限度地发挥人的积极性、创造性和相互协调性。

(5) 先进制造技术是一个高度开放、具有高度自组织能力的系统,通过大力协作,充分、合理地利用全球资源,不断生产出最具竞争力的产品。

(6) 先进制造技术的目的在于能够以最低的成本、最快的速度提供用户所希望的产品,实现优质、高效、低耗、清洁、灵活生产,并取得理想的技术经济效果。

18.2 先进制造技术的组成

先进制造技术是为了适应时代要求提高竞争能力,对制造技术不断优化和推陈出新而形成的。它是一个相对的、动态的概念。在不同发展水平的国家和同一国家的不同发展阶段,有不同的技术内涵和构成。从目前各国掌握的制造技术来看可分为四个领域的研究,它们横跨多个学科,并组成了一个有机整体。

1. 现代设计技术

(1) 计算机辅助设计技术,包括有限元法；优化设计；计算机辅助设计技术；模糊智能CAD等。

(2) 性能优良设计基础技术,包括可靠性设计；安全性设计；动态分析与设计；断裂设计；疲劳设计；防腐蚀设计；减小摩擦和耐磨损设计；测试型设计；人机工程设计等。

(3) 竞争优势创建技术,包括快速响应设计、智能设计、仿真与虚拟设计、工业设计、价值工程设计、模块化设计。

(4) 全寿命周期设计,包括并行设计、面向制造的设计、全寿命周期设计。

(5) 可持续性发展产品设计,主要有绿色设计。

(6) 设计试验技术,包括产品可靠性试验、产品环保性能实验与控制。

2. 先进制造工艺

(1) 精密洁净铸造成形工艺；
(2) 精确高效塑性成形工艺；
(3) 优质高效焊接及切割技术；
(4) 优质低效洁净热处理技术；
(5) 高效高精度机械加工工艺；
(6) 新型材料成形与加工工艺；
(7) 现代特种加工工艺；
(8) 优质清洁表面工程新技术；
(9) 快速模具制造技术；
(10) 拟实制造成形加工技术。

3. 自动化技术

(1) 数控技术；
(2) 工业机器人；
(3) 柔性制造系统(FMS)；
(4)计算机集成制造系统(CIMS)；
(5) 传感技术；
(6) 自动检测及信号识别技术；
(7) 过程设备工况监测与控制。

4. 系统管理技术

(1) 先进制造生产模式；
(2) 集成管理技术；
(3) 生产组织方法。

18.3 先进制造技术现状

在制造业自动化发展方面，发达国家机械制造技术已经达到相当水平，实现了机械制造系统自动化。产品设计普遍采用计算机辅助设计(CAD)、计算机辅助产品工程(CAE)和计算机仿真等手段，企业管理采用了科学的、规范化的管理方法和手段，在加工技术方面也已实现了底层的自动化，包括广泛地采用加工中心(或数控技术)、自动引导小车(AGV)等。在这个基础上再提高制造系统的自动化水平，对于改善企业的TQCS(T——尽量缩短产品的交货时间或提早新产品上市时间、Q——提高产品质量、C——降低产品成本、S——提高服务水平)已无明显的作用。因此，近十余年来，发达国家主要从具有全新制造理念的制造系统自动化方面寻找出路，提出了一系列新的制造系统，如计算机集成制造系统、智能制造系统、敏捷制造、并行工程等。

18.3.1 计算机集成制造系统(CIMS)

自从美国的Harringtong博士在1973年提出CIMS(contemporary integrated manufacturing systems，CIMS)概念以来，CIMS在世界上走过了曲折的道路，人们对CIMS的本质认识有了巨大的变化，主要是现代制造业的方向并不只是计算机的集成、信息的集成，而是人、技术、组织的整体集成，包括功能集成、组织集成、信息集成、过程集成、知识集成和企业间的集成。由于计算机集成制造系统这一词容易使人误解，以为只要将计算机集成在一起就能构造成一个先进的制造系统。为此，我国的一些学者提出了现代集成制造系统的概念。当前，CIMS的发展有以下特点。

1. 集成化

CIMS中有以下几个关键的信息集成系统。CIMS在这些系统的基础上进一步实现企业的总体集成。

(1) ERP(企业资源计划)系统：国外有名的系统是SAP、Oracle、Baan、IBM等，国内有金蝶、用友、开思等。ERP系统集成了企业中的生产管理、财务、人事、采购、销售等子系统。系统涉及面广，十分庞大，对人员素质、数据和流程规范性要求高，因此实施难度大，成功率不高。

(2) CAD/CAPP/CAM一体化：目前虽然有些CAD系统可以支持CAD/CAPP/CAM一体化，但主要针对基本上都采用数控加工的零件，如Pro/E软件。由于不同产品中的零件差别很大，每个企业的加工条件和水平也不相同，因此复杂零件的CAD/CAPP/CAM一体化还没有通用的系统。

(3) PDM(产品数据管理)系统：被用于管理和控制由CAX(CAD、CAPP、CAE、CAM等的统称)系统所形成的大量的信息，避免花费很多时间去寻找本应该唾手可得的信息。PDM是设计自动化技术系统的核心，在产品的整个生命周期内管理全部的产品知识和信息，并为产品开发过程中的各个应用系统提供所需的数据，为不同应用系统提供集成平台。PDM系统以产品数据库为底层支持，以BOM为组织核心，把定义最终产品的所有工程数据和文档联系起来，实现产品数据的组织、控制和管理。PDM 系统一般由 CAD 软件开发商开发。因此，同一软件公司的 CAD 系统和 PDM 系统能很好地无缝集成，而来自不同软件公司的 CAD 系统和 PDM 系统间的集成性就差多了。PDM 系统的实施难度比 CAD 系统要大，因为前者涉及管理、组织等问题。

(4) 工作流管理系统：主要用于办公自动化，是企业管理层的信息集成系统。目前工作流管理系统与知识管理系统紧密结合起来，使企业的知识得以共享和保存。

2. 网络化

以因特网为代表的网络技术正在制造业中产生越来越大的影响。人类正在进入一个新的时代——网络经济时代，在制造业中，也正在出现一种新的模式——网络化制造模式。在网络化制造中，新的网络空间与传统的物理空间紧密结合，产生出各种新思想、新观点、新方法和新系统。制造企业将利用因特网进行产品的协同设计和制造；通过因特网，企业将与顾客直接联系，顾客将参与产品设计，或直接下订单给企业进行定制生产，企业将产品直接销售给顾客；由于因特网无所不到，市场全球化和制造全球化将是企业发展战略的重要组成部分；由于在因特网上信息传递的快捷性，并由于制造环境变化的激烈性，企业间的合作越来越频繁，企业的资源将得到更加充分和合理的利用。企业内联网(intranet)/外联网(extranet)也将极大地改变企业内的组织和管理模式，将有效地促进企业员工的信息和知识的交流和共享。

3. 敏捷化

进入 21 世纪，企业将面对日益激烈的国际化竞争的挑战，另一方面，企业可以利用制造全球化的机遇，专注发展自己有优势的核心能力及业务，而将其他任务外包和外协。企业将变得更加敏捷，对市场的变化将有更快的反应能力。但这些需要新的信息技术的支持，如供应链管理系统，促进企业供应链反应敏捷、运行高效，因为企业间的竞争将变成企业供应链间的竞争；又如客户关系管理系统，使企业为客户提供更好的服务，对客户的需求作出更快的响应。

4. 虚拟化

虚拟制造可以简单地理解为"在计算机内制造"，通过应用集成的、用户友好的软件系统生成"软样机"，对产品、工艺和整个企业的性能进行仿真、建模和分析。虚拟制造包括虚拟设计、虚拟装配和虚拟加工过程。新产品的开发需要考虑很多因素。例如，在开发一种新车型时，其美学的创造性要受到安全性、人机工程学、可制造性及可维护性等多方面的制约。在虚拟设计中，利用虚拟原型在可视化方面的强大优势以及可交互地探索虚拟物体的功能，对产品进行几何、制造和功能等方面的交互建模与分析，快速评价不同的设计方案，可以从人机工程学角度检查设计效果，设计师可直接参与操作模拟、移动部件和进行各种试验，以确保设计的准确性。这种技术的特点是：①及早看到新产品的外形，以便从多方面观察和评审所设计的产品；②及早发现产品结构空间布局中的干涉和运动机构的碰撞等问题；③及早对产品的可制造性有清楚的了解。美国波音飞机公司在设计波音 777 飞机中采用了虚拟制造技术。采用飞行仿真器及虚拟原型技术在各种模拟的条件下对飞机进行飞行试验。

5. 智能化

例如，随着CAD系统中知识的积累，CAD系统的智能化程度将大幅提高。这种智能化具体表现为：①智能地支持设计者的工作，而且人机接口也是智能的。系统能领会设计人员的意图，能够检测失误，回答问题，提出建议方案等；②具有推理能力，使不熟练的设计者也能做出好的设计来。

6. 绿色化

绿色化包括绿色产品和绿色制造。要求产品的零部件易回收、可重复使用、尽量少用污染材料、在整个产品的制造和使用过程中排废少、对环境的污染要尽可能小、所消耗的能量也尽可能少。要求制造和使用具有洁净性。产品和制造过程的绿色化，不仅要求企业把环境保护当作自己的重要使命，同时也是企业未来生存和发展的战略。因为不注意环境保护的企业将被市场所淘汰。

18.3.2 大批量定制

当前我国已进入买方市场，一般产品和一般的制造能力严重过剩；随着市场竞争的国际化，用户可以在更广泛的范围内选择自己需要的产品，用户对产品的质量、价格和新颖性的要求越来越高。许多企业都在探索如何在这种新环境中生存和发展。大批量定制(mass customization，MC)就是一种很有前途的生产模式。大批量定制又称大规模定制、大规模客户化生产、批量定制、批量客户化等。

从理论上讲，大批量定制要实现以大批量的低成本和短交货期生产用户定制的单件产品，但实际上，大批量定制可以看作是一种低成本、快速满足用户个性化需求的产品设计、制造和营销的新概念、新模式和新实践。大批量生产和单件产品的定制生产一直是两种水火不相容的生产方式。实现大批量定制不仅仅是技术问题，还涉及组织、管理和技术的全面变革。真正实现大批量定制也并非一个企业的事情，需要全行业、全社会的共同努力。因此，大批量定制是一个大系统工程。

大批量定制从产品和过程两个方面对制造系统及产品进行了优化，或者说产品维(空间维)和过程维(时间维)的优化。其中，产品维优化的主要内容是：

(1) 正确区分用户的共性和个性需求；

(2) 正确区分产品结构中的共性和个性部分；

(3) 将产品维的共性部分归并处理；

(4) 减少产品中的定制部分。

过程维优化的主要内容是：

(1) 正确区分生产过程中的大批量生产过程环节和定制过程环节；

(2) 减少定制过程环节，增加大批量生产过程环节。

图18-1描述了大批量定制中的产品维和过程维优化的基本原理。这里将企业产品中的各种零部件分为两大类：一类是通用零部件；另一类是定制零部件。产品维优化方向是减少定制零部件数。这里还将产品的生产环节分成两部分：一部分是大批量生产环节；另一部分是定制环节，过程维优化方向是减少定制环节数。大批量定制的实质是要减少

图 18-1 中的小矩形面积，理想的情况是该面积为零，但这实际上是不可能的。

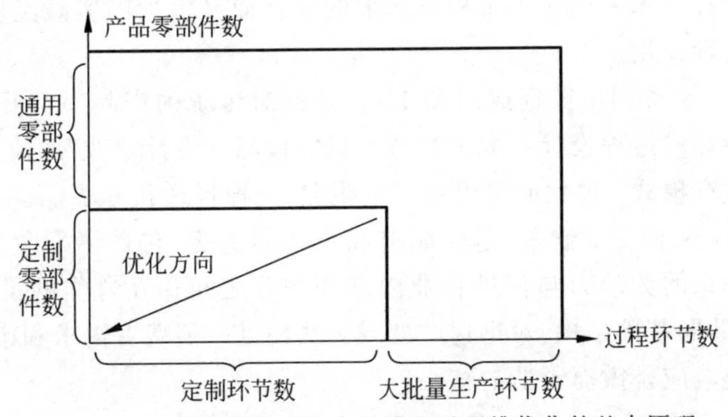

图 18-1　大批量定制中的产品维和过程维优化的基本原理

大批量定制的典型案例如下。

(1) 美国莱维·施特劳斯(Levi Strauss)服装公司：该公司可以向用户提供多达近千种不同的款式、花色，加上量体裁衣的服务，以保证用户获得称心如意的牛仔裤。用户只需多付 10 美元即可根据腰围等个人尺寸在流水线上定制。公司的营业额上升了三成，库存急剧减少，经营成本大幅降低。

(2) 宝洁公司(P&G)：把洗发剂的配方增加到 5 万多种，只要顾客能拿出头发的油性酸性指标，就可以按通常价格给顾客定制专用洗发剂。

(3) 日本松下自行车工业公司：每辆车都是根据用户的身体重量和爱好特制的，价格仅比现成的型号高 10%，两星期内交货。不同定制的自行车中，大量零部件则是采用标准化战略进行设计和制造的。

(4) 福特公司：发动机的模块化设计，即对 6 缸、8 缸、10 缸和 12 缸等不同规格的发动机结构进行调整，使其绝大部分组件都能通用，以尽可能少的规格部件实现最大的灵活组合。不同规格的发动机可在一条生产线上加工，每年节约数亿美元。

(5) 海尔集团：以 58 大门类 9200 个规格品种为素材，再加上提供的上千种"佐料"——2 万多个基本功能模块，经销商和消费者可自由地将这些"素材"和"佐料"组合，形成独具个性的产品。目前可以提供适合 B2B2C 的模块化网络家电 9 万种以上。

(6) 波音公司：面对结构复杂、品种繁多、零件数以百万计的大型民用客机，将飞机中的零部件分为三类：第一类是基本的、稳定的无个性特性件；第二类是用户的可选件；第三类是用户特定的零部件。由于前两类的数量占了一架飞机的工作量 90%左右，这样接到订单 90%的工作量已经完成或接近完成，这就大大缩短了生产周期，库存量也不高，生产成本也降低了。并且波音公司在飞机模块化设计的基础上，开发了一个飞机配置设计及制造资源管理系统。波音的销售代表在与用户谈判时，可以利用便携式计算机上的这个软件系统与用户协同配置飞机。这一软件能直接从构型库中存取数据。销售人员能向用户展示各种选项将如何影响飞机的价格和重量。这些信息有助于用户作出考虑周全的经营决策。

18.3.3　其他先进制造技术

(1) 智能制造系统：是指将专家系统、模糊推理、人工神经网络等人工智能技术应用到制造系统中，以解决复杂的决策问题，提高制造系统的水平和实用性。人工智能的作用是要代替熟练工人的技艺，学习工程技术人员的实践经验和知识，并用于解决生产中的实际问题，从而将工人、工程技术人员多年来积累起来的丰富而又宝贵的实践经验保存下来，在实际的生产中长期发挥作用。

(2) 并行工程：又称同步工程或同期工程，是针对传统的产品串行开发（“需求分析—概念设计—详细设计—过程设计—加工制造—试验检测—设计修改”的流程，称为产品从设计到制造的串行生产模式）过程而提出的一个概念、一种哲理和方法。

(3) 敏捷制造：又称灵捷制造、迅速制造和灵活制造等，它是将柔性生产技术、熟练掌握生产技能和有知识的劳动力与促进企业内部和企业之间相互合作的灵活管理集成在一起，通过所建立的共同基础结构，对迅速改变或无法预见的消费者需求和市场时机作出快速响应。市场的快速响应是敏捷制造的核心。

18.3.4 国内先进制造技术现状

我国的装备制造业经过数十年努力，已具有相当规模，积累了大量的技术和经验。但是随着经济全球化的发展，由于我国的巨大市场和丰富的劳动力资源，国外技术、资金、产品大量涌入，企业面临前所未有的国内外激烈的竞争局面。竞争要求企业产品更新换代快，产品质量高，价格低，交货及时和服务好。近年来，我国的制造业不断采用先进制造技术，但和工业发达国家相比，仍然存在一个阶段性的整体上的差距。

1. 管理体制方面

工业发达国家国有企业所占比例较小，绝大部分企业是规范的股份公司。我国国有企业所占比例较大，装备制造业存在着根本性的问题，制造业的人均劳动生产率远远落后于发达国家，产业主体技术依靠国外，国有企业深化改革远未到位，企业集中度低，大型骨干企业少，围绕大型骨干企业的中小企业群体也未形成。

2. 企业经营管理方面

工业发达国家广泛采用计算机管理，重视组织和管理体制、生产模式的更新发展，推出了准时生产(JIT)、灵敏制造(AM)、精益生产(LP)、并行工程(CE)等新的管理思想和技术。我国只有少数大型企业局部采用了计算机辅助管理，多数中小型企业仍处于经验管理阶段。

3. 产品开发设计方面

工业发达国家不断更新设计数据和准则，采用新的设计方法，广泛采用计算机辅助设计技术(CAD/CAM)，大型企业开始无图纸的设计和生产。我国采用CAD/CAM技术的比例较低。在应用技术及技术集成方面的能力还比较低，相关的技术规范和标准的研究制定相对滞后。

4. 加工制造工艺方面

工业发达国家较广泛地采用高精密加工、精细加工、微细加工、微型机械和微米/纳米技术、激光加工技术、电磁加工技术、超塑加工技术以及复合加工技术等新型加工方法。我国普及率不高，尚在开发、学习阶段。例如，在高速超高速加工的各关键领域，如大功率高速主轴单元、高加减速直线进给电机、陶瓷滚动轴承等方面总体水平同国外尚有较大差距；在超精密加工的效率、精度可靠性，特别是规格（大尺寸）和技术配套方面与国外比，还有相当大的差距。

5. 加工机床和自动化技术方面

工业发达国家普遍采用数控机床、加工中心及柔性制造单元（FMC）、柔性制造系统（FMS）、计算机集成制造系统（CIMS），实现了柔性自动化，制造智能化、集成化。我国尚处在单机自动化、刚性自动化阶段，柔性制造单元和系统仅在少数企业使用。相比美国、德国和日本等机床发达国家，我国数控机床产品在设计水平、质量、精度、性能方面差距较大。从整体上来说，我国数控机床与国外先进水平相差 5～10 年；在高精尖技术方面的差距则达到了 10～15 年；在高级数控系统、高速精密主轴单元、高速滚动部件和数控动力刀架等核心零部件方面，我国仍无法国产化，主要依赖进口。

18.4　先进制造技术的发展趋势

（1）数字化：在这方面，人们提出了 CIMS、数字化工厂等概念。通过 CAX（CAD，CAPP，CAE，CAM）系统和 PDM 系统，进行产品的数字化设计、仿真，并结合数字化制造设备进行自动加工。采用 MRPⅡ/ERP 系统，对整个企业的物流、资金流、管理信息流和人力资源进行数字化管理。进一步的发展是，通过数字化的供应链管理（SCM）系统和客户关系管理（CRM）系统，支持企业与供应商和客户的合作。网络技术的发展使企业内部和外部的数字化运作更加方便。

（2）知识化：知识将成为企业最重要的生产要素，技术创新将是企业最重要的生存和竞争能力。知识管理技术、学习型组织等将受到越来越大的重视。

（3）模块化：产品的模块化和企业的模块化将使企业能快速地、低成本地生产出顾客所需要的个性化产品。

（4）微小化：微机械及制造技术正在迅速发展，这将导致一大类全新的产品，深刻改变人们的生活。

（5）绿色化：强调产品和制造过程对环境的友好性。

18.5　材料受迫成形工艺技术

18.5.1　精密洁净铸造成形技术

1. 精密铸造成形技术

1）自硬砂精确砂型铸造

在通常的铸造生产中，主要采用黏土砂造型，其铸件质量差、生产效率低、劳动强度大、环境污染严重。随着对铸件的尺寸精度、表面质量要求的提高，以自硬树脂砂造型、造芯工艺得到普遍的使用。自硬树脂砂具有高强度、高精度、高溃散性和低的造型造芯劳动强度，是一种适合各种复杂中、小型铸件型芯制作的高效工艺。近年来采用冷芯盒树脂砂芯发展起来的“精确砂芯造型”技术，可以生产壁厚仅有 2.5mm 的缸体、缸盖、排气管等复杂铸件。

2）高紧实砂型铸造

铸型的高紧实率是当代造型机的发展方向，高紧实率及其均匀性可提高铸型强度、刚度、硬度和精度，可减少金属液浇注和凝固时型壁的移动，提高工艺的出品率，降低金属消耗，减少缺陷和废品。高紧实率铸型的获得，可通过真空吸砂、气流吹砂、气动压实、液动挤压和气冲等工艺手段。由于紧实度提高，铸件的精度、表面粗糙度可提高 2～3 级，适用于大批量铸件的生产。

3）消失模铸造

消失模铸造（又称实型铸造）是将与铸件尺寸形状相似的石蜡或泡沫模型黏结组合成模型簇，刷涂耐火涂料并烘干后，埋在干石英砂中振动造型，在负压下浇注，使模型汽化，液体金属占据模型位置，凝固冷却后形成铸件的新型铸造方法。消失模铸造是一种近无余量、精确成形的新工艺，该工艺无需取模、无分型面、无砂芯，因而铸件没有飞边、毛刺和拔模斜度，并减少了由于型芯组合而造成的尺寸误差。铸件表面粗糙度 Ra 可达 12.5～3.2μm；铸件尺寸精度可达 CT9～CT7；加工余量最多为 1.5～2mm，可大大减少机械加工的费用，和传统砂型铸造方法相比，可以减少 40%～50%的机械加工时间。

4）特种铸造技术

特种铸造技术包括压力铸造、低压铸造、熔模铸造、真空铸造、挤压铸造等。

2. 清洁（绿色）铸造技术

1）清洁铸造技术

日趋严格的环境与资源的约束，使清洁铸造已成为 21 世纪铸造生产的重要特征。清洁铸造技术的主要内容如下。

（1）采用洁净的能源，如以铸造焦代替冶金焦；以少粉尘、少熔渣的感应电炉熔化代替冲天炉熔化，以减轻在熔炼过程对空气的污染；

（2）采用无砂和少砂的特种铸造工艺，如压力铸造、金属型铸造、金属型覆砂铸造、挤压铸造等，改善操作者工作环境；

（3）研究并推广使用清洁无毒的工艺材料，如研究使用无毒无味的变质剂、精炼剂、黏结剂，用湿型砂无毒无污染粉料光洁剂代替煤粉等；

（4）采用高溃散性型砂工艺，如树脂砂、改性酯硬化水玻璃砂工艺；

（5）研究开发多种废弃物的再生和综合利用技术，如铸造旧砂的再生回收技术、渣的处理和综合利用技术；

（6）研制开发铸造机器人或机械手，以代替工人在恶劣条件下工作。

2）绿色铸造技术

绿色铸造技术是指在保证产品的功能、质量、成本的前提下，综合考虑环境影响和资源效率的现代铸造模式。它使产品从设计、铸造、使用到报废整个产品生命周期中不产生环境污染或环境污染最小化，符合环境保护要求，对生态环境无害或危害极少，节约资源和能源，使资源利用率最高，能源消耗最低。

绿色铸造模式是一个闭环系统，也是一种低熵的生产铸造模式，即原料—工业生产—产品使用—报废—二次原料资源，从设计、铸造、使用一直到产品报废回收整个寿命周期对环

境影响最小，资源效率最高，也就是说要在产品整个生命周期内，以系统集成的观点考虑产品环境属性，改变了原来末端处理的环境保护办法，对环境保护从源头抓起，并考虑产品的基本属性，使产品在满足环境目标要求的同时，保证产品应有的基本性能、使用寿命、质量等。

18.5.2 精确高效金属塑性成形技术

1. 精密模锻工艺技术

精密模锻是在模锻设备上锻造出锻件形状复杂、精度高的模锻工艺，是目前较为流行的一种冷温模锻成形技术。所谓冷温模锻，是指金属材料在室温或再结晶温度以下的塑性成形工艺，又称冷挤压成形。它是一种净成形或近净成形的加工技术。冷挤压成形时所需作用力较大。在选择冷挤压设备时，除应考虑挤压金属所产生的热效应之外，还要考虑压力机应有足够的刚度和导向精度，以及可靠的防超载装置。

2. 超塑性成形工艺

1）超塑性成形工艺的定义与特点

超塑性是指材料在一定的内部组织条件（如晶粒形状及尺寸、相变等）和外部环境条件（如温度、应变速率等）下，呈现出异常低的流变抗力、异常高的伸长率现象。将伸长率超过100%的材料称为超塑性材料。

金属的超塑性主要有两种类型：①细晶超塑性，又称组织超塑性或恒温超塑性，其超塑性产生的内在条件是具有均匀、稳定的等轴细晶组织；外在条件是每种超塑性材料应在特定的温度及速率下变形，要比普通金属应变速率至少低一个数量级；②相变超塑性，又称环境超塑性，是指在材料相变点上下进行温度变化循环的同时对试样加载，经多次循环试样得到积累的大变形。目前研究和应用较多的是细晶超塑性。

超塑性成形工艺包括超塑性等温模锻、挤压、气压成形、真空成形、模压成形等。对于薄板的超塑性成形加工，气压成形应用最多。在这种超塑性成形工艺下，零件的内表面尺寸精度高，形状准确，模具容易加工。

2）超塑性成形工艺的特点

（1）一次成形各种复杂零件；

（2）成形零件性能稳定；

（3）变形抗力小；

（4）流动应力对应边速率的变化敏感；

（5）制件质量高。

3）超塑性成形工艺及应用

由于金属在超塑性状态下具有极好的成形性和极小的流动应力，所以超塑性成形工艺已越来越多地用于工业生产。如飞机上的形状复杂的钛合金部件，原来需用几十个零件组成，改用超塑性成形后，可一次整体成形，以代替原来的组合件，大大减轻了构件重量，节约了工时。超塑性成形适用于加工零件形状和尺寸精度要求较高零件。超塑性还用于制作工艺品。

3. 精密冲裁工艺技术

1) 精密冲裁工艺介绍

精密冲裁简称精冲，是一种先进制造技术，在一定条件下可取代切削加工，具有优质、高效、低耗、面广的特点，适合于组织自动化生产。

(1) 优质：精冲件的尺寸公差可达 IT8～IT7 级；剪切面粗糙度可达 Ra1.6～0.4μm，相当于磨削加工。

(2) 高效：和切削加工相比，精冲一般可提高工效 10 倍左右，精冲片齿轮可提高工效 20 倍左右、风轮可提高工效 40 多倍。

(3) 低耗：节约大量切削机床和切削加工所需电能，精冲后表面加工硬化有时可以取消后续淬火节约大量电能。

(4) 面广：许多铸、锻毛坯切削加工件以及切削加工后用铆、焊连接在一起的组合件，均有可能用精冲工艺或精冲复合工艺生产。

精冲已广泛用于汽车、摩托车、起重机械、纺织机械、农用机械、计算机、电器开关、家用电器、仪器仪表、航空器等制造部门，一辆轿车就有 80 多种 100 多个精冲件。

2) 精冲工艺过程

精密冲裁和普通冲裁从形式上看都是分离工序，但就其工艺过程的特征及制定工艺时的出发点来说都是截然不同的。普通冲裁通过合理间隙的选取，使材料在凸、凹模刃口处的裂纹重合，称之为"控制撕裂"。精密冲裁工艺要比采用普通冲裁工艺后再经整修的效率大幅度提高，并且节约了工时，降低了综合投入，是一种能提高冲裁件质量既经济又有效的工艺方法。

为防止材料在精冲完成前产生撕裂，保证塑性变形的进行，应采取以下措施：

(1) 冲裁前 V 形环压边圈压住材料，防止剪切变形区以外的材料在剪切过程中随凸模流动；

(2) 压边圈和反压板的夹持作用，再结合凸、凹模的小间隙位材料在冲裁过程中始终保持和冲裁方向垂直，避免弯曲翘起而在变形区产生拉应力，从而构成塑性剪切的条件；

(3) 必要时将凹模或凸模刃口倒以圆角，以便减小刃口处的应力集中，避免或者延缓裂纹的产生，改善变形区的应力状态；

(4) 利用压边力和反压力提高变形区材料的球形压应力张量即静水压，提高材料的塑性；

(5) 材料预先进行球化处理，或采用专门适于精冲的特种材料；

(6) 采用适于不同材料的工艺润滑剂。

3) 精冲必须具备的基本条件

为了更好地完成精冲工艺，必须具备如下基本条件。

(1) 精确的模具：精冲模的冲裁间隙小，有 V 形环压边圈和反压板刚性和导向性好。

(2) 符合要求的材料：大约 95%的精冲件都是钢件。精冲的最大厚度是一个范围，它和材料的组织、工件的技术要求有关，钢材以球化完全、弥散良好、分布均匀的细球状碳化物组织为最佳。除铅黄铜外，多数非铁金属和合金均可以精冲。

(3) 高性能的润滑剂：精冲过程中金属材料在三向受压的条件下进行塑性剪切，模具刃口承受瞬时高温高压。在这种条件下新生的剪切面和模具工作表面之间会发生强烈的干摩擦，容易引起“焊合”和附着磨损，必须采用润滑剂，形成一种耐压耐温的坚韧润滑薄膜附着在金属表面上，将新生的剪切面和模具工作表面隔开，借以改善材料与模具间的润滑条件减少摩擦，散发热量从而达到提高模具寿命、改善剪切面质量的目的。

(4) 高精度的设备：精冲压力机是为完成精冲工艺而制作的专用压力机，它能同时提供冲裁力、压边力和反压力，滑块有很高的导向精度和刚度，滑块行程速度的变化满足快速闭合、慢速冲裁和快速回程的要求，冲裁速度可以调节，有可靠的模具保护装置及其他自动检测和安全装置，实现单机自动生产。

18.5.3　粉末锻造成形技术

1. 粉末锻造成形技术原理

粉末锻造是将传统的粉末冶金和精密锻造相结合发展起来的一种少无切削的近净成形加工工艺。

传统锻造工艺在带飞边槽的开式锻模中多次锻打成形锻件，利用飞边槽容纳锻造过程中溢出的余料，同时也产生了原材料浪费、锻模拔模斜度较大、锻件表面精度差等缺点。与传统锻造不同，粉末锻造以粉末为原料，采用粉末冶金方法先制取一定形状和尺寸的多孔预成形坯，简称预型件，经过在保护气氛下烧结和加热到热加工温度，为节省能耗，有时将烧结和锻前加热结合为一个工序，很快转移到闭式锻模中一次锻压成形。

与致密材料不同，含有孔隙的粉末烧结材料在发生塑性变形的同时伴随着体积压缩致密化，仅质量保持不变。烧结体的锻造过程包括烧结体的镦粗和锻件充满型腔后的复压两个过程。烧结体在镦粗过程中发生宏观塑性变形，金属横向流动，近圆形孔洞在剪切流动应力和静水压应力共同作用下沿金属流动方向拉长、压扁，孔洞表面的氧化膜和夹杂物被破坏。锻件充满型腔后的复压过程又将残留的少量细小孔洞进一步压合，使粉末锻件达到与铸锻钢材相当的最佳致密效果。

2. 粉末锻造成形工艺过程

粉末锻造成形的工艺过程可归纳为：粉末制取→模压成形→型坯烧结→锻前加热→锻造→后续处理。

1) 粉末制取

粉末原材料对粉末冶金锻件性能有很大影响，应根据粉末冶金锻件的用途合理选用粉末原材料，并要求粉末材料成分均匀、流动性好、杂质少。此外，还要对粉末材料进行还原、磁选、筛分处理等。

2) 模压成形

将松散的粉末置于封闭的模具型腔内加压，使之成为具有一定形状、尺寸、密度与强度的型坯，以便进行烧结。

3) 型坯烧结

高温烧结的目的是为了进一步提高型坯的强度与密度。将型坯按一定的规范加热到规定温度并保温一段时间，使型坯获得一定物理与力学性能。烧结温度一般控制在基体金属熔点的70%～80%范围内。烧结过程应在保护气氛下，以防止型坯的氧化和脱碳。

4）锻前加热

为了防止型坯的氧化和脱碳，锻前加热也要有惰性气体保护。加热时间应该以热透为准，达到加热温度后应立即进行锻造。

5）锻造

锻造的主要工艺参数为锻造温度、锻造压力和保温时间。锻造温度高有利于改善型坯的塑性，改变变形抗力。若温度过高，烧结体中的碳的质量分数难以控制，模具也容易产生热疲劳；若锻造温度过低，烧结体的塑性不足，变形抗力大，致密效果差。

6）后续处理

粉末锻造成形后可进行退火、调质、表面渗碳淬火等热处理或时效处理，以消除锻件内部应力，提高锻件的塑性和韧性。

3．粉末锻造成形工艺特点

1）材料利用率高

粉末锻造保持了粉末冶金近净成形的优点，预型件对粉末原料的利用率可达100%，即不留加工余量或敷料，再经无飞边、无余量的精密闭模锻造，锻件的材料利用率可达95%以上。

2）力学性能高

烧结后的预型件一次锻压后相对密度可达98%以上，有效消除了孔隙的不利影响，且锻件内部组织均匀、晶粒细小、各向同性，具有与锻钢相当甚至超过传统锻钢的性能。

3）锻件精度高，机械加工量少

经定量装粉压制成形的预型件在精密闭模中锻造，质量控制准确。锻造时加热温度较低，并在防氧化的保护气氛中进行，没有氧化皮，可获得尺寸精度高且表面粗糙度低的锻件。高的尺寸精度可有效减少锻件的机械加工量，例如，采用粉末锻造工艺生产的某型号发动机连杆其机械加工量从原锻钢连杆的220g下降到93g，仅占成品连杆质量的13%。

4）锻造模具和切削刀具寿命高

粉末锻造温度低、无氧化皮，模具表面磨损少，且锻造单位压力远低于普通模锻。与普通模锻相比，其模具寿命可提高10～20倍以上。另外，在粉末原料中加入切削添加剂可有效改善粉末锻件的切削加工性能，刀具寿命可比传统锻钢件提高2～4倍。

5）生产工序少、效率高、成本低

目前普通模锻工艺基本是先将加热后的毛坯进行多道辊锻制坯，又在压力机上进行预锻及终锻，然后再进行切边、冲孔、校正等多道工序，而粉末锻造采用一次锻造成形，省去了辊锻制坯、预锻、切边、冲孔等工序，生产效率大幅提高，可达12～15件/min。粉末锻造相比传统锻造工艺减少了多道工序，厂房面积、设备和劳动力投资少。

粉末锻造有效降低了单件粉末锻件的成本，且粉末锻造高效、节材、延长刀具、模具寿命和减少机械加工量等工艺优势也起到了降低成本的作用。粉末锻造连杆的实际生产成本比锻钢连杆中成本较低的C70室温裂解连杆还要低8%～15%。

4．粉末锻造成形工艺的前景

粉末锻造是粉末冶金和精密锻造相结合的高效率、低成本技术，在制备复杂形状的高性

能零件方面显示出了广阔的应用前景。国外在粉末锻造新工艺、新材料和新产品开发方面已取得了显著成果。

在国外继续发展粉末锻造的同时，我国在这方面的研发工作相对滞后，主要的原因是未能有效组织研究院所、高等院校和粉末冶金及汽车企业的团结合作，缺乏特色的研究工作。近年来，国内粉末冶金基础工业和制粉技术已有了很大发展，为发展我国的粉末锻造技术奠定了基础。为了发展粉末锻造事业，建议形成粉末锻造产业联盟，并深入开展以下 3 个方面的研究：

(1) 建立有高疲劳性能的适用于粉末锻造材料的合金体系；

(2) 开展粉末烧结体塑性变形理论研究，建立统一的适合不同粉末烧结材料和加工工艺的指导理论。

18.5.4　高分子材料注射成形技术

在 21 世纪已经到来的今天，高分子材料已经成为支持人类文明社会发展的科学进步的重要物质基础。众所周知，高分子材料技术是以合成技术、改性技术、形体设计技术、成形加工技术、应用技术和回收再利用技术为基础的综合技术，但由于高分子材料是为了制造各种制品而存在的，因此从应用的角度来讲，以对其进行形状赋予为主要目的的成形加工技术有着重要的意义。高分子材料的主要成形方法有挤出成形、注射成形、吹塑成形、压延成形、压制成形，等等，其中注射成形因可以生产和制造形状较为复杂的制品，在高分子材料的成形加工方法中一直占有极其重要的位置。

1. 气体辅助成形法

气体辅助成形法的要点是在树脂充填(不完全充填)完成后，利用型腔内树脂冷却前的时间差，将具有一定压力的惰性气体迅速地注入成形品内部，此时气体可在成品壁较厚的部分形成空腔，这样既能使成品壁厚变得均匀，又可以防止产生表面缩痕或收缩翘曲，使制品表面平整光滑。

气体辅助成形法近年来发展较快，国外很多公司为了进行专利回避，相继开发了具有不同特征的新方法，如日本旭化成公司的 AGI 法(asahi gas injection)、三菱工程塑料公司的 CINPRES 法(controlled internal pressure)及出光石油化学公司的 GIM 法(gas injection molding)等，但各方法原理完全相同，如 AGI 法是将惰性气体(一般为 N_2)喷嘴设在注射机料口喷嘴内部，而 CINPRES 法是将惰性气体喷嘴设置在模具上，且可以是 1 个也可以是几个。

2. 注射压缩成形法

注射压缩成形法技术由日本三菱重工业、名古屋机械制作所、出光石油化学等公司相继开发成功。有整体压缩法和部分压缩法之分。整体压缩法成形是首先在保持模具一定开度的状态下合模，将树脂充填(不完全充填)进去，而后利用油缸压缩使模具的动模移动至完全合模的情况下充填树脂(不完全充填)，压缩不是靠整个动模移动，而是靠动模板上制品赋形面部分(可以是全体也可以是一部分)的移动而实现的。注射压缩成形法的优点是可以采用较低的注射压力成形薄形制品或需较大成形压力的制品，一般适用流动性较差且薄壁的制品，如高分子量PC或纤维填充工程塑料等。

3. 模具滑合成形法

模具滑合成形法由日本制钢所开发，有DSI-2M法和M-DSI法之分，DSI-2M法主要用于中空制品制造，而M-DSI主要用于不同树脂的复合体制造，其原理完全相同。如使用DSI-2M法时，首先将中空制品一分为二，两部分分别注射，然后将两部分阴模(半成品仍在模具中)滑移至对合位置，在制品两部分结合缝再注入树脂(2次注射)，最后得到完整的中空成形制品。和吹塑品相比，该法制品具有表面精度好、尺寸精度高、壁厚均匀且设计自由度高(如L形)等优点。

在制造形状复杂的中空制品时，模具滑合成形法和传统的二次熔接法(如超声波熔接)相比，其优点是：①不需要将半成品从模具中取出，因而可以避免半成品在模具外冷却引起的制品形状精度下降问题；②可以避免二次熔接法因产生局部应力而引起的熔接强度降低问题。但为了提高制品的熔接强度，模具滑合成形法也应根据制品的要求，采取不同的接合形状。如凹口对接：适用于对接合强度要求不高，但对外观形状要求较高的制品；嵌入对接：适用于既对接合强度要求较高，又对外观形状要求较高的制品；交织对接：适用于熔接性较差的塑料制品；封合对接：适用于既要求接合强度较高，又要求密封性较高的制品，如制造压力容器时一般需采用该方法。此外，日本制钢所还开发其他12种接合形状，并对其适用性进行了较为详细的评价。可见在模具滑合成形法中接合形状的设计是至关重要的。

4. 剪切场控制取向成形法

剪切场控制取向成形法技术由英国Brunell大学开发，通常用于玻纤或碳纤维，将不可避免地在垂直于流动方向上取向(和熔接痕方向平行)，最终造成制品强度的降低。它在模具上开设两个主流道，从注射喷嘴射出的熔融树脂将分别沿这两个主流道充满型腔，同时利用剪切场控制取向成形法装置将两个液压油缸的活塞分别设于主流道上，当熔融树脂充满型腔后，两活塞将一进一退反复振荡，此时熔接痕部位的玻纤或碳纤维将被迫沿着剪切力场方向取向，该技术不仅可提高熔接痕中度，也可消除制品内部的缩孔或表面的缩痕。

由于纤维增强是制备高强度制品的重要方法，因此有关利用剪切场控制纤维取向的注射成形新技术较多，除剪切场控制取向成形法外，较典型的有：由德国Klockner Ferromatik Desma公司开发的推拉法(push-pull)，该法和剪切场控制取向成形法原理相同，主要区别是用两个注射机螺杆代替活塞进行反复振荡；日本宝理公司开发的层间正交法(cross layer molding)是在浇口垂直方向上设置两个加压杆或加压板，使制品芯部处于熔融状态的树脂再次取向，最终使处于制品表面层的纤维和处于芯层的纤维方向垂直，可以减少纤维增强制品力学性能下的各向异性。

5. 硬化PC薄片表面镶嵌成形法

硬化PC薄片表面镶嵌成形法由三菱工程塑料公司开发，主要利用表面硬化或硬化并彩印的PC薄片进行表面镶嵌成形。其主要是将冲切好的PC薄片装在模具上，然后合模并在所定的条件下注射成形，既可以得到单面镶嵌，也可以得到双面镶嵌硬化PC薄片的制品。该方法克服了对制品进行表面硬化处理难度大、效率低的缺点，可以先在平面状的 PC 薄片上进行涂装和硬化处理，再将其按所需形状冲切后镶入模具，而后靠注射树脂的压力和温度得到曲面状的制品，适用于汽车或各种家电、OA(电脑办公用品)制品的铭板等。

采用硬化 PC 薄片表面镶嵌成形法时，中间的树脂层可以使用 PC，也可以使用 PS、AS、MS、PMMA 等透明材料或 ABS 等不透明材料。为了使 PC 薄片和中间树脂层之间有较好接合强度，一般要在接合面上事先涂有特殊的黏合层；为了使 PC 薄片表面上的硬化层不因过度弯曲或因热的作用而产生龟裂，制品的曲率半径应小于 30mm，且模具温度应保持在 70℃以下；为了使 PC 薄片形成所要求的曲面形状，并使其和中间树脂层之间有较好的接合强度，中间层树脂的注射成形温度一般应高于 290℃；为了使 PC 薄片不在流动树脂的剪切力作用下产生位移，应采取如真空吸合、打孔、磁吸(在 PC 薄片边缘贴上磁片)，或将 PV 薄片弯曲后在模具上设定沟槽等方法，使其固定在相应的位置上。

三菱工程塑料公司还开发了彩印 PC 薄片表面镶嵌成形法(printed sheet insert injection，PSI)，PSI 法中采用彩印的 PC 薄片，其成形原理和硬化 PC 薄片表面镶嵌成形法基本相同。该方法所得制品的表面(可以是外表面也可以是内表面)为印刷面，而注射树脂一般采用透明材料以保证制品的透光性。适用于需要有背光透出的汽车仪表或各种家电、OA 制品的面板等。

6. 直接注射成形法

直接注射成形技术由日本岸本产业、KCK 等公司开发成功，主要用于高浓度玻璃纤维、碳纤维或有机、无机粉体(如碳酸钙、木粉)等复合材料制品的注射成形。在复合材料制备时，为了使填充剂均匀地分散在基体树脂中，传统的方法一般需将基体树脂和玻璃纤维等掺混并经双螺杆挤出机混炼造粒，这不仅造成较大的能量耗损，也带来如基体树脂的降解、氧化变色、玻璃纤维因过度剪切而切断等问题。而直接注射成形法不经挤出机混炼造粒，可以将掺混物直接注射成制品，但由于注射网为单螺杆装置，且其长径比一般挤出机小，因此对直接注射成形技术而言，最关键的是如何提高螺杆的混炼效率。

直接注射成形技术通常是通过改变压缩段的螺杆构造来提高混炼效率的，该装置中不仅螺杆形状和密炼机转子相似，而且在料筒壁上开设了相互错开的沟槽，工作时其狭缝 S 部分可产生较大的剪切力，有利于树脂塑化和无机填充剂的分散，沟槽 P 部分可使溶融混合物反复实现混合—剪切—再混合的过程，有利于复合材料达到均质化的要求。该装置只能用于复合材料的成形而不能用于纯树脂的成形，这是因为用于纯树脂成形时，狭缝 S 可产生较多的逆流使螺杆的输送效率降低，而用于复合材料成形时，大量的无机填充剂所产生的增黏作用可抑制逆流的发生，此时装置才能同时具有混炼和输送功能。

18.6　超精密加工技术

18.6.1　概述

超精密机械加工技术是现代机械制造业最主要的发展方向之一，已成为在国际竞争中取得成功的关键技术。一方面是因为尖端技术和国防工业的发展离不开精密和超精密加工技术，当代精密工程、微细工程和纳米技术是现代制造技术的基础。另一方面有很多新技术机电产品要提高加工精度，这促使精密和超精密加工技术得到发展和推广，提高了整个机械制造业的加工精度和技术水平，使机械产品的质量、性能和可靠性得到普遍的提高，大大提高了产品的竞争力。

超精密加工是一个十分广泛的领域，它包括了所有能使零件的形状、位置和尺寸精度达到微米和亚微米范围的机械加工方法。精密和超精密加工只是一个相对的概念，其界限随时间的推移而不断变化。

在当今技术条件下，普通加工、精密加工、超精密加工的加工精度可以作如下划分。

(1) 普通加工：加工精度在 1μm、表面粗糙度 Ra0.1μm 以上的加工方法。

(2) 精密加工：加工精度在 0.1～1μm、表面粗糙度 Ra0.1～0.01μm 之间的加工方法。

(3) 超精密加工：加工精度高于 0.1μm、表面粗糙度小于 Ra0.01μm 的加工方法。

超精密加工所涉及的技术领域包括以下几个方面：

(1) 超精密加工机理：超精密加工是从被加工表面去除一层微量的表面层，包括超精密切削、超精密磨削和超精密特种加工。

(2) 超精密加工的刀具、磨具及其制备技术：包括金刚石刀具的制备和刃磨、超硬砂轮的修整等超精密加工的重要关键技术。

(3) 超精密加工机床设备：有高精度、高刚度、高的抗振性、高稳定性和高自动化的要求，具有微量进给机构。

(4) 精密测量及补偿技术：超精密加工必须有相应级别的测量技术和装置，具有在线测量和误差补偿。

(5) 严格的工作环境：超精密加工必须在超稳定的工作环境下进行，加工环境的极微小的变化都可能影响加工精度。因此，超精度加工必须具备各种物理效应恒定的工作环境，如恒温室、净化间、防振和隔振地基等。

18.6.2 超精密切削加工

超精密切削加工主要指金刚石刀具超精密车削，主要用于加工铜、铝等非铁金属及其合金，以及光学玻璃、大理石和碳素纤维等非金属材料。

1) 超精密切削对刀具的要求

(1) 极高的硬度、耐用度和弹性模量，以保证刀具有很长的寿命和很高的尺寸耐用度；

(2) 刃口能磨得极其锋锐，刃口半径 ρ 极小，能实现超薄的切削厚度；

(3) 刀刃无缺陷，因切削时刃形将复印在加工表面上，而不能得到超光滑的镜面；

(4) 与工件材料的抗黏结性好、化学亲和性小、摩擦因数低，能够得到极好的加工表面完整性。

2) 金刚石刀具的性能特征

目前，超精密切削刀具的金刚石为大颗粒、无杂质、无缺陷的优质天然单晶金刚石。具有如下性能特征：

(1) 具有极高的硬度；

(2) 能磨出极其锋锐的刃口，且切削刃没有缺口、崩刃等现象；

(3) 热化学性能优越，具有导热性能好，与有色金属间的摩擦因数低、亲和力小的特征；

(4) 耐磨性好,刀刃强度高。

因此,天然单晶金刚石被公认是理想的、不能替代的超精密切削的刀具材料。

18.6.3　超精密磨削加工

超精密磨削是指加工精度达到或高于 0.1μm、表面粗糙度低于 $Ra0.025\mu m$ 的一种亚微米级加工方法,并正向着纳米级发展。超精密磨削的关键在于砂轮的选择、砂轮的修整、磨削用量和高精度的磨削机床。

1) 超精密磨削砂轮

在超精密磨削中所使用的砂轮,其材料多为金刚石、立方氮化硼,因其硬度极高,故一般称为超硬磨料砂轮。金刚石砂轮有较强的磨削能力和较高的磨削效率,在加工非金属硬脆材料、硬质合金、有色金属及其合金时有较大优势。立方氮化硼主要用于铁族元素材料的加工。

2) 超精密磨削砂轮的修整

超硬磨料砂轮修整的方法有以下几种。

(1) 车削法:用单点、聚晶金刚石笔、修整片等车削金刚石砂轮以达到修整目的。这种方法的修整精度和效率比较高,但修整后的砂轮表面平滑,切削能力低,同时修整成本高。

(2) 磨削法:用普通磨料砂轮或砂块与超硬磨料砂轮进行对磨修整。这种方法的效率和质量较好,是目前常用的修整方法,但普通砂轮的磨损消耗量大。

(3) 喷射法:将碳化硅、刚玉磨粒从高速喷嘴喷射到砂轮表面,从而去除部分结合剂,使超硬磨粒突出,这种方法主要用于修锐。

(4) 电解在线修锐法:将超硬磨料砂轮接电源正极,石墨电极接电源负极,在砂轮与电极之间通电电解,通过电解腐蚀作用去除超硬磨粒砂轮的结合剂,达到修锐目的。

(5) 电火花修整法:将电源的正、负极分别接于被修整超硬磨料砂轮和修整器,其原理是电火花放电加工。

此外,尚有超声波修整法、激光修整法等,有待进一步研究开发。

3) 磨削速度和磨削液

金刚石砂轮磨削速度一般不能太高,根据磨削方式、砂轮结合剂和冷却情况的不同,其磨削速度为 12～30m/s。磨削速度太低,单颗磨粒的切削厚度过大,不但使工件表面粗糙度值增加,而且也使金刚石磨损增加;磨削速度提高,可使工件表面粗糙度值降低,但磨削温度随之升高,而金刚石的热稳定性只有 700～800℃,因此金刚石砂轮的磨损也会增加。所以应根据具体情况选择合适磨削速度,一般陶瓷结合剂、树脂结合剂的金刚石砂轮其磨削速度可选高一些,金属结合剂的金刚石砂轮磨削速度可选低一些。

超硬磨料砂轮磨削时,磨削液的使用与否对砂轮的寿命影响很大。磨削液除了具有润滑、冷却、清洗功能外,还有渗透性、防锈、提高切削性能等功能。磨削液分为油性液和水溶性液两大类,油性液主要成分是矿物油,其润滑性能好,主要有全损耗系统用油、煤油、轻质柴油等;水溶性液主要成分是水,其冷却性能好,主要有乳化液、无机盐水溶液、化学合成液等。

磨削液的使用应视具体情况合理选择。金刚石砂轮磨削硬质合金时,普遍采用煤油,而不宜采用乳化液;树脂结合剂砂轮不宜使用苏打水。立方氮化硼砂轮磨削时宜采用油性的磨削液,一般不用水溶液,因为在高温状态下,CBN砂轮与水会起化学反应,称水解作用,会加剧砂轮磨损。若不得不使用水溶性磨削液,可以加极压添加剂,减弱水解作用。

18.6.4 超精密加工机床与设备

超精密机床的质量还取决于机床的主轴部件、床身导轨以及驱动部件等关键部件的质量。

1) 精密主轴部件

精密主轴部件是超精密机床的圆度基准,也是保证机床加工精度的核心。

2) 床身和精密导轨

床身是机床的基础部件,应该满足抗振衰减能力强、热膨胀系数低、尺寸稳定性好的要求。超精密机床导轨部件要求有极高的直线运动精度,不能有爬行,导轨偶合面不能有磨损,因而液体静压导轨、气浮导轨和空气静压导轨均具有运动平稳、无爬行、摩擦因数接近于零的特点,在超精密机床中得到广泛的使用。

3) 微量进给装置

在超精密加工中,要求微量进给装置满足如下要求:

(1) 精微进给与粗进给分开,以提高微位移的精度、分辨率和稳定性;

(2) 运动部分必须具有低摩擦和高稳定性,以便实现很高的重复精度;

(3) 末级传动元件必须有很高的刚度,即夹固刀具必须是高刚度的;

(4) 工艺性好,容易制造;

(5) 应能实现微进给的自动控制,动态性能好。

此外,超精密加工机床应该具有高精度、高刚度、高加工稳定性和高度自动化的要求:

(1) 高精度:包括高的静精度和动精度,主要的性能指标有几何精度、定位精度和重复定位精度、分辨率等,如主轴回转精度、导轨运动精度、分度精度等;

(2) 高刚度:包括高的静刚度和动刚度,除本身刚度外,还应注意接触刚度,以及由工件、机床、刀具、夹具所组成的工艺系统刚度;

(3) 高稳定性:设备在经运输、存储以后,在规定的工作环境下使用,应能长时间保持精度、抗干扰、稳定工作,设备应有良好的耐磨性、抗振性等;

(4) 高自动化:为了保证加工质量,减少人为因素影响,加工设备多采用数控系统实现自动化。

18.6.5 超精密加工支持环境

1) 净化的空气环境

为了保证精密和超精密加工产品的质量,必须对周围的空气环境进行净化处理,减少空气中尘埃的含量,提高空气的洁净度。

2) 恒定的温度环境

精密加工和超精密加工所处的温度环境与加工精度有着密切的关系,当环境温度发生变化时会影响机床的几何精度和工件的加工精度。

恒温环境有两个重要指标:一是恒温基数,即空气的平均温度,我国规定的恒温基数为 20；二是恒温精度，指对于平均温度所允许的偏差值。

随着现代化工业技术的发展与超精密加工工艺的不断提高，对恒温精度的要求也越来越高。

3）较好的抗振动干扰环境

(1) 防振：消除工艺系统内部自身产生的振动干扰。

(2) 隔振：采取各种隔离振动干扰的措施，阻止外部振动传播到工艺系统中。

18.7 高速加工技术

18.7.1 高速加工的概念

高速加工技术是指采用超硬刀具和磨具，利用能可靠实现高速运动的高精度、高自动化和高柔性的制造设备，以提高切削速度来达到提高材料去除率、加工精度和加工质量的先进加工技术。

18.7.2 高速加工技术的发展与应用

1. 高速加工技术的发展

国外对高速切削的研究要追溯到 20 世纪 30 年代，德国切削物理学家 Carl Solomon 根据实验曲线提出了高速切削的概念，因此被后人誉为“高速加工之父”。但随后的 20 年，由于世界大战的原因，对高速切削技术研究较少。直到 1952 年 2 月，美国的 R. L. Vaughn 教授首次主持超高速切削试验，经过试验指出：高速切削条件下刀具的磨损比普通速度减少了 95%，且几乎不受切削速度的影响，还推出对于常用材料，其理论切除效率可提高 50～1000 倍。

1976 年美国的 Vought 公司首次推出 1 台有级高速铣床，该铣床采用 Bryant 内装式电机主轴系统，最高转速达 20000r/min，功率为 15kW。1977 年美国宇航局和飞机制造业支持了从 1977 年开始的为期 4 年的研究项目，以研究用于加工轻型合金材料的超高速铣削技术。美国福特(Ford)汽车公司与 Ingersoll 公司合作研制的 HVM800 卧式加工中心及镗气缸用的单轴镗缸机床已实际用于福特公司的生产线。

德国达姆施塔特工业大学生产工程与机床研究所(PTW)从 1978 年开始系统地进行大量的超高速切削各种金属和非金属材料的切削机理研究，为此德国组织了多家企业并提供了大量的资金支持 PTW 的 H. Schuiz 教授领导的研究工作。

日本对高速切削技术的研究始于 20 世纪 60 年代。田中义信利用来复枪改制的高速切削装置实现了高速切削，并指出高速切削的切屑形成完全是剪切作用的结果。Y. Tanaka 研究发现在高速切削时，切削热大部分被切屑带走，工件基本保持冷态。

自从 20 世纪 80 年代以来，一些高速切削车床和加工中心陆续问世，并且逐步商品化，因此高速切削已经应用到了某些材料的全部零件生产过程中，基本实现了高速切削技术理论到工业化生产的转变。

我国对于高速切削技术的研究起步较晚，20 世纪 80 年代中期，一些高校和科研院所陆续开始对高速切削机理和实践进行应用研究，南京航空航天大学对高速切削高温合金、钛合金、不锈钢等难加工材料进行了试验研究，发现切削变形为集中剪切滑移，且滑移区很窄，形成锯齿状不连续切屑，其变形机理完全不同于连续性切屑。山东大学比较系统地研究了Al_2O_3基陶瓷刀具高速硬切削的切削力、切削温度、刀具磨损和破损、加工表面质量等，建立了有关切削力、切削温度模型及刀具磨损与破损的理论。哈尔滨工业大学用PCBN刀具对干式切削不同硬度轴承钢的切削力、切削温度、已加工表面完整性进行了切削试验研究，发现存在区分普通切削与硬态切削的临界硬度。在临界硬度附近切削时，刀具的磨损严重，加工表面质量最差。天津大学和大连理工大学也都对高速硬切削机理进行了研究。

也有不少企业陆续从国外引进一些高速切削机床进行合作研究，取得了很大进步，但总体水平和国际技术相比存在一定的差距，因此高速切削技术被我国列为重点研究项目之一。

2. 高速加工技术的应用

近年来，高速切削加工技术以其高效、优质的性能而广泛应用于航天、航空、汽车、模具、轴承、动力机械和机床等行业中。

1）在航空工业中的应用

高速切削技术最早是在飞机制造业中得到了成功的应用。在飞机制造业中，把过去通过铆接或焊接起来的组合构件，合并成一个带有大量薄壁和细筋的复杂零件，对于这类零件的制造，金属切除量相当大，传统的切削加工费工费时，如果采用高速切削技术正好弥补这方面的问题，提高了效率。

2）在汽车制造业中的应用

高速切削技术在汽车行业中被应用，发动机铝合金和铸铁缸体，采用高速切削加工技术，大大提高了效率，降低了成本。我国从德国引进的具有20世纪90年代中期水平的一汽大众捷达奥迪轿车和上海大众桑塔纳轿车自动生产线，其中大量应用了高速切削加工技术。此外一些汽车公司的自动轿车生产线上高速机床占主导地位，高速切削加工技术发挥了重大作用。

3）在模具行业中的应用

近几年高速切削技术逐渐应用到了模具加工行业中，其优越性主要体现在加工效率高及加工质量高两个方面。这对模具加工传统工艺产生了很大的影响，改变了模具加工工艺流程。由于模具型面一般都是十分复杂的自由曲面，并且硬度很高，采用常规的切削加工方法难以满足精度和形状要求。

4）在采煤行业中的应用

采煤机中薄壁套类零件较多，如牵引部与截割部联接处的衬套，还有传动轴中的支承套、导向套等部件，如果采用传统的加工方法，工序较多且精度不能保证，效率也较低，采用高速切削技术可减少工序数目，且精度、效率较高。对一些形状较复杂、精度较高的零件，例如，浮动密封内、外环，摆线轮齿形的加工，现多采用高速加工的方法，可以保证所需的加工精度。

18.7.3 高速切削加工的关键技术

高速切削是一项复杂的系统工程。高速切削不只是切削速度的提高，它的发展涉及机床、刀具、工艺和材料等诸多领域的技术配合和技术创新。高速切削要获得良好的应用效果，必须将高性能的高速切削机床、与工件材料相适应的刀具和对于具体加工对象最佳的加工工艺技术相结合。

1. 高速切削机床技术

高速切削机床是高速切削应用的基本条件。性能良好的高速切削机床是实现高速切削的前提和关键，而具有高精度的高速主轴和控制精度高的高速进给系统，则是高速切削机床技术的关键所在。

1）高速主轴

高速主轴是高速切削机床的核心部件，在很大程度上决定着高速切削机床所能达到的切削速度、加工精度和应用范围。目前，适于高速切削的加工中心其主轴最高转速一般都大于10000r/min，有的高达60000～100000r/min，为普通机床的10倍左右；主电动机功率15～80kW，以满足高速车削、高速铣削的要求。轴承是决定主轴寿命和负荷的关键部件。电主轴采用的轴承主要有滚动轴承、流体静压轴承和磁悬浮轴承。滚动轴承因其具有刚度高、高速性能好、结构简单、标准化程度高和价格适中等优点，在电主轴中得到最广泛应用。

2）高速进给系统

控制精度高的高速进给系统也是实现高速切削的关键技术之一。高速滚珠丝杠副传动系统的加速度范围为0.5～1.0g，行程范围≤6m，用于低档高速数控机床；高速进给系统采用直线电机进给驱动系统后，其加速度可高达2～10g，行程范围不受限制，用于高档高速数控机床和高速加工中心。直线电机进给驱动系统具有以下优点：①高速响应性：由于系统采用直线电机直接驱动工作台，机床实现"零传动"，故使整个闭环控制系统动态响应性能大大提高，反应异常灵敏快捷；②速度和加速度高：最大进给速度可达80～180m/s，加速度可高达2～10g；③定位精度高：直线电机进给驱动系统常用光栅尺作为位置测量元件，采用闭环控制，因而定位精度可高达0.01～0.1μm。

2. 高速切削刀具技术

刀具技术是实现高速切削的重要保证。正确选择刀具材料和设计刀具系统对于提高加工质量、延长刀具寿命和降低加工成本都起着重要作用。

1）高速切削刀具材料

高速切削要求刀具材料具有如下性能：高硬度、高强度和耐磨性；高韧度、良好的耐热冲击性；高热硬性、良好的化学稳定性。目前，高速切削加工常用的刀具材料有涂层刀具、陶瓷刀具(Al_2O_3，Si_3N_4)、立方氮化硼(CBN)材料和聚晶金刚石(PCD)材料等。

2）高速切削刀具系统

刀具几何参数对加工质量和刀具耐用度有很大影响，一般高速切削刀具的前角比普通切削刀具约小10°，后角大5°～8°。刀具在高速旋转时，会承受很大的离心力，其大小远远超过切削力，成为刀具的主要载荷，足以导致刀体破碎，造成重大事故。因此，刀具系统的安全性不言而喻。

3. 高速切削工艺技术

高速切削工艺和常规切削工艺有很大不同。常规切削认为高效率来自低转速、大切深、缓进给、单行程；而高速切削则追求高转速、中切深、快进给、多行程的加工工艺。在进行高速切削时，工件材料不同，所选用的切削刀具、切削工艺和切削参数也有很大不同。高速切削工艺主要包括：适合高速切削的加工走刀方式，专门的CAD/CAM编程策略，优化的高速加工参数，充分冷却润滑并具有环保特性的冷却方式，等等。

18.7.4 高速磨削加工的关键技术

1. 高速主轴

提高砂轮线速度主要是提高砂轮主轴的转速，因而，为实现高速切削，砂轮驱动和轴承转速往往要求很高。主轴的高速化要求足够的刚度，回转精度高，热稳定性好，可靠，功耗低，寿命长等。为减少由于切削速度的提高而增加的动态力，要求砂轮主轴及主轴电机系统运行极其精确，且振动极小。目前，国外生产的高速超高速机床大量采用电主轴。

主轴轴承可采用陶瓷滚动轴承、磁浮轴承、空气静压轴承或液体动静压轴承等。陶瓷球轴承具有重量轻、热膨胀系数小、硬度高、耐高温、高温时尺寸稳定、耐腐蚀、寿命高、弹性模量高等优点。其缺点是制造难度大、成本高、对拉伸应力和缺口应力较敏感。磁浮轴承的最高表面速度可达200m/s，可能成为未来超高速主轴轴承的一种选择。目前磁浮轴承存在的主要问题是刚度与负荷容量低，所用磁铁与回转体的尺寸相比过大，价格昂贵。空气静压轴承具有回转精度高、没有振动、摩擦阻力小、经久耐用、可以高速回转等特点，用于高速、轻载和超精密的场合。液体动静压轴承，无负载时动力损失太大，主要用于低速重载主轴。

2. 高速磨削砂轮

高速磨削砂轮应具有好的耐磨性，高的动平衡精度，抗裂性，良好的阻尼特性，高的刚度和良好的导热性等。其通常由高力学性能的基体和薄层的磨粒组成。砂轮基体应避免残余应力，在运行过程中的伸长应最小。通过计算砂轮切向和法向应力，发现最大应力发生在砂轮基体内径的切线方向，这个应力不应超出砂轮基体材料的强度极限。大部分实用超硬磨料砂轮基体为铝或钢。日本和欧洲也开发了其他材料，如CFRP复合材料的CBN砂轮。虽然CFRP弹性系数低，但弹性系数与比重的比率高，可以抑制砂轮在半径方向的延伸。CFRP的另一优点是较低的线性伸长系数。目前以CFRP为基体、直径380mm的CBN砂轮，可实现200m/s的磨削，进给速度2m/s。日本在400m/s的超高速磨床上，采用CFRP为基体、直径250mm的陶瓷结合剂CBN砂轮，已实现300m/s的磨削试验。

超高速砂轮可以使用刚玉、碳化硅、CBN、金刚石磨料。结合剂可以用陶瓷、树脂或金属结合剂等。树脂结合剂的刚玉、碳化硅、立方氮化硼磨料的砂轮，使用速度可达125m/s。单层电镀CBN砂轮的使用速度可达250m/s，试验中已达340m/s。陶瓷结合剂砂轮磨削速度可达200m/s。同其他类型的砂轮相比，陶瓷结合剂砂轮易于修整。与高密度的树脂和金属结合剂砂轮相比，陶瓷结合剂砂轮可以通过变化生产工艺获得大范围的气孔率。特殊结构拥有40%的气孔率。由于陶瓷结合剂砂轮的结构特点，使得修整后容屑空间大，修锐简单，甚至在许多应用情况下可以不修锐。采用片状烧结陶瓷砂轮片和可靠的黏结，解决了由于陶瓷结合剂的弹性系数与基体相差太大，而易于破裂的缺陷。美国Norton公司研究出一种借助化学黏结力把持磨粒的方法，可使磨粒突出80%的高度而不脱落，其结合剂抗拉

强度超过1553N/mm²(电镀镍基结合剂为345～449N/mm²)。阿亨工业大学在其砂轮的铝基盘上使用溶射技术实现了磨料层与基体的可靠黏结。

此外,还要充分考虑砂轮与主轴连接的可靠性。主轴高速旋转时,由于离心力的作用,砂轮与主轴的锥连接处产生不均匀的膨胀,连接刚度下降。在超高速磨削试验中,曾出现过由于夹紧力不足,而导致在启动过程中产生振动。德国开发出HSK(短锥空心柄)连接方式和对刀具进行等级平衡及主轴自动平衡的技术,但未见其用于超高速磨削的报道。因此,开发高精度、高刚度和良好的动平衡性能的砂轮与主轴的连接方式很有必要。

3. 进给系统

高速加工不但要求机床有很高的主轴转速和功率,而且同时要求机床工作台有很高的进给速度和运动加速度。

直线电机取消了中间传动环节,实现了所谓的"零传动"。进给速度可达60～200m/s以上,加速度可达10～100m/s² 以上。定位精度高达0.5～0.05μm,甚至更高,且推力大,刚度高,动态响应快,行程长度不受限制。主要问题是发热较严重,对其磁场周围的灰尘和切屑有吸附作用,价格较高。德国西门子公司生产的直线电机,最大进给速度可达200m/s。日本研制的高效平面磨床,工作台进给采用直线电机,最高速度60m/s,最大加速度10m/s²。

4. 磨削液及其注入系统

磨削表面质量、工件精度和砂轮的磨损在很大程度上受磨削热的影响。尽管人们开发了液氮冷却、喷气冷却、微量润滑和干切削等,但磨削液仍然是不可能完全被取代的冷却润滑介质。磨削液分为两大类:油基磨削液和水基磨削液(包括乳化液)。油基磨削液润滑性优于水基磨削液,但水基磨削液冷却效果好。

油基磨削液良好的润滑作用,可以有效地减小切屑、工件、磨粒切削刃和砂轮结合剂之间的摩擦,从而减少磨削热的产生和砂轮的磨损,提高工件表面的完整性。但油基磨削液在工作时会产生油雾,严重污染环境;易引起冒烟、起火、不安全;能源浪费严重。水基磨削液冷却效果好,防火性好,对环境的污染问题易于解决,因此,含有各种表面活性剂、油性剂、极压添加剂、缓蚀剂和防腐杀菌剂的性能优越的水基磨削液,是近年来重要的发展方向。除了通常的磨削液外,也可辅以气态或固态磨削剂。

包含混合磨削油和合成水基磨削液的联合应用,对于磨削难加工材料特别有效。用少量油润湿砂轮提高润滑效果,用水基磨削液注入磨削弧提高冷却效果。或者,油在磨削区前加入,而水则仅仅用来冷却工件表面。通过联合应用水和油,获得的表面粗糙度和金属去除率与乳化液相当。与单纯使用乳化液相比,能降低砂轮的磨损,其缺点是需要后续的油水分离。

高速磨削时,气流屏障阻碍磨削液有效地进入磨削区,还可能存在薄膜沸腾的影响。因此,采用恰当的注入方法,增加磨削液进入磨削区的有效部分,提高冷却和润滑效果,对于改善工件质量,减少砂轮磨损极其重要。常用的磨削液注入方法有手工供液法、浇注法、高压喷射法、空气挡板辅助截断气流法、砂轮内冷却法和利用开槽砂轮法等。为提高冷却润滑效果,通常多种方法综合使用。如采用靴状喷嘴,可在砂轮接触区前一个较大的区域对砂轮进行直接润滑,喷嘴本身起气流挡板的作用。石墨管浮动喷嘴将磨削液辅以固态磨削剂结合起来,石墨管本身又相当于气流挡板。射流内冷却,将射流与砂轮内冷却结合起来,用径向射流冲击,达到强化换热的效果,可突破薄膜沸腾的障碍;高低压喷嘴联合应用,采用高压喷嘴和空气挡板向砂轮及磨削区供液,低压喷嘴冷却工件。也有采用环状喷嘴冷却工件,润滑喷嘴向砂轮及磨削区供液,以降低工件整体温度,提高工件尺寸精度。

喷嘴位置、几何形状对冷却和润滑效果也有很大的影响。增加喷嘴与磨削区的距离,冷却效果降低。因而,喷嘴应尽可能靠近磨削弧区,提高进入磨削弧区的有效流量和压力。对喷嘴进行优化,采用内腔为凹状的喷嘴,且内壁光滑,出口处为锐边,可均化液流,产生较长的高聚射流,提高冷却和润滑效果。

高速磨削液必须净化,过滤系统的选择与切屑长度、厚度及类型有关,还取决于磨粒的切削深度。常用的过滤方法有:物理方法,如重力沉降、涡旋过滤、磁力过滤、滤网过滤、滤带(纸)过滤;化学方法,如采用助滤剂硅藻土等。在过滤系统中同时经过多个过滤单元进行复合过滤,效果更佳。超高速磨削系统还需要采取措施降低磨削液温度,目前主要的降温方式有自然挥发对流散热、强力挥发和利用制冷系统降温等。

此外,还应对磨削液引起的砂轮主轴功率消耗,以及磨削区域磨削液的动静压对磨削力的影响进行研究,对高速磨削的供液压力和速度进行优化,有效地减少功率消耗和对环境的负面影响。有关研究表明,对于某一流量存在一临界速度,当砂轮速度大于临界速度时,随着砂轮速度的增加,法向磨削力降低。

5. 砂轮修整

在磨削过程中,砂轮变钝,或由于磨损而失去正确的几何形状,必须及时修整。修整分为整形和修锐两个过程。整形是使砂轮达到要求的几何形状和精度。修锐就是使磨粒凸出结合剂,产生必要的容屑空间,使砂轮达到较佳的磨削能力。根据具体情况,这两个过程可以统一进行或同时进行,也可分两步进行。

常用的整形方法有车削法、磨削法、金刚石滚轮法。电火花和激光法等新的整形法也正在研究中。常用的修锐方法有自由磨粒法(如气体喷砂修锐法、游离磨粒挤压修锐法、液压喷砂修锐法等)和固结修锐工具修锐法(如油石法、刚玉块切入法、砂轮对磨法等)两大类,此外还有电解在线修整法、电火花修锐法、高压水喷射修锐法和激光修锐等。

对于新型修整方法,应加快实用化研究。修整系统的发展应优先考虑通用的高效修整系统的研究。

6. 磨削的虚拟化与智能化

超高速磨削的实验研究需要耗费大量人力物力,因而随着计算机技术的发展,利用计算机进行磨削过程的仿真是一个重要的研究课题,CFRP 磨削科技委员会已把“虚拟实验室”作为一个重要的合作项目,虚拟磨床可以建立一个逼真的虚拟磨削环境,可用于评估、预测磨削加工过程和产品质量以及培训等,利用计算机仿真可模拟磨削过程,对磨削区温度场、磨削力变化等进行仿真,分析预测不同条件下磨削精度和磨削表面质量。

磨削过程是一个多变量的复杂过程。随着人工智能技术和传感器技术的发展,智能磨削也成为一个重要的研究方向。智能加工的基本目的就是要解决加工过程中众多的不确定性的、要有人干预才能解决的问题。由计算机取代或延伸加工过程中人的部分脑力劳动。实现加工过程中的决策、监测与控制的自动化，其中关键是决策自动化。

机床智能磨削系统的基本框架由以下几部分组成：①过程模型和传感器集成模块，利用多传感器信息融合技术，对加工过程信息进行处理，为决策与控制提供更加准确可靠的信息，多传感器信息融合的实现方法有加权平均法、卡尔曼滤波、贝叶斯估计、统计决策理论、Shafer-Dempster 证据推理、具有置信因子的产生式规则、模糊逻辑、神经网络等；②决策规划与控制模块，根据传感器模块提供的加工过程信息，作出决策规划，确定合适的控制方法，产生控制信息，通过 NC 控制器作用于加工过程，以达到最优控制，实现要求的加工任务；③知识库与数据库，存放有关加工过程的先验知识，提高加工精度的各种先验模型以及可知的影响加工精度的因素、加工精度与加工过程有关参数之间的关系等。此外，应能自动学习与自动维护。

18.8　增材制造技术

增材制造技术诞生于 20 世纪 80 年代后期的美国。一开始，增材制造技术的诞生源于模型快速制作的需求，所以经常被称为"快速成形"技术。历经 30 年日新月异的技术发展，增材制造已从概念(沟通)模型快速成形发展到了覆盖产品设计、研发和制造全部环节的一种先进制造技术，已远非当初的快速成形技术可比。

18.8.1　增材制造技术的基本原理

增材制造技术(AM)是基于分层制造原理，采用材料逐层累加的方法，直接将数字化模型制造为实体零件的一种新型制造技术。二十多年来，增材制造技术取得了快速的发展，快速原型制造、三维打印、实体自由制造之类各异的叫法分别从不同侧面表达了这一技术的特点，此外，四维打印也是增材制造。

美国材料与试验协会 F42 国际委员会给出增材制造的定义：增材制造是依据三维模型数据将材料连接制作成物体的过程，相对于减法制造，它通常是逐层累加的过程。增材制造技术集成了数字化技术、制造技术、激光技术及新材料技术等多个学科技术，可以直接将计算机辅助设计数字模型快速而精密地制造成三维实体零件，实现真正的自由制造。增材制造技术与传统制造技术相比，具有柔性高、无模具、周期短、不受零件结构和材料限制等一系列优点，在航天航空、汽车、电子、医疗、军工等领域得到了广泛应用。增材制造技术已成为制造业的研究热点，许多国家，包括我国都对其展开了大量深入的研究，欧美更有专家认为这项技术代表着制造业发展的新趋势，被誉为第三次工业革命的代表性技术。

增材制造这项近年来取得迅猛发展的加工技术，不仅改变了以往对原材料进行切削、组装的生产加工模式，节约了材料和加工时间，而且改变了以装配生产线为代表的大规模生产方式，实现向个性化、定制化的转变。增材制造技术的进步还将推动新材料、智能制造等领域的快速发展。在材料方面，研究较多的是陶瓷和金属，石墨烯、复合材料等原材料也获得重视。在打印技术方面，光固化成形和选择性激光烧结技术是目前研究较多的技术。混合材料打印、提高打印速度、实现大尺寸制造是各种增材制造技术的发展方向。在技术应用方面，呈现出日益广泛的趋势，除了汽车制造以外，利用增材制造技术进行定制化、柔性化的先进电池制备，进一步拓展其在航空航天零部件方面的应用，将其用于人体生物仿生组织的制备是近期发展的热点。

金属材料的增材制造主要有同步送粉高能束熔覆成形技术和粉末床成形技术两大类，首要应用领域是航空航天工业，因而主要针对的是航空航天材料，如高性能钛合金、高温合金、超高强度钢和铝合金等。随着打印技术应用领域的拓展，钴合金、铜合金、非晶合金等也日益得到研发人员及企业的重视。

增材制造技术优势：

(1) 增材制造技术不需要传统的刀具、夹具、模具及多道加工工序，在一台设备上就可以快速精密地制造出任意复杂形状的零件，从而实现了零件"自由制造"，解决了许多复杂结构零件的成形难题，并且能简化工艺流程，减少加工工序，缩短加工周期。

(2) 增材制造技术能够满足航空武器等装备研制的低成本、短周期需求。据统计，我国大型航空钛合金零件的材料利用率非常低，平均不超过10%；同时，模锻、铸造还需要大量的工装模具，由此带来研制成本的上升。通过高能束流增量制造技术，可以节省材料三分之二以上，数控加工时间减少一半以上，同时无需模具，从而能够将研制成本尤其是首件、小批量的研制成本大大降低，节省国家宝贵的科研经费。

(3) 增材制造技术有助于促进设计—生产过程从平面思维向立体思维的转变。尽管计算机辅助设计(CAD)为三维构想提供了重要工具，但虚拟数字三维构型仍然不能完全推演出实际结构的装配特性、物理特征、运动特征等诸多属性。采用增量制造技术，实现三维设计、三维检验与优化，甚至三维直接制造，可以摆脱二维制造思想的束缚，直接面向零件的三维属性进行设计与生产，大大简化设计流程，从而促进产品的技术更新与性能优化。

(4) 增材制造技术能够改造现有的技术形态，促进制造技术提升。利用增量制造技术提升现有制造技术水平的典型应用是铸造行业。利用增材制造技术制造蜡模可以将生产效率提高数十倍，而产品质量和一致性也得到大大提升；可以三维打印出用于金属制造的砂型，大大提高了生产效率和质量。

(5) 增材制造技术特别适合于传统方法无法加工的极端复杂几何结构。增材制造除了可以制造超大、超厚、复杂型腔等，还有一些具有极其复杂外形的中小型零件，如带有空间曲面及密集复杂孔道结构等，用其他方法很难制造，而通过高能束流增量制造技术，可以节省材料三分之二以上，数控加工时间减少一半以上，甚至可以实现零件的净成形，仅需抛光即可装机使用。

(6) 增材制造技术非常适合于小批量复杂零件或个性化产品的快速制造。目前增材制造已成功应用于航空航天系统，如空间站、微型卫星、F-18战斗机、波音787飞机和个性化牙齿矫正器与助听器等。

(7) 增材制造技术特别适合各种设备备件的生产与制造。例如，对于已经停产数十年的汽车、飞机、国防及其他设备的零部件，没有CAD图纸和相应工模具，甚至设备供应商有可能已经倒闭，相关设备备件已无法获得，就可以利用逆向工程技术快速得到相应的三维CAD模型，然后利用AM快速制造出所需的备件。

18.8.2　增材制造的主要工艺方法

目前，增材制造技术的典型工艺有立体光固化(SLA)、选区激光烧结(SLS)、熔融沉积制造(FDM)、分层实体制造(LOM)等，各种典型工艺的特性见表 18-1。

表 18-1　增材制造技术典型工艺对比

工　艺	SLA	SLS	FDM	LOM
热源	激光	激光	电热	激光
制造过程	通过激光束扫描固体材料层面，最后叠加形成实体	用激光烧结粉末材料粘连成形	将热塑性丝状材料熔化、挤压、固化，一层层沉积完成	用热熔胶将薄层材料黏合在一起，通过切割、黏合、切割，逐层堆积生成实体
优点	制件精度高，可达 $\pm 0.1mm$；表面质量好。材料利用率高，接近 100%	原材料选择广泛，材料利用率高，接近 100%。制造工艺简单，速度快，不需要设计支撑结构	材料利用率高，接近 100%，种类多，成本低。采用水溶性支撑材料，支架易去除	成形材料价格低，制作速度快，成本低。制作精度高，不需要设计支撑结构
缺点	需要设计支撑结构，材料必须是光敏树脂，具有气味和毒性，且价格昂贵。制件容易翘曲变形，后处理较复杂	制件精度低，表面粗糙，易变性，需要后处理。成形过程产生有毒气体和粉尘	制件精度低，强度较低，需要设计和制作支撑结构。成形时间长	制件弹性差，抗拉强度低，表面粗糙，易吸湿变形。材料利用率低，余料去除困难，不能制造中空结构件
常用材料	光敏树脂等	金属、陶瓷、热塑性塑料等粉末材料	热塑性材料、石蜡等	纸、金属箔、塑料薄膜、碳纤维等

1) 激光增材制造

激光增材制造技术是一种以激光为能量源的增材制造技术。激光具有能量密度高的特点，可以实现难加工金属的制造，如航空航天领域采用的钛合金、高温合金等。同时，激光增材制造技术还具有不受零件结构限制的优点，可用于结构复杂、难加工及薄壁零件的加工制造。目前，激光增材制造技术所应用的材料已涵盖钛合金、高温合金、铁基合金、铝合金、难熔合金、非晶合金、陶瓷及梯度材料等，在航空航天领域中高性能复杂构件和生物制造领域中多孔复杂结构制造方面具有显著优势。

2) 电子束增材制造

电子束增材制造技术主要包括电子束熔丝沉积成形技术和电子束选区熔化技术，近年来，在航空航天领域的应用迅速兴起。波音公司、Synergeering Group 公司、CalRAM 公司、Avio 公司等针对火箭发动机喷管、承力支座、起落架零件、发动机叶片等开展了大量研究，有的已批量应用，材料主要为铜合金、钛合金、钛铝合金等。由于材料对电子束能量的吸收率高且稳定，电子束选区熔化技术可以加工一些特殊合金材料，如钴基合金、镍基合金。电子束选区熔化技术可用于航空发动机或导弹用小型发动机多联叶片、整体叶盘、机匣、增压涡轮、散热器、飞行器筋板结构、支座、吊耳及框梁起落架结构的制造，这些设备共同特点是结构复杂，用传统方法加工困难，甚至无法加工。目前世界上最大的电子束选区熔化设备是Arcam 公司的 A2×× 型设备，有效加工范围为 ϕ350mm×380mm。

3）电弧增材制造

电弧增材制造技术是一种利用逐层熔覆原理，采用熔化极惰性气体保护焊接、钨极惰性气体保护焊接及等离子体焊接电源等焊机产生的电弧作为热源，通过添加丝材，在程序的控制下根据三维数字模型由线、面、体逐渐成形出金属零件的先进数字化制造技术。电弧增材制造技术不仅具有沉积效率高、丝材利用率高、整体制造周期短、成本低、对零件尺寸限制少、易于修复零件等优点，而且具有原位复合制造及成形大尺寸零件的能力。

4）固相增材制造

以高能束流为热源的金属熔化增材制造技术在制备钛合金、高温合金等材料方面有很大的技术优势，但对铝合金、铜合金等材料存在一个技术壁垒，即能量的吸收率极低，这限制了高能束增材制造技术在铝合金、铜合金制造领域的应用。为了满足这一类材料的需要，研究者结合固相焊接技术方法，提出了固相增材制造技术。此外，南昌航空大学柯黎明教授团队将搅拌摩擦搭接焊技术引入金属增材制造中，并将该方法命名为搅拌摩擦增材制造。

5）超声增材制造

超声增材制造作为一种固态金属成形加工方式，运用超声波焊接方法，通过周期性的机械操作，将多层金属带加工成三维形状，最后成形为精确的金属部件。滚轴式超声焊接系统由两个超声传感器和一个焊接触角组成，传感器的振动传递到磁盘型焊接触角上，能够在金属带与基板之间进行周期性超声固态焊接，进而通过触角的连续滚动将金属带焊在基板上。这种技术能够使铝合金、铜、不锈钢和钛合金达到高密度的冶金结合。将超声增材制造技术与切削加工做比较，超声增材制造技术可以加工出深缝、空穴、格架和蜂巢式内部结构，以及其他传统切削加工无法加工的复杂结构。

18.8.3 增材制造技术的应用

增材制造技术是综合多学科的新技术，相对于以减材制造的机械加工和以等材制造为主的铸、锻等传统制造技术而言，虽然发展时间并不长，但却已经在航空航天行业得到了广泛应用。美国利用定向激光制造技术和设备，制造出飞机部件。德国利用选择性激光熔化技术，制造出航空发动机的燃烧室及喷气涡流器。英国研究机构应用激光熔覆技术，修复了Trent 500 航空发动机密封圈，并成功制造出样件。我国西北工业大学的激光快速成形及后续钨极惰性气体保护焊电弧与电子束增材制造，均属于金属增材制造的范畴，都是通过计算机辅助设计建模，切片分层，再通过激光或电子束对粉末状材料或丝状材料进行熔化沉积，层层铺叠，从而实现快速成形。

增材制造技术在大型复杂构件和高价值材料产品等制造中具有成本、效率、质量诸多优势。在国外，增材制造技术已经在火箭发动机喷嘴、飞机复杂结构件、航空发动机复杂构件等武器装备产品研制中获得应用，并且开始由研究开发阶段向工程化应用阶段迈进。

金属三维打印材料的应用领域相当广泛，如石化工程、航空航天、汽车制造、注塑模具等。这项技术已被应用于多个行业领域，并且发挥着越来越重要的作用。

1）航空发动机领域

结合已有技术成果及航空发动机零部件的特点，增材制造技术在航空发动机中的应用主要有以下几方面：①成形传统工艺制造难度大的零件；②制造生产准备周期长的零件，通过减少工装，缩短制造周期，以降低制造成本；③制造高成本材料零件，通过提高材料利用率来降低原材料成本；④高成本发动机零件维修；⑤结合拓扑优化实现减重，以及提高冷却性能等；⑥整体设计零件，提高产品可靠性；⑦异种材料增材制造；⑧发动机研制过程中的快速试制响应；⑨打印树脂模型进行发动机模拟装配。

高性能航空发动机对零件结构的复杂程度要求越来越高，给传统的制造工艺带来了很大难度。金属零件增材制造技术日益成熟，获得了航空领域的广泛关注，航空发动机制造商和零部件供应商已经将增材制造技术用于开发商业化的零部件，不断扩大在航空发动机上的应用。然而，我国在航空发动机增材制造方面至今仍处于理论研究阶段，技术成熟度水平仍较低，距实际应用还有很长的距离。

另外，增材制造技术的一个应用领域是对部件损伤的修复，包括涡轮叶片、外壳、轴承和齿轮等，能够用于重建各种部件所损失的材料，并保持结构的完整性。

2）航空航天领域

航空航天领域的机器零件，外形复杂多变，材料硬度、强度和性能较高，难以加工且零件加工成本较高，而新生代飞行器正在向长寿命、高可靠性、高性能及低成本的方向发展，采用整体结构模式，趋向复杂大型化是其发展趋势。正是基于此发展趋势，增材制造技术中的电子束或激光熔融沉积及选择性烧结成形等加工技术越来越受到航空航天业加工制造商的青睐。未来，会有越来越多的应用，包括嵌入电子电路直接打印、复杂发动机部件、复杂结构承力件、停产机型备品备件，以及突破运载火箭尺寸限制，开展太空中大结构直接打印等。

3）汽车零件领域

增材制造在汽车领域的技术要求，没有像航空航天领域那么苛刻，市场前景更为宽阔。从模型设计，到复杂模具的制造加工，再到复杂零部件的轻量化直接成形，增材制造技术正在深入汽车领域的方方面面。汽车工业是我国国家经济发展的支柱产业，汽车零件形状复杂，加工制造难度大，增材制造技术同样也能应用于其中。2016年6月16日，来自美国亚利桑那州的Local Motors公司三维打印出了一辆自动驾驶电动公交车Olli，而且这辆车的一部分是可回收的。

4）生物医学领域

生物医学领域与人类生活和健康息息相关，随着技术的进步，传统生物医学治疗手段和治疗器械也在不断发生变革，例如，增材制造技术融入生物医学领域，带来前所未有的变化。目前，三维打印技术已经在牙齿矫正、脚踝矫正、医学模型快速制造、组织器官替代、脸部修饰和美容等方面得到应用与发展。

在生物医疗行业飞速发展的今天，生物增材制造技术不可避免地受到越来越多的关注和研究。依据材料的发展及生物学性能，可以将生物增材制造技术分为三个应用层次：①医疗模型和体外医疗器械的制造，主要应用增材制造技术设计、制造三维模型或体外医疗器械，如三维打印胎儿模型、假肢等；②永久植入物的制造，主要应用增材制造技术制造永久植入物，如为患者打印牙齿或下颌等；③细胞组织打印，主要应用增材制造技术构建人体生物结构体，如肾脏、人耳等，但目前尚处于实验室研究阶段。

5）装备制造工业领域

在传统加工方式十分成熟的工业装备制造领域，增材制造技术的出现带来了一种新型加工方式，充分利用增材制造技术的优势，可以有效地增强工业装备制造水平。因此，各大企业都在积极开展工作，力争尽快将增材制造技术应用于工业装备实际生产之中。

GE公司在2012年11月收购了MorrisTechnologies 3D打印公司，用来打印飞机引擎中的零部件。此外据报道，该公司石油和天然气部门于2015年下半年试验用三维打印技术制造燃气涡轮机的金属燃料喷嘴，这是迈向使用三维打印技术大规模制造零部件的重要一步。

6）模具领域

增材制造技术在模具制造方面有广泛应用，目前，最为先进的快速模具制造方法有树脂基复合材料快速制模、中或低熔点合金铸造制模、金属电弧喷涂制模等，其中，金属电弧喷涂成形快速制模技术在模具成本、寿命、制造周期、精度等方面具有综合优势，并且模具工作表面具有较好的强度、硬度和耐磨性，模具表面摩擦学特性更接近于钢质模具，是一种较为理想的快速制模方法。

在使用成熟的传统制造技术已经难以大幅提高模具性能和使用寿命的情况下，增材制造技术提供了大幅提高模具性能和使用寿命的可能性，展现出全新的模具制造技术前景。尽管距成熟应用还需进行很多试验与探索，但它是模具制造技术的又一个制高点。

7）船舶领域

增材制造技术发展日新月异，科技工作者们一致认为增材制造技术必将广泛应用于船舶制造业，对造船业产生深远的影响。许多发达国家已将增材制造技术应用于船舶制造领域用以提高制造能力，具体包括船舶辅助设计、船体及配套设施制造、船舶专用装备制造、船舶再制造和实时维修等领域。在船体辅助建造、大型复杂零件快速铸造、船舶电子设备冷却装置制造、舰载无人机设计与制造、船舶再制造与实时维修、船舶动力装置制造、船舶结构功能一体化材料制备和构件制造、水下仿生机器人设计和制造等方面，增材制造技术均有用武之地。

金属增材制造技术在航空航天行业中的应用方式也完全可以被船舶海工行业所借鉴，其优势也显而易见。航空航天行业的增材制造经验证明，通过该技术加工的零部件力学性能、材料性能是可以保证的。在船舶海工行业中利用增材制造技术有四个明显的优势：①船舶海工装备中有不少稀有金属和贵金属材料的零部件，金属增材制造技术能极大节省材料的使用；②金属增材制造技术能将数据模型整体打印成形，避免焊接连接，对在海洋高压容器和深水密封件中减少焊缝有十分重要的意义；③传统加工中，对于高硬度零件、薄壁类零件加工难度都较大，金属增材制造技术能够从本质上解决该类问题，缩短制造时间，降低成本；④金属增材制造技术的应用能给源头的数字设计增加广泛的自由性，能够促进目前海洋装备在结构设计方面的简化，提高海洋结构的性能。虽然国际上金属增材制造技术的发展只有二十多年的历史，相对于传统的铸锻等热加工及机械加工等冷加工，其成熟度还有很大差距，但是随着金属增材制造技术的高速发展，其在船舶与海工行业应用的优势将越来越明显，金属增材制造技术在海洋装备的一些制约因素也会随着设备的不断更新与技术的不断完善而逐渐变小。

8）建筑领域

建筑设计师因为传统建造技术的束缚无法将具有创意性和艺术效果的作品变为现实，而增材制造技术却能让建筑设计师的创意实现。2014 年 3 月，荷兰建筑师利用三维打印技术打印出了世界上第一座三维打印建筑。2015 年 9 月，第一座三维打印酒店在菲律宾落成。在我国，2014 年 4 月，10 幢三维打印建筑成功建成于上海。

9）军事领域

现代化军事的特点不仅是机械化、信息化，而且还有快速损伤修复能力。修复战场机械，需要辅助工具的帮助，而零件和辅助工具在机动性强、变化迅速的战场中会成为负担，并且损伤零件的不确定性和辅助工具的不通用性，都会制约战场的作战效率。增材制造技术可以有效解决这些问题，因为采用三维打印技术，只要有零件的模型数字数据，加上合适的材料，就能打印出所需要的零件和工具，完成机器的修复。2015 年 12 月，美军杜鲁门号航母配备三维打印机，能够自行在船上用三维打印机打印出受损的特殊零件，减少了易损零件的存储和携带工作等。增材制造技术在我国兵器工业的应用主要包括：①产品创新设计和模具快速制造；②复杂构件的直接整体成形；③武器装备中零件的快速修复。

10）食品领域

食品行业中，食物的外形、颜色、味道对于食品的推广和消费都将产生重要的影响，也是食品商业运行中需要考虑的因素。传统的食物受制作工艺的制约，颜色和外形不可能自由设计，而应用增材制造技术，可以个性化定制，打印出自己想要的食品形状，制作出拥有客户所期望外形的食物。增材制造技术在食品领域应用具有很高的商业价值。

18.8.4　增材制造关键技术和瓶颈

增材制造技术的发展必定会经历从原形件到结构功能件、再到智能零部件制造的过程，但无论处于哪一个阶段，其中的一些关键技术是共通的，需要不断去突破。

1）原材料制备技术

现阶段，除了 SLA 工艺所用原材料为液态的光敏树脂，其余工艺大都采用丝材和粉末材料，尤以粉末材料居多。常用的光敏树脂主要成分为丙烯酸树脂，光敏树脂的黏度略高，一次固化程度不足，还有一定的毒害性，这些都是需要改进的地方。在粉末材料方面，颗粒形状和粒度分布都有严格要求，金属粉末成分中的含氧量和碳的质量分数也会对成形件性能产生很大影响。雾化法制备金属粉末可以获得粒度分布较均匀的量产球形粉，市场上已普遍使用，实验室内还常用机械粉碎法和旋转电极法来制造金属粉末。

2）材料成形控制技术

增材制造实质上是一个积少成多、化零为整的制造过程，在此过程中，原材料之间的结合是关键，在此过程中通常会发生一系列的物理和化学变化。在 SLA 工艺中，光源照射液态树脂后会引发活性基团的聚合、交联和接枝反应，反应十分灵敏，最终使树脂变成固态。金属材料的成形是一个快速熔化和凝固的过程，过程中熔区的温度梯度很大，已成形部分存在较大热应力，随时可能出现孔洞、缝隙和开裂的现象。所以，如何控制成形过程中温度的分布是金属材料增材制造的一大关键技术。

3）高效制造技术

成形件的大尺寸和高精度问题一直是增材制造业内两个重要的技术突破方向，但事实上要做到两者兼得并不容易。目前,市场上的铺粉设备工作平台一般都不大,主要原因在于光束经过振镜后只能精确控制在一定区域内形成能量密度均匀分布的光斑,所以如何提升光学部件的精度或实现多光束同步控制是一个发展方向。此外,增材制造与一般的涂层技术有所区别,它是在涂层上面再添加涂层,称为"再涂层技术"。每一层的厚度、平整度以及层与层间的结合程度都直接影响成形件的稳定性和精度,这些都需要通过调整设备和工艺参数来完善。

4) 支撑技术

因为重力场的存在,一些形状复杂的成形件需要支撑结构,支撑部分在后期处理中需要去除,所以如何设计是一门学问。通常是在保证成形件制造过程中不失效的前提下,采用的支撑材料越少越好,例如,设计成多孔结构。在金属材料增材制造技术中,支撑部分还会影响整个部件的内应力分布,设计不当可能会发生成形件翘曲变形的现象。

5) 软件编程技术

个性化定制是增材制造技术的一大特点,但要用到工业生产,仍然需要考虑如何控制使每个零件的质量达标,即生产质量的稳定性。除前已述及的硬件条件外,另一核心技术就是软件编程。国外的一些设备都会附有部分材料的工艺参数包,基本不需要任何编程,可以保证成形过程的稳定性,国内设备在这方面还有待提高。其他的研究工作主要是如何依靠软件技术来实现任意结构任意材料的预成形模拟,从而提升关键零部件的制造成功率。

目前在这些关键技术中,主要还存在如下技术瓶颈有待解决和突破。

(1) 成形材料主要依赖设备制造厂供应,适用的成形材料范围很有限,受制于设备厂商,难以适应市场的迫切需求。

(2) 成形材料的局限性导致难于成形真实可用的功能构件,从而使成形设备难于成为生产机械,市场需求量大大缩水。近两年成形金属功能部件在军工、航空航天领域的应用已取得较大发展,但成形材料类型有待进一步拓宽,尤其国产材料需加快开发。

(3) 成形件的尺寸精度和表面品质存在比较明显的差距,难以与 CNC 机加工相媲美。

(4) 快速成形机的制造成本和成形用的耗材成本居高不下,推广应用大打折扣。增材制造中关键技术的发展能够进一步节省零件的制造时间和生产成本,必将带动增材制造技术在各行各业中的全面应用。

18.9 微纳制造技术

随着人们对加工精度要求的提高,纳米技术(Nanotechnology)一词便由此延伸出。制造业的发展对加工精度提出了越来越高的要求,传统的加工机床已经不能满足高速发展的民用及军工领域的要求。所以,研究人员便把注意力转移到精度更高的加工方法上。从最初的毫米级到微米级再到纳米级,微纳制造技术应运而生。

18.9.1 微纳制造技术的概念

微纳制造技术是指制造微米、纳米量级的三维结构、器件和系统的技术。这种技术涉及很多方面,如微纳级精度和表面形貌的测量,微纳级表面机械、物理、化学性能的检测,微纳级精度的加工和微纳级表层的加工原子和分子的去除、搬迁、重组，纳米级微传感器和控制技术，微型机械电子系统，纳米生物学，等等。

由于微纳制造技术有体积小、重量轻、集成度高、可靠性高、智能化程度高等优点，在信息科学、生物医疗、航空航天、工程材料等领域广泛应用。在生物医疗领域，医生可以利用微系统进行视网膜手术、发现并去除癌细胞、修补受损血管等，为人类征服绝症带来了希望。航空航天领域内出现的皮卫星、纳卫星和微型飞行器大大减小了传统飞行器的体积和质量，使其成本低廉、发射方便。纳米材料的出现对人类的衣食住行都会产生不同程度的影响。例如，在纺织和化纤制品中添加纳米微粒，可以除味杀菌；在玻璃和瓷砖表面涂上纳米薄层，可以制成自洁玻璃和自洁瓷砖。利用微纳制造技术制造的各种微传感器和微加速器在各行业都有应用。毫无疑问，微纳制造技术未来会在各行各业找到用武之地。

18.9.2　微制造工艺技术

微米技术是指在微米级(0.1～100μs)的材料上设计、制造、测量、控制和应用的技术。目前，微米技术的研究与应用涉及以下几个方面。

1) 微小尺度的设计应用

研究微型系统的设计需要形成一整套新的设计理论方法，例如，微动力学、微流体力学、微热力学、微机械学、激光学等。以便解决微型系统设计中的尺寸效应、表面效应、误差效应及材料性能的影响。

2) 微细加工技术

微细加工技术包含超精机械加工、IC 工艺、化学腐蚀、能量束加工等诸多方法。对于简单的面、线轮廓的加工，可以采用单点金刚石和 CBN(立方氮化硼)刀具切削、磨削、抛光等技术来实现，如激光陀螺的平面反射镜和平面度误差要求小于 30nm，表面粗糙度 *Ra* 值小于 1nm 等。而对于稍微复杂一点的结构，用机械加工的方法是不可能的，特别是制造复合结构，当今较为成熟的技术仍是 IC 工艺硅加工技术，如美国制造出直径仅为 60～120μm 的硅微型静电电动机等。

微细加工技术主要指高深度比多层微结构的硅表面加工和体加工技术，利用 X 射线光刻、电铸的 LIGA 和利用紫外线的准 LIGA 加工技术；微结构特种精密加工技术包括微火花加工、能束加工、立体光刻成形加工；特殊材料特别是功能材料微结构的加工技术；多种加工方法的结合；微系统的集成技术；微细加工新工艺探索等。

微细加工技术是指加工微小尺寸零件的生产加工技术。从广义的角度讲，微细加工包括各种传统精密加工方法和与传统精密加工方法完全不同的方法，如切削技术、磨料加工技术、电火花加工、电解加工、化学加工、超声波加工、微波加工、等离子体加工、外延生产、激光加工、电子束加工、粒子束加工、光刻加工、电铸加工等。从狭义的角度讲，微细加工主要是指半导体集成电路制造技术，因为微细加工和超微细加工是在半导体集成电路制造技术的基础上发展的，特别是大规模集成电路和计算机技术的技术基础，是信息时代、微电子时代、光电子时代的关键技术之一。

3) 精密测量技术

精密测量技术是具有微米及亚微米测量精度的集合量与表面形貌测量技术。目前精密测量技术的一个重要研究对象是微结构的力学性能，如谐振频率、弹性模量、残余应力的测试和微结构的表面形貌及内部结构等。

18.9.3 纳制造工艺技术

纳米制造是描述对纳米尺度的粉末、液体等材料的规模化的生产，或者描述从纳米尺度按照自上而下或自下而上的方式制造器件，是纳米技术的一项具体的应用。

纳米制造尽管被美国国家纳米技术倡议(NNI)等广泛使用，但并没有给出纳米制造的明确定义。相反，纳米组装则被定义为：通过直接或者自组装方法，在原子或分子水平上制造功能结构或者设备的能力。相对于纳米组装而言，纳米制造更偏重于纳米技术产品的工业级别制造，其重点更多在于低成本和可靠性等方面。

众所周知，欲得到1nm的加工精度，加工的最小单位必然在亚微米级。由于原子间的距离为0.1～0.3nm，纳米级加工实际已到加工的极限。纳米级加工是将试件表面的一个个原子或分子作为直接的加工对象，所以，纳米级加工的物理实质就是要切断原子间的结合，实现原子或分子的去除。而各种物质是以共价键、金属键、离子键或分子结构的形式结合而组成，要切断原子间的结合需要很大的能量密度。在机械加工中，工具材料的原子间结合能必须大于被加工材料的原子间结合能。而传统的切削、磨削加工消耗的能量较小，实际上是利用原子、分子或晶体间连接处的缺陷而进行加工的，但想要切断原子间的结合就相当困难的。因此，纳米加工的物理实质与传统的切削、磨削加工有很大区别。直接利用光子、电子、离子等基本粒子的加工是纳米级加工的主要方向和主要方法。

1. 纳米级加工精度

与常规精加工的比较，纳米级加工中工件表面的原子和分子是直接加工的对象，即需切断原子间的结合，纳米加工实际已到了加工的极限，而常规的精加工欲控制切断原子间的结合是无能为力的，其局限性在于：

(1) 高精度加工工件时，切削量应尽量小，而常规的切削和磨削加工，要达到纳米级切除量，切削刀具的刀刃钝圆半径必须是纳米级，研磨磨料也必须是超细微粉，目前对纳米级刃口半径还无法直接测量；

(2) 工艺系统的误差复映到工件，工艺系统的受力/热变形、振动、工件装夹等都将影响工精度；

(3) 即使检测手段和补偿原理正确，加工误差的补偿也是有限的；

(4) 加工过程中存在不稳定因素如切削热、环境变化及振动等。

由此可见，传统的切削/磨削方法，一方面由于加工方法的局限或由于加工机床精度所限，显示出在纳米加工领域应用裕度不足；另一方面，由于科技产业迅猛发展，加工技术的极限不断受到挑战。有研究表明，磨削可获得35nm的表面粗糙度，但对如何实现稳定、可靠的纳米机加工以及观察研究材料微加工过程，力学性能则始终受到实验手段的限制，因此纳米机加工必须寻求新的途径即直接用光子、电子、离子等基本粒子进行加工。例如，用电子束光刻加工超大规模集成电路。

纳米级加工精度包括纳米级尺寸精度、纳米级几何形状精度和纳米级表面质量三个方面。

2. 纳米制造技术的制造对象

广义地说，只要尺寸至少在一维尺度上小于100nm结构都是纳米技术的制造对象。

具体言之，该结构应满足以下几点要求：

(1) 它是一种符合物理和化学定律的结构，这些定律是在原子水平级上的。

(2) 它是一种生产价格不超过所需原材料和能源成本的结构。

(3) 它能定位装配和自我复制。定位装配就是在适当地方放上适当的分子零件，自我复制是能始终保持价格低廉。

纳米技术发展的不同时期，纳米制造对象的内涵也不同。例如，1990年以前，主要集中在纳米颗粒(纳米晶、纳米相、纳米非晶等)以及由它们组成的薄膜与块体的制备；而1990—1994年间主要是制备纳米复合材料，一般采用纳米微粒与微粒复合、纳米微粒与常规块体复合，以及发展复合纳米薄膜；1994年以后，纳米制造的对象开始涉及纳米丝、纳米管、微孔和介孔材料；未来的方向则是制作仅由一个或数个原子构成的"纳米结构"，并以此来构筑具有三维纳米结构的系统。

3. 纳米级加工技术

按加工方式，纳米级加工可分为切削加工、磨料加工(分固结磨料和游离磨料)、特种加工和复合加工四类。

纳米级加工还可分为传统加工、非传统加工和复合加工。传统加工是指刀具切削加工、固有磨料和游离磨料加工；非传统加工是指利用各种能量对材料进行加工和处理；复合加工是采用多种加工方法的复合作用。

纳米级加工技术也可以分为机械加工、化学腐蚀、能量束加工、复合加工、隧道扫描显微技术加工等多种方法。机械加工方法有单晶金刚石刀具的超精密切削，金刚石砂轮和CBN砂轮的超精密磨削和镜面磨削、磨、砂带抛光等固定磨料工具的加工，研磨、抛光等自由磨料的加工等。能束加工可以对被加工对象进行去除、添加和表面改性等工艺，例如，用激光进行切割、钻孔和表面硬化改性处理，用电子束进行光刻、焊接、微米级和纳米级钻孔、切削加工，离子和等离子体刻蚀等。属于能量束的加工方法还包括电火花加工、电化学加工、电解射流加工、分子束外延等。STM加工是最新技术，可以进行原子级操作和原子去除、增添和搬迁等。

1) 纳米机械加工

纳米机械加工技术具有原理简单、应用广泛的特点，是一种重要的由上而下的纳米加工技术。典型的纳米机械加工技术包括金刚石刀具车削、金刚石磨粒加工以及金刚石微探针纳米刻划。20世纪80年代，日本大阪大学和美国劳伦斯实验室开展了超精密切削加工极限的实验研究，使用单点金刚石刀具直角车削电镀铜，实现了切削厚度为1nm的稳定切削。中国科学院长春光学精密机械与物理研究所采用弹性顶针式光栅刻划刀刀架和圆弧形刀刃光栅刻划刀，加工出了刻线密度为1001线/mm的10.6Lm激光系统用30m曲率半径凹面金属光栅。

2) 微细电解加工

电解加工是利用金属阳极电化学溶解原理来去除材料的加工技术，这种加工原理使得电解加工具有微细加工的可能。电解加工系统由阴极、阳极、电源、电解液及电解槽等部分组成。通过降低加工电压、提高脉冲频率和电解液浓度,可将加工间隙控制在 10μm 以下。

3) 能量束加工

能量束加工包含电子束加工、离子束加工和激光束加工,可用于打孔、切割、刻蚀、焊接、表面热处理、表面改性等加工。

电子束加工原理:在真空中将阴极(电子枪)不断发射出来的负电子向正极加速,并聚焦成极细的、能量密度极高的束流,高速运动的电子撞击到工件表面,动能转化为热能,使材料熔化、气化并在真空中被抽走。控制电子束的强弱和偏转方向,配合工作台 x、y 方向的数控位移,可实现打孔、成形切割、刻蚀、焊接、表面热处理、光刻曝光等工艺。可在 0.5mm 不锈钢板上加工出 3μm 的小孔,切割出 3~6μm 的窄缝,可在硅片上刻出宽 2.5μm、深 0.25μm 的细槽。集成电路制造中广泛采用电子束光刻曝光,由于电子束射线的波长比可见光短得多,所以比用可见光光刻可以达到更高的 0.25μm 线条图形分辨率。用波长更短的 X 射线聚焦后对特殊的光敏抗蚀剂进行扫描曝光,可以刻蚀出更精密的图形。

4) 基于 STM 的纳米加工

扫描隧道显微镜(STM)是一种基于量子隧道效应的高分辨率显微镜,它可达到原子量级的分辨率,同时它还可以进行原子、分子的搬迁,去除和添加,实现纳米量级甚至原子量级的超微细加工。在 STM 工作时,探针针尖与工件表面之间保持 1nm 以下极其微小的距离,施加在针尖和基材间的电压导致很高的场强,产生隧道电流束。通过改变场强等某些参数,处于针尖下的样品由于电子束的影响会发生某些物理化学变化,如相变、化学反应、吸附、化学沉淀和腐蚀等,这就给"加工"提供了可能。同时由于隧道电流束空间通道极其狭小,因此受到影响或发生反应的表面区域也十分微小,直径通常在纳米量级。在如此小的区域上发生某种反应和变化意味着纳米级加工、纳米级微结构的制造。自 1981 年 STM 问世以来,基于它的加工技术已经进行了很多探索性工作,研究在多个方面展开微小粒子及单原子操作、表面直接刻写、光刻、沉积和刻蚀,已经有许多加工实例被演示和报道。

利用 STM 技术进行刻蚀和沉积也受到特别关注。加工过程可在溶液中或气相环境下进行。采用稀释的 HF 等腐蚀性液体作为电解液,施加适当的隧道电流、偏置电压和扫描速度,可在某些材料上进行直接刻蚀,腐蚀出纳米级宽度的线条,而当采用含有金属离子的电解液时,通过适当的加工规准和条件,针尖对应的局部微小区域会产生金属离子的电化学沉积,形成纳米级宽和高的微结构。STM 可以提供低能聚焦电子束,由计算机控制作精确的扫描运动,对涂覆了抗蚀膜的样品表面进行直写光刻,由于这个低能电子束的束径极小,因此可以获得很小线宽的图形。通过对抗蚀膜显影处理、金属沉积、抗蚀膜去除等一系列工艺,最终在表面形成金属薄膜构成的图形。STM 在纳米刻蚀方面的表现已引起极大的关注。

5) 复合加工

复合加工是采用几种不同的能量形式、几种不同的工艺方法,相互取长补短、复合作用的加工技术,例如,电解研磨、超声电解、超声电解研磨、超声电铸、超声电火花、超声激光加工,等等,比单一加工方法更有效,适用范围更广泛。

4. 纳米级加工的关键技术

1) 测量技术

纳米级测量技术包括纳米级精度的尺寸和位移的测量、纳米级表面形貌的测量。纳米级测量技术主要有两个发展方向。

(1) 光干涉测量技术：可用于长度、位移、表面显微形貌的精确测量，用此原理测量的方法有双频激光干涉测量、光外差干涉测量、X射线干涉测量等。

(2) 扫描隧道显微加工技术：又称为原子级加工技术，原理是通过扫描隧道显微镜的探针来操纵试件表面的单个原子，实现单个原子和分子的搬迁、去除、增添和原子排列重组，实现极限的精加工。近年来，扫描隧道显微加工技术获得迅速的发展，并取得多项重要成果。例如，1990年，美国圣荷塞IBM阿尔马登研究所D. M. Eigler等人在4K和超真空环境中，用35个Xe原子排成IBM三个字母，每个字母高5nm，Xe原子间的最短距离为1nm，而日本科学家则实现了将硅原子堆成一个“金字塔”，首先实现了三维空间的立体搬迁。目前，原子级加工技术正在研究对大分子中的原子搬迁、增加原子、去除原子和原子排列的重组，用于各种化工材料。

电子信息产业是目前发展最为迅速的。

高新技术产业，已跃居世界第一大产业，电子信息产业水平已成为衡量一个国家综合水平的重要标志之一。电子化学品对电子信息产业来说，是不可缺少的支撑产业，发挥着举足轻重的作用，可以毫不夸张地讲，任何电子产品的问世，几乎都与电子化学品的创新有关，没有电子化学品的发展和新技术的突破，就基本上可以说不可能有电子产品的更新换代和新产品的涌现。例如，液晶材料是液晶显示器件(LCD)的基础材料，液晶显示器是20世纪末最有发展活力的电子产品之一，其具有工作电压低、微功耗、体积小、显示柔和、无辐射危害等一系列优点，使个人电脑、笔记本电脑、手机、彩电更高档。其他如塑料光纤以其独特的优越性能促使高速、高容量的数据通信系统迅猛发展；高质量的封装材料出现使得IC芯片集成度提高，使得电脑、手机、电视机变得小而薄、更精致美观。总之，随着新型化工材料的不断创新和在高科技领域的广泛应用，必将加速科技发展和人类物质文明的进程。

2) 材料制造技术

著名的诺贝尔奖获得者Feyneman在20世纪60年代曾预言：如果我们对物体微小规模上的排列加以某种控制，我们就能使物体得到大量的异乎寻常的特性，就会看到材料的性能产生丰富的变化。他说的材料即现在的纳米材料。

纳米材料是由纳米级的超微粒子经压实和烧结而成的，它的微粒尺寸大于原子簇，小于通常的微粒，一般为1～100nm，它包括体积分数近似相等的两部分：①直径为几个或几十个纳米的粒子；②粒子间的界面纳米材料的两个重要特征是纳米晶粒和由此产生的高浓度晶界，这导致材料的力学性能、磁性、介电性、超导性、光学乃至热力学性能的改变。如纳米陶瓷由脆性变为100%的延展性，甚至出现超塑性；纳米金属竟然由导体变成绝缘体；金属纳米粒子掺杂到化纤制品或纸张中，可大大降低静电作用；纳米TiO_2按一定比例加入化妆品中，可有效遮蔽紫外线。

当前纳米材料制造方法主要有气相法、液相法、放电爆炸法和机械法等。

(1) 气相法包括热分解法和真空蒸发法。

① 热分解法：金属羰基化合物在惰性介质(N或洁净油)中热分解，或在H中激光分解。此方法粒度易控制，适于大规模生产，现在用于Ni、Fe、W、Mo等金属，最细颗粒可达3～10nm。

② 真空蒸发法：金属在真空中加热蒸发后沉积于一转动圆的流动油面上，可用真空蒸

馏使颗粒浓缩，此法平均颗粒度小于10nm。

(2) 液相法包括沉积法和Sol-Gel法。

① 沉积法：采用各种可溶性的化合物经混合、反应生成不溶解的氢氧化物、碳酸盐、硫酸盐或有机盐等沉淀，把过滤后的沉淀物热分解获得高强超纯细粉；

② Sol-Gel法：1969年，R. Roy采用此工艺制备出均质的玻璃和陶瓷，由于该法可制备超细(10～100nm)化学组成及形貌均匀的多种单一或复合氧化物粉料，已成为一种重要的超细粉的制备方法。

(3) 放电爆炸法：金属细丝在充满惰性气体的圆筒内瞬间通入大电流而爆炸，此法可制造Mo等难熔金属的超细颗粒(25～350nm)，但不能连续操作。

(4) 机械法：利用单质粉末，在搅拌磨(Atritor Mill)过程中，颗粒与颗粒间和颗粒与球之间的强烈、频繁的碰撞粉碎而制备出所需材料。近几年大量采用搅拌磨，即利用被搅拌棍搅拌的研磨介质之间的研磨，将粉料粉碎，粉碎效率比球磨机或振动磨都高。

3) 三束加工技术

可用于刻蚀、打孔、切割、焊接、表面处理等。

(1) 电子束加工技术：电子束加工时，被加速的电子将其能量转化成热能，以便除去穿透层表面的原子，因此不易得到高精度。但电子束可以聚焦成很小的束斑($\phi 0.1\mu m$)照射敏感材料。用电子刻蚀，可加工出$0.1\mu m$线条宽度，而在制造集成电路中实际应用。

(2) 离子束加工技术：因离子直径为0.1nm数量级，故可直接将工件表面的原子碰撞出去达到加工的目的，用聚焦的离子束进行刻蚀，可得到精确的形状和纳米级的线条宽度。

(3) 激光束加工技术：激光束中的粒子是光子，光子虽没有静止质量，但有较高的能量密度，激光束加工常用YAG激光器($\lambda=1.06\mu m$)和CO_2($\lambda=10.06\mu m$)激光器。激光束加工不是用光能直接撞击去掉表面原子，而是光能使材料熔化、汽化后去掉原子。

4) LIGA技术

LIGA技术是20世纪80年代中期德国W. Ehrfeld教授等人发明的，即从半导体光刻工艺中派生出来的一种加工技术。其机理是由深度同步辐射X射线光刻、电铸成形、塑铸成形等技术组合而成的复合微细加工新技术，主要工艺过程由X光光刻掩模版的制作、X光深光刻、光刻胶显影、电铸成模、光刻胶剥离、塑模制作及塑模脱模成形组成。适合用多种金属、非金属材料制造微型机械构件。采用LIGA技术已研制成功或正在研制的产品有微传感器、微电机、微执行器、微机械零件等。

18.10 表面工程技术

表面工程是经过表面预处理后，通过表面涂覆、表面改性或多种表面技术复合处理，改变固体金属表面或非金属表面的形态、化学成分、组织结构和应力状况，以获得所需要表面性能的系统工程。

对于机械零件而言，表面工程主要用于提高零件表面的耐磨性、耐蚀性、耐热性、抗疲劳强度等性能，以保证现代机械在高速、高温、高压、重载以及强腐蚀介质工况下可靠、持续运行；对于电子电器元件，表面工程主要用于提高元器件的电、光、声、磁等特殊物理性能，以满足现代电子产品容量大、传输快、体积小、转换率高、可靠性高的要求；对于机电产品的包装及工艺品，表面工程主要用于提高表面的耐腐蚀性和美观性，以实现机电产品的优异性能、艺术造型与绚丽外表的完美结合；对生物材料，主要用于提高人造骨骼等人体植入物的耐磨性、耐蚀性，尤其是生物相容性，以保证患者的健康，提高生活质量。

表面工程技术几乎可以制备、合成能够满足各种特殊需求的表面材料，改善和提高材料表面性能；获得优良的表面力学性能(高硬、耐磨、抗疲劳、抗冲蚀、低摩擦系数、自润滑等)；获得优良的表面物理功能(吸波、导波、超导、软磁、硬磁、电磁屏蔽、光—电转换、压电陶瓷薄膜、低膨胀系数等)；获得优良的表面化学性能(防锈、耐蚀、杀菌、仿生物污染、自洁净等)；获得优良的表面热性能(耐热、吸热、导热、阻热及热反射等)。

表面工程原理：主要包括表面晶体学、表面动力学、表面热力学和薄膜物理。主要讨论固体材料的表面与界面，涉及固态的自由表面，固—气界面，固—固界面等，并以晶态物质的表面与界面为主要研究对象。从理论体系来看，表面工程原理的研究内容包括微观理论与宏观理论。微观理论主要指在原子、分子水平上运用经典理论和原子理论研究固体表面的组成，原子结构及输送现象、电子结构与电子运动及其对表面宏观性质的影响；在宏观尺度上，从能量的角度研究一系列的表面现象，在实验的基础上建立相应的基本方程。

表面工程技术主要研究：

(1) 表面涂层材料的制备与合成技术；

(2) 表面涂层材料的成分、组织及结构分析；

(3) 表面涂层材料的性能测试与评价；

(4) 表面涂层材料的质量控制与循环再利用。

18.10.1　表面改性技术

表面改性技术是指采用某种工艺手段使材料表面获得与其基体材料的组织结构、性能不同的一种技术。材料经表面改性处理后，既能发挥基体材料的力学性能，又能使材料表面获得各种特殊性能(如耐磨，耐高温，合适的射线吸收、辐射和反射能力，超导性能，润滑，绝缘，储氢等)。

表面改性技术包括化学热处理(渗氮、渗碳、渗金属等)、表面涂层(低压等离子喷涂、低压电弧喷涂、激光重熔复合等膜镀层)、物理气相沉积、化学气相沉积和非金属涂层技术等。

表面改性技术可以掩盖基体材料表面的缺陷，延长材料和构件的使用寿命，节约稀、贵材料，节约能源，改善环境，并对各种高新技术的发展具有重要作用。表面改性技术的研究和应用已有几十年。20 世纪 70 年代中期以来，国际上出现了表面改性热，表面改性技术越来越受到人们的重视。

表面改性的特点如下：

(1) 不必整体改善材料，只需进行表面改性或强化，可以节约材料。

(2) 可以获得特殊的表面层，如超细晶粒、非晶态、过饱和固溶体、多层结构层等，其性能远非一般整体材料可比。

(3) 表面层很薄，涂层用料少，为了保证涂层的性能、质量，可以采用贵重稀缺元素而不会显著增加成本。

(4) 不但可以制造性能优异的零部件产品，而且可以用于修复已经损坏、失效的零件。

表面改性技术广泛应用于机械工业、国防工业及航空航天领域，通过表面改性可以使材料性能提高，产品质量提高，降低企业成本。表面技术的应用，在提高零部件的使用寿命和可靠性，提高产品质量，增加产品的竞争力，以及节约材料。节约能源，促进高科技技术的发展等方面都有着十分重要的意义。

18.10.2 表面覆层技术

新型表面覆层技术，包括低温化学表面涂层技术及超深层表面改性技术，它运用物理、化学或物理化学等技术手段来改变材料及其制件表面成分和组织结构。新型低温化学气相沉积技术引入等离子体增强技术，使其温度降至600℃以下，获得硬质耐磨涂层新工艺，所生产的高强度、高性能的涂层工艺，在高速、重负荷、难加工领域中有其特殊的作用。超深层表面改性技术可应用于绝大多数热处理件和表面处理件，可替代高频淬火、碳氮共渗、离子渗氮等工艺，得到更深的渗层、更高的耐磨性，产品寿命剧增，可产生突破性的功能变化。

随着基础工业及高新技术产品的发展，对优质、高效表面改性及涂层技术的需求向纵深延伸，国内外在该领域与相关学科相互促进的形势下，在诸如热化学表面改性、高能等离子体表面涂层、金刚石薄膜涂层技术以及表面改性与涂层工艺模拟和性能预测等方面都有着突破的进展。

1）热化学表面改性技术现状及发展趋势

国外近年来重视对可控气氛条件和真空条件下的渗碳、碳氮共渗等技术的研究，并已实现工业化。而在我国应用很少，相关的技术研究工作也不够。可控气氛渗碳和真空渗碳技术显著缩短生产周期，节能、省时，同时可提高工件质量，不氧化、不脱碳，保证零件表面耐腐蚀和抗疲劳性，并减少热处理后机加工余量及清理工时。

目前国际上碳势控制和监测，渗层布型控制等方面的研究成果已应用于实际生产，并用计算机进行在线动态控制。

2）PVD、CVD、PCVD技术现状及发展趋势

各种气相沉积是当前世界上著名研究机构和大学竞相开展的具有挑战性的研究课题。目前该技术在信息、计算机、半导体、光学仪器等产业及电子元器件、光电子器件、太阳能电池、传感器件等制造中应用十分广泛，在机械工业中，制作硬质耐磨镀层、耐腐蚀镀层、热障镀层及固体润滑镀层等方面也有较多的研究和应用，其中TiNi等镀膜刀具的普及已引起切削领域的一场革命，金刚石薄膜、立方氮化硼薄膜的研究也十分火热，并已向实用化推进。

在不同PVD、CVD工艺的基础上，通过发展和复合很多新的工艺和设备，如IBAD、PCVD与空心阴极多弧复合离子镀膜装置、离子注入与油溅射镀或蒸镀的复合装置、等离子体浸没式离子注装置等不断将该类技术推向新的高度。

与国外的发展相比，我国在上述方面虽研究较多，但水平有较大差异，在实用化方面差距更大。

3）高能等离子体表面涂层技术现状及发展趋势

该技术是增加表面物理化学反应，获取特殊性能覆盖层。其核心是更有效地增强和控制阴极电弧等离子体的产生和作用，美国、日本和德国大力发展该技术。等离子体增强电化学表面改性技术是目前国际上较活跃的开发研究领域，对于铝、钛等材料，通过等离子体调光放电手段，增强电化学处理效果，在金属表面生成致密氧化铝和其他氧化物陶瓷膜层，可使基体具有极高性能表面，是先进制造工艺的前沿技术，在机加工用刀具和模具行业也有很

好的应用前景。

4）金刚石薄膜涂层技术

金刚石具有极好的力学性能，在形状复杂的刀具、模具、钻头等工件表面沉积上一层很薄的金刚石薄膜，可提高工件的使用性能，并满足一些特殊条件的需求。近年来，由于金刚石薄膜的优异性能以及广泛的应用前景，日本、美国、欧洲均进行大量的研究工作，并开发了多种金刚石涂层工艺技术，已在国内外掀起金刚石涂层研究的热潮。尤其是在提高金刚石涂层和基体结合强度、大面积快速沉积金刚石涂层技术、产业化生产涂层金刚石薄膜设备系统等关键技术方面国外已取得突破性进展，美国、瑞典等国已推出金刚石金属切削工具供应市场，而我国该技术还没有达到实用水平，急待开发并实现产业化。

5）多元多层复合涂层技术的现状及发展趋势

单一的表面涂层不能满足表面工程设计中苛刻的工况条件，任何表面处理均有其不同的优缺点，因此利用不同涂层材料的性能优点，在基体表面形成多元多层复合涂层（含万分渐变的梯度层）具有重大的意义。国外已开展单层涂层厚度为纳米级，层数在 100 层以上的多元多层复合涂层技术的研究，所制备的涂层具有较高的耐腐性、韧性和强度，和基体的结合强度也好，表面粗糙度低，这对直精高速工削机械加工十分有利。国外已列入主要发展方向，预计在纳米级精细涂层材料研究和应用领域会有新的突破。复合涂层技术具有抗磨损、抗高温氧化腐蚀、隔热等功能，能扩大涂层制品使用范围，延长使用寿命，是一项在下一世纪会得到迅速发展的技术。我国目前已开始研究，并取得初步成果，但还存在一些问题有待于解决。

6）表面改性与涂层工艺模拟和性能预测的现状及发展趋势

表面改性与涂层技术作为表面工程的重要组成部分，已经渗透到传统工业与高新技术产业部门，根据应用的要求反过来又促进表面功能覆层技术的进一步发展。根据使用要求，对材料表面进行设计、对表面性能参数进行剪裁，使之符合特定要求，并进一步实现对表面覆盖层的组织结构和性能的预测等，已成为该领域重要研究方向。国外已对 CVD、PVD 以及其他表面改性方法开展计算机模拟研究，针对 CVD 过程进行模拟，采用宏观和微观多层次模型，对工艺和涂层各种性能和基体的结合力进行模拟和预测；对渗碳、渗氮工件渗层性能应力等进行计算机模拟，等等，人们可以更好地控制和优化工艺过程。我国这方面的研究刚处于起步阶段。

18.10.3　复合表面处理技术

单一的表面处理工艺尽管能够改善工件的耐磨性、耐腐蚀性及疲劳强度，但每一种表面处理工艺均具有自身的优点及一定的局限性，现代机械设备的发展对零部件的使用性能提出了越来越高的要求，应用单一的表面处理工艺已难以满足这些要求，在这种背景之下，第二代表面处理工艺或称复合表面处理工艺应运而生了。

复合表面工程技术是在一种基质材料表面上采用两种或多种表面工程技术，用以克服单一表面工程技术的局限性，发挥多种表面工程技术间的协同效应，从而使基质材料的表面性能、质量、经济性达到优化。

目前已开发的一些复合表面处理，如等离子喷涂与激光辐照复合、热喷涂与喷丸复合、化学热处理与电镀复合、激光淬火与化学热处理复合、化学热处理与气相沉积复合等，已经取得良好效果，有的还收到意想不到的效果。如对渗硼层进行激光微熔处理，不仅能细化硼化物，获得细小的共晶，而且使表层组织致密，较大幅度提高韧性和耐磨性。

复合表面处理技术的主要作用如下。①改善摩擦学性能，使极小磨损率与较厚耐磨层并存，增强复杂应力条件下的摩擦学性能，从而提高材料的使用性能。②提高防腐蚀性能，提高材料表面的正电位，减少疏松或孔隙，覆盖住材料表面的微观粗糙度，避免表面与基体之间产生类柱状晶组织，使膜层厚度与耐蚀性之间达到最佳组成，从而大幅度提高耐蚀性。③增加表面装饰性，材料耐磨性和耐蚀性的有机结合增加了材料表面层的持久性和多色泽的组合，达到理想的装饰性效果。④改进施工工艺性，用作塑料金属化处理(表面导电性处理)、印刷电路板制作、油漆底层等，增强表面处理层的附着性和工艺效果(如导电性好、结合强度高、油漆表面光泽、漆膜耐蚀性强等)。

根据两种单一工艺之间的相互作用及其对复合涂层综合性能的相对贡献，复合表面处理工艺大致可以分为两类：

(1) 两种单一工艺互补，综合性能由两者共同产生；

(2) 一种工艺递补或增强另一种工艺，即作为前处理或后处理工艺，其综合性能主要与其中一种工艺有关。

渗氮钢的 PVD 处理是第一类工艺的典型代表；而喷涂涂层的电子束表面重熔则是第二类工艺的典型代表。

18.11 再制造技术

18.11.1 再制造技术的内涵和意义

再制造是一种对废旧产品实施高技术修复和改造的产业，它针对的是损坏或将报废的零部件，在性能失效分析、寿命评估等分析的基础上，进行再制造工程设计，采用一系列相关的先进制造技术，使再制造产品质量达到或超过新品。即通过一系列工业过程，将废旧产品中不能使用的零部件通过再制造技术修复，主要以先进的表面工程技术为修复手段(即在损伤的零件表面制备一薄层耐磨、耐蚀、抗疲劳的表面涂层)，使得修复处理后的零部件的性能与寿命期望值达到或高于原零部件的性能与寿命。

再制造的内容：在产品设计阶段，要考虑产品的再制造性设计。在产品的服役至报废阶段，要考虑产品的全寿命周期信息跟踪。在产品的报废阶段，要考虑产品的非破坏性拆解、低排放式物理清洗；要进行零部件的失效分析及剩余寿命演变规律的探索；要完成零部件失效部位具有高结合强度和良好摩擦学性能的表面涂层的设计、制备与加工，以及对表面涂层和零部件尺寸较差部位的机械平整加工及质量控制等。再制造的研究内容非常广泛，贯穿产品的全寿命周期，体现着深刻的基础性和科学性，主要以先进的表面工程技术为修复手段。表面工程技术又包括喷涂修复技术、电刷镀修复技术、激光修复技术、纳米表面工程技术，主要用于轴类及一些贵重零件修复技术。

需要独立解决的科学和技术问题如下。

(1) 加工对象更苛刻，主要有锻焊、热处理、铣磨件尺寸差、残余应力、内部裂纹、表面变形等缺陷；

(2) 前期处理更烦琐，再制造的毛坯必须去除油污、水垢、锈蚀层及硬化层；

(3) 质量控制更困难,再制造毛坯寿命预测和质量控制,因毛坯损伤的复杂性和特殊性而使其非常困难;

(4) 工艺标准更严格,再制造过程中废旧零件的尺寸变形和表面损伤程度各不相同,必须采用更高技术标准的加工工艺。

在进行再制造时要对机械零部件进行以下评估。

(1) 机械零部件的检测和寿命评估技术:无损检测手段包括超声波检测、相控阵超声波检测、涡流检测、X射线检测、磁粉检测等。综合分析影响检测结果的各项技术参数,系统优化无损检测技术组合,保障零部件表面及内部的缺陷检出率和检测速度。

(2) 选择合适的理论和技术,建立寿命评估分析模型,评估零部件的剩余寿命。

常用的再制造技术有激光修复技术、电刷镀修复技术、喷涂修复技术等。

18.11.2 无损拆解与绿色清洗技术

1) 拆解信息管理系统

通过先进的信息化手段,解决拆解过程中物流信息难于管理的问题,实现拆解物料的信息化管理及跟踪,从而提高生产效率。

2) 工程机械结构件销轴与轴套无损拆解技术

通过使用专用接头连接销轴注油孔和油泵油管,采用油泵产生压力并形成油膜,实现拆卸工作,并使用托架支撑被拆工件,避免被拆件掉落发生危险或工件损坏。可避免因人工用钢管或拉马冲击拆解而导致轴套及销轴表面拉伤或端面尺寸变形,降低劳动强度,并可保证零件尺寸不发生变化。

3) 液压油缸活塞杆无损拆解技术

通过研究拆卸时无冲击、拆卸后不损伤螺纹的拆卸技术与装备,实现保护活塞杆螺纹的无损拆解。避免因手工拆解造成的活塞杆螺纹损伤。

4) 泵车支腿、转塔无损拆解技术

可实现泵车支腿和转塔连接轴的拆解,泵车臂架系统中各连接轴的拆解,支腿油缸与支腿连接轴的拆解。解决泵车支腿和转塔连接处因锈蚀、变形等原因无法正常拆解的难题,并提高拆解效率。

5) 电机轴承拆解技术

采用专业的拆解设备,将轴上的轴承完好拆解,防止轴承的损坏。可避免因电机轴承拆解不当等原因而造成轴承报废,实现电机轴承无损拆解。

6) 高效喷砂绿色清洗与表面预处理技术

基于传统喷砂技术原理,通过机器人或变位机夹持(或手持)喷枪按照设定路径行走,在压缩空气的作用下,磨料(或磨料与水的混合物)通过喷枪高速喷射到待处理表面,通过改变磨料成分、组成、粒径、配比和喷砂工艺,可分别或同时实现待处理表面的污染物去除、表面粗糙度控制、残余应力优化、润湿性改善和表面适当强化等预处理过程。实现废旧零部件表面清洗、预处理和强化过程的一体化,提高再制造的质量和效率,降低再制造成本。同时减少预处理过程对环境、人员和清洗表面的负面作用,具有显著的经济效益和环境效益。

7) 废旧工程机械零部件高温高压清洗技术

高温高压清洗技术利用电机带动的柱塞泵经加压至高压后,最后由高压喷枪喷出。在整个清洗过程中能够将零部件表面的水泥垢、油垢等脏污通过冲蚀、剥蚀、切除、打击进行去除。高温高压清洗技术为物理清洗技术,采用了半自动化清洗设备,减轻了工人的劳动强度。

8) 废旧工程机械零部件超声清洗技术

超声清洗技术是将高频电能转换成机械能之后,产生振幅极小的高频震动并传播到清洗槽内的溶液中,在换能器的作用下,清洗液的内部将不断地产生大量微小的气泡并瞬间破裂,每个气泡的破裂都会产生数百摄氏度的高温和近千个大气压的冲击波,从而清理零件表面以及狭缝中存在的污垢,达到零件所需要的清洁度要求。超声清洗技术采用水基溶液清洗,循环利用清洗液,减轻了工人的劳动强度,消除了煤油清洗作业过程中易燃易爆的安全隐患。

9) 废旧工程机械零部件表面油漆清除技术

研究废旧工程机械零部件再制造适用的物理清除油漆的工艺,让再制造毛坯达到再制造加工需求的表面状态,以利于后续零部件的检测、修复或再制造加工,研究适合废旧工程机械零部件的油漆清洗工艺和设备,实现油漆的高效去除。根据再制造产品生产流程,旧件回收、拆解以后需要对零件表面有油漆的零件进行油漆清除工作,让零件回归毛坯原本状态,以利于后续零件的检测、修复和重新涂装,防止由于表面油漆存在而引起检测不准确,妨碍修复工序及影响再制造零件的外观质量。

18.11.3 无损检测与寿命评估技术

现代无损检测技术的定义是:在不损坏材料/工件的使用性能前提下,以物理或化学方法为手段,借助先进的技术和设备器材,对试件的内部及表面的结构、性质、状态进行检查和测试,确定其是否已达到特定的工程技术要求,是否还可以继续服役的方法,它是检验产品质量、保证产品安全、延长产品寿命的必要的可靠技术手段。

无损检测的目的:①改进制造工艺;②降低制造成本;③提高产品的可靠性;④保证设备的安全运行。

随着现代工业的飞速发展,无损检测技术已经逐步从无损探伤(NDI)、无损检测(NDT)向无损评价(NDE)发展。所谓无损评价是指不但要探测结构或焊缝是否存在缺陷,还要对其进行定量评价,包括对材料和缺陷的物理和力学性能的检测和评价,进而对其使用可靠性、使用寿命等作出正确判断,从而促进材料发展、提高生产率、保证质量等各项内容。

无损检测与无损评估(nondestructive testing & evaluation)是基于物理学、材料科学、机械工程、电子学、计算机技术、信息技术以及人工智能等学科发展起来的一门综合性工程技术。要达到上述目的,需要开发适用的灵敏传感器设备、应用信号分析和成像技术,开发专家系统,建立 NDE 检测结构的可预测性等。

1) 再制造毛坯缺陷综合无损检测技术

基于材料与声、电等能场的作用原理,利用涡流和超声无损检测理论和方法,实现零件材料的表层及内部缺陷检测。涡流检测零件表层缺陷,零件无需前处理,操作工艺简单,可实现自动化作业。超声检测借助表面耦合剂或水浸方式检测零件内部缺陷,可实现自动化作业。

涡流/超声波综合无损检测技术关键是在零部件失效分析基础上设计合适的检测探头及检测方法,并结合检测信号的分析处理,有效保证再制造毛坯质量性能的评价,最终为毛坯能否再制造提供确切的参考依据。

2) 再制造零件表面涂层结合强度评价技术

实现在复杂的工厂现场对外形各异的再制造零件表面涂层进行便捷的、高可靠度的结

合强度检测。解决压入过程中声发射信号随机性和易受干扰性的难题，在大样本空间下，探索涂层界面开裂与声发射信号反馈的特征关系。

3）再制造零件服役寿命模拟仿真综合验证技术

基于有限元分析和热力学理论耦合建立高仿真、高普适度的有效模型，实现通过模型对再制造零件服役安全寿命的估算和控制；结合已有条件建立具有针对性的典型零件实车验证平台。解决不同材料性质和载荷条件下再制造零件服役平台的仿真能力问题，解决不同性质再制造零件的融合和耦联所带来的材料学、动力学和热力学相关问题。

4）再制造零件动态健康监测技术

针对不同的再制造零件的本体结构和服役工况，解决合理布置传感器和信号接收装置的问题，同时保证实时信号在传输过程中最大程度地减小衰减和散射，确保断裂信号可以实时准确地反馈出再制造零件的服役状态和损伤水平。实现对再制造零件服役过程的在线健康监测，捕捉再制造零件的临界失效状态，并给出实时的预警信息，有效避免再制造零件突然失效的发生。

5）发动机曲轴疲劳剩余寿命评估技术

通过特型专用探头匀速采集曲轴 R 角部位金属磁记忆信号，并提取特征参量，经专用软件处理，获得评价结果。可检测出无裂纹但存在过度疲劳损伤的曲轴，避免该类曲轴作为再制造毛坯件而造成再制造质量的安全隐患。

18.11.4　再制造成形与加工技术

再制造成形技术是以废旧机械零部件作为对象，恢复废旧零部件原始尺寸，并且恢复甚至提升其服役性能的材料成形技术手段的统称，其是再制造工程的核心。废旧零部件再制造成形，主要包含两方面的内容：①恢复废旧零部件失效部位的原始尺寸；②恢复甚至提升废旧零部件的性能。

1）激光熔覆成形技术

在被涂覆基体表面上，以不同的填料方式放置选择的涂层材料，经激光辐照使之和基体表面薄层同时熔化，快速凝固后形成稀释度极低、与基体金属成冶金结合的涂层，从而显著改善基体材料表面的耐磨、耐蚀、耐热、抗氧化等性能，实现金属零部件表面或三维损伤的再制造成形。

解决激光三维成形的尺寸精度控制以及性能提升技术问题。对比换件维修而言，三维损伤激光熔覆再制造成形只需消耗可以弥补三维损伤部位等体积的材料，节材效果显著，成本较低，具有良好的经济、资源和环境效益。

2）等离子熔覆成形技术

利用高温等离子体电弧作为热源，熔化由送粉器输送的合金粉末，在被修复工件表面重新制备一层高质量、低稀释率、具有优异耐高温、耐磨、耐腐蚀的强化层，实现金属零部件表面或三维损伤的再制造成形。

通过等离子熔覆成形技术制备的工作层，在恢复零部件尺寸的同时进一步提升零部件的表面服役性能，实现产品的再制造。设备简单可靠，成形效率高。

3）堆焊熔覆成形技术

堆焊熔覆再制造成形技术的关键是根据零部件的失效特征设计合适的堆焊材料和自动

化成形工艺，并且结合工业机器人的高精度、高灵活性，以及优质高效的数字化脉冲焊接设备，有效地保证了再制造产品的质量。

堆焊熔覆再制造成形技术制备的高性能堆焊层，在恢复零部件尺寸的同时进一步提升零部件的表面服役性能，使再制造后零部件服役寿命不低于新品。再制造的成本仅为新品的 1/10 左右，且节能、节材效果明显。

4）高速电弧喷涂技术

通过机器人夹持高速电弧喷涂枪，控制喷枪在空间进行各种运动，使得喷枪能够按照设定的程序自动实现喷涂作业，采用高压空气流作雾化气流，获得性能优异的喷涂涂层。

采用机器人自动化高速电弧喷涂技术对报废的零部件实施再制造，根据零部件表面的失效特征设计合适的喷涂材料及工艺，在零部件表面制备的高性能涂层，恢复了零部件尺寸的同时进一步提升零部件的表面服役性能，使再制造后零部件服役寿命不低于新品。

5）高效能超声速等离子喷涂技术

以高温的超声速等离子射流为热源，借助等离子射流来加热、加速喷涂材料，使喷涂材料达到熔融或半熔融状态，并高速撞击经预处理的零部件表面，经扁平凝固后形成性能优异的喷涂涂层。

根据零部件表面的失效特征设计合适的喷涂材料及工艺，使零部件表面得到强化，恢复零部件尺寸并提高零部件表面的耐磨损、耐腐蚀、耐高温氧化等性能，提高零部件的使用寿命。

6）超声速火焰喷涂技术

经过高温、高速将金属及其合金、金属陶瓷粉末熔化成熔融状冲击经预处理的零部件表面，使其表面能致密、均匀地附着一层喷涂涂层，且涂层与基体结合强度高。

超声速火焰喷涂制备涂层厚度、耐磨性、耐蚀性方面均优于电镀硬铬层，而且性价比也高于电镀硬铬层，是替代电镀硬铬技术的优先技术。

7）纳米复合电刷镀技术

金属离子在电场力的作用下扩散到工件表面，形成复合镀层的金属基质相；纳米金属颗粒沉积到工件表面，成为复合镀层的颗粒增强相，纳米颗粒与金属发生共沉积，形成复合刷镀层。

将纳米技术与传统的电刷镀技术结合起来，在金属基镀液中加入纳米陶瓷颗粒，制备了纳米颗粒复合电刷镀液及镀层，研究其使用性能发现，该技术在耐磨损、耐腐蚀、耐高温、抗疲劳性能等方面相对于传统电刷镀技术都有大幅提升，可用于装备损伤零部件的再制造及产业化应用。

8）铁基合金镀铁再制造技术

在无刻蚀镀铁技术的基础上，向单金属镀铁液中加入适量的镍、钴等合金元素，获得铁、镍、钴合金镀层，使其比单金属镀铁层具有更好的力学性能。并在镀铁前后采取有效的处理方法，保证修复后工件的使用寿命，达到再制造标准要求。

可实现铁、镍、钴三元合金共沉积，得到铁基合金镀层。一次镀厚能力强，并能反复施镀，解决了大型零部件一次镀厚能力的难题，提高生产效率，大大降低了生产成本，首次在国内外实现了舰船、机车大型曲轴等关键零部件的铁基合金镀铁的批量再制造，使用安全可靠，且工期短，费用低。

9）金属表面强化减摩自修复技术

该技术主要是以润滑油、脂为载体，将自主开发的微纳米减摩自修复材料输送到摩擦副表面，利用摩擦过程中产生的瞬间高温、高压作用，使自修复材料表面的不饱和键与摩擦表面的金属离子形成化学键结合，形成一层类金属陶瓷表面改性强化修复层，实现金属磨损表面的原位修复，并可显著降低摩擦表面的粗糙度，改善设备的润滑状态。

该技术主要解决机械设备运行中的磨损自修复问题，以及我国机械设备精度不高、噪声较大、渗漏油等问题，提高和保持机械设备的使用精度，延长其使用寿命，降低维修费用，节约资源和能源，提高机械设备的可靠性。该技术可广泛用于机械摩擦磨损部位，实现金属零部件运行中的不解体修复，减少机械设备运行能耗 5%～15%。

10）类激光高能脉冲精密冷补技术

该技术利用瞬时高能量集中的电脉冲在电极和工件之间形成电弧，在氩气保护下，使焊补材料和工件迅速熔结在一起，实现热影响区相对较小的冶金结合。

该技术用以解决机械零部件表面微区损伤、特型表面，以及特种失效的再制造难题，是一种高精度、高结合强度、热影响区较小的新型焊补技术，其焊补质量可达到激光焊的效果。该技术特别适用于划伤点蚀、沟槽薄壁、裂纹缺损，以及形状复杂、位置特殊的表面失效再制造。

11）金属零部件表面黏涂修复技术

表面黏涂技术是将填加特殊材料的黏胶剂涂敷于零部件表面，以赋予表面特殊功能（如耐磨损、耐腐蚀、绝缘、导电、保湿、防辐射）的一项表面新技术。表面黏涂是在零部件表面形成功能涂层，达到并超越原技术性能指标。

对设备零部件出现的磨损、沟槽、不良划痕等进行黏涂修复，不仅可以恢复零部件精度，还使其性能大大提高，使用寿命增加 2～3 倍。

12）再制造零部件表面喷丸强化技术

喷丸强化就是高速运动的弹丸流连续向零部件表面喷射的过程。弹丸流的喷射如同无数小锤向金属表面捶击，使金属表面产生极为强烈的塑性形变，形成表面硬化层。

该技术具有强化效果显著、成本低、能源消耗少、适应性好、用途广泛等特点。该技术已被公认为最经济、有效的防治金属零部件过早疲劳失效的技术。

18.12　仿生制造技术

18.12.1　仿生制造技术的内涵及发展

仿生技术是一项新的技术，主要目的是实现特定功能，它根据生物体系的结构性质、能量转换与信息传递过程，系统地运用相互交叉和相互渗透的理论知识与技术手段，它涉及信息科学、物质科学、生命科学、工程技术学、系统科学甚至经济学等多学科，是最广泛地运用类比、模拟和模型方法的模仿科学。20 世纪仿生技术研究广泛应用在高科技领域，包括机械、航天航空等。仿生科学的突出成就是计算机技术发展推动下出现的各种各样机器人的设计制造和应用，这是宏观仿生技术指导下取得的成果。越来越多的学者开始研究仿生技术，涉及机械仿生、能量仿生、化学仿生、信息与控制仿生和食品仿生等诸多领域的研究。机械仿生是由多种学科相互渗透、结合而成的一门边缘学科，其主要研究领域有生物力学、控制体和机器人。研究课题包括拟人型机械手、步行机、假肢以及模仿鸟类人的各种机械。仿生技术在机械制造中得到了广泛应用，在机械制造过程中借助于仿生学设计原理，仿照生物的形态结构或机能特点，设计制造用于特殊目的的“功能器件”，开发现代机械化仿生技术与仿生装备研究意义是极其重大的。因此，在机械制造的应用中展示出仿生技术在研究领域中巨大的潜力和无限的魅力。

仿生学是研究生物系统的结构和性质以为工程技术提供新的设计思想及工作原理的科学。属于生物科学与技术科学之间的边缘学科。它涉及生物学、生物物理学、生物化学、物理学、控制论、工程学等学科领域。仿生技术通过对各种生物系统所具有的功能原理和作用机理作为生物模型进行研究，最后实现新的技术设计并制造出更好的新型仪器、机械等。

生物制造与仿生制造是机械领域与生物领域交叉产生的新领域。生物方式制造是利用生物手段的制造方法，已提出生物去除加工、生物约束成形、生物生长成形、生物连接成形、生物复制成形、生物自组织成形等加工成形方法。仿生制造是模拟生物形体与功能的结构制造，包括仿生材料结构、仿生表面结构、仿生运动结构等结构制造。仿生制造的结构往往比较复杂，利用增材快速原型和传统机械制造方法效率通常较低，利用生物方式制造方法往往更加简便和快捷。阐明生物成形方法在仿生微纳复杂形体、结构、功能界面制造上的优势，表明生物成形技术在节能、环保、微纳等领域具有广阔的应用前景。

模仿生物的组织结构和运行模式的制造系统与制造过程称为“仿生制造”，它通过模拟生物器官的自组织、自愈、自增长与自进化等功能，以迅速响应市场需求并保护自然环境。制造过程与生命过程有很强的相似性。生物体能够通过诸如自我识别、自我发展、自我恢复和进化等功能使自己适应环境的变化来维持自己的生命并得以发展和完善。生物体的上述功能是通过传递两种生物信息来实现的：①DNA 类型信息，即基因信息，它是通过代与代的继承和进化而先天得到的；②BN 类型信息，是个体在后天通过学习获得的信息。这两种生物信息协调统一使生物体能够适应复杂的和动态的生存环境。生物的细胞分裂、个体的发育和种群的繁殖，涉及遗传信息的复制、转录和解释等一系列复杂的过程，这个过程的实质在于按照生物的信息模型准确无误地复制出生物个体。这与人类的制造过程中按数控程序加工零部件或按产品模型制造产品非常相似。制造过程中的几乎每一个要素或概念都可以在生命现象中找到它的对应物。

就制造系统而言，现在已越来越趋向于大规模、复杂化、动态及高度非线性化。因此，在生命科学的基础研究成果中选取富含对工程技术有启发作用的内容，将这些研究成果与制造科学结合起来，建立新的制造模式和研究新的仿生加工方法，将为制造科学提供新的研究课题并丰富制造科学的内涵。此外，进行与仿生机械相关的生物力学原理研究，将昆虫运动仿生研究与微系统的研究相结合，并开发出新型智能仿生机械和结构，将在军事、生物医学工程和人工康复等方面有重要的应用前景。

18.12.2 仿生机构及系统制造

仿生机构与系统制造是以工程仿生学理论为指导，在提取自然界生物优良性能特征的基础上，模仿生物的形态、结构、材料和控制原理，设计制造具有生物特征的机构或系统的过程。随着科技、信息和经济的快速发展，人们对智能化、人性化和集成化的产品需求迅速增加，尤其体现在军事、工业、医疗、养老、娱乐和社会服务领域，如仿生机械装备功能部件、仿生智能肢体辅助系统和仿生服务机器人等，如图 18-2 所示。

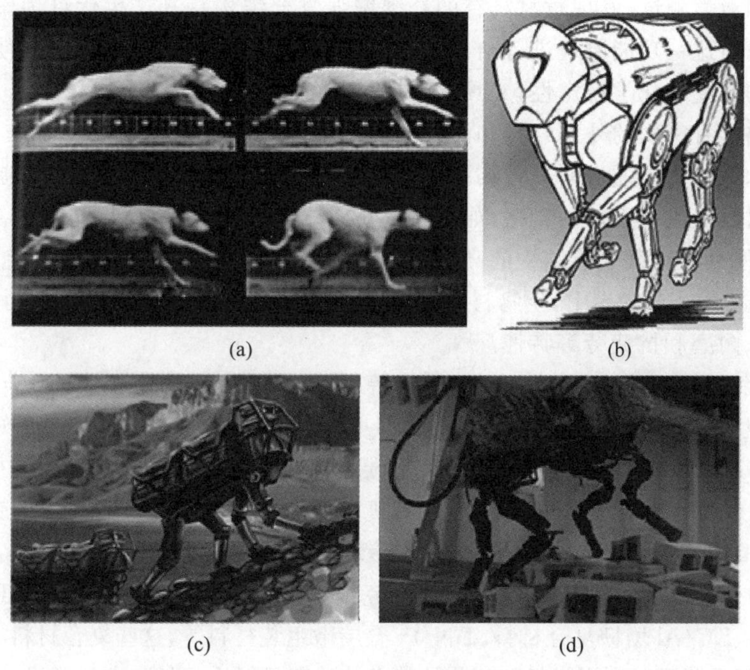

(a)　(b)　(c)　(d)

图 18-2　仿生机器人

18.12.3　功能性表面仿生制造

仿生功能表面是模仿典型生物表面的功能特性，在人类需要的部件上构建类似生物或自然要素并具有特定功能的人工表面。按照功能特性，仿生功能表面主要包括仿生减阻功能表面、仿生耐磨功能表面、仿生脱附功能表面、仿生自洁功能表面、仿生降噪功能表面、仿生隐形功能表面、仿生抗疲劳功能表面等。按照其耦元数量，仿生功能表面可分为单元仿生功能表面和多元耦合仿生功能表面。

1）单元仿生功能表面

单元仿生功能表面主要表现为通过相似类比模拟生物的某一方面或某个因素，如表观形态、结构模式、材料组成等，以实现一定功能而设计或制备的表面。生物体功能特性与其表层形态、物理结构、材料组成等单一因素之间的关系，一直是工程仿生研究的重要方向之一。单元仿生的典型代表包括形态仿生、结构仿生和材料仿生等。

(1) 形态仿生：许多生活在自然环境下的动植物，其体表具备特定的形态特征。这些特定形态与其自身呈现的功能特性存在密切联系。基于生物功能—形态的内在联系，对其功能原理及仿生理论展开研究，并应用于机械、航空、航海、轻工等不同领域的多相交互界面，获得显著的功能效果。形态仿生的典型代表为非光滑形态仿生。

(2) 结构仿生：自然界的许多生物，经过亿万年优胜劣汰、适者生存的进化，造就了许多优异的结构模式，进而赋予其优异的轻质、强韧特性，如蛋壳的夹芯结构、骨骼的多尺度分级结构、昆虫翅膀的膜翅结构等。

研究发现，生物体往往具备轻质高强特性和完美的力学组合，这与其自身普遍存在的刚柔复合结构存在必然的联系。以竹材为例，在其长度方向上，密集分布着单相的强化纤维，经显微观察和力学测试，发现竹材具有的纤维增强复合结构是其产生优良力学性能的主要原因。通过模仿这一功能原理进行结构仿生，研究出金属/陶瓷多层膜结构，使材料不仅具有陶瓷材料的强度和化学稳定性，又具有金属材料的抗冲击能力。

生物骨骼具有密实的外部结构和海绵状内部结构，孔隙周围不产生应力集中，质量轻且具有很高的承载能力。通过研究骨骼孔隙结构这种由密到疏的转换机制，为制备性能优异的仿生结构材料提供了很好的策略，如制备的仿骨多孔金属结构材料，同时具备质轻、高强、隔热的功能，使其在运载火箭结构的高温热防护和低温热绝缘应用中体现出绝对优势。

(3) 材料仿生：自然界中，生物材料的结构、组织、组成近乎完美，从而使其呈现出优异的强韧、黏附、耐磨和抗疲劳等特性。

生物矿化材料，如珍珠、贝壳、蛋壳、牙齿等，作为自然界强韧复合材料的典型代表，具有高级结构和组装方式，使其自身的很多性质都近乎完美，如极高的强度、非常好的断裂韧性和减震性能等。以贝壳珍珠层为例，其由大量碳酸钙和少量有机基质组成，其中，碳酸钙本身的强度、韧性、硬度等力学性能并不突出，但有机基质的存在及其与文石晶体的交替叠层排列方式，使材料整体具备了优良的力学性能。受珍珠层材料启发，国内外许多研究者利用不同的方法合成了仿生高强超韧层状复合材料，如陶瓷板—壳聚糖层状复合材料、聚氨酯/聚丙烯酸层状复合材料、SiC/Al增韧复合材料、TiN/Pt叠层微组装材料等，这些复合材料不仅具备优异的强韧特性，而且还可以利用材料和工艺的特点使其兼具轻质、耐磨、光学等优良性能。

2) 多元耦合仿生功能表面

随着生物基础研究的不断深入，人们发现，许多生物在实践某一功能的过程中，可将其自身多个有利于实现该功能的因素充分调动起来进行耦合，进而体现出优良的功能特性，即生物在适应其生境过程中所呈现出的各种“特殊”功能。上述功能，往往不是由单一因素或多个因素作用的简单叠加产生，而是两个或更多相互关联的因素通过适当的机制耦合、协同作用的结果。如蜻蜓翅膀可经常处于振动状态而不萌生裂纹，是其表面网格形态、翅脉夹层结构以及多相材料协同作用的结果；沙漠蜥蜴和沙漠蝎子长期经受砂石的冲蚀而不损伤，是其背部非光滑形态、硬质材料与皮下多层的柔性结缔组织协同作用的结果；再如潮间带贝类频繁经受海水潮汐过程的冲蚀而不破坏，是其表面的非光滑形态、软硬交替的多层结构以及复合材料耦合作用的结果，等等。

研究发现，具有相似优良特性的生物往往具有类似的耦合功能原理。如植物叶片的叶脉结构、蜻蜓翅膀的脉络结构、海洋贝壳的层片结构，均具有软硬交融的结构特征，在承受交变载荷的过程中，其软质相可起到缓释应力的作用，从而减缓裂纹的萌生，而其硬质相则起到结构强化、耐磨、止裂的功能。又如沙漠蜥蜴、沙漠蝎子等，这些生物体表都具有一定的非光滑形态特征，同时皮肤表层又具有力学特性不同的刚柔分层结构，在经受风沙冲蚀过程中，刚性表面抵抗风沙冲蚀而柔性表层吸收能量，从而呈现出抵御冲蚀磨损的优良特性。

常用的仿生功能表面加工工艺方法主要包括机械加工法、电火花加工法、模板法、化学刻蚀法、镶铸制备方法、激光加工方法以及多手段复合制备方法等。

(1) 机械加工法：仿生功能表面的机械加工主要靠车削、铣削等手段完成各种形态，如凹坑、凹槽、网格等仿生形态的制备。

(2) 电火花加工法：用于仿生形态的电火花加工设备主要有两种：①利用成形工具电

极相对工件作简单进给运动的电火花成形加工，该法适用于凹坑形态非光滑表面的加工；②利用轴向移动的金属丝作为工具电极，工件随机床相对电极以一定的轨迹运动的电火花切割加工，该法适用于凹槽和棱纹形态的仿生表面的加工。

(3) 模板法：目前常用的非光滑表面成形的模板法主要有两种：①先通过生物表面形态制备负向模板，再通过浇注等方法获取类似生物表面形态特征的仿生表面；②根据生物体表形态所产生的功能原理，提取形态特征，然后根据形态、尺寸特征设计模具，从而实现非光滑形态的制备。

(4) 化学刻蚀法：化学刻蚀法主要根据电化学腐蚀原理，金属和电解质组成两个电极，使金属表面各处进行阳极反应和阴极反应，进而形成一定的仿生形态特征。

(5) 镶铸制备方法：在母体上预先通过机械方法加工出空穴，然后将熔化后的材质加入空穴，在强烈的热作用下使母体与溶液的交界发生熔化并进行冶金反应，进而达到仿生表面制备的目的。

(6) 激光加工方法：激光加工方法可利用激光雕刻方法，实现微观层面下一种或多种不同尺度耦合的仿生形态的制备，也可利用激光熔凝、熔覆、合金化成形工艺原理，在材料表面通过激光重熔技术（本文研究的方法）进行形态、结构二元耦合的仿生制备，或通过激光熔覆、合金化技术实现形态、结构和材料三元耦合的仿生制备。

(7) 多手段复合制备方法：通过以上多种常用制备手段先后进行制备，从而实现仿生耦合功能表面的制备。

18.12.4　生物组织及器官制造

疾病、衰老、事故和战争等导致的器官损伤和缺失是严重影响人类健康和生存的重要问题。通常的解决方法是对缺损器官和组织进行人工替代。目前，医学界普遍采用的方法有自体移植(autograft)、同种异体移植(allograft)和异种移植(xenograft)。临床证明，自体移植无免疫反应发生，是治疗器官缺损的最好方法。但这种方法的缺点也很明显，它是以牺牲个人的正常组织为代价，这无异于“拆东墙补西墙”，一旦手术失败，无疑会增加患者的创伤和痛苦，不易被患者接受；同种异体移植容易引起免疫反应，并有传染病毒性疾病的危险，而且制样、处理和存贮的成本很高，其应用受到很大限制；异种移植也存在免疫排斥反应和供体器官严重不足的问题。于是人们转而采用人工器官的方法。传统的人工器官常用金属、陶瓷、高分子材料及其复合材料制作。由于这种人造器官主要考虑材料的物理、力学性能和可加工性，而忽略了材料的生物活性，因此替代效果不理想。

1987 年人们提出了“组织工程学”的概念，它是利用工程学和生命科学的原理和方法，认识哺乳动物正常和病理组织结构及功能关系，并开发生物替代品，以恢复、维持或改善组织功能的一门学科。方法是体外分离和培养细胞，将一定量的细胞种植到具有一定空间结构的三维支架上，然后将此细胞/支架复合物植入体内或体外继续培养，通过细胞间的相互黏附、增殖和分化，分泌细胞外基质，从而形成具有一定结构和功能的组织或器官。传统方法生产的人造器官在人体内被视为异物，而组织工程植入物则可被人体接受和整合，形成活的组织，进而成为人体的一部分。组织工程的难点之一是有生物活性的细胞载体框架的工程化制造。这种框架应该具有仿生学的特点，在植入人体后，能作为信号分子的载体和新组织生长的支架，在体内诱发适宜的宿主反应，并能在新组织的生长过程中适时降解，最终被新生组织替代。因此,利用组织工程原理制造人工器官使人工器官的制造进入最高级阶段,特别是近年来,随着一种先进的快速成形技术在组织工程中的应用日渐成熟,使得人工器官的快速仿生制造成为可能。

人工器官按其用途和制作工艺可以分成三类:①医学物理模型。即采用与人体不相容的材料加工制作而成的人体器官模型。这些模型可以帮助人们了解相应器官的结构和特点,在外科手术中有助于医生了解病损器官的内部结构,从而制定出正确的手术方案。②可植入假体。即采用与人体相容的材料以及钛合金等制作,植入人体后可以起到治疗和康复作用,但是因无法降解也不能参与代谢而永远是异物。③组织工程人工器官。即采用组织工程原理,利用生物相容性材料制作三维支架,通过细胞培养和移植而形成的人体器官。在这三种人工器官中,前两种都是无生命的,不能参与人体的新陈代谢。只有组织工程人工器官才真正具有生命活力,在植入人体后,能诱导新组织的形成,植入体逐渐被降解,最终形成真正的人体器官,参与人体的新陈代谢,被称为人工器官的最高形式。

与传统的机械制造不同,人工器官的制造是一种绝对个性化的制造。因为不同患者病损的组织和器官不同,相同器官的大小和形状也不尽相同,加之器官移植要求时间比较紧迫,这就决定了人工器官的制作不可能采用千篇一律的批量化生产,只能根据不同病人的要求量身定做,传统的加工方法均无法满足这些要求,只有快速成形技术才具有快速和柔性化的特点,因而在人工器官的制作方面具有无可比拟的优势。

18.12.5 生物加工成形制造

生物加工成形制造是指通过单个细胞或细胞团簇直接和间接地受控组装,完成具有新陈代谢特征的生命体的成形和制造。目前世界上发现有10万多种微生物,其尺度大部分为微纳级,具有不同的标准几何外形与亚结构、不同的生理机能和遗传特性。这就有可能找到“吃”某些工程材料的菌种,以实现生物的去除成形;可通过复制或金属化不同标准外形与亚结构的菌种,再经排序或微操作,实现生物的约束成形;也可通过控制基因的遗传形状特征和遗传生理特征,生长出所需的外形和物理功能,实现生物的生长成形。生物加工就是利用生物去除成形、约束成形、生长成形等方法达到所需制造的目的。

与非生命系统相比,生物系统是尺度最微细、功能最复杂的系统。生物加工成形在微纳技术中可发挥许多不可替代的作用,可利用生物组装成形、生物连接成形、生物生长成形等新方法制造一些具有微纳功能的基片。所谓生物组装成形,是直接利用单细胞生物自织成形的群体、单体及亚结构来构造微纳米功能器件;生物连接成形是利用生物分子连接活体与非活体构造生物器件;生物生长成形则是直接利用生物形体繁殖的低耗能优点,高效生产用于机械构形的生物微形体。

18.13 绿色制造

1. 概述

绿色制造也称为环境意识制造(environmentally conscious manufacturing)、面向环境的制造(manufacturing for environment)等,是一个综合考虑环境影响和资源效益的现代化制造模式。

绿色制造目标是使产品从设计、制造、包装、运输、使用到报废处理的整个产品全寿命周期中，对环境的影响(副作用)最小，资源利用率最高，并使企业经济效益和社会效益协调优化。

绿色制造技术是指在保证产品的功能、质量、成本的前提下，综合考虑环境影响和资源效率的现代制造模式。它使产品从设计、制造、使用到报废整个产品生命周期中不产生环境污染或环境污染最小化，符合环境保护要求，对生态环境无害或危害极少，节约资源和能源，使资源利用率最高，能源消耗最低。

绿色制造模式是一个闭环系统，也是一种低熵的生产制造模式，即原料—工业生产—产品使用—报废—二次原料资源，从设计、制造、使用一直到产品报废回收整个寿命周期对环境影响最小，资源效率最高，也就是说要在产品整个生命周期内，以系统集成的观点考虑产品环境属性，改变了原来末端处理的环境保护办法，对环境保护从源头抓起，并考虑产品的基本属性，使产品在满足环境目标要求的同时，保证产品应有的基本性能、使用寿命、质量等。

当前，世界上掀起一股"绿色浪潮"，环境问题已经成为世界各国关注的热点，并列入世界议事日程，制造业将改变传统制造模式，推行绿色制造技术，发展相关的绿色材料、绿色能源和绿色设计数据库、知识库等基础技术，生产出保护环境、提高资源效率的绿色产品，如绿色汽车、绿色冰箱等，并用法律、法规规范企业行为。随着人们环保意识的增强，那些不推行绿色制造技术和不生产绿色产品的企业，将会在市场竞争中被淘汰，使发展绿色制造技术势在必行。

2. 绿色制造技术在机械制造过程中的应用

以绿色制造为指导的应用技术包括绿色材料替代技术、节能技术、绿色产品清洁生产技术、产品拆卸回收技术，其在机械制造过程中的应用如下。

1) 产品设计环节

引用绿色设计的理念，在进行机械产品设计之前就要对产品的使用寿命、更新维修、回收年限等方面的内容进行综合考量，使用寿命长、维修更新频率低、回收年限久的机械产品才可以成为绿色产品；在进行机械产品设计中也有很多需要考虑的因素，如制造材料的选择上，尽量多地使用可再生材料进行生产，同时要加快研发不可再生材料的替代材料；又如产品质检标准，制定较高的质检标准可以控制产品的整体质量，达到产品设计的绿色设计目标。

2) 产品制造环节

以节能环保为目标，在机械产品制造上采取优化生产流程、提高产品原材料利用率等措施：优化生产流程，减少产品生产中不必要的制造环节，进行产品生产流程的有效衔接，从而降低因生产流程过多或产品流水线程序安排不当造成的废弃率；提高产品原材料利用率，应用自动化生产技术，精准控制产品原材料的出料率，减少因出料误差造成的原材料过度消耗。

3) 产品包装环节

产品包装绿色化包括产品包装的数量、材质、形式等因素，要以产品的实际情况与存储运输条件为前提，选取可以回收利用或环保材料进行包装，根据需求确定包装数量，避免出现过度包装情况，以实现产品包装环保低耗。

4）产品运输环节

运输工具的选择、单批次运输量的划定等都体现着绿色制造技术的应用。

5）在产品回收环节

在出售的机械产品达到回收期限后，产品回收再利用成为整个绿色制造循环的连接点，也是节能环保体现程度较高的环节，在这一环节产品的拆卸问题和回收再利用成为重点。

对于产品拆卸问题，为了便于回收和分类，机械产品在设计时需要考虑产品框架的构造要方便拆卸，并且使用的接口技术要符合绿色制造的概念；对于到期产品回收再利用，将机械产品的各个组成部分按照可以回收直接使用、回收分解重铸使用和需废弃处理进行分类，将可直接使用的部分进行质量检测，合格品送回制造环节；对于回收分解重铸使用的部分做分解重铸实验，以保证分解重铸时不会造成环境污染；对于需废弃处理的部分要选择污染程度最低的方式进行处理。

思考练习题

1. 简述制造、制造系统、制造业、制造技术等概念，比较广义制造与狭义制造的概念。

2. 计算机辅助设计技术包括哪些主要内容？分析其中的关键技术。

3. 先进制造技术的构成包括哪三个方面？

4. 简述先进制造技术的发展与特点。先进制造技术有哪几类零件成形方法？各自有哪些工艺内容？

5. 清洁制造技术的主要内容是什么？

6. 增材制造的主要工艺方法有哪些？

7. 纳米级加工的关键技术有哪些？

8. 阐述制造自动化技术的发展与趋势。

9. 什么是智能制造？分析智能制造系统的特征。

10. 阐述制造业生产方式及其相应的生产管理技术的发展进程。

11. 阐述敏捷制造、虚拟公司、虚拟制造、网络化制造、绿色制造、再制造、云制造的内涵。

第19章

CHAPTER 19

创新教育

“创新是一个民族进步的灵魂，是国家兴旺发达的不竭动力”。提高大学生的创新精神和创新能力是时代对中国高等教育提出的要求，也是全面提高大学生综合素质能力的重点工作。什么是创新教育呢？创新教育就是以培养人们创新精神和创新能力为基本价值取向的教育。其核心是在全面实施素质教育的过程中，为迎接知识经济时代的挑战，着重研究与解决在教育领域如何培养大学生的创新意识、创新精神和创新能力的问题。必须强调的是，创新是有层次的。我们所说的“创新”，是指通过对大学生施以教育和影响，使他们作为一个独立的个体，能够善于发现和认识有意义的新知识、新思想、新事物、新方法，掌握其中蕴含的基本规律，并具备相应的能力，为将来成为创新型人才奠定全面的素质基础。这里，关键是使大学生具有求新的意识和相应的能力，而不是要他们时时处处搞发明创造。

19.1　创新的基础理论知识

1. 创新的基本概念

什么是创新？简单地说就是利用已存在的自然资源或社会要素创造新的矛盾共同体的人类行为，可以认为是对旧有的一切所进行的替代或者覆盖。

创新是以新思维、新发明和新描述为特征的一种概念化过程。创新是一个非常古老的词。在英文中，创新“innovation”起源于拉丁语。它的原意有三层含义：第一是更新；第二是创造新的东西；第三是改变。

创新是人类特有的认识能力和实践能力，是人类主观能动性的高级表现形式，是推动民族进步和社会发展的不竭动力。

创新是指人类淘汰落后的思想、事物，创造先进的、有价值的思想和事物的活动过程。

创新是指人类为了满足自身物质文明、精神文明等一切领域的需要，不断拓展对客观世界行为过程和结果的活动。即人为了一定的目的，遵循事物发展的规律，对事物的整体或其中某些部分进行变革，从而使其得以更新与发展的活动。

“创新”一词早在《南史·后妃传·上·宋世祖殷淑仪》中就曾提到过的，是创立或创造新的东西的意思。“创新”用英文解释为“bring forth new ideas”，其有两层含义，第一是指在前所未有的情况下发明创造，例如，爱因斯坦发现了相对论、爱迪生发明了电灯；第二是将已有的事物引入到新的领域产生新的效益也叫创新。比尔·盖茨是公认的知识经济时代的代表人物，但是给他带来巨大财富的几乎没有一个是他自己的发明创造，都是别人发明创造的东西他拿过来加以变化、重新组合，进行开发，最终使他成为全球首富。由此可见，“创新”的含义比创造发明含义广。创造发明是指首创前所未有的新事物，而创新则还包括将已有的东西予以重新组合、引入产生新的效益。因此，第一种情况称为“狭义的创新”，第二种情况称为“广义的创新”。广义创新相对简单，容易实现，而真正具有推动社会进步的还是狭义创新。

在近代，“创新”的概念首先由美籍奥地利经济学家约瑟夫·熊彼特(J. A. Schumpeter)在1912年德文版《经济发展理论》一书中提出。熊彼特认为所谓创新，就是建立一种全新的生产函数，也就是说把一种以前从来没有过的，关于生产要素和生产条件的“新组合”引入生产体系。创新包括以下内容：

(1) 引入新的产品或提供产品的新质量——产品创新；

(2) 采用新的生产方法——工艺创新；

(3) 开辟新的市场 ——市场创新；

(4) 获得新的供给来源 ——资源开发利用创新；

(5) 实行新的组织形式 ——体制和管理创新。

现代管理学之父——彼得·德鲁克(Peter F. Drucker)的创新理论是：

(1) 使人力和物质资源拥有最大的物质生产能力的活动；

(2) 任何改变现存物质财富创造潜力的方式都可以称为创新；

(3) 创新是创造一种资源。

著名的教育家陶行知先生对创新的解释：处处是创造之地，天天是创造之时，人人是创造之人。创新不一定需要大天才，关键在于找出新的改进方法。

对大学生来说，创新的理解和诠释：创新就是超越自我。

2. 创新内涵

创新是人的实践行为，是人类对于发现的再创造，是对于物质世界的矛盾再创造。人类通过物质世界的再创造，制造新的矛盾关系，形成新的物质形态。实践是创新的根本所在。创新的无限性在于物质世界的无限性。

以自主创新为例，来进一步了解创新的基本内涵。自主创新的内涵主要包括三个方面的含义：一是原始性创新，努力获得更多的科学发现和技术发明；二是集成创新，使各种相关技术有机融合，形成具有市场竞争力的产品和产业；三是在引进国外先进技术的基础上，积极促进消化吸收和再创新。

国务委员陈至立在中国科协2005年学术年会开幕式所作的题为“自主创新与可持续发展”的报告中，用了三个“破解”来诠释自主创新的重大战略意义：自主创新是破解结构不合理和增长方式粗放等国民经济重大瓶颈难题的必然战略选择；自主创新是破解关键技术受制于人难题的战略安排；自主创新是破解提升国家竞争力难题的重大部署。

3. 创新体系

创新体系是融创新主体、创新环境和创新机制于一体，促进全社会创新资源合理配置和高效利用，促进创新机构之间相互协调和良性互动，充分体现创新意志和目标的系统。

4. 创新要素

创新要素是指创新必须具有的实质或本质组成部分，包括疑问、设想、设计与实现。

5. 创新意识

创新意识是指人们根据社会和个体生活发展的需要，引起创造前所未有的事物或观念的动机，并在创造活动中表现出的意向、愿望和设想。它是人类意识活动中的一种积极的、富有成果性的表现形式，是人们进行创造活动的出发点和内在动力，是创造性思维和创造力的前提。

创新意识的主要特征有以下几点。

(1) 新颖性：创新意识或是为了满足新的社会需求，或是用新的方式更好地满足原来的社会需求，创新意识是求新意识。大家都知道，在大面积土地上播种，一般是用飞机。但飞机播种有两个缺点：一个是种子播散不太均匀，另一个是种子播在地表面。美国加利福尼亚州一位生物学家就将机枪与播种机联系在一起，发明了机枪播种法。随着机枪的嗒嗒声，"种子子弹"射入了土地。

(2) 社会历史性：创新意识是以提高物质生活和精神生活水平需要为出发点的，而这种需要很大程度上受具体的社会历史条件制约，在阶级社会里，创新意识受阶级性和道德观影响制约。人们的创新意识激起的创造活动和产生的创造成果，应为人类进步和社会发展服务；创新意识必须考虑社会效果。

(3) 个体差异性：人们的创新意识和他们的社会地位、文化素质、兴趣爱好、情感志趣等相应，它们对创新起重大推进作用。而这些方面，每个人都会有所不同，因此，对于创新意识既要考察社会背景，又要考察其文化素养和志趣动机。

创新意识的内涵包括创造动机、创造兴趣、创造情感和创造意志。

(1) 创造动机是创造活动的动力因素，它能推动和激励人们发动和维持进行创造性活动。

(2) 创造兴趣能促进创造活动的成功，是促使人们积极探求新奇事物的一种心理倾向。

(3) 创造情感是引起、推进乃至完成创造的心理因素，只有具有正确的创造情感才能使创造成功。

(4) 创造意志是在创造中克服困难，冲破阻碍的心理因素，创造意志具有目的性、顽强性和自制性。

创新意识与创造性思维不同，创新意识是引起创造性思维的前提和条件，创造性思维是创新意识的必然结果，二者之间具有密不可分的联系。创新意识是创造人才所必须具备的。创新意识的培养和开发是培养创造人才的起点，只有注意从小培养创新意识，才能为成长为创造性人才打下良好的基础。一个具有创新意识的民族才有希望成为知识经济时代的科技强国。

6. 创新思维

创新思维就是不受现成的、常规的思路约束，寻求对问题全新的、独特性的解答和方法的思维过程。不要受什么约束，要全新的。寻求对问题的全新的、独特的这样的解答，这样的方法寻找出来,这样的思维过程,叫创新思维。创新思维是相对于传统性思维的,创新思维是所有人都有的,但是需要引导与开发。例如,人们都知道天空只有一个太阳,但有小学生打破常规问老师:“老师,天上有一个太阳,会不会有两个太阳”?老师需对小学生的发散思维进行有效引导:“宇宙无限,银河系太阳系可能有很多,需要人们去探索”。通过有效的引导与开发,可以使每个人的创新思维与意识不断发展。

创新思维有很多特点。比如它有理性的、非理性的;有相同的、相异的。我们认为创新思维最大的特点相异性、差异性,非常突出。同样一个问题,不同的人有不同的思维,同样一件事,不同的人有不同的思维。

举一个案例,两个推销人员到一个岛屿上去推销鞋。一个推销员到了岛屿上之后,发现这个岛屿上每个人都赤脚。他气馁了,没有穿鞋的,推销鞋怎么行,这个岛屿上是没有穿鞋的习惯的。马上打电话回去,鞋不要运来了,这个岛上没有销路,每个人都不穿鞋,这是第一个推销员。第二个推销员来了,高兴得几乎昏过去了,不得了,这个岛屿上鞋的销售市场太大了,每一个人都不穿鞋啊,要是一个人穿一双鞋,那要销出去多少双鞋,马上打电话,赶快空运鞋。同样一个问题,不同的思维,得出的结论是不同的。

1936 年 10 月 15 日,伟大的科学家、相对论之父爱因斯坦,在美国高等教育 300 周年的纪念大会上,有一段讲话,他说:“没有个人独创性和个人志愿的统一规格的人所组成的社会将是一个没有发展可能的不幸的社会”。管理大师德鲁克说:“对企业来讲,要么创新要么死亡”。我们人类社会就是一部创新的历史,人类社会发展的历史,就是一部创新的历史,就是一部创造性思维实践,创造力发挥的历史。

7. 创新精神

创新精神是指要具有能够综合运用已有的知识、信息、技能和方法,提出新方法、新观点的思维能力和进行发明创造、改革、革新的意志、信心、勇气和智慧。创新精神是一个国家和民族发展的不竭动力,也是一个现代人应该具备的素质。

创新精神属于科学精神和科学思想范畴,是进行创新活动必须具备的一些心理特征,包括创新意识、创新兴趣、创新胆量、创新决心,以及相关的思维活动。

创新精神是一种勇于抛弃旧思想旧事物、创立新思想新事物的精神,与其他方面的科学精神不是矛盾的,而是统一的。同时创新精神又要以遵循客观规律为前提,只有当创新精神符合客观需要和客观规律时,才能顺利地转化为创新成果,成为促进自然和社会发展的动力。创新精神提倡新颖、独特,同时又要受到一定的道德观、价值观、审美观的制约。例如,不满足已有认识(掌握的事实、建立的理论、总结的方法),不断追求新知;不满足现有的生活生产方式、方法、工具、材料、物品,根据实际需要或新的情况,不断进行改革和革新;不墨守成规(规则、方法、理论、说法、习惯),敢于打破原有框框,探索新的规律、新的方法;不迷信书本、权威,敢于根据事实和自己的思考,同书本和权威质疑;不盲目效仿别人想法、说法、做法;不唯书唯上,坚持独立思考,说自己的话,走自己的路;不喜欢一般化,追求新颖、独特、异想天开、与众不同;不僵化、呆板,灵活地应用已有知识和能力解决问题,等等,都是创新精神的具体表现。总之,要用全面、辩证的观点看待创新精神。

8. 创新能力

创新能力指人在顺利完成以原有知识经验为基础的创建新事物活动中表现出来的潜在心理品质。创新能力具有综合独特性和结构优化性等特征。遗传素质是形成人类创新能力生理基础和必要的物质前提，它潜在决定着个体创新能力未来发展的类型、速度和水平；环境是人的创新能力和提高的重要条件，环境优劣影响着个体创新能力发展的速度和水平；实践是人创新能力形成的唯一途径。实践也是检验创新能力水平和创新活动成果的尺度标准。

创新的能力有一部分来自于不断发问的能力和坚持不懈的精神；创新能力在一定的知识积累的基础上，可以训练出来、启发出来，甚至可以"逼出来"。适度的紧张可以把创造力发挥出来。例如，有这样一个故事，说的是一群猎人带着人上山打猎，远远看去烟雾缭绕，突然一只老虎向他们扑来，其中一个猎人张弓开箭，把老虎射了，其他人趴下了，等了不久，上前一看，哪是什么老虎啊！是一个石头向他们滚来，石头翻滚的样子像老虎扑来。但是大家都惊呆了，一箭射过去，把石头射成两半，力气好大噢！回到镇上后，消息传开了，有的人不相信，力气再大怎么会把石头射开。再弄个石头让他射，好！他就张弓开箭，1 箭、2 箭、20 箭，石头都开不了。这是为什么呢？因为，他以为是老虎向他扑来，他有生命危险，所以他用了全部的力量把箭射出去。因此，为了让创造力出来，有时候要制造一点危机，让大家认识到有危机感。创新最关键的条件是要解放自己。因为一切创造力都根源于人的潜在能力的发挥。

19.2 大学生创新能力的培养途径与方法

在工程训练中心开展创新实践教育，除了有硬件设备的保障外，必须要有科学的创新教学方法与教学体系，营造良好的创新环境尤为重要。培养大学生创新能力的途径与方法主要有以下几方面。

1. 树立正确的创新观

大学生参加科技创新活动时，首先必须树立起正确的创新观念。参加创新工作不是单纯为了获奖、保研；不是为了出风头。而是一种探索求知的过程，一种主动承担艰苦劳动的过程。创新从字面意思上看，就是创造新的事物或者提出某种新的思想。把一个事物或者思想理念从无变为有，看起来似乎是个很神奇有趣的过程，但却不是一个简单的过程，需要费一番周折，花一些工夫。当然，在这些周折与工夫之中，就是我们学习的大好时机。新的事物不是凭空产生的，不是我们坐在那里发发呆就会想出好点子、提出新模型的。这在某种程度上取决于我们平时知识的积累，以及我们对事物好奇的程度。德鲁克总结的七大创新机会的规律是：

(1) 从意外情况中捕捉创新机会；

(2) 从实际和设想的不一致性中捕捉创新机会；

(3) 从过程的需要中捕捉创新机会；

(4) 从行业和市场结构的变化中捕捉创新机会；

(5) 从人口状况的变化中捕捉创新机会;

(6) 从观念和认识的变化中捕捉创新机会;

(7) 从新知识、新技术中捕捉创新机会。

勤奋是一个人有创造性地工作的前提,不勤奋的人什么事也做不好。勤奋必须以能集中注意力为前提。注意力集中的程度决定着思维的深度和广度。因此,创新能力必须具备的一个要素便是勤奋工作和集中注意力。要使广大学生认识到:创新不一定需要大天才,创新的潜质来源于创新人格,生存发展要靠创新取胜的道理。正如著名的教育家陶行知先生所说"处处是创造之地,天天是创造之时,人人是创造之人"。教育学生千万不要把创新行为神秘化,把创新看成是一种先天的"神力"。科学证明,人人都有创新的潜质,只是看这些潜质有没有被激活而已。

2. 建立科学的创新理念

科学的创新理念包括创新活动的原动力与创新结果的现实性两方面。

(1) 任何创新活动的原动力或源泉都来自于冒险精神、好奇心理、丰富的想象力和刺激的挑战性。

其实创新从某种意义上说是一种不同寻常的冒险。当然,这里讲的冒险精神不是盲目冒险。创新精神就是冒险加理智。要想使冒险能够成功,最后创造出价值还是需要理智。所以我们在发挥冒险精神的时候,要讲究科学规律,会预测事情发展的未来,并能降低风险率。

创新意识的萌芽就是那种好奇心理,这是创新的原始激情。任何科学的发现不在于你用什么方法,而在于你有没有这种强大的动力,有这种好奇心理就是创新的最大的动力。有了这种动力就会去尽力找到一种合适的方法。孔子曰"知之者不如好之者,好之者不如乐之者"。只有对事物有强烈的好奇心理、感受力和探索未知的兴趣,创新的欲望才会油然而生。这种乐趣能使你得到极大的满足,从而促进自己的注意力高度集中,达到忘我的程度。好奇心理是人类最大的财富之一。

挑战性意味着一种敢于向权威挑战,敢于发表自己的意见和看法的气魄;一种努力追求成功,富有进取心的品质。在面对挑战的过程中,必须有敢于向风险挑战的行动,同时,勇于公开承认自己的失误,并承担责任,具备迅速纠正错误的勇气。哥白尼是一名教士、神父,但他又是一名数学家、天文学家,通过自己的观测和计算,哥白尼向教会传承了千余年的"地心说"发出了挑战,提出了"日心说",虽然受到教会打压,但他还是坚持发表了《天体运行论》,改变了人类的宇宙观。

(2) 创新结果的现实性表现为创新必须满足三个条件:思想必须新颖、思想必须有意义、新的有意义的思想必须被人们所接受。

创新首先是观念上的创新,从思维创新和观念创新发展到理论创新。创新是在已有成就基础上的突破。它是以深刻的科学理论指导为前提,对原有事物的批判、继承、扬弃与发展,而不是简单、无知的否定。即"实事求是"与"解放思想"的关系。这就决定了创新活动的结果,即新思想、新观念和新成果,具有能被社会所接受的实用性和社会价值,使创新成果对人类社会有所发现、有所发明、有所创造、有所前进。

3. 具备坚定的创新意识

创新意识是人们对创新的价值性、重要性的一种认识水平、认识程度以及由此形成的对待创新的态度，并以这种态度来规范和调整自己的活动方向的一种稳定的精神态势。创新意识总是代表着一定社会主体奋斗的明确目标和价值指向性，成为一定主体产生稳定、持久创新需要、价值追求和思维定势以及理性自觉的推动力量，成为唤醒、激励和发挥人所蕴含的潜在本质力量的重要精神力量。创新意识是创新活动的起点，创新意识是求新求异意识、求真求实意识，又是求变意识和问题意识。

在创新意识的培养过程中，首先要认识到：主动创新的人，带着时代走；被动创新的人，时代牵着他走；拒绝创新的人，时代踩在他的身上走。纵观历史，发现、发明、革新等创新形式对社会文化发展变迁起着极为重要的作用。例如，铁犁牛耕导致中国古代农业社会的变革；内燃机的发明激发了英国的工业革命；战国时期秦国的商鞅变法，使秦国由弱变强。而大发明家爱迪生发明成就主要在直流电领域，并且一直走在最前沿；非常遗憾的是，当革命性的交流电输电方式出现时，他坚决抵制它，甚至打广告诬蔑夸大交流电的不安全性，拒绝创新。而交流电这个时代巨人踩在爱迪生的身上仍然滚滚向前。人类社会的发展和进步，就是通过不断创新来实现的。创新不仅是推动人类文明进步的主要因素，也是保护和传承文明的主要动力。一个民族如果没有创新的能力，既无法在激烈的竞争中生存和发展，也无法保护和传承本民族优秀的文化传统。只有不断创新，才能永葆自己的文化特色，才能永远屹立于世界民族之林，才有可能继承和弘扬民族文化。因此，创新是一个民族的灵魂，是一个国家兴旺发达的不竭动力。

4. 具有敢于创新实践的精神

要有敢于实践的精神。科学已经验证，人类中有三种创造者：一种人是不断地、顽强地劳动，集中意志和力量，长年累月，突破一点而达到伟大的目标；另一种人是靠天才的火花；第三种人是两者兼而有之，或者通过顽强的劳动而获得令人耀眼的天才火花，或者相反，天才的火花推动创造者去顽强劳动、常年探索，照亮他的发明创造的道路。创新成果的产生，一般要经过准备期、酝酿期、豁朗期和验证期四个阶段，可见，创新不是一蹴而就的。一个人可以被无数次打倒，但倒下的只是躯体，而不是精神；一个人身无分文并不可怕，可怕的是没有精神，要经得起挫折，经得起失败。发明电的爱迪生，失败了 1000 多次，最后在一千零几次时取得成功。记者问爱迪生，你都失败了 1000 多次还在努力，他说我不是失败了 1000 多次，是成功了 1000 多次，每一次你们认为是失败，我认为是成功。创新要想获得成就，并非是一瞬间的激情和一瞬间的灵感闪现所能成功的，它需要长时间的埋头苦干、默默无闻甚至牺牲。大学生的创新思维可能是发散的、可能是天真幼智的、可能是不完善的，这都不重要，重要的是要有敢于主动创新的实践意识和不断更新自我的精神。

5. 养成良好的团队协作精神

培养学生的团队协作精神与合作实践动手能力是非常必要的。从科学技术和社会发展的历史来看，任何创新都是以群体为基础、以个体为突破的。据统计，诺贝尔奖第一个 25 年的获奖人数当中，有 41%是合作研究的；在第二个 25 年当中，这个比例增加到 67%；而在

第三个 25 年当中，这个比例已经达到 79%。这说明科学研究中的大力协作呈增长趋势，合作研究已成为现代科学研究的主要方式。现在的学生大多是独生子女，个人意识强，又是应试教育的产物，实践动手能力差，与他人合作的实践动手能力更差。通过创新实践活动，将使他们受益匪浅，甚至能影响人生。

思考练习题

1. 通过本章的学习，你认为应如何定义“创新”？
2. 简述创新与创造、发明的差异点。
3. 什么是创新精神？
4. 创新意识与创新思维有什么关系？
5. 简述在创新过程中实践的重要性。
6. 谈谈你的创新观。你将如何参加科技创新活动？

第20章

CHAPTER 20

创新项目管理与产品设计制造

在机械制造工程实训教学过程中，通常以“创新项目”为载体开展创新活动，包括大学生自主创新项目以及各类大学生科技创新竞赛项目。因此，在大学生开展科技创新活动时，应当学习必要的项目管理及产品设计、制造知识。

20.1 项目管理

1. 项目

项目是在限定的资源及限定的时间内需完成的一次性任务。具体可以是一项工程、服务、研究课题及活动等。

项目具有以下属性：

(1) 一次性：有些工作任务具有持续性和重复性，如公交车沿规定的路线持续地重复运行，这种任务属于常规运作。而项目具有明确的时间起点和终点，即在限定的时间内完成特定的目标，如乘坐某一线路的公交车考察每天不同时间段的载客量，虽然在项目进行时间内需要重复考察，但一周内即可完成从周一到周日载客量的考察，以后不再重复进行。

(2) 独特性：每个项目都有其自身的特点，在其项目成果，项目进行的时间、地点、环境条件等方面与其他项目有所区别。例如，15路公交车载客量考察项目与25路公交车载客量考察项目虽项目类似，但由于考察的公交车路线不同，在不同的时间段其载客量也不相同。

(3) 目标确定性：项目有确定的目标，包括时间目标(在规定的时间内完成)、成果目标(提供某种满足要求的产品或服务)。

2. 项目管理

项目管理是运用各种相关的知识开展的各种计划、组织、领导、控制等方面的活动，将各种资源(人员、技能、方法、工具等)应用于项目，以实现项目的目标。

项目管理是第二次世界大战后期发展起来的重大创新管理技术之一，科学的项目管理可以节省大量时间、人力和资金。项目管理主要包括以下几方面。

(1) 项目需求：一个项目往往需要应对各种不同的需求，有的需求互不相干，甚至相互抵触，需要项目管理者采取一定的步骤和方法，将各种不同的需求进行协调、平衡，从而最终确定项目所要达到的目标。

(2) 项目规划：对项目进行前期调查、收集整理相关资料，确定项目的任务，预测项目风险和提出完成项目目标的有效方案、措施和手段，制定初步的项目可行性研究报告。在规划过程中，对项目的有效方案进行反复多次评估、对比，根据项目需求选择最优方案，才能进行项目计划的制定。

(3) 项目计划：指导组织、实施、协调和控制项目过程的文件，提高整个项目过程的可控性和执行效率，保障项目的稳定运行。项目计划包括工作分解、项目进度计划、责任分配、项目总结。

3. 项目工作分解

工作分解结构(work breakdown structure)是为了管理和控制的目的将项目进行分解的技术。该技术将项目按层次分解为子项目，各层子项目再分解为更容易管理控制的工作单元。

工作分解包括以下主要步骤。

(1) 确定项目的主要组成部分，例如，工程训练中榔头制造项目包括设计、制造、检验、包装四大组成部分。

(2) 确定每个组成部分的层次直至工作单元，并确定工作内容和可交付成果。例如，设计组成部分包括结构设计、外形设计、性能设计和材料选择等工作单元。

(3) 确定每个组成部分乃至工作单元能够便于执行和管理，并可进行费用、时间进度的估算，能够在技术上对成果进行验证和测量。

(4) 根据工作分解提供完整的项目工作分解结构图。例如，榔头制造项目的分解结构图如图 20-1 所示。

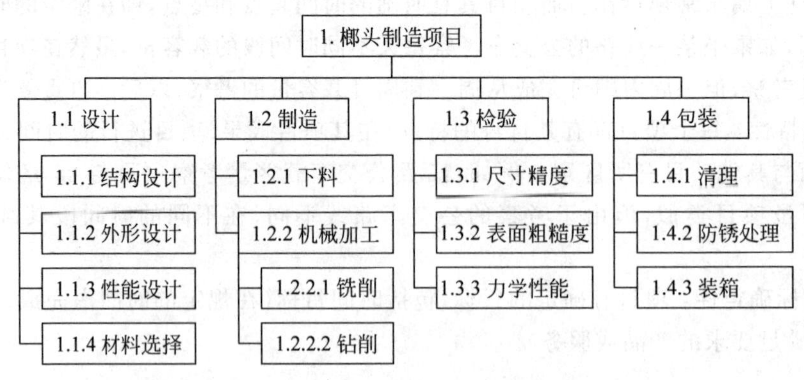

图 20-1 榔头制造项目的分解结构图

4. 项目进度计划

项目工作分解后，对整个项目乃至工作单元能够估算完成时间，以摘要、表格、图表的形式表示。

(1) 网络图：根据项目组成部分及工作单元之间运作的相互关系和先后次序，绘制项目进度网络图，能够直观地表示项目运行关键的线路和重要的节点。网络图如图 20-2 所示。

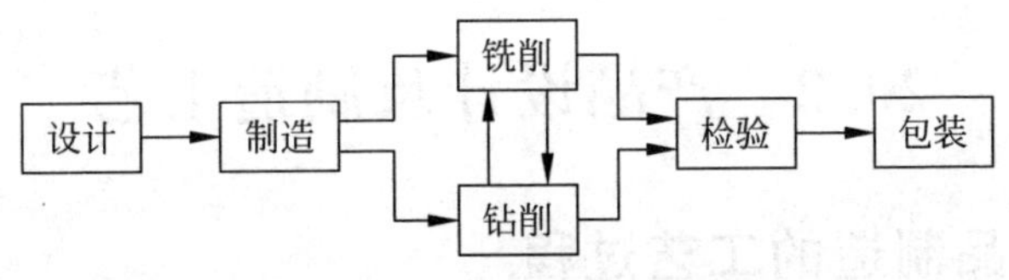

图 20-2 榔头制造项目网络图

(2) 横道图(又称为甘特图(Gantt chart))：由美国科学管理的先驱亨利·劳伦斯·甘特于 1917 年提出，甘特图能以时间顺序显示所要进行的活动，以及那些可以在同时进行的活动，在图上，项目的每一步在被执行的时间段中用线条标出。如图 20-3 所示，任务 1 起始时间为×月 5 日至 7 日，工期为 3 天；所有任务于 16 日完成，项目工期为 12 天。

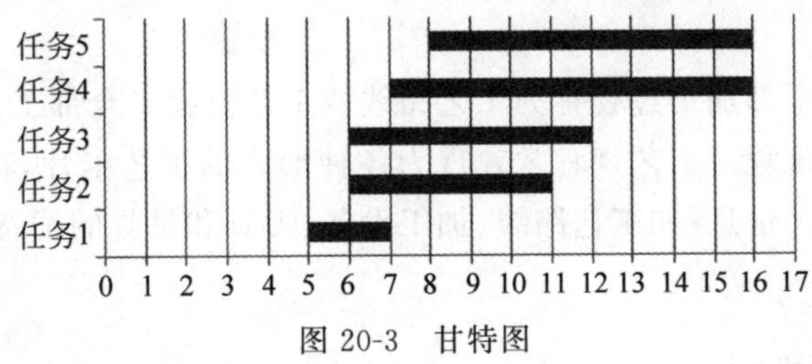

图 20-3 甘特图

5. 责任分派矩阵

责任分派矩阵与项目工作分解结构图相匹配，规定每个工作单元对应的组织单元应当承担的责任，使责任落实到人。在项目工作分解结构图各层次都可作出对应的责任矩阵，通过责任矩阵可以对人力资源进行估算。表 20-1 为榔头制造责任分派矩阵示例。

表 20-1 榔头制造责任分派矩阵

工作单元	项目主持人	设计工程师	制造工程师	铣工	钳工	检验工	包装工
市场调研	D	X	—	—	—	—	—
产品设计	PA	DI	A	—	—	—	—
制造加工	P	A	DI	X	X	—	—
检验	PA	A	—	—	—	X	—
包装	DP	A	—	—	—	—	XT

注：D—单独决策；P—控制进度；A—可以建议；X—执行工作；I—必须通报；T—需要培训。

6. 项目工作总结报告

项目工作总结报告通常是对一个项目或项目的一个阶段的总结。总结报告的内容包括项目的背景分析和研究、项目的目标、项目工作分解、项目计划及进度控制、项目质量分析、项目成本分析、结论(项目的成果及经验教训)。

20.2 产品设计及制造工艺

20.2.1 产品制造的工艺过程

生产过程中逐渐改变生产对象的性质、形状、尺寸及相对位置，使其成为成品的过程称为工艺过程。产品总的工艺过程又可具体分为铸造、锻压、焊接、机械加工、热处理和装配等工艺过程。加工工艺过程在产品生产过程中具有重要地位，通过这个过程使原材料逐渐成为产品。

1. 工艺规程

零件依次通过的全部加工过程称为工艺路线或工艺流程。全部工艺过程按一定的格式形成的文件称为工艺规程。工艺规程常表现为各种形式的工艺卡片，在其中简明扼要地写明与该零件相关的各种信息，如工艺路线、加工设备、刀具和量具的配备、加工用量和检验方法等。

2. 工艺过程的组成

一般较为复杂的零件往往用不同的设备和方法逐步完成，这个工艺过程又由许多工序、工步和走刀等组成。

工序：一个(或一组)工人，在一个工作地点，对同一个(或同时几个)工件连续完成的工艺过程。

工步：在加工表面、加工工具、转速和进给量都不变的情况下，连续完成的工序部分。

走刀：同一工步中，如果加工余量大，需要用同一刀具在相同转速和进给量下，对同一加工面进行多次切削，则每切削一次称为一次走刀。

20.2.2 加工工艺与成本

机器零件的结构形状尽管多种多样，但均由一些基本表面组成。每一种表面又有许多加工方法。正确选择加工方法，对保证质量、提高生产率和降低成本有着重要意义。

组成零件的基本表面有外圆、内圆(孔)、平面的加工方案，下面以外圆加工说明机械零件加工工艺选择方法。外圆表面是轴、盘套类零件的重要表面之一。外圆表面粗糙度和尺寸公差等级是选择加工方法的重要依据。此外还需要考虑工件的材料、结构、尺寸和热处理要求。外圆常用的加工方案如图 20-4 所示。

一般说来，公差等级低于 IT9～IT8、表面粗糙度 Ra 值大于 3.2μm 的外圆通常由车削加工完成。粗车→半精车→磨削的加工方案主要用于加工尺寸公差等级为 IT7～IT6、表面粗糙度 Ra 值为 0.8～0.2μm 的轴类和套类零件的外圆表面。外圆磨削前的车削精度无需很高，否则对车削不经济，对磨削也毫无意义。若公差等级要求更高(如 IT5 以上)，表面粗糙度 Ra 值要求更小(如 0.2μm 以下)，可在磨削后进行研磨。研磨前的外圆尺寸公差等级和表面粗糙度对生产效率和加工质量均有极大的影响，所以研磨前一般要进行精磨。

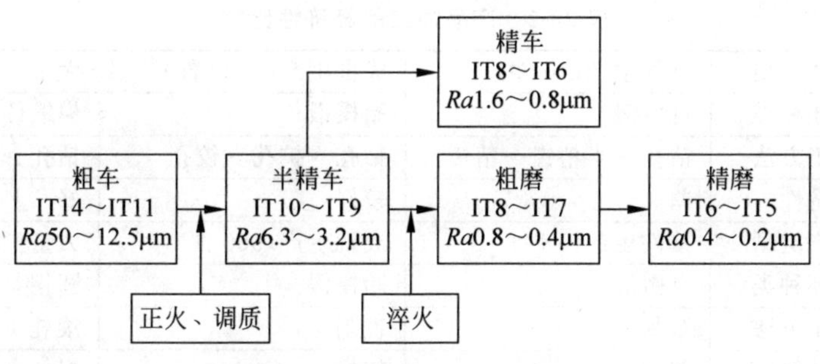

图 20-4　外圆加工方案

粗车→半精车→磨削的加工方案，常用于加工盘套类零件的外圆。如图 20-5 所示的零件，它可在车床上一次装夹中精车外圆、端面和孔（俗称"一刀活"），以保证它们之间的位置精度。

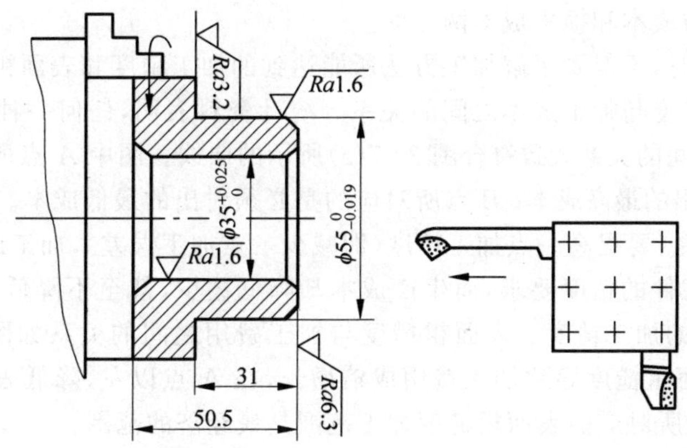

图 20-5　一次装夹精车盘套零件

获得同一精度及表面粗糙度的方法往往有若干种，在实际选择加工方法时，不仅要考虑被加工零件的结构形状、尺寸大小、材料性质、生产类型及企业的条件，还要知道加工精度、表面粗糙度与加工成本之间的关系。例如，图 20-6 所示的(a)、(b)两种拟加工零件，其加工尺寸及精度要求如图所示。由于加工数量不同，在达到同样表面粗糙度时，选择不同的加工方法，其经济性比较见表 20-2。

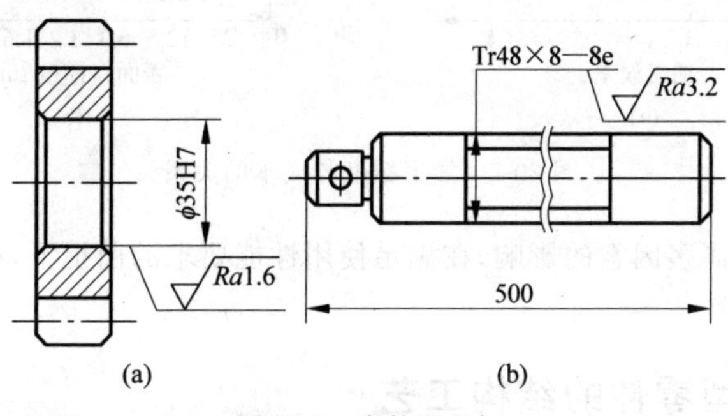

图 20-6　齿轮和丝杠

(a) 齿轮；(b) 丝杠

表 20-2 产品加工的经济性比较

	生产类型	单件生产(10 件)	成批生产(1000 件)	大量生产(100000 件)
齿轮(内孔)	毛坯种类	自由锻	胎模锻	模锻件
	加工方法	钻孔→半精镗→精镗	钻孔→扩孔→铰孔	钻孔→拉孔
	经济性	差	较好	好
丝杠	生产类型	单件生产(5 件)	成批生产(500 件)	大量生产(50000 件)
	毛坯种类	自由锻	胎模锻	圆钢
	加工方法	车削	铣削	滚轧
	经济性	差	较好	好

20.2.3 质量与成本

企业在产品生产过程中的质量成本,是指企业为保证和提高产品质量所付出的各项费用的总和,包括预防成本和损失成本两方面。

选择加工方法时,不但要了解加工方法所能达到的加工精度和表面粗糙度,还应当了解加工精度、表面粗糙度与加工成本之间的关系。统计资料表明,任何一种加工方法,其加工误差与加工成本之间的关系大致符合图 20-7(a)所示的曲线。图中 A 点所对应的成本,是保证加工质量应该付出的最高成本;B 点所对应的是必须付出的最低成本。由图 20-7(b)中可以看出,在 A 点以左,要提高一点加工精度(即减少一点加工误差),加工成本陡增;在 B 点以右,即便降低对工件的精度要求,而生产成本却降低甚少,甚至不降低。AB 段所对应的精度范围是最经济的加工精度。表面粗糙度与加工费用之间的关系如图 20-7(b)所示,在 B 点以右,提高表面粗糙度导致加工费用成倍增长,在 A 点以左,降低表面粗糙度,加工费用降低很少,AB 段所对应的表面粗糙度加工范围是最经济的范围。

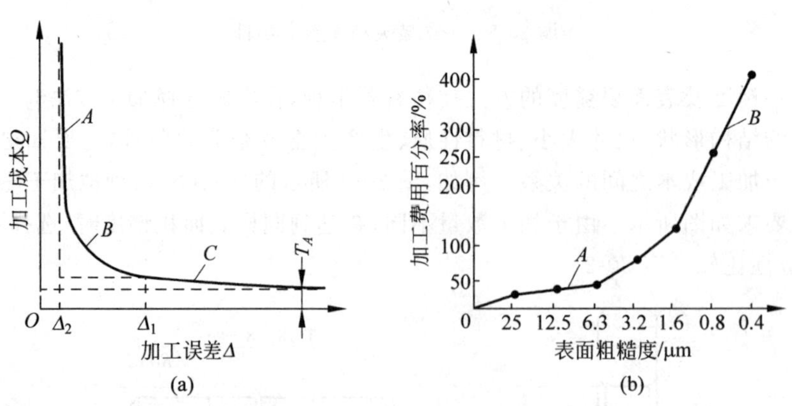

图 20-7 加工精度与成本的关系

产品加工质量受诸多因素的影响,在满足使用性能要求的前提下,必须兼顾工艺上的可能性和经济上的合理性。

20.2.4 典型零件的结构工艺

设计机械产品和零件时,不仅要保证使用要求,还要便于毛坯制造、切削加工、热处理、装配和维修。在一定的生产条件下,如果所设计的零件能够高效低耗地制造出来,并便于装配和维修，则该零件就具有良好的结构工艺性。

零件的结构工艺性包括零件结构的铸造工艺性、锻压工艺性、焊接工艺性、切削加工工艺性、热处理工艺性和装配工艺性等，在产品和零件设计时，必须全面考虑。零件结构设计的基本原则是：

(1) 零件的结构形状应尽可能简单，尽量采用平面、圆柱面，以节省材料和工时，简化加工工艺。

(2) 零件的结构应与其加工方法的工艺特点相适应。

(3) 零件的结构形状应有利于提高质量，防止废品。

(4) 零件尺寸应尽量采用标准化，同一零件上相同性质的尺寸最好一致，以简化制造过程。

在机器制造中，由于各种加工方法的工艺特点不同，它们对零件的结构要求也不一样。

在机器的整个制造过程中，由于切削加工仍是目前用来获得零件最后形状和尺寸精度的主要方法，因此零件的切削加工工艺性显得尤为重要。下面仅以切削加工件结构工艺要求举例进行说明，如表 20-3 所示。

表 20-3　切削加工件结构工艺性举例

序号	说明	不合理结构	合理结构
1	将中间部位尺寸加大进行粗镗，从而减少精镗长度	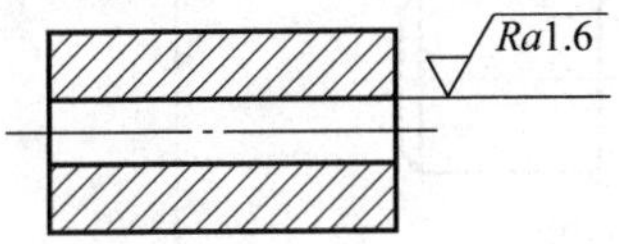 Ra1.6	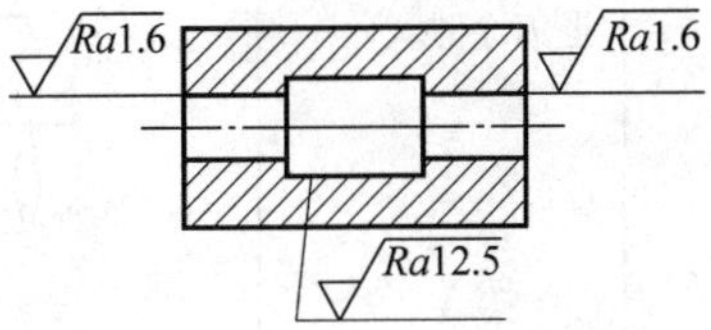 Ra1.6　Ra1.6　Ra12.5
2	为了加工时安装方便，在零件上增加夹紧边缘或夹紧孔	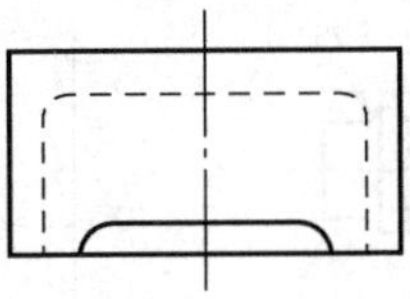	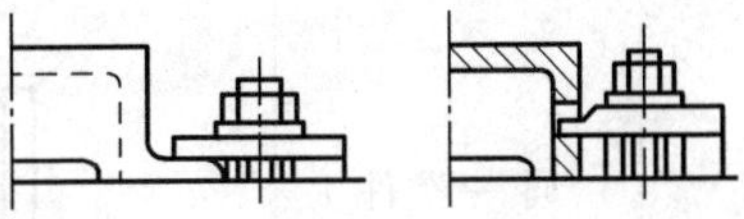 (a)　(b)
3	原设计需从两端进行加工，改进后可省去一次安装	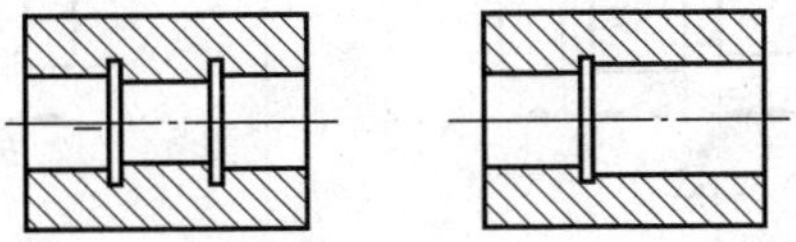 (a)　(b)	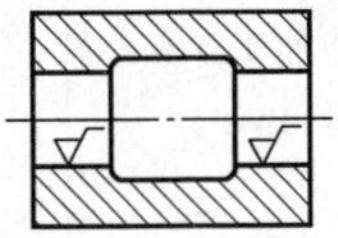 (c)
4	孔的位置应使钻头能够加工，尽量避免用加长钻头	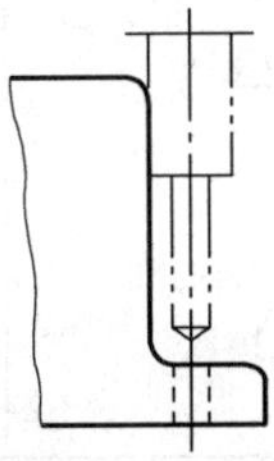	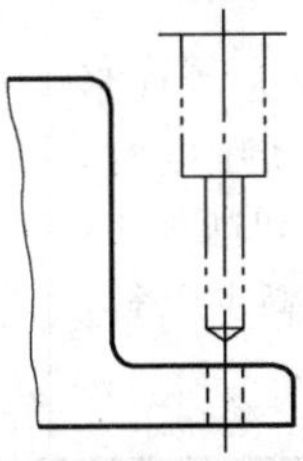

续表

序号	说明	不合理结构	合理结构
5	避免在曲面和斜面上钻孔，以免钻头单边切削	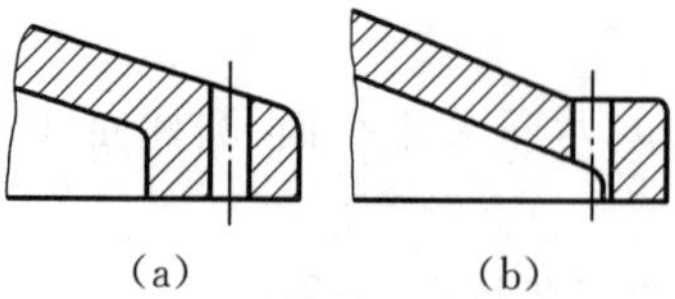 (a)　(b)	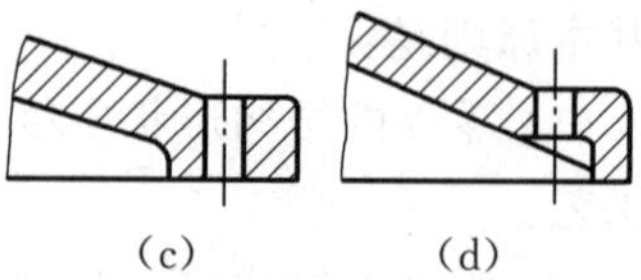 (c)　(d)
6	钻削不通孔或阶梯形孔的孔底，应与钻头的尺寸形状相符	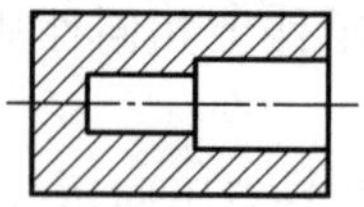	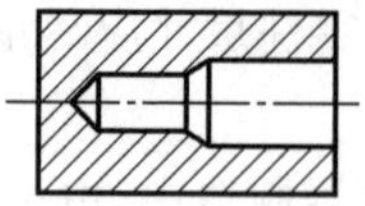
7	零件结构设计要注意留有退刀余地	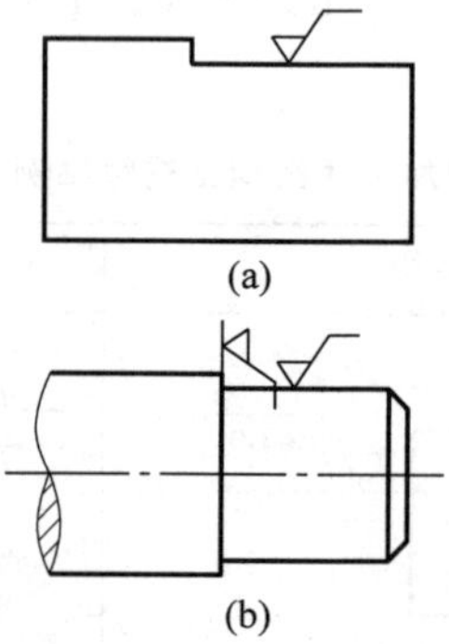 (a) (b)	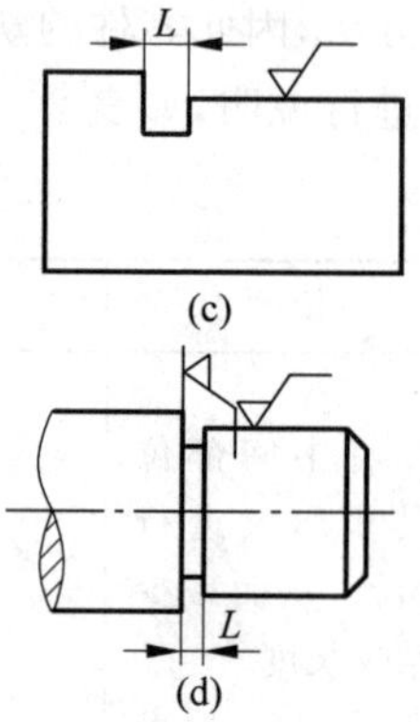 L (c) L (d)
8	同一零件上性质相同的尺寸应一致，以便用同一把刀具就能加工	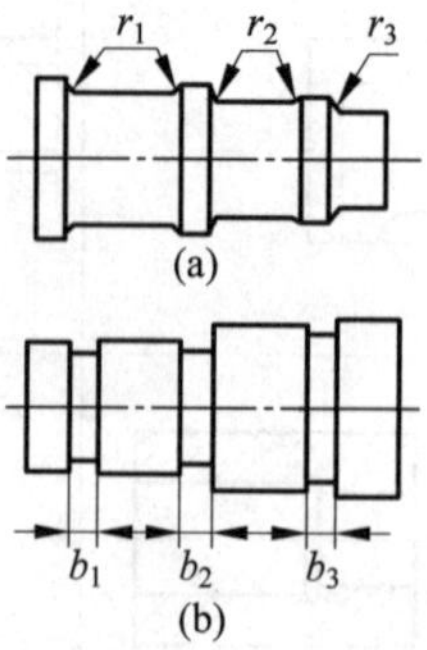 r_1 r_2 r_3 (a) b_1 b_2 b_3 (b)	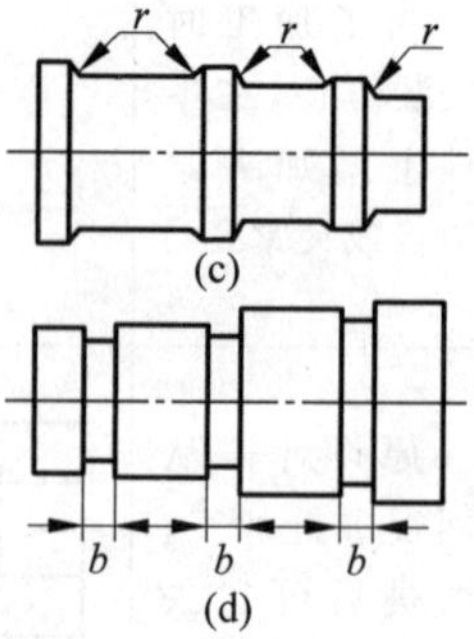 r r r (c) b b b (d)
9	改进零件形状，增强刚性，便于切削加工，以提高生产率	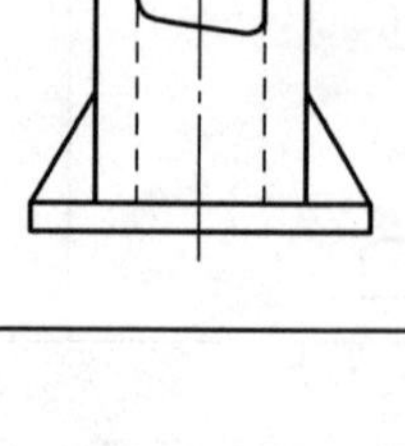	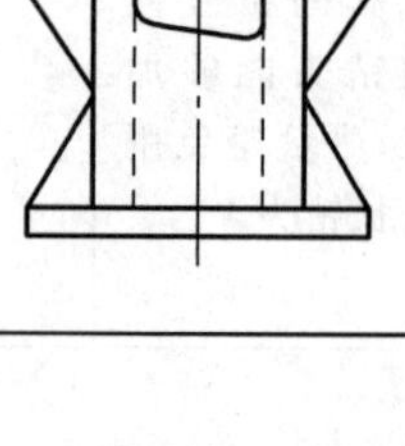

20.2.5　零件的机械加工工艺过程

机械加工工艺过程就是指将毛坯加工成零件的全部过程。对于一个零件，乃至它的某一个表面，都不能只用一种加工方法完成，但在一定的条件下，总是有一种方案最经济合理。工艺过程的制订，就是根据零件的技术要求、生产批量和现有加工条件，尽可能地考虑到先进工艺和先进技术，确定最好的加工方法和顺序。

阶梯轴是轴类零件中用得最多的一种。阶梯轴的加工工艺较为典型，反映了轴类零件加工的基本规律。下面以减速箱中的传动轴为例，介绍阶梯轴的典型工艺过程。传动轴如图 20-8 所示。传动轴一般由外圆、轴肩、螺纹、螺尾退刀槽、砂轮越程槽和键槽等组成。用于安装轴承的支承轴颈、安装齿轮或带轮的配合轴颈以及轴肩的精度要求较高，表面粗糙度 Ra 值要求较小。在图 20-8 所示的传动轴中外圆 P、Q 及其轴肩 G、H、J 分别相对轴颈 M、N 的轴心线 $A—B$ 有径向圆跳动和端面圆跳动要求，且表面粗糙度 Ra 值均为 0.8μm，此外该零件需要调质处理。

轴类零件常用的毛坯是圆钢料和锻件，对于光滑轴、直径相差不大的阶梯轴，多采用圆钢料。对于直径相差悬殊的阶梯轴，多采用锻件，可节省材料和减少机加工工时。

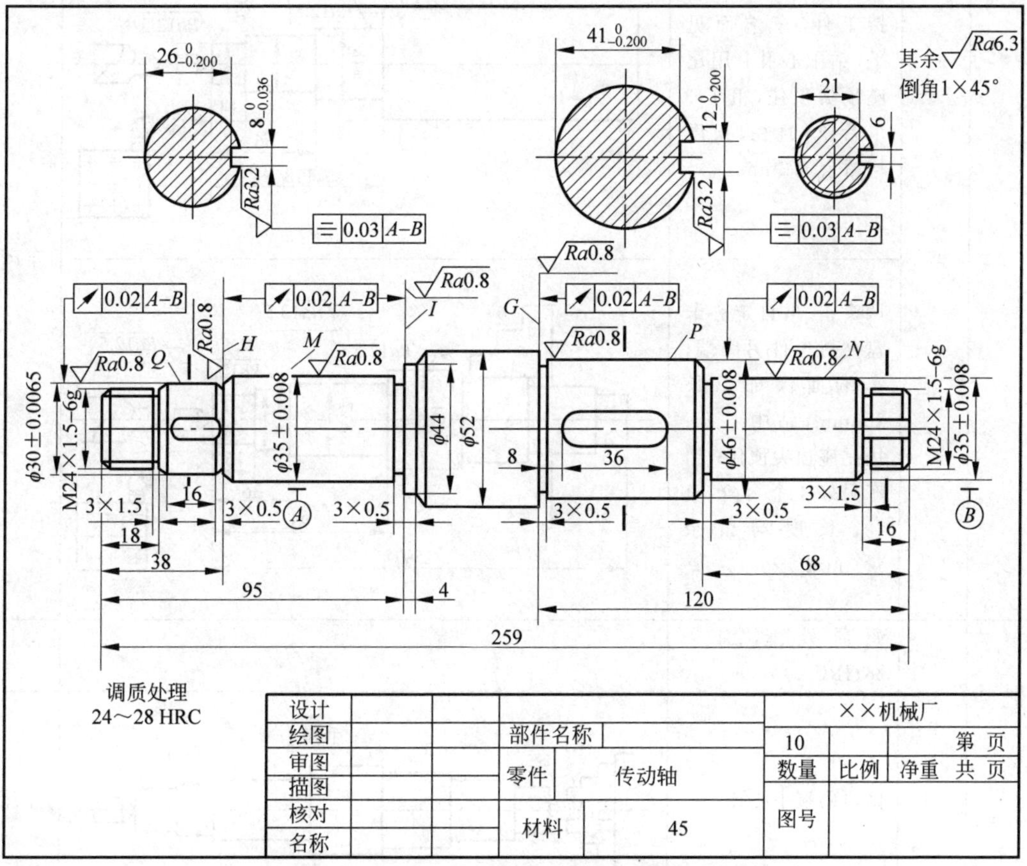

其余 $\sqrt{Ra6.3}$
倒角1×45°

调质处理
24～28 HRC

设计					××机械厂		
绘图			部件名称		10		第　页
审图			零件	传动轴	数量	比例	净重　共　页
描图							
核对			材料	45	图号		
名称							

图 20-8　传动轴零件图样

图 20-8 所示传动轴各外圆直径尺寸相差不太悬殊，且数量为 10 件，可选择 $\phi60$ 的圆钢作为毛坯。传动轴大都是回转表面，应以中心孔定位，采用双顶尖装夹，首先车削成形。由于该轴的主要表面 M、N、P、Q 的公差等级较高及表面粗糙度 Ra 值较小，车削后还需进行磨削，其加工顺序是：粗车→半精车→磨削。调质处理安排在粗车之后。定位精基准中心孔应在粗车之前加工，在调质之后和磨削之前各需安排一次修研中心孔工序。前者为消除中心孔的热处理变形和氧化皮；后者为提高定位精基准的精度和减小表面粗糙度 Ra 值。

综合上述分析，传动轴的工艺过程如下：下料→车两端面，钻中心孔→粗车各外圆→调质→修研中心孔→半精车各外圆，切槽，倒角→车螺纹→划键槽加工线→铣键槽→修研中心孔→磨削→检验。其工艺过程卡片见表 20-4。

表 20-4 传动轴加工工艺

工序号	工种	工序内容	加工简图	设备
1	下料	$\phi60\times265$ 圆钢(10 件)		机锯
2	车	三爪自定心卡盘夹持工件，车端面见平，钻中心孔；用尾座顶尖顶住，粗车 3 个台阶，直径、长度均留余量 2mm	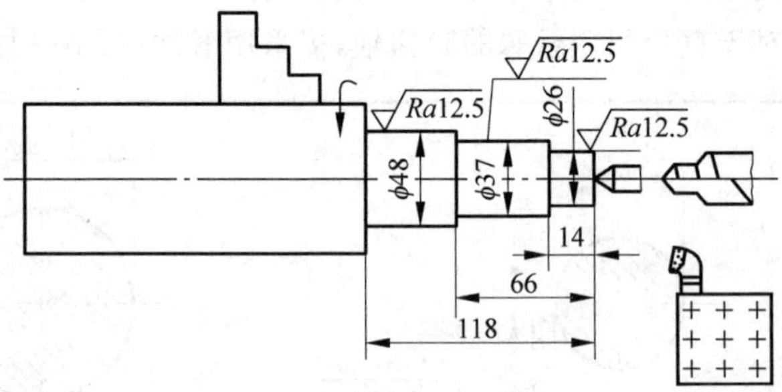	车床
		调头，三爪自定心卡盘夹持工件另一端，车端面保证总长 259mm，钻中心孔；用尾座顶尖顶住；粗车另外 4 个台阶，直径、长度均留余量 2mm	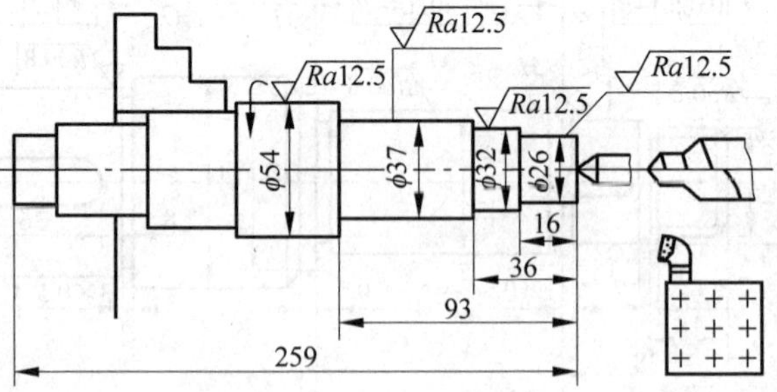	
3	热	调质处理，24～28HRC		
4	钳	修研两端中心孔	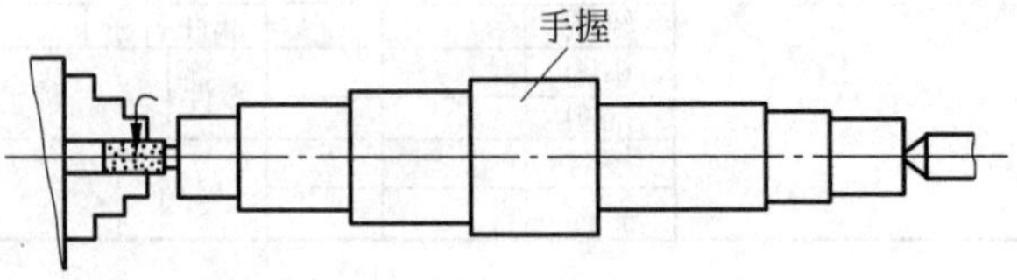	车床

续表

工序号	工种	工序内容	加工简图	设备
5	车	双顶尖装夹，半精车3个台阶；螺纹大径车到 $\phi24$；其余两个台阶直径上留余量0.5mm；车槽3个；倒角3个	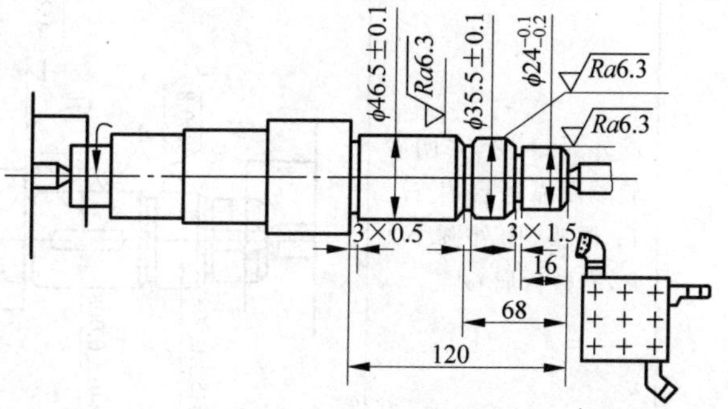	车床
		调头；双顶尖装夹；半精车余下的5个台阶；$\phi44$ 及 $\phi52$ 台阶车到图样规定的尺寸；螺纹大径车到 $\phi24$；其余两台阶直径上留余量0.5mm；车槽3个；倒角4个	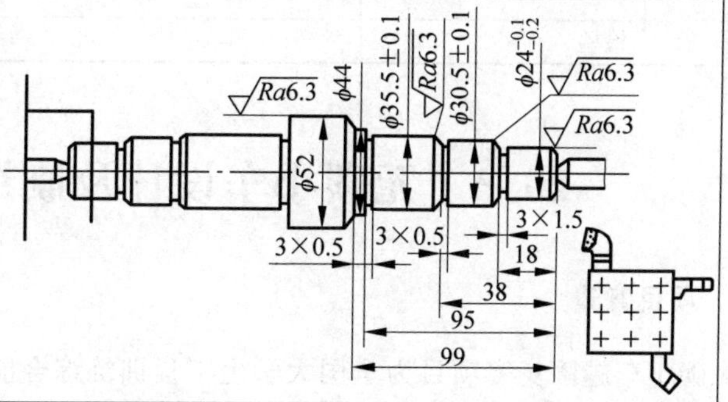	
6	车	双顶尖装夹；车一端螺纹 M24×1.5—6g。调头；双顶尖装夹，车另一端螺纹 M24×1.5—6g	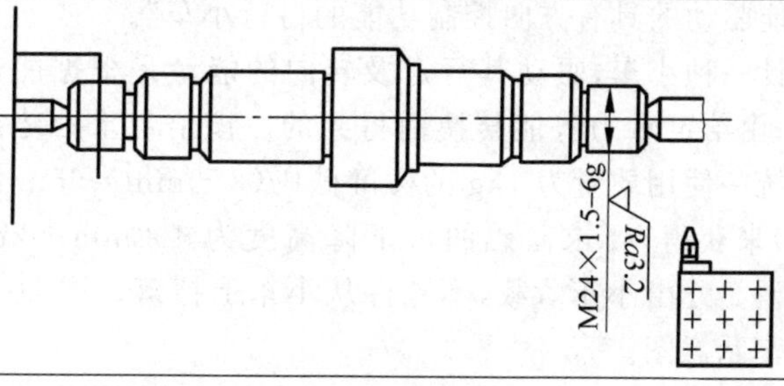	车床
7	钳	划键槽及一个止动垫圈槽加工线		
8	铣	铣两个键槽及一个止动垫圈槽，键槽深度比图样规定尺寸多铣0.25mm，作为磨削的余量；轴用虎钳或机床用平口钳装夹	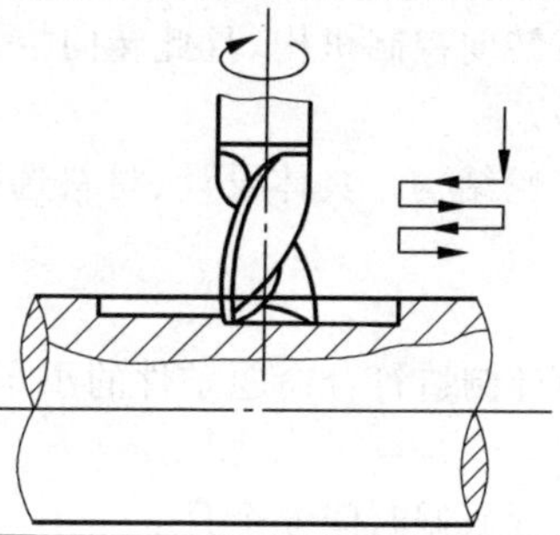	键槽铣床或立铣
9	钳	修研两端中心孔	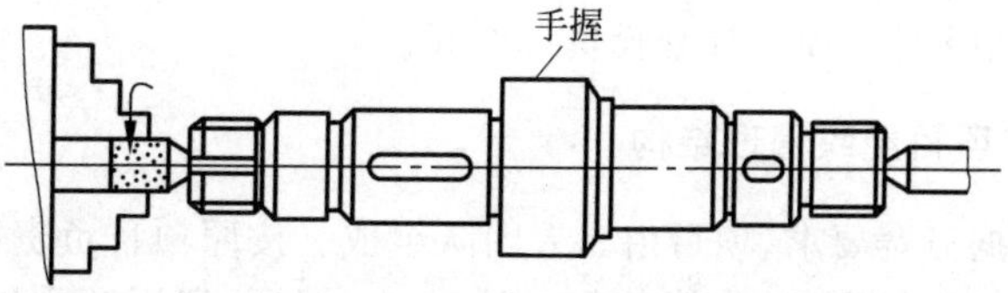	车床

续表

工序号	工种	工序内容	加工简图	设备
10	磨	磨外圆 Q、M，并用砂轮端面靠磨台肩 H、I；调头，磨外圆 N、P，靠磨台肩 G		外圆磨床
11	检	检验	—	—

20.3 无碳小车设计及制造项目案例

1. 项目背景

无碳小车越障竞赛项目为全国大学生工程训练综合能力竞赛主题项目，具体命题为“以重力势能驱动的具有方向控制功能的自行小车”。

设计一种小车，驱动其行走及转向的能量是根据能量转换原理，由给定重力势能转换而得到的。该给定重力势能由竞赛时统一使用质量为 1kg 的标准砝码（ϕ50mm×65mm，碳钢制作）来获得，要求砝码的可下降高度为 400mm±2mm。标准砝码始终由小车承载，不允许从小车上掉落。图 20-9 所示为小车示意图。

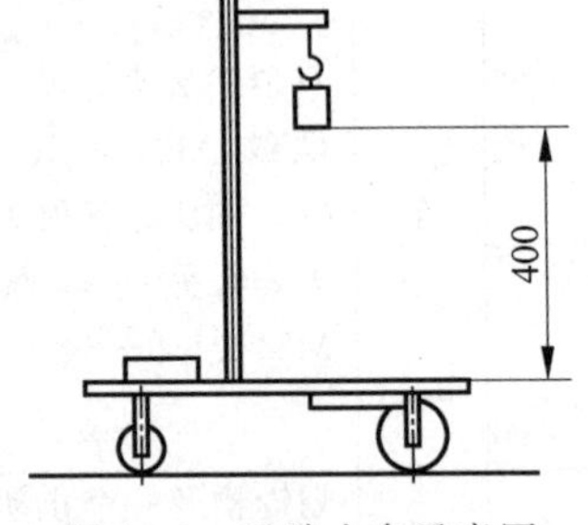

图 20-9 无碳小车示意图

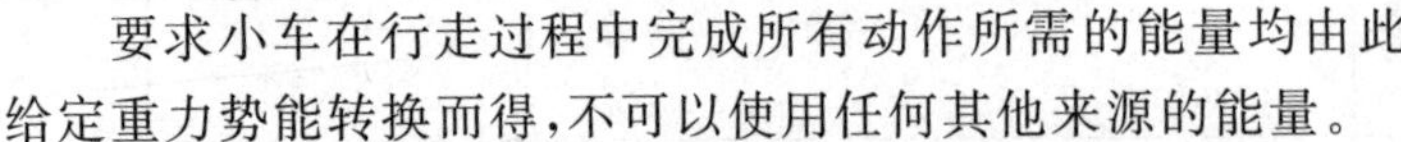

要求小车在行走过程中完成所有动作所需的能量均由此给定重力势能转换而得，不可以使用任何其他来源的能量。

要求小车具有转向控制机构，且此转向控制机构具有可调节功能，以适应放有不同间距障碍物的竞赛场地。

要求小车为三轮结构。具体设计、材料选用及加工制作均由参赛学生自主完成。

2. 项目目标

交付成果：设计制造符合命题条件的小车，在给定重力势能转换条件下，小车绕障碍数量应当达到 30 个以上。

工期要求：计划研制时间 6 个月。

费用要求：项目计划投资 600 元。

3. 项目组织管理结构

根据竞赛要求，项目由 3 人团队组成。按照项目负责制的要求组建项目组，A 同学负责该项目的组织实施，统筹考虑计划、人力、资源、费用及质量管理，保证项目顺利实施。

4. 项目工作分解结构

按照项目构成要素对项目进行分解，项目分解结构图如图 20-10 所示。

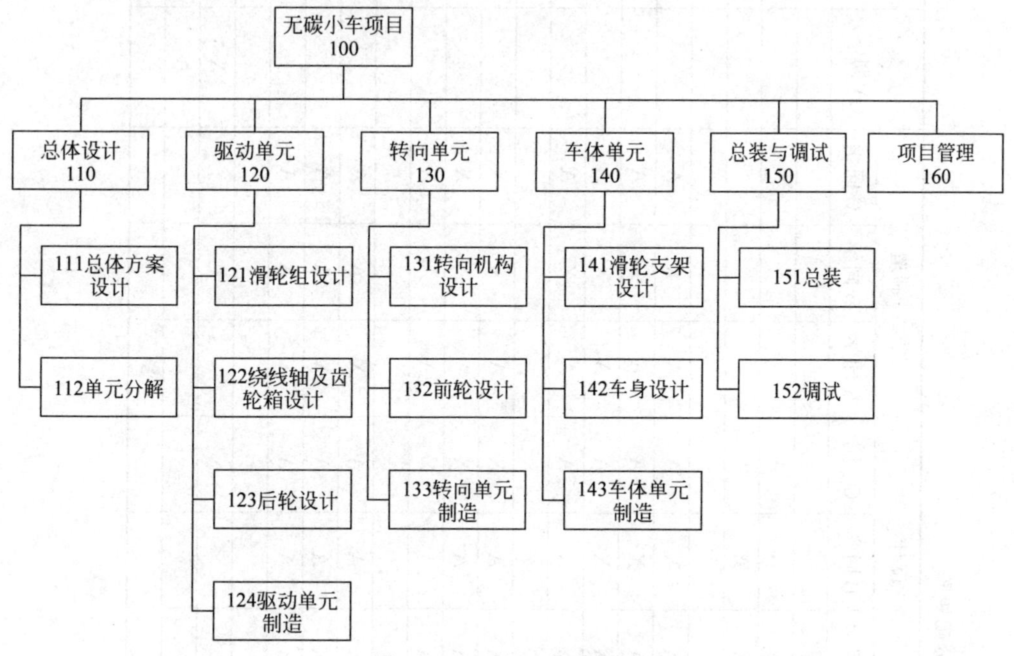

图 20-10　项目工作分解图

5. 项目里程碑计划

项目里程碑计划如表 20-5 所示。

表 20-5　项目里程碑计划

序号	任务名称	完成时间	6 月			7 月			8 月			9 月			10 月			11 月		
			上旬	中旬	下旬	上旬	中旬	下旬	上旬	中旬	下旬	上旬	中旬	下旬	上旬	中旬	下旬	上旬	中旬	下旬
1	总体设计完成	6 月 10 日	◆6～10																	
2	单元制造完成	7 月 10 日				◆7～10														
3	总装完成	8 月 15 日							◆8～15											
4	调试完成	11 月 26 日																◆11～26		

6. 责任分配矩阵

责任分配矩阵按照项目分解结构图(WBS)进行责任分配，如表 20-6 所示。项目组成员根据责任分配矩阵完成各自分配任务，并配合其他人员完成协作任务。

7. 项目进度计划

考虑到无碳小车行驶轨迹精度要求较高，因此小车轨迹调试是本项目难点，由于在调试过程中需对零件不断进行修配甚至重新设计，因此将调试工期确定为 3 个月，确保计划目标实现。项目进度计划见表 20-7。

表 20-6 责任分配矩阵

编号	WBS	项目负责人（A 同学）	计划（B 同学）	财务（C 同学）	设计			制造			总装（A 同学）	调试（B 同学）
					A 同学	B 同学	C 同学	A 同学	B 同学	C 同学		
110	总体设计											
111	总体方案设计	P	C	C	X	A	A					
112	单元分解	P	C	C	X	A	A					
120	驱动单元											
121	滑轮组设计	PA	C	C	A	X	A	A	X	A		
122	齿轮箱设计	PA	C	C	A	X	A	A	X	A		
123	后轮设计	PA	C	C	A	X	A	A	X	A		
124	驱动单元制造	PA	C	C	A	X	A	A	X	A		
130	转向单元											
131	转向机构设计	PA	C	C	A	A	X	A	A	X		
132	前轮设计	PA	C	C	A	A	X	A	A	X		
133	转向单元制造	PA	C	C	A	A	X	A	A	X		
140	车体单元											
141	滑轮支架设计	PA	C	C	X	A	A	X	A	A		
142	车身设计	PA	C	C	X	A	A	X	A	A		
143	车体单元制造	PA	C	C	X	A	A	X	A	A		
150	总装与调试											
151	总装	PA	C	C							X	A
152	调试	PA	C	C							A	X
160	项目管理	X										

表 20-7 项目进度表

编号	WBS	工期/天	完成时间	6 月	7 月	8 月	9 月	10 月	11 月
100	无碳小车项目	177	11 月 26 日						
110	总体设计	10	6 月 10 日						
111	总体方案设计	9	6 月 9 日						
112	单元分解	1	6 月 10 日						
120	驱动单元	30	7 月 10 日						
121	滑轮组设计	2	6 月 12 日						
122	齿轮箱设计	4	6 月 16 日						
123	后轮设计	2	6 月 18 日						
124	驱动单元制造	22	7 月 10 日						
130	转向单元	30	7 月 10 日						
131	转向机构设计	6	6 月 16 日						
132	前轮设计	2	6 月 18 日						
133	转向单元制造	22	7 月 10 日						
140	车体单元	20	7 月 10 日						
141	滑轮支架设计	2	6 月 20 日						
142	车身设计	4	6 月 24 日						
143	车体单元制造	14	7 月 10 日						
150	总装与调试	137	11 月 26 日						
151	总装	36	8 月 15 日						
152	调试	101	11 月 26 日						
160	项目管理	177	11 月 26 日						

8. **项目制造工程管理**

1）生产过程组织

根据竞赛命题中无碳小车每年500辆的生产任务，小车生产具有零件种类多，体积小，数量少的特点，小车需加工的零件有10种，涉及加工工艺有车削、普通铣削、数控铣削、钻削等四种。不具备采用专用设备的条件，应采取较为分散的组织管理体系，给予车间较大的灵活性和机动性。

（1）生产过程空间组织设计

根据小车零件的工艺流程图（见图20-11），按照工艺原则布置生产过程空间。小车零件的中批量生产工艺主要有车、铣、钻。加工设备为普通车床CDL6136、万能铣床X62W、数控铣床XKN713、钻床Z3025×10。

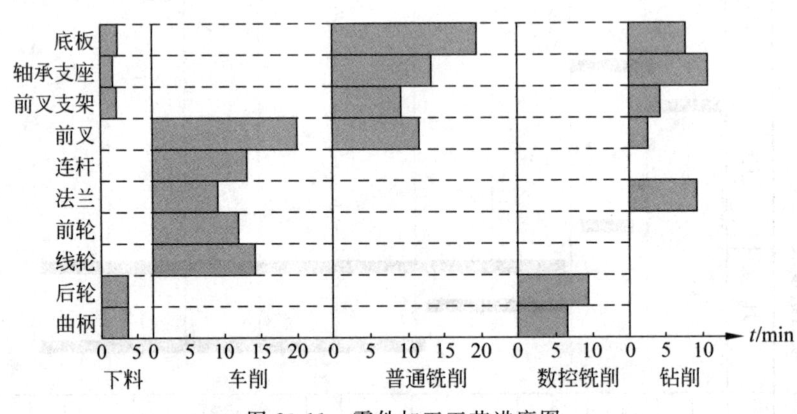

图20-11　零件加工工艺进度图

（2）生产过程时间组织形式

由于生产空间按工艺原则布置，生产过程的时间组织选择平行顺序移动的方式。其特点为当一批制件在前道工序上尚未全部加工完毕，就将已加工的部分制件转到下道工序进行加工，并使下道工序能够连续地、全部地加工完该批制件。

根据无碳小车各单元零部件加工工艺，估算各零件加工工时，绘制零件加工工艺进度图，如图20-12所示。

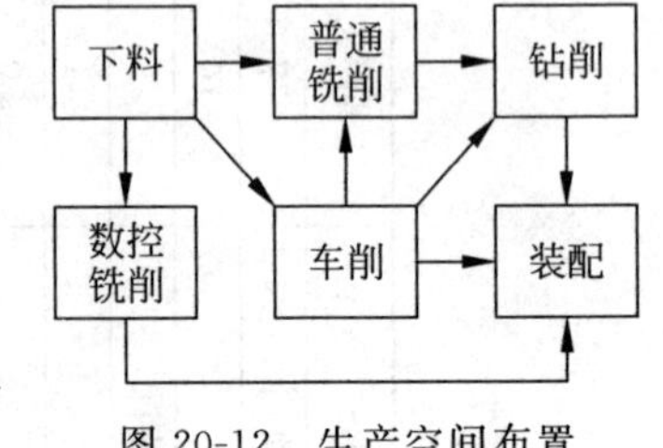

图20-12　生产空间布置

2）人力资源配置

确定生产节拍：无碳小车月产42台，按照一个月工作22天，每天一班工作8h，时间利用率设为90%，计算该零件的生产节拍为

$$r=F_e/N=(F_0\times g)/N=22\times8\times90\%\times60/42=226\text{min/台}$$

式中，r——节拍；

F_e——计划期有效工作时间；

N——计划期制品产量；

F_0——制度工作时间；

g——时间有效利用系数。

确定设备数量：针对无碳小车的主要加工件，由中批量生产工艺过程卡片得知，普通车

床 CDL6136 加工工时 T_1 为 74.3min,普通铣床 X62W 加工工时 T_2 为 70.5min,数控铣床 XKN713 加工工时 T_3 为 25.5min,钻床 Z3025×10 加工工时 T_4 为 52.5min。生产的设备数为

H 普车 $=T_1/r=74.3/226=0.33$;

H 普铣 $=T_2/r=70.5/226=0.31$;

H 数铣 $=T_3/r=25.5/226=0.11$;

H 钻 $=T_4/r=52.5/226=0.23$。

因此,无碳小车零件加工需要 CDL6136 普通车床、X62W 普通铣床、XKN713 数控铣床和 Z3025×10 台钻各 1 台。

为了使生产时间、工作量达到平衡,可以确定整个生产过程由 8 名工人完成:普通车床操作人员 1 名,普通铣床操作人员 1 名,数控铣床操作人员 1 名,钻床操作人员 1 名,钳工 2 名(负责下料与小车的装配),管理人员 1 名,采购人员 1 名。

3) 生产进度计划与控制

根据生产过程组织流程图(见图 20-13)制定生产进度计划。

(1) 编制生产计划:包括无碳小车各零部件的工艺路线、生产原材料的外购计划、生产数据等。

(2) 生产的控制主要通过三方面完成。

① 控制生产计划:除根据每批的生产任务进行排产派工外,还应结合实际生产情况控制生产计划,安排生产资源,确定作业顺序及时间。

② 控制生产偏差:生产要求为 42 台/月,选择一个月的 4 个时间节点对进度进行控制,每个周末对进度跟踪,检查统计实际生产计划的执行情况,掌握计划与实际之间的偏差。分析偏差产生的原因和严重程度,及时处理并调整计划,并汇总成统计分析报告。采取的措施包括:对机器的检修升级,增加工人的人数或工作时间等。

③ 控制整车装配调试:小车生产完成后,需要对其进行组装和调试,校验其运行状态是否满足设计要求方可出厂,这个阶段是对小车进行调试→校正→调试的过程,调试阶段的不确定性较大,因此需要着重控制。如若发现小车运行轨迹产生较大偏差,则需采取增派人手调试或者提高生产质量的措施,直至小车实现设计要求并达到产品功能要求。

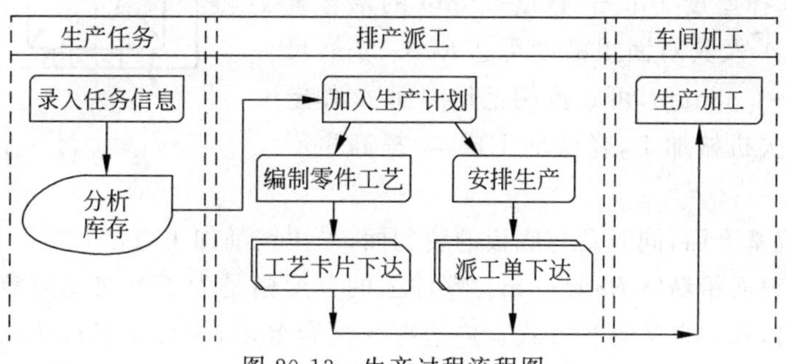

图 20-13 生产过程流程图

4) 质量管理

本方案质量管理是基于全面质量管理思想和 ISO 9000 标准对产品质量进行管理,集中于制造过程中的质量控制,按照 PDCA 循环的方法来规范化管理。

(1) 采购过程质量控制。对全部采购活动进行计划并对其进行控制,对购买的铝合金和有机玻璃抽样检验强度和刚度,对于特殊零件,例如,齿轮,需用塞规检验其中心孔尺寸是

否超差。

(2) 制造过程质量控制。严格贯彻设计意图和执行技术标准,使产品达到质量标准,对于有特殊要求的工序,要建立重点工序质量控制点,例如,支座轴承孔,需用塞规检验其尺寸是否超差,用专用工具检测两轴承孔的中心距是否超差。

(3)成品质量检验:因为无碳小车有严格的轨迹要求,所以装配后应对小车进行全数检验,检测小车的运行是否满足设计要求,桩距是否可在 900～1100mm 内无级可调,并且随机抽查若干桩距是否都能保证正确运行 40m 的直线距离。统计检验数据然后进行分析,找出影响生产质量的因素。

5) 现场管理

为了提高效率,安全生产采用“6S”现场管理法,其作用是:现场管理规范化、日常工作部署化、物资摆放标识化、厂区管理整洁化、人员素养整齐化、安全管理常态化。

开工前,确保机器处于良好的工作状态,准备好所需的工器具。

加工时,各台机器按照各自的作业顺序有条不紊地进行作业,工件各道工序衔接紧密,尽量减少机床的等待时间,协调好各零件的工序。

完工时,及时清扫机床、夹具、量具的油污、灰尘等;整理三爪卡盘、铣床通用夹具、外圆车刀、中心钻、键槽铣刀、游标卡尺;确保作业指导书放入柜中以及工作台面、作业场所、通道的干净和清洁;定期进行现场检查,保证现场的规范化,并养成习惯。

9. 主要零件工艺过程拟定及成本分析

以小车轴承支座为例拟定零件加工工艺过程,轴承支座如图 20-14 所示。

轴承支座是无碳小车的重要零件之一,它的作用是支撑中间轴和后轴,同时保证一对齿轮的正确啮合,因此,必须保证轴承孔和结合面的加工精度。

支座坯料选择厚度 10mm、宽度 50mm 的铝合金型材,毛坯表面 A 及其对面粗糙度可达 $Ra6.3\mu m$,尺寸公差达 0.02～0.05mm,可直接用毛坯端面 A 作定位基准,无须再次机械加工,降低加工成本,提高生产效率。

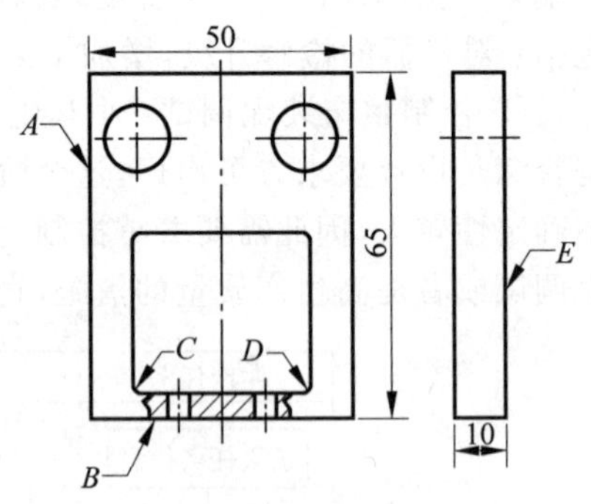

图 20-14 轴承支座

B 面是定位基准面,同时是与底板的装配面,采用铣削加工方法,加工时 B 面与对立面互为基准,保证表面粗糙度 $Ra1.6\mu m$。零件上的方形槽是为了方便安装螺栓,所以方形槽只需将边框铣出,选择自然落料方式。内边框无配合要求,表面粗糙度 $Ra12.5\mu m$,只需粗铣,提高进给速度,进而提高生产效率。同时,为保证连结螺栓有足够的扳手空间,C、D 两处圆角不可太大,因此,要求使用直径 $\phi4$ 的键槽铣刀铣削方形槽。

轴承孔中心距极限偏差 0.02mm,钻模难以满足此精度要求。对于中小批量生产,可在数控铣床上加工。轴承孔内径小于 12mm,镗孔困难,加工工艺工程可选择为钻→扩→粗铰→精铰,精铰后表面粗糙度可以达到 $Ra1.6\mu m$。

轴承支座加工工艺卡片见表 20-8。工艺成本分析卡片见表 20-9。

表 20-8　无碳小车底盘加工工艺过程卡片

工程训练综合能力竞赛				机械加工工艺过程卡片			共 3 页	第 1 页	编号：	
							产品名称	无碳小车	生产纲领	500 件/年
							零件名称	轴承支座	生产批量	42 件/月
材料	1050 铝	毛坯种类	板材	毛坯外形尺寸	50×10×1000	每毛坯可制作件数	12	每台件数	2	备注

序号	工序名称	工序内容	工序简图	机床夹具	刀具	量具辅具	工时/min
1	下料	下料，尺寸为 10×50×67	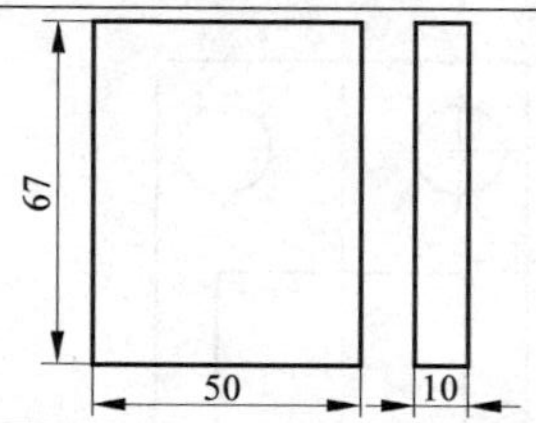 67; 50; 10	平口钳	锯片铣刀	游标卡尺	2
2	划线	划出上、下端面和方形槽的加工线，均匀余量					2
3	铣削	安装(1) 普通铣床铣削上、下端面至尺寸，两面互为基准	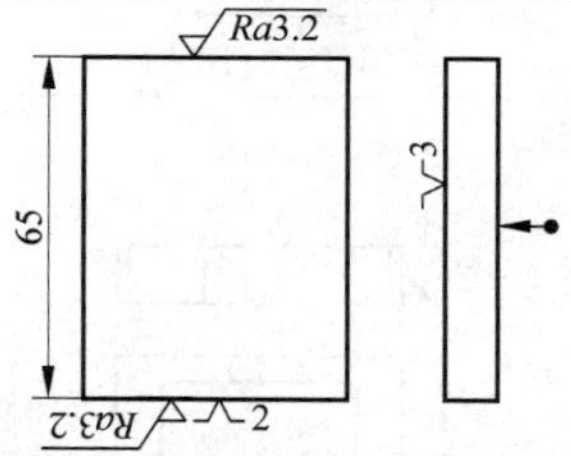 *Ra*3.2; 65; *Ra*3.2; 2; 3	平口钳	端面铣刀	游标卡尺	5
		安装(2) 普通铣床粗铣方形槽	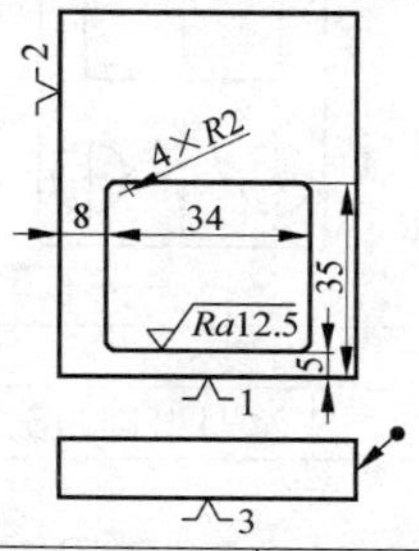 2; 4×R2; 8; 34; 35; *Ra*12.5; 5; 1; 3	平口钳	键槽铣刀	游标卡尺	8

					编制(日期)	审核(日期)	标准化(日期)	会签(日期)
标记	处数	更改文件号	签字	日期				

续表

工程训练综合能力竞赛		机械加工工艺过程卡片		共3页	第2页	编号：	
				产品名称	小车	生产纲领	500件/年
				零件名称	轴承支座	生产批量	42件/月
材料	1050铝	毛坯种类：板材；毛坯外形尺寸：50×10×1000	每毛坯可制作件数：12	每台件数	2	备注	
序号	工序名称	工序内容	工序简图	机床夹具	刀具	量具辅具	工时/min
4	钻铰轴承孔	(1) 用 ϕ12 钻头钻孔； (2) 用 ϕ12.8 扩孔钻扩孔； (3) 用 ϕ12.95 铰刀粗铰； (4) 用 ϕ13H7 铰刀精铰	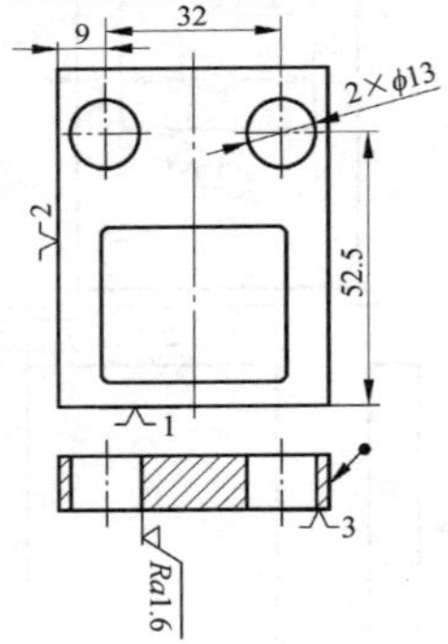	平口钳	钻头、铰刀	游标卡尺	8
5	钻孔	用 ϕ5.2 钻头钻螺栓安装孔	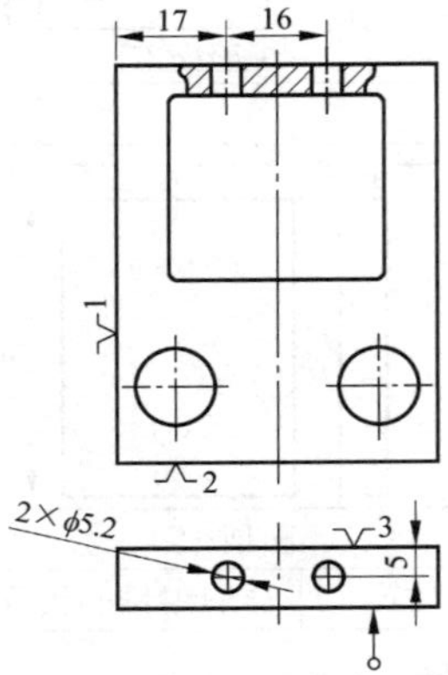	平口钳	钻头	游标卡尺	3
			编制(日期)	审核(日期)	标准化(日期)	会签(日期)	
标记	处数	更改文件号	签字	日期			

表 20-9 加工工艺成本分析卡片

<table>
<tr><td rowspan="3" colspan="4">工程训练综合能力竞赛</td><td rowspan="3" colspan="5">工艺成本分析卡片</td><td>共 3 页</td><td>第 1 页</td><td colspan="3">编号：</td></tr>
<tr><td>产品名称</td><td>无碳小车</td><td>生产纲领</td><td colspan="2">500 件/年</td></tr>
<tr><td>零件名称</td><td>轴承支座</td><td>生产批量</td><td colspan="2">42 件/月</td></tr>
</table>

1. 材料成本分析

编号	材料	毛坯种类	毛坯尺寸	件数/毛坯	每台件数	备注	编号	材料	毛坯种类	毛坯尺寸	件数/毛坯	每台件数	备注
1	1050 铝	板材	5×100×1000	5	1		6	1050 铝	棒材	ϕ40×1000	25	2	
2	1050 铝	板材	5×50×1000	12	2		7	1050 铝	棒材	ϕ30×1000	60	1	
3	1050 铝	棒料	ϕ8×1000	8	1		8	有机玻璃	棒材	1200×1200×5	48	2	
4	1050 铝	板材	20×25×1000	30	1		9	有机玻璃	板材	1200×1200×5	500	1	
5	1050 铝	棒材	ϕ30×1000	12	1		10	塑料	棒材	ϕ20×1000	30	1	

2. 人工费和制造费分析

<table>
<tr><td rowspan="2">序号</td><td rowspan="2">零件名称</td><td rowspan="2">工艺内容</td><td colspan="3">工时/min</td><td rowspan="2">工艺成本分析</td></tr>
<tr><td>机动时间</td><td>辅助时间</td><td>终准时间</td></tr>
<tr><td rowspan="3">1</td><td rowspan="3">底板</td><td rowspan="3">1. 下料
2. 普通铣床铣削端面和外形
3. 钻模辅助钻孔</td><td>1</td><td>0.5</td><td>0.6</td><td rowspan="3">根据市场调查得知：万能铣床 X62W 工时费为 20 元/小时(包含人工费用，下同)，钻床 Z3025×10 工时费为 20 元/小时，下料 20 元/小时
制造费用 $S=(2.1+19.4+7.8)\div60\times20=9.77$(元)</td></tr>
<tr><td>13</td><td>5</td><td>1.4</td></tr>
<tr><td>5</td><td>2</td><td>0.8</td></tr>
<tr><td rowspan="4">2</td><td rowspan="4">轴承支座</td><td rowspan="4">1. 下料
2. 普通铣床铣削端面和外形
3. 钻铰轴承孔
4. 钻螺栓连接孔</td><td>0.5</td><td>0.5</td><td>0.6</td><td rowspan="4">万能铣床 X62W 工时费为 20 元/小时，钻床 Z3025×10 工时费为 20 元/小时，下料 20 元/小时
制造费用 $S=(1.6+13.2+8+2.8)\div60\times20=5.87$(元)</td></tr>
<tr><td>9</td><td>3</td><td>1.2</td></tr>
<tr><td>5</td><td>2</td><td>1</td></tr>
<tr><td>1</td><td>1</td><td>0.8</td></tr>
</table>

续表

工程训练综合能力竞赛			工艺成本分析卡片			共 3 页	第 2 页	编号：
						产品名称	无碳小车	生产纲领 500 件/年

2. 人工费和制造费分析

序号	零件名称	工艺内容	工时/min			工艺成本分析
			机动时间	辅助时间	终准时间	
3	连杆	车削外圆、钻中心孔	12	2.5	1.4	普通车床 CDL6136 工时费为 20 元/小时 制造费用 $S=15.9\div60\times20=5.30$(元)
4	前叉支架	1. 下料	1	0.5	0.6	万能铣床 X62W 工时费 20 元/小时，钻床 Z3025×10 工时费为 20 元/小时，下料 20 元/小时 制造费用 $S=(2.1+9.2+4.3)\div60\times20=5.20$(元)
		2. 普通铣床铣削槽	6	2	1.2	
		3. 钻螺栓连接孔	2	1.5	0.8	
5	前叉	1. 车削外圆，车螺纹	15	3.5	1.4	万能铣床 X62W 工时费为 20 元/小时，车床 CDL6136 工时费为 20 元/小时，钻床 Z3025×10 工时费为 20 元/小时 制造费用 $S=(19.9+11.5+2.6)\div60\times20=11.33$(元)
		2. 普通铣床铣削轮槽	6	4.5	1	
		3. 钻连接孔	0.5	1.5	0.6	
6	法兰	1. 车削外圆、钻中心孔	5	3	1	普通车床 CDL6136 工时费为 20 元/小时，钻床 Z3025×10 工时费为 20 元/小时 制造费用 $S=(9+4.1+5.1)\div60\times20=6.07$(元)
		2. 钻 $\phi3.3$ 孔	1.5	2	0.6	
		3. 攻 M4 内螺纹	3	1.5	0.6	
7	前轮	车削外圆、钻中心孔	8	3	0.8	普通车床 CDL6136 工时费为 20 元/小时 制造费用 $S=11.8\div60\times20=3.93$(元)

工程训练综合能力竞赛	工艺成本分析卡片	共 3 页	第 3 页	编号：	
		产品名称	无碳小车	生产纲领	500 件/年

2. 人工费和制造费分析

序号	零件名称	工艺内容	工时/min			工艺成本分析
			机动时间	辅助时间	终准时间	
8	后轮	1. 下料	2.5	0.5	0.6	数控铣床 XKN713 工时费为 80 元/小时,下料工工资为 20 元/小时
		2. 数控铣削	6.5	2	1	制造费用 $S=3.6\div60\times20+9.5\div60\times80=13.87$(元)
9	曲柄	1. 下料	2.5	0.5	0.6	数控铣床 XKN713 工时费为 80 元/小时,下料工工资为 20 元/小时
		2. 数控铣削	3.5	2	1	制造费用 $S=3.6\div60\times20+6.5\div60\times80=9.87$(元)
10	线轮	车削外圆、钻中心孔	8	5	1.2	普通车床 CDL6136 工时费为 20 元/小时 制造费用 $S=14.2\div60\times20=4.73$(元)

3. 总成本

无碳小车在设计时,充分考虑降低成本及环保的要求,在结构设计、选材以及加工工艺各方面,力求将成本降到最低。按年产 500 台计算,总成本由以下几个部分组成：

① 原材料成本：根据材料成本分析知,1050 铝材需 0.1235m^3,市场价 27 元/kg,经计算,需 9004 元；有机玻璃需 22 块,市场价 200 元/块,共计 4400 元；塑料棒需 17 根,市场价 14 元/根,共计 238 元。

材料总成本 $S_1=9004+4400+238=13642$(元)

② 外购零件(每台)：

种类	数量	单位/元	种类	数量	单位/元
齿轮	2	17	铝杆(1m)	3	5
深沟球轴承	8	2	轴承座	1	6
关节轴承	2	5	螺栓、螺母	30、30	共需 5 元

外购零件总费用 $S_2=(34+16+10+15+6+5)\times500=43000$(元)

③ 经计算,人工费与制造费 $S_3=42200$ 元,装配及调试费用 $S_4=30\div60\times20\times500=5000$(元)

④ 其他零件以及工具费用 $S_5=5000$ 元

生产 500 台小车的总成本 $S=S_1+S_2+S_3+S_4+S_5=13642+43000+42200+5000+5000=108842$(元),每台小车的成本 $S'=S\div500=108842\div500=217.7$(元)

第21章

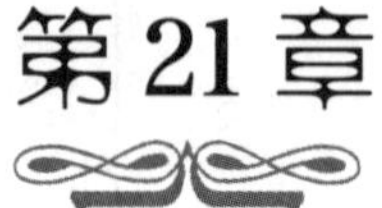

CHAPTER 21

机械创新实践与案例

实践是人创新能力形成的唯一途径；实践也是检验创新能力水平和创新活动成果的尺度标准；实践是创新的根本所在。下面列举三个机械创新实践案例。

21.1 “助残站立及康复行走轮椅”创新作品案例

根据第二届全国大学生机械创新设计大赛主题：健康与爱心，武汉理工大学王志海老师、彭光俊老师指导邓伟刚、朱宇川、黄咏文、王天怡、申阳等大学生一起创新设计了“助残站立及康复行走轮椅”，获得了全国一等奖，并获得国家实用新型专利，专利号：200720084524.9。

1. 创新作品设计背景

根据有关资料统计，当今中国有2000多万人下肢瘫痪，他们终身只能依靠轮椅生活。

由于这些残疾人士坐在轮椅上，生活、工作、就业和娱乐等方面的活动空间受到了极大的限制。另外，残疾人士长时间保持坐姿，会对身体各器官的功能产生不良影响，如造成血液循环受阻、下肢肌肉萎缩，严重时甚至会导致心肺功能下降。

经过对国内外有关轮椅资料的查找和搜索，发现在日本和我国台湾等一些少数国家及地区有可实现单一站立功能的电动轮椅，但价格极其昂贵，每台合人民币5万～8万元。至于对靠机械传动方式自助行走和自助锻炼的轮椅的研究和开发，在国内外是一片空白。

2. 创新思想的产生和设计思路

通过调查46名长期坐在轮椅上的残疾人士，发现残疾人士最大的愿望就是能够重新站立起来，但是鉴于目前的医疗水平，还不足以治愈所有的残疾病人，所以有许多残疾病人很可能终生都无法实现重新站立的愿望。由此，产生了第一个设想——通过机械传动方式使轮椅具有站立功能。另外，部分人士在腿部残疾的同时上肢也不健全，因而无法利用上肢力量自由地驱动传统轮椅的行进，由此，产生了第二个设想——使四肢残疾人士利用自身重力驱动轮椅前进。在与专业护理师进行交流时了解到，目前市场上有能够实现站立功能的电动轮椅，但其价格之昂贵远远超出残疾人士的承受范围，而且目前市场上还没有针对四肢残疾人士的轮椅。在提出自己的设计思路之后，护理师们十分肯定了其设计思路的实用性、新颖性及必要性，并希望在设计时还能考虑到残疾人士在轮椅上的自助锻炼问题。

3. **作品的创新点**

(1) 利用电机驱动丝杠螺母副机构运动,实现了下肢瘫痪人士自助站立的创新。

针对下肢瘫痪病人无法站立的情况,在轮椅上安装了平稳的升降系统,主要由电机带动齿轮副转动,齿轮副将运动传递给丝杠螺母副,再由丝杠的运动带动连杆机构运动,从而实现坐垫和靠背的升降,残疾人士自行操作即可安全站立,实现了利用机械传动的方式使残疾人士自助站立的创新,如图 21-1 所示。

(2) 利用人体重心左右小角度摇摆驱动棘轮机构和摩擦副机构运动,实现了下肢瘫痪及四肢残疾人士自助行进的创新。

残疾人士行进困难,尤其是四肢均不健全但能坐立的残疾人士,无法在传统的轮椅上依靠肢体力量驱动轮椅行进。为了改变这种情况,在轮椅上加设了摇摆、链传动副、齿轮副、摩擦副及换向等机构。利用残疾人士身体重心小角度的左右摇摆提供驱动力,使残疾人士甚至四肢均不健全的残疾人士也可以实现短距离、小行程范围内的前进、后退及原地零半径转弯,实现了通过纯机械结构将残疾人士身体重心的改变转化为驱动力的创新,如图 21-2 所示。

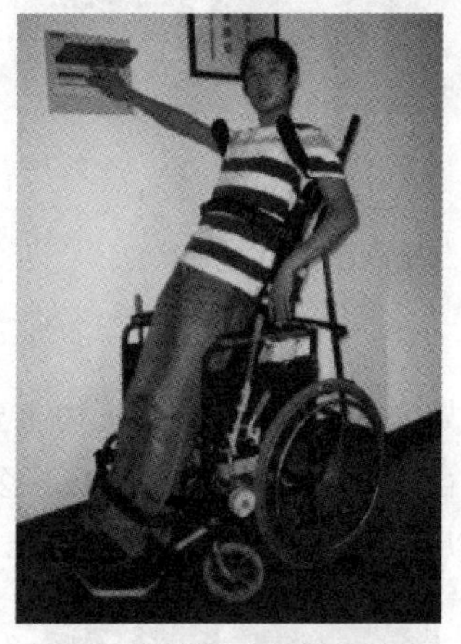

图 21-1 自助站立效果图

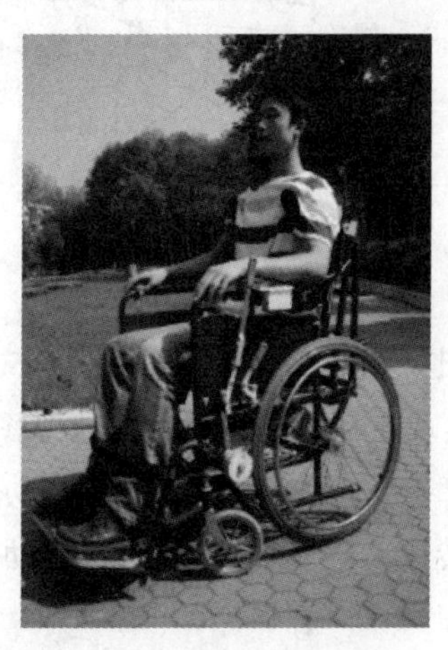

图 21-2 自助行进效果图

(3) 利用人体重心左右小角度摇摆驱动连杆机构运动,实现了残疾人士下肢自助锻炼的创新。

针对残疾人士自主进行下肢康复困难的情况,对传统轮椅的踏板进行了改进,使残疾人士通过身体左右摇摆来驱动踏板做上下摆动,从而带动残疾人士腿部与身体进行交叉的往复式运动。在娱乐的同时使残疾人士的下肢及腰部得到锻炼,改善了残疾人士的下肢血液循环,防止下肢肌肉萎缩,提高心肺功能,实现了利用纯机械方式使残疾人士进行下肢及腰部锻炼的创新,如图 21-3 所示。

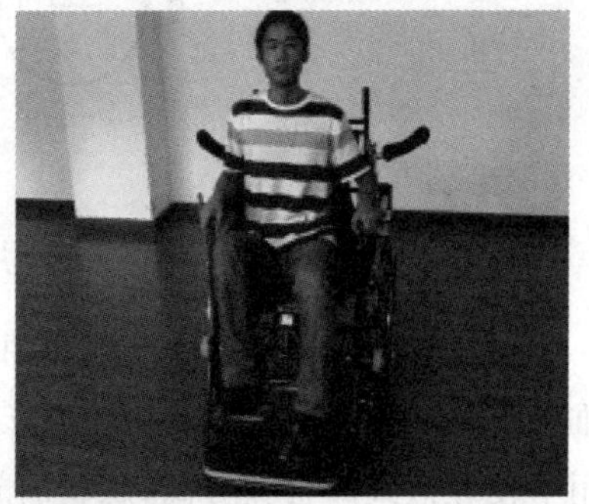

图 21-3 自助锻炼效果图

4. 主要工作原理

1）升降机构

升降机构简图及三维视图如图 21-4 所示。升降机构（见图 21-4（a））主要由齿轮副机构、丝杠螺母副机构、连杆机构和可调托架机构组成。升降功能的实现主要由电机带动齿轮副转动，齿轮副将运动传递给丝杠螺母副，再由丝杠的运动带动连杆机构运动，从而实现坐垫和靠背的升降。可调托架适合各种体形人员使用。

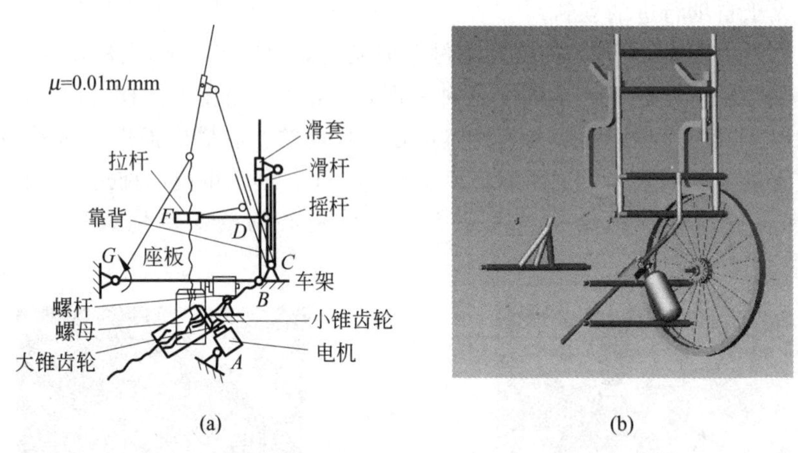

图 21-4　升降机构简图及三维视图

2）行走机构

（1）实现轮椅前进功能的机构简图及三维视图，如图 21-5 所示。该机构主要由链传动副机构和摩擦传动副机构组成，行走功能的实现主要由坐垫摇摆带动链条上下移动，从而使棘轮做旋转运动，再通过摩擦轮将运动传递给车轮，以驱动轮椅前进。

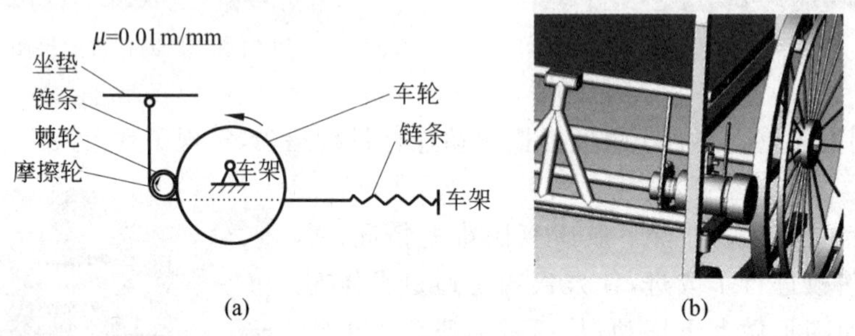

图 21-5　行走机构简图及三维视图

（2）换向机构简图及三维视图，如图 21-6 所示。该功能的实现主要是由凸轮转动，使推杆受压、向下运动，带动锥齿轮 1 下移，与锥齿轮 2 和锥齿轮 3 啮合，同时在水平分压力作用下使牙嵌式离合器分离，棘轮的旋转运动经两侧对称的锥齿轮副换向后，传递给摩擦轮，进而驱动轮椅向后行进。当只转动单边凸轮使其对应侧的锥齿轮副啮合传动时，即可驱动其同侧的摩擦轮逆向旋转，而另一侧的摩擦轮仍正向旋转，进而可实现轮椅的原地零半径转弯。

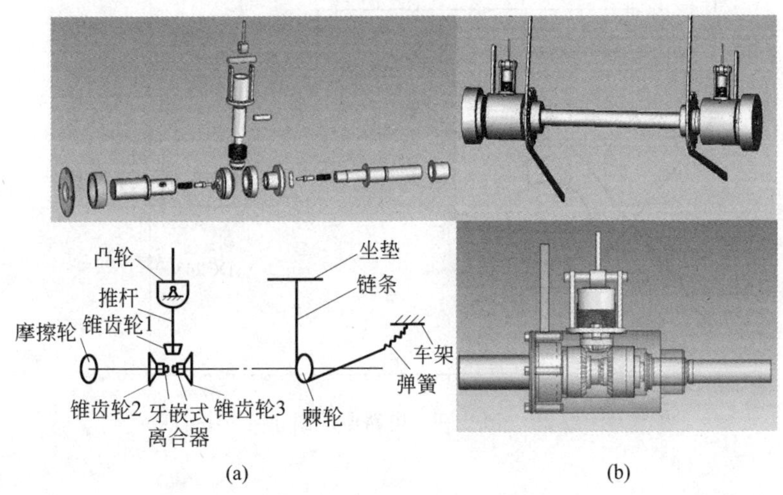

图 21-6 换向机构简图及三维视图

3）摆动机构

脚踏摆动机构简图及三维视图，如图 21-7 所示。脚踏摆动机构主要由对称的四杆机构组成。坐垫在人体侧压力作用下左右摆动时，带动连杆上下运动，再以车架为转动支点将运动传递给摇杆，实现其相对于连杆的反向运动，最终达到使人体下肢得到锻炼的目的。

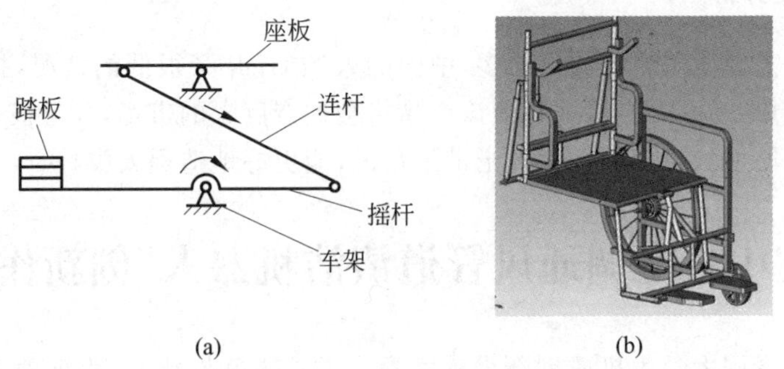

图 21-7 脚踏摆动机构简图及三维视图

5. 轮椅升降的控制

控制电路原理图如图 21-8 所示。S1、S2、S3 为联动的单刀双置开关，它的左右扳动可使电动机达到正反转的目的，当开关偏置右端时电机正转，当丝杠上升到某一固定的位置时，L1 被顶起，则电路被断开，电机停转；当开关偏置左侧时，电路被重新接通，电机反转，被顶起的 L1 重新闭合，同样当丝杠下降到某一固定位置时，L2 被顶起，电路重新被断开，电机停转。

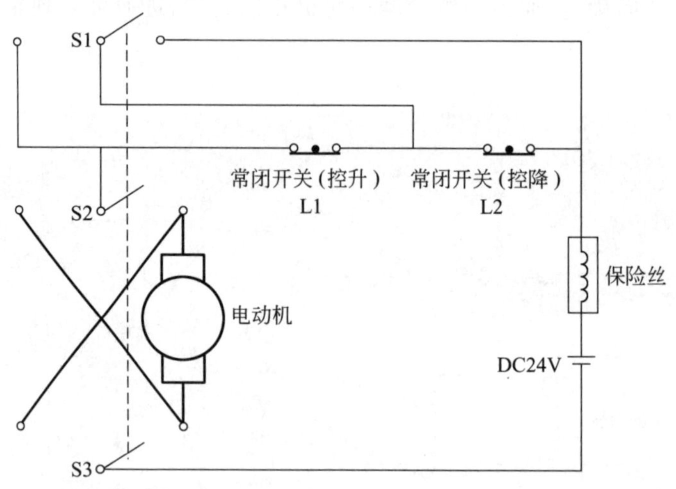

图 21-8 电路原理图

6. 设计计算(略)

7. 主要技术参数(略)

8. 性能分析(略)

9. 市场前景分析

考虑到中国需要使用轮椅的人之多,中国的人均 GDP 又很低的情况,拟定本产品批量生产价格在人民币 2000 元左右。相信该产品将会拥有巨大的市场,并且极有可能走向全世界。衷心希望爱心能给更多的残疾人士带来帮助,能更好地造福人类。

21.2 "中央空调通风管道清洁机器人"创新作品案例

根据第三届全国大学生机械创新设计大赛主题:绿色与环境,武汉理工大学李智祥老师、舒敬萍老师指导王伟、彭阳秋、王田田、杜越峰等大学生一起创新设计了"中央空调通风管道清洁机器人",该创新作品获得了全国一等奖。

1. 创新设计背景

据介绍,目前全国有超过 500 万个集中空调使用单位,且每年以 10%的速度递增,其中绝大部分集中空调从未清洗。2004 年卫生部对 30 个省、自治区、直辖市的 60 个城市 937 家公共场所的集中空调进行积尘检测,通风管道内最高积尘量甚至达到 $486g/m^2$,属于严重污染的有 441 家,占总数的 47.1 %,中等污染的占 46.7%,合格率仅为 6.2%。湖北省对公共场所经营单位集中空调通风系统进行卫生抽检检测发现,90%以上的通风系统污染严重。由于集中空调通风系统的密闭性,不进行清洁消毒或者清洁消毒不彻底,往往会造成通风系统内部污染,灰尘垃圾堆积,致病微生物滋生。专业人士提醒,对集中空调通风系统应及时进行清洁消毒。

2. 创新方案的提出

根据目前的市场情况,创新小组进行了以下方案设计以解决中央空调管道清洗工程。

(1) 全自动定心定位:前刷固定在升降机构上面,当前刷的变直径机构进行工作时,升降机构同步工作,保证四个前刷的中心在管道中心。其过程主要是通过四个小刷上的传感器来同步检测,同步反馈调节,保证四个小刷始终与管壁紧密接触。尾部的定位导向装置同步工作,三个支撑点也张开到与管道紧密接触。通过前后两个装置可以保证整车与管道紧密接触,始终平行前进,保证清扫工作中的稳定性。

(2) 自适应性清扫:当管道为圆形时,四个前刷始终与管道紧贴,清扫端装有弧形刷头,在风管内一边行走一边旋转,把风管四周常年结存的各种灰尘与吸附物彻底打松。当管道为方形时,四个小刷不旋转,每个小刷对应一个清扫工作面,清扫端改装滚筒刷,通过机器人来回运动把管道周围的灰尘和吸附物彻底打松。

(3) 自主吸收:其清扫过程已经把附着在管道上的灰尘和吸附物彻底打松,因此在清扫的过程中其吸尘装置同步工作,可以保证在清扫工作中就能把垃圾吸收进去,一次到位。

(4) 实时操作:照明及视频采集一步到位,可以进行实时监控操作。

该设计产品中央空调管道清理机器人,操作简单,设计思维先进科学巧妙,适用于大多数场合,且价格合理,技术力量成熟,便于推广。创新作品的外观图如图21-9所示。

图21-9　中央空调通风管道清洁机器人外观图

3. 工作原理

1) 清扫管道机构

清扫管道机构是该机器人的主要组成部分,它主要靠四步来完成。

(1) 利用滑动螺旋传动使车尾定位装置伸缩到合适长度,以自动调整车身位置使自适应通风管道清洁机器人能始终与管道保持平行位置。

(2) 巧妙利用连杆机构实现清洁刷头的展开及自适应,满足不同管径、不同形状的通风管道的清洁要求,增加了机器的适用性。

(3) 四个小刷上的传感器同步检测同步反馈调节升降机构,保证四个前刷的中心在管道中心。

(4) 由 M4 带动履带前进,进行管道清扫。

2) 吸尘机构

利用压强差,使得大气压强将管道灰尘等压入吸尘器。清扫管道机构和吸尘机构可以同步进行,中央空调管道清理机器人将这两大功能完美地组合在一起,大大提高了对中央空调管道清理的效率,高效保质地完成了对管道的清理工作。

4. 创新设计作品机构分析

1) 滑动螺旋传动机构

如图 21-10 所示,该部分由滑动螺旋传动机构组成,它利用螺杆与螺母的相对运动将旋转运动变为直线运动,其运动关系为: $L=P\phi/2\pi$。在螺杆转动螺母移动中,螺杆为主动件,螺母为从动件。该传动将螺杆的旋转运动转化为螺母的直线运动,从而实现了定位装置的伸缩运动。

该传动由电动机 M5 提供动力,带动主动件螺杆转动,从而使被动件螺母作直线运动。该传动结构紧凑,刚度较大,工作平稳无噪声,传动功率范围大,可以自锁。因此,采用了这种螺旋传动。

2) 曲柄摇杆机构

曲柄摇杆机构的构件运动形式多样,如可实现转动、摆动、移动和平面或空间复杂运动,从而可用于实现已知运动规律和已知轨迹。运动副单位面积所受压力较小,且面接触便于润滑,磨损减小,制造方便,易获得较高的精度。

自适应清洁刷头的展开和收缩由电动机 M2 提供动力,模拟雨伞撑开机构,中间主轴向外四个方向伸出四个曲柄摇杆机构。电动机启动后,带动中间主轴上的滑块运动,为四向曲柄摇杆提供动力,如图 21-11 所示。

图 21-10 滑动螺旋传动机构

图 21-11 曲柄摇杆机构

3) 螺旋升降机构

螺旋升降机构带动清洁刷头上升或下降到适宜高度。该机构靠螺杆和螺套传动,螺杆竖直固定,而螺套上套有刷头连杆机构,通过电动机 M4 带动螺杆的传动,进而带动螺套上连杆机构的伸缩运动。该机构的极限位置装有行程开关,控制整个清洁刷头部分的上下运动的极限位置，如图 21-12 所示。

4）齿轮履带传动装置

机器人前进是靠齿轮和履带传动的。该传动的减速比为 1∶20，由电动机 M1、M2 提供动力，中间加一对锥齿轮改变传动方向，带动主动齿轮转动，从而带动整车运动。

由于采用两个电动机提供动力，并且是两边分别提供，因此该车的转向非常方便可靠，如图 21-13 所示。

图 21-12　螺旋升降机构

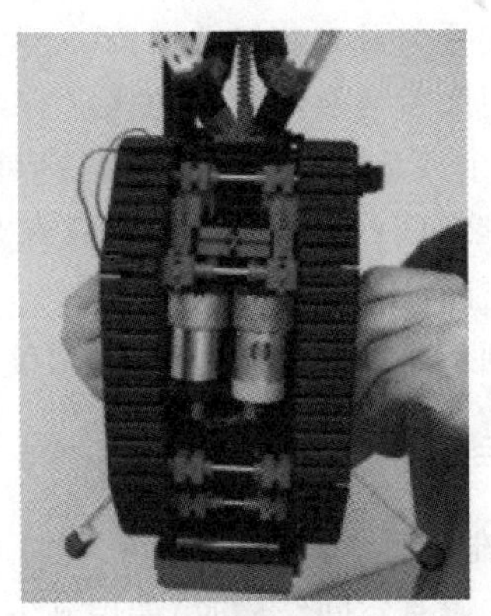
图 21-13　齿轮履带传动装置

5. 作品的应用前景

作为高效保质的环保产品，需以其独特、创新、实用及高性价比在激烈的市场竞争中获得立足之地。设计的作品结构简单，制造方便，安装方便且成本较低。同时，它定位精准、功能全面，在清扫时可同步收集灰尘杂物，较一般产品可减少下一步的吸尘装置，并且其适应性强，可清理更多种类的管道且不需要更换构件，清洁效率高、使用方便。

正是由于本产品具有以上特点，可用于各类场所的中央空调风道清洗，因此具有很大的市场应用前景。

21.3　"地震避难防盗门"创新作品案例

根据第四届全国大学生机械创新设计大赛主题：珍爱生命，奉献社会，武汉理工大学马晋老师、周志国老师指导周慧、金子迪、黄赍、万宇、邬忠永等大学生一起创新设计了"地震避难防盗门"，该创新作品获得了湖北省一等奖，并申请了国家实用新型专利，专利号申请号：201020167680.3。

1. 项目调研及选题

四川汶川地震及青海玉树地震造成大量人员伤亡，"防灾减灾，拯救生命"成为创新小组的创新主题。经过小组成员调研，从发生强烈地震到房屋倒塌，只有短短 10s 左右，也就是地震专家称为的"黄金 12 秒"。在逃生过程中建筑物发生倒塌，而逃生人员无法及时躲避，造成大量人员伤亡。因此，创新小组将创新项目设定为在逃生通道为逃生人员提供避难装置。

小组成员列出了避难装置应具有的功能：①反应迅速，能及时形成避难结构；②结构坚固，可承受房屋倒塌造成的冲击力和压力；③内部空间较大，可至少容纳普通一家三口成员躲避；④机构运动简单可靠，成本较低，最好利用现有家用设施，但不能影响日常使用。

小组成员列出了可用于改装避难设施的家用设施：床、衣柜、桌子、椅子，但这些家具要么不在逃生通道附近，要么改装后太笨重，影响日常使用。于是，转变思路，采用逆向思维，考虑逃生装置与避难装置合二为一，大家将目光转向家用防盗门。

防盗门改装为避难装置的优点有：①本身为坚固的钢结构，改装成本较低；②处于逃生口，使逃生人员在地震发生时可逃可避；③防盗门面积较大，如做成折叠式，展开后可形成较大避难空间；④防盗门日常只有开、关门操作，改装后不影响门的正常使用，也不占用家庭额外空间。

经过创新小组前期调研讨论，最终将创新项目定为“地震避难防盗门”。

2. 项目设计

1）避难空间结构设计

在设计避难空间结构时，考虑到下面两个方案。

方案一：将门扇设计成三层板，突发地震时，前两层板迅速展开形成一个近似直角三角形的避难结构，如图 21-14 所示。

方案二：将门扇设计成四层板，突发地震时，前三层板迅速展开形成一个近似等边三角形的避难结构，如图 21-15 所示。

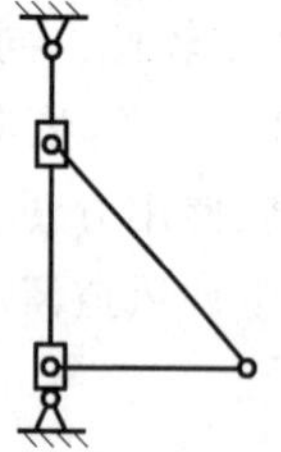
图 21-14　方案一结构图

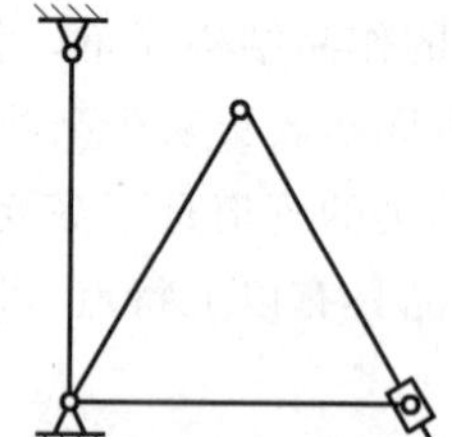
图 21-15　方案二结构图

方案一的优点是加工略为简单；缺点是避难空间小，容纳避难人数有限。方案二的优点是避难空间大，能够容纳四个成年人，满足一般家庭的使用；缺点是加工略为复杂，厚度略大。

经过综合考虑，设计小组认为，避难空间的大小是这个作品是否实用的关键因素，而加工上可以通过改进工艺进行简化，门扇厚度只要满足防盗门设计标准即可，基于以上几点，选择方案二的避难空间结构。

2）避难空间展开设计

避难空间结构确定后，同样考虑到如下几种展开形式。

方案一：由 A、B 板间的扭弹簧作为驱动力，展开时将 C 板拉到空中形成三角形结构，继而由于重力作用整体落地，如图 21-16(a)所示；

方案二：C 板解锁倒下展开，B 板底部滑轮在 C 板滑槽内滑动展开，如图 21-16(b)所示；

方案三：C 板由两块板连接而成，A、B 板间扭弹簧作用驱动展开，如图 21-16(c)所示；

方案四：C 板为伸缩式，A、B 板间扭弹簧作用驱动 C 板伸长展开，如图 21-16(d)所示。

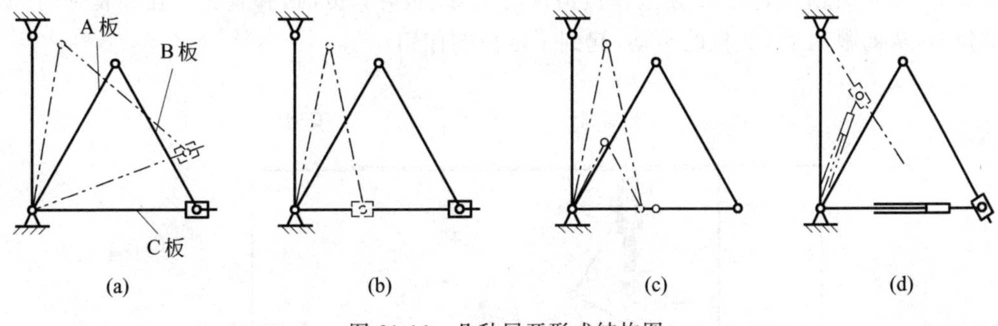

图 21-16 几种展开形式结构图

方案一中 A、B 板展开所需扭弹簧扭力过大，运动可行性得不到保证；方案二中 C 板下落时对地面冲击过大，底部轮轴可能被破坏；方案三中 C 板由两块板铰接而成底部强度得不到有效保证。结合方案一、方案二、方案三，联想到方案四，底板做成可伸缩状，展开时更人性化，并且有效地利用了门扇厚度，保证抗震性能。

经过综合考虑，采取方案四的避难空间展开方式。

3）安全撤离设计

根据“震后迅速撤离”的理念，在主地震过后，避难者需迅速逃往安全地带。避难者在慌乱状态下短时间收起避难结构显然比较困难，因此将三角形避难结构设计成可拖开式，如图 21-17 所示，为避难者争取撤离时间。

3. 结构传动设计

1）联动角度解锁

防盗门作为日常使用时，B 板上端的特制销轴座由剩余门板上端的锁舌固定，下端同样由剩余门板底部的锁舌固定，如图 21-18(a)所示。突发地震时，下端在开关的作用下解锁，A、B 板在扭转弹簧的作用下绕轴旋转，此时 C2 板上的滑轮在 B 板的滑槽内滑动，当 B 板绕轴转动大约 30°时，B 板上端销轴座的板钩与剩余门板脱离，达到联动解锁的目的，如图 21-18(b)所示。

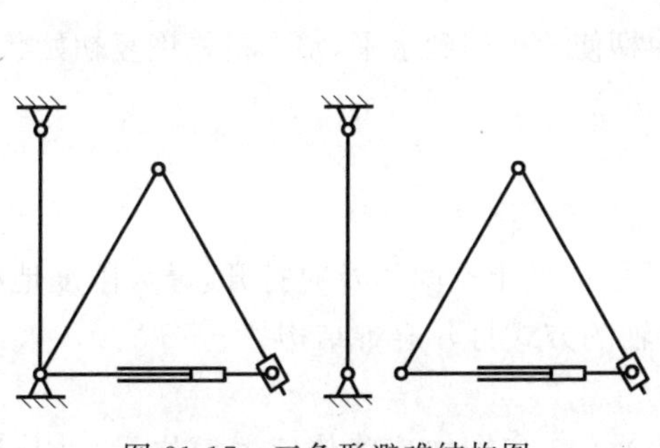

图 21-17 三角形避难结构图

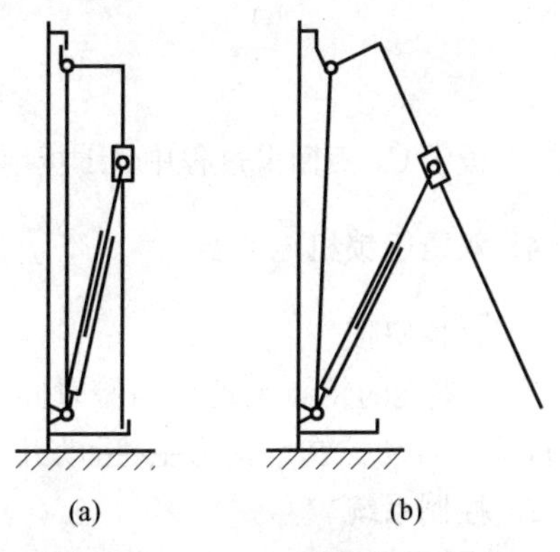

图 21-18 联动角度解锁结构图

2）C 板叠合开关

C 板由 C1、C2 板组成，如图 21-19 所示，C2 板中安装有连杆机构，避难空间展开时 C2 板沿着 C1 板向外滑动，当 C2 板上弹簧销 7 滑至 C1 板开口处时，弹簧销 7 在弹簧弹力的作用下弹出，从而限制了 C2 板的滑动，起到了定位的作用。

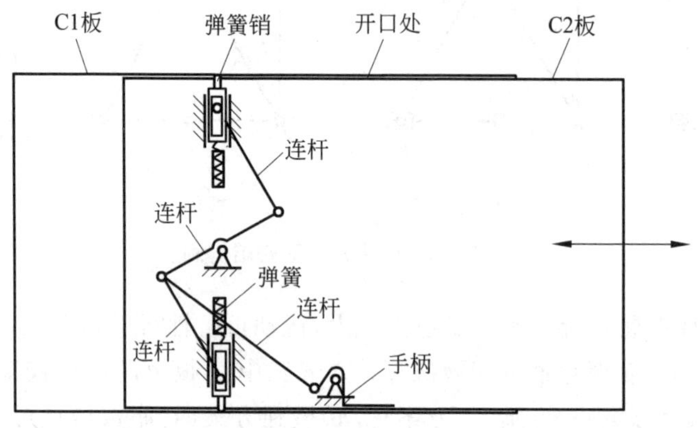

图 21-19　C 板定位开关结构图

避难空间回收时，如图 21-20 所示，转动曲柄至图 21-20(c)位置，由于弹簧对弹簧销有约束，经过力传递，摇杆成为主动件，此时摇杆与从动曲柄共线，机构的传动角 $\gamma=0°$，整个机构处于死点位置。

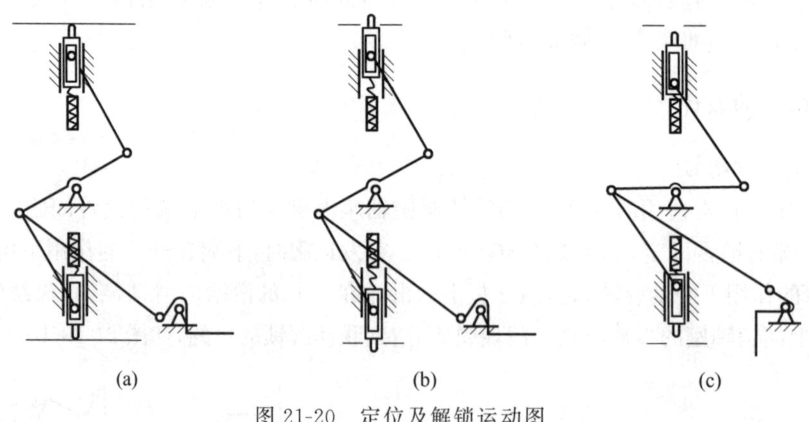

图 21-20　定位及解锁运动图

C2 板沿 C1 板回滑过程中，C1 板前端碰到曲柄使曲柄回到水平，整个机构恢复初始状态。

4．双重解锁机电结合

1）自控解锁

家庭避震的特点是地震预警时间短暂，为了保证避难空间的及时打开，最大限度地减少受伤，采取自动控制解锁为主、手动开关解锁为辅的方式打开避难结构。

2）控制系统

控制系统主要由可充电电源、感震开关、HQ7102 三轴加速度传感器模块、红外传感器模块、继电器、电磁铁等组成，如图 21-21 所示。其工作流程图如图 21-22 所示。

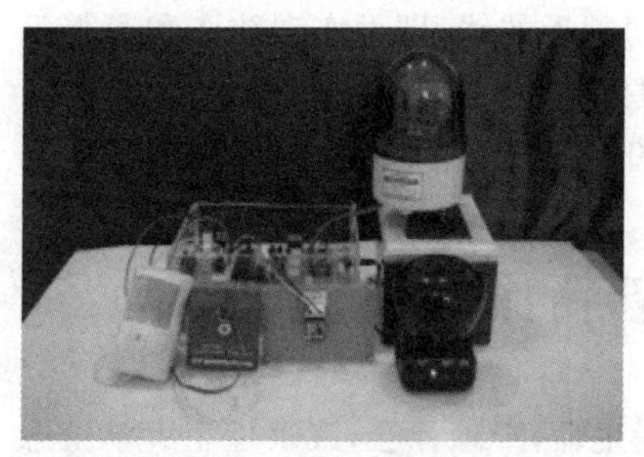

图 21-21　控制系统元件

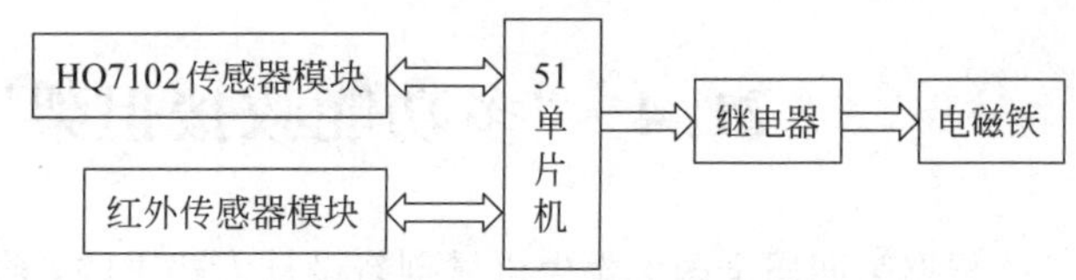

图 21-22　控制系统工作流程图

地震发生时，感震开关感受到震动而导通，使控制系统接通电源，HQ7102 三轴传感器模块检测到地震，输出信号给单片机，同时红外传感器模块检测门前有没有人，并且输出信号给单片机，当门前没人时，电磁铁通电，吸下锁舌，避难机构展开。

5. 主要创新点

1) 理念创新

根据“震时可就近躲避，震后可迅速撤离”的理念，将家庭中最坚固的家居用品且本身即是逃生出口的防盗门，设计成紧急避难的中转站，理念新颖可行。

2) 机构运动创新

避难机构联动展开、连杆机构死点定位，使该避难装置结构紧凑、安全可靠。

同时，在 A 板、B 板、伸缩式 C 板上及底部均设有安全气囊，与避难结构一起全方位地保护避难者，防止在地震中因晃动而造成人与门板的撞击致使脊柱等部位受伤。即使底板垮塌，避难结构整体下坠，C 板底部的气囊也会起到减震缓冲的效果。

利用自动控制解锁为主、手动开关解锁备选的方式展开避难机构，并在结构内部安有无线电供人呼救。

创新作品的外观图如图 21-23 所示，创新作品的展开图如图 21-24 所示。

图 21-23　创新作品的外观图

图 21-24　创新作品的展开图

6. 应用前景

通过收集资料，了解到现在市场上几乎没有比较成熟的家用避难机构，地震避难防盗门弥补了避震防灾方面的不足。

地震避难防盗门成本较低,用户只需花与普通防盗门相近的钱,即可实现防盗和避震双重功能,所以这种门的市场需求预计会相当大。本产品具有很好的实用价值和巨大的市场潜力,可以毫不夸张地说,关于本产品的想法是独特的、设计是独到的、潜力是巨大的。

21.4 "多功能救援担架"创新作品案例

根据第四届全国大学生机械创新设计大赛主题:珍爱生命,奉献社会,武汉理工大学王志海、舒敬萍老师指导龚高、孙汉乔、王友、袁国忠、张子岩等大学生一起创新设计了"多功能救援担架",该创新作品获得了全国一等奖,并获得国家实用新型专利,专利号为 201020172321.7。

21.4.1 设计目的

为了研制一种能适用于多种救援环境的装备,进行了多方面的调研工作。观看了军队救援演习,采访了参加汶川地震救援队的成员,结合第四届全国大学生机械创新设计大赛的"珍爱生命,奉献社会"主题,研制了一种多功能救援担架。它能满足救援过程中的多种功能需求,是以普通担架为载体,通过机构转换,集普通救援担架、快速反应轮椅、风雨担架、运输手推车、单人背式担架、越障梯、轻便救生船这七大救援逃生功能于一体的多功能救援装备。

21.4.2 工作原理

创新作品——多功能救援担架,主要由杆件长度可变四杆机构、齿轮齿条机构所组成的联动机构,与棘轮机构、带凸缘螺栓副、带滑槽杆件副、带转扣螺栓副、楔形杆等组成的定位锁紧机构及导轮换向机构组合而成,整体机构如图 21-25 所示。

1. 联动机构

联动机构简图如图 21-26 所示,主要由动力输入杆副机构、齿轮齿条机构、杆件长度可变四杆机构组成。实现联动机构功能是:扳动动力输入杆(手柄),动力输入杆带动齿轮旋转,与齿轮啮合的齿条推动杆件长度可变四杆机构的靠背杆、坐垫杆和腿部杆同时移动,在铰链的相对约束下,便实现了作品各部件机构整体联动的转换。

图 21-25 整体机构三维图

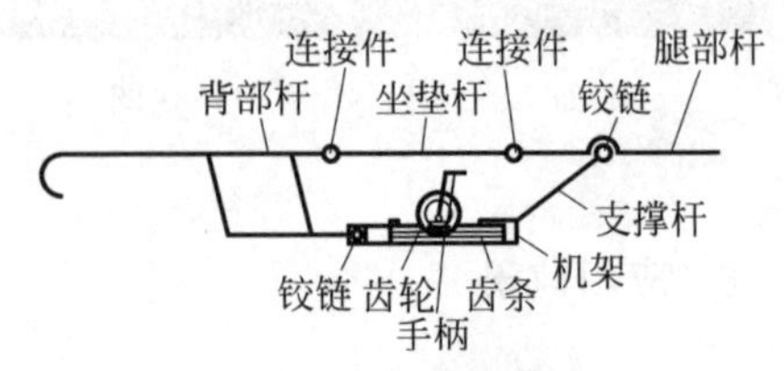

图 21-26 联动机构简图

2. 定位锁紧机构

定位锁紧机构简图和三维视图如图 21-27 所示，主要由棘轮机构、带凸缘螺栓副与带滑槽杆件副及带转扣螺栓副组成。棘轮机构主要实现担架状态的定位锁紧；带凸缘螺栓副与带滑槽杆件副和带转扣螺栓副，主要实现轮椅状态的依靠人体重力自适应的机械自锁。

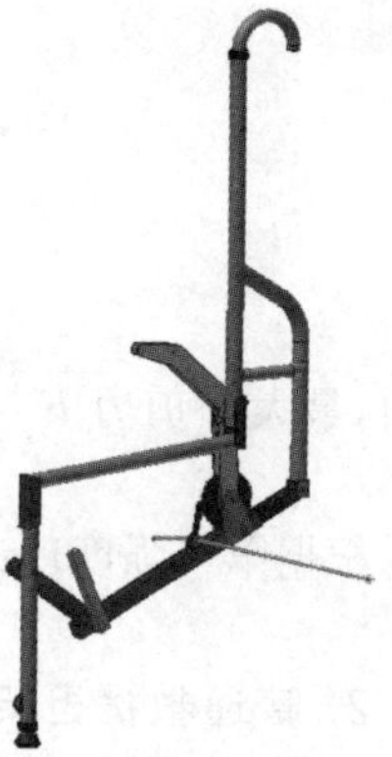

图 21-27　定位锁紧机构

3. 导轮换向机构

导轮换向机构由换向轴、换向轴套、定位销、锁紧螺钉几种构件组合而成。换向时，松开锁紧螺钉，转动换向轴，换向轴沿轴套导向缺口转动 90°后，定位销定位，旋紧锁紧螺钉，从而完成导向轮换向工作，如图 21-28 所示。

4. 叶轮楔形自锁机构

叶轮楔形自锁机构主要由端面压盖、弹簧、楔形截面轴、套筒和滚珠组成。手动压下端面压盖，推动楔形截面轴移动，楔形斜面的下降使滚珠收回到套筒中，从而可以完成叶轮的安装；松开手后，在弹簧的作用下，楔形截面回到原来的位置，使滚珠退回套筒上的滚珠孔，完成叶轮轴的定位锁紧，其结构如图 21-29 所示。

图 21-28　导轮换向机构

图 21-29　叶轮楔形自锁机构

21.4.3　设计计算

1. 攀爬越障梯强度校核

设所有功能作品设计载重均为 100kg，在本设计中取安全系数 $n=1.2$，则材料的许用应力 $[\sigma]=\frac{\sigma_s}{n}=\frac{172}{1.2}\text{MPa}=143.33\text{MPa}$。本设计中所有主体杆件均为外径 $D=31\text{mm}$、壁厚 2.5mm 的空心圆管，统一作强度校核计算。

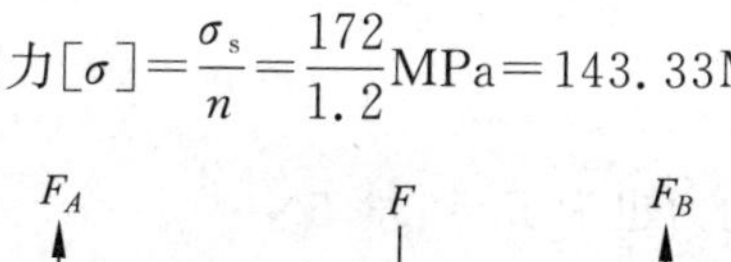

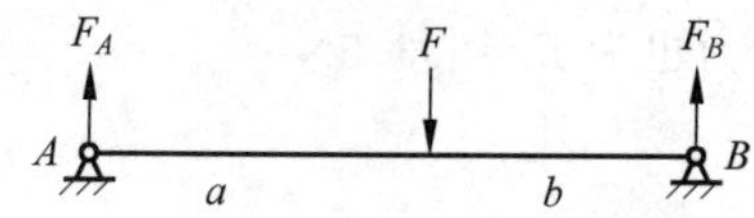

图 21-30　越障梯横杆受力简图

取其中一横杆分析，其承受的载荷为集中载荷，梯子横杆长度 $i=470\text{mm}$，横截面为圆环形截面，其受力图如图 21-30 所示，由平衡方程：

$$\sum M_A = 0,\quad F_A \cdot l = F \cdot a$$

$$\sum M_B = 0,\quad F_B \cdot l = F \cdot b$$

解得

$$M_1(x) = \frac{F_b}{l} \cdot x (0 \leqslant x \leqslant a)$$

$$M_2(x) = \frac{F_a}{l} \cdot (l - x)(a \leqslant x \leqslant l)$$

从而,最大静剪力 $F=980\text{N}$,最大静弯矩 $M=\frac{1}{4}Fl=115.15\text{N}\cdot \text{m}$。

根据第一强度理论,$\sigma=\frac{M}{W_z}=\frac{32M}{x(D^3-d^3)}=96.07\text{MPa}\leqslant[\sigma]=144.33\text{MPa}$,满足强度要求。

2. 普通救援担架整体强度校核设计

当人躺在担架上,担架承受的载荷属于均布载荷,如图 21-31 所示,根据均布载荷弯曲内力:

$$\sum F_y = 0,\quad F_{Ay} - q(x - 75) - F_s(x) = 0$$

$$\sum M_B = 0,\quad F_{Ay} \cdot x - M(x) - q \cdot \frac{x - 75^2}{2} = 0$$

解得

$$F_s(x) = \frac{1}{2}ql - q(x - 75)(75 \leqslant x \leqslant 1875)$$

$$M(x) = \frac{ql}{2}x - \frac{1}{2}q(x - 75)^2(75 \leqslant x \leqslant 1875)$$

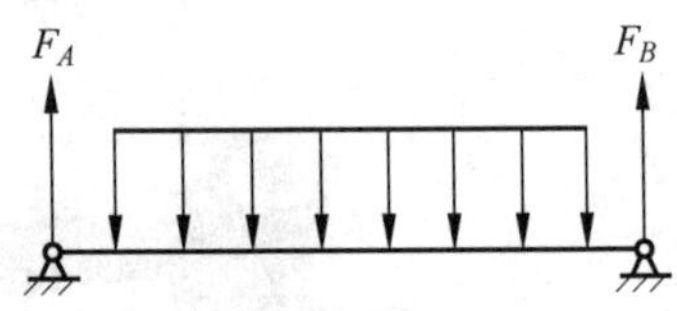

图 21-31 救援担架整体受力简图

则:截面最大剪力 $F_{\max}=F_A=F_B=245\text{N}$

最大弯矩 $M_{\max}=M(x)|_{x=975}=127.47\text{N}\cdot\text{m}$

根据第一强度理论(最大拉应力强度理论),代入弯曲正应力公式

$$\sigma_{\max} = \frac{M}{W_z} = \frac{32M}{\pi(D^3 - d^3)} = 106.40\text{MPa} \leqslant [\sigma] = 144.33\text{MPa}$$

满足强度要求。

3. 普通救援担架局部强度校核——棘轮机构校核

在作为担架使用时,担架局部危险位置在棘轮机构的棘爪,现对其进行强度校核。

如图 21-32 所示为担架状态齿条局部受力图,由担架整体强度校核知 $F_A=245\text{N}$。由于担架受力平衡,设齿条受力为 F,则 F_A 和 F 对 C 点矩之和为 0,即

$$F_A \times l = F' \times R$$

其中,$F'=F\cos\theta$,代入参数解得 $F=993.5\text{N}$。

如图 21-33 所示,由齿轮对圆心的力矩平衡,棘爪上的力也为 $F=993.5\text{N}$。

根据正应力计算公式得

$$\sigma = \frac{F}{A} = \frac{933.5\text{N}}{18 \times 6\text{mm}^2} = 9.20\text{MPa} < \sigma_s = 360\text{MPa}$$

棘轮棘爪满足强度条件。

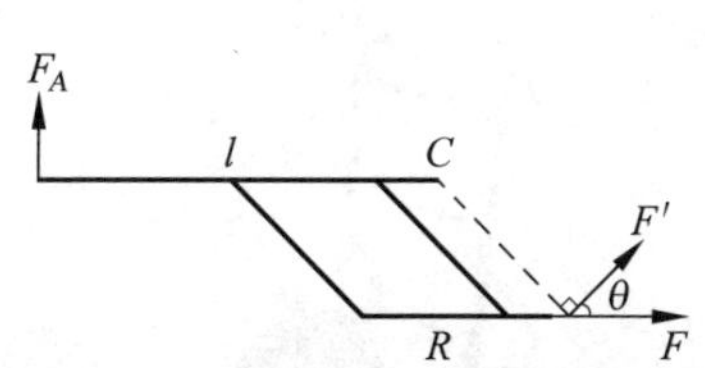

图 21-32　担架齿条处局部受力简图

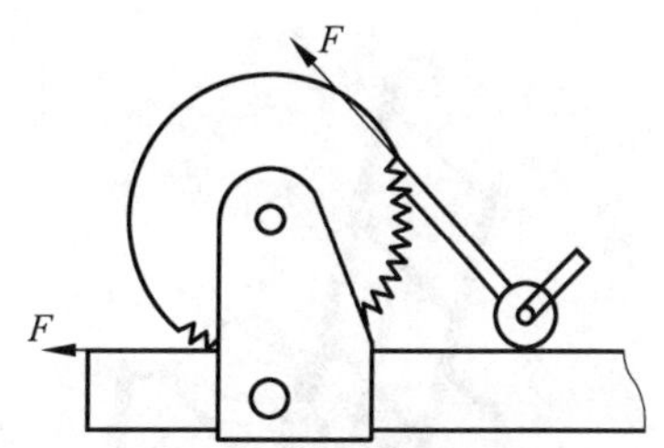

图 21-33　棘轮棘爪受力示意图

21.4.4　功能特点

1. 普通救援担架

作为普通救援担架使用，用于一般环境下的抬送伤员工作，从套管中取出支架，可在抢救伤员输液时使用。其功能展示如图 21-34 所示。

2. 防风雨担架

在灾区地震过后会伴随有降雨，此时环境温度骤降，可以将普通救援担架靠背中的睡袋打开，并装上雨篷，将其转化成防风雨担架，这样可以对受难人员起保暖、避风、避雨的作用，提高救援生存率。其功能展示如图 21-35 所示。

图 21-34　普通救援担架外观图

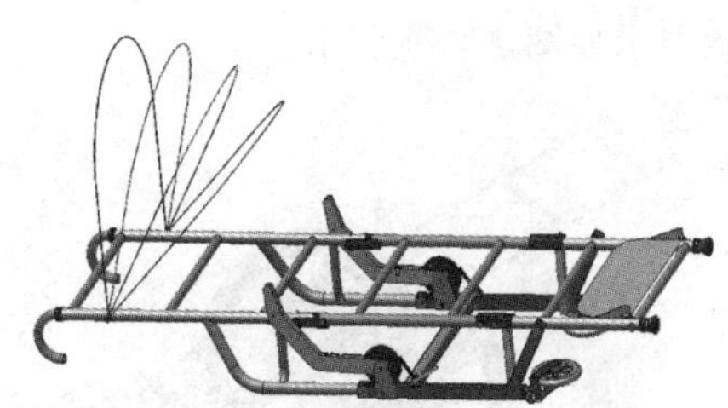

图 21-35　防风雨担架外观图

3. 单人背式担架

当救援环境不允许两个人抬担架时，可以松开棘轮爪，转动动力输入杆，驱动齿轮齿条移动，然后推动杆件长度可变四杆机构中的靠背杆，让带凸缘螺栓滑进动力输入杆滑槽，完成轮椅状态自锁，从而转化成可单人操作的背式担架，这样更能适应恶劣的救援环境，增强了救援的灵活性。其功能展示如图 21-36 所示。

4. 快速反应轮椅

当救援现场道路通畅时，可以将普通救援担架转化成快速反应轮椅，可用于快速运送受难人员，提高救援效率。而在日常生活中则可以作为行动不便者的代步工具。其功能展示如图 21-37 所示。

图 21-36 单人背式担架外观图

图 21-37 快速反应轮椅外观图

5. 运输手推车

在灾区需要短距离运送救灾物资时，可以在普通救援担架上安装车轮，将其转化成运输手推车，在救援工作中用来紧急运送伤员和救援物资，提高救援效率。其功能展示如图 21-38 所示。

6. 轻便救生船

当被灾区降雨后形成的小湖泊挡住救援道路时，可以将靠背中的气囊取出，把气囊安放在担架底部的卡槽里充气，转换为轻便救生船，在水中拨动有叶桨的车轮，救生船可以灵活地行进，可用于水上运送伤员及救灾物资。在发生洪涝灾害时，还可以用于洪水中逃生。其功能展示如图 21-39 所示。

图 21-38 运输手推车外观图

图 21-39 轻便救生船外观图

7. 攀爬越障梯

救援工作中遇到较高障碍物或者受难人员被困在较高位置时，可以在普通担架状态下抽出靠背杆中带弯钩的伸缩杆，将其转化成具有攀爬功能的越障梯，可用于在多种灾难环境下救援人员的越障或受难者高处逃生。其功能展示如图 21-40 所示。

8. 便携折叠状态

当需要运输多功能救援担架时，在普通救援担架状态下，拆卸齿条与靠背杆的连接锁扣

和叶轮，可以将多功能救援担架折叠成便携状态，方便存放与运输。其功能展示如图21-41所示。

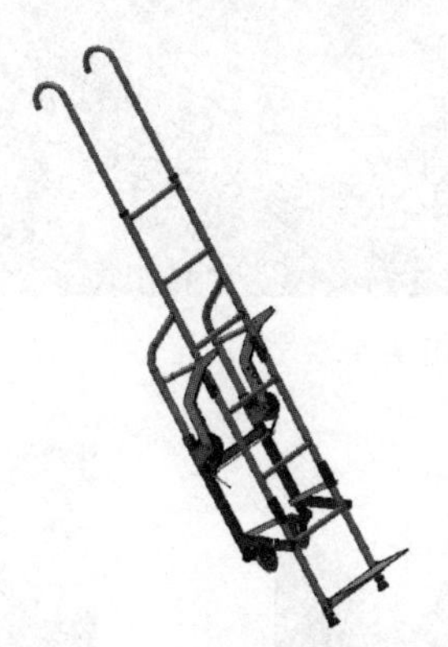

图21-40 攀爬越障梯外观图

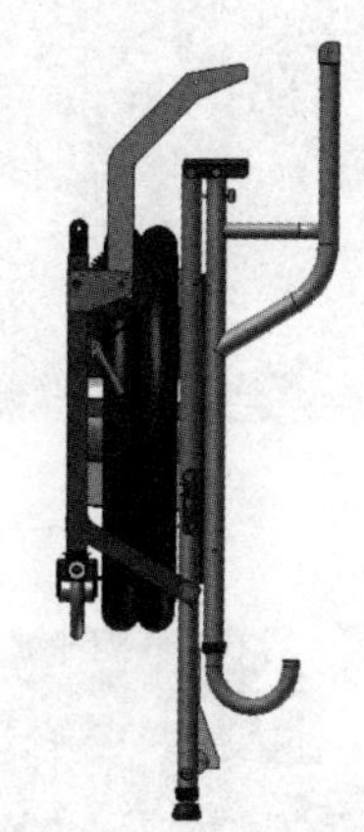

图21-41 便携折叠状态外观图

21.4.5 主要创新点

在传统担架的基础上进行了两大主要创新设计。

(1) 应用杆件长度可变四杆机构、齿轮齿条机构，实现了作品各部件机构整体联动转换的创新。

由于在灾难救援时，时间就是生命，快速有效的救援是生命存活的保障。针对提高救援速度、缩短有效救援时间的问题，科学合理地把齿轮齿条机构与杆件长度可变四杆机构相结合，将多功能救援担架设计成能快速、准确、方便联动转换的模式：救援者扳动动力输入杆，动力输入杆带动齿轮旋转，与齿轮啮合的齿条推动杆件长度可变的四杆机构的靠背杆、坐垫杆和腿部杆同时移动，在铰链的相对约束下，实现了作品各部件机构整体联动转换的创新。

(2) 利用本作品创新的联动机构和自锁机构，实现了作品集多个单一设备功能于一体的功能集成创新。

由于灾难环境的恶劣与复杂，一般救援设备的功能过于单一，满足不了救援现场的综合需求。这种救援缺陷给救援工作带来了诸多不便。为了满足救援现场需要，利用棘轮机构、带凸缘螺栓副、带滑槽杆件副、带转扣螺栓副机构、楔形自锁机构等机构，依靠人体重力的自适应，实现了各个功能状态机构自锁及定位。将本作品创新的联动机构和定位锁紧机构及换向机构相结合，实现了将普通救援担架、防风雨担架、单人背式担架、快速反应轮椅、运输手推车、轻便救生船、攀爬越障梯7个单一设备功能集作品于一体的功能集成创新。

21.4.6 作品外形照片

如图21-42～图21-49所示为该作品的各类外形图。

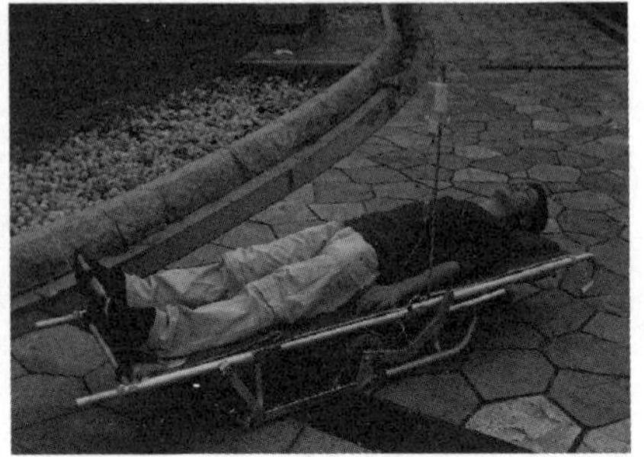

图 21-42 普通救援担架

图 21-43 防风雨担架

图 21-44 单人背式担架

图 21-45 快速反应轮椅

图 21-46 运输手推车

图 21-47 攀爬越障梯

图 21-48 轻便救生船

图 21-49 便携折叠状态

21.5　三自由度机械臂设计案例

本案例是基于“探索者”模块化机器人平台的创新训练项目，训练目的是熟悉机械臂的工作原理和机械结构，利用标准套装机械零件、电子部件拼装三自由度机械臂，并通过编制控制程序完成机械臂的运动规划。

21.5.1　三自由度机械臂设计

根据模块化机器人套件中的零件，可以将机械臂分解为三个模块。

(1) 关节模块：用于调整机械手抓取物品的角度，使机械手能够顺利抓取物品。

(2) 云台模块：实现机械臂的两个自由度运动——水平旋转运动和仰俯运动。

(3) 机械手模块：实现机械臂的夹持运动，使机械臂能够抓取物品。

21.5.2　关节模块设计

关节模块在机器人的结构设计中经常使用，思路也非常简单，就是将多个关节模块串联累加，构建成多自由度的机器人，每一个关节为一个自由度，从而实现机械臂、人形、多足仿生等机器人结构。关节模块实物如图 21-50 所示，运动特性为：能较好地模仿生物的运动形态，只要自由度足够多，几乎什么动作都能做到，常见于人形机器人舞蹈表演，或者学习机器人运动学规划等。由于关节模块行程的限制，影响机械臂的抓取运动范围，所以本案例采用两个关节模块扩大机械臂的抓取运动范围。

将 Basra 主控板、Bigfish 扩展板、锂电池和关节模块连接成电路，在图形化编程界面 Ardublock 中编写程序并烧录，关节模块摆动程序的写法示例见图 21-51。

图 21-50　关节模块

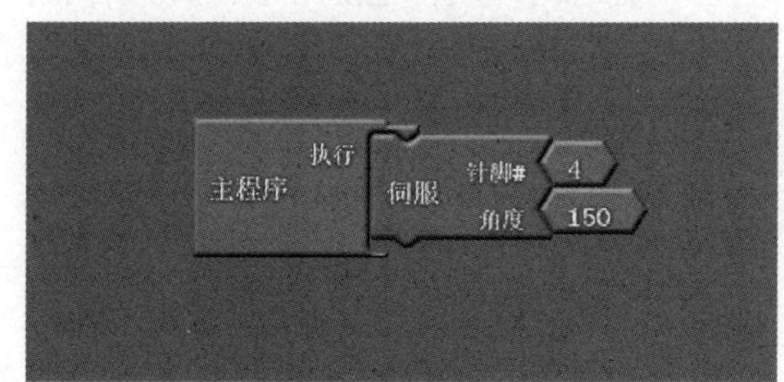

图 21-51　关节模块摆动程序的写法示例

此程序意味着连在 4 号端口的舵机转到 150°的位置并始终保持。C 语言程序为：

```
#include<Servo.h>
Servo servo_pin_4;
void setup()
{
servo_pin_4.attach(4);
}
```

```
void loop()
{
servo_pin_4.write(150);
}
```

定义针脚的函数为 servo_pin_4. attach(4);

定义角度位置的参数为 servo_pin_4. write(150)。

21.5.3 云台模块设计

云台模块由一个标准伺服电机加一个关节模块组成,云台模块用于搭载机械手。其运动特性为:由于关节模块行程的限制,云台活动范围受限可以使机械手在大约 1/3 球面的范围内运动。

烧录如图 21-52 所示例程,熟悉 for 语句控制伺服电机的方法。

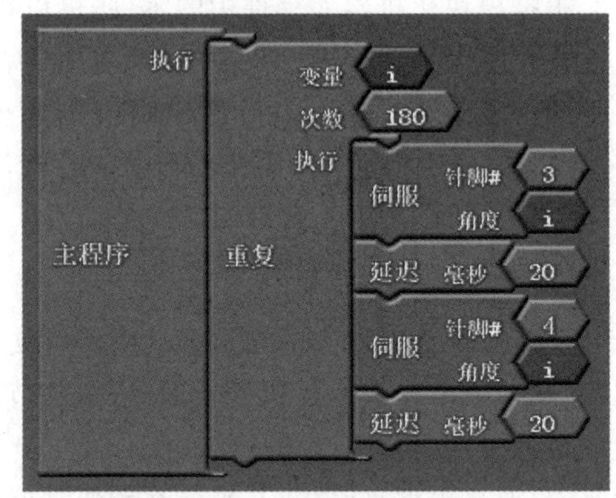

图 21-52 云台模块程序的写法示例

对应 C 语言程序为:

```
#include <Servo.h>
int _ABVAR_1_i = 0;
Servo servo_pin_3;
Servo servo_pin_4;
void setup()
{
    servo_pin_3.attach(3);
    servo_pin_4.attach(4);
}
void loop()
{
for ( _ABVAR_1_i = 1; _ABVAR_1_i <= (180); _ABVAR_1_i++)
{
servo_pin_3.write( _ABVAR_1_i);
delay(20);
servo_pin_4.write( _ABVAR_1_i);
delay(20);
    }
}
```

21.5.4 机械手模块设计

机械手模块由一个标准伺服电机驱动,通过连杆结构和齿轮组传动来达到夹取效果,其实物图见图 21-53。机械手的设计方案有很多种,这里只示例其中一种。机械手模块运动特性为:开合角度比较大,夹具顶端的运动轨迹简单稳定,夹具顶端非平行开合,比较适合于"握"住曲面物体或者柔软的物体。夹具顶点可以再安装一对带铰接的小平板零件,从而适合夹取立方体形状的物体。

编写如图 21-54 所示程序并烧录。

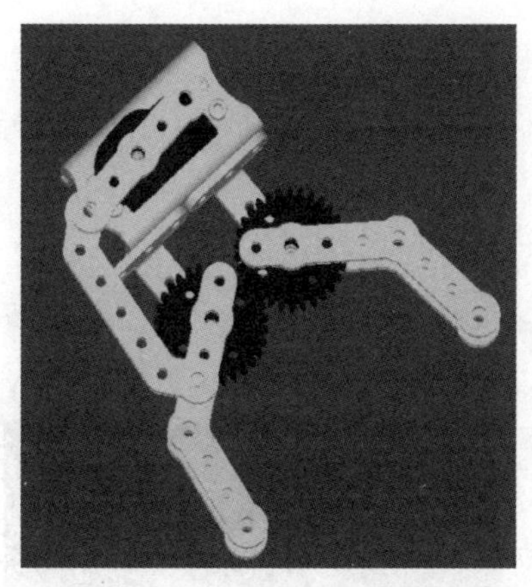

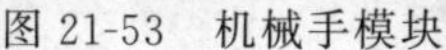
图 21-53　机械手模块

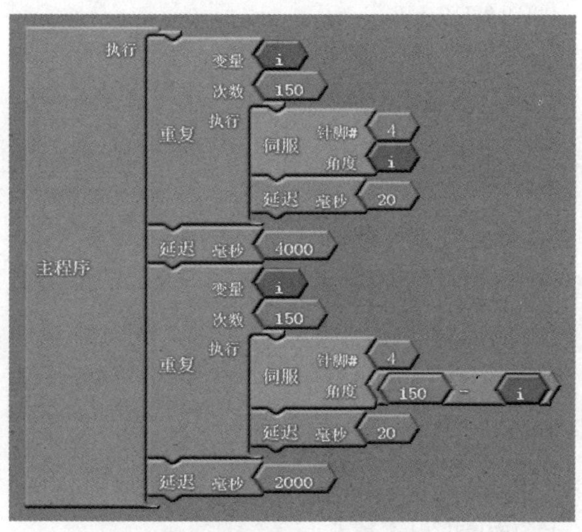

图 21-54　机械手模块程序的写法示例

图 21-54 所示为：机械手爪慢慢合拢，合拢后保持 4s，然后慢慢张开，张开保持 2s；循环。C 语言程序为：

```
#include <Servo.h>
int _ABVAR_1_i = 0 ;
Servo servo_pin_4;
void setup()
{
    servo_pin_4.attach(4) ;
}
void loop()
{
    for ( _ABVAR_1_i= 1; _ABVAR_1_i<= (150); _ABVAR_1_i++)
{
    servo_pin_4.write( _ABVAR_1_i) ;
    delay(20) ;
}
delay(4000) ;
for ( _ABVAR_1_i= 1; _ABVAR_1_i<= (150); _ABVAR_1_i++)
{
    servo_pin_4.write((150 - _ABVAR_1_i)) ;
    delay(20) ;
}
delay(2000) ;
}
```

由于图形化不能做递减运算，所以采用了“150－i”这个计算方法。也可以用递减运算重写上面的程序，即：

```
#include <Servo.h>
int i ;
int j ;
```

```
Servo servo_pin_4;
void setup()
{
    servo_pin_4.attach(4) ;
}
void loop()
{
for (i = 1; i = 150;i++)
{
    servo_pin_4.write(i) ;
    delay(20) ;
}
delay(4000) ;
for (j = 150; j = 0; j --)
{
    servo_pin_4.write(j) ;
    delay(20) ;
}
delay(2000) ;
}
```

最后将三个模块组装在一起，组成机械臂，对机械臂进行程序联调，使机械臂能够在指定的运动轨迹抓取物品。三自由度机械臂实物图见图 21-55。

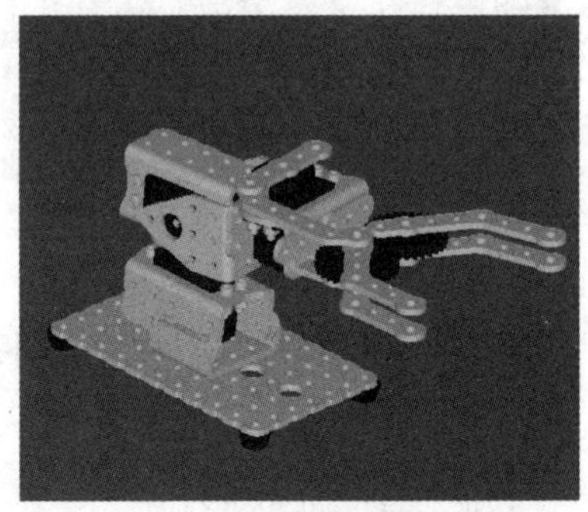

图 21-55　三自由度机械臂

附录 Appendix

工程材料及热处理实训

铸造生产实训

压力加工实训

焊接生产实训

车削加工实训

铣削加工实训

磨削加工实训

常用量具使用及测量实训

钳工实训

拆装实训

数控加工基础实训

特种加工实训

快速成形实训

数控车削加工实训

数控铣削及加工中心实训

参 考 文 献

[1] 梁延德.工程训练教程机械大类实训分册[M].大连：大连理工大学出版社，2012.

[2] 孙康宁，林建平，等.工程材料与机械制造基础课程知识体系和能力要求[M].北京：清华大学出版社，2016.

[3] 傅水根，李双寿.机械制造实习[M].北京：清华大学出版社，2009.

[4] 傅水根.机械制造工艺基础[M].北京：清华大学出版社，2004.

[5] 周继烈，姚建华.工程训练实训教程[M].北京：科学出版社，2012.

[6] 朱华炳，田杰.工程训练简明教程[M].北京：机械工业出版社，2015.

[7] 胡庆夕，张海光，徐新诚.机械制造实践教程[M].北京：科学出版社，2017.

[8] 张立红，尹显明.工程训练教程(机械类及近机械类)[M].北京：科学出版社，2017.

[9] 严绍华.金属工艺学实习[M].北京：清华大学出版社，2017.

[10] 王志海.工程实践与训练教程[M].武汉：武汉理工大学出版社，2007.

[11] 檀润华.工程中创意产生过程与方法[M].北京：科学出版社，2017.

[12] 胡飞雪.创新思维训练与方法[M].北京：机械工业出版社，2010.

[13] 丁晓东.上海市普通高等学校工程实践教学规程[M].北京：机械工业出版社，2014.

[14] 王志海，舒敬萍，马晋.机械制造工程实训及创新教育教程[M].北京：清华大学出版社，2018.

[15] 王志海，舒敬萍，马晋.机械制造工程实训及创新教育[M].北京：清华大学出版社，2014.

[16] 王隆太.先进制造技术[M].2版.北京：机械工业出版社，2015.

[17] 孙大涌.先进制造技术[M].北京：机械工业出版社，2002.

[18] 盛晓敏，邓朝晖.先进制造技术[M].北京：机械工业出版社，2019.

[19] 周俊，茅健.先进制造技术[M].北京：清华大学出版社，2014.

[20] 郭琼.先进制造技术[M].北京：机械工业出版社，2017.

[21] 陈中中，王一工.先进制造技术[M].北京：化学工业出版社，2016.

[22] 但斌，刘飞.先进制造与管理[M].北京：高等教育出版社，2008.

[23] 胡彬.先进制造管理系统[M].北京：电子工业出版社，2002.

[24] 赵云龙.先进制造技术[M].北京：机械工业出版社，2015.

[25] 罗继相，王志海.金属工艺学[M].3版.武汉：武汉理工大学出版社，2016.

[26] 吴超华，彭兆，黄丰.工程材料[M].上海：上海交通大学出版社，2016.

[27] 陈曦.工程材料[M].武汉：武汉理工大学出版社，2010.

[28] 朱张校，姚可夫.工程材料[M].5版.北京：清华大学出版社，2011.